F. K. Wolf direxit Pragæ 1801.

Rotenhaus im saatzer Kreiße

Mineralogische und bergmännische

Bemerkungen

über

Böhmen.

Von

Franz Ambros Reuſs,

der Weltweisheit und Arzneiwissenschaft Doctor, der Königl. Böhmischen Gesellschaft der Wissenschaften, der Gesellschaft naturforschender Freunde zu Berlin, der Oberlausitzer Gesellschaft der Wissenschaften Mitgliede, der naturforschenden Gesellschaft und mineralogischen Societät zu Jena Ehren - und der Königl. Gesellschaft der Wissenschaften zu Göttingen correspondirendem Mitgliede, Hochfürstlich - Lobkowitzischem Arzte.

Mit einer Ansicht des Schlosses Rothenhaus im Saatzer Kreise.

Berlin, 1801.

Bei Christian Friedrich Himburg.

Dem

Hochgebohrnen Herrn,

des

Heil. Röm. Reichs Grafen

Heinrich von Rottenhan,

Minister des Innern,

Sr. K. K. Majestät wirklichem Geheimen Rathe
und Kämmerer,

des Heil. Stephans - Ordens Grofskreuze.

Hochgebohrner Reichsgraf!

Eurer Excellenz ausgebreiteten und tiefen Kenntnissen im Gebiete der Wissenschaften huldigt Jeder, der *Eurer Excellenz* umfassendem und eindringendem Geiste sich zu nähern das Glück hatte, und der in demselben, auf der angetretenen litterarischen Bahn muthig fortzuschreiten, neue Aneiferung fand. Mich insbesondere haben *Eure Excellenz*, überzeugt von dem wesentlichen Einflusse, den mineralogische Beschreibungen ganzer Länder oder einzelner Districte theils auf die intensive und extensive Vervollkommnung der Mineralogie im Allgemeinen und der Geognosie insbesondere, theils auf das Wohl des Staates haben, in soweit als durch dieselben mehrere technisch zu benützende Fossilien, die man bisher dem Auslande ausschliefsend eigen glaubte, aufgefunden werden, die bisherige Benutzung beschrieben wird, und die allenfalls möglichen Verbesserungen in derselben angegeben werden, zur Fortsetzung meiner mineralogischen Reisen durch Böhmen und zur Bekanntmachung der auf denselben gemachten Bemerkungen und Erfahrungen aufgemuntert. Das mineralogische Publikum hat daher die Erscheinung des gegenwärtigen Werkes, das als eine Fortsetzung der mineralogischen Geographie von Böhmen angesehen werden muſs, und zugleich in eine brauchbarere Form gebracht, der Aufmerksamkeit sachverständiger Beurtheiler nicht unwürdig seyn dürfte, vorzüglich *Eurer Excellenz* zu danken. Nehmen *Eure Excellenz* die Freiheit, demselben *Hochdero* erhabenen Namen vorzusetzen, gnädig auf, und sehen *Eure Excellenz* in dieser huldigenden Zueignung zugleich ein Merkmal meiner innigsten Dankbarkeit, so bekenne ich mich hierdurch zu meiner angenehmsten Pflicht, und ich werde, so lange ich lebe, mit der tiefsten Verehrung seyn

Eurer Excellenz

unterthänigster
Franz Ambros Reuſs.

Vorbericht.

Die mineralogischen und bergmännischen Bemerkungen, welche der Gegenstand dieses Werkes sind, betreffen zwar nur einen kleinen Theil Böhmens, nämlich den Saatzer Kreis; ich fürchte indessen nicht, daſs sie dem vaterländischen Mineralogen und dem Geognosten überhaupt überflüſsig, oder gar unnütz scheinen werden, da dieser gar nicht gekannte Kreis an Mannigfaltigkeit der einbrechenden Fossilien dem benachbarten Leutmeritzer und Bunzlauer nicht nachsteht, ja dadurch noch interessanter als jene wird, als er eine geognostische Folge der Gebirgsarten von dem ältesten Granite bis zu den neuesten Flötzformationen aufzuweisen hat, deren angegebene

Verhältnisse gegen einander, mit dem Verhalten derselben Gebirgsarten in andern Ländern verglichen, vielleicht auf nicht unwichtige Resultate führen dürften. Aber auch dann, wenn das Interesse dieses Kreises in mineralogischer Hinsicht geringer wäre, so behält die Beschreibung desselben als ein Beitrag zu der mineralogischen Geographie, von der bis jetzt immer nur Bruchstücke existiren, einiges Verdienst.

Ich bin, überzeugt von der Wichtigkeit der Gründe, welche *Herr von Buch*, in der Vorrede zu seinem Versuche einer mineralogischen Beschreibung von Landeck, für die Vorzüge der geognostischen Darstellung der mineralogischen Merkwürdigkeiten eines Landes oder einer Gegend vor der geographischen und oryctographischen anführt, seinem in diesem vortrefflichen Werke gegebenen Beispiele gefolgt, und habe die Gebirgsart gleichfalls nach der Altersfolge aufgestellt; und es bedarf, zur Bequemlichkeit der Reisenden, nur eines kurzen Namenverzeichnisses der Ortschaften, mit Hinweisung auf die Seitenzahlen des Werkes, wo derselben Erwähnung geschieht, um dieselben auf alles, was in der Nähe eines bestimmten Ortes ihrer Beachtung werthes einbricht, aufmerksam zu machen.

Dieses Werk macht eben so wenig, als meine vorhergegangenen oryctographischen, Anspruch auf Vollständigkeit, da ich nur zu sehr überzeugt bin, dafs späteren Geognosten noch so manche Nachlese übrig bleibt; indessen sehe man es als eine Sammlung von Materialien an, die von einem andern, dem die Umstände günstiger sind, als mir, vervollständigt und zu einem Ganzen verarbeitet werden können.

Hier erlaube ich mir nur noch einige wenige allgemeine Bemerkungen über diesen Kreis in Rücksicht seiner Gränzen, der Flüsse die ihn durchströmen, und der Mineralwasser die in demselben entspringen.

I. Der Saatzer Kreis nimmt an der westlichen Seite seinen Anfang unter 30° 42′ östlicher Länge von dem ersten Meridiane der Insel Ferro anzurechnen, und erstreckt sich bis 31° 36′; der Breite nach, erstreckt er sich von 50° 1′ bis 50° 39′, nimmt also 38 Minuten eines gröfsesten Kreises unserer Erdkugel ein.

Die äuſsersten Punkte in demselben sind an der Nordseite Grünthal und Gern, an der Südseite Pržehorž unweit Schöles, an der Westseite Schmiedeberg und Warta, an der Ostseite Pschan unweit Laun.

II. Die Flüsse, welche ihn bewässern, sind:

1. die Eger, welche in dem Markgrafthum Kulmbach am Schneeberge entsteht, den Egerischen Bezirk und den Ellbogener Kreis durchirrt, bei Warta in den Saatzer Kreis eintritt, denselben in zwei ziemlich gleiche Theile, den nördlichen und südlichen, abtheilt, und unterhalb Laun aus dem Kreise tritt;
2. der Bilafluſs, der seinen Anfang in dem Saatzer Kreise, unweit des Schlosses Platten auf der Herrschaft Rothenhaus, nimmt, und bei Rudelsdorf in den Kreis eintritt;
3. der Wildbach,
4. der Saubach,
5. der Wistritzer Bach, welche alle drei in dem Saatzer Antheile des böhmischen Erzgebirges entspringen, und bei Postelberg, Saatz und Caaden in die Eger fallen;

6. der Aubach,
7. der Goldbach, welche in dem südlichen Theile des Kreises in dem höhern Granitgebirge entstehen, und in der Gegend von Saatz in die Eger fallen.

III. Dieser Kreis ist sehr reich an Mineralquellen. Man hat

1. Bitterwasserquellen:
   a. das Sedlitzer Bitterwasser,
   b. das Steinwasser,
   c. mehrere Bitterwasserquellen, deren Mischungsverhältniſs nicht näher bestimmt ist, bei Kolosoruck, Pille, und aus denen häufiges Bittersalz, das aber gröſstentheils Glaubersalz ist, versotten wird.
2. Die Sauerbrunnen:
   a. Kummice, unweit Brüx,
   b. Dwerżitz, unweit Saatz,
   c. Cżenczitz, unweit Petersburg, welche erst eine chemische Untersuchung erwarten.
3. Die vitriolisch-alaunhaltigen Wasser:
   a. Stecknitz,
   b. Dobritschan,

c. Grofspinsen, die schwefelsaures Eisen, schwefelsauren Thon,. und Talk enthalten.

4. Das martialische Wasser bei Sadschitz unweit Eisenberg.

Von diesen zahlreichen Mineralwässern ist bisher das Sedlitzer Wasser und Steinwasser, das Bad bei Sadschitz untersucht, und eben bin ich im Begriff, das Stecknitzer Wasser einer analytischen Prüfung zu unterwerfen.

Urgebirge des Saatzer Kreises.

Granit.

In allen deutschen, ja europäischen Gebirgen, macht der Granit den Kern, und zugleich ihre höchsten Gipfel aus. Dies ist aber bei jenem Gebirgszuge, welcher Böhmen von der Nordseite einschliefst, oder dem böhmischen Erzgebirge, der Fall nicht. Hier bildet der Glimmerschiefer die höheren Rücken, und dieser bedeckt den Gneis, der die eigentliche constituirende Gebirgsart ausmacht. Nur auf einzelnen Strecken sieht man das Ausgehende eines Granitlagers; und selbst dieser Granit scheint mir auf dem Gneise aufzuliegen, und alfo von neuerer Formation zu seyn.

In der Nachbarschaft von Katharinaberg findet man ihn zum erstenmale in sehr grofsen Blöcken, die wahrscheinlich nur die Ueberbleibsel eines ziemlich mächtigen Lagers im Gneise seyn dürften. Schon dieses Vorkommen, hier mitten im Gneisgebirge, macht ihn merkwürdig; noch mehr aber seine ausgezeichnete Schönheit. Er ist *grobkörnig*. Sein vorwaltender Gemengtheil ist ein *fleischrother* **Feldspath**, der sich nur äufserst selten in das *Blaſsziegelrothe* verzieht; der **Quarz**, der an Menge und Gröſse dem Feldspathe nahe kömmt, hat eine *Mittelfarbe zwischen perl-* und *blaulichgrau*, schielt wohl auch stellenweise in das *Blaſssmalteblaue*; der **Glimmer**, der sehr sparsam und in kleinen Blättchen inne liegt, geht aus dem *Silberweiſsen* bis in das *Tombackbraune* über.

Zwischen Böhmisch-Neudorf und Böhmisch-Einsiedel liegt, auf drei Viertelstunde Weges, der Granit an dem sanft von Nickelsdorf gegen den Sckweinitzbach abfallenden Gebirgsabhange allenthalben in Geschieben und sehr groſsen Blöcken herum; hier und da ragt er selbst in niedrigen Felsenmassen aus dem Rasen hervor. Auch dieser Granit ist *grobkörnig*. Der vorwaltende **Feldspath** ist *röthlichweiſs*, und aus diesem in das *Blaſsfleischrothe* übergehend; *graulichweiſs*, *gelblichgrau*, und zieht aus diesen durch das *Rauchgraue* bis in das *lichte Aschgraue*. Stellenweise entdeckt man an demselben deutlich eine regelmäſsige weiſsere Gestalt, und zwar die *geschobene vierseitige Säule*, die an beiden Enden *zugeschärft* ist, und aus welcher der Uebergang in den *Rhombus* Statt hat. Der **Quarz** kömmt in ziemlich groſsen Körnern (von 3 bis 4 Linien im Durchmesser) theils *rauch-* theils *blaulichgrau* vor. Der **Glimmer** ist *lichte* und *dunkelgraulichschwarz*, und meistens in *kleine* und *sehr kleine sechsseitige Tafeln* und gleichnamige *Saulchen* krystallisirt. Der Glimmer bildet zuweilen Flecke von $\frac{1}{4}$ Zoll und mehr im Durchmesser;

doch wird er parthieenweise wieder ganz vermiſst, so daſs der Granit nur ein sehr grobkörniges Gemenge von Quarz und Feldspath darstellt. Ist dieser Granit längere Zeit der Einwirkung der Atmosphäre bloſsgestellt, wie dieses vorzüglich bei den von allem Moose entblöſsten Blöcken der Fall ist, so ist der Feldspath zu einer *gelblich*- oder *graulichweiſsen* *Porcellanerde* aufgelöset, und diese Blöcke haben auf einige Zolle, ja einige Schuhe tief, eine merkliche Veränderung erlitten.

Der Granit nimmt auch eine groſse Strecke derjenigen Gegend ein, die zwischen dem Flöhe- und Moldau-Flusse liegt. Wenigstens findet man ihn an dem östlichen Ufer der Flöhe gegen Georgensthal zu, im Dorfe Flöhe selbst, über Matzdorf hinaus bis fest an Grünwald, wo er erst wieder von dem Gneiſse bedeckt wird. Der Granit ist *kleinkörnig*. Der vorwaltende *Feldspath* ist *gelblichgrau*, und ist theils mit den übrigen Gemengtheilen zu dem eigentlichen körnigen Gewebe verbunden, theils liegt er in kleinen geschobenen, an den Enden *zugeschärften* Säulen inne, wodurch sich der Granit dem *Porphyrartigen* nähert; der *Quarz* kömmt in *stumpfeckigen Körnern* von *graulichweiſser*, *rauchgrauer* und *lichte nelkenbrauner* Farbe; der *Glimmer* *bräunlichschwarz* und insgemein in *sechsseitigen Täfelchen* krystallisirt vor.

In diesem Granite kömmt wieder ein anderer *feinkörniger* vor, der theils *nesterweise* in der eben beschriebenen Abänderung inne liegt, theils sie in mehrere Zolle breiten *Adern* nach verschiedenen Richtungen durchzieht. Der vorwaltende *Feldspath* ist *pfirsichblüthroth*; der *Quarz*, der dem Feldspathe an Menge am nächsten kömmt, ist *graulichweiſs*, wenn die Körner gröſser werden, *rauchgrau* und *blaſsnelkenbraun*; der sparsame *bräunlichschwarze Glimmer* liegt in sehr und ganz kleinen *Blättchen* und sechsseitigen Täfelchen inne.

Denselben, aber etwas *grobkörnigen*, Granit findet man in groſsen, und sehr groſsen Blöcken zerstreut, in welchen aber die inneliegenden *Feldspathsäulen* eine theils *gelblichgraue*, theils *lichte fleischrothe* Farbe haben. Die fleischrothen sind gröſser, und haben gewöhnlich sehr fein eingesprengte bräunlichschwarze *Glimmerblättchen*.

Noch einmal erscheint der Granit in dem böhmischen Erzgebirge, aber nicht zu Tage, sondern als Unterlage des porphyrartigen Syenits und Thonporphyrs, in welchem der Zinnstein bei Zinnwald einbricht, dessen Beschreibung ich für die zweite Abtheilung dieses Werkes verspahre.

Weiter verbreitet, und in gröſserer Menge, kömmt der Granit, und zwar von älterer Formation, in dem südlichen Theile des Kreises vor, aus welchem er in die angränzenden Kreise, den Rackonitzer und Pilsner, hinübersetzt. An der Nordseite erstreckt er sich fast bis an Pržibenz und Firwitz, wo er von einem grobkörnigen Sandsteine bedeckt wird; an der Ostseite liegt in der

Gegend von Chmelischen ein Lager von Syenit, oder vielmehr einem Uebergange des Syenits in Granit, auf demselben; an der Südseite, in der Gegend von Przehorž, an der äuſsersten Spitze des Kreises, übergeht er in Hornsteinporphyr und in Thonschiefer.

Die ersten Spuren ſindet man an der Nordseite in und bei dem Dorfe Firwitz. Er liegt daselbst in groſsen, bereits sehr abgeführten Stücken. Diese vermehren sich an Zahl; ihre Ecken und Kanten sind besser erhalten, so wie man sich dem Dorfe Horžowitz nähert. Er wird auf die bei letzterem Dorfe vorbeiführende Poststraſse zur Wegbesserung aufgeführt. Der Granit ist *grobkörnig*, mit vorwaltendem, gewöhnlich *bläulich*- und *aschgrauen*, nur selten in *röthlichgrauen* oder *blaſsfleischrothen Säulen* inneliegenden *Feldspathe*, *dunkelrauchgrauen* und *blaſsnelkenbraunen Quarzkörnern*, und sparsamen *kleinen* und *sehr kleinen bräunlichschwarzen Glimmerblättchen*. Da, wo er einen höheren Grad der Verwitterung erlitten hat, ist der Feldspath *gelblichgrau*, *isabell*- und *ochergelb*, selten bereits zur *Porcellanerde* aufgelöset.

Kunzens Graben.

An dem Fahrwege, der von Horžowitz gegen Wedel sanft hinanführt, erhebt sich der Granit in einem niedrigen Hügel, *Kunzens Graben*, an welchem man ihn in 1 bis 2 Klafter langen, an den Kanten und Ecken abgeführten Blöcken, unordentlich über einander gestürzt findet. Man bemerkt an demselben eine tafelartige Zerklüftung. Er weicht von dem eben beschriebenen nur darin ab, daſs der *Feldspath*, der dort nur in Körnern inne lag, hier gröſstentheils in *geschobenen vierseitigen, an den Enden zugeschärften Säulen* eingewachsen ist; daſs diese Säulen bis einen Zoll Breite haben, und daſs der Feldspath in der Mitte der gröſsern Säulen *gelblichgrau* ist, das sich gegen die Flächen der Säulen durch die *lichte aschgraue* bis in die *dunkelbläulichgraue* Farbe verzieht (die kleineren Säulchen sind durchaus asch- oder bläulichgrau); daſs der *Quarz* sparsamer wird, dagegen aber der *bräunlichschwarze Glimmer* an Menge zunimmt. Hat dieser Granit einen höhern Grad der Verwitterung erlitten, so erhält er *gelblichbraune*, eisenschüſsige (Rost-) Flecke, und der Feldspath löset sich selbst am Ende zu einer *eisenschüſsigen ochergelben Thonmasse* auf.

Oberhalb dieses Hügels sind einige Steinbrüche eröffnet, aus welchen die Steine zum Straſsenbaue verführt werden. Hier sieht man den Granit anstehend. Er erscheint in abwechselnd 3 und 4 Zolle bis mehrere Fuſs mächtigen Schichten, welche flach, in dem westlichen Steinbruche sehr flach (unter 12°) gegen Nordwest einfallen, und St. 9 streichen, in dem östlichen Steinbruche unter dem etwas gröſsern Winkel von 18° bis 20° gegen Norden einfallen, und St. 5, 4 streichen. Dieser Granit ist sehr verwitterbar, und zerfält an der Luft zu einem groben Gruſssande. Frisch ist er noch *grobkör-*

niger, als die bereits beschriebenen Abänderungen. Der **Feldspath** ist noch immer vorwaltend, *röthlichweiſs* und *blaſsfleischroth* oder *gelblichgrau*, nur selten *lichte aschgrau*; zuweilen, obgleich nur sparsam, kömmt er in *Säulen* eingewachsen vor. Der **Quarz** erreicht an Menge den Feldspath nicht, ist aber doch viel häufiger, als in den beschriebenen Granitabänderungen, *blaulichgrau*, *lichte* und *dunkelrauchgrau*. Der *braunlichschwarze* **Glimmer** ist wieder viel sparsamer. Der blaſsfleischrothe Feldspath ist viel verwitterbarer, als der aschgraue; daher man jenen, der äuſsern Oberfläche näher, bereits zu einer *röthlichweiſsen* und *blaſsfleischrothen* **Porcellanerde** aufgelöset findet, da dieser seinen Glanz, nebst seiner Frischheit, so ziemlich erhalten hat.

Der Kudichberg.

Oberhalb der Steinbrüche erhebt sich der *Kudichberg*, der gröſstentheils mit Wald bedeckt ist, an der Mitternacht- und Abendseite steil abfallt, gegen Mittag und Morgen sich sanft verflächt. Dieser Hügel besteht aus demselben Granite, der aber nur in gröſsern Blöcken aus dem Rasen hervorragt.

Der Hauchgraben.

Mit ihm verbindet sich an der Nordseite der *Hauchgraben*, ein nicht zu hoher, mit mehreren Kuppen versehener, langgezogener Gebirgsrücken, der in der Richtung von Nordost gegen Sudwest lauft, und von allen Seiten sanft sich in die umliegende Gegend verflächt. An seinem südöstlichen Fuſse liegt Chollischau, an dem nordöstlichen Muckhof. Am erstern Dorfe sieht man kleine Felsenmassen, die aus unordentlich über einander liegenden Granitblöcken bestehen, sich erheben, die gröſstentheils kahl, und nur stellenweise beraset sind.

Der Wolfsberg, oder die Schloſsstiege.

Dem Gebirgsrücken gegen Nordwesten erhebt sich der Wolfsberg, oder die Schloſsstiege. Dieser ist kegelförmig, an der mit hochstämmiger Waldung bedeckten Kuppe abgerundet, von Wilenz aus, das an seinem nördlichen Fuſse liegt, angesehen, von einer ansehnlichen Höhe. Alle diese Berge haben Granit, aber wieder nur in herumliegenden Blöcken, aufzuweisen. Er ist etwas weniger *grobkörnig*. Der *Feldspath* und der *Quarz* liegen in ziemlich gleichem Verhältnisse inne; ersterer ist *gelblich-* und *grünlichgrau*, meistens in *stumpfeckigen Körnern*, seltener in *geschobenen vierseitigen Saulen* oder *Rhomben* eingewachsen; letzterer ist *dunkelrauchgrau*, *nelkenbraun* und *bräunlichschwarz*. Der *Glimmer* kömmt in häufigen, aber *sehr kleinen bräunlichschwarzen* Blättchen vor. Im Ganzen hat dieser Granit ein bräunlichschwarzes Ansehen, indem sich die Feldspathsäulen und Körner durch ihre lichtere Farbe auszeichnen.

Hinter Koteschau fällt die Gegend einem Thale zu, das einen Bach aufnimmt, welcher sein Wasser aus den Jechnitzer Teichen erhält, nordostwärts läuft, dann sich mehr gegen Osten dreht, und endlich, in südöstlicher Richtung, aus dem Thale in die Ebene bei Foratschen und Swichow austritt. An den, dem Bache zufallenden Gehängen, vorzüglich an dem westlichen, sind 10 bis 15 Klafter hohe Felsen befindlich, welche, bei näherer Prüfung, nur aus ungeheuer grofsen, über einander gestürzten Granitmassen bestehen. In dem Bache liegen Stücke und Blöcke desselben Granits zerstreut, an denen die Ecken und Kanten meistens schon mehr oder weniger abgeführt sind. Der Granit ist *grobkörnig*, und kömmt dem in den Horżowitzer Steinbrüchen vorgefundenen am nächsten. Der vorwaltende ***Feldspath*** ist *bläulich- asch-* lichte *rauch-*, nur selten *gelblichgrau*; der *Quarz* ist *rauchgrau*, *nelkenbraun* und *bräunlichschwarz*; der *Glimmer* liegt in *kleinen bräunlichschwarzen Blättchen* inne. Durch die Verwitterung löset er sich zu einem Grufssande auf, und der Feldspath theils zu einer *graulichweifsen* ***Porcellanerde***, theils zu einem *ochergelben* und *blafsgelblichbraunen eisenschüfsigen Thone*.

Dieser Granit verbirgt sich etwa einige hundert Schritte vor dem Austritte des Baches aus dem Gebirge unter dem Thonschiefer; so wie sich aber das Gebirge ostwärts zieht, und in einem, mit hochstämmiger Waldung bewachsenen, nicht zu hohen Rücken, in dieser Richtung ausläuft, so verschwindet der Thonschiefer wieder, und derselbe Granit liegt an dem nördlichen, der Ebene zufallenden Abhange, in zerstreueten Stücken und Blöcken umher. In der Nachbarschaft des Dorfes Kletschetin dreht sich der Gebirgsrücken etwas gegen Süden, und macht so einen Einbug, in welchem das Dorf liegt. So wie man das südwestliche Gehänge zu dem sogenannten Bergwerke (Hurky) hinansteigt, so verschwindet der Granit wieder, und verbirgt sich unter einem Granite neuerer Formation (einem Uebergange desselben in Syenit) und wahren Syenite.

Er erscheint erst wieder in jenem Thale, das von Drahuschen nordwärts läuft, und einen kleinen Bach aufnimmt, der sich in einer geringen Entfernung in den Jechnitzer Bach ergieſst. Er bildet daselbst niedrige Felsenmassen, welche aber so zerklüftet sind, daſs sich das Verhalten des Granites, in Hinsicht des Streichens und Fallens, nicht angeben läſst. Er ist *grobkörnig.* Der *Feldspath* und *Quarz* kommen ſast in gleichem Verhältnisse vor; jener ist *blaſsorangegelb*, das durch die Verwitterung *ochergelb* wird; dieser ist *grau*, *blaſsnelkenbraun*, und aus diesem in das *Bräunlichschwarze* übergehend. Der *Glimmer* hat eine *dunkelbräunlichschwarze* Farbe, und liegt meistens in *kleinen Blättchen*, seltener in *sechsseitigen Tafelchen* und niedrigen gleichnamigen *Säulchen* inne.

Mit diesem Granite wechseln einigemal mehrere Fuſs starke Lager eines *splittrigen Hornsteines* ab.

Seine Farbe ist *gelblichgrau*, die von einer Seite in die *perl-* von der andern in die *blaſsrauchgraue zieht*,

ist inwendig *matt*,

von *kleinsplittrichem* Bruche,

unbestimmt eckigen, *ziemlich scharfkantigen* Bruchstücken,

und *an den Kanten durchscheinend*.

Dieser Hornstein geht hier und da schon in *gemeinen Quarz* über, von welchem schmale Trümmchen und Gänge in dem Granite aufsetzen.

Den zuletzt beschriebenen Granit findet man allenthalben an dem niedrigen Gebirgsrücken, der sich von Südwest gegen Nordost an der Südseite des Baches fortzieht, gröfstentheils mit Wald bedeckt, und nur stellenweise beraset ist, in niedrigen, äufserst zerklüfteten Felsen anstehen, an dem Bache und dem Teiche in gröfsern und kleinern Blöcken zerstreut. Er verbreitet sich auch über Gerten bis an Podhořenka, wo er theils mehrere einzelne bewaldete Kuppen und Hügelzüge bildet, theils wieder in Blöcken von beträchtlicher, zuweilen ungeheurer Gröfse, herumliegt.

In der Nähe des Städtchens Jechnitz wird der Granit eine kleine Strecke vom Sandsteine und Sandsteinschiefer bedeckt, kömmt aber an der Nordseite wieder, anfangs in abgeführten Stücken, dann in kleinen Blöcken, vor, die an Zahl und Gröfse zunehmen, so wie man das Gebirge, das von der Südseite Petersburg einschliefst, höher hinansteigt. In diesem werden einige Erhöhungen mit eigenen Namen bezeichnet, als da sind der Allerheiligenberg, Ziegenberg, Spitzberg, und der gebrannte Berg.

Der Allerheiligenberg.

Der am meisten gegen Westen gelegene ist der Allerheiligenberg. Dieser ist zweikuppig, sparsam mit Nadelholz bewachsen, an der östlichen Kuppe mehr abgerundet, an der westlichen abgeplattet, und auf der kleinen Plattform mit einer Kapelle versehen. Beide Kuppen fallen von allen Seiten steil ab, am steilsten gegen Norden. Ein schmaler Fufssteig führt an der Ost- und Südseite in mehreren Windungen bis zur Kapelle hinan. Der diesen Berg constituirende Granit ist wieder äufserst zerklüftet. Bei näherer Untersuchung bemerkt man ½, 1, 2 bis 3 Fufs starke Schichten, welche unter dem Winkel von 56° gegen Westen einfallen; indessen läfst sich das mit Zuverläfsigkeit nicht aussagen, da die Beobachtung an einer ungeheuren Granitmasse gemacht wurde, die mir zwar das Ausgehende einer Granitbank zu seyn schien, aber eben so leicht sich von dem Berge blofs lofsgetrennt haben konnte. Von dem Fufse dieses Berges läuft ein Kamm in einer sanften Krümmung erst gegen Westen, dann gegen Norden aus, der mit der veränderten Richtung allmälig an Höhe zunimmt, und sich bis an das Dorf Steben erstreckt. An dem Abhange, noch mehr aber aber an dem Fufse desselben, liegt der Granit, in Blöcken und Stücken zerstreut, herum; da, wo er anstehend ist, setzen in demselben zahlreiche, meistens parallele Klüfte auf. Durch Ablösungen ist er in mehrere Fufs mächtige Schichten abgetheilt, welche unter 60° gegen Süden eingefallen, und ihr Streichen St. 5 zu haben scheinen. In den tiefsten Punkten haben die Wasserfluthen von den Bergen allmälig einen Grufssand zusammen geschwemmt, der aus zertrümmertem Granite besteht, und mehrere Klafter hohe Erhöhungen bildet. Diesen Grufssand findet man allenthalben in der Ebene von Steben, Pletten, und an den von Gerten abfallenden Gebirgsgehängen.

Der Ziegenberg.

Mehr südwärts liegt der *Ziegenberg*. Dieser ist viel höher, aufser der Südseite, wo er kahl und blofs stellenweise beraset ist, gleichfalls ganz mit Wald bewachsen. Er stellt dem Auge ein wahres Bild der Zerstöhrung dar. Man sieht überall, vorzüglich an der Nordseite, unzählige und ungeheure Granitblöcke, von 2, 3 und mehrere Klafter im Durchmesser, theils einzeln an den Abhängen und an dem Fufse zerstreut, theils regellos über einander gestürzt, wodurch grofse Höhlungen, Löcher und Zwischenräume entstehen, durch welche man oft nur mit Mühe durchkriechen, oft aber auch mit Bequemlichkeit aufrecht hindurch gehen kann. Aus diesen Räumen wächst hier und da ein einzelner Baum oder eine Gruppe von Bäumen hervor. An der Nordseite fällt dieser Berg steil dem Schlosse Petersburg zu; an der Westseite verbindet er sich, mittelst eines sanft gekrümmten Einbuges, mit ersterem Berge.

Der Spitzberg.

An der Ostseite steht mit dem zuletzt beschriebenen Berge der *Spitzberg* in Verbindung, oder er macht mit ihm vielmehr ein Ganzes aus, und ist nur als eine besondere, ganz mit Waldung bedeckte, zugespitzte, gegen Norden steil abfallende Kuppe anzusehen. An dem östlichen Abhange der Kuppe ragt eine Felsenmasse hervor, an welcher der Granit zwar anstehend, aber theils so sehr zerklüftet, theils mit von dem Gipfel des Berges losgetrennten Granitmassen so überdeckt angetroffen wird, dass sein Verhalten, in Hinsicht des Streichens und Fallens, unbestimmbar bleibt.

Der gebrannte Berg.

Von diesem Berge laufen zwei Kämme gegen Norden aus, davon der östliche, bis auf einige einzelne hervorragende Felsenmassen und zerstreute Blöcke, ganz beraset ist, der westliche nur aus unzähligen und grossen über einander gestürzten Granitmassen besteht. Der letztere hat den Namen des *gebrannten Berges*, und liegt südöstlich von Petersburg. Ostwärts fällt er sanft ab, erhebt sich aber bald wieder in einen zweiten Kamm oder sshmalen Rücken, und ist hier theils beraset, theils unberaset; an der Westseite ist er steil abgestürzt.

Mehr gegen Norden setzt sich der Spitzberg mit dem oben beschriebenen Wolfsberge in Verbindung.

Alle diese Berge, deren äuſsere Form und Verbindung unter einander ich hier bestimmt habe, bestehen aus demselben *grobkörnigen* Granite, in welchem der vorwaltende Gemengtheil ein theils *gelblich-* theils *asch-* und *bläulichgrauer* ***Feldspath*** ist, der nicht selten in ½ Zoll langen Säulen inne liegt, die an dem Umrisse asch- und bläulichgrau, in der Mitte gelblichgrau, ja zuweilen *blaſsfleischroth* sind; an dem Fuſse des Allerheiligenberges ist er fast *graulichweiſs*, und zieht, nur selten, etwas weniges in das Bläulichgraue. Der ***Quarz*** ist *lichtegrau*; der ***Glimmer*** *bräunlichschwarz* in eingestreuten kleinen Blättchen.

Mehr gegen Norden und Westen wird der Granit bei Wilenz, Tschentschitz, Pržibenz, durch ein sehr mächtiges Lager eines grobkörnigen Sandsteines, dem Auge entzogen, und er kömmt erst wieder in der Gegend von Leschkau vor, wo er zwei Gebirgszüge bildet, welche mit einander parallel von Norden gegen Süden auslaufen.

Der Mühlberg und Schrofberg.

Den Anfang des östlichen Zuges macht der *Mühl-* und *Schrofberg*. Ersterer liegt Leschkau gegen Norden, letzterer gegen Westen. Beide fallen dem Dorfe steil zu, sind an den steilen, felsigten Abhängen ganz kahl, an den übrigen sanftern bewaldet. Am erstern sieht man an dem Fuſse unzählige Granitblöcke herumliegen, in den höhern Punkten ist er fest anstehend, und man nimmt daselbst mehrere Fuſs starke Bänke (Schichten) wahr, welche unter einem Winkel von 24° gegen Osten einfallen, und Stunde 12 streichen. Diese Bänke werden durch unter einem Winkel von 78° bis 88° aufsetzende Klüfte schiefwinklich durchschnitten; und so erhält der Granit, durch diese Ablösungen und Klüfte, große Rhomboidalschnitte, und wird in große Trapezoiden abgetheilt.

Der Johannesberg.

Mit dem Schrofberge steht an der Südseite der Johannesberg in Verbindung, zwischen welchen eine kleine Ebene liegt, über welche die Poststraße wegführt. Dieser ist vierkuppig; an allen Kuppen, die zweite, welche ganz bewaldet ist, ausgenommen, liegt der Granit in größern und kleinern Blöcken an dem Fuße und an den Abhängen.

Dieser Gebirgszug erstreckt sich bis an das Dorf Alberitz, wo er mit einem sanften Abhange sich in die östliche Ebene verliehrt.

Der Alberitzer Wald.

Mit ihm läuft mehr westlich ein zweiter Gebirgszug parallel aus. Seine Erstreckung ist viel größer. Er beginnt bei dem Hirschwirthshause, läuft dann in südlicher Richtung bis an die Gränze des Pilsner Kreises, und setzt noch eine Strecke in demselben fort. Er ist gegen Osten ziemlich steil abgestürzt, ganz bewaldet, und begränzt die ziemlich ausgedehnte Ebene, auf welcher die

Dorf-

Dorfschaften Alberitz und Pletten liegen. Hier und da sieht man an diesem östlichen Gehänge einzelne Felsenmassen mitten in der Waldung hervorragen. Hier und da läuft ein schmaler Kamm eine gröſsere oder kleinere Strecke in die Ebene aus, und dieser besteht gewöhnlich nur aus regellos über einander gestürzten Granitblöcken. Dieser ganze Gebirgszug hat den Namen des *Alberitzer Waldes.* Einzelne felsigte Hervorragungen nehmen besondere Namen an, als da sind: der *Chlumbach*, das *Kühloch*, der *Hirschenstein*, der *Distelgrund.* Der gröſste Granitblock liegt in dem Schäteser Gemeinwalde, dem Städtchen gegen Westen. Er hatte gemessen 100 Klafter im Umfange; und da er da, wo er aufliegt, eine schmälere Basis hat, so kann man unter diesem Granitblocke bequem herumgehen, und es können sich mehrere Menschen darunter lagern.

Aller Granit der Gegend ist *grobkörnig.* Von dem *Feldspathe*, der auch hier vorwaltend ist, kommen zwei Abänderungen vor, deren eine bald *dunkler*, bald *lichter fleischroth*, die andere aus dem Gelblichgrauen durch das *Rauch-* bis in das *Aschgraue* zieht; an beiden entdeckt man die mehr oder minder deutliche Säulenform. Der *Quarz* ist *graulichweiſs* oder *perl-* und *bläulichgrau*, und aus letzterem in das *Blaſssmalteblaue* übergehend; der *Glimmer* liegt in sparsamen *graulich-* und *bräunlichschwarzen Blättchen* inne.

Dieser Granit ist, so wie der Granit um Jechnitz, Petersburg, sehr verwitterbar, und zerfällt gleichfalls, wenn er längere Zeit der Einwirkung der Luft und des Wassers bloſsgestellt ist, zu einem Gruſssande. Diese leichte Verwitterbarkeit des Granits, nebst den zahlreichen Zerklüftungen und tafelartigen Ablösungen, reicht hin, um das Vorkommen desselben in gröſsern und kleinern, theils einzelnen, theils mehr und minder häufig über einander gestürzten Blöcken zu erklären. Denn da, wie dieses am Mühlberge am deutlichsten wahrnehmbar ist, die, mehrere Fuſse starken Granitbänke, durch die fast senkrecht niedersetzenden Klüfte in trapezoidische Stücke getrennt werden, so wird der Zutritt der atmosphärischen Luft und des herabfallenden Regenwassers ziemlich tief in die Granitmasse hinein erleichtert; da zudem der Feldspath und der Glimmer aller beschriebenen Granitabänderungen, wegen ihres vorzüglichen Gehaltes an Eisen, das, sobald es sich entweder mit dem in der Atmosphäre enthaltenen Sauerstoffgase verbindet, oder vielmehr selbst das atmosphärische Wasser zersetzt, und sich den einen Bestandtheil des Wassers, den Sauerstoff, wegen der gröſsern Verwandtschaft zu demselben, aneignet, und so auf die erstere oder andere Art oxidirt wird, seine bindende Kraft verliehrt, leicht auflösbar sind: so werden die Ecken und Kanten der trapezoidischen Bruchstücke abgerundet. Da dieses nun nicht allein den aufliegenden Granitstücken, sondern auch den tiefer liegenden wiederfährt, so können erstere die letztern nur in wenigen Punkten berühren, verliehren ihre Stütze, und müssen herabstürzen. Dieses Lostrennen und Herabstürzen wird um so mehr erleichtert, je gröfser die der Einwirkung der Atmosphäre ausgesetzte Granitfläche ist. Vorzüglich begünstigt wird es im Winter, wenn das in die Klüfte und Ablösungen eingedrungene Tageswasser gefriert, dadurch an Volumen zunimmt, wodurch die Granitmassen aus einander getrieben werden. Die herabgestürzten Granitmassen werden von den Fluthen im Frühlinge fortgerissen, mehr und mehr an den Kanten und Ecken abgeführt, und so selbst in entlegenere Gegenden verführt.

Derjenige Granit, welcher, in Begleitung des Syenites, in der Gegend von Chmelischen, Plawitsch, Nedowitz, an der südlichen Gränze des Kreises, vorkömmt, ist von einer neuern Formation, als der bisher beschriebene. Dieses beweiset theils sein Uebergang in Syenit bei Chlemischen, das Innliegen des Syenits in Knauern und Nestern darinn bei Plawitsch und im Hubertiwalde, und das dickflasrige Gewebe, welches er in der Gegend von Nedowitz annimmt.

Bei dem Dorfe Plawitsch, und in dem angränzenden Hubertiwalde, liegt der Granit in grofsen, und sehr grofsen Blöcken herum. Die Verwitterung hat, selbst bei den gröfsten, mehrere Fufs tief eingedrungen, und nur der Kern derselben ist frisch genug, um eine Bestimmung zuzulassen. Er ist sehr *kleinkörnig*, und bestehet gröstentheils aus einem *gelblichgrauen*, in das

Fleischrothe übergehenden *Feldspathe*, aus sparsamen *grauen Quarzkörnern*, und noch sparsamern *bräunlichschwarzen Glimmerblättchen.* Nur äuſserst selten entdeckt das Auge ein *eingewachsenes kleines Hornblendesäulchen.*

In diesem Granite liegt nesterweise ein kleinkörniger Syenit, den ich an seinem Orte beschreiben werde.

In der Gegend von Neuhöfl, Welhoten, zweier schon in dem Rakonitzer Kreise gelegenen Dorfschaften, ragt die Gebirgsart in groſsen Blöcken aus dem Rasen und den Feldern hervor; auch liegt sie in groſsen Massen übereinander gestürzt, die in der Ferne als anstehende Felsen täuschen. Sie ist Granit, dessen *grobkörniges* Gewebe schon in das *dickflasrige* zu übergehen anfängt, und der so eine *Annäherung des Granites zu dem Gneiſse* macht. Der vorwaltende Gemengtheil ist ein theils *gelblichweiſser*, theils *röthlichgrauer Feldspath;* der ziemlich häufige *Glimmer* ist *bräunlichschwarz*, in das *Graulichschwarze* ziehend, liegt in kleinen Flecken inne, und macht *den Uebergang in die gemeine Hornblende;* auch findet sich hier und da schon ein kleines *Säulchen* der vollkommen deutlichen *Hornblende;* am sparsamsten kömmt der graue *Quarz* vor; äuſserst selten erblickt man ein sehr kleines eingewachsenes *Säulchen* eines *hyacinthrothen* Fossils, von dem es aber, wegen des Eingewachsenseyns und der geringen Gröſse, zweifelhaft bleibt, ob es Granat oder Quarz sey.

Von Welhoten erhebt sich die Gegend sanft gegen Nedowitz zu, das auf einem, von Süden gegen Norden laufenden, und dahin allmälig sich verflächenden Gebirgsrücken liegt. An der Mittagsseite des Dorfes erhebt sich ein bewaldetes, an dem Gipfel zugerundetes, niedriges Küppchen, auf welchem folgende Gebirgsart in einzelnen Blöcken und Stücken herumliegt. Sie kömmt dem Syenite, den ich in der Gegend von Chmelischen aufgefunden habe, in dem äufsern Ansehen sehr nahe; nur dafs die kleinen, und sehr kleinen *Quarzkörner* *dunkelcochenill-* und *kirschroth* sind, dafs der vorwaltende *Feldspath graulich-* und *gelblichweifs* ist, die Hornblende ganz vermifst wird, statt deren aber sparsamer *dunkelgraulichschwarzer* Glimmer in gröfseren Blättchen inne liegt, und sie daher ein entschiedener Granit ist. Mitten in demselben liegt eine andere Gebirgsart, welche ½ bis 1 Fufs starke, vielleicht noch stärkere Lagen darinn ausmacht. Sie ist sehr *dünnschieferig*. Vorwaltend ist in derselben gleichfalls der nämliche *Feldspath*, der mit sparsamen *grauem*, selten *blafscochenillrothem* und *röthlichweifsem Quarze*, zu einem *feinkörnigen* Gemenge verbunden, kaum ¼ bis ½ Linie starke Lagen bildet, zwischen welchen dünne Blättchen eines *Ueberganges des Glimmers in Thonschiefer*, gewöhnlich von *rauch-* und *grünlichgrauer*, seltener von *blafsbräunlichrother* Farbe, liegen. Diese Blättchen bilden auf dem Längebruche, oder vielmehr den Ablösungen, *geflammte* Zeichnungen von obigen Farben, die bald allmälig in einander verfliesſen, bald scharf abgeschnitten sind; auf *Queerbrüche* sieht man sie dagegen wellenförmige Streifchen bilden. Die Flecke sind ganz *matt*, oder doch nur, wenn der Glimmer deutlicher wird, schwächer oder stärker *schimmernd*. Diese Lagen sind bald von dem Granite scharf abgeschnitten, bald ist der Uebergang allmälig, das Gemenge des Granites wird feinkörniger. Der Glimmer ist nur sparsam, und in zarten Schüppchen eingesprengt, oder wird parthienweise ganz vermiſst; die Farbe des Granits ist dann *pfirsichblüthroth*.

Hinter Nedowitz, auf dem Wege nach Drahuschen, findet man wieder, aber gleichfalls nur in Blöcken, eine andere Granitabänderung. Sie ist *grobkörnig*, und hat gleichfalls eine Neigung zum Dickflasrigen, doch weniger, als die von Welhoten. Der vorwaltende *Feldspath* ist meistens *graulichweiſs*, nur hier und da *gelblichweiſs*; der *Glimmer*, der in dem quantitativen Verhältnisse dem Feldspathe am nächsten kömmt, ist *graulichschwarz*, und gewöhnlich sind mehrere Blättchen desselben in kleine *rundliche Flecken* zusammengehäuft; der *Quarz* ist *grau*, *blaſsnelkenbraun*, nur äuſserst selten *blaſscochenillroth*, und aus diesem in das *Röthlichgraue* übergehend. Nebst dem liegt noch hier und da in *sehr*, und *ganz kleinen eingewachsenen Säulchen*, *graulichschwarze gemeine Hornblende* inne. Mitten durch diesen Granit setzen einen Zoll starke Trümmchen hindurch, welche aus *gelblichweiſsem Feldspathe* bestehen, in deren Mitte derselbe *röthlichgraue*, von einer Seite in das *Blaſscochenillrothe*, von der andern in das *Blaſsnelkenbraune* übergehende *Quarz grob* und *klein* eingesprengt ist.

Gneiſs.

Diese Gebirgsart ist in dem böhmischen Erzgebirge die herrschende, oder vielmehr die constituirende.

Beginnt man die Beschreibung derselben in dem Saatzer Kreise an der Westseite, so macht derjenige Gebirgszug, der sich an der Abendseite des Baches, welcher durch das Dorf Schmiedeberg läuft, erhebt, den Anfang. Die Richtung, welche dieser Gebirgszug, der aus mehreren, nur durch sanfte Vertiefungen von einander getrennten, abgerundeten Kuppen besteht, nimmt, ist von S. S. W. gegen N. N. O. Ueber den Rücken desselben läuft die Gränze des Kreises mit dem benachbarten Ellbogner. Er ist ganz mit hochstämmiger Waldung bedeckt, fällt steiler an der Westseite dem Pöhlflusse zu, als er sich an der Ostseite von dem Schmiedeberger Bache erhob. Er hat den Namen der *Hammerberge.* Seine Gebirgsart ist Gneiſs, auf welchem, in höhern Punkten, Glimmerschiefer aufliegt. Da aber alle daselbst aufgefundenen Abänderungen des Gneiſses, so wie des Glimmerschiefers, sich von jenem des folgenden Gebirgskammes gar nicht unterscheiden, so beziehe

Der Hammerberg.

ich mich hier auf die später zu liefernde Charakteristik derselben, so wie die Beschreibung der in demselben liegenden Eisensteingruben in der zweiten Abtheilung dieses Werkes ihren Platz finden soll.

An den Hammerberg schliefst sich ein zweiter Gebirgszug an, dessen Gränzen an der Westseite der Schmiedeberger, an der Ostseite der Presnitzer Bach macht. Seine Richtung nimmt dieser Gebirgszug von Süden gegen Osten, hat seine gröfste Höhe bei Kupferberg, wo er sich mit dem sogenannten Kupferhügel endigt, und fällt sanft dem Zusammenflusse beider genannten Bäche, der sich aber schon aufserhalb Böhmen findet, zu. Auf diesem Abhange liegen die Dörfer Köstlwald, Dirnsdorf, an dem westlichen Gränzbache das Dorf Schmiedeberg, an dem östlichen die Stadt Presnitz und das Dorf Christophshammer. Durch eigene Namen zeichnen sich in diesem Zuge die drei Spitzberge, die auf dem Rücken aufliegen, der Bläschenberg, und das Gerichtsstück, die an dem westlichen Abhange befindlich sind, aus. Alle diese ebengenannten Berge und Hügel gehören zur Trappformation. Sonst ist die herrschende Gebirgsart des ganzen Zuges Gneifs, den ein weit ausgebreitetes Lager von Glimmerschiefer deckt, und in welchem kurze Lager von Chloritschiefer und gemeiner Hornblende liegen. In diesem Gebirgszuge liegen zugleich zwei Erzformationen, als: die ältere Bleiglanzformation, welche die tiefern Punkte des Gebirges einnimmt; und die sehr merkwürdige, aber viel jüngere Eisensteinformation von Orpes und dem Kremsger. Die detaillirte Beschreibung des auf letzterem verführten Baues findet sich in dem zweiten Theile dieses Werkes; hier liefere ich nur die auf mehreren Reisen in dieser Gegend gesammelten geognostischen Bemerkungen.

Bei dem Dorfe Oberhals, mit welchem ich, obschon es in dem angränzenden Ellbogner Kreise liegt, die Beschreibung des böhmischen Erzgebirges anfangen muſs, den Eisensteingruben gegen Osten, ist der Gneiſs an einem niedrigen Felsen festanstehend. Er ist *dünn-* und *krummschiefrig*. Der vorwaltende *Feldspath* und *Quarz* sind *graulichweiſs*, der *Glimmer aschgrau*, seltener in einzelnen Blättchen *gelblichgrau* oder *bräunlichschwarz*. Auf den Ablösungen liegen einzeln zerstreuete *sechsseitige Säulen* von *schwarzem Schörl*. Die Schichten, welche dieser Gneiſs bildet, sind nur einige Zolle stark, und fallen gegen N. N. O. unter einem ziemlich starken Winkel ein.

In tiefern Punkten zwischen der höher gelegenen Grenmühle, und dem tiefer liegenden Dorfe Unterhals, sieht man an einigen, mitten in dem Walde aus dem Rasen hervorragenden, Felsenmassen *Gneiſs*, der aber noch viel *dünn-* und *krummschiefriger*, und zugleich *sehr thonig* ist, daher den *Uebergang in Thonschiefer* zu machen scheint. Der *Feldspath* hat eine *blaſsisabellgelbe* oder *gelblichbraune* Farbe; der *Glimmer* ist *aschgrau*, *grünlichgrau* und *bräunlichroth*, und äuſserst *zartschuppig*; der Quarz wird fast ganz vermiſst, statt dessen nimmt der Gneiſs viel Thon auf; daher er auch bei dem Anhauchen sehr thonig riecht. Der Gneiſs ist gewöhnlich schon in einem hohen Grade der Verwitterung begriffen, und, wegen der verschiedenen Grade der Oxydation des Eisens, *ochergelb*, *gelblichbraun* und *bräunlichroth*, oder *röthlichbraun* auf den Ablösungen *gefleckt*. Die Schichten, welche er bildet, sind von ½ bis 2, auch 3 Zolle stark, und fallen unter 54° gegen Norden ein, haben ihr Streichen St. 5, 4.

In der ganzen Gegend der Stadt Kupferberg sieht man nichts als Gneiſs. Anstehend fand ich ihn nur an der Südseite der Stadt, an dem gegen Süden abfallenden Abhange des Erzgebirges. Es ragen daselbst drei niedrige Felsen hervor, davon der östliche der höchste ist, und 15 Klafter senkrechter Höhe haben mag; der mittlere ist etwa 12 Klafter hoch; der östliche ist der niedrigste, und seine Höhe übersteigt nicht 8 Klafter. Alle drei sind ganz kahl, klippig, äuſserst zerklüftet. Die Schichten der sie constituirenden Gebirgsart fallen unter 24° gegen S. S. W. ein, und streichen St. 10. Der Gneiſs ist *dünn*- und etwas *krummschiefrig*. Der *Feldspath* ist, wie gewöhnlich, vorwaltend, *graulichweiſs*; der *Glimmer* ist *gelblichgrau*, und geht aus diesem von einer Seite in das *Silberweiſse*, von der andern in das *Tombackbraune* über; der sparsame *Quarz* ist *graulichweiſs* und *rauchgrau*. Der Glimmer macht gewöhnlich nur ganz schwache (kaum eine halbe Linie starke) Lagen, und wechselt mit den aus Feldspath und Quarz bestehenden, gleichfalls sehr schwachen (1 bis 2 Linien starken) Lagen ab, wodurch dieser Gneiſs auf dem Queerbruche wie *geschnürlt* erscheint.

In höhern Punkten, der Stadt Kupferberg näher, wird der Gneiſs noch dünnschiefriger; hat aber übrigens dieselben Eigenschaften. Die Schichten, welche er an dem östlich gelegenen Felsen bildet, mögen ½ bis 1 Fuſs stark seyn, und fallen hier unter 38° gegen N. N. W. ein, und haben ihr Streichen St. 4. An dem östlich gelegenen höhern klippigen Felsen wird der Einfallwinkel beträchtlich gröſser; er beträgt 74°, und die 3 bis 6 Zoll starken Schichten fallen gegen N. N. O. ein, und haben ihr Streichen St. 8. Der sie constituirende Gneiſs ist noch immer derselbe, nur daſs in demselben *sehr kleine sechsseitige Säulen* von *schwarzem Schörl* sehr häufig, theils *einzeln*, theils mehrere zusammengehäuft inne liegen.

Der Kupferberg macht einen der höchsten Punkte des Erzgebirges aus. Von da fällt das Gebirge Nordwestwärts gegen Schmiedeberg, Nordostwärts gegen Presnitz zu. Ich will hier nur die Gebirge, in Rücksicht ihres äuſsern Ansehens sowohl, als der sie zusammensetzenden Gebirgsart, näher beschreiben, da die den Bergbau der Gegend betreffenden Data in dem zweiten Theile dieses Werkes angeführt werden sollen.

Geht man von Kupferberg auf Schmiedeberg zu, so verflächt sich die Gegend anfangs sanft; erst ganz nahe an dem Dorfe fällt sie steil dem durch das Dorf fliefsenden Bache zu. Der Abhang ist gröfstentheils mit hochstämmiger Waldung bewachsen; ein Theil des steilern Abhanges ist mit den nach Schmiedeberg gehörigen Wiesen und Feldern bedeckt. Die Hauptgebirgsart des ganzen Gebirgszuges, dessen Fufs der Bach bespühlt, und der in der Richtung von S. S. W. gegen N. N. O. läuft, ist Gneifs. Von diesem fand ich zwei Abänderungen.

I. Die erste Abänderung, welche ich an dem Fufse des Spitzberges anstehend fand, ist, wie jener unterhalb Kupferberg, *dünn* - und gleichfalls *krummschiefrig*, nur sind die *Quarz* - und *Feldspathlagen* etwas stärker, dagegen die *Glimmerlagen* sehr schwach, und man sieht von dem Glimmer nur wenig auf dem Queerbruche; auf dem Längebruche aber (da gewöhnlich beim Zerklüften der Gneifs sich da spaltet, wo eine Glimmerlage befindlich ist) liegt er in zarten Schuppen über einander. Die Farbe der Gemengtheile ist die oben angegebene, nur zieht jene des Feldspathes in die *gelblichgraue*.

II. Die zweite Abänderung findet man gleichfalls an dem südlichen Fufse des Spitzberges, aber nur in sehr grofsen Blöcken, die oft mehrere Klafter im Durchmesser haben, zerstreut in dem Walde liegen. Der Gneifs ist *sehr dickflasrig*; sein Gewebe nähert sich schon dem *Grobkörnigen*, und scheint so einen *Uebergang in Granit* zu machen; ja, in einzelnen abgestuften Exemplaren würde man ihn unbedingt für Granit nehmen, an den Blöcken selbst aber bemerkt man sehr deutlich seine flasrige Textur. Der *Quarz* und der *Feldspath* sind fast in gleichem Verhältnisse in diesem Gneifse vorhanden. Ersterer ist gewöhnlich *perlgrau*, und verläuft sich durch das *Graulichweifse* bis in das *Milchweifse*; er liegt in *stumpfeckigen Körnern* inne, die zuweilen 5 bis 6 Linien im Durchschnitt messen; letzterer ist *graulichweifs*, und scheint hier und da eine Anlage zur Krystallisation zu verrathen. Beide Gemengtheile kommen, gewöhnlich von einander abgesondert, in gröfsern Parthien aggregirt vor. Zwischen den zusammengehäuften Quarzkörnern und Feldspathmassen liegt der *asch* - und *gelblichgraue* *Glimmer* in Blättchen inne. Was aber diesen Gneifs noch auszeichnet, ist, dafs er gröfsere Parthien eines *feinkörnigen schwärzlichgrauen Gemenges* aufnimmt, das unter dem Suchglase erst als aus *rauchgrauem Quarze*, *graulichweifsem Feldspathe*, und vorwaltendem, sehr *zartschuppigem Glimmer* bestehend, erscheint.

Der höchste Kamm des Gebirgszuges scheint aus Glimmerschiefer zu bestehen, da man ihn auf den höhern Punkten (in der Gegend des Spitzberges, des Orpes, des Kremsger) in sehr grofsen Stücken herumliegend findet.

Auf diesem höhern Gebirgskamme sowohl, als an dem Fufse, liegt Basalt auf, den ich, so wie die Berge, welche er constituirt, zu seiner Zeit beschreiben werde.

Nach vorausgegangener Prüfung des höhern Gebirgskammes, blieben mir die tiefern Punkte desselben zu untersuchem übrig, welches ich sowohl an dem östlichen, als westlichen Fuſse that. Diese Untersuchung zeigte mir, daſs die Hauptgebirgsart Gneiſs sey. Da aber den Gebirgsrücken sowohl, als die Abhänge, allenthalben hochstämmige Waldung deckt, so findet man die Gebirgsart nicht anstehend, sondern nur in Blöcken, oder gröſseren und kleineren Stücken zerstreuet. Nur an dem letztern Hause in Christophshammer fand ich sie an einem, etwa fünf Klafter hohen Felsen anstehend. Die Gebirgsschichten fielen unter 18° bis 20° gegen N. O. ein, und hatten ihr Streichen St. 10. Hier ist der Gneiſs sehr *dickflasrig*. Der *graulichweiſse Feldspath* ist in demselben vorwaltend, und liegt in 1 bis 2 Zollen groſsen Massen inne; der *zartschuppige Glimmer* hat eine *gelblichgraue* Farbe, die von einer Seite in die *silberweiſse*, von der andern durch die *tombackbraune* bis in die *bräunlichschwarze* übergeht, und erscheint in 2 bis 3 Zolle langen *Flecken*. Der *Quarz* kömmt nur sparsam, und zwar von einer gleichfalls *graulichweiſsen* Farbe vor, und nur die Verschiedenheit des Bruches, und der Grad und die Art des Glanzes, unterscheidet ihn von dem Feldspathe. Daſs aber dieser Gneiſs nicht der einzige ist, welcher diesen langgezogenen Gebirgsrücken constituirt, thun die vielen an dem östlichen Abhange zerstreueten Bruchstücke mehrerer Gneiſsabänderungen bis zur Ueberzeugung dar. Hier ist die Beschreibung der daselbst aufgefundenen:

1. Die erste Abänderung des Gneifses ist minder dickflasrig, als die oben beschriebene anstehende Gneifsabänderung. Die *Glimmerflecke* breiten sich mehr aus und fliefsen hier und da zusammen, und die Farbe des *Glimmers* ist theils *silberweifs*, hier und da nur wenig in das *Tombackbraune* ziehend, theils *aschgrau*; der theils *graulichweifse*, theils *gelblichgraue Feldspath* bildet einige Linien starke Schichten, und kömmt nur selten in grofsen Augen vor, und hat wieder obigen Glimmer zart eingesprengt; der *Quarz* ist nur sparsam, und gleichfalls *graulichweifs*.

2. Die zweite Abänderung ist *dünn*- und *geradschiefrig*; der *Glimmer*, welcher hier gröfstentheils *silberweifs*, seltener *tombackbraun*, am seltensten aber *grünlichgrau* ist, und aus diesem von einer Seite bis in das *lichte Berggrüne*, von der andern in das *Schwärzlichgrüne* übergeht, bildet ½ bis 1 Linie schwache Lagen, die mit 2 bis 3 Linien starken Schichten eines theils *graulichweifsen*, theils *gelblichgrauen*, theils *röthlichweifsen*, und aus diesem bis in das *lichte Fleischrothe* übergehenden Feldspathes abwechseln. Stellenweise wird dieser von einem *rauchgrauen Quarze* unterbrochen.

3. In der dritten Abänderung werden die Lagen des *Feldspathes* wieder etwas stärker, und die Farbe desselben ist nun *graulichweifs*; der *Glimmer* ist hier nur selten *grünlichgrau*, gewöhnlich *gelblich*-

grau, und aus diesem in das *Silberweiſse* übergehend; der **Quarz** wieder nur sparsam, und *graulichweiſs* von Farbe.

4. Die vierte Abänderung des Gneiſses ist sehr *dünnschiefrig*. Der **Glimmer** und der **Quarz** haben dieselbe Farbe, wie in der letzten Abänderung, beibehalten; aber der Feldspath ist *gelblichgrau*, und aus diesem in das *Ocher* - und *Isabellgelbe* übergehend. In diesem Gneiſse scheint der **Quarz** ziemlich starke Lagen zu bilden, oder in groſsen Knauern inne zu liegen, da man von demselben groſse, und sehr groſse Blöcke, allenthalben an diesem östlichen Gebirgsabhange zerstreut findet, welche zum Behuf des Blaufarbenwerkes zu Christophshammer gesammelt werden. Der **Quarz** ist gewöhnlich *graulichweiſs*, geht aber aus diesem in das *Rauchgraue* über.

In diesem Gneiſse scheint der Chloritschiefer sehr schmale und kurze Lagen zu bilden, die gemeine Hornblende aber in etwas stärkern Lagern mit demselben abzuwechseln.

Aus den Untersuchungen, welche ich an dem westlichen Fuſse desselben Gebirgszuges vornahm, ergab sich, daſs auch hier die eigentlich herrschende Gebirgsart Gneiſs sey, in welchem wieder Lager von Chloritschiefer vorkommen.

Von dem Kupferberg, als der am meisten westwärts gelegenen Erhöhung, mit welcher jener Antheil des böhmischen Erzgebirges, der in dem Saatzer Kreise liegt,

liegt, beginnt, läuft der höchste Rücken desselben nordostwärts zwischen den Dörfern Delma und Köstlwald, oberhalb Reichsdorf, Wohlau, dem Städtchen Sonneberg, bis an die Bergstadt Sebastianberg fort. Dieser ausgedehnte Gebirgsrücken ist aber nicht gerade auslaufend, sondern er erhebt sich bald, bald fällt er, hat daher im Ganzen ein sanftes wellenförmiges Ansehen, und besteht aus mehreren, von einer Seite sanft abfallenden, von der andern eben so sanft sich wieder erhebenden, oben zugerundeten Kuppen. Er ist anfangs in der Gegend der zuerst genannten Dörfer gröſstentheils bebauet; oberhalb Wohlau aber deckt ihn Waldung, welche nur durch einzelne Rasenplätze und niedrige Haue unterbrochen wird. Sein nordwestlicher sanfter Abhang ist ganz mit hochstämmiger Waldung bewachsen, und seine Gränze macht von dieser Seite das sogenannte böhmische Wasser, das in sanften Krümmungen bis an den Ulmbach und Wildbach fortläuft, und Chursachsen von Böhmen trennt, und ein anderer kleiner ungenannter Bach, der an dem Fuſse des Haſsberges entsteht. An der Westseite schlieſst sich dieser zweite Gebirgszug an den obenbeschriebenen an, und beide trennt der Presnitzer Bach (Rotevoll- oder Mühlbach); an der Ostseite wird er von einem kleinen ungenannten Bache, der sich zwischen Ulmbach und Reitzenhahn in das böhmische Wasser ergieſst, begränzt. Da diesen hohen Gebirgsrükken, wie gesagt, theils Waldung, theils Rasen deckt, so findet man die ihn constituirende Gebirgsart nirgends anstehen, sondern nur in einzelnen grofsen, und sehr grofsen zerstreueten Bruchstücken. Diese lehren aber doch den prüfenden Geognosten, dafs dieselbe Gneifs sey, der an dem nordwestlichen, gegen Sachsen hinabziehenden Abfalle, sehr dickflasrig ist, und einen mehr und minder deutlichen Uebergang in Granit macht.

Die aufgefundenen Gneifsabänderungen waren noch immer dieselben, welche ich in der Gegend von Presnitz und Christophshammer vorgefunden, und oben beschrieben habe.

Auf diefem Gneifse liegt der Basalt auf, aus welchem die Kuppe des Hafsberges, welcher den höchsten Punkt dieses Gebirgszuges macht, zusammengesetzt ist; der auch eine kleine Erhöhung jenseits des böhmischen Wassers in der Gegend von Satzung bildet, und von dem man Stücke in der Gegend des Dorfes Ulmbach findet, deren nähere Beschreibung aber theils weil sie mit dem zu beschreibenden Basalte des Hafsberges vollkommen übereinkommen, theils weil diese Kuppe schon aufser Böhmen liegt, hier übergangen werden kann.

Der Gneifs an dem südlichen, viel steiler abfallenden Abhange, ist viel dünnschiefriger, und scheint hier und da schon den Uebergang in Thonschiefer machen zu wollen.

Von dem Ulmbache wendet sich der hohe Gebirgsrücken etwas mehr gegen Osten, und geht durch den Stockraum, einen hochstämmigen, weit verbreiteten Wald oberhalb Bernau, über Rudelsdorf und Kleinhahn.

Der nordwestliche Abhang ist durch einige Bäche in mehrere Gebirgskämme abgetheilt. Der erste läuft gegen N. N. O. aus, und wird von der Westseite von dem böhmischen Wasser, an welchem die Dörfer Reitzenhahn und Böhm-Kuhnheid liegen, an der Ostseite von dem Bache Natschung, der das gleichnamige Dorf bespühlt, begränzt. Dieser Gebirgskamm besteht gleichfalls aus Gneifs, und ich fand folgende Abänderungen davon, welche gröfstentheils zum Chausseebau benutzt werden; daher man dieselben sehr häufig auf der Leipziger Strafse zum Wegebessern aufgestürzt findet.

I. Die erste Abänderung ist *sehr dickflasrig*, und ihr vorwaltender Gemengtheil ist ein *bräunlichschwarzer* *Glimmer*, der mit dem bald stärkern, bald schwächern *Feldspathlagen* in *sehr dünnen*, *wellenformig gebogenen* Schichten abwechselt. Der *Feldspath* ist *graulichweifs*, *vollkommen blättrig* und glänzend, und liegt, nebst dem, dafs er, wie gesagt, obige mehr und minder starke Lagen bildet, in *ungeformten*, *plattgedrückten Massen*, die wohl 1 bis 2 Zoll im Durchschnitt messen, und hier und da schon eine Neigung zur Säulenform verrathen, inne; und um diese Feldspathmassen legt sich immer eine sehr dünne Schicht des *Glimmers* herum. Der *Quarz* ist überhaupt sparsam eingemengt, gleichfalls *graulichweifs* von Farbe, und in sehr grofsen Parthien des Gneifses selbst unter dem Suchglase nicht auffindbar.

II. Die zweite Abänderung nähert sich dem Granite, und einzelne abgestuffte Bruchstücke würde man, entfernt von der eigentlichen Lagerstätte, dafür halten. Aber ihr, obgleich sehr *dickschiefriges*, Gewebe im Groſsen, ihr Vorkommen in und mit der ersten Gneiſsabänderung, beweisen hinlänglich, daſs sie wahrer Gneiſs sey. Der *Glimmer* ist *bräunlichschwarz*, der *Feldspath graulichweiſs*, der *Quarz* geht aus dem *Graulichweiſsen* bis in das *lichte Rauchgraue* über, und ist ziemlich häufig. Alle diese Gemengtheile scheinen zu einem körnigen Gewebe verbunden zu seyn. Zuweilen trennt sich der Feldspath von den übrigen Gemengtheilen, und bildet dann einen Zoll starke Massen; zuweilen thut dieses auch der Glimmer, und bildet 1 bis 2 Zoll lange *Flecken*. Zuweilen wird der Glimmer, zuweilen der Feldspath mehr vorwaltend. Dadurch erhält diese Gneiſsabänderung ein schwarz mit grau geflecktes Ansehen. Dieser Gneiſs unterliegt der Verwitterung mehr, als die erste Abänderung, und daran scheint der stärkere Eisengehalt des Feldspathes Ursache zu seyn, da er, bei einem hohen Grade der Verwitterung, seine graulichweiſse Farbe mit der *ochergelben* und *lichte gelblichbraunen* vertauscht. In dieser Gneiſsabänderung setzen mehrere Gänge und Trümmchen eines *gelblichgrauen Quarzes* auf, der auf den Klüften in *sechsseitige*, an den freistehenden Enden mit sechs Flächen *zugespitzte*, an einander gereihete *Säulen* krystallisirt ist.

Die oben beschriebenen Gneifsabänderungen, vorzüglich die ersteren, setzen auch den zweiten, mehr östlich gelegenen Gebirgskamm zusammen, der an der Westseite von der Natschung, an der Ostseite von einem ungenannten Bache begränzt wird. Aber sie kommen hier wieder nicht anstehend, sondern in den Waldungen blofs in einzelnen Stücken zerstreut vor.

Einzelne Basaltstücke, theils mehr, theils weniger abgeführt, liegen einzeln an dem südlichen Abhange des Gebirgskammes, welche wahrscheinlich einem aufliegenden Basaltlager ihr Daseyn danken, welches ich aber nicht auffinden konnte.

Der dritte, weit auslaufende Gebirgskamm, hat an der Westseite den ungenannten Bach bei Kallich, und an der Ostseite den Teltschbach, der unterhalb Ochsenstall, einem Jägerhause, erst nord-, dann nordostwärts läuft, und sich in die Natschung ergiefst, zur Gränze. Die diesen Gebirgskamm constituirende Gebirgsart ist noch immer Gneifs, und zwar ein sehr *dickflasriger*. Der vorwaltende Gemengtheil ist ein *gelblichgrauer* *Feldspath*, welcher in grofsen, stark *plattgedrückten Stücken*, die sparsamen Glimmer eingestreut haben, inne liegt; um diese hat sich der *Glimmer*, der eine, aus der *silberweifsen* durch die *aschgraue*, und aus dieser wieder durch die *tombackbraune* bis in die *bräunlichschwarze* übergehende Farbe hat, in *dünnen über ein-*

ander gehäuften Blättchen herumgelegt, wodurch der Gneiſs ein wellenförmiges Ansehen erhält; der aus dem *Grauen* bis in das *lichte Nelkenbraune* sich verlaufende *Quarz* liegt in dem Feldspathe in kleinen, mehr und weniger *stumpfeckigen Körnern.* Der Feldspath ist leicht verwitterbar, und nimmt durch die Verwitterung eine eisenschüſsige (lichte gelblichbraune) Farbe an, welche auf einen vorzüglichen Eisengehalt desselben hinweiset.

In diesem Gneiſse bricht ein Lager von körnigem Kalksteine und von Porphyr unweit Kallich, der Eisenhütte gegen Norden, mit einiger Abweichung gegen Osten, an dem südlichen Abhange des Glashügels, ein.

Mit dem eben beschriebenen Gebirgskamme verbindet sich an der Westseite ein anderer, der, sowohl in Hinsicht seiner Breite als Länge, weit ausgedehnt ist, zu seiner Gränze an der Westseite den Teltschbach, der in den höhern Punkten, seinem Ursprunge näher, den Namen Schwarzbach hat, an der Nordseite die Natschung, und an der Ostseite die Schweinitz hat. An den beiden Ufern des Teltschbaches steht die Gebirgsart in mehr und minder hohen Felsen an. Da nun an den Felsen beider Ufer dieselbe Gebirgsart, mit demselben Verhalten aufgefunden wird, so gilt das von dem Brandauer Gebirge auszusagende auch von dem Kallicher.

Die Gebirgsart ist Gneiſs, der vorzüglich unterhalb dem letzten an dem Teltschbache errichteten Eisenhammer eine schöne Felsenparthie bildet. Sie mag etwa 20 bis 30 Klafter Höhe haben, ist sehr zerklüftet, und aus den Klüften wächst hier und da ein einzelner Baum heraus. Ihren Fuſs bespühlt der Bach, die Kuppe begränzt eine Gruppe hoher Bäume, die sich mit der hochstämmigen Waldung zu einem schönen Ganzen verbindet. Die Schichten, welche der Gneiſs bildet, sind von $\frac{1}{2}$ bis mehrere Fuſs stark, fallen unter 24° gegen N. N. O., und haben ihr Streichen St. 8, 2. Er ist durch schief aufsetzende Klüfte getrennt. Da nun diese Klüfte die Ablösungen unter schiefen Winkeln durchschneiden, so ist dadurch der Gneiſs in trapezoidische Bruchstücke von 1 bis $1\frac{1}{2}$ Fuſs im Durchschnitte abgetheilt.

Unweit dieser Felsenparthie ist ein Versuchstollen St. 9. S. O. einige Klafter weit in das Gebirge getrieben. Die Absicht, zu welcher dieser Stollen dienen soll, konnte ich nicht erfahren.

Mehrere kleinere Felsenmassen sieht man hier und da den Ufern des Baches zufallen, die aber stellenweise weggesprengt worden sind, um Raum zu einer Chaussee zu erhalten, welche mit einem groſsen Aufwande gebauet wurde, um die Kommunikation der Gabrielhütte mit Brandau zu erhalten, und die Zufuhr der Kohlen zur Hütte zu erleichtern *).

---

*) Ueberhaupt ist durch die thätige Sorgfalt des Besitzers der Herrschaft Rothenhaus, Sr. Excellenz des Herrn Grafen von Rothenhan, diese meist öde und düstre Weltgegend, die vielleicht, auſser dem Jäger und den Holzfällern, kein menschlicher Fuſs betrat, durch die hier errichteten Hochofen und Hammerhütten zu einem Aufenthalte des Fleiſses geworden:

An dem westlichen Abhange des Brandauer Gebirges findet man an dem Fahrwege, der über das Gebirge auf Brandau zuführt, noch einige Male den Gneifs anstehend. Die Schichten desselben sind etwas schwächer (nur 1 bis 2 Fufs stark), und fallen hier unter 16° gegen N. O., und haben ihr Streichen St. 3.

Auf dem Rücken des Gebirges selbst kömmt der Gneifs nur in gröfsern und kleinern Stücken vor, die mit Basaltstücken und Geschieben vermengt sind, und welche letztere gröfser und häufiger werden, so wie man denn höher hinansteigt, und endlich zu dem anstehenden Basalte, der einen eigenen felsigten Kamm bildet, führen.

Nachdem ich bisher das Verhalten des Gneifses in den tiefsten Punkten sowohl, als an den höhern, angegeben habe, so liefere ich jetzt die Beschreibung der aufgefundenen Gneifsabänderungen, und zwar

---

man sieht hier mehr Thätigkeit und Betriebsamkeit, als in manchem bewohnten Städtchen. Es gehört nicht in ein mineralogisches Werk, alle die schönen Anlagen, welche die Herrschaft Rothenhaus aufzuweisen hat, alle die Erwerbszweige, welche durch Errichtung der Eisenhütten, der Staab- Zain- und Blechhammer, der Kattunfabriken und der damit verbundenen Spinnereien, der Leinwandbleichen, der niedlichen Holzarbeiten zu Kallich, dem Landmanne und Bewohner der Gegend eröfnet wurden, und die eben so viele Beweise der ausgebreiteten Kenntnisse, der wohlwollenden Menschenliebe des geläuterten Geschmacks sind, zu beschreiben; auch würde ich fürchten, durch ein naheres Detail die Bescheidenheit des erhabenen Besitzers zu beleidigen.

in der Ordnung, wie sie von unten aufwärts auf einander folgen:

1. Die erste Abänderung nähert sich dem Granite am meisten. Ihr Gewebe geht schon in das *kleinkörnige* über. Der vorwaltende Gemengtheil ist *Feldspath*, der theils in *kleinen*, und *sehr kleinen Körnern* von *graulich-* und *gelblichweiſser* Farbe, theils in ¼ bis ½ Zoll langen, an beiden Enden *zugeschärften sechsseitigen Säulen*, von einer aus der *röthlichweiſsen* in die *fleischrothe* übergehenden Farbe inne liegt; der *Glimmer* ist *dunkelgraulichschwarz*, und bildet sehr schmale wellenförmige Linien, und schmiegt sich theils an die gröſsern innliegenden Feldspathsäulchen an, theils wechselt er mit den dünnen Lagen des körnigen Feldspathes ab; der *Quarz* kömmt nur sparsam von *rauchgrauer* Farbe in *ganz kleinen Kernern* vor.

2. Die zweite Abänderung ist *dickflasrig*. Auch hier ist der *Feldspath* vorwaltend, von Farbe *gelblichgrau*, und aus dieser in das *Isabellgelbe* übergehend; der *Glimmer* ist gleichfalls sehr häufig von einer aus der *gelblichgrauen* durch die *tombackbraune*, bis in die *bräunlichschwarze* übergehenden Farbe. In manchen Parthien des Gneiſses wird der Glimmer ganz vermiſst, oder liegt nur in dem Feldspathe, der theils in ganzen Massen vorkömmt, theils in wellenförmigen Adern den Gneiſs durchzieht, in sehr leinen zerstreueten Blättchen inne. Der

Quarz ist etwas häufiger, theils *graulichweiſs*, theils *lichte rauchgrau*.

3. Dieser Gneiſs ist *dick-* und *geradeschiefrig*, mit vorwaltendem *graulichweiſsen* und *gelblichgrauen* *Feldspathe*, ziemlich häufigen *graulichweiſsen* und *rauchgrauen* *Quarzkörnern*; diese beiden Gemengtheile zu einem kleinkörnigen Gewebe verbunden, und sehr sparsamen *aschgrauem* *Glimmer*. Auf den Ablösungen ist dieser Gneiſs *eisenschwarz beschlagen*, und auf den Klüften, welche in demselben aufsetzen, findet man *gemeinen Strahlstein* von *lauchgrüner* Farbe theils *zart eingesprengt*, theils in *sehr kleinen dünnen nadelförmigen Krystallen* auf demselben *aufgewachsen*.

4. Dieser Gneiſs weicht von der vorigen Abänderung darinn ab, daſs er etwas *dünnschiefriger* ist, und häufigern *Glimmer* von einer aus der *gelblichgrauen* durch die *tombackbraune* in die *bräunlichschwarze* übergehenden Farbe enthält.

5. Die letzte Abänderung, welche die höchsten Punkte des Gebirgskammes einnimmt, ist am meisten *dünn-* und zugleich etwas *krummschiefrig*. Der *Glimmer* ist hier vorwaltend, und zwar von einer *gelblichgrauen* Farbe, die von einer Seite durch die *tombackbraune* in die *kupfer-* und *bräunlichrothe* oder in die *bräunlichschwarze*, von der andern Seite in die *silberweiſse* übergeht. Der *Feldspath* ist *kleinkörnig*, *gelblichweiſs* und *gelblichgrau*; der

Quarz äuſserst sparsam, in *sehr kleinen grauen Körnern.*

Auf dieser letzten Abänderung scheint der Basalt unmittelbar aufzuliegen.

Der Brandauer Gebirgsrücken fällt dem Dorfe Brandau an der Nordseite ziemlich steil zu. In den tiefsten Punkten dieses Abhanges geht mit dem Gneiſse eine groſse Veränderung vor. Er nimmt sehr vielen *Thon* auf; der *Glimmer* wird sehr *zartschuppig*, und hat eine *silberweiſse* Farbe; der Feldspath verschwindet; die sparsamen *Quarzkörnchen* werden *sehr* und *ganz klein*, und es hat *ein Uebergang von Gneiſs in Thonschiefer* Statt.

An dem östlichen Fuſse des Brandauer Gebirges fand ich seine constituirende Gebirgsart, den Gneiſs, nur in der Gegend der zu Catharinaberg gehörigen Mühle in einem nicht zu hohen Felsen anstehend, und auch hier war sie schon sehr verwittert, so, daſs es nur äuſserst schwer hielt, ein brauchbares Exemplar zur Bestimmung derselben zu erhalten. Die Schichten des Gneiſses sind von einem bis mehrere Fuſse stark, fallen unter einem Winkel von 38° gegen Osten ein, und haben ihr Streichen St. 10, 4. Der Gneiſs hat ein artiges Ansehn. Der *Feldspath* ist *dunkelfleischroth*, hier und da in das *Blaſsziegelrothe* übergehend; er liegt in *plattgedrückten, mandelförmigen Stücken*, von ½ bis ¾ Zolle im Durchschnitt, inne; um diese Massen hat sich der *bräunlichschwarze Glimmer* in über einander liegenden Blättchen angeschmiegt; der *Quarz* liegt zwischen ½ bis 2 Linien starken Glimmerlagen in schmalen Schnürchen von *klein*- und *feinkörnig* abgesonderten Stücken. Dadurch erhält der Gneiſs im Ganzen ein *wellenförmig schiefriges* Ansehen.

Der Catharinaberg.

Der Stadtberg zu Catharinaberg ist ein nicht zu hoher schmaler Gebirgsrücken, der in der Richtung von Nordwest gegen Südosten (zwischen St. 9 und 10) fortläuft, und im Durchschnitte nach der Queere zwischen den beiden Thälern ungefähr 340 Lachter Breite hat, sich gegen Südosten sanft verflächt, sonst von allen Seiten steil, am steilsten gegen N. N. W. abgestürzt ist. Dieser Berg zeichnet sich von dem umliegenden Gebirge dadurch aus, daſs er von allen Seiten ganz bebauet ist; sticht so gegen die umliegenden, mit hochstämmiger Waldung bewachsenen Gebirge ab, und erhält ein lachendes Ansehen. Der Feldbau ist an den steilen Abhängen mit sehr groſsen Schwierigkeiten verbunden, da der Dünger und Saamen von dem Rücken, auf welchem die Stadt liegt, hinab-, und die wegen der hohen Lage der Gegend nicht ergiebige Erndte hinaufgetragen werden muſs: da die Bruchstücke der Gebirgsart, welche der zuletzt beschriebene Gneiſs ist, mit vieler Mühe aufgesammelt, und um jedes Stück Feld, statt einer Befriedigung, herumgelegt werden müssen. In diesem Stadtberge liegen die Berggebäude oder Gruben zu Catharinaberg.

Unweit von Böhm. Neudorf endigt sich der dahin sanft abfallende Rücken des Stadt- oder Catharinaberges, und es erscheint in den tiefsten Punkten eine sehr dickflasrige Abänderung des Gneifses, der hier ein ziemlich ansehnliches Lager bilden mufs, wie sich aus den sehr grofsen und zahlreichen herumliegenden Blöcken schliessen läfst. Anstehend ist er aber nicht zu sehen. Der vorwaltende Gemengtheil dieses Gneifses hat eine aus der *röthlichweifsen* durch die *fleischrothe* bis in die *blafsbräunlichrothe* übergehende Farbe, und liegt in viel gröfsern (von 1 bis 1½ Zoll im Durchschnitte), noch immer *plattgedrückten mandelförmigen Stücken* inne, um welche sich der Glimmer in dünnen (1 bis 3 Linien starken) Lagen herumgelegt hat, dessen Farbe aus der *aschgrauen* in die *graulichschwarze*, oder aus der *dunkeltombackbraunen* in die *dunkelbräunlichschwarze* zieht; der um und in dem Feldspathe liegende Quarz ist häufiger, *graulichweifs*, *rauchgrau* und *nelkenbraun*.

Dieser Gneifs scheint endlich in Granit zu übergehen. Die allmähligen Abstuffungen, durch welche dieser Uebergang Statt hat, werden freilich dem Auge des beobachtenden Geognosten, durch die Kultur und die allenthalben weit verbreiteten Waldungen, entzogen. Wahren Granit findet man indessen zwischen Böhm. Neudorf und Böhm. Einsiedel, der aber in der Nähe des letztern Dorfes wieder von dem Gneifse verdrängt wird, der den hohen Gebirgsrücken von Rudelsdorf über Kleinhahn, Niclsdorf bis an Gern, das Gränzdorf des Saatzer Kreises, zusammensetzt. Eine der gröfsten Erhöhungen in diesem Gebirgszuge, der einen Theil des höchsten Der Adlersberg.

Rückens des böhmischen Erzgebirges ausmachen hilft, ist der Adlersberg. Dieser verflächt sich an der Nordseite in den Catharinaberg, hat in seinem östlichen, ziemlich steilen Abfalle seiner Kuppe, Niclsdorf, auf dem westlichen, wo er in einem schmalen Kamm ausläuft, Kleinhahn liegen.

Der Adlersberg ist zweikuppig. Die mit Nadelholz bewachsenen Kuppen verlaufen sich, mittelst eines sanften Einbuges, in einander. Die Richtung der Kuppe ist von Südost gegen Nordost, da der Gebirgsrücken selbst von Südwesten gegen Nordosten ausläuft Man findet an demselben drei Abänderungen des Gneiſses, davon die letztere aber mehr den gegen Kleinhahn auslaufenden Kamm zusammensetzt.

1. Die erste Abänderung, welche an dem Fuſse des Berges, aber bloſs in mehr und weniger abgeführten Stücken aufgefunden wird, ist *dickschiefrig;* ihr vorwaltender Gemengtheil ist *kleinkörniger isabellgelber* ***Feldspath;*** der ***Quarz*** ist gleichfalls nur *kleinkörnig* und *graulichweiſs;* der *bräunlichschwarze* ***Glimmer*** kömmt nur in *zarten*, über einander liegenden *Schuppen*, auf den Ablösungen der Längebruchflächen vor.

2. Die zweite Abänderung, welche die eigentliche Kuppe zusammensetzt, ist *dünn -* und *wellemförmigschiefrig.* Die Farbe des ***Feldspathes*** zieht aus der *gelblichgrauen* in die *ochergelbe;* der ***Quarz*** kömmt sparsam in *kleinen graulichweiſsen* und *rauch-*

grauen Körnern vor; der **Glimmer** liegt bloſs auf den Ablösungen und den Hauptbruchflächen in *länglichen graulichschwarzen* und *silberweiſsen Flekken* auf.

3. Die dritte Abänderung ist *dickflasrig*, und scheint den **Uebergang in Granit** machen zu wollen. Der *graulichweiſse* **Feldspath**, der aber sehr leicht verwitterbar ist, durch die Verwitterung *ochergelb* und *gelblichbraun* wird, und daher einen beträchtlichen Eisengehalt zu haben scheint; der *rauchgraue* **Quarz**, und der aus dem *Silberweiſsen* durch das *Tombackbraune* bis in das *Bräunlichschwarze* übergehende **Glimmer**, sind zu einem körnigen Gewebe verbunden. Der Glimmer aber kömmt nebst dem noch sehr häufig auf den wellenförmig gebogenen Ablösungen des Gneiſses zartschuppig vor.

Anstehend findet man diese Gneiſsabänderungen nirgends; daher von ihrem Verhalten, in Hinsicht des Streichens und Fallens, nichts ausgesagt werden kann.

Der gegen Kleinhahn auslaufende Kamm fällt eben so steil, als er von der Ostseite von Catharinaberg aus hinansteigt, gegen den Schwarzbach, in der Gegend von Ochsenstall, hinab. Man findet an diesem sehr steilen Abhange gröſsere Stücke und Blöcke von Gneiſs. Der Gneiſs ist sehr *dickflasrig*. Der vorwaltendende **Feldspath** ist *gelblichgrau;* der **Quarz** liegt in *kleinen*, und *sehr kleinen graulichweiſsen Körnern* inne; der *schwärzlichgraue*, nur hier und da *tombackbraune* **Glimmer**, macht sehr kurze, gerade und mit einander parallel auslaufende Streifen. Nebstdem aber sieht man in diesem Gneiſse ½ bis 2 Zoll breite, mehr und weniger weit, oft gerade- oft wellenförmig auslaufende Adern von einem *graulich-*, seltener *röthlichweiſsen*, am seltesten *blaſsfleischrothen* *Feldspathe*, in welchem sparsamere, aber viel gröſsere (von der Gröſse einer Erbse) *rauch-* und *gelblichgraue* *Quarzkörner* liegen.

Von dem Dorfe Gern, als bis dahin ich den Rücken und den nordwestlichen Abhang des böhmischen Erzgebirges bisher verfolgt habe, läuft er immer nordostwärts bis oberhalb Langewiese, wo er eine etwas mehr östliche Richtung nimmt, und oberhalb Niclasberg', Neustadt, über Mückenthürmel auf Telnitz und Nollendorf zueilt, da immer an Höhe abnimmt, bis sich endlich die ihn constituirende Gebirgsart, der Gneiſs, unter dem Sandsteine verbirgt.

Da der Rücken, der aus mehreren an einander gereiheten Kuppen besteht, und daher bei dem Ueberblicke des Ganzen ein wellenförmiges Ansehen erhält, die wenigen Stellen ausgenommen, wo auf demselben die seltenen Dorfschaften aufliegen, ganz mit Walde bewachsen ist, so findet man den Gneiſs fast gar nicht fest anstehend, und man muſs sich mit den darauf zerstreueten zahlreichen und sparsamen Stücken und Blökken begnügen, um die Beschaffenheit desselben auszumitteln. Ich fand indessen, auf der ganzen Strecke von Gern bis an Lichtenwaldstein, immer dieselben

Gneiſs-

Gneiſsabänderungen, welche den Adlersberg zusammensetzten.

Von dem nordwestlichen Abhange gehört nur ein kleiner Theil, und zwar noch immer der mehr gebirgigte, nach Böhmen. Auch dieser besteht fast bis an den Flöhefluſs aus Gneiſs, auf welchem aber bei Lichtenwaldstein, dem Gränzdorfe Görgenthal gegen Südsüdwesten, eine Kuppe von Basalt aufliegt. Am Flöheflusse selbst macht er wieder dem Granite und dem Syenitporphyre Platz, und zieht sich auf den höhern Rükken, der zwischen Neudorf und Langewiese nordöstlich fortläuft, zurück. Indessen verliehrt er, so wie er dem Granite näher liegt, immer mehr seine schiefrige Textur, und nimmt ein mehr körniges Gewebe an. So fand ich in der Gegend von Neudorf, unter Wallersdorf, diesem Dorfe gegen Mittag, einen solchen *Uebergang von Gneiſs in Granit.* Es war ein *aschgraues, feinkörniges Gemenge* von *Feldspath*, *Glimmer* und *Quarz*, in dem aber wieder gröſsere *rauchgraue* und *nelkenbraune*, *stumpfeckige Körner* von *Quarz*, *gelblicher Feldspath* in *kleinen Körnern*, die hier und da die Säulenform annehmen, und *bräunlichschwarzer Glimmer* in *sehr* und *ganz kleine sechsseitige Täfelchen* und *Säulchen* krystallisirt liegen.

Hinter Maxdorf, als bis wohin der Gneiſs dem Granite Platz machte, beginnt jener wieder. Man findet ihn in dem östlichen Antheile des ausgebreiteten Gebirgsrückens zwischen der Flöhe und Mulde bei Grünwald, an beiden Gebirgsabhängen, welche der Mulde bei Moldau und Ullersdorf zufallen, an den Gebirgsrükken, welche den Weisertsbach einschliefsen.

Der Gneifs in der Gegend von Moldau zeichnet sich dadurch aus, dafs er, nebst den ihm wesentlichen Gemengtheilen, einem *lichte gelblichgrauen* **Feldspathe**, dem *grauen* **Quarze**, und dem *zartschuppigen silberweifsen* und *gelblichgrauen* **Glimmer**, auch vielen **schwarzen Schörl** aufnimmt. Dieser liegt nesterweise darinn, ist auch wohl nur in denselben eingesprengt, und im erstern Falle von sehr *dünnstänglich* und *büschelförmig auseinander laufend* abgesonderten Stücken, so dafs er sich *dem Fasrigen* nähert, und dafs in demselben mehrere **Quarzgänge** und Trümmchen aufsetzen, in welchen ein *lichte bleigrauer* **gemeiner Bleiglanz** eingesprengt vorkömmt. Auf einem dieser Gänge ward ein Grubenbau vorgerichtet, und zwar mit einem Stollen auf dem Gange selbst aufgefahren; da aber die Gänge sehr schmal waren, und der Bleiglanz nur eingesprengt und sparsam vorkam, so kam der Bau wieder zum Erliegen.

Der Gneifs setzt auch noch eine kleine Strecke über den Weisertsbach hinüber bis in die Gegend des dort gelegenen Jägerhauses, Kalkofen genannt, wo in demselben, fast an der sächsischen Gränze, an dem Wege nach Zaumhaus, ein Lager von körnigem Kalksteine einbricht.

Der Gneifs ist sehr *dünn-* und *wellenförmig schiefrig.* Vorwaltend ist der **Glimmer** von einer *aschgrauen*

Farbe, die hier und da etwas in die *grünlichgraue* zieht; der *graue* **Feldspath** und **Quarz** liegen zwischen den dünnen Glimmerlagen in einem klein- und feinkörnigen Gewebe; letzterer macht wohl auch $\frac{1}{4}$ bis 2 Zolle und mehr starke Lager darinn.

Da, wo der Gneifs dem Kalksteinlager näher kömmt, wird die Farbe des **Glimmers** *graulichweifs*, das stark in das *Silberweifse* fällt; der Bruch wird *wellenformig krummschiefrig*, und übergeht so in **gemeinen Talk**; der Feldspath verschwindet ganz, und der talkähnliche Glimmer wechselt mit äufserst dünnen wellenförmigen Schichten eines *graulichweifsen* **Quarzes** ab, und so stellt dieser Gneifs eine Abänderung zum Talkschiefer dar.

Die höhern Punkte des dasigen Erzgebirges setzt der Gneifs ausschliefsend zusammen. Unter diesen zeichnet sich der Stürmer, eine zugerundete Kuppe, vorzüglich aus, da er, wegen seiner hohen Lage, eine vortreffliche Aussicht über die angenehme lachende Ebene zwischen dem Erz- und Mittelgebirge, die man mit Dörfern und Städten, mit Feldern und Gärten, mit Wiesen und Büschen wie übersäet sieht, und nur hier und da ein konischer Hügel, oder ein Felsen hervorragt, über einen grofsen Theil des Mittelgebirges, das durch die unzähligen, bald vollkommen zugespitzten, bald mehr und weniger abgerundeten Kuppen, deren eine über die andere herausragt, gewährt, und deswegen von allen Reisenden besucht zu werden verdient. An diesem Berge ist der Gneifs anstehend, da er an dem von da gegen

Der Stürmer.

Nordwesten abfallenden, gröſstentheils mit Waldung, selten mit Wiesen und einzelnen Häusern bedeckten Abhange, nur in Stücken zerstreuet lag. Seine Schichten, welche einige Fuſse stark sind, fallen unter einem Winkel von 30° gegen Süden ein.

Der Gneiſs ist *dünn*- und *geradschiefrig*. Der vorwaltende *Feldspath* ist *gelblichgrau*, *isabell*- und *ochergelb*, letztere Farben scheint er der anfangenden Verwitterung zu danken. Der *Glimmer* ist *zartschuppig*, selten *kleinblättrich*, *aschgrau*, und aus diesem in das *Silberweiſse* übergehend. Der *Quarz* ist sparsam und *graulichweiſs*.

Dieser fängt oberhalb Niclasberg an, von einem mächtigen und weit verbreiteten Porphyrlager bedeckt zu werden.

Unter diesem Porphyrlager, dessen verschiedene Abänderungen, und allmähligen Uebergang in Gneiſs, ich an seinem Orte beschreiben werde, liegt ein sehr mächtiges Lager einer *Gneiſsbreccie*, oder vielmehr (wenn ich mich dieses Ausdruckes bedienen darf) eines *Trümmergneiſses*. Er besteht aus mehr und weniger rundlichen und eckigen Gneiſsstücken, deren dünnschiefriges Gewebe nicht selten in das sehr kleinkörnige übergeht. Der *Feldspath* und *Quarz* ist *graulich*- oder *gelblichweiſs*, der *Glimmer* *silberweiſs* und *aschgrau*. Diese Gneiſsstücke sind mit einer *Quarzmasse* verbunden, oder vielmehr zusammengekittet. Der *Quarz* ist *graulichweiſs*, *gelblich*- und *rauchgrau*, *derb*, nur selten auf den schmalen Klüftchen, die durch ihn hindurchsetzen, oder in den leeren Räumen, die er enthält, in *dünne sechsseitige*, an den freistehenden Enden mit 6 Flächen *zugespitzte Säulen*, welche *büschelförmig zusammengehäuft* sind, krystallisirt, und dann *graulichweifs*, *gelblichgrau*, *wein-* und *blafs-* und *dunkel honiggelb*; der derbe hat *dünnbüschel-* und *sternförmig auseinander laufend* stänglich abgesonderte Stücke; letztere, wenn er sich um kleine Gneifsstücke herumgelegt hat.

Das Ganze dieses Trümmergneifses weiset auf eine gewaltsame Zertrümmerung der obern Gneifschichten und eine secondäre Formation, wo diese Gneifstrümmer, mittelst einer Quarzmasse, gebunden, oder in diese eingekittet wurden, hin.

In der Gegend von Voitsdorf kömmt der Gneifs, der bisher in den tiefen Punkten von einem Syenit-, in den höhern von einem Porphyrlager bedeckt war, wieder zum Vorschein, und setzt sowohl den höhern Gebirgsrücken, der über Mückenthürmel, bis über Nollendorf hinaus, mit etwas mehr ostwärts gehender Richtung fortläuft, und an Höhe immer mehr abnimmt, als den sanft gegen Nordwestwest abfallenden Abhang zusammen; daher man in der Gegend von Voitsdorf, Ebersdorf, Streckenwald, Oberwald, Schönwald und Peterswald, nichts als Gneifs, aber selten anstehend, meistens nur in gröfseren Stücken und Blöcken zerstreut, findet.

An dem Gebirgsrücken kommen folgende Abänderungen davon vor:

1. Der Gneifs ist *dünn-* und *geradschiefrig*. Der *graue Quarz* und *fleischrothe Feldspath* sind zu einem sehr *klein-* und *feinkörnigen* Gewebe verbunden, und bilden abwechselnd 3 bis 6 Linien starke Schichten; selten ist diesem Gemenge etwas *silberweifser Glimmer* in *kleinen Blättchen* beigemengt; dafür aber liegt er von *bräunlichschwarzer* Farbe auf den Ablösungen in 2 bis 3 Zolle langen *Flecken*.
2. Die zweite Abänderung ist *dickschiefriger*; dieselben Gemengtheile sind gleichförmiger gemengt. In diesem Gemenge sind wieder *kleine graulichweifse sechsseitige Feldspathsäulchen* eingewachsen, wodurch der Gneifs auf dem Queerbruche ein *porphyrartiges* Ansehen erhält.

Der Gneifs des ganzen N. W. W. abfallenden Gebirgsabhanges ist *dünn-* und *geradschiefrig*. Der vorwaltende Gemengtheil ist ein *gelblichgrauer kleinkörniger Feldspath*, in welchem einzelne sparsame, sehr kleine *graulichweifse Quarzkörner* liegen. Dieser wechselt mit sehr schwachen Lagen eines aus dem *Silberweifsen*, durch das *Gelblichgraue* und *Tombackbraune*, bis in das *Bräunlichschwarze* übergehenden *Glimmers* ab; dadurch erscheint der Gneifs auf dem Queerbruche wie geschnürlt. Diese abwechselnden Feldspath- und Glimmerlagen durchsetzen nicht selten unter einem schiefen Winkel $\frac{1}{4}$ bis $\frac{1}{2}$ Zoll breite Adern eines *kleinkörnigen graulichweifsen, sehr frischen* **F e l d - s p a t h e s.**

Da aber dieser Abhang, wegen der auf demselben liegenden sehr grofsen Dörfer, gröfstentheils zum Feld- und Wiesenbaue benützt wird, oder ihn Waldung deckt, so wird der Gneifs wieder nirgends anstehend gefunden, sondern es liegen von demselben blofs Blöcke und Stücke herum.

Auf dem Gneifse liegt an der Nordseite von Schönwald, in einer geringen Entfernung von diesem Dorfe, eine Basaltkuppe auf.

So wie der Gneifs den höhern Rücken des Erzgebirges in dem Saatzer und Leutmeritzer Kreise, und dessen nördlichen Abhang, gröfstentheils constituirt, so ist dieses auch der Fall an dem südlichen Abhange, der viel steiler gegen Böhmen zu fällt. Dieser wird, so wie der nördliche, durch mehrere Thäler, welche meistens ihre Richtung gegen Süden mit einer geringern oder gröfsern Abweichung gegen Osten haben, und gröfsere und kleinere Gebirgsbäche aufnehmen, zerschnitten. Diese Thäler dienen theils dem beobachtenden Geognosten zu eben so vielen Ruhepunkten, theils geben sie demselben Gelegenheit, das Verhalten der Gebirgsart zu untersuchen, da sie nur hier gewöhnlich in höhern und niedrigen Felsenmassen ansteht, der Abhang selbst zum Theil in der Nachbarschaft der Dörfer bebauet, sonst ganz mit hochstämmiger Waldung bewachsen ist.

Der niedrige Felsen.

Ich fange wieder mit der westlichen Gränze des Kreises an, welche ein, an dem Himmelsteine vorbeifliefsender Bach macht. Unmittelbar an dem Egerflusse, welcher den Fufs des Erzgebirges hier eine Strecke von einigen Stunden weit bespühlt, beginnt das Erzgebirge mit einer Reihe höherer und niedriger Felsen, welche schroff, und meistens sehr steil, dem Flusse zugestürzt sind, und mehr gegen Abend, wo sie den Namen des Erbelsteines und Rabenfelsens führen, aus Basalt, mehr gegen Morgen aus Gneifs bestehen. Dieser setzt ausschliefsend einen hohen Felsen zusammen, der an der Ostseite mit dem genannten Rabenfelsen in Verbindung steht, sich, wie dieser, steil in die Eger hinabstürzt, dem am jenseitigen Ufer gelegenen Dorfe Cronsdorf gegen über liegt, und sich fast bis in das Dorf Wotsch erstreckt. Dieser Felsen hat wegen seiner relativen geringern Höhe, als jene des anstofsenden Rabenfelsens ist, den Namen des *niedrigen Felsens* erhalten.

Der Gneifs dieses Felsens ist im Ganzen *dickflasrig*; der vorwaltende *Feldspath* ist abwechselnd *graulichweifs* und *gelblichgrau*, welcher letztere sich bis in das *Wein*- und *lichte Honiggelbe* verzieht; gewöhnlich wechseln diese beiden Feldspathabänderungen in schmalen geraden, zuweilen doch etwas krummgebogenen dünnen Lagen ab; der *Quarz* ist dem Feldspathe in *kleinen* und *sehr kleinen stumpfeckigen*, aus dem *Rauchgrauen* bis in das *Nelkenbraune* sich verlaufenden *Körnern* beigemengt; der *Glimmer* liegt zwar häufig, aber in äufserst *kleinen*, erst unter dem Suchglase sich entwickelnden, *röthlich-* und *tombackbraunen* Schüppchen inne, und bildet gleichfalls sehr schmale Schichten.

In diesem Gneiſse setzt sich senkrecht ein, einige Fuſse starker Granitgang nieder, welcher sein Streichen St. 10, 4 hat. Der Granit ist *groſs-* und *ungleichförmig körnig*. Der vorwaltende Gemengtheil ist der *Feldspath* von *gelblichweiſser* Farbe, die aber durch die *röthlichweiſse* in die *fleisch-*, seltener und nur in einzelnen Parthien bis in die *blutrothe* übergeht; er ist krystallisirt, und zwar in *geschobene vierseitige*, an beiden Enden *zugeschärfte* Säulen, die Zuschärfungsflächen auf die stumpfen Seitenkanten aufgesetzt. Diese Säulen haben eine Länge von 5 bis 6 Zollen, bei einer Breite von 2 bis 3 Zollen. Der *Quarz* ist *aschgrau*, das bis in das *Blaſsrauchgraue* sich verläuft, und man entdeckt an demselben hier und da einige Seiten oder Zuspitzungsflächen der *sechsseitigen*, an beiden Enden mit sechs Flächen *zugespitzten Säulen*. Der *Glimmer* ist *grünlich- gelblich-* und *aschgrau*; der gelblichgraue geht von einer Seite in das *Silberweiſse*, von der andern durch das *Tombackbraune* bis in das *Bräunlichrothe*. Auch er ist in *sechsseitige Säulen* krystallisirt, an welchen bald alle Seitenflächen gleich, bald vier verhältniſsmäſsig breiter sind, und welche die Höhe von 2 bis 6 Linien haben.

Dieser groſskörnige Granit kömmt nur in der Mitte des Ganges vor; so wie er dem Gneiſse näher liegt, geht er aus dem Grobkörnigen durch das *Klein-* bis in das

Feinkörnige. In dem grob- und kleinkörnigen ist der *Feldspath* gewöhnlich nur derb, und zeigt dann *körnig* abgesonderte Stücke; der *Quarz* verräth nicht selten eine Anlage zur Krystallform; der *Glimmer* ist aber deutlich und ausgezeichnet schön (in *sechsseitige Säulchen*) krystallisirt; in dem feinkörnigen, der, so zu sagen, das Saalband des Ganzen ausmacht, nimmt der *Glimmer* auf Kosten des Feldspathes und Quarzes an Quantität zu, liegt aber nur in kleinen *Blättchen* und zarten Schüppchen inne, und ist gewöhnlich *gelblichgrau*, seltener *bräunlichroth*.

Aufserwesentlich nimmt dieser Granit, und zwar nur der grofs- und grobkörnige, *schwarzen Schörl* auf. Seine Farbe ist *dunkelschwarz*, zuweilen von zufällig beigemengtem Eisen etwas *roth gefärbt*. Hier und da zeigt er eine Anlage zur *Säulenform*, und in diesem Falle hat er *dünn*- und *geradstänglich* abgesonderte Stücke; da, wo er blofs derb vorkömmt, sind die abgesonderten Stücke *büschelförmig auseinander laufend stänglich*, nähern sich auch wohl dem *Fasrigen*; die stänglich abgesonderten Stücke sind, wie gewöhnlich, *zart* und in *die Länge gestreift*.

Der Gneifs setzt hier durch den Egerflufs auch an das jenseitige Ufer hinüber, und erscheint an der Westseite des Dorfes Cronsdorf in der Nachbarschaft des Basaltes, von dem er hier, so wie diesseits des Ufers, die Unterlage zu machen scheint. Er constituirt 5 bis 6 Klafter hohe, dem Flusse steil zufallende schroffe Felsen, die durch kleine Rasenplätze von einander abgesondert werden. Merkwürdig ist an dem Gneiſse, daſs er, so wie der Basalt des ihm nahe gelegenen Rabensteines, säulenartig gespalten ist (säulenförmig stänglich abgesonderte Stücke hat). Man wird ziemlich deutliche, vier - und fünfseitige Säulen, welche 2 bis 3 Fuſs im Durchmesser haben, gewahr, die an der Ostseite senkrecht stehen, an der Westseite sich etwas gegen Norden neigen. Am Fuſse dieser Felsen findet man zahlreiche und groſse Granitblöcke, und abgeführte Stücke, die aber von dem Flusse aus entfernten Gegenden herbeigeführt wurden.

Die schiefrige Textur dieses dickflasrigen Gneiſses kann man nur an der Geburtsstätte bemerken; in den aufgesammelten Stücken verliehrt sie sich; man glaubt vielmehr einen sehr klein- fast feinkörnigen Granit vor sich zu haben, der sich durch die vielen sehr zarten, abwechselnd *gelblichgrauen*, *graulichweiſsen* und *aschgrauen wellenförmig krummgebogenen* Linien, die man auf dem Queerbruche beobachten kann, auszeichnet. Um die Herrschaft streitet in diesem Gneiſse der *Quarz* mit dem *Feldspathe*; ersterer ist *graulichweiſs*, *rauchgrau*; letzterer *gelblichgrau*, durch die Verwitterung wird er *lichte ochergelb*; der sehr zartschuppige *Glimmer* ist theils *silberweiſs*, theils aus dem *Aschgrauen* in das *Graulichschwarze* übergehend.

Von dem den Rabenstein constituirenden Basalte wird der Gneiſs auf eine ansehnliche Strecke, weit verdrängt, und er erscheint erst wieder anstehend an den einzelnen zu Cronsdorf gehörigen, aber an der Ostseite des Dorfes liegenden Häuschen. Von da begleitet er die Ufer des Flusses bis nach Okenau, erhebt sich in nicht zu hohe Felsen, macht die Unterlage des Guppenberges und des Bukaberges, zweier weit verbreiteter Basaltberge.

Man findet von dem Gneiſse folgende Abänderungen:

1. Die erste Abänderung ist *dünn*- und *geradschiefrig.* Der vorwaltende Gemengtheil ist ein *lichte isabellgelber* **Feldspath;** darauf folgt der *aschgraue* **Glimmer,** der von einer Seite in das *Silberweiſse,* von der andern in das *Graulichschwarze* sich verläuft; endlich der *graulichweiſse* **Quarz.** Alle diese Gemengtheile wechseln in sehr schmalen Lagen mit einander ab, so daſs immer eine Feldspathlage zwischen einer noch dünnern Quarz- und Glimmerlage zu liegen kömmt. Auf dem Queerbruche hat daher der Gneiſs ein geschnürltes Ansehen; auf dem Längebruche ist bald der Glimmer, bald der Feldspath vorzüglich sichtbar, je nachdem man bei der Zerklüftung auf dieser oder jener Lage das Fäustel eingesetzt hat.

2. Die zweite Abänderung ist gleichfalls *gerade*-, aber *dickschiefriger.* Der vorwaltende Gemengtheil ist ein theils *aschgrauer,* theils *graulichschwarzer* **Glimmer;** auf diesen folgt in dem quantitativen Verhältnisse ein *lichte graulichweiſser* **Quarz;** und endlich

der *graulichweiſse* sparsame *Feldspath.* Sieht man diesen Gneiſs bloſs auf dem Längebruche (den Ablösungen), so erscheint bloſser Glimmer; erst auf dem Queerbruche entdeckt man die übrigen Gemengtheile, die aber nicht, wie bei der ersten Abänderung, lagerweise abwechseln, sondern in dem Glimmer nesterweise inne liegen.

An der Abendseite von Okenau bildet der Gneiſs noch einmal einen niedrigen Felsen, und verbirgt sich dann wieder bis Sosa unter der Trappformation. Der Gneiſs ist hier sehr *dickflasrig*, bildet 2 bis 3 Fuſs starke Schichten, welche unter einem Winkel von 40° gegen Süden einfallen, und St. 5 streichen. Der Gneiſs hat ein sehr artiges Ansehen. Der vorwaltende *Feldspath* ist hier theils *pfirsichblüth-* theils *blaſsfleischroth*; der *Glimmer gelblichgrau*, und aus diesem von einer Seite in das *Silberweiſse*, von der andern in das *Aschgraue* übergehend, und *zartschuppig*; der *Quarz graulichweiſs* und *rauchgrau.* Der Feldspath und der Glimmer bilden zuweilen (mit Ausschluſs der übrigen Gemengtheile) für sich bestehende schmale Lagen, wodurch der Gneiſs auf dem Queerbruche ein roth und grau *gestreiftes* Ansehen erhält.

Ich kehre wieder an das nördliche Ufer des Egerflusses zurük.

Die obenbeschriebene Felsenreihe verläuft sich oberhalb in einen mit hochstämmiger Waldung bewachsenen Gebirgsrücken, der den Namen des *Steinwaldes* hat; zu Der Steinwald.

seinen Gränzen an der Westseite, wie gesagt, den an dem Himmelsteine vorbeifliefsenden Bach, an der Ostseite den Rummelbach, der sich bei dem Dorfe Wotsch in die Eger ergiefst, erkennet, und an der Nordseite sich in eine bebauete Ebene verliehrt. Diese Ebene hat aber keine beträchtliche Ausdehnung, sondern verbindet nur den Steinwald mit einem höher gelegenen, parallel laufenden zweiten Gebirgsrücken, oder vielmehr, erhebt sich in diesem. Er läuft von Osten gegen Westen, ist ganz mit Wald bewachsen, und gehört zum Theil schon zu der in dem Ellbogner Kreise gelegenen Herrschaft Hauenstein.

Die Sommer- und Winterleite.

Ueber diesem zweiten Gebirgsrücken liegt ein dritter, der in der Gegend unter dem Namen der *Sommer-* und *Winterléite* bekannt ist. Ersterer erhebt sich sanft ansteigend von Osten gegen Westen; letzterer von Nordosten gegen Südwesten. Beide vereinigen sich oben, und sind mit Wald bedeckt; nur hier und da entrifs die Kultur dem Walde ein Stück mageres Land, das der Landmann zu Feldern umpflügte. Der nördliche Abhang fällt dem Dorfe Redling zu, das an seinem Fufse liegt, von welchem er sich aber nochmals in einen vierten Gebirgsrücken erhebt, der den eigentlichen Rücken des Erzgebirges ausmacht, auf welchem in der Nähe Kupferberg liegt.

Alle diese übereinander ligenden Gebirgsrücken bestehen aus einem *dünn-* und *wellenförmig schiefrigen* Gneifse, der sich aber in den hohen Punkten schon dem

Glimmerschiefer annähert. Der vorwaltende Gemengtheil ist ein aus dem *Graulichgrauen* in das *Silberweiſse* übergehender *Glimmer*; in Rücksicht des quantitativen Verhältnisses folgt dann der *Quarz* von *graulichweiſser* und *rauchgrauer* Farbe; der sehr sparsame *Feldspath* ist *gelblichgrau*.

In diesem Gneiſse kommen ziemlich mächtige Lager von Glimmerschiefer; ja, dieser scheint mit jenem mehrere Male abzuwechseln.

Jener erste Gebirgsrücken, in welchem sich die Felsenreihe an der Eger erhob, steht mit dem Hutberge an der Ostseite in Verbindung, von dem er nur durch den Rummelbach getrennt wird. Auch dieser fällt an der Südseite steil dem Flusse zu; an der Westseite erhebt er sich von dem Rummelbache anfangs ganz sanft, wird aber immer stärker, so wie man höher und mehr gegen Osten hinansteigt, bis er dann wieder eben so sanft an den Pirstensteiner Bach ostwärts, wo er sowohl an dem Abhange, als an dem Fuſse, gröſstentheils bebauet ist, hinabfällt. Der Rücken selbst ist mit hochstämmiger Waldung bedeckt, und verliehrt sich an der Nordseite in den höheren Gebirgsrücken des Erzgebirges. Seine Gebirgsart ist derselbe Gneiſs, den ich an dem niedrigen Felsen aufgefunden, und daselbst beschrieben habe. Der Hutberg.

In höheren Punkten erhebt sich von dem östlichen Ufer des Rummelbaches sehr steil ein anderer Gebirgszug, der oberhalb und an der Nordseite sich in die Sommer- und Winterleite verliehrt, an der Südseite mit dem

Spitzberge in Verbindung steht. An dem westlichen Abhange dieses Gebirgsrückens, gegen den Rummelbach sowohl, als an dem östlichen in der Nähe des Dorfes Endersgrün, findet man die ihn constituirende Gebirgsart in höhern und niedrigern Felsenmassen anstehen. Ihre Schichten fallen unter 62° gegen Osten, und sie haben ihr Streichen St. 1. Sie ist ein *dick-* und etwas *krummschiefriger* Gneiſs. Der *Quarz*, und nach ihm der *Glimmer*, sind vorwaltend; ersterer ist sehr *kleinkörnig* und *gelblichgrau*, letzterer *aschgrau*, von einer Seite in das *Silberweiſse*, von der andern in das *Graulichschwarze* übergehend. Im ersteren liegt der *gelblichgraue Feldspath*, der sich durch seinen blättrichen Bruch und den gröſsern Glanz von dem Quarze auszeichnet. Die Glimmerlagen sind sehr schwach; dafür haben die Quarzlagen von einigen Linien bis 1 zu 2 Zolle Stärke.

Den Zwischenraum zwischen jenen zwei Bächen, davon der westliche an der Winterleite entsteht, in den Kleinthaler oder Weigensdorfer Bach flieſst, der östliche an der Abendseite von Kupferberg seinen Ursprung nimmt (der Pirschensteiner Bach), füllt ein anderer Gebirgszug, der in der Richtung von Südost gegen Nordwest ansteigend fortläuft, und sich an dem Zusammenflusse beider Bäche bei Pirschenstein mit immer abnehmender Höhe auskeilt, wo an einem steil abgestürzten Felsen die Ueberbleibsel eines nicht sehr merkwürdigen und ausgezeichneten alten Schlosses stehen. An dem

südöst-

südöstlichen sanften Abhange liegen die Dorfschaften Reyen, Ober- und Unterhals. Dieser Abhang ist daher zum Theil bebauet, gröſstentheils aber mit Waldung bedeckt. Man findet noch immer denselben Gneiſs theils an den Fahrwegen hier und da zu Tage ausbeiſsen; theils in den Thälern und Schluchten in höhern und niedrigern Felsenmassen anstehen.

Läſst man die verfallene Burg Finkelstein an der Ostseite liegen, und schlägt den Weg gegen Nordwesten ein, so erhebt sich die Gegend anfangs ziemlich sanft, dann steiler in einen von Osten gegen Westen auslaufenden, mit einem sehr breiten Rücken versehenen, mit hochstämmiger Waldung bedeckten Berg, der sich an der Abendseite in eine zugespitzt kegelförmige Kuppe, den sogenannten aus Basalt bestehenden Spitzberg, endigt. An dem Fuſse findet man den Gneiſs zu einem ziegel- und bräunlichrothen Thone aufgelöset, an dem östlichen Abhange aber ihn in groſsen Stücken zerstreuet. Er ist *sehr dickflasrig*, und übrigens mit dem bisher beschriebenen derselbe. In diesem scheint ein Lager von Hornblendeschiefer zu liegen, da ich von demselben in hohen Punkten sehr häufige und mehrere Fuſs groſse Stücke herumliegen sah. Der Spitzberg.

An dem diesseitigen Ufer des Egerflusses sieht man, mehr ostwärts, noch immer den Gneiſs sich in niedrigen oder höhern Felsenmassen hier und da erheben. Er macht die Unterlage des Basaltberges, Alt-Schönburg genannt, constituirt den Marienſelsen in der Stadt Der Hadorfer Berg.

Klösterle; auf ihm liegt der Schüttboden von Klösterle. Die nördliche Kuppe des Mühlberges verliehrt sich in einen wellenförmigen, ganz mit hochstämmiger Waldung bedeckten Rücken, der von Süden gegen Norden ansteigend fortläuft, eine beträchtliche Höhe erreicht, sich ganz oben in eine abgerundete Kuppe, den Hadorfer Berg, endigt, an der Ostseite mit dem Gemeindeberge, von welchem ihn ein zwischen beiden in einer engen Schlucht fliessender Bach trennt, in Verbindung steht, und, wie die zahlreichen und sehr grossen, allenthalben herumliegenden Stücke beweisen, noch immer aus einem und demselben Gneisse besteht, der die niedrigen Hügel, Felsenmassen, und die hohen Gebirge um Klösterle constituirt, und den ich weiter unten beschreiben werde.

In dem Gneisse aber liegt ein mächtiges Lager von körnigem Kalksteine, welches in der Gegend von Hadorf, oberhalb Gesseln, und bei Kleinthal angebauet wird.

Der Gemeindeberg.

Mit dem Hadorfer Berge steht an der Nordseite noch der Gemeindeberg in Verbindung, ein schmaler Gebirgsrücken, der grösstentheils bebauet ist, steil gegen Osten herabfällt, wo ihn zum Theil Rasen deckt, sich sanfter gegen Westen verflächt, wo auf seinem Abhange das Dorf Kunau liegt. Er besteht aus demselben Gneisse, welchen ich in der Gegend von Betlern auffand.

In demjenigen Theile des südlichen Abhanges des Erzgebirges, der an der Abendseite von dem Bache, der durch die Stadt Klösterle fliesst (der Kollebach) an der

Morgenseite von einem Bache, der oberhalb Wernsdorf entspringt, begränzt wird, haben folgende Erhöhungen eigene Namen erhalten.

Der Steinbühl, Schindbühl oder Galgenberg.

Unweit von der Stadt, derselben gegen N. N. W., liegt ein niedriger Hügel, der sogenannte *Steinbühl*, *Schindbühl*, oder *Galgenberg*. Er ist an seinen, nicht zu steil abfallenden Gehängen, mit niedrigem Strauchwerke bewachsen, an der Kuppe mit mehreren Birken bedeckt. An der Nordseite findet man einen, 8 bis 10 Klafter hohen, steil abgestürzten Felsen, an welchem ich das Verhalten der Gebirgsart bestimmen konnte. Die Schichten, welche sie bildet, sind mehrere Fuſse stark, fallen unter 78° gegen Norden ein, und haben ihr Streichen St. 5, 1. Das Gewebe des Gneiſses ist im Groſsen sehr *dickflasrig*, im Kleinen aber fast *feinkörnig*, so daſs er in abgestufften kleinen Stücken wohl für einen sehr kleinkörnigen Granit genommen werden dürfte. Der vorwaltende *Feldspath*, so wie der sparsame *Quarz*, sind *graulichweiſs*; der sehr *zartschuppige* *Glimmer* ist *graulichschwarz*, *aschgrau*, *gelblichgrau*, und aus diesem in das *Silberweiſse* ziehend. Diesen Gneiſs durchsetzen, nach verschiedenen Richtungen, schmale Trümmchen eines *gelblichgrauen* *Feldspathes*, die aber selten lange anhalten, sondern sich sehr bald auskeilen.

Der Plattenberg.

Eine Ebene, oder vielmehr eine sanft ansteigende Erhöhung, führt von dem eben beschriebenen Hügel, so wie von der Stadt Klösterle bis an den südlichen Fuſs des Plattenberges, an welchem das nach dem grofsen Brande in Klösterle neu erbauete Dorf Zuflucht liegt, und der aus demselben Gneifse besteht, aber hier nur in gröfseren Stücken an dem steil abfallenden südlichen Abhange zerstreut, und nirgends fest anstehend gefunden wird. Der Plattenberg bildet oben einen schmalen, von Westen gegen Osten auslaufenden Rüchen, der, so wie der nördliche sanftere Abfall desselben, mit hochstämmiger Waldung bedeckt ist. An der Westseite endigt er sich in eine abgerundete Kuppe, welche sehr steil gegen Westen abfällt, und durch ein tiefes enges Thal von dem noch mehr westlich gelegenen Gemeindeberge getrennt wird. Der nördliche Abfall verliehrt sich in eine Ebene, die das Dorf Betlern aufnimmt. Von diesem erhebt sich wieder eine Anhöhe bis zu dem Dorfe Tamitschan, die sich in einem Theile des höchsten erzgebirgischen Rückens bei Pelma verläuft. Zwischen Tamitschan und Betlern ragen in den Feldern einzelne Felsen aus dem Rasen hervor, die kaum die Höhe von einigen Klaftern erreichen. Sie bestehen aus einem *dünnschiefrigen* Gneifse, dessen Schichten sehr flach (unter 40°) gegen Nordost einfallen, und St. 4 streichen. Der in demselben vorwaltende *Feldspath* ist *graulichweifs*; der *Glimmer*, der ihm an Menge nicht viel nachstehen dürfte, ist *aschgrau*, hier und da, obgleich selten, *silberweifs*; der sparsame *Quarz rauchgrau*.

In diesem Gneifse setzen einen Fufs und mehr mächtige Gänge auf, welche aus einem Gemenge von Quarz,

Amethyst, und Hornstein bestehen. Der *Quarz*, der die eigentliche Gangart auszumachen scheint, ist *graulichweifs*, *gelblich*- und *rauchgrau*, selten röthlich- und perlgrau, meistens *derb*, doch auch *nierförmig*, *traubig* und *drusig*, und auf den Drusenlöchern in niedrige *sechsseitige Pyramiden*, an welchen man aber schon einige Anfänge der Säulen bemerkt, krystallisirt. Dessen Stelle vertritt auf den Klüften und Drusenlöchern nicht selten der *Amethyst*; er ist *lichte* und *dunkel violblau*, und gleichfalls in *stumpfe sechsseitige Pyramiden* krystallisirt, die da, wo sie angewachsen sind, auch Anfänge der gleichnamigen Säulen zeigen; doch bricht er auch *derb* ein, und dann zeigt er doppelt abgesonderte Stücke, nämlich *dünnstängliche* und *fortifikationsartige gebogen schaalige*, davon die letztern von den erstern vertikal durchschnitten werden. Der *splittriche Hornstein* ist gewöhnlich *dunkel röthlichgrau*, das bis in das *Bräunlichrothe* und *Fleischrothe* übergeht. Er durchzieht den Quarz in schmalen Adern und Streifen, liegt auch wohl nesterweise inne, mit einem hier und da deutlichen *Uebergange in gemeinen Quarz* von einer Seite, von der andern in *gemeinen Jaspis*. Im erstern Falle nimmt er einigen innern Schimmer an, im letztern einen geringen Glanz und einen kleinmuschlichen Bruch. Zuweilen wechseln alle diese drei Fossilien mit allmäligen Uebergängen des einen in das andere in *fortifikationsartig gebogenen dünnen* Schichten mit einander ab, deren Mitte krystallisirter *Amethyst* oder

Quarz aufnimmt, und es entsteht so ein *Fortifikations-Achat.*

Auch der Gemeindeberg, den eine tiefe Schlucht, wie gesagt, von dem östlich gelegenen beschriebenen Plattenberge absondert, besteht aus Gneiſs, der aber sehr aufgelöset und eisenschüſsig ist. Er ist von Westen gegen Osten in die Länge gezogen, gegen Westen steil abgestürzt, an der West- und Südseite mit Wald bewachsen, an der Nordseite verflächt er sich auch in die Ebene von Betlern.

Der Taubenberg. An der Ostseite steht mit demselben Plattenberge der Taubenberg in Verbindung, mit welchem er nur einen gemeinschaftlichen Rücken auszumachen scheint, und daher auch denselben Gneiſs, der in der Gegend von Betlern anstand, aufzuweisen hat.

Hier habe ich nur noch anzumerken, daſs man in diesem südlichen Abhange, von dem Aubacher bis an den Wernsdorfer Bach, hier und da, am meisten aber in der Nachbarschaft der Dörfer Hadorf und Tzibisch, unter den Gneiſsbruchstücken mehrere Bruchstücke von *Amethyst*, ja ganze Drusen davon findet, welche wahrscheinlich den in dem Gneiſse aufsetzenden Quarzgängen, welche ich oben beschrieben habe, ihr Daseyn danken. Er hat gewöhnlich eine *lichte* und *dunkel violblaue* Farbe, deren letztere aber durch alle Abstuffungen bis in die *blaſsnelkenbraune* übergeht; er findet sich theils *derb*, gröſstentheils aber von der oben angegebenen regelmäſsigen äuſsern Gestalt.

Der Gneiſs, welcher die beschriebenen Berge zusammensetzte, verbirgt sich unter der bebaueten Oberfläche an dem südlichen Abhange derselben, und erscheint erst wieder an dem nördlichen Ufer des Egerflusses, als Unterlage des Seeberges, der an der Abendseite des Brandbaches sich erhebt. Er bildet daselbst, am Fuſse der südlichen Kuppe desselben, steil abgestürzte, mehrere Klafter hohe Felsenmassen. Sein vorwaltender Gemengtheil ist ein *gelblichgrauer* F e l d - s p a t h; der Q u a r z ist theils *graulichweiſs*, theils *rauchgrau*; der G l i m m e r ist sehr *zartschuppig* und *graulichschwarz*, und bildet theils für sich, theils mit dem kleinkörnigen Feldspathe, innig gemengt krummgebogene sehr schwache Lagen. Der Seeberg.

An dem westlichen Ufer des Seeberges, so wie auf den nahe liegenden Feldern, die sich in der Ebene fort bis an die Stadt Klösterle ausdehnen, findet man gröſsere und kleinere Stücke eines *bräunlichrothen* H o r n - s t e i n e s, der gewöhnlich mit $\frac{1}{2}$ bis 1" Zoll starken, auch noch stärkern Quarzadern durchzogen ist. Der Q u a r z ist zuweilen *drusig*, und dann in *sechsseitige Pyramiden* krystallisirt, an denen die Anfänge der gleichnamigen Säulen hier und da nicht undeutlich bemerkt werden. Oft vertritt die Stelle des Quarzes A m e t h y s t von *lichte violblauer* Farbe, und zwar in *stumpfe, einfache, sechsseitige Pyramiden*, die da, wo sie angewachsen sind, gleichfalls Anfänge der Säulen zeigen, krystallisirt.

Der Marienfelsen.

Verfolgt man, von dem Seeberge aus, die Ufer der Eger weiter westwärts, so sieht man den eben beschriebener Gneifs allenthalben in niedrigen und höhern Felsen entblöfst. Die höchsten Felsen sind diejenigen, auf welchen der herrschaftliche Schüttboden erbauet ist, und der sogenannte Marienfelsen in Klösterle selbst. In und um die Stadt herum beifst der Gneifs in allen Hohlwegen und Schluchten zu Tage aus, erscheint auch wohl in niedrigen Felsen anstehend.

Der Spitzberg.

Geht man langs der Egerufer ostwärts fort, so sieht man denselben Gneifs an dem Fufse des Spitzberges wieder in 5 bis 6 Klafter hohen Felsen anstehen.

In diesen Gneifs ist an der Abendseite ein Versuchstollen getrieben worden, mit welchem man 30 Lachter aufgefahren seyn soll, und auf diesem wieder ein Schacht 5 Lachter tief abgeteuft. Man hat auf Kobalt gebauet, der, in Begleitung des Schwefelkieses, auf einem, einen Fufs mächtigen Quarzgange, gebrochen haben soll Da der Bau, als ich die Gegend damals bereisete, auflössig war, so konnte ich die Grube nicht befahren, und ich mufste mich daher mit den mir in Klösterle mitgetheilten kleinen Handstuffen begnügen. Der Kobalt kömmt blofs eingesprengt vor, und zwar in einem *splittrichen Hornsteine* von theils *asch-* und *röthlichgrauer*, theils *blut -* und *fleischrother* Farbe, von denen erstere Farbe die herrschende ist, in welcher die letztere nur *fleckweise* erscheint. Es ist ein *Speiskobalt* von *lichte stahlgrauer* Farbe, inwendig *stark schimmernd*, von *metallischem Glanze*, von einem *unebenen*, in den *muschlichen* übergehenden Bruche, und *feinkörnig* abgesonderten Stücken. Nebst diesem Kobalte, kommt auch noch *speisgelber gemeiner Schwefelkies fein eingesprengt* vor.

Derselbe Gneiſs setzt auch den Fuſs des heiligen Berges zusammen, und erscheint an dem, am westlichen Fuſse vorbeiflieſsenden Bache, an einem steilen, etwa drei Klafter hohen bemooseten und sehr zerklüfteten Felsen; auch an der Südseite beiſst er hier und da zu Tage aus. Das Franziskanerkloster bei Caaden ist gleichfalls auf einen, steil in den Fluſs hinabgestürzten Gneiſsfelsen erbauet. Hier und da ist er schon zu einem *rothen*, *röthlich*- und *gelblichweiſsen Thone* aufgelöset. Der heilige Berg.

Auch an der Ostseite der Stadt Caaden begleitet der Gneiſs die Ufer des Flusses bis fast an Weschitz, wo er sich dann unter dem dasigen Flötzgebirge auf immer verbirgt. Er bildet hier viel höhere, bis 10, ja 20 Klafter hohe Felsenmassen, die meistens sehr steil dem Flusse zugestürzt sind. Die Schichten, welche er bildet, sind oft einige Fuſs, oft aber auch einige Klafter und mehr stark; aber so wie man mehr gegen Osten geht, werden sie immer schwächer, und sind dann selten mehr als 1½ Zoll stark. Sie fallen unter dem Winkel von 75° gegen Westen, und haben ihr Streichen St. 12, 4.

Der Gneiſs ist so *dickflasrig*, daſs man ihn, nach einzelnen Handstuffen, für einen feinkörnigen Granit halten würde. Der vorwaltende Gemengtheil ist hier ein *gelblichgrauer* *Feldspath*, der *Quarz* ist *graulichweiſs*, der *Glimmer* *bräunlich*- und *graulichschwarz*. Letzterer bildet oft von den übrigen Gemengtheilen abgesonderte, für sich bestehende länglichte *schwarze Flecke*. In diesem Gneiſse setzen häufige schmale Trümmchen von einem granitartigen Gemenge auf, das, nebst den ihm wesentlichen Gemengtheilen, auch noch *schwarzen Schörl* aufnimmt. Alle diese Gemengtheile sind, bis auf den *graulichweiſsen* und *rauchgrauen* *Quarz*, welcher *derb* inne liegt, krystallisirt. Der *gelblich*- und *röthlichgraue* *Feldspath* in *breite sechsseitige*, an den Enden *zugeschärfte Saulen*; der *silberweiſse* *Glimmer* in ziemlich dicke *sechsseitige Säulen*; der *dunkelschwarze* *Schörl* in *sechsseitige*, an den Seitenflächen *zart gestreifte*, an den Enden mit drei auf die abwechselnden Seitenkanten aufgesetzten Flächen *flach zugespitzte Säulen*, an denen diese abwechselnden Kanten *abgestumpft* sind.

Merkwürdig ist ein Feldspathgang, der in diesem Gneiſse, Selau gerade gegen über, aufsetzt. Der Einfallwinkel beträgt 26° gegen Nordost, und sein Streichen ist St. 9. Der *Feldspath* hat eine *blaſsröthlichbraune*, aus dieser bis in die *dunkelfleischrothe* übergehende Farbe; er kömmt bloſs *derb* vor. Mitten in demselben liegt nesterweise ein *dunkelrauchgrauer* *Quarz*, und dann findet man auch *grünlichgrauen* und *silberweiſsen* *Glimmer* in *zarten Blättchen* eingesprengt.

Man glaubt dann einen groſskörnigen Granit vor sich zu haben.

Der Gneiſs, der sich bisher dem Granite annäherte, oder vielmehr ein Uebergang in denselben zu seyn schien, wird erst in der Nachbarschaft des Dorfes Pröhl deutlich ausgezeichnet. Ich fand hier auf einer kleinen Strecke folgende drei Abänderungen desselben:

1. In der ersten Abänderung ist der *Feldspath blaſsfleiſchroth* oder *gelblichgrau*, der *Quarz graulichweiſs*, der *Glimmer* geht aus dem *Graulichweiſsen* von einer Seite in das *Silberweiſse*, von der andern durch das *Aschgraue* bis in das *Graulichschwarze* über. Der Glimmer wechselt mit dem Feldspathe und Quarze in zarten *wellenformigen*, bald sehr schwachen, bald stärkern Lagen ab.

2. In der zweiten Abänderung hat der *Feldspath* eine aus der *gelblichgrauen* bis in die *wachsgelbe* übergehende Farbe; der *Quarz* geht aus dem *Dunkelrauchgrauen* bis in das *Dunkelnelkenbraune* über. Der *Glimmer* hat die oben angegebene Farbe; nur kömmt er *zartschuppiger* und sparsamer, so wie der Quarz häufiger vor. Die Lagen des Gneiſses sind überhaupt viel schwächer.

3. Die dritte Abänderung stellt denselben Gneiſs, wie die erste, dar; nur sind die Lagen, die er bildet, kaum ½ Linie stark, und der innliegende Glimmer ist häufiger, aber zugleich zartschuppiger.

Von dem Seeberge und Spitzberge setzt der Gneiſs durch den Egerfluſs auch an sein südliches Ufer hinüber, wo er sich gegen Westen hinter das Dorf Dirnthal bis an Felixburg, an der Ostseite bis fast an das Dorf Caaden erstreckt. An beiden Seiten wird er von der aufliegenden Trappformation bedeckt. Er begleitet gewöhnlich den Fluſs, und erhebt sich stellenweise in niedrige Felsen. Auch gegen Süden begleitet er die Ufer des Sosaer Baches, von seinem Ausflusse an, eine kleine Strecke in das Gebirge fort. In dem Dorfe selbst steht er an dem Bache an beiden Seiten in 8 bis 10 Klafter hohen Felsen an. Er bildet deutliche 5 bis 6 Schuh starke Schichten, welche unter einem Winkel von 64° gegen Westen einfallen, und St. 1 streichen. Ob der Quarz oder Feldspath hier den vorwaltenden Gemengtheil des Gneiſses ausmache, ist nicht zu bestimmen; beide scheinen mir in dem quantitativen Verhältnisse einander ziemlich nahe zu kommen; parthienweise wird bald dieser, bald jener vorwaltend. Der *Quarz* ist *graulichweiſs*, der ***Feldspath*** *gelblichgrau*, bei weiter gegriffener Verwitterung *ochergelb*, mit Verlust seines ursprünglichen Glanzes und blättrichen Bruches. Beide Gemengtheile liegen in einem kleinkörnigen Gewebe in der Gebirgsart, und wechseln in sehr schmalen geraden Schichten oder Lagen mit einander ab. Der *Glimmer* ist nur in *sehr zarten bräunlichschwarzen Schüppchen* eingesprengt. Ausserwesentlich ist diesem Gneiſse zuweilen etwas *schwarzer Schörl* beigemengt. Dieser ist *dunkelschwarz* von

Farbe, *derb*, von *dünnstänglich* abgesonderten Stükken, die sich, *büschelförmig auseinander laufend*, dem Auge darstellen.

So wie das Franziskanerkloster bei Caaden, und die Stadt selbst, auf Gneiſs erbauet ist, der als eine hohe Felsenmasse der dasigen Kaserne zum Grunde dient, so setzt derselbe auch hier an das südliche Ufer hinüber, und erscheint, nachdem er nur eine kleine Strecke von dem aufliegenden, zur Trappformation gehörigen Purberge unterbrochen wurde, an der Ostseite der Stadt wieder in höheren und niedrigern Felsenmassen entblöſst an dem Wege, der an den Ufern des Egerflusses auf Dela zuführt. Die Schichten, welche er sowohl an diesen, mehr und minder steil dem Flusse zugestürzten Felsenwänden, als an einigen, oberhalb Selau, aus dem Rasen hervorragenden Felsenmassen zeigt, sind 1 bis 3, hier und da auch wohl 6 Fuſs stark, fallen an der Brücke bei Caaden, unter dem Winkel von 78°, gegen Westen ein, und haben ihr Streichen St. 10; an den oberhalb Selau sich erhebenden Felsenmassen aber unter 78° bis 80° gegen Nordwesten, und streichen St. 4. An beiden genannten Stellen stellt der Gneiſs, in einzelnen losgeschlagenen Handstuffen, ein sehr feinkörniges Gemenge vor, und zwar, an ersterem Orte von *graulichweiſsem* *Feldspathe*, *lichte* und *dunkelrauchgrauem*, *blaſsnelkenbraunem* *Quarze*, und *zartschuppigem*, sparsam eingestreuten *graulich*- und *bräunlichschwarzem* *Glimmer*; an letzterem Orte von einem sehr *blaſs röthlichgrauen*

Feldspathe, *rauchgrauen Quarze*, und *bräunlich-schwarzen Glimmer*, der aber hier mehr in krummgebogenen, oft wellenförmigen Linien, auf dem Queerbruche das Gemenge zu durchziehen scheint. Man würde diese beiden Abänderungen des Gneilses, wenn man sie in einzelnen Handstuffen betrachtet, für einen feinkörnigen Granit halten; nur der Rückblick auf das Verhalten der ganzen Gebirgsmassen, welche er constituirt, kann den Geognosten überzeugen, daſs er es hier immer mit Gneiſse zu thun hat.

Das Verhalten des Gneiſses in den tiefern Punkten unmittelbar an dem Egerflusse konnte ich nicht bestimmen, da die Ufer bis an Delau gröſstentheils unzugänglich sind, die Felsen sich in dieser ganzen, eine halbe Stunde langen Strecke, sehr steil dem Flusse zustürzen; da aber, wo sie zugänglich sind, als unmittelbar an dem Dorfe Selau, der Gneiſs von dem basaltischen Pilsenberge bedeckt wird.

In der Gegend von Neudörfl, und zwar zwischen diesem Dorfe und dem nahe gelegenen Burgstall, bildet aber der Gneiſs wieder eine niedrige Felsengruppe, an der sein Verhalten beobachtet werden konnte. Die abwechselnd 1 bis 6 Fuſs starken Schichten haben das Fallen und Streichen mit jenem an der Caadner Brücke gemein. Das Gewebe des Gneiſses ist noch immer in einzelnen Handstuffen körnig. Die Farbe des vorwaltenden *Feldspathes* ist *gelblichgrau* und *blaſs ochergelb*, jene des *Quarzes asch-* und *lichte rauchgrau*; der *Glimmer* liegt in verhältnifsmäfsig gröfsern, aber immer noch *kleinen bräunlichschwarzen Blättchen* inne. Hier und da bemerkt man einzelne *lichte bräunlichrothe Flecke*, welche ihr Daseyn der Verwitterung des Glimmers, so wie der Feldspath seine Farbe der gröfsern Oxidation des in demselben als Bestandtheil enthaltenen Eisens danken.

So wie man sich Delau nähert, nehmen die Felsen an Höhe ab, der Gneifs erhält eine ausgezeichnet schieferige Textur, und übergeht endlich in der Nähe von Delau in einen *dunkellauchgrünen*, *gerad*- und *dünnschiefrigen*, inwendig *schwach schimmernden Chloritschiefer*, oder vielmehr in ein *Mittel zwischen Thon- und Chloritschiefer*, der aber etwas *zartschuppigen*, *grünlichgrauen Glimmer* beigemengt hat.

Unmittelbar vor Delau verbirgt sich der Gneifs ganz unter das Flötz- und Trappformationsgebirge, um nie wieder zum Vorschein zu kommen.

Ich gehe nun an das jenseitige Ufer der Eger, und zwar zu dem, an dem Erzgebirge gelegenen Taubenberge, zurück.

Diesem gegen Osten läuft ein anderer hoher Gebirgskamm in einer südlichen Richtung fort. Er beginnt oberhalb Wohlau, wo er sish an der Nordseite in dem hohen erzgebirgischen Rücken verliehrt, fällt sanft gegen Wohlau ab, und ist auf diesem sanften Abhange bebauet; an der Südseite verflächt er sich mit seinem Fufse in die Ebene, oder vielmehr in den sanften Abhang bei Weinsdorf; an der Westseite fällt er etwas Der Busch. Der Blaubrunn.

minder steil dem Erbbache zu; steiler, ja hier und da sehr steil, ist er an der Ostseite dem Brandbache, der später den Namen des Wistritzer Baches annimmt, zugestürzt. Gleich unterhalb Wohlau erhebt er sich in eine zugerundete bewaldete Kuppe, den sogenannten Busch, der seine Richtung von Nordwest gegen Sudosten nimmt. Diese Kuppe fällt steil dem Bache zu, minder steil gegen Südosten, wo er eine sanfte Vertiefung bildet, aus der er sich in einen schmalen felsigten Kamm erhebt, der den Namen des Blaubrunnes hat. An dem östlichen steilen Absturze, so wie an dem Kamme selbst, ragen sehr hohe Felsenmassen aus der Erde hervor, die dem Beobachter denselben Gneiſs mit demselben Verhalten darstellen, der den Hassenstein constituirt, auf welchen ich daher hier verweise.

Der Schweicher.

Der Brandbach, oder Wistritzer Bach, macht die Gränze zwischen dem eben beschriebenen Busch und Blaubrunn, und dem Schweicher. Dieser erhebt sich sehr steil von dem Bache, und stellt daselbst mehrere Klafter hohe Felsenmassen und Gruppen dem Auge dar. Seine gröſste Höhe erreicht er oberhalb Hohetanne, wo er eine, mit hochstämmiger Waldung bedeckte, oben zugerundete, am Fuſse weit ausgedehnte Kuppe hat, auf welcher das Dorf Wisset liegt. An diese hohe Kuppe lehnen sich an der Ost- und Südseite mehrere niedrige, gleichfalls bewaldete Kuppen an, die ihm eine beträchtliche Ausdehnung geben; denn an der Nordseite erstreckt er sich bis fast an Krimau, wo sich sein Fuſs in den höhern

Gebirgs-

Gebirgsrücken verliehrt; an der Ostseite steht er mit dem Gliedner Berge in Verbindung; an der Südseite endigt er sich in den Hassenstein; an der Westseite bespühlt seinen Fuſs, wie gesagt, der Brandbach. Da die hohe Kuppe sowohl, als die niedrigen Küppchen, gröſstentheils mit hochstämmiger Waldung bedeckt, und in der Nachbarschaft der Dörfer bebauet sind, so findet man auch die ihn constituirende Gebirgsart bloſs in gröſsern Blöcken und Stücken zerstreut. Anstehend findet man sie bloſs an dem Brandbache, und in einem bei Krimau eröfnetem Bruche, aus welchem die gebrochenen Steine zur Wegebesserung auf die Chaussee verführt werden.

Sie besteht aus Gneiſs, der $\frac{1}{4}$ bis 1 Schuh und mehr starke Schichten bildet, welche in höhern Punkten, in der Nachbarschaft der Gaschwitzer Mühle, unter einem Winkel von 32° gegen Südwest einfallen, und ihr Streichen St. 10, 2 haben. In tiefern Stellen aber vermindert sich der Einfallwinkel bis auf 24°, und die Schichten, welche etwas stärker werden, neigen sich mehr gegen Westen, und haben ihr Streichen St. 1.

Mit der veränderten Schichtung des Gneiſses aber ändert sich auch seine Beschaffenheit. Denn an der höhern Kuppe des Schweichers, und an den Felsenmassen, die nahe bei Gaschwitz an dem Brandbache anstehen, und die Höhe von 5, 6, und mehr Klafter erreichen, scheint sich der Gneiſs mehr dem Thonschiefer annähern zu wollen. Er ist *dünn* - und *geradschiefrig*. Vorwaltend ist der *Quarz* von einer *asch* - und *rauchgrauen* Farbe. Den

Glimmer sieht man bloſs auf den Ablösungen in *sehr zarten gelblichgrauen* und *silberweiſsen Schüppchen*, die sich dem unbewafneten Auge bloſs durch ihren *metallischen* Schimmer verrathen. Der Feldspath scheint nur sparsam, und mit dem Quarze innig gemengt vorzukommen. Nebstdem aber scheint der sich beim Anhauchen entwickelte Thongeruch auf einen beträchtlichen Thongehalt hinzuweisen.

Unterhalb der Gaschwitzer Holzmühle wird der Gneiſs ausgezeichneter; aber er ist immer noch sehr *dünn-* und *geradschieſrig*. Der *Glimmer* wird häufiger, aber gleichfalls sehr *zartschuppig*, theils *gelblichgrau*, und aus diesem in das *Silberweiſse* übergehend, theils *graulich-* und *bräunlichschwarz*, und ist auf den Ablösungen zuweilen in *längliche Flecke* zusammengehäuft; der *Quarz* und *Feldspath* ist mit dem bloſsen Auge kaum unterscheidbar, aber unter dem Suchglase sieht man, daſs beide *graulichweiſs* sind, und, zu einem sehr *feinkörnigen* Gewebe verbunden, äuſserst schmale Lagen bilden, die mit den noch schmälern Glimmerlagen abwechseln. Auch dadurch nähern sich diese beschriebenen Gneiſsabänderungen dem Thonschiefer, daſs ihre Schichten mit 2 bis 3 Fuſs starken Quarzlagen abwechseln, und daſs Trümmchen und schmale Gänge von Quarz nach verschiedenen Richtungen in demselben aufsetzen.

Deutlicher und ausgezeichneter wird der Gneiſs an den niedrigern Küppchen des Schweichers, aber leider!

wird er nicht anstehend, sondern bloſs in gröſsern Bruchstücken zerstreut gefunden. Vorzüglich bemerkbar waren nur folgende zwei Abänderungen:

1. Die erste ist *dünn-* und *wellenförmig krummschiefrig*. Der vorwaltende **Feldspath** zieht aus dem *Graulichweiſsen* in das *Perlgraue*. Der **Glimmer** ist gröſstentheils *graulichschwarz*, das aber stellenweise durch das *Asch-* und *Gelblichgraue* bis in das *Silberweiſse* übergeht. Der **Quarz** ist äuſserst sparsam, und gleichfalls *grau*.
2. Die zweite Abänderung ist etwas *dick-* aber gleichfalls *krummschiefrig*. Der vorwaltende **Feldspath** ist *blaſs isabellgelb*, der **Quarz** theils *asch-* theils *perlgrau*, der sparsame **Glimmer** ist *graulich-* oder *bräunlichschwarz*, und liegt in dünnen Blättchen inne, welche theils in schmal unterbrochenen Lagen, theils in *längliche Flecke* zusammengehäuft sind. Auſserwesentlich nimmt er hier und da ein kleines Körnchen von *bräunlichrothem* **gemeinen Granat** auf.

Die schönste Abänderung des Gneiſses, die aber auch zugleich die herrschende in dem Schweicher zu seyn scheint, da man Bruchstücke davon bei Gaschwitz, bei Glieden, in der Nachbarschaft von Krimau und Nopitz findet, wird aus dem Krimauer Steinbruche gefördert, und zum Straſsenbaue verwendet.

Sie ist gewöhnlich bald mehr, bald weniger *dickflasrig*, oft aber auch *dünn-* und *sehr dünn-* aber stets *geradschiefrig.* Vorwaltend ist in demselben der *Feldspath.* Dieser hat bald eine *hell- graulich- gelblich-* und *röthlichweiſse*, bald eine *blaſs-* und *dunkelfleischrothe* Farbe; er kömmt gewöhnlich von *klein*, sehr *klein*, ja oft auch sehr *feinkörnig* abgesonderten Stücken vor, wo er dann, wenn er hellweiſs ist, dem feinkörnigen Kalksteine nicht unähnlich ist. Er bildet oft kaum 1 Linie starke, aber nicht selten auch ½ bis 1 und 1½ Zoll starke Lagen, die mit einander, oder auch mit gewöhnlich sehr schwachen Lagen eines *gelblichgrauen*, *blaſshoniggelben*, *blaſsnelkenbraunen Quarzes* abwechseln, wodurch er ein *gebändertes* Ansehen erhält. Der *Glimmer* kömmt nur sparsam zwischen den Feldspathlagen in ziemlich groſsen Blättchen (von 1 bis 3 Linien im Durchmesser) vor; ist gewöhnlich *zartschuppig*, *silberweiſs*, selten *graulichschwarz.* Zuweilen liegt zwischen den Quarz- und Feldspathlagen eine schwache Schicht von *dichtem Flusse* von einer *grünlichgrauen* in das *Spangrüne* ziehenden Farbe, einem *schwachen* innern Schimmern, aus dem *ebenen* in den *splittrichen* übergehenden Bruch, und einer *geringen* Durchscheinbarkeit.

In dem Gneiſse des Schweichers liegt wieder an dem Brandberge ein ansehnliches Lager von Urkalkstein, welches abgebauet wird.

Der Hassenstein.

Der Hassenstein ist ein nicht zu hoher Berg, oder vielmehr Hügel, der eine Fortsetzung des Schweichers ist, in den er sich an der Ostseise sanft verflächt. Er fälllt an der Westseite sehr steil dem Brandbache zu, an der Nordseite verliehrt er sich in den von dieser Seite herabziehenden Gebirgsrücken, an der Südseite verbindet er sich mit dem Platzerberge. Die Kuppe des Hügels decken die Ueberbleibsel einer alten Burg, die in dem vierzehnten Jahrhunderte dem Herrn Schönburg v. Hassenstein zugehörte, später an die Herren von Lobkowitz fiel, von dem als Gelehrten so sehr berühmten Freiherrn Bohuslaw Lobkowitz von Hassenstein, der sich durch seine Sprachenkunde, sein dichterisches Genie, seine schöne prosaische Schreibart, seine ungekünstelte Beredsamkeit, und durch seine auf den sehr weiten Reisen gesammelten Kenntnisse so vortheilhaft auszeichnete, und wegen dieser Vorzüge in der böhmischen Geschichte glänzt, bewohnt wurde, und in dem dreifsigjährigen Kriege erst zerstört worden zu seyn scheint. Von diesem Schlosse stehen noch ein, etwa 4 Klafter hoher Wartethurm an der Nordseite, an der Südseite die Mauern des Schlosses selbst, das ein länglichtes Viereck gewesen zu seyn scheint, nebst einem 6 bis 7 Klafter hohen Thurme, und dem Burgverliefse (dem Hungerthurme), zu dem eine Wendeltreppe hinführt, von der man noch einige Spuhren entdeckt. Im Schlosse selbst ist ein unterirrdischer Gang, der mit einem andern, unterhalb dem Schlosse befindlichen, zusammenläuft, und dessen Ausgänge in einer grofsen Entfernung (einige sagen bei Caaden) seyn mögen, und wahrscheinlich bei Belagerungen zu Ausfällen dienten. Man entdeckt noch Spuhren der ehemaligen Kapelle und mehrerer Zimmer. Das

Schloſs selbst ist mit zwei Gräben umgeben, über welche eben so viele Zugbrücken den Zugang erleichtern. Das ganze Schloſs ist von Gneiſs aufgeführt; nur die Thür- und Fensterstöcke, und die Schluſssteine der Gewölbe, bestehen aus Sandstein.

An der Nordseite in dem Schloſshofe selbst sieht man eine steil abgestürzte Felsenwand, die dem beobachtenden Geognosten das Verhalten der Gebirgsart, des Gneiſses, darlegt. Er bildet fast senkrecht niedergehende (aber wellenförmig krummgebogene, von 2 Zollen bis einem Schuh starke) Bänke oder Schichten. Diese werden aber durch Klüfte, welche, 3 bis 4 Schuh von einander entfernt, aber parallel unter einem Winkel von 45° aufsetzen, wieder abgetheilt.

Der Gneiſs ist ziemlich *dick*- und *wellenförmig krummgebogen* schiefrig. Sein vorwaltender Gemengtheil ist *Feldspath* von einer aus der *isabellgelben* in die *ochergelbe* übergehenden Farbe. Der *Glimmer* liegt in *kleinen* zerstreuten *Blättchen* inne, und ist theils *asch*- und *gelblichgrau*, theils *silberweiſs*, theils *graulichschwarz*. Der *graue Quarz* ist nur äuſserst sparsam vorhanden.

Der Platzerberg. Der Krolupen-Busch.

Der Hassenstein verbindet sich an der Südostseite mit dem Platzerberge, der nach einer Vertiefung, in welcher ein Gebirgsbach sich krümmend fortschlängelt, in einen niedrigen, sanft abfallenden Rücken, den sogenannten Krolupenbusch, ausläuft. Beide sind mit Laubholze (Birken) bewachsen, und letzterer verflächt sich sanft gegen Süden, wo er sich in die Ebene von Hagensdorf verliehrt. Sie bestehen, wie die aufgesammelten Stücke beweisen, aus demselben Gneifse, der den Schweicher constituirt.

Der Gliedner Berg.

An der Südostseite verflächt sich der Schweicher in den Gliedner Berg. Dieser ist an der Kuppe abgerundet, an dieser und an den vorzüglich gegen Osten und Süden sanft abfallenden Abhängen bewaldet, an dem nördlichen und westlichen Abfalle bebauet. Er besteht aus demselben Gneifse, den der Krimauer Steinbruch aufzuweisen hat. Den in diesem Berge gangweise einbrechenden Rotheisenstein werde ich an einem andern Orte beschreiben. Mit dem Gliedner Berge steht an der Südostseite ein anderer Berg, der Purberg, in Verbindung, der gegen Westen, Süden und Osten nicht zu steil abfällt, an den Abhängen blofs mit niedrigem Strauchwerke bewachsen ist, sich oben in eine ausgedehnte Plattform endigt, welche ein niedriger Felsendamm von dem beschriebenen Gneifse umgiebt, und die kaum mehr bemerkbaren Ueberbleibsel eines alten Schlosses decken. Mit diesem verbindet sich an der Ostseite der *Teufelsstein* und der *Ranzenberg*, zwei blofs mit niedrigem Strauchwerke bewachsene, nicht zu hohe Berge, deren Kuppen sich in der Gegend des Dorfes Schönlinde in eine kleine, nicht weit erstreckte Ebene verlaufen. Die sie constituirende Gebirgsart ist ein ziemlich dickschiefriger röthlichgrauer Gneifs, der aus *gelblich*- und *röthlichgrauem Feldspathe*, *graulichweifsem Quarze*, und sparsamen, sehr zartschuppigem *silberweifsen* und *gelb-*

Der Purberg.

Der Teufelsstein und der Ranzenberg.

lichgrauen **Glimmer** besteht. Dieser übergeht durch alle Abstuffungen in den Urgrünstein, der ein mächtiges und weit verbreitetes Lager in demselben ausmacht.

Zwei andere Bäche, und zwar an der Westseite der Sau- oder Wildsbach, der an der Stadt Komothau vorbeifliefst, an der Ostseite die Bila, schliefsen wieder einen schmalen Gebirgskamm ein, der seine Richtung gegen Südosten nimmt, und, an seinem südlichen Abhange gröfstentheils mit hochstämmiger Waldung bewachsen, nur in der Nachbarschaft der auf demselben liegenden Dorfschaften Rotenau, Petsch, Platten, Sperbersdorf, bebauet ist. Die Gebirgsart, welche den Kamm zusammensetzt, findet man an demselben nirgends anstehend, wohl aber in gröfsern und kleinern Blöcken und Bruchstücken zerstreut, aus welchen man wohl auf die Beschaffenheit derselben, aber nicht auf ihr Verhalten zurückschliefsen kann. Ich suchte daher die tiefern Punkte an dem Saubache auf.

Zum ersten Male fand ich den Gneifs an dem südlichen Fufse des Gebirgskammes, seitwärts des Hammers, auf dem Wege, der von Komothau über Oberndorf hinführt, anstehend. Die ziemlich starken Schichten fielen, unter dem sehr kleinen Winkel von 12°, gegen N. W. ein, und hatten ihr Streichen St. 2.

Der Gneifs ist ziemlich *dick*- aber *krummschiefrig*, mit vorwaltendem **Feldspathe**, dessen Farbe aus der *gelblichgrauen* bis in das *Blafsochergelbe* übergeht; der **Glimmer** liegt in kleinen *asch*- und *gelblichgrauen*, *graulichschwarzen*, *tomback-* und *schwärzlichbraunen Blättchen* inne; der *Quarz* kömmt nur sparsam in *sehr kleinen grauen Körnchen* vor. Stellenweise, besonders da, wo der Gehalt von Quarz etwas beträchtlicher wird, nimmt er etwas *schwarzen Schörl* auf.

Weiter gegen Norden liegt der Hammerberg an dem westlichen Ufer des Saubaches. Er ist dem Bache steil zugestürzt, und entblöſst mehrere 5 bis 6 Klafter hohe Felsen, an denen die von ½ bis 3 Schuh starken Gneiſsschichten das eben beschriebene Fallen und Streichen beobachten. Der Hammerberg.

Der Gneiſs ist *gerade-* aber noch *dickschiefriger*. In Hinsicht des quantitativen Verhältnisses der Gemengtheile nimmt der *graulichweiſse* und *perlgraue Quarz* die erste Stelle ein; darauf folgt der *grünlichweiſse Feldspath*; am sparsamsten, und in *sehr kleinen Blättchen*, kömmt der gewöhnlich *silberweiſse* und *gelblichgraue*, seltener *aschgraue Glimmer* vor.

In diesen Berg ist auf einem, 2 bis 3 Schuh mächtigen Quarzgange, in dem aufgelöseten Gneiſse ein Versuchstollen aufgefahren worden. Die an dem Stollenmundloche genommene Stunde war St. 5. Da aber der Stollen sehr winklich getrieben worden, so scheint die Hauptrichtung desselben gerade gegen Westen zu seyn. Man kam aber nicht viel über 12 bis 15 Lachter in das Gebirge. Der *Quarz* ist *gelblichgrau*, sehr *eisenschüſsig* auf den häufigen Klüftchen mit einem *gelblichbraunen Eisenoxide* beschlagen.

Die Sommerleite im Kohlengrunde.

Verfolgt man den Weg an dem östlichen Ufer des Saubaches, so erreicht man in einer kleinen halben Stunde *die Sommerleite im Kohlengrunde*, einen ziemlich hohen Berg, an dessen steil dem Bache zugestürzten Abhange wieder grofse Felsenmassen hervorragen. Die schwachen Gneifsschichten (sie sind selten über 5 Zolle stark) fallen unter 24° gegen Süden ein, und haben ihr Streichen St. 7.

Der Gneifs kömmt mit jenem, den ich in der Gegend von Gaschwitz auffand, und einen Uebergang in Thonschiefer machen zu wollen scheint, fast vollkommen überein. Auch aus ihm entwickelt sich, beim Anhauchen, ein deutlicher Thongeruch, der auf einen beträchtlichen Thongehalt hinweiset. Der *Glimmer* ist zwar häufig, aber äufserst *zartschuppig*, *aschgrau*; der *Quarz fein* und *sehr feinkörnig*, *rauchgrau*, *gelblichgrau*; der *Feldspath* ist nur unter der Luppe, und dann nur äufserst sparsam, aufzufinden.

Der Posselstein.

Mit der Sommerleite verbindet sich der Posselstein an der Mitternachtseite. An dem steil dem Bache zufallenden, nur mit niedrigem Strauchwerke bewachsenen westlichen Abhange, ragen oberhalb wieder einige Felsen hervor, die letzteren Gneifs mit demselben Verhalten aufzuweisen haben.

Der Amberg.

Derselbe Gneifs setzt auch den Fufs des Amberges zusammen, wo er an einem, einige Klafter hohen Felsen hinter der Komothauer Brettmühle, anstehend gefunden wird; nur sind hier die Schichten viel stärker (sie haben eine Dicke von 2 und mehreren Fuſsen); ihr Einfallwinkel beträgt nur 6° gegen Westen, und sie streichen St. 12, 3. Es setzen in demselben häufige Quarzgänge und Trümmchen auf. Seine Textur ist mehr *kleinkörnig*, als schiefrig, und man würde ihn an einzelnen Handstuffen gar nicht für das nehmen, was er ist. Wenn die Verwitterung längere Zeit auf diesen Gneiſs eingewirkt hat, so wird er, da er im frischesten Bruche lichte graulichschwarz ist, aschgrau und thonig, so wie dieses auch der Fall an dem Sommerleitner und Gaschwitzer ist.

Höher hinauf wird der Gneiſs wieder ausgezeichneter. Der Thongehalt scheint geringer zu werden; der *Glimmer* wird *kleinblättrich*, *silberweiſs* und *gelblichgrau*, die *perl-* und *rauchgrauen Quarzkörner* werden gröſser, der *graulichweiſse Feldspath* deutlicher, und dem unbewafneten Auge sichtbar. So findet man ihn an der kleinen Mühle, und an dem bösen Loche, einem artigen Wasserfalle, wo sich der Saubach über einige Klafter hohe Felsen herabstürzt. Doch wird er an beiden Stellen von vielen Quarzgängen und schmalen Quarztrümmchen nach verschiedenen Richtungen durchsetzt.

In einer geringen Entfernung von dem bösen Loche, aber an einem noch höhern Standorte, ist die Gebirgsart, welche hier und da an dem Fuſse beider Gebirgsgehänge, welche mehr und minder steil dem Wildbache zufallen, in höhern und niedrigen Felsenmassen anstehet, vollkommen deutlicher Gneiſs. Dieser ist *dick-* und *krumm-*

schiefrig. In Hinsicht des quantitativen Verhältnisses ist der aus dem *Silberweifsen* durch das *Gelblich*- und *Aschgrau* bis in das *Graulich*- und *Bräunlichschwarze* übergehende *Glimmer* vorwaltend; sparsamer kömmt der *graulichweifse Feldspath*, am sparsamsten der gleichfalls *graue Quarz* vor.

In diesen Gneifs ist unfern der zwei Bäche, aus denen Zusammenflufs der Wildbach entsteht, ein Stollen gegen Westen (St. 5.) getrieben worden. Man soll mit demselben sehr weit aufgefahren seyn. Er war aber damals an dem Stollenmundloche verbrochen, daher nicht befahrbar; auch fand ich keine Spuhr von einer Halde mehr, die mich von der Beschaffenheit der Gangart und der mit demselben einbrehenden Fossilien hätte belehren können. Man soll, wie mein Führer aussagte, auf Kupfer gebauet, den ferneren Bau aber seit mehr als 10 Jahren aufgegeben haben.

Der im Stollen anstehende Gneifs war derselbe, nur dafs hier und da der *Glimmer* eine *kupferrothe* Farbe hatte. Sollte diese Farbe des Glimmers nicht etwa gar den Versuchstollen veranlafst haben?

Der Otterstein und Ringelberg.

An den Ufern beider Waldbäche sieht man allenthalben den oben beschriebenen Gneifs theils anstehend, theils in Flecken und Stücken zerstreut. Derselbe, nur etwas *dickschiefrige*, an Feldspath und Quarz reichere Gneifs, setzt auch den Otterstein zusammen, einen von dem östlichen Bache sehr steil ansteigenden Berg. Anstehend trift man ihn aber nirgends, sondern blofs an den Abhängen in Stücken zerstreut. Ueberhaupt darf man nicht hoffen, auf den Gebirgsabhängen, oder Kämmen, sich von dem Verhalten der Gebirgsart zu unterrichten, da hochstämmige Waldung, und eine überaus üppige Vegetation dieselbe deckt. Aber so wie man dem Ulmbache sich nähert, steht er wieder in niedrigen Felsen an, und am Ringelberge ist in dem kleinen Haue an einem Teiche ein Steinbruch in dem Gneiſse vorgerichtet, in welchem man wahrnimmt, daſs die mehrere Fuſs starken Schichten ziemlich flach unter 12° bis 15° gegen Süden einfallen, und ihr Streichen St. 6 haben. Ich gehe von dem hohen Gebirgsrücken wieder zu dem Fuſse des Erzgebirges zurück.

Der Laimberg und Galgenberg.

An der Nordseite der Stadt Komothau liegen, in einer sehr kleinen Entfernung, einige niedrige kahle Hügel, der Laimberg und Galgenberg. Diese bestehen aus einem sehr aufgelöseten Gneiſse, dessen 1 bis 2 Zolle starke Schichten mit eben so mächtigen Quarzschichten abwechseln; in dem Quarze kömmt sehr häufig *dunkel graulichschwarzer schwarzer Schörl eingesprengt* vor. In einem an dem Galgenberge eröfneten Bruche konnte ich sein Verhalten prüfen, und ich fand, daſs der Einfallwinkel der Schichten 26° betrug, die Weltgegend, gegen welche sich die Schichten neigten, N. O. war, und daſs sie ihr Streigen St. 8 hatten.

Der Gneiſs ist im frischen Zustande ziemlich *dünn-* aber *krummschiefrig*, der vorwaltende *Glimmer aschgrau*, der *Feldspath gelblichgrau*, der *Quarz graulichweiſs*.

Die Jesuiten-Viehtrift.

In einem Steinbruche, der etwas höher in der sogenannten Jesuiten-Viehtrift befindlich ist, ist der gleichfalls anstehende Gneiſs etwas *dick*- und *weniger krummschiefrig*. Der *Glimmer* hat eine aus der *asch*- und *gelblichgrauen*, in die *graulich*- und *bräunlichschwarze* ziehende Farbe, und ist viel *kleinschuppiger*, kömmt auch, verhältniſsmäſsig, viel sparsamer vor. Der *Feldspath*, der theils in den einzelnen dünnen Lagen des Gneiſses, mit dem *graulichweiſsen Quarze* und einigen Glimmerschüppchen, zu einem körnigen Gewebe verbunden ist, theils in 1 bis 1½ Zoll starken Trümmchen von kleinkörnigen abgesonderten Stücken, gleichfalls mit sparsamen Quarze gemengt, aufsetzt, ist im frischesten Zustande *graulichweiſs*, wird aber durch die Verwitterung, ja nach dem höhern Grade der Oxidation, welche das Eisen erleidet, *isabellochergelb*, ja *gelblichbraun*.

Die Schichten, welche diese Gneiſsabänderung bildet, sind, der Dammerde näher, nur 3 bis 6 Zoll stark, nehmen aber in einer gröſsern Teufe an Stärke zu, fallen unter dem kleinen Winkel von 16° gegen eine andere Weltgegend, nämlich gegen N. W., ein, und haben ihr Streichen St. 12, 4.

Die Rolander.

Im Hintergrunde der oben beschriebenen niedrigen Hügel läuft ein viel höherer Hügel von Westen gegen Osten fort. Seine Gränzen sind an der Westseite der Wildbach, an der Ostseite der Brickner Bach. Von der Südseite erhebt er sich ziemlich sanft, und ist da mit niedrigem Laubholze bewachsen; steiler fällt er aber gegen Norden hinab, um sich bald in das eigentliche hohe Gebirge zu erheben. Dieser Hügelzug hat den Namen der Roländer, und besteht aus dem zuletzt beschriebenen Gneiſse.

Das eigentliche Erzgebirge erhebt sich von jenem Gebirgskamme, den von der Westseite der Wildbach, von der Ostseite der Bilafluſs begränzt, äuſserst sanft, da bisher der südliche Abfall des Erzgebirges immer mehr und minder steil dem flachen Lande in Böhmen zufiel, und bildet, so zu sagen, eine Art Vorgebirge, auf welchem die Dörfer Platten, Vorder-Bernau, Rotenau, Krina, Uhrisen, Göttersdorf liegen. Dieser sanfte Abhang ist gröſstentheils dem Feldbaue gewidmet; nur hier und da unterbricht die Felder ein kleines Wäldchen von Nadelholz. Für den Geognosten ist daher auch keine Erndte in dieser Gegend zu hoffen, und er muſs sich meistens mit den herumliegenden Bruchstücken begnügen, um auf die constituirende Gebirgsart zu schlüſsen. Die Gegend von Göttersdorf allein macht eine Ausnahme; denn hier findet man theils in den tiefer gelegenen Schluchten einen ziemlich *dünn-* und *geradschiefrigen* Gneiſs, der aber, so wie die Höhe des Gebirges zunimmt, dickschiefriger, ja an einem niedrigen Gneiſsfelsen, an der Südseite des Dorfes, dickflasrig wird. Seine hier $\frac{1}{2}$ bis 2 Fuſs starken Schichten fallen an diesem Felsen unter dem sehr groſsen Winkel von 78° gegen N. O. ein, und streichen St. 8, 4.

Mit den Gneifsschichten wechseln schmale Schichten von Quarz ab.

Der Gneifs ist sehr dickflasrig. Der vorwaltende *blafsfleischrothe* **Feldspath** liegt zuweilen in $1\frac{1}{2}$ bis 2 Zoll starken Nieren inne, deren jeder eine äufserst schmale Lage von einem *asch-* *gelblich-* selten *grünlich-grauen* **Glimmer** zur Einfassung dienet; öfters kömmt er trummweise vor, am gewöhnlichsten aber ist er mit dem *gelblichgrauen* Quarze zu einem grobkörnigen Gewebe verbunden, in welches nur sparsame Glimmerblättchen eingesprengt sind.

Der Hahnhügel. Der Pfarrberg. Die schwarze Leite.

Oberhalb Vorder-Bernau oder Gersdorf und Göttersdorf erst erhebt sich das hohe Erzgebirge, und zwar steigt es von da sehr steil an, hat im Ganzen ein wellenförmiges Ansehen. Die unterschiedbaren, aber meistens abgerundeten Kuppen, aus welchen es zusammengesetzt ist, sind: an der Westseite der Hahnhügel, an dessen südlichen Abhange Vorder-Bernau, an dem Fufse Uhrisen lieget, und der einen gegen Südwesten auslaufenden Kamm bildet; an der Norseite der Pfarrberg; an der Nordostseite die schwarze Leite, die gegen den Neuhauser Bach sehr steil abfällt. Alle diese Kuppen sind mit hochstämmiger Waldung bedeckt, und bestehen aus demselben Gneifse, den man aber nur an den südlichen Abhängen, und auf dem Rücken selbst, in grofsen Stücken und Blöcken zerstreut antrift. Auch dieser Gneifs ist *dickflasrig*. Der vorwaltende **Feldspath**, der aber theils in mehr *plattgedrückten rundlichen*

Stücken inne liegt, theils $\frac{1}{4}$ bis $\frac{1}{2}$ Zoll, aber ungleich starke Lagen macht, ist *gelblichgrau*, bei weiter gegriffener Verwitterung *isabell*- und *blaſs ochergelb*. Der *graulichweiſse* **Quarz** ist mit dem *kleinkörnigen* Feldspathe gemengt. Der *graulich*- und *bräunlichschwarze* **Glimmer** umgiebt theils die Feldspathstücke in sehr schmalen Lagen, theils liegt er in *kleinen Blättchen* zusammengehäuft zwischen den Feldspath- und Quarzschichten in *länglichen Flecken*; daher er auf den Ablösungen, oder dem Längebruche, am häufigsten erscheint, auf dem Queerbruche aber unterbrochen wellenförmige Linien darstellt.

So wie man das Gebirge höher hinaufkommt, so geht die dickflasrige Textur desselben Gneiſses in die *dick*- und *wellenförmig krummschiefrige* über.

Die niedrigen Hügel um Rothenhaus und Dürrmaul, der Hügel selbst, worauf das Schloſs Rothenhaus erbauet ist, zeigen dem prüfenden Geognosten noch immer Gneiſs, der aber auch hier, den Schloſsberg allein ausgenommen, der aus dickflasrigem Gneiſse besteht, dem allgemeinen Gesetze folgt, und dünn- und krummschiefrig ist. Der vorwaltende **Feldspath** ist *gelblichgrau*, und meistens schon etwas verwittert; der **Quarz**, der in *kleinen Körnern* vorkömmt, ist *gelblich*- und *rauchgrau*, der **Glimmer** *silberweiſs* und *graulichschwarz*. Beide Abänderungen liegen in kleinen Blättchen übereinander; doch bildet letzterer meistens nur kleine *rundliche Flecke* auf den Ablösungen, da ersterer sehr schmale

Lager zwischen den nicht viel stärkern, aus Feldspath und Quarz bestehenden Lagen ausmacht.

Zwischen Stolzenhahn und Ladung liegen in dem daselbst vorbeifliefsenden Bache, der von Neuhaus herabkömmt, einzelne mehr und weniger abgeführte Basaltstücke, deren Geburtsort ich nicht auffinden konnte, die aber wahrscheinlich von einem nicht zu starken Basaltlager, das auf dem Gneifse in irgend einem höhern Punkte aufliegt, losgerissen seyn mögen.

Der Seeberg.

So sanft und lachend der südliche Abhang des Erzgebirges zwischen dem Wildbache und dem Aumühlbache, von Komothau bis über Göttersdorf hinaus war, so steil abgestürzt und wild ist er bei Eisenberg. Er macht hier einen, fast eine Viertelstunde weit in das ebene Land hervorspringenden Winkel, und erhält den Namen Seeberg. Auf einem niedrigen, dem Seeberge gegen Osten gelegenen hohen Hügel, liegt das Schlofs Eisenberg. Ersterer ist an seinem westlichen, südlichen und östlichen Abhange mit sparsamen Holze bewachsen; dafür ragen aber allenthalben sehr grofse Felsenmassen hervor, wodurch er ein sehr klippiges Ansehen erhält. Letzterer ist gröfstentheils mit Waldung bedeckt. An der Einfahrt in das Schlofs ist eine 5 bis 6 Klafter hohe Felsenwand entblöfst. Ersterer hat eigentlich drei Kuppen, die sich aber oben zu einer Plattform vereinigen, über welche der Weg auf einer Ebene bis an den Fufs des Adlerberges hinführt.

Der Gneifs des Seeberges und Eisenberges ist, wie

jener des Rothenhäuser Schloſsberges, derselbe. Er ist wieder sehr dickflasrig. Im frischesten Zustande ist der vorwaltende *Feldspath* gewöhnlich *graulichweiſs*, selten *perlgrau*; je nachdem aber der Gneiſs der Einwirkung der äuſsern Atmosphäre eine längere oder kürzere Zeit ausgesetzt war, wird er *lichte* und *dunkler isabell-ochergelb*, ja blaſs *gelblichbraun*. Auf den Feldspath folgt, in Hinsicht der relativen Menge, der gröſstentheils *bräunlichschwarze*, selten *silberweiſse Glimmer*; die silberweiſse Abänderung ist *kleinblättricher*, und kömmt in dem *bräunlichschwarzen* bloſs *fleckweise* vor. Der *graulichweiſse Quarz* ist sehr sparsam.

An der Morgenseite von Eisenberg zieht sich das Gebirge gleich wieder eine groſse Strecke zurück, fällt aber immer noch sehr steil gegen Süden hinab.

In jenem Thale, das sich von Niklsdorf in einer südöstlichen Richtung von dem Gebirgsrücken hinabzieht, einen Gebirgsbach aufnimmt, und sich bei Obergirten endigt, sieht man einen, mehr als einen Fuſs mächtigen Quarzgang in dem zuletzt beschriebenen Gneiſse über den Fahrweg hinübersetzen. Dieser *Quarz* hat sehr vielen *schwarzen Schörl* beigemengt, welcher theils *derb*, theils *eingesprengt*, theils in *eingewachsene sechsseitige Säulen* krystallisirt vorkömmt.

An der Mühle bei Johnsdorf, unmittelbar an dem Fuſspfade, der nach Launitz führt, erhebt sich an dem daselbst befindlichen Teiche eine nicht zu hohe Felsenmasse, an der man wieder die Schichtung des Gneiſses deutlich zu beobachten Gelegenheit hat. Die 2 bis 3 Fuſs starken Schichten fallen unter dem Winkel von 12° gegen Süden, also mit dem südlichen erzgebirgischen Abhange parallel ein. Der Gneiſs ist noch immer sehr dickflasrig, aber doch etwas weniger. Vorwaltend ist ein *gelblichweiſser glasigglänzender Feldspath*; auf diesen folgt der *rauchgraue Quarz*; am sparsamsten ist der *Glimmer* vorhanden. Der Feldspath kömmt in rundlichen, etwas plattgedrückten, oft ½ bis 1 Zoll breiten Stücken (augenweise), der *silberweiſse* und *bräunlichschwarze* Glimmer in abwechselnden zolllangen unregelmäſsigen *Flecken* vor, wodurch dieser *gesprenkelte* Gneiſs ein gefälliges Ansehen erhält.

Von diesem hier und bei Eisenberg einbrechenden Gneiſse findet man in der Ebene, die sich an den Kummerner See hinabzieht, auf allen Fahrwegen und auf den Feldern bei Schönberg, Bartelsdorf, Ubbersdorf, Johnsdorf u. s. w. groſse Blöcke und Geschiebe zerstreut.

Dieser gesprenkelte und dickflasrige Gneiſs scheint aber in dieser Gegend nur den Fuſs des Erzgebirges, und einen Theil des dem Fuſse näher gelegenen Abhanges, bis auf die senkrechte Höhe von 50 Klaftern, oder etwas mehr, zusammenzusetzen. So wie man höher hineinkömmt, so verändert sich die Beschaffenheit des Gneiſses in etwas. Er wird *dünn*- und *geradschiefrig*; seine Schichten werden schwächer, aber mit demselben beobachteten Einfallwinkel. Der *graulichweiſse* und *rauchgraue Quarz*, der *gelblichweiſse*, blaſs *isabell*- und *ochergelbe*

Feldspath machen ein kleinkörniges Gewebe, und die sehr schmalen Lagen, welche sie bilden, wechseln mit noch schmälern Lagen eines aus dem *Silberweifsen* durch das *Gelblichgraue* bis in das *Tombackbraune* und *Bräunlichschwarze* hinüberziehenden *Glimmers* ab, der auf dem Queerbruche nur sparsam, aber auf dem Längebruche (oder vielmehr auf den Ablösungen) um so häufiger erscheint.

Diesen ebenbeschriebenen Gneifs fand ich auf dem erzgebirgischen Rücken von Niklsdorf bis Gern, und an dem südlichen Abhange desselben allenthalben, aber freilich nur in gröfsern und kleinern, mehr und weniger abgeführten Stücken; denn auch in dieser Gegend ist es selten, den Gneifs anstehend zu finden, wenn man die zahlreichen Felsenmassen an dem Seeberge, wie bereits bemerkt worden, und den weniger hohen Felsen hinter Eisenberg, oberhalb der Bendelmühle, ausnimmt. Erst in der Gegend von Lichtenwaldstein macht er dem Syenite und Granite Platz.

Das Erzgebirge, das sich hinter Eisenberg etwas nordwärts zurückgezogen hatte, läuft wieder in der Nähe des Stiftes Ossegg mit einem breiten Arme in die Ebene hinaus. Von dem westlichen Arme bei Eisenberg, bis zu dem östlichen bei Ossegg, macht der Fufs des Erzgebirges eine halbmondförmige Krümmung. Der dieser sanfter zufallende Gebirgsabhang ist gröfstentheils mit hochstämmiger Waldung bewachsen, nur in der Nachbarschaft der Gebirgsdorfschaften Launitz, Tzedle, Rasche, Langewiese und Schönbach bebauet. Von dem ihn constituirenden Gneiſse läſst sich, in Hinsicht seines Verhaltens, deswegen nichts aussagen, weil man ihn fast gar nicht anstehend findet. Erst in dem Riesengrunde, einem Thale, das sich von der Langenwiese zwischen dem Spitzberge und dem Strobnitz herabzieht, und einen Gebirgsbach aufnimmt, der bei dem Stifte Ossegg und dem Gebirge austritt, entdeckt man das Ausgehende des Gneiſses, und hier sieht man, daſs die Schichten desselben ziemlich flach noch immer gegen Süden einfallen. In diesem Grunde sowohl, als in der Gegend, findet man Ueberbleibsel des meist hier betriebenen Bergbaues, von dessen Geschichte sowohl, als der Art des Betriebes, ich nichts Näheres erfahren konnte. Die Stollen, in welchen eigentlich der ganze hierortige Bau bestand, waren in keinem fahrbaren Zustande. Man soll auf Quarzgängen silberhaltige Bleiglänze erschroten haben.

Der Sonneberg.

Der Gneiſs setzt bis oberhalb Klostergrab fort, wo er bei der Grundmühle auch auf das jenseitige Ufer desjenigen Gebirgsbaches, der von Niclasberg herabkömmt, in den Sonneberg hinübersetzt, aber dann von dem Thonporphyre bedeckt wird. Er ist hier etwas dünn- und ziemlich geradschiefrig. Der hier aus dem *Aschgrauen* in das *Graulichschwarze* übergehende *Glimmer* ist viel häufiger, aber auch bloſs auf den Ablösungen in sehr kleinen Blättchen zusammengehäuft; der *Feldspath* ist theils *graulichweiſs*, theils *blaſsfleischroth;*

der *Quarz graulichweiſs*, und aus diesem in das *Perlgraue* übergehend.

In dem Riesengrunde fand ich wenige gröſsere, aber schon sehr abgerundete Stücke von *Feldspath*, der fleckweise *gelblich*- und *röthlichweiſs*, *blaſsfleisch*- und *bräunlichroth* und *bläulichgrau* war, einen *splittrichen*, nur selten *versteckt blättrichen* Bruch hatte, also *dichter Feldspath* war, dem etwas *dunkellauchgrüner Chlorit* beigemengt war.

Eine Strecke von fast zwei Stunden, weit von dem Thonporphyre verdrängt, erscheint der Gneiſs erst wieder unmittelbar an der Bergstadt Graupen, wo er mehrere kahle, klippige, nach allen Richtungen zerklüftete, von 10 bis 12 Klafter hohe Felsen bildet. Der am meisten ausgezeichnete ist der Schloſsberg, auf welchem das alte Schloſs erbauet ist, und der Galgenberg zwischen Graupen und Mariaschein. Am erstern Berge fallen die Gneiſsschichten unter 24° gegen Osten ein, und haben ihr Streichen St. 12, 5. Der Schloſsberg und Galgenberg.

Fast dasselbe Verhalten beobachtet der Gneiſs an dem mit einer verfallenden Burg versehenen Geyersberge, der sich durch seine reizende Lage und die vortrefliche Aussicht, die er über den gröſsteu Theil des böhmischen Mittelgebirges gewährt, jedem Liebhaber der schönen Natur empfiehlt. Der Gneiſs ist gewöhnlich *dünn*- und theils *unbestimmt krumm*- theils *wellenformig schiefrig*, nur selten und auf kleinen Strekken wird er geradschiefrig. Hier und da ist er sehr Der Geyersberg.

reich an einem *blaſs* - und *lichte fleischrothen* **Feld-spathe**, der mit Adern und Trümmchen eines rauchgrauen Quarzes nach verschiedenen Richtungen durchzogen ist.

Der Fuſs des Erzgebirges zieht sicht in nordöstlicher Richtung über Lustorf, Vordertelnitz fort, wo die ihn constituirende Gebirgsart, der Gneiſs, von einem theils *quarzigen*, theils *eisenschiiſsigen* Sandsteine bedeckt wird, und so auf immer verschwindet. An den Abhängen und dem Gebirgsrücken selbst ist der Gneiſs etwas weiter gegen Nordost auffindbar, und selbst die Gegend um Nellendorf hat noch Gneiſs aufzuweisen, der sich erst an dem gegen einen Gebirgsbach, der gegen Königswald hinabflieſst, steil abfallenden Gehänge unter dem Sandsteine verbirgt.

Da der Gneiſs, sowohl an dem Fuſse als an den Abhängen, bloſs in zerstreuten Stücken vorkömmt, so läſst sich über sein Verhalten nichts aussagen, und ich kann hier nur die hier und da aufgefundenen Abänderungen beschreiben.

Die gewöhnlichste Abänderung stellt einen *dünn-* und *geradschiefrigen* Gneiſs dar, dessen vorwaltender Gemengtheil ein *graulichweiſser* **Feldspath**, der aber, wenn er der Einwirkung der Atmosphäre längere Zeit ausgesetzt, und sein Eisen oxidirt wird, *blaſsochergelb* wird; auf diesen folgt der *perl-* und *rauchgraue*, gleichfalls *kleinkörnige* **Quarz**; der **Glimmer**, der sehr kleinblättrich wird, hat eine aus der *silberweiſsen* durch die *gelblichgraue*, *tombackbraune*, bis in die *bräunlichschwarze* übergehende Farbe.

Seltener ist diejenige Abänderung, wo die von $\frac{1}{4}$ bis 1 Zoll starken, meistens verschiedentlich krummgebogenen Lagen, eines aus dem *Röthlichweissen* in das *Blassfleischrothe* übergehenden *Feldspathes* mit schwächern parallelen Lagen eines *rauchgrauen* *Quarzes* abwechseln, und der meistens *bräunlichschwarze*, seltener *silberweisse* oder *aschgraue* *Glimmer* theils bloss auf den Ablösungen in zusammengehäuften grössern Blättchen aufliegt, theils in zarten Schüppchen dem Feldspathe, obgleich nur selten, beigemengt ist.

Die seltenste Abänderung ist diejenige, wo der *blass-* und *lichte fleischrothe* *Feldspath* von *kleinkörnig* abgesonderten Stücken in Knauern, von der Grösse einer Wallnuss, einer Faust, ja eines Kopfes inne liegt, um jeden Knauer sich sehr schmale Lagen desselben *fleischrothen* *Feldspathes*, eines *perl-* und *rauchgrauen* *Quarzes*, und eines *aschgrauen* *Glimmers* so anschmiegen, dass sie ihre Richtung nach der Gestalt der Knauer verändern, und daher verschiedentlich krummgebogen erscheinen.

So merkwürdig es für den Geognosten auch seyn mag, und so nothwendig es in der That meistens für ihn ist, die Fossilien in ihrer ursprünglichen Gestalt aufzusuchen, so interessant ist es zugleich für ihn, die Veränderungen, welche dieselben durch die Einwirkung der Atmosphäre erleiden, zu studieren. Dadurch, daſs sich das in der Atmosphäre enthaltene Sauerstoffgas allmälig mit den in den Fossilien enthaltenen metallischen Stoffen, vielleicht selbst mit den Erden, dem Thone, Beryte und Kalke *) verbindet, dieselben mehr oder weniger oxidirt, das atmosphärische Wasser vielleicht selbst eine Zersetzung in seine Bestandtheile, den Wasserstoff und Sauerstoff, erleidet, und gegenseitig durch mehrfache Affinitäten in den Mischungen der Fossilien Zersetzungen und neue Verbindungen bewirkt; dadurch, daſs die in der Atmosphäre enthaltenen fremdartigen Gasarten, das Stickstoffgas, das Kohlenstoffgas u. s. w., vielleicht auch nicht ohne Einwirkung auf die Fossilien bleiben, muſs der Aggregationszustand derselben verändert, der Zusammenhang aufgeloset werden, das Fossil muſs seine ursprüngliche Härte, Festigkeit, Glanz u. s. w. verliehren. Dadurch, daſs dem atmosphärischen Wasser in das nun locker gewordene (aufgeschlossene) Fossil der

*) Man vergleiche hier v. Humbolds Aufsatz über die Oxidirbarkeit der einfachen Erden (aus dem *Bulletin des scienses* in Scherers allgem. Journal der Chemie, 1ster Bd. S. 699 u. f. übertragen), in welchem durch zahlreiche Versuche erwiesen wird, daſs nicht allein die vegetabilische Erde (Dammerde), sondern auch der aus einer beträchtlichen Tiefe herausgeholte Thon, und vor allen die einfachen Erden, angefeuchtet die Eigenschaft haben, der atmosphärischen Luft allen ihren Sauerstoff bei der bloſsen Berührung zu entziehen, und das Stickstoffgas ganz rein zurückzulassen.

Zutritt erleichtert wird, löset dieses einige seiner Bestandtheile auf, andere wäscht es aus, und man kann oft nur mit Mühe, oft gar nicht, besonders wenn man es entfernt von der Geburtsstätte beobachtet, den Archetyp des so veränderten Fossils errathen. Aber ein auffallendes Phänomen bleibt es immer, daſs das endliche Resultat der Verwitterung selbst derjenigen Fossilien, in welchen die Scheidekunst, so lange sie frisch und unverändert sind, die Kieselerde vorwaltend fand, eine thonige Masse ist. So übergeht z. B. durch Verwitterung der Feldspath, in welchem sich im frischesten Zustande die Kieselerde zur Thonerde wie 62 zu 30 verhielt, in Porcellanerde; der Basalt, in welchem das Verhältniſs der Kieselerde zur Thonerde wie 50 zu 15 ist, und die Wacke, wo dieses Verhältniſs 63 zu 14 ist, lösen sich endlich zu einem Wackenthone auf. Der Hornstein, welcher in 100 Theilen 72 Theile Kieselerde; der Feuerstein, welcher sogar 98 Theile davon enthält; der gemeine Chalcedon, welcher 84 Theile dieser Erde aufnimmt, werden durch die Verwitterung mit einer undurchsichtigen thonigen Kruste bedeckt. Welche wichtige Rolle hier das Sauerstoffgas der Atmosphäre für sich oder in Verbindung der fremdartigen Gasarten und des atmosphärischen Wassers, unverändert oder durch Veränderung der chemischen Affinitäten in seine Bestandtheile zersetzt, spiele, dieses ist ein noch nicht gelösetes Räthsel. Doch ich gehe nach dieser, vielleicht ganz überflüſsigen Einleitung, zu den Veränderungen, welche der Gneifs durch die längere Einwirkung der Atmosphäre erleidet, über.

Ich habe in dem Vorhergehenden bemerkt, dafs der Gneifs, welcher die beiderseitigen Ufer der Eger von seiner westlichen Gränze oberhalb Wotsch und Obenau, bis an seine östliche bei Weschitz und Delau begleitet, sich in seiner Textur meistens einem feinkörnigen Granite nähert; dafs sein vorwaltender Gemengtheil gewöhnlich Feldspath ist, ja dafs dieser hier und da, wie oberhalb Wotsch, bei Selau u. s. w., in mehr und minder mächtigen Gängen und Trümmchen in demselben aufsetzt. Durch die Verwitterung löset sich nun dieser Feldspath meistens zu einer *ochergelben* und *gelblichbraunen eisenschüfsigen thonigen Masse* auf; in der Gegend von Caaden aber, an der Nordseite dieser Stadt, in der sogenannten Thongrube, wo der Gneifs in 1 bis 2 Klafter hohen Felsenmassen entblöfst ansteht, ist er, wahrscheinlich wegen seines geringen Eisengehalts, zu einer *Porcellanerde* aufgelöset. Diese Porcellanerde macht daselbst 5 bis 6 Zolle starke, doch auch viel schwächere, meistens seiger niedersetzende Trümmchen, die sich bald zertrümmern, bald wieder zusammenschaaren, und ursprünglich nichts als Feldspath waren.

Die *Porcellanerde* ist *hell*- und *graulichweifs*, *zerreiblich*, von *matten*, *staubartigen*, ziemlich *stark abfärbenden Theilen*. In derselben Porcellanerde ist auch jener Feldspath, der mit dem Quarze und Glimmer zu einem klein- und feinkörnigen Gemenge verbunden war, aufgelöset, und man sieht nur die sehr kleinen Quarzkörnchen mit sparsam eingesprengten, meistens silberweifsen Glimmerblättchen, in der Porcellanerde inne liegen. Diese Porcellanerde wird seit einigen Jahren in Klösterle, mit dem Feldspathe von Wotsch und mit Quarze versetzt, zu einem, obgleich bisher nicht sehr vorzüglichem Porcellane verarbeitet.

Eben so findet man in dem Laimberge, in einer geringen Entfernung von der Stadt Komothau, derselben gegen Norden, in einem sehr aufgelöseten Gneifse den Feldspath zu einer *graulich*- und *gelblichweifsen Porcellanerde* aufgelöset, in welcher *silberweifser Glimmer* in sehr kleinen Blättchen inne liegt. Eben so wird an dem östlichen Fufse des Puschwitzer Galgenberges Porcellanerde gegraben, und zum Tünchen der Wände in der Gegend benützt. Sie liegt hier in ½ bis 3 Fufs starken wagerechten Schichten, und enthält sehr häufige kleine *graulichweifse*, *lichte rauchgraue*, seltener *blafsnelkenbraune stumpfeckige Quarzkörner*. Auch sie scheint das Resultat des in dem höchsten Grade der Auflösung begriffenen Gneifses zu seyn, der sich wahrscheinlich bis hierher erstreckt, und die Unterlage der benachbarten neuesten Trappformation macht.

Die Auflösung des Feldspathes zu einer eisenschüfsig thonigen Masse ist aber die gewöhnlichere. So fand ich an dem Fufse des am meisten gegen Süden gelegenen niedrigen Küppchens des Birkhügels, dem Dorfe Wieteritz gegen Norden, einen etwa 7 Fufs tiefen Schurf, in welchem, unter einer schwachen Lage von Dammerde, eine 2 bis $2\frac{1}{2}$ Fuſs starke Schicht eines mannigfaltig gefärbten Thones (*Bunthones?*) liegt. Seine herrschende Farbe ist *weiſs* und *roth.* Die weiſse Farbe ist selten *schnee-* öfters *graulich-* und *gelblichweiſs;* letztere zieht sich durch die *fleisch-hell-* und *dunkel ziegelrothe* bis in die *dunkel kirschrothe.* Die Farben wechseln *fleckweise* mit einander ab, sind gewöhnlich *scharf abgeschnitten;* selten verzieht sich die weiſse Farbe allmälig durch mehrere Schattirungen bis in die lichte und dunkelrothe. Der Thon hat eine *mittlere Consistenz zwischen fest und zerreiblich,* ist an sich *matt,* und nur zufällig mit erborgtem Glanze *schimmernd,* färbt *ziemlich stark ab,* hängt *sehr stark* an der Zunge, fühlt sich *etwas rauh* und *mager* an. In diesem Thone liegen

1. *Stücke* und *kleine, sehr* und *ganz kleine stumpfekkige Körner* eines *graulichweiſsen* und *rauchgrauen,* fast *halbdurchsichtigen Quarzes,* von welchem allein das rauhe Anfühlen des Thones herzuleiten seyn mag.
2. Theils *Bruchstücke,* theils noch ganz unversehrte *Krystallen* von *Feldspath.* Gewöhnlich ist dieser schon ganz aufgelöset, zuweilen aber nur zur Hälfte, und dann entdeckt man noch seine ursprünglich *graulichweiſse* Farbe, seine Krystallform, die sich als die *breite sechsseitige,* an beiden Enden *zugeschärfte Säule* darstellt, einen nur schwachen innern Schimmer. Zuweilen finden sich in dem Thone

nur noch die Abdrücke (Umrisse), welche die einst darinn gelegenen Säulen zurückliefsen.

3. Aeufserst zarte, aber sehr häufige *silberweifse* **Talkblättchen.**

Alles dieses scheint zu beweisen, dafs dieser Thon wahrscheinlich der Ueberrest des aufgelöseten Gneifses sey, dessen Glimmer und Feldspath sich je nach dem gröfsern oder geringern Eisengehalte, dem höhern oder geringern Grade der Oxidation desselben, zu einem so verschieden gefärbten Thone aufgelöset hat.

Unter dieser Thonlage liegt eine zweite noch mächtigere Schicht eines andern, gleichfalls *mannigfaltig gefärbten* **Thones.** Seine Farbe ist *graulich-* und *gelblichweifs*, *blafs-* und *dunkel rosenroth*, *lichte fleischroth*, *dunkel ziegel-* und *ponceauroth*, nur selten *ochergelb* und *lichte gelblichgrau.* Diese Farben wechseln bald *fleckweise*, bald in *schmalen Streifen* mit einander ab. Auch er ist *zerreiblich*, aber in einem höhern Grade, als der vorige, innwendig *schimmernd*, mit einem, wie es scheint, erborgten Glanze, *stark abfärbend*, hängt *weniger stark* an der Zunge, und fühlt sich *etwas fett an.* Auch sie nimmt auf

1. **Quarzstücke** und *stumpfeckige Körner*, an welchen letztern sich zuweilen, obgleich selten, die Seitenflächen eines Krystalls, wahrscheinlich der sechsseitigen Pyramide, wahrnehmen lassen;

2. äufserst häufige *silberweifse* **Talkblättchen.** Noch liegt in gröfsern Nestern darinn:

3. *erdiger Talk*,

von einer *graulich*- und *silberweifsen* Farbe,

von *stark*- und *perlmutterartig schimmernden schuppigen Theilchen*,

die nur *locker zusammengebacken* sind,

etwas abfärben, und

sich *sehr fett* anfühlen.

Auch dieser Thon scheint sein Daseyn dem aufgelöseten Gneifse zu danken. Es wäre wirklich interessant, wenn man mit dem Schurfe in eine gröfsere Teufe niederginge, um das tieferliegende Gebirgslager zu erreichen, oder mit einem Stollen in das nördliche Gebirge anzufahren, und das Verhalten dieses Thones gegen den aufliegenden Basalt auszuspähen. Bis jetzt benützt man diese Erde statt des Lettens zu Klebwänden in dem Dorfe Wieteritz.

In beiden Thonschichten liegen gröfsere und kleinere *Quarzgeschiebe* von allen Graden der Durchsichtigkeit, und zuweilen nähert sich selbst der Quarz dem Bergkrystalle. Auch an dem oberhalb des Schurfes sich erhebenden Küppchen findet man Quarzblöcke und Geschiebe zerstreut.

Was hier blofs vermuthungsweise ausgesagt wurde, bestätigt die Gegend um Klösterle, wo die Auflösung des Gneifses zu einem solchen Buntthone deutlich vor Augen liegt.

Unmittelbar an der Stadt, und zwar an der Abendseite der Kirche Maria-Trost, wird mitten im Gneifsgebirge,

gebirge, in einer Vertiefung, ein sehr magerer *mannigfaltig* (*gelblichgrau*, *ziegelroth*, *ochergelb* und *gelblichbraun*) *gefärbter Thon* gegraben, der zu sehr porösen Glashafen zum Gebrauch auf den Glashütten verarbeitet wird. Es liegen in demselben sehr häufige, mehr und weniger abgeführte, kleine und sehr kleine *Quarzkörner*, *Feldspathstücke*, *Glimmer*- und *Talkblättchen*, zum Beweise, dafs er das Resultat der endlichen Auflösung des Gneifses sey.

Auch an dem Fufse des nahen Spitzberges, so wie bei Cronsdorf, wird man eine ähnliche Auflösung des Gneifses zu einem *ziegel*- und *braunlichrothen Thone* gewahr.

Chloritschiefer.

Mit dem Gneifse, welcher das Gebirge zwischen Presnitz und Schmiedeberg zusammensetzt, und dessen Abänderungen ich in dem vorhergehenden Abschnitte beschrieben habe, scheint der Chloritschiefer gleichzeitig niedergelegt worden zu seyn, da er in demselben als Lager vorkommt, das von keiner zu grofsen Mächtigkeit, aber von einer ziemlich weiten Verbreitung zu seyn scheint.

Man findet ihn zum erstenmale in dem gegen das Dorf Christophshammer zufallenden Gebirgsabhange. Seine Farbe hält das *Mittel zwischen lauch*- und *schwärz*-

lichgrün; der Bruch ist *dünn*- und *krummschiefrig*, in den *schuppigen* übergehend; der Glanz ist ziemlich *stark*, und zwar *Fettglanz*. In und mit diesem Chloritschiefer bricht gewöhnlich der häufigste *Quarz* ein.

Das Ausgehende eines ähnlichen, oder vielleicht desselben Lagers von Chloritschiefer, findet man noch in der Gegend des Bläschenberges, eines Hügels, der sich an der Südseite von Schmiedeberg in der Entfernung einer kleinen halben Stunde erhebt, und auf einen Theil des südwestlichen Abhanges des höhern Gebirgsrückens aufgesetzt ist. Dieser Chloritschiefer hat hier das Eigene, daſs er sehr vielen *gemeinen Granat* aufnimmt. Die Farbe des Chloritschiefers selbst zieht aus der *aschgrauen* in die *grünlichgraue*; er ist innwendig *glänzend* von Fettglanz, der Bruch ist *schuppig*, und die Schuppen (Blättchen) schmiegen sich genau an den inneliegenden Granat an; er ist *sehr weich*, giebt einen *matten aschgrauen* Strich, und fühlt sich *fett* an.

Der innliegende *gemeine Granat* hat eine theils *coschenill*- theils *hyacinthrothe* Farbe, und ist in *sechsseitige*, an beiden Enden mit drei Flächen flach *zugespitzte Säulen*, mit auf die abwechselnden Seitenkanten aufgesetzten Zuspitzungsflächen krystallisirt.

Urkalkstein.

Nebst dem, dafs der Urkalkstein das Hangende der Eisengrube zu Orpes ausmacht, wie in der zweiten Abtheilung dieses Werks gezeigt werden wird, kömmt er auch einigemale in dem Erzgebirge als Lager in dem Gneifse vor. Dies ist zum erstenmale der Fall bei Kallich an dem Glashügel, einer mäfsigen Erhöhung an der Westseite des beschriebenen Gebirgskammes. Der Hügel selbst besteht aus demjenigen Gneifse, welcher den ganzen Gebirgskamm zusammensetzt. Unter diesem Gneifse liegt ein 3 bis 4 Lachter mächtiges Quarzlager, das durch Ablösungen in sehr deutliche Schichten von der Stärke einiger Fufse abgetheilt ist, welche wieder oft mit 1 bis 3 Zolle starken Kalksteinlagen abwechseln; dann folgt das Kalksteinlager selbst, das 3 bis 4 Lachter mächtig, und gleichfalls in Schichten von der Stärke $\frac{1}{2}$ bis einige Fufse abgetheilt ist. In diesem Kalksteine setzen sehr viele von $\frac{1}{4}$ bis mehrere Zolle starke Quarztrümmchen nieder; auch liegen mitten in dem Kalksteine selbst Quarzknauer, die von 1 Fufs bis 1 Lachter im Durchmesser haben; ja zuweilen verdrängt der Quarz den körnigen Kalkstein ganz, und jener kömmt erst in einiger Entfernung, wo das Quarzlager an Stärke abnimmt, wieder zum Vorschein.

Die Kalksteinschichten haben ihr Streichen St. 6, aber ihr Fallen ist sehr verschieden; mehr an der Südseite fallen sie unter 40° gegen Süden in das Gebirge (also widersinnig) ein, an der Nordseite aber gegen Norden, unter einem etwas gröſsern Winkel, mit dem Abhange des Glashügels parallel (sinnig). Dieses ganz entgegengesetzte Fallen in einer so geringen Entfernung kann nur einem Rücken von Quarz, der die Kalksteinschichten verwirft, beigemessen werden.

Der *körnige Kalkstein* hat gewöhnlich eine *grünlich- graulich-* und *gelblichweiſse*, *rauchgraue*, seltener eine *grünlichgraue* Farbe, aus welcher letztern er bis in die *blaſslauchgrune* übergeht; noch seltener ist seine Farbe *isabell-* oder *schmutzig ochergelb*, am seltensten *blaſsgelblichbraun*.

Die lauchgrüne Farbe scheint von der innigst beigemengten *Chloriterde* herzurühren.

Es kommen mehrere dieser Farben in einem und demselben Stücke, und zwar theils *fleckweise*, theils in *parallelen*, aber *verschiedentlich krummgebogenen Streifen*, theils in *Adern* vor.

Innwendig wechselt er von dem *glänzenden* bis zum *schwachschimmernden* ab.

Im Bruche ist er *klein-* und *geradblättrich*; der grünlichgraue und blaſslauchgrüne nähert sich etwas dem *dichten*, und zwar dem *splittrichen*.

Er springt in *unbestimmteckige*, *nicht sonderlich scharfkantige* Bruchstücke,

hat mehr und minder deutliche *klein-* und *feinkörnig* abgesonderte Stücke,

ist in den hellern Abänderungen etwas *durchscheinend*,
in den dunklern nur *an den Kanten durchscheinend*,
gewöhnlich *halbhart*, selten *hart* (so zwar, daſs er mit dem Stahle Funken giebt).

Diese Härte kömmt ihm wohl nicht als Kalkstein an sich zu, sondern hängt allein von dem ihm innig beigemengten Quarze ab. Das Daseyn des letztern zeigt sich bei der Auflösung des erstern in Salpetersäure, welche immer einen Rückstand zurückläſst, der sich bei den damit vorgenommenen Versuchen gröſstentheils als Kieselerde verrieth. Auf diese Art dürfte sich wohl die Erscheinung eines Kalksteines, der mit Säuren brauset, und mit dem Stahle Funken giebt, dessen einige mineralogische Schriftsteller, als einer Seltenheit, unter dem Namen *Dolomit* erwähnen, am besten erklären lassen.

Folgende Fossilien sind theils diesem Kalksteine beigemengt, theils brechen sie mit demselben zugleich ein.

1. *Braunspath*,
von *röthlichweiſser* Farbe, die sich bis in die *blaſsfleischrothe* verzieht, seltener von einer *lichte bräunlichrothen* Farbe.
Er kömmt bloſs *derb* vor,
ist innwendig *wenig glänzend*,
von einem *Perlmutterglanze*,
von einem etwas *krummblättrichen* Bruche
mit dreifachem Durchgange der Blätter.

An einigen Exemplaren bemerkt man *undeutlich* und etwas *krummschaalig* abgesonderte Stücke.

Er ist *an den Kanten schwach durchscheinend.*

2. *Schieferspath.*

Dieser ist von ausgezeichneter Schönheit, viel schöner, als der sächsische und norwegische.

Er ist von Farbe *graulichweiſs*,

kömmt bloſs *derb* vor,

ist innwendig *glänzend*,

von *Perlmutterglanz*,

von *krummblättrichem Bruche*,

zuweilen, obgleich selten, von *krummschaalig* abgesonderten Stücken,

an den Kanten schwach durchscheinend.

3. *Kalkspath*,

von *gelblich-* und *graulichweiſser* Farbe.

Diese genannten Fossilien gehen durch alle Abstuffungen allmälig in einander über, so daſs es zuweilen schwer zu bestimmen ist, wo das eine aufhört, das andere beginnt; doch kömmt der Braunspath am häufigsten, am sparsamsten der Kalkspath vor.

4. *Fluſsspath*,

von *blaſsviolblauer* Farbe, die sich bis in die *smalte-* und *himmelblaue* verzieht,

sehr klein und *fein eingesprengt*, nur hier und da auf den zarten Kluften des Kalksteins in *sehr* und *ganz kleinen Würfelchen* krystallisirt.

5. *Asbestartiger Tremolith*,

von *graulichweifser* Farbe.

Er kömmt *derb* vor, und ist zuweilen mit dem Kalksteine, Braunspathe innig gemengt,

ist innwendig *glänzend*,

von *Seidenglanz*,

von *büschelförmig aus einander* und *unter einander laufend* sehr *schmalstrahlichem* Bruche,

an den Kanten durchscheinend, und

sehr weich.

6. *Gemeiner Quarz*,

von *graulichweifser* und *gelblichgrauer* Farbe,

theils, wie oben bemerkt worden, in mehr und minder starken Schichten mit dem Kalkstein abwechselnd, trummweise in demselben aufsetzend, doch auch innig mit demselben gemengt, nur selten auf den Klüften in *sehr kleine sechsseitige*, an den dreien Enden mit sechs Flächen *zugespitzte Saulen* krystallisirt.

Dieser Kalkstein wird abgebauet. Es sind auf das Kalksteinlager drei Schächte abgeteuft, davon aber damals nur zwei befahrbar waren, und davon einer zugleich als Förderschacht gebraucht wurde. Die häufig zufliefsenden Tagewasser werden mittelst eines Stollens gelöset, der gegen 200 Lachter weit in den Glashügel getrieben, und sehr winklich ist. Seine Hauptrichtung ist zwischen St. 1 und 11 südwärts. Er steht bis auf eine kleine Strecke ganz in Zimmerung. Bei meinem

Aufenthalte konnte der Stollen nicht befahren werden, da er an einigen Stellen verbrochen war; indessen wurden Anstalten zu dessen Räumung gemacht.

Der Kalkstein wird durch Schiefsen gewonnen. Die 18 bis 20 Zolle tiefen Bohrlöcher werden einmännisch, mittelst dreifsigzölliger Meifselbohrer, gemacht. Ein Pfund grobes Pulver reicht zu fünf Schüssen hin. Da der Kalkstein sehr zerklüftet ist, und diese Klüfte zuweilen einige Fufse breit sind, so wirft der Schufs, wenn das Bohrloch auf so eine Kluft trifft, wenig oder gar nichts weg.

Der gewonnene Kalkstein wird auf Karren bis unter den Schacht, und durch diesen, mittelst eines zweimännischen Haspels, in zwei Tonnen, welche abwechselnd niedergehen, zu Tage gefördert. Da der Förderungsschacht nicht seiger niedergeht, sondern eine Tonnlege hat, so läuft die Tonne auf Gestängen. Jede Tonne fafst zwei Kübel (deren einer zwei böhmischen Strichen gleich ist), und hat folglich an Kubikinhalt $5,\frac{468}{1000}$ Kubikfufse.

Der Kalkstein wird schon in der Grube so rein, als möglich, ausgehalten, die Berge in Kästen gestürzt; oder auf den Halden, wo er ausgestürzt wird, von dem anstehenden Quarze und sehr quarzhaltigen, und eben deswegen unbrauchbaren Kalksteine, nochmals abgesondert.

Zuvor wurde im Gedinge gearbeitet, und für das Fuder zu 5 Tonnen Kalkstein 21 Kr. gezahlt; jetzt wird im Schichtenlohne gearbeitet, und der Häuer erhält für eine achtstündige Schicht 18 Kr., der Steiger aber 20 Kr. Das neue Gezähe giebt die Herrschaft Rothenhaus als Gewerke, die Schmiedekosten und das Geleuchte muſs der Häuer tragen.

Der Kalk wird auf der Stelle gebrannt, und der böhmische Strich zu 4718,5 Kubikzollen für 18 böhm. Groschen verkauft. Noch wird er auf der Kallicher Hütte und Gabrielhütte verführt, und daselbst als Zuschlag aufgegeben; übrigens nach Zöblitz, Marienberg, und in die benachbarten sächsischen Ortschaften verführt.

Der zweite Fall, wo der körnige Kalkstein als Lager im Gneiſse vorkömmt, tritt bei Kalkofen an dem Wiesertsbache, unweit Moldau, in dem Leutmeritzer Antheile des Erzgebirges, ein. Die mit dem Gneiſse abwechselnden Kalksteinschichten sind $\frac{1}{2}$ bis 2 Fuſs stark, haben ihr Fallen mit dem Gneiſse (unter dem Winkel von 22° gegen Nordwesten) gemein, und streichen St. 3. Auf diesem Kalksteine ist ein Tagebruch vorgerichtet, der 5 bis 6 Lachter niedergeht, und aus welchem die zuflieſsenden Tagewasser durch eine Wasserrösche abgeleitet werden.

Die Farbe des hier einbrechenden körnigen Kalksteines ist theils *graulichschwarz*, theils *graulichweiſs*; der letztere kömmt in dem erstern theils *fleckweise* vor, theils wechselt er mit ihm in (3 bis 4 Linien) schmalen Lagen ab, wodurch er auf dem Queerbruche *gestreift* erscheint, theils bildet er *Adern* in demselben.

Der graulichschwarze ist *feinkörnig* und *schimmernd*,
der graulichweiſse *kleinkörnig* und *wenig glänzend*.
Jener ist *schwach*, dieser *stark durchscheinend*.

Stellenweise hat er theils *blaſsgoldgelben*, theils *taubenhälsig bunt angelaufenen* Schwefelkies *klein* und *fein eingesprengt*.

So wie er dem Gneiſse näher kömmt, so nimmt er stets mehr Glimmer auf, so daſs ein allmäliger Uebergang des Gneiſses in den Kalkstein Statt zu haben scheint.

An dem südlichen Abfalle des Erzgebirges macht der Kalkstein gleichfalls unweit Hadorf, in der Gegend von Geſles und bei Kleinthal, ein mächtiges Lager in dem Gneiſse. Die einige Fuſse starken Schichten fallen ziemlich flach gegen Südosten ein, und haben ihr Streichen St. 4.

Der körnige Kalkstein ist gewöhnlich *schnee-* oder *graulichweiſs*, seltener *gelblich-* oder *röthlichweiſs*, am seltensten *grünlich-* oder *bläulichgrau*.
Innwendig ist er *wenig glänzend*, der graue nur *schimmernd*,
im Bruche *gerad-* und *kleinblättrich*.
Er hat *kleinkörnig* abgesonderte Stücke, die aber hier und da, besonders in der Nachbarschaft des Gneiſses, so *feinkörnig* werden, daſs er in den dichten Kalkstein zu übergehen scheint, und in diesem Falle wird er bläulich- und grünlichgrau.
Er ist *durchscheinend*, der graue nur *an den Kanten durchscheinend*.

In diejenigen Schichten, welche dem Gneiſse näher liegen, nimmt er einen theils *dunkelblaulichgrauen*, theils *lichtefleischrothen* *Feldspath* und *grünlichweiſsen* *Kalkspath* auf. Nicht selten sieht man ersteren mit letzterem *fleckweise* abwechseln. Hier und da sind auch einige *grünlichgraue* *Glimmerblättchen* in den Kalkstein eingesprengt.

Dieser Kalkstein wird in die umliegende Gegend verführt, und zum Mauern und Tünchen verbraucht. Der Kalkstein von Kleinthal aber wird auch als Zuschlag auf dem Hochofen zu Schmiedeberg zugesetzt.

Noch einmal macht der körnige Kalkstein ein beträchtliches Lager in dem Gneiſse, und zwar an dem steil abfallenden westlichen Gehänge des Schweichers an dem Brandbache. Es liegt, dem alten Schlosse Hassenstein gegen Norden, in der Entfernung einer halben Stunde. Die Kalksteinschichten haben ihr Fallen und Streichen mit dem Gneiſse gemein. Die Mächtigkeit des Kalksteinlagers beträgt ungefähr 22 Fuſs, und liegt etwa 20 Lachter über dem Bache. Die Schichten desselben sind mehrere Fuſse stark, und wechseln mit mehr und minder mächtigen Schichten von gemeinem Quarze ab; auch werden sie von demselben trummweise nach verschiedenen Richtungen durchsetzt.

Der körnige Kalkstein hat eine theils *gelblich-* theils *blaſsrauchgraue* Farbe, selten zieht sie in die *graulichschwarze* und *lichte röthlichgraue*.

Diese Farben wechseln *streifenweise* mit einander ab.

Er ist innwendig theils *wenig glänzend*, theils nur *schimmernd*,

im Bruche *kleinblättrich*,

hat *kleinkörnig* abgesonderte Stücke, und

ist nur *an den Kanten*, oft auch nur *schwach durchscheinend*.

Auf das Kalksteinlager ist ein 7 bis 8 Lachter tiefer Schacht abgeteuft, der zugleich zum Fahr- und Förderschachte dient. Die Wasser werden mittelst eines an dem Fuſse des Berges, ostwärts in das Gebirge getriebenen Stollens gelöset. Der Kalksteinbruch ist erst seit einigen Jahren wieder geräumet worden, und der geförderte Stein wird nach Hagensdorf geführt, und daselbst gebraucht. Sein Gebrauch ist bloſs ökonomisch.

Glimmerschiefer.

Diese Gebirgsart kömmt nur selten in diesem Kreise vor, und zwar nur in dem westlichen Theile des Erzgebirges. Sie scheint einen Theil des höhern Gebirgskammes zu bilden, und als ein mehr oder minder mächtiges Lager auf dem Gneiſse aufzuliegen, da man ihn fast immer auf den höhern Gebirgspunkten, und zwar in der Höhe von 2000 bis 2500 Fuſs über das Hauptthal, in welchem der Egerfluſs flieſst, vorzüglich in der Gegend von Schmiedeberg und Presnitz, in der Nähe der Spitzberge, von Orpes und Kremsger, in sehr groſsen Blöcken herumliegen sieht. Der am Guppenberge in mehr oder minder abgeführten Stücken aufgefundene konnte von den höhern Gebirgspunkten mit den Wasserfluthen herabgeschwemmt worden seyn; derjenige, der bei Hassenstein in Stücken vorkömmt, nähert sich ohnedies schon mehr dem Gneiſse, und kann als eine Abänderung desselben angesehen werden.

Er ist ziemlich *dünn*- und *wellenförmig schiefrig.* Die Farbe des vorwaltenden *Glimmers* ist *silberweiſs*, die sich aber etwas in die *gelblichgraue* verläuft; der *Quarz* ist *graulichweiſs.* In diesem Glimmerschiefer liegt *rother gemeiner Granat*, theils in *Körnern*, theils in *kleinen* und *sehr kleinen sechsseitigen*, an beiden Enden mit drei Flächen *zugespitzten Säulen* krystallisirt, (doch fand ich auch Blöcke von Glimmerschiefer, in welchem die innliegenden Granatkrystalle und Körner bis einen halben Zoll im Durchmesser haben,) und ist *ganz durchsichtig.* In der Nachbarschaft des Granates ist der Quarz, vermuthlich wegen seines stärkern Eisengehaltes, theils *ocher*- theils *honiggelb* gefärbt.

An der Sommer- und Winterleite, und zwar an deren südlichen Abhängen, kommen in dem Gneiſse ziemlich mächtige Lager von Glimmerschiefer vor, die sogar mehrmalen mit dem Gneiſse abzuwechseln scheinen. Ich fand hier zwei Abänderungen desselben:

1. Die erste Abänderung ist *dünn*- und *geradschiefrig.* Der *Glimmer* ist *gelblichgrau*, das von einer Seite in das *Silberweiſse*, von der andern theils in das *Tombackbraune*, theils in das *Braunlichrothe* hin-

überzieht; der *Quarz*, welcher aber dem Glimmer an Menge weit nachsteht, ist theils *rauch*- theils *röthlichgrau*. Diese Abänderung ist sehr eisenschüssig, und daher sehr schnell verwitterbar.

2. Die zweite Abänderung ist *fein* und *wellenformig-schiefrig*. Der *Quarz* kömmt viel sparsamer vor; der *Glimmer* ist *silberweiss*, theils in das *Grünlichgraue*, theils in das *Gelblichgraue* übergehend.

Beide Abänderungen enthalten sehr vielen *rothen gemeinen Granat*, der gewöhnlich in *rundlichen Körnern*, seltener in obigen *sechsseitigen*, dreiflächig *zugespitzten Saulchen eingewachsen* vorkömmt.

In Bruchstücken findet man in der Gegend des Hassensteines, unweit des Städtchens Platz, eine eigene Abänderung des Glimmerschiefers, welche wahrscheinlich ganz schmale Lager in dem Gneiſse der Gegend bilden mag. Sie besteht aus einem *graulichweiſsen Quarze* von *kleinkörnig* abgesonderten Stücken, in welchem ein *graulichweiſser*, von einer Seite in das *Blaſsapfelgrüne*, von der andern in das *Silberweiſse* übergehender *Talk*, von einem *starken Perlmutter*-, dem *metallischen* sich nähernden Glanze, sparsam *eingesprengt* ist. Auf den Klüften und Ablösungen übergeht dieser Talk deutlich in *silberweiſsen Glimmer*, und dieser liegt da, in *dünnen Blattchen* zusammengehäuft, ziemlich häufig. Auch kömmt auf den Ablösungen etwas *gemeiner Fluſsspath* von *dunkel violblauer* Farbe, in *sehr* und *ganz kleine Würfel* krystallisirt, vor.

Noch einmal, und zwar zum letztenmale, findet man den Glimmerschiefer, doch auch wieder bloſs in Stücken und Geschieben, in der Gegend von Obenau, am Fuſse des Guppen- und Bukaberges. Auch hier scheint er ein, vielleicht nur kurzes Lager, in dem Gneiſse zu machen, oder von den höhern Gebirgspunkten herabgeschwemmt worden zu seyn. Er ist *aschgrau* von Farbe; im Kleinen fast *feinkörnig*, im Groſsen ist er *dünnschiefrig*. Er besteht bloſs aus *Quarz* und *Glimmer*. Jener ist vorwaltend, theils *graulichweiſs*, theils *gelblich-rauch-* und *perlgrau*; dieser liegt in zarten *grauen* und *silberweiſsen Schüppchen* inne. Hier und da verräth sich dem Auge auch ein einzelnes *Feldspathkörnchen* durch seinen *blättrichen* Bruch und verschiedenen Glanz. Nesterweise liegt in demselben *splittricher Hornstein* von *grünlichgrauer* Farbe mit sehr kleinen *blutrothen Flecken*.

Thonschiefer.

An der südlichen Gränze des Saatzer Kreises, in der Gegend von Foretschen, Gossawoda, bis Drahuschen, kömmt der Thonschiefer auf dem Granite als ein mächtiges und weit verbreitetes Lager vor, von dem aber nur der Anfang sichtbar ist, und das in den benachbarten Rakonitzer Kreis hinübersetzt, und von diesem eine groſse Strecke einnimmt.

Das Ausgehende des Lagers zeigt sich, Kotischau gegen Osten, in jenem Thale, das den Jechnitzer Bach aufnimmt, oberhalb der sogenannten gebrannten Mühle, wo sich die Richtung des Baches, welche anfangs nordöstlich war, in die östliche verändert. Er erscheint zuerst an dem südlichen Ufer, setzt aber weiter unten auch auf das nördliche hinüber, und bildet steil abgestürzte, ziemlich hohe, schroffe und klippige Felsen, an denen nur hier und da einiges niedriges Gebüsch hervorwächst. Der Thonschiefer ist äuſserst zerklüftet, aber doch bemerkt man eine deutliche Schichtung an demselben. Die mehrere Fuſse starken Schichten fallen unter 78° gegen Norden ein, und haben ihr Streichen St. 7, 4.

Der Thonschiefer hat eine *dunkel aschgraue* Farbe, die aber auf den Klüften in die *grünlichgraue* übergeht.

Er ist innwendig *stark schimmernd*, aber bloſs zufällig wegen des ihm sehr häufig und äuſserst *zartschuppig* beigemengten *grauen Glimmers*.

Sein Bruch ist *sehr dick* und *krummschiefrig*.

Es ist demselben viel *Quarz* beigemengt, daher seine gröſsere Härte; auch setzt dieser in 1 bis 3 Fuſse mächtigen Gängen und in schmalen Trümmchen in demselben nach allen Richtungen auf.

An der Morgenseite verbirgt sich der Thonschiefer, am Ausgange des Thales, bald wieder in dem flachen Lande unter dem Sandstein; aber gegen Südwesten breitet er sich weiter aus, und läuft in einen Gebirgsrücken, der anfangs breiter ist, dann sich zu einem

schmalen

schmalen Kamme verengert, und ragt an der Südseite des Dorfes Drahuschen, an einem mäfsig hohen schmalen Gebirgskamme, in niedrigen Felsenmassen hervor. Die Schichten desselben sind hier sehr schmal, kaum 2 bis 6 Zolle stark, fallen unter 76° gegen Nordwesten ein, und streichen St. 4, 6.

Er ist sehr *dünn-* und *wellenförmig schiefrig*, doch ist die Biegung der Blätter äufserst sanft. Seine Farbe ist *grünlichgrau*, auf den Ablösungen ist er meistens *eisenschwarz beschlagen* und *metallisch glänzend*, sonst innwendig nur *schwach* und *seidenartig* schimmernd. Nicht selten wechseln mit den dünnen Thonschieferlagen ganz schmale Schichten eines *rauchgrauen* Quarzes von *kleinkörnig* abgesonderten Stücken ab; auch durchsetzt er, obgleich selten, in schmalen Trümmchen nach verschiedenen Richtungen den Thonschiefer.

Auf dem Wege von Drahuschen nach Nedowitz findet man ihn auf den Fahrwegen eine Strecke weit hier und da ausbeifsend und in Bruchstücken zerstreut, aber bald verschwindet er von dieser Seite ganz, und macht einem neuern Granite Platz; dafür zieht er über Schaar wieder in den Rakonitzer Kreis hinüber.

Den allmäligen Uebergang in den tiefer liegenden Granit hat man Gelegenheit, bei Přehoř an einem, an dem Bache mehr gegen Süden gelegenen Felsen, am besten zu beobachten.

Die tiefsten Punkte nimmt folgende Gebirgsart ein:

1. Die Hauptmasse ist ein *sehr klein-* fast *feinkörniges Gemenge* von *lichte aschgrauer* Farbe, das aus sehr *zartschuppigem graulichschwarzen* *Glimmer* und *feinkörnigem rauchgrauen* *Quarze* besteht. In diesem Gemenge liegen sehr zahlreiche, theils *gelblichgraue*, theils *lichte fleischrothe* *Feldspathsäulen*, und wieder zahlreiche *kleine dunkelbläulichgraue*, *nelkenbraune*, und *bräunlichschwarze stumpfeckige* Quarzkörner.

2. Etwas höher liegt noch immer in demselben *kleinkörnigen Gemenge* ein *gelblichgrauer* *Feldspath* theils in *rundlichen Körnern*, theils in *kleinen eingewachsenen Säulen* von 2 bis 3 Linien Höhe, und ein *bräunlichschwarzer* *Quarz* in *stumpfeckigen Körnern*. Aber sowohl dieser, als jener, kömmt, verhältnifsmäfsig, viel sparsamer, als in ersterer Abänderung, vor.

3. Der Feldspath verschwindet in höhern Punkten ganz aus der Gebirgsart. Das *Gemenge* von Quarz und Glimmer wird sehr *feinkörnig*; der Glimmer kömmt sparsamer vor, und liegt in ganz zarten Schüppchen inne; das Gewebe wird, da es zuvor körnig war, *dickschiefrig*, und überhaupt scheint die Gebirgsart immer mehr und mehr Thon aufzunehmen, wenigstens ist der Beschlag an der verwitterten Oberfläche gelblichgrau und eisenschüfsig thonig. Diese Gebirgsart ist daher ein wahrer *Uebergang in Thonschiefer*.

Urtrapp.

Von den zu dem Urtrappe gehörigen Gebirgsarten findet man in diesem Kreise, und zwar in dem Erzgebirge, den Hornblendeschiefer, das gemeine körnige Hornblendegestein, den Urgrünstein, und den Grünsteinschiefer. Sie scheinen alle mit dem Gneiſse von einer gleichzeitigen Formation zu seyn, da sie gewöhnlich in ziemlich starken Lagern in diesem vorkommen.

I. Der Hornblendeschiefer.

Diesen findet man an dem südlichen Abhange des Spitzberges in der Gegend von Pirschenstein, aber nur in sehr zahlreichen, mehrere Fuſse groſsen Stücken.

Er hat eine *dunkelrabenschwarze* Farbe,
ist innwendig *schimmernd*,
von *Perlmutterglanz*,
hat im Groſsen einen *geradschiefrigen*, im Kleinen einen *schmal* und *untereinander laufend strahlichen* Bruch,
unbestimmt eckige, *nicht sonderlich scharfkantige*, zum Theil auch *scheibenförmige* Bruchstücke,
ist *undurchsichtig*,
giebt einen *grünlichgrauen* Strich,
gränzt an das *Halbharte*, und
ist *etwas schwer zerspringbar*.

Er nimmt sehr häufigen *Feldspath*, wie mir schien, in kleinen Rhomben auf. Dieser zeichnet sich von dem Hornblendeschiefer durch seine *grünlichgraue* Farbe, den *stärkern* und *glasigen* Glanz, und *geradblättrichen* Bruch aus. Von ihm erhält der Hornblendeschiefer ein gefleckteś Ansehen. An der Oberfläche der längere Zeit der Einwirkung der Atmosphäre blofsgestellten Stücke ist der Feldspath gröfstentheils bereits zur *Porcellanerde* aufgelöset, und dann gelblichgrau, und in dem rabenschwarzen Granit um so ausgezeichneter. Nebst diesem setzen schmale Trümmchen eines *derben grünlichgrauen*, in das *Berggrüne* übergehenden Feldspathes, nach verschiedenen Richtungen in demselben auf.

Wahrscheinlich macht dieser Hornblendeschiefer ein Lager in dem Gneifse aus.

II. Das gemeine körnige Hornblendegestein.

Dieses erscheint bei dem Dorfe Christophshammer, an dem gegen dasselbe zufallenden Kremsger Gebirgsabhange.

Seine Farbe ist *sammetschwarz*, die sich hier und da der *rabenschwarzen* nähert.

Sein Bruch ist *gerad* - und *langblättrich*, die Bruchflächen sind zart in die Länge gestreift.

Die abgesonderten Stücke sind *kleinkörnig*.

Diese gemeine Hornblende nimmt sehr häufigen *röthlichbraunen* und *fleischrothen* Feldspath auf, der oft vorwaltend wird; er durchsetzt wohl auch, mit Hornblende innig gemengt, das Hornblendegestein in Zoll starken Trümmchen nach verschiedenen Richtungen.

Oberhalb dem Dorfe Bocksgrün findet man nochmals zahlreiche Bruchstücke davon zerstreut herumliegen, welche die Vermuthung veranlassen, daſs es auch hier ein schmales Lager in dem Gneiſse bilde.

An dieses Hornblendegestein scheint sich als gegnostisch nahe verwandt anzuschlieſsen

III. Der Urgrünstein.

Zuerst fand ich den uranfänglichen Grünstein an dem steil gegen Göttersdorf zufallenden südlichen erzgebirgischen Gebirgsgehänge, aber nur in einzelnen, gröſstentheils schon etwas abgeführten Stücken. Er besteht aus einem etwas körnigen Gemenge von sehr häufiger *gemeiner Hornblende* von *sammetschwarzer* Farbe, die meistens *derb*, und dann von *grob-* und *langkornig* abgesonderten Stücken ist, selten eine *Neigung zur Säulenform* zeigt; einem *perlgrauen dichten Feldspathe* von *kleinsplittrichem*, seltener *versteckt blättrichem* Bruche, und einem *gelblichgrauen Quarze*. Da aber Waldung und Rasen diesen Gebirgsabhang so decket, daſs man das Ausgehende des wahrscheinlichen Lagers nirgends zu Gesicht bekömmt, so konnte ich das Verhalten dieses Urgrünsteins zu dem Gneiſse nicht bestimmen.

Glücklicher war ich an dem *Ranzenberge*, unweit Oberndorf, bei Komothau, wo auf dem Urgrünstein ein

Bruch vorgerichtet ist, aus welchem derselbe auf die Chaussée zur Wegebesserung geführt wird; daher man von demselben an der Strafse von Schönlinde bis Krimau eine vortrefliche Sammlung machen kann.

Ich will von den unzähligen Abänderungen nur die wichtigsten beschreiben:

1. Der Urgrünstein stellt ein *kleinkörniges Gemenge* von *sammetschwarzer* gemeiner Hornblende, an der man zuweilen nicht undeutlich die Säulenform wahrnimmt, von *gelblichweifsem* gemeinen Feldspathe, und *graulichweifsem* und *rauchgrauem* Quarze vor. Das Gemenge ist ziemlich *gleichförmig körnig*. Die Hornblende ist der vorwaltende Gemengtheil; der sparsamste ist der Quarz, der parthienweise wohl auch ganz vermifst wird.

2. Das Gemenge ist etwas weniges *kleinkörniger*, aber weniger *gleichförmig*; vielmehr sondert sich parthienweise die Hornblende von dem Feldspathe und dem hier häufiger vorkommenden Quarze ganz ab, so dafs die Hornblende in *sammetschwarzen* Flecken mit den *gelblichweifsen* Feldspathflecken abwechselt.

3. Die *sammetschwarze* gemeine Hornblende nimmt parthienweise so sehr an Menge zu, dafs sich der Feldspath und Quarz dem unbewafneten Auge ganz entzieht, und erst unter dem Suchglase sparsam aufgefunden wird. Die Hornblende zeigt

dann *sehr kleinkörnig* abgesonderte Stücke, und wechselt *fleck-* und *streifenweise* mit dem aus Quarz und Feldspath bestehenden Gemenge ab. Die Streifen sind meistens *krumm-* oder *wellenförmig*, selten *gerade auslaufend*. Der *Feldspath* zieht aus dem *Gelblichweifsen* von einer Seite in das *Gelblichgraue*, von der andern in das *Blafsröthlichgraue*, und hat sparsam *silberweifse Glimmerblättchen* beigemengt.

4. Die *sammetschwarze Hornblende* kömmt theils *derb*, *fleck-* und *streifenweise*, mit dem Feldspath und Quarze abwechselnd, und von *sehr klein-* fast *feinkörnig* abgesonderten Stücken vor, theils liegt sie in *dünnen nadelformigen* Krystallen, die bald *büschelförmig* zusammengehäuft sind, bald einander verschiedentlich *durchkreuzen*, in dem *ziegel-* und *braunlichrothen*, gleichfalls fast *feinkörnigen Feldspathe* inne. Der *Quarz* wird fast ganz vermifst; aber da, wo er vorkömmt, erscheint er in gröfsern *rauchgrauen Körnern*.

5. Die *Hornblende* liegt in gröfsern Massen, an der stellenweise die Säulenform unverkennbar ist, aber zugleich viel sparsamer in dem Gemenge von *gelblichweifsem* und *röthlichgrauem Feldspathe*, und *graulichweifsem Quarze*, der an Menge zugenommen hat, inne. Die *silber-* und *gelblichweifsen Glimmerblättchen* nehmen an Menge und Gröfse zu.

6. Das Gewebe des Urgrünsteins wird mehr *dickflasrig.* Der *rauchgraue* **Quarz** wird vorwaltend, und verdrängt fast den *gelblichweifsen* **Feldspath;** die **Hornblende** liegt blofs einzeln und *grob eingesprengt* inne.

7. Der **Feldspath** ist vorwaltend, *gelblichweifs*, *gelblich-* und *röthlichgrau* von Farbe, hier und da *blafsfleischroth gefleckt.* Der Quarz wird vermifst; die **Hornblende** liegt theils parthienweise *derb* von *sehr kleinkörnig* abgesonderten Stücken, theils in *einzelnen* zerstreuten *sehr kleinen*, aber unter dem Suchglase sehr deutlichen *eingewachsenen sechsseitigen Saulen*, in dem **Feldspathe** inne.

An dem Fundorte dieses Urgrünsteins sieht man durch alle Abstuffungen den allmäligen Uebergang in Gneifs; so wie er diesem näher liegt, wird das körnige Gewebe undeutlicher, mehr verwischt: dafür erhält die Gebirgsart ein dickschiefriges Gewebe, die Hornblende nimmt immer mehr an Menge ab, dafür aber werden die Glimmerblättchen zahlreicher und gröfser, bis endlich der ausgezeichnete Gneifs, die constituirende Gebirgsart des Erzgebirges, da ist. Das Lager, welches der Urgrünstein in diesem Gneifse bildet, ist viele Lachter mächtig, und sehr weit verbreitet, da es aus dem Ranzenberge in den Teufelsstein hinübersetzt. Wahrscheinlich steht es mit dem Urgrünsteine bei Göttersdorf, mit dem Hornblendeschiefer am Spitzberge, mit dem Hornblendegestein bei Bocksgrün in Verbindung. Bestimmt läſst sich hierüber nichts aussagen, da die Vegetation und Kultur jede Untersuchung hindert. Selbst daſs man Gelegenheit hat, das Verhalten des Urgrünsteins am Ranzenberge zu prüfen, ja daſs man nur weiſs, daſs er daselbst einbreche, dankt man dem Zufalle, der eine Chaussée hier werden lieſs.

IV. Der Grünsteinschiefer.

Diese in Deutschland nicht zu häufig vorkommende Gebirgsart scheint ein sehr mächtiges, aber nicht zu weit verbreitetes Lager auf dem Gneiſse auszumachen, und das Stück des höchsten erzgebirgischen Kammes, zwischen dem Dorfe Oberhals und dem Kupferhügel, zu constituiren. Denn man findet sie an dem untern Wege, der von Oberhals zu dem Städtchen Kupferberg führt, theils in sehr groſsen Blöcken zerstreut, theils in sehr groſsen Massen in den Feldern hervorragend. Um diesem Theile des Kammes mehr Ackerland abzugewinnen, wurden letztere Massen weggeschossen; daher man an vielen Blöcken, die den Feldern zur Befriedigung dienen, noch die tief (oft $\frac{1}{2}$ bis $1\frac{1}{2}$ Fuſs) niedergehenden Bohrlöcher wahrnimmt.

Diese Gebirgsart besteht aus *dichtem Feldspathe* von einer theils *graulichweiſsen*, theils *grünlichgrauen* Farbe und *kleinsplittrichem* Bruche, und einer bald *dunkellauchgrünen*, bald *dunkelrabenschwarzen gemeinen Hornblende.* Letztere ist gewöhnlich vorwaltend, theils mit dem dichten Feldspathe innig gemengt, theils in $\frac{1}{2}$ bis $\frac{1}{3}$ Zoll *langen Flecken* innliegend. Aehnliche Flecke bildet auch der Feldspath. Dadurch erhält der Grünsteinschiefer auf dem Längebruche ein artiges *grau* und *schwarz gefleckter*, auf dem Queerbruche ein *unterbrochen gestreiftes* Ansehen. Zufällig hat er etwas *bräunlichrothen gemeinen Granat*, aber diesen nur sparsam und selten *grob*, häufiger *gemeinen Schwefelkies* von *speisgelber* Farbe *grob* und *klein eingesprengt*. Sein Gewebe ist bald *dick*- bald *dünnschiefriger*. Die Schichten, welche er bildet, scheinen von 1 Fuſs bis 4 Zoll Stärke zu haben.

Von dem Grünsteinschiefer scheint ein Uebergang in *Honblendeschiefer* Statt zu haben, da man von diesem gleichfalls, obgleich seltener, doch eben so groſse Blöcke antrifft. Seine Farbe ist *rabenschwarz*, der Bruch ist im Kleinen *schmal*- ünd *untereinander laufend strahlich*, im Groſsen *gerad*- und ziemlich *dickschiefrig*. Er nimmt von demselben *röthlichbraunen gemeinen Granat* häufigere und gröſsere *Körner*, zuweilen sehr deutlich *sechsseitige*, an beiden Enden mit 3 Flächen flach *zugespitzte* Säulen auf, und, nebst diesen, liegt *gelblich*- und *grünlichgrauer Feldspath* von theils *splittrichem*, theils *versteckt blättrichem* Bruche inne.

In manchen Blöcken sieht man den Grünsteinschiefer mit dem Hornblendeschiefer lagerweise abwechseln.

Zu dem Urtrappe gehört auch noch das Gemenge von Hornblende und gemeinem Granate, das ein bis 20 Lachter mächtiges Lager macht, und den Kupferhügel zusammensetzt. Die Beschreibung seines Vorkommens, der ihm beibrechenden Fossilien, sein Verhalten gegen den unterliegenden Gneiſs, findet man in der zweiten Abtheilung dieses Werks angegeben.

Syenit.

Der Syenit ist in dem Saatzer Kreise freilich jetzt nur eine ephemere Erscheinung, aber sein Vorkommen auf mehreren Punkten des hohen erzgebirgischen Rückens macht es mehr als wahrscheinlich, daſs er einen groſsen Theil dieses Rückens als ein mächtiges und weit verbreitetes Lager bedeckt haben mochte, von welchem man jetzt nur noch die Ueberbleibsel wahrzunehmen Gelegenheit hat. Mir scheint er zudem noch von einer späthern Formation, als der Thonporphyr, zu seyn, da sich wenigstens ersterer in der Gegend von Geiſsing und Zinnwald an diesen letztern anlehnt, und daher sein Vorkommen mit jenem bei Meiſsen viel Analogie hat.

Auf dem Gneiſse, welcher den an der Westseite von dem Ulmbache, an der Ostseite von der Natschung eingeschlossenen Gebirgskamm zusammensetzt, liegt ein nicht zu weit verbreitetes Lager von Syenit auf.

Dieser hat ein sehr *kleinkörniges* Gewebe. Der *gemeine Feldspath* ist vorwaltend, und geht aus dem *Röthlichweiſsen* in das *lichte Fleischrothe* über; die *Hornblende* ist *rabenschwarz*, seltener *lichte graulichschwarz*.

Zuweilen ist diese mit einem *grünlichgrauen*, dem *dichten* sich annähernden Feldspathe innig gemengt, und liegt in Massen inne, die bis einen Zoll im Durchschnitte messen. Der Quarz wird fast ganz vermifst. Hier und da findet man, aber dieses nur äufserst selten, ein einzelnes Blättchen *tombackbraunen Glimmers.* Da, wo er sich dem Gneifse, der ihm zur Unterlage dient, nähert, nimmt er mehr Glimmer auf, und mit diesem zuwachsenden Gemengtheile erhält er eine dickschiefrige Textur, und macht so den Uebergang in Gneifs. Aus diesem tiefer liegenden Gneifse setzen in erstern die Quarzgänge und Trümmchen hinüber, und diese haben *Kupferkies klein* und *fein eingesprengt.*

An dem nördlichen Abhange, der von Zinnwald gegen Geifsing hinabfällt, macht in einer geringen Entfernung von diesem Bergorte der Thonporphyr einem *porphyrartigen Syenite* Platz, welcher ein ziemlich mächtiges Lager zu bilden scheint, das sich, von Zinnwald aus, gegen Morgen bis an Voitsdorf erstreckt. Das Ausgehende des Lagers wird am letztern Orte an einem kleinen Bache, aber schon auf sächsischem Grunde, sichtbar, wo es eine niedrige Felsenmasse bildet, die aber so zerklüftet ist, dafs es fast unmöglicht ist, sein Verhalten in Hinsicht des Streichens und Fallens zu bestimmen; nur so viel läfst sich mit Wahrscheinlichkeit aussagen, dafs er in ziemlich starken, fast wagerechten Blöcken (Schichten) einbricht.

Dieser porphyrartige Syenit stellt ein kleinkörniges Gemenge von *dunkel fleischrothem* *gemeinen Feldspathe*, *graulichweiſsem* und *rauchgrauem Quarze*, und *dunkel rabenschwarzer gemeiner Hornblende* vor, in welchem aber wieder sehr zahlreiche, oft 1 bis 1½ Zoll lange *vier*- und *sechsseitige Feldspathsäulen* von *dunkel* und *lichte fleischrother*, und aus dieser durch die *röthlichgraue* bis in die *gelblichgraue* übergehenden Farbe *eingewachsen* sind.

Dieses Syenitlager scheint, wie schon bemerkt worden, auf dem Thonporphyre, der die höhern Punkte oberhalb Zinnwald sowohl, als die tiefern um Geiſsing einnimmt, aufzuliegen *).

An der südlichen Gränze des Saatzer Kreises, unweit des Dorfes Kletschetin, bei dem sogenannten Bergwerke oder Hurky, liegt auf dem Granite ein Lager von *Syenit* auf. Dieser besteht fast allein aus einem *sehr klein*- fast *feinkörnigen Feldspathe* von *blaſsziegelrother* Farbe, die nur stellenweise in die *blaſsfleischrothe* zieht. In diesem sind sehr kleine Blättchen eines *silberweiſsen metallisch glänzenden Glimmers* zerstreut; diese Blätt-

*) Widersprechend scheint dieser Aussage von der neuern Formation des Syenites das Vorkommen desselben in dem südlichen Theile des Kreises unmittelbar auf dem Granite, und sein Uebergang in diesen zu seyn; aber nur scheinbar ist der Widerspruch: denn er wird gehoben, sobald man diesen Granit für einen neuern erklart, als welcher er von jedem sachkundigen Geognosten, bei sorgfaltiger Prüfung, anerkannt werden muſs, um so mehr, da er auf Thonschiefer aufzuliegen scheint.

chen sammeln sich stellenweise in *länglichte Flecken.* Eben so ist die *gemeine Hornblende*, von *sammetschwarzer* Farbe, *klein* und *fein eingesprengt* darinn; sehr selten erblickt man ein *sehr kleines vierseitiges Säulchen* davon. Diese kleinen Hornblendekörnchen und Säulchen sind gleichfalls in *länglichte* (2 bis 3 Linien lange), an den Enden *spitzig zulaufende Flecken* aggregirt, welche auf dem Queerbruche mit einander parallel laufende, aber hier und da, und zwar meistens abwechselnd unterbrochene Linien bilden, und dem Syenite ein gestreiftes Ansehen geben.

Auf diesem Syenit war ein Grubenbau vorgerichtet, von welchem die noch existirenden Bingen und Halden zeugen. Der Haldenzug hat die Richtung in der St. 12, 4. Die Schächte müssen, nach Verhältniſs der Gröſse der Halden und der Tiefe der Bingen, eine beträchtliche Teufe eingebracht haben. Die Bingen sind noch jetzt, da sie durch die Länge der Zeit gröſstentheils verrollt, und bereits verraset sind, 5 bis 6 Klafter tief. Auf diesen Halden, deren drei vorhanden sind, fand ich, auſser dem eben beschriebenen Syenite, nichts als Bruchstücke von *Quarz* und einem Uebergange desselben in *splittrichen Hornstein*, in welchem sehr häufig *messing-* und *hochgoldgelber Schwefel-* und *Kupferkies* klein eingesprengt ist. Die Grubenwasser wurden durch zwei Stollen gelöset, deren einer an dem östlichen Abhange des Berges St. 6, so viel sich aus dem noch vorhandenen Stollenmundloche ergab, der andere, von Kletschetin aus, nördlich in den Berg getrieben war. Das Mundloch dieses Stollens ist unter dem Namen des Zwergenloches in der Gegend bekannt. Auch war an dem Bache, der von dem Berge gegen das in dem Rakonitzer Kreise gelegene Dorf Rasche zufliefst, ein Pochwerk vorgerichtet, von dem aber nur noch einiges Mauerwerk steht. Es soll hier auf Silber gebauet worden seyn; es fehlen aber alle nähere Nachrichten über den ehemaligen Grubenbetrieb.

Der südöstliche Abhang des Berges, auf welchem das Bergwerk liegt, verflächt sich sanft in die Ebene von Neuhof, Chmelischen, Sossen und Plawitsch. In der Nachbarschaft von Chmelischen findet man in der Ebene Blöcke und grofse Stücke von einem sehr schönen Syenite, oder vielmehr von einem *Mittel zwischen Syenit und Granit*; ersterem aber sich mehr annähernd.

Der vorwaltende Gemengtheil der *kleinkörnigen* Gebirgsart ist ein *graulichweifser Feldspath*, der, bei weiter gegriffener Verwitterung und sich mehr entwikkelndem Eisengehalte, *blafs ochergelb gefleckt* ist. In dem quantitativen Verhältnisse kömmt diesem der *Quarz* am nächsten, der eine *blafs coschenillrothe*, hier und da etwas in das *blafs Violblaue* ziehende Farbe hat, und in *kleinen Körnern* inne liegt; auf diesen folgt die *dunkel graulichschwarze gemeine Hornblende*, an der man hier und da eine deutliche *Säulenform*, und zwar die *sechsseitige*, an den Enden *zugeschärfte*, im Verhältnifs der Länge ziemlich *breite Säule* bemerkbar findet. (Stellenweise erscheint sie auch in dünnen nadelförmigen Krystallen.) Der sparsamste Gemengtheil ist der in *kleinen Blättchen eingesprengte braunlichschwarze* *Glimmer*. Stellenweise sind diese Blättchen zusammengehäuft.

Noch kömmt eine Abänderung des Syenites mitten in demjenigen Granite vor, der um das Dorf Plawitsch und in dem sogenannten Hubertiwalde in Blöcken zerstreut liegt. Er bildet darinn Knauer und Nester. Erstere haben von 1 Zoll bis 1½ Fuſs im Durchmesser. Dieser Syenit besteht aus einem *gelblich - rauch -* und *aschgrauen* *Feldspathe* in *kleinen Kornern*, seltener in *Saulchen*; einer *rabenschwarzen* *gemeinen Hornblende* in dünnen und langen nadelförmigen Krystallen, und einigen seltenen *bräuulichschwarzen* Glimmerschüppchen.

Porphyr.

In dem Saatzer Kreise kommen mehrere Porphyrarten vor, als da sind: der Syenitporphyr, der Thon - Feldspath - Hornstein - und Klingsteinporphyr. Ich will diese hier nach dem mir wahrscheinlichen relativen Alter aufstellen.

I. Thonporphyr.

An der Mitternachtseite des Glashügels bei Kallich liegt in dem Gneiſse ein Porphyrlager, das man mit dem Stollen durchbrach, das aber nicht weit verbreitet seyn

kann,

kann, da, ausser dem Dorfe in einer kleinen Entfernung, keine Spuhr von demselben mehr entdeckt wird. Von seinem Verhalten gegen den Gneiss kann ich hier gar nichts sagen, da der Stollen verbrochen, und daher nicht befahrbar war, und der Porphyr, ohngeachtet einer sorgfältigen Untersuchung, nirgends anstehend gefunden wurde.

Die Hauptmasse dieses Porphyrs ist ein Thonstein von *blass bräunlichrother*, im frischesten Zustande von *lichte röthlichgrauer* Farbe, und einem *feinsplittrichen*, in den *erdigen* übergehenden Bruche. Er nimmt ***Feldspath*** und ***Quarz*** auf, doch von ersterem mehr, als von letzterem. Jener hat im frischesten Zustande eine *fleischrothe* Farbe, die sich von einer Seite in die *röthlichweisse*, von der andern in die *blass bräunlichrothe* zieht, und ist in *breite sechsseitige Saulen*, die an jedem Ende ziemlich rechtwinklich *zugeschärft* sind, krystallisirt. Verwittert wird er *gelblich*- und *graulichweiss*, stellenweise wohl auch *ochergelb* und *blass gelblichbraun*, je nachdem der Gehalt an Eisen oder dessen Oxidation grösser oder geringer ist. Der innere Glanz vermindert sich, oder verschwindet ganz; der blättriche Bruch übergeht ganz in den erdigen. Im höchsten Grade der Auflösung übergeht er in eine Art ***Porcellanthon***. Der ***Quarz*** ist *graulichweiss*, *rauchgrau*, und aus diesem bis in das *lichte* und *dunkel Nelkenbraune*, ja bis in das *Bräunlichschwarze* übergehend, und liegt in stumpfekkigen Körnern inne; doch entdeckt man hier und da schon eine mehr und minder deutliche *doppelt sechsseitige Pyramide.* Hat der Porphyr einen hohen Grad der Auflösung erlitten, so ist er an der Oberfläche, wegen der ausgefallenen Feldspathkrystallen, porös, und dann sieht man nur einige Ueberreste, ja wohl nur Abdrücke der Krystallen.

Dieser Porphyr scheint zu den ältern zu gehören, und seine Formation mit jener des Gneifses in eine und dieselbe Zeitepoche zu fallen.

Derselbe Fall scheint auch bei jenem Porphyre Statt zu haben, der zu Graupen vorkömmt, und dort unter dem Namen *Pochschen* bekannt ist. Er macht in einer Höhe von mehr als 1000 Fufs über die Ebene bei Mariaschein ein bis 6 Lachter mächtiges Lager im Gneifse, der daselbst herrschenden Gebirgsart, das unter einem Winkel von etwa 40° gegen Westen einfällt, und sein Streichen St. 12, 6 hat, und alle Zinnsteingänge abschneidet. Der Thonstein, als seine Hauptmasse, ist *blafs pfirsichblüthroth.* In diesem liegen nur sparsame und *sehr kleine stumpfeckige graulichweifse*, meistens aber *blafs nelkenbraune Quarzkörnchen*, äufserst wenige, gleichfalls *sehr kleine graulichweifse vierseitige Feldspathsäulchen*; auch entwickeln sich unter dem Suchglase einzelne *ganz kleine silberweifse Glimmerblättchen.*

Da, wo dieser Porphyr dem Gneifse näher liegt, ist seine Farbe mehr verblichen, und entstehen *gelblichgraue* und *lichte ochergelbe* rundliche Flecke in demselben, und er löset sich zu gemeinem Thone auf.

Ein zweites, aber viel weiter verbreitetes Porphyr-lager, liegt auf dem Gneifse in der Gegend von Zinnwald auf. Die Breite des Lagers mag etwas über 2 Stunden betragen, und es erstreckt sich von dem Ufer der Weiserts bis fast an das Ufer der Müglitz; hilft einen Theil des Rückens des Erzgebirges zwischen Niclasberg und Vorderzinnwald bilden; bedeckt einen kleinen Theil des nördlichen, gegen Sachsen zufallenden Gebirgsabhanges, und ragt in zerklüfteten, unter dem Namen der Bucksteine bekannten Felsen, an der Westseite von Zinnwald hervor, verbreitet sich aber an der Südseite viel weiter über Töplitz hinaus. Oberhalb Klostergrab setzt es an den sogenannten Grundmühlen über den Niclasberger Bach in das westliche Gebirgsgehänge hinüber, da es sich bis dahin an der Ostseite hebt, und bedeckt einen, obgleich unbeträchtlichen Theil des südlichen Abhanges. Gewöhnlich kömmt er allenthalben, vorzüglich aber an dem sehr steil gegen Süden nach Böhmen zufallenden Abhange, in unzähligen sehr grofsen, grofsen und kleinen Stücken zerstreut, hervor. An den Bächen, welche den Gebirgsabhang an der Südseite unterbrechen, ist er hier und da anstehend, und dann bemerkt man an demselben eine nicht undeutliche Schichtung. Die Schichten, oder vielmehr sehr starken Bänke, sind von 1 bis mehrere Fufse stark, und fallen ziemlich flach gegen Südosten ein. Er bildet nur selten, und zwar gewöhnlich nur in höhern Punkten, kegelförmige, mehr und weniger abgerundete Hügelchen, und kahle, klippige, äufserst zerklüftete Felsenmassen. Die Klüfte setzen darin mehr und weniger senkrecht nieder, und theilen so den Porphyr in unregelmäfsig säulenförmige Massen ab. Es hat daher sowohl in der äufsern Form, als in Hinsicht der Zerklüftungen und der dadurch entstehenden abgesonderten Stücke, zwischen der Porphyr- und Trappformation eine Aehnlichkeit Statt.

Die Hauptmasse dieses Thonporphyrs (der Thonstein) ist gewöhnlich von einer *röthlichgrauen* Farbe, die sich von einer Seite in die *pfirsichblüthrothe* und *blafs bräunlichrothe*, von der andern in die *perlgraue* verläuft. Seltener wird sie *grünlich* - oder *aschgrau*, und nähert sich dann mehr dem Hornsteine. Ihr Bruch ist *uneben* von *feinem Korne*, nähert sich schon etwas dem *splittrichen*, bei weiter gegriffener Verwitterung dem *erdigen*, nur selten zeigt sie eine Anlage zum schiefrigen. In dieser Hauptmasse liegen *sehr* und *ganz kleine stumpfeckige Quarzkörner* (die gewöhnlich einen mehr und weniger vollkommen muschlichen Bruch haben, und also Fettquarz sind) und *Quarzkrystalle* (die doppelt sechsseitige Pyramide) von einer *gelblich* - und *rauchgrauen*, *nelkenbraunen* und *bräunlichschwarzen* Farbe, etwas weniger *Feldspath* von *gelblich* - und *röthlichgrauer* und *blafs fleischrother* Farbe in *sehr* und *ganz kleinen vierseitigen Säulen* und *Rhomben*. Auf den Ablösungen und Klüften hat dieser Porphyr zuweilen *artige braunsteinartige Zeichnungen*. Bei einem hohen Grade der Verwitterung löset sich der Feldspath des Porphyrs zu einer *graulichweifsen* ***Porcellanerde*** auf, und die Porphyrstücke beschlagen ganz *weifs*. So aufgelöset, findet sich der Porphyr sehr häufig zu Zinnwald. Nicht selten deckt ihn auch der *Byssus odoratus*, und dann erscheint die äufsere Oberfläche roth, und hat, gerieben oder angefeuchtet, einen angenehmen Veilchengeruch, wo sie alsdann den Namen der *Veilchensteine* erhalten.

Den Uebergang des aufliegenden Porphyrs in Gneifs sieht man nur an einer einzigen Stelle des hohen Erzgebirges, und zwar oberhalb Niclasberg an der Strafse, welche nach Sachsen führt, an einem Absturze, der die Gebirgslager einige Klafter tief entblöfst hat. Man sieht von dem mehr und weniger aufgelöseten Porphyre, von oben herab, folgende Abänderungen:

1. Porphyr, dessen thonige Hauptmasse einen beträchtlichen Grad der Verwitterung erlitten hat. Ihre Farbe ist *lichte röthlichgrau*, ihr Bruch *feinerdig*, und sie löset sich in *rund*- *klein*- selten *grob*- und *grofskörnig* abgesonderte Stücke auf. In dieser Hauptmasse liegen *sehr* und *ganz kleine* ***Quarzkörner*** von *rauchgrauer*, *nelkenbrauner* und *bräunlichschwarzer* Farbe, und *sehr kleine* ***Feldspathsäulchen*** von *gelblichgrauer*, *röthlichweifser* und *blafs fleischrother* Farbe, die oft schon zur ***Porcellanerde*** aufgelöset sind.

   In diesem Porphyre liegt wieder in *rundlichen Stücken* eine andere Porphyrabänderung mit *blutrother*, noch mehr *feinerdiger* thoniger Hauptmasse *eingewachsen*, welche, nebst dem Feldspathe und Quarze, einige zarte *silberweiſse* *Glimmerschüppchen* aufnimmt.

Jede der Tafeln (Platten), in welche sich der Porphyr ablöset, hat eine Einfassung von einer andern.

2. Abänderung des Porphyrs, dessen Hauptmasse *specksteinartig* ist, eine *blaſs olivengrüne* Farbe, einen *feinerdigen* Bruch hat, *sehr weich* ist, durch den Strich *schimmernd* wird, sich *etwas fett* anfühlt, und gar nicht an der Zunge hängt. In dieser Hauptmasse sind viele *kleine Feldspathsäulchen* gröſstentheils schon zu einer *graulichweiſsen Porcellanerde* aufgelöset, und *nelkenbraune* und *bräunlichschwarze* Quarzkörner eingewachsen. Diese Porphyrabänderung liegt auch in rundlichen Stücken, die von einigen Linien bis einen Zoll im Durchmesser haben, in der erstern inne, und die Mitte dieser Stücke nimmt gewöhnlich wieder ein *blaſs fleischrother* oder *röthlichweiſser*, zur Porcellanerde aufgelöseter *Feldspath* ein.

3. In den tiefern Punkten wird der Porphyr immer schiefriger, die innliegenden *blaſs olivengrünen Porphyrkugeln*, die auf den Ablösungen als *rundliche Flecken* erscheinen, werden zahlreicher und gröſser. Sie lassen sich im Ganzen leicht ablösen, und bestehen durchaus aus derselben Porphyrmasse ohne alle Höhlung.

4. Dem Gneiſse noch näher wird der Porphyr *dünnschiefrig*, die *rauchgraue* thonige Hauptmasse nimmt sehr häufige, *sehr* und *ganz kleine Körner* und *doppelt sechsseitige Pyramiden* von einem *schwärzlichbraunen Quarze* auf; die *Feldspathsäulchen* und *Körner* sind klein, sparsamer *röthlichweiſs*, *fleischroth*, *lichte* und *dunkel ziegelroth*, ja *blutroth*. Die grünen Porphyrkugeln werden ganz vermiſst, aber statt deren liegen zwei bis drei Zoll lange und einige Linien dicke *Specksteinmassen* von einer *dunkellauch*- und *schwärzlichgrünen* Farbe, einem *grobsplittrichen*, in den *schiefrigen* übergehenden Bruche darinn, in welchem aber noch immer, obgleich sparsame, *Quarz*- und *Feldspathkörner* vorkommen.

5. Der Porphyr ist derselbe, nur daſs der Speckstein immer mehr aus demselben verschwindet, statt dessen aber mehr *grünlich*- und *aschgrauer Glimmer* aufgenommen wird.

Diese Porphyrabänderungen bilden 1 bis 1½ Fuſs starke Schichten, welche sich aber wieder in ein- zwei- bis dreizöllige Tafeln ablösen. Die Schichten fallen ganz oben sehr flach unter einem Winkel von 12° bis 15° gegen Südosten ein, und haben ihr Streichen St. 11; in tiefern Punkten, wo sie auf dem beschriebenen Trümmergneiſse aufliegen, nimmt der Einfallwinkel bis auf 40° zu.

II. Syenitporphyr.

Der Syenitporphyr scheint in dieselbe Entstehungsperiode mit dem unlängst beschriebenen porphyrartigen Syenite zu fallen.

In der Gegend von Flöhe lehnt sich an das Gneißsgebirge des höhern erzgebirgischen Rückens von der einen Seite, von der andern an den Granit, der den nordwestlichen Abhang von Neudorf bis an die Gränze zum Theil zusammensetzt, ein mächtiges, obgleich nicht weit verbreitetes Lager davon an. Er macht deutliche, obgleich sehr mächtige Schichten (von mehreren Fußsen), welche sich gegen Nordnordost, aber sehr sanft, verflächen. Man findet ihn nur an dem südlichen Ufer der Flöhe an der letzten Brettmühle fest anstehen; aber an dem von da gegen Südwesten sich erhebenden Abhange, und an einem Theile des von Nordost gegen Südost auslaufenden Gebirgskammes, sieht man ihn, in ungeheuren Stücken zerstreut, herumliegen.

Die Hauptmasse dieses Porphyrs ist ein *dichter Feldspath*, der sich durch seine *dunkel fleischrothe* Farbe, den schwachen Scimmer, den aus dem *kleinsplittrichen* in den *versteckt blattrichen* übergehenden Bruch, durch den geringen Grad von Durchsichtigkeit auszeichnet. In dieser Hauptmasse liegen:

1. Einen bis 1½ Zoll breite und verhältnißsmäßsig lange *sechsseitige*, an den Enden ziemlich rechtwinklich *zugeschärfte*, seltener mit vier Flächen *zugespitzte*

sechsseitige Säulen von *gemeinem Feldspathe*, deren Farbe theils *blafsfleischroth* ist, theils aus dieser durch die *röthlichgraue* bis in die *gelblichgraue* übergeht. Die Säulen haben einen beträchtlichen innern, dem Perlmutterglanze sich annähernden *Glasglanz*, und sind die dunkel fleischrothen ganz *undurchsichtig*, oder doch nur an *den Kanten durchscheinend*, die röthlichgrauen, und vorzüglich die gelblichgrauen, schon *mehr* und *weniger durchscheinend.*

2. *Rabenschwarze gemeine Hornblende*, in die Hauptmasse theils klein und *fein eingesprengt*, theils in *rundlichen Flecken*, die 2 bis 3 Linien im Durchmesser haben, innliegend.

3. Sparsame, mehr und weniger *stumpfeckige Körner* eines *graulichweifsen* und *lichte grauen* Quarzes.

III. Feldspathporphyr.

Der Feldspathporphyr kömmt nur einmal in dem böhmischen Erzgebirge vor, und zwar an dessen südlichen Abhange in der Gegeud von Nellendorf, gegen Tellnitz zu, im Leutmeritzer Kreise, und scheint mit dem Gneifse von gleichzeitiger, oder nicht viel späterer Formation zu seyn, da er in oder auf diesem als ein, obgleich nicht zu mächtiges und weit verbreitetes Lager erscheint. Dieser Porphyr ist an sich merkwürdig, und von vorzüglicher Schönheit.

Die Hauptmasse desselben ist *dichter Feldspath* von *blafs morgenrother* Farbe, äufserst *geringem* innern Schimmer, *ebenem*, in den *feinsplittrichen* übergehendem Bruche, *geringer* Durchscheinbarkeit *an den Kanten*, *graulichweifsem* Striche, und einer etwas *geringern* Härte, als der Quarz. In dieser Hauptmasse liegen *graulichweifse* und *blafs nelkenbraune stumpfeckige Quarzkörner*, und sparsam *eingewachsene vier-* und *sechsseitige Säulen* eines gewöhnlich *graulichweifsen*, in das *Milchweifse* übergehenden, seltener *röthlichweifsen gemeinen Feldspathes*.

Das Verhalten dieses Porphyrs zu dem Gneifse ist leider nicht bestimmbar, da das Ausgehende des Lagers äufserst zerklüftet ist. Gar zu unbedeutend kann das Lager aber nicht seyn, da so viele, und ziemlich grofse Stücke davon, allenthalben zerstreut herumliegen.

Er scheint mit dem, in einer geringen Entfernung bei Voitsdorf aufliegenden porphyrartigen Syenite, sehr nahe verwandt zu seyn.

IV. Der Hornstein - und Klingsteinporphyr.

Ich stelle hier diese beiden Porphyrgattungen (vielleicht auch nur blofs Abänderungen einer und derselben Porphyrgattung) zusammen, weil ich durch wiederholte Beobachtungen, die ich in meinem Vaterlande zu machen Gelegenheit hatte, überzeugt bin, dafs beide, in Hinsicht ihrer Formation, in dieselbe Zeitepoche fallen, und daſs der Klingstein seine Stelle fernerhin nicht unter den neuern Trappformationsgebirgen einnehmen könne, sondern an die Urgebirgsarten, und zwar an die Porphyre (ein Platz, den er schon ehedem einnahm) angereihet werden müsse. Die Gründe meiner Behauptung sind folgende. *Erstens* hat ein deutlicher und successiver Uebergang des Klingsteinporphyrs in den Hornsteinporphyr Statt, und zwar an dem Gangelhofer Berge bei Bilin, wie ich in meiner Sammlung naturhistorischer Aufsätze S. 192 bis 204 weitläuftiger auseinander gesetzt habe, an dem Schloſsberge bei Brux, wie ich gleich zeigen werde. Wahrscheinlich steht der Hornsteinporphyr bei Wisterschen, unweit Töplitz, mit dem Klingsteinporphyre des Schloſsberges gleichfalls in Verbindung, und die Mittelglieder zwischen diesem und jenem, die Uebergänge, hat die Kultur dem Auge entzogen. *Zweitens* liegen in dem Klingsteine des Biliner Steines gröſsere und kleinere Buzzen von ausgezeichnetem Gneiſse, und wahrscheinlich dürfte man, wenn das Locale nicht Hindernisse in den Weg legte, einen allmäligen Uebergang desselben in Gneiſs gewahr werden. *Drittens* nimmt, so viel mir bis jetzt bekannt ist, der Klingsteinporphyr stets die tiefern und höchsten Punkte ein, und die neuere Trappformation sowohl, als das nahe liegende Flötzgebirge, lehnt sich bloſs an denselben an. Diese Behauptung steht freilich mit einigen meiner Aussagen in der Orographie des nordwestlichen Mittelgebirges, und in der mineralogischen Geographie Böhmens, im Widerspruche; aber erklärbar wird dieser Widerspruch dadurch, dafs ich damals den eigentlichen Klingsteinporphyr von dem von mir späther so genannten Basaltschiefer, mit welchem er sowohl in Hinsicht des Vorkommens, als der beigemengten fremdartigen Theile, eine nicht geringe Aehnlichkeit hat, nicht hinlänglich unterschied, und diesen sowohl, als jenen, unter dem gemeinschaftlichen Namen Porphyrschiefer aufstellte; dafs ich die dendritischen Zeichnungen des Klingsteinporphyrs von dem Biliner Steine fur Pflanzenabdrücke nahm, und sie als diese in meinem ersten mineralogischen Versuche, den ich bei ungereiften mineralogischen Kenntnissen herausgab, erklärte. Doch soll diese meine jetzige Behauptung nur individuell, und für jenen Theil Böhmens, welchen ich kenne, geltend seyn. Von der Richtigkeit des Ueberganges des Klingsteinporphyrs in Hornsteinporphyr, dem Vorkommen des Gneifses im erstern buzzen- und nesterweise, haben sich mit mir bereits mehrere vorzügliche Mineralogen, welche meine Gegend besuchten, überzeugt. Nach dieser nöthigen Einleitung gehe ich zu dem Porphyr zurück.

Der Hornsteinporphyr kömmt zum erstenmale in dem südlichen Theile des Saatzer Kreises, unweit dem Städtchen Schötes, an dem Dorfe Přzehorž vor, und zwar an dem östlichen Ufer des daselbst vorbeifliefsenden Baches. Er liegt mitten zwischen dem Thonschiefer und dem Granite als ein nicht zu starkes Lager, und übergeht in diese beiden Gebirgsarten. Jene dient ihm zur Decke, diese zur Unterlage. Er hilft mit ihnen diejenige Felsenreihe constituiren, die sich an dem Bache gegen Süden fortzieht, eine Höhe von 5 bis 6 Klaftern hat, und oberhalb sich in den Abhang eines höhern Gebirgsrückens verliehrt, der dem Fufse näher bebauet, höher hinauf mit hochstämmiger Waldung bedeckt ist. Er bildet, nebst dem aufliegenden Thonschiefer, sehr starke Schichten, welche, unter einem Winkel von 78°, gegen Nordwesten einfallen, und ihr Streichen St. 2, 2. haben. Er kömmt eigentlich nur an dem ersten, am meisten gegen Norden gelegenen Felsen vor, und verbirgt sich an dem südlichen alsogleich unter dem Thonschiefer.

Seine Hauptmasse ist ein aus dem *Rauchgrauen* in das *Aschgraue* übergehender *splittricher Hornstein*, in welchem zahlreiche, aber *sehr* und *ganz kleine Feldspathrhomben* von *graulichweifser* und *lichte gelblichgrauer* Farbe, und einzelne *graue Quarzkörner* liegen. An der verwitterten Oberfläche sieht man die Umrisse der ehemals in der Hauptmasse gelegenen, und nur durch die Einwirkung der äufsern Atmosphäre aufgelöseten und ausgefallenen Feldspathrhomben oder Leistchen.

In tiefern Punkten geht die Farbe der Hauptmasse durch allmälige Abstuffungen aus der *rauchgrauen* in die *lichte gelblichgraue* über, der zuvor *kleinsplittriche* Bruch wird *uneben*, und zwar kleinkörnig; die *Feldspathkrystallen* werden zahlreicher und gröfser, und sind theils *blafs gelblichgrau*, theils *grünlichgrau*; so nehmen auch die **Quarzkörner** an Gröfse zu, werden *blafs nelkenbraun* und *graulichschwarz*, und es kömmt noch **Glimmer** hinzu, der theils in *gröfsern Blättchen* von einer aus der *silberweifsen* in die *lichte tombackbraune* übergehenden Farbe, theils nesterweise in sehr kleinen zusammengehäuften Schuppen inne liegt: und so scheint der Uebergang in den tiefer liegenden Granit allmälig Statt zu haben.

Zwischen Hereth und Brux, an der nordöstlichen Gränze des Saatzer Kreises, letzterer Stadt gegen Südwesten, ersterem Dorfe gegen Nordosten, erhebt sich ein ziemlich hoher Berg, welcher durch zwei von Nordwest gegen Südost parallel auslaufende, ziemlich tiefe Thäler, in drei Gebirgsstücke abgetheilt wird. Bei dem Ueberblicke in der Ferne stellt er im Ganzen eine dreiseitige, an der Spitze stark abgestumpfte Pyramide vor, deren breiteste Seite dem Dorfe Hereth zugekehrt ist, die dieser entgegen gesetzte Kante bei Brux liegt. Die Abstumpfungsfläche ist schief angesetzt, und fällt gegen Hereth zu, wodurch dieser Berg die gröfste Höhe unmitterbar an der Stadt Brux erreicht, und von da sich ziemlich sanft gegen Hereth zu verflächt. Das westlich gelegene breiteste Stück ist unter dem Namen des *Röfselberges* bekannt; das mittlere heifst *der breite Berg*; das höchste, schmalste und pyramidenförmige Stück bei Brux wird der *Schlofsberg* genannt.

Der Röſselberg.

Der Röſselberg steigt von dem Dorfe Hereth sanft gegen Osten an, und ist in diesem Abhange theils mit niedrigem Strauchwerke bewachsen, theils bebauet; der südliche, gleichfalls sanft abfallende Abhang, ist gleichfalls bebauet, und zum Theil mit Walde bedeckt; der nördliche, steilere, ist gröſstentheils kahl. Eine enge Schlucht, welche nordöstlich in den Berg ansteigt, theilt denselben noch einmal ab, und nebstdem trennt sich an der Ostseite ein niedriges, kegelförmiges Küppchen davon, so daſs der Röſselberg, als aus drei Kuppen bestehend, angesehen werden kann, die aber alle drei in einem gleichen Niveau liegen. In der Schlucht steht die Gebirgsart entblöſst an. Man sieht sie hier 1 bis 2 Fuſs starke Schichten bilden, welche unter einem Winkel von 78° gegen Westen einfallen, und St. 12, 4 streichen. Doch wird diese Schichtung nur bei einer sehr aufmerksamen Beobachtung deutlich, da die Gebirgsart äuſserst zerklüftet ist.

Sie besteht aus Hornsteinporphyr. Die Hauptmasse ist **Hornstein** von *grünlichgrauer* Farbe, die sich von einer Seite bis in die *berggrüne* von allen Graden der Höhe und Vollkommenheit, von der andern in die *dunkel schwärzlichgrüne* verzieht Einige Abänderungen sind *dunkel blut-* und *lichte bräunlichroth*, auch *leberbraun gefleckt*. Er ist nach allen Richtungen äuſserst zerklüftet, und auf den Klüften hat er *eisenschwarze metallischglän-*

zende Flecke und häufige *braunsteinartige Zeichnungen.* Er ist an sich *matt*, nur mit einem von den Gemengtheilen erborgten Glanze *stark schimmernd*, im Bruche gewöhnlich *grobsplittrich*, selten *eben*, und aus diesem in das *Flachmuschliche* übergehend; er hat *unbestimmt eckige*, sehr *scharfkantige* Bruchstücke, und ist *an den Kanten schwach durchscheinend.* Als Gemengtheile nimmt er auf:

1. *graulichweifsen* und *spiegelflächig glänzenden Feldspath* in einzelnen eingestreuten *kleinen säulenförmigen* Krystallen;
2. *sehr kleine stumpfeckige Quarzkörner* von *graulichweifser*, *milchweifser* und *perlgrauer* Farbe.

Nebst diesen zeigt dieser Porphyr häufige *kleine glänzende Punkte*, die theils von dem Quarze, theils von dem Feldspathe herrühren, wie sich dieses unter einem stark vergröfsernden Suchglase ergiebt.

Dieselbe Gebirgsart sieht man allenthalben an den Abhängen des Röfsel- und breiten Berges, aber nur in gröfsern und kleinern Stücken zerstreut, liegen, seltener in gröfsern Massen aus dem Rasen hervorragen.

Der breite Berg.

Der breite Berg hat dieselbe äufsere Form, nur ist er von einem geringern Umfange mit der breitern südwestlichen Seite gegen Hereth, mit der schmälern nordöstlichen gegen Brux zu gekehrt. Oben endigt er sich in eine gröfstentheils bebauete Plattform. Die Abhänge

desselben

desselben fallen von allen Seiten steil hinab, am steilsten gegen Westen, wo die Gebirgsart in grofsen Massen aus dem Rasen hervorragt. Sie ist derselbe Hornsteinporphyr, nur ist die Farbe des Hornsteins hier durchaus *lichte schwärzlichgrün*. Er ist noch mehr zerklüftet, die Klüfte mit *eisenschüſsigen schimmernden Flecken* und gröſsern dendritischen Zeichnungen versehen. Sein Bruch ist *grobsplittricher*; die innliegenden *Feldspathsäulen* sind gröſser (gewöhnlich 3 bis 4 Linien lang), aber sehr schmal, und meistens *vierseitig*, *graulichweiſs* und *glasig glänzend*.

Der Schloſsberg.

Der Schloſsberg stellt, wie gesagt, eine dreiseitige Pyramide vor, die mit der breiten Seite dem breiten Berge, mit der ihr gegenüberstehenden Kante der Stadt Brux zugekehrt ist. Die Abhänge fallen von allen Seiten steil ab; der westliche ist kahl, der nördliche und östliche mit Feldern und Weingärten bebauet, die sehr kleine Plattform decken die Ueberbleibsel einer verfallenen Burg. Die Gebirgsart macht mehrere Fuſse starke Schichten, welche unter 84° gegen Süden einfallen, und St. 7, 6 streichen.

Sie besteht in tiefern Punkten aus Hornsteinporphyr.

Die Farbe des Hornsteins zieht aus der *dunkel grünlichgrauen* in die *dunkel schwärzlichgrüne*; er ist an sich *matt*, hat einen *feinsplittrichen* Bruch, der theils in den *ebenen*, theils in den *flachmuschlichen* übergeht. Er nimmt sehr viele und ziemlich grofse *graulich*- und *gelblichweifse*, *spiegelflächig glänzende*, *vier*- und *sechsseitige* ***Feldspathsäulen***, und einige *kleine* und *sehr kleine rauchgraue* und *nelkenbraune* *Quarzkörnchen* auf, und enthält, wie jener von dem Röfselberge, sehr viele *schimmernde* Punkte.

Etwas höher verändert sich die Farbe des Hornsteins in die *lichte leberbraune*, und ist *grünlichgrau* und *dunkel berggrün gefleckt*. Der Bruch ist *grobsplittrich*; die ***Feldspathsäulchen*** sind eben so zahlreich, aber kleiner; die *Quarzkörner* sehr sparsam, *bräunlichschwarz*; auch liegen bereits einzelne ***Hornblendesäulchen*** in der Hauptmasse.

In einer andern Abänderung wird die *leberbraune* Hauptfarbe des Hornsteins etwas blässer, die *dunkel berggrunen* ***Flecke*** sind kleiner, und verlaufen sich sehr sanft in das Leberbraune.

Eine dritte Abänderung, welche die höchsten Punkte des Schlofsberges einnimmt, und der Plattform am nächsten liegt, macht den *Uebergang in den Klingsteinporphyr*. Die Hauptmasse hat eine *lichte grünlichgraue* Farbe, die sich in die *blafs berggrüne* verzieht; der Bruch ist im Grofsen *dick*- und *ziemlich geradschiefrig*, im Kleinen *grobsplittrich*; die Bruchstücke sind *unbestimmteckig* und ziemlich *scharfkantig*. Sie nimmt, nebst den grofsen, aber sparsamen *graulichweifsen*, *glasig* und *spiegelflächig glänzenden* Feldspathsäulen, einzelne, sehr sparsame kleine *Hornblendesäulchen* auf.

Deutlich ist also auch hier der Uebergang des Hornsteinporphyrs in den Klingsteinporphyr, doch nicht so ausgezeichnet, wie in dem Gangelhofer Berge bei Bilin. Wahrscheinlich sind die obersten Gebirgslagen, die aber, wegen der geringern relativen Höhe des Berges, als jene des Biliner Steines, des Gangelhofer, Selnitzer und Schledinger Berges in dem benachbarten Leutmeritzer Kreise ist, nie jene Mächtigkeit erreichen konnten, welche sie dort haben, hier entweder zu dem Baue des Schlosses verwendet, oder vielleicht auch durch die alles zerstöhrende Zeit, wegen der häufig aufsetzenden Zerklüftungen, zertrümmert, zusammengestürzt, und von den Fluthen weggeschwemmt worden, da man in den Mauern der alten Burg ausgezeichnet deutliche Stücke von Klingsteinporphyr findet, und am Fuſse des Berges bei Brux Stücke und Geschiebe davon zerstreut herumliegen.

Uebergangsgebirgsarten.

Grauwackengebirge.

An dem Fuſse des steil abfallenden nordwestlichen Abhanges des Brandauer Gebirges legt sich ein Lager von Thonschiefer an, das, wegen der damit einbrechenden Fossilien, eine vorzügliche Aufmerksamkeit verdient. Dieser Thonschiefer scheint auf dem Gneiſse, der herrschenden Gebirgsart der Gegend, aufzuliegen. Da aber das Lager bisher nicht durchsunken ist, und das Ausgehende desselben wegen der Waldung, welche den Abhang deckt, nicht sichtbar ist, so läſst sich das Verhalten des Thonschiefers zu dem Gneiſse nicht angeben. Das Lager ist bisher durch einen darauf niedergehenden Schacht 21 Lachter tief durchsunken, hat sein Streichen St. 1, sein Verflächen unter einem Winkel von 24° gegen Westen. Die mit dem Thonschiefer zugleich einbrechenden Fossilien setzen es auſser Zweifel, daſs derselbe von einer neuern Formation sey.

Der *Thonschiefer* hat gewöhnlich eine *graulichschwarze*, sehr selten eine *grünlichgraue* Farbe.

Er bricht, wie gesagt, auf einem mächtigen Lager ein,

ist innwendig *schimmernd;* nur selten wird er *starkschimmernd*, oder gränzt an das *Wenigglänzende.*

Sein Bruch ist *dick-* und *gerade-*, zuweilen auch etwas *krummschiefrig.*

Er springt in *scheibenförmige* Bruchstücke,

ist *weich*,

giebt einen *lichte aschgrauen* Strich,

fühlt sich *mager*, nur stellenweise, wo er wenigglänzend wird, *etwas fett* an.

Er hat sehr häufigen, aber sehr *zartschuppigen aschgrauen Glimmer* beigemengt.

Er geht hier und da, vorzüglich in der Nachbarschaft des mit demselben einbrechenden Thoneisensteins, in *Brandschiefer* über; nimmt dann eine *bräunlichschwarze* Farbe an,

wird *schwach schimmernd*,

gerad- und *dünnschiefrig* von Bruch,

sehr weich,

milde,

hängt an der Zunge,

giebt einen *dunkel bräunlichschwarzen* Strich, und

wird durch denselben *stark schimmernd*,

fühlt sich *etwas fett* an.

Er brennt zwischen den Kohlen mit einer schwachen Flamme, und wird durch das Brennen gelblichbraun, ziegel- und bräunlichroth.

Mit dem Thonschiefer brechen ein:

1. *Grauwacke*.

Diese ist *kleinkörnig*, geht wohl auch in das *Feinkörnige* über, und besteht aus sehr kleinen *Quarz-* und *Feldspathkörnern* und theils *silberweissen*, theils *aschgrauen Glimmerblättchen*. Alle diese Gemengtheile sind mittelst einer *graulichschwarzen Thonmasse* gebunden, von welcher ihre schwarze Farbe herzuleiten ist. Zufällig liegen in derselben *sehr kleine graulichweisse Kalkspathkörnchen*.

Sie wechselt in 3 bis 4 Zolle starken Schichten mit dem Thonschiefer ab, und so wie die Schichten der Grauwacke schwächer werden, so nehmen jene des Thonschiefers an Stärke zu.

2. *Kohlenblende.*

Die Farbe derselben ist *sammetschwarz.*

Sie wechselt in $\frac{1}{2}$ bis 5 Linien starken, bald geraden, bald krummgebogenen Lagen, mit den Schichten des Thonschiefers ab, ist wohl auch in letztern *klein* und *fein eingesprengt.*

Sie ist *stark glänzend,*

von einem *Glasglanze*, der sich dem *Metallglanze* nähert.

Ihr Hauptbruch ist *dick*- und *gerade*- seltener *krummschiefrig.* Gewöhnlich richtet sich der Hauptbruch nach dem Bruche des Thonschiefers; im Queerbruche ist sie *flachmuschlich.*

Sie springt in *trapezoidische* und *würfliche* Bruchstücke.

Man bemerkt an den Ablösungen zwischen dem Thonschiefer und der Kohlenblende zarte Risse und Sprünge, die sich bald unter einem rechten, bald schiefen Winkel durchschneiden, durch welche Sprünge obige Bruchstücke veranlaſst werden.

Sie ist *undurchsichtig,*

färbt *sehr wenig* ab,

ist *weich,*

etwas *spröde,*

sehr leicht zersprengbar, und

leicht.

3. *Gemeiner Thoneisenstein.*

Dieser kömmt gewöhnlich von einer *dunkel bräunlichschwarzen* Farbe vor, die aber durch alle Abstuffungen sich bis in die *bräunlichrothe* verzieht. Selten geht er aus dem *Gelblichgrauen* durch das *Ochergelbe* bis in das *Gelblichbraune* über.

Er bildet mit dem Thonschiefer abwechselnd 3 Zolle bis 1 Fuſs starke Schichten,

ist innwendig *matt*.

Sein Hauptbruch ist *dickschiefrig*, der Queerbruch *uneben*, *von feinem Korne*, in den *erdigen übergehend*.

Die Bruchstücke sind *unbestimmt eckig*, nicht sonderlich *scharfkantig*.

Der bräunlichschwarze, ochergelbe und gelblichbraune giebt einen *gleichen*, der bräunlichrothe einen *lichte bräunlich*- und *ziegelrothen* Strich, und er wird durch den Strich etwas *schimmernd*.

Er *färbt*, besonders der bräunlichschwarze, *stark ab*,

ist *weich*, zum Theil *sehr weich*,

spröde,

nicht *sonderlich schwer zersprengbar*,

hängt *ziemlich stark* an der Zunge,

fühlt sich *mager* an, und

ist *schwer*.

Von diesem Thoneisensteine hat parthienweise ein Uebergang in den dichten Rotheisenstein Statt.

Auf den Klüften und Ablösungen desselben ist nicht selten *speisgelber Schwefelkies* angeflogen, und in demselben auch zuweilen *fein eingesprengt.* Auf den Klüften ist er zuweilen mit einem ochergelben und gelblichbraunen Eisenocher beschlagen.

Herr Prof. Lampadius in Freiberg hat diesen Thoneisenstein einer chemischen Analyse unterworfen, und giebt folgende Bestandtheile von zwei ihm mitgetheilten Exemplaren an:

Von Nr. 1.	Eisenoxid	35	Theile.
	Thon	39	—
	Kiesel	11	—
	Talk	2	—
	Schwefel	3	—
	Wasser	10	—
Von Nr. 2.	Eisenoxid	39	Theile.
	Thon	40	—
	Kiesel	5	—
	Kalk	6	—
	Schwefel	1	—
	Wasser	9	—

Dieser Eisenstein wird auf den Hochöfen zu Gabrielhütte und Kallich mit andern Eisenerzen verblasen; daher auf dieses Eisensteinlager ein Bau vorgerichtet ist. Es ist nämlich ein Stollen St. 7 in das Gebirge getrieben, der bis jetzt 180 Lachter bis vor Ort ausgelängt ist, bis in die 90ste Lachter in Zimmerung, weiter hinein im festen steht. Er hat, bei einer Höhe von 3 Ellen böhm., die Breite von $1\frac{1}{2}$ Elle. Ueber diesen tiefern Stollen ist etwas höher ein zweiter Stollen in derselben Richtung eingebracht, der aber nur 80 Lachter weit in das Gebirge geht. Der tiefere Stollen bringt 21 Lachter, der obere 12 Lachter seigere Teufe ein.

Auf dem Stollen ist, um den Wetterwechsel zu unterhalten, ein Schacht abgeteuft, welcher durchaus gezimmert ist. Mit diesem Schachte hat man vier Eisensteinlager durchsunken, zwischen welchen abwechselnde Lager von Thonschiefer, mit Kohlenblende und Grauwacke, liegen. Diese Eisensteinlager sind gewöhnlich nur 1 Fuſs stark, werden aber oft bis auf 3 Zolle verdrückt. So wie die Eisensteinlager schmäler werden, so wird das Grauwackenlager stärker, wodurch nothwendig ganze niedrige Wechsel oder Rücken entstehen müssen. Wahrscheinlich liegen unter der Stollensohle noch mehrere, mit dem Thonschiefer und der Grauwacke abwechselnde Lager von Eisenstein, deren Mächtigkeit und Zahl aber nicht angegeben werden kann, da man wegen der Grubenwasser nicht tiefer niedergehen kann.

Dieser Eisenstein wird mit Schlegel und Eisen gewonnen, auf Hunten durch den tiefern Stollen zu Tage gefördert, dort etwas reiner ausgehalten, und auf Tonnen vermessen.

Die Eisensteintonne zu Kallich, auf der wahrscheinlich auch hier vermessen wird, ist

lang	28, 5	Zolle.
breit	20	——
tief	8	——

hat also an Kubikinhalt 4560 Kubikzolle, oder 2,64 Kubikfuſse.

Es wird hier bloſs im Gedinge gearbeitet. Der Häuer erhält für die Fuhre Eisenstein zu fünf Tonnen, oder $13\frac{1}{5}$ Kubikfuſse, 55 Kr., dafür trägt er die Schmiedekosten, und giebt das Geleuchte; das neue Gezähe erhält er von der Gewerkschaft, welche die Herrschaft Rothenhaus ist. Belegt ist dieser Bau mit 7 Häuern und 1 Steiger, welcher letztere für die Aufsicht über die Grube 30 Kr. erhält.

Der geförderte *Eisenstein* wird unmittelbar bei der Grube auf einer Roststätte geröstet, und dann erst nach Gabrielhütte und Kallich verfahren, um etwas an Fuhrlohn zu erspahren.

Der Eisenstein fordert vorzüglich einen starken Zuschlag von Kalkstein, und giebt auch dann kein gutes Roheisen; daher er nur in kleiner Menge, in Verbindung mit andern Eisenerzen, durchgesetzt werden darf.

Flötzgebirgsarten.

Der ältere Sandstein.

Der ältere Sandstein nimmt nur einen kleinern, und zwar den südöstlichen Theil des Saatzer Kreises ein. Er besteht nur aus abgerissenen Stücken der Urgebirge, und zwar von einer solchen Gröſse, daſs ihre Natur noch erkennbar bleibt, und stellt daher ein grobes Conglomerat dar.

Er beginnt gleich unterhalb Petersburg an dem daselbst gelegenen Phasangarten, und liegt daselbst unmittelbar auf dem Granite auf; setzt dann gegen Westen über Pržibenz, Drahenz, Linz, bis Werzen fort, wo er die Unterlage der dasigen Basaltberge, des Galgenberges bei Puschwitz, des Rudiger Eisberges, des Kruschiner Berges, der Winterleite, Kočžka u. s. w. ausmacht. An dem Fuſse dieser Berge sieht man ihn in allen Schrunden, welche das abſlieſsende Regenwasser seichter oder tiefer gezogen hat, an allen Fahrwegen, ja selbst auf den Feldern, wo sie von der schwachen Lage Dammerde entblöſst sind, zu Tage ausbeiſsen. Er ist an dem Fuſse des Puschwitzer Galgenberges, des Sskitaler Eichberges bei Sskital nur klein- und ſeinkörnig, in sehr schmalen, abwechselnd *gelblichgrauen*, *ochergelben*, *gelblichbraunen*, *ziegel-* und *bräunlichrothen* Schichten, welche unter einem Winkel von 18° gegen Südwesten einfallen, und St. 2 streichen, anstehend. In der Gegend von Drahenz ist er theils *aschgrau* - theils *bräunlichroth-kleinkörnig*. Die kleinen *Quarzkörner*, die kleinen Brocken von *Gneiſs*, *Chlorit-* und *Thonschiefer*, sind in dem erstern mittelst eines thonigen, in dem letztern mittelst eines eisenschüſsig- thonigen Bindemittels gebunden, und es liegen wieder in diesem kleinkörnigen Conglomerate viel gröſsere Geschiebe von *gemeinem Quarze*, *Thonschiefer*, *Kieselschiefer*, *Gneiſs*, von der Gröſse einer Wallnuſs, einer Faust, eines Kopfs. Sehr häufiger *silberweiſser Glimmer*, aber in sehr kleinen Blättchen, glänzt allenthalben dem Auge entgegen. Nebst diesem findet man große walzenförmige Stücke eines *kieslichen Sandsteines* darinn, in welchem die *dunkel honiggelben* und *gelblichbraunen Quarzkörnchen*, mittelst eines quarzigen Cements, gebunden sind. Das Korn dieses Sandsteins ist so fein, daß der Bruch desselben feinsplittrich wird, und man einen gemeinen Quarz, oder vielmehr einen Uebergang desselben in splittrichen Hornstein vor sich zu haben glaubt. Die Täuschung hört aber auf, sobald man diese Sandsteinstücke im Ganzen betrachtet. Denn der Sandstein wird, der äußern Oberfläche näher, immer grobkörniger, die Quarzkörner liegen mehr abgesondert von einander, und man unterscheidet das Bindemittel, das sehr eisenschüßig ist, deutlicher. Noch ist merkwürdig, daß alle aufgefundenen Stücke des Sandsteins als Holzstein täuschen, so sehr ähnelt ihr äußeres Oberflächeansehen der Holzgestalt, und zwar größerer Aststücke; aber der Mangel der Astknorren, des fasrigen Holzgewebes im Innern, kann Jedermann bald überzeugen, daß er keinen eigentlichen Holzstein vor sich hat.

Ober Pržibenz, an dem daselbst vorbeifließenden rothen Bache, ist das Sandsteinlager an einigen Stellen 20 bis 30 Klafter tief entblößt. Die Schichten sind zwei und mehrere Fuße stark, fallen unter 18° gegen Norden ein, und haben ihr Streichen St. 6, 4. Der Sandstein gränzt hier wieder an das *Feinkörnige*, und enthält größere und sehr häufige *silberweiße Glimmerblätt-*

chen. Seine Farbe zieht, wegen der häufig innliegenden, sehr glimmerreichen *Thon-* und *Chloritschiefergeschiebe*, etwas in die *grünliche.* Zwischen den Sandsteinschichten kommen 1, 2 bis 3 Zolle starke Lagen eines *ziegel-* und *bräunlichrothen*, sehr glimmerreichen Thones vor. Von diesem Thone ist die Röthe des umliegenden Bodens und der Name des rothen Baches herzuleiten. An der Südseite des zuletzt genannten Dorfes sieht man wieder deutlich, daſs der Sandstein unmittelbar auf dem Granite aufruhe.

Petersburg gegen Süden trifft man diesen ältern Sandstein nur selten an, und er füllt bei dem Städtchen Jechnitz, den Dörfern Platten, Gärten, nur die Vertiefungen aus, welche die Granitberge zurücklassen. Auch konnte hier der Sandstein, wegen der hohen Lage der Gegend, die gegen Norden und Süden erst sanft abfällt, nur wenig Platz finden, und nicht so weit hinaufdringen; er muſste sich vielmehr in die tiefern Punkte gegen Süden und Norden hinabziehen. Auch fand ich ihn in der That an der Südseite von Schötes, an der äuſsersten südlichen Gränze des Saatzer Kreises, wieder, von wo aus er sich in den Rakonitzer Kreis hinüberzuziehen scheint; aber sehr weit verbreitet ist er, wie die Folge ausweisen wird, gegen Norden. Hier ist er theils *gelblich-* theils *aschgrau*, und sehr reich an den innliegenden *silberweiſsen*, *graulich-* und *bräunlichschwarzen Glimmerblättchen.* Unter dem Suchglase entwickeln sich sehr zahlreiche ochergelbe und gelblichbraune Ocherpunkte. In demselben liegen sehr zahlreiche Geschiebe von *Thonschiefer*, *Kieselschiefer* und *gemeinem Quarze* von Nufs - Ei - und Faustgröfse. Das Sandsteinlager bedeckt an der Nordseite von Schötes ein nicht zu weit verbreitetes, und nicht zu mächtiges Lager von Flötzkalkstein.

In diesem Sandsteine scheinen Flötze von *Schieferthon* zu liegen; wenigstens fand ich ihn in den tiefern Wasserschrunden zwischen Powesen und Schötes, doch gehört dies nur unter die seltenern Fälle, und seine Schichten waren nur von geringer Mächtigkeit (von einigen Schuhen). Ob dieser Schieferthon das Dach der tieferliegenden Steinkohlenflötze ausmache, ist zweifelhaft, wenigstens nicht zu erweisen, da man bisher in der ganzen Gegend keinen Versuchbau auf Steinkohlen unternommen hat. Der Schieferthon ist im frischen Zustande *bläulichgrau*; da, wo er der Einwirkung der äufsern Atmosphäre ausgesetzt ist, wird er *gelblichgrau*, und hat vielen *silber*- und *graulichweifsen* Glimmer in *sehr zarten Schüppchen* beigemengt. Pflanzenabdrücke fand ich in demselben nicht, aber mir kam auch nur ein kleiner Theil des Ausgehenden dieser Flötze zu Gesicht.

Gegen Nordwesten zieht sich der ältere Sandstein über Czenczitz, Mokatil, Widhotitz bis an Rudig. Er setzt den Klitschkower Berg, einen nicht zu hohen, gröfstentheils mit niedrigem Strauchwerke bewachsenen, mit vielen Schrunden durchzogenen Rücken zwischen Rudig und Kriegern, zusammen. Seine ziemlich mächtigen

Schichten sieht man in einzelnen, dem Goldbache zufallenden Abstürzen, entblöfst. In der Gegend des Städtchens Rudig wird er theils von dem neuern Sandsteine, theils von angeschwemmtem Sand- und Leimlande bedeckt, und so dem Auge entzogen.

An der Nordseite von Petersburg, bei Wilenz, sieht man den ältern Sandstein wieder unmittelbar auf dem Granite aufliegen. An dem Phasangarten ist ein, einige Klafter hoher Absturz befindlich, an dem man sein Verhalten bestimmen kann. Er bildet hier 2 bis 8 Zolle starke Schichten, welche unter dem Winkel von 26° gegen Nordosten einfallen, und St. 10 streichen. Er ist übrigens von derselben Beschaffenheit, wie der zuletzt beschriebene von Powesen.

Zwischen Wilenz und Kriegern werden seine Schichten stärker. Er bildet daselbst einen niedrigen Hügelzug, der, von der Morgenseite des Baches ansteigend, gegen Nordwesten fortläuft, und dessen westliches Gehänge und ein Theil des Rückens mit Walde bewachsen ist. Dieser besteht aus mehreren einzelnen, oben zugerundeten Kuppen, welche durch von Süden gegen Norden auslaufende Schluchten und Vertiefungen von einander abgesondert werden.

Der Kirchberg.

So wie man dem Städtchen Kriegern näher kömmt, so nimmt die Höhe des Hügelzuges zu. Sein westlicher Abhang ist durch Wasserschrunden, die das abfliefsende

Regenwasser zog, ausnehmend zerrissen. Oben endigt er sich in zwei ziemlich hohe Kuppen, davon die nördliche kahl, die südliche mit Waldung bedeckt ist, und diese Kuppen kommen auf der Charte unter dem Namen des Kirchberges vor. An der Nordostseite, an der Kirche von Kriegern, ist ein Bruch auf diesen Sandstein vorgerichtet, und die in demselben zugehauenen Werksteine werden in die ganze umliegende Gegend verführt, und geben einen vortrefflichen Baustein. Die Elle kömmt davon an Ort und Stelle auf 12 Kr. zu stehen. Die Schichten, welche dieser Sandstein hier bildet, sind viel stärker, 3, 4 und mehrere Fuſse stark, und beobachten das zuletzt angegebene Streichen und Fallen. Der Sandstein ist, in abwechselnden Schichten, *fein- grob-* und *groſskörnig*, *grau* oder *roth*. Der *asch-* und *röthlichgraue* nimmt, nebst den gröſsern *Gneiſs- Kieselschiefer-* und *Quarzgeschieben* von Faust- und Kopfgröſse, wieder zahlreiche *silber-* und *graulichweiſse* und *aschgraue Glimmerblättchen*, und häufigen *graulichweiſsen* und *röthlichgrauen Feldspath* auf, der theils noch sehr frisch mit dem ihm eigenthümlichen *blättrichen* Bruche und *starken Perlmutterglanze* versehen, theils aber schon zur Porcellanerde aufgelöset ist. Der *ziegel-* und *bräunlichrothe* oder *röthlichbraune* ist *feinkörniger*. Der innliegende *Glimmer* und *Feldspath* ist sparsamer, letzterer meistens wieder mehr und weniger aufgelöset. Die innliegenden Geschiebe der Urgebirgsarten sind kleiner, und auch verhältniſsmäſsig in geringerer

Menge vorhanden. Zwischen den Sandsteinschichten liegen wieder 2, 3, 4 Zolle starke Lagen des *ziegel*- und *bräunlichrothen* Thones, der, von dem Regenwasser losgeweicht und weggespühlt, den Sandstein an der Oberfläche roth färbt, und dem Goldbache, nach einem vorhergegangenen stärkern Regen, dieselbe rothe Farbe mittheilt.

Die Hora.

Der Sandstein ist eine grofse Strecke weit der Begleiter des Goldbaches, nur nimmt die Mächtigkeit seiner Schichten gegen Osten wieder ab. An der Nordseite des Baches ist er aber nicht sichtbar, sondern wird von dem angeschwemmten Sand- und Leimlande bedeckt. Er setzt die beiderseitigen Ufer desjenigen Baches, der sich bei Kleinotschechau in den Goldbach ergiefst, zusammen; setzt bei Firwitz, wo er die sogenannte Hora constituirt, in den Rakonitzer Kreis hinüber; lehnt sich an der Südostseite an das Granitgebirge bei Horżowitz und Kotteschau an.

Der rothe Berg.

Aus demselben Sandsteine besteht der rothe Berg bei Cżernitz, der die ganze Gegend zwischen dem Firwitzer und Cżernitzer Bache ausfüllt, das ganze, durch Wasserschrunden zerrissene Gebirge um Tzira, Seltsch und Grofscżernitz, welches sich aber von dem Goldbache etwas zurückzieht. Er ist hier allenthalben *feinkörnig asch*- und *rauchgrau* von Farbe; der *Feldspath* und *Glimmer* ist nur sparsam beigemengt, ersterer *graulichweiſs*, gröſstentheils aufgelöset, letzterer *bräunlich*- und *graulichschwarz*. Nebst den *Kieselschiefer*- und *Quarzgeschieben*, nimmt er sehr viele *Hornsteingeschiebe* auf; aber dagegen werden die Gneiſsgeschiebe wieder faſst ganz vermiſst.

Der Sandberg.

Von Groſsczernitz zieht sich der ältere Sandstein wieder in den benachbarten Rakonitzer Kreis hinüber; er setzt jene mit Schluchten durchzogene Anhöhe, auf welcher Johannisthal liegt, zusammen. Der Sandberg, ein langgezogener Gebirgsrücken, der zum Theil *) steil gegen Knonow hinabfällt, an der Nordseite sanſt sich gegen Neczenitz verflächt, und gröſstentheils bebauet ist, besteht aus demselben. Unmittelbar an dem Dorfe Knonow sieht man, in einer tiefen Schlucht, diesen Sandstein in ½, 2 bis 3 Fuſse starken Schichten anstehen, und er zeichnet sich durch mehrere Eigenheiten aus. Er ist *kleinkörnig*, und besteht gröſstentheils aus kleinen und sehr kleinen abgeführten *ziegel*- und *blaſsfleischrothen*, seltener *röthlichgrauen* oder *graulichweiſsen* *Feldspathkörnern*, aus *graulichweiſsen*, *rauchgrauen*,

---

*) Ich sage *zum Theil*, da die höhern Gebirgsrücken und Kuppen dieses und der folgenden Berge aus neuerem Sandsteine mit aufliegenden Mergellagern bestehen.

blaſs und *dunkel nelkenbraunen*, *verschiedentlich eckigen*, auch schon vollkommen *zugerundeten Quarzkörnern*, und einzelnen *Glimmerblättchen*. Mitten in diesem kleinkörnigen Gemenge liegen Stücke eines *bläulich*- und *grünlichgrauen*, auch *gelblichgrauen verhärteten Thones*. Der Feldspath hat seinen blättrichen Bruch und seinen Glanz vollkommen beibehalten, nur auf den Ablösungen ist er mehr und weniger verwittert mit Verlust des ihm eigenen Bruches, selten zu einer *röthlichweiſsen Porcellanerde* aufgelöset.

Die Sommerleite.

An der Ostseite steht mit dem Sandberge die Sommerleite in Verbindung. Diese nimmt den Raum zwischen zwei kleinen Bächen ein, und seine äuſsere Gestalt ist einem unregelmäſsigen Dreiecke ähnlich, dessen eine breitere Seite gegen Süden, die ihm entgegengesetzte Kante gegen Norden gekehrt ist. An ihrem östlichen Fuſse liegt das Dorf Tomaschitz. Sie ist, wie die folgenden Berge, auf der mehr oder weniger ausgedehnten Plattform, in welche sich alle oben endigen, und an den meistens sanft abfallenden Gehängen mit Walde bewachsen.

Der Okrauhlick.

Die Sommerleite verbindet sich an der Südostseite mit dem Okrauhlick, einem hohen, mit einer nicht sehr ausgedehnten Plattform versehenen, von allen

Seiten ziemlich steil, am steilsten gegen Osten und Westen abfallenden Berge; an der Ostseite mit dem

B o r,

der eine weit verbreitete Plattform hat, sich ostwärts sanft gegen Retschow zu verflächt, und einen Theil des westlichen Ufers des Pſsaner Baches ausmacht, westwärts steiler dem Hržibitzer Bache zufällt, dessen Ufer er von Konotop aus bis Hržibitz bildet, und daselbst den Namen *Kuchinka* annimmt. An einzelnen Abstürzen des letztern sieht man die sehr starken Sandsteinschichten entblöſst, zwischen welchen wieder schwache Lagen des *ziegel-* und *bräunlichrothen Thones* mit häufig eingestreutem, aber sehr *zartschuppigem Glimmer* liegen. Dieser Thon wird von den Abhängen der Berge von dem Regenwasser losgespühlt, und in die tiefern Punkte zusammen geschwemmt, daher man hier und da sehr mächtige Lager davon an dem Fuſse der Berge antrifft. In den Schluchten, die das Regenwasser an den sanften Abhängen dieser Berge zog, in den Thälern, welche die kleinern und gröſsern Bäche sich gruben, findet man allenthalben noch immer denselben ältern Sandstein, welchen ich bei Kriegern vorfand und beschrieb, und zwar bald *grob-* bald *kleinkörnig*, mit innliegenden *Gneiſs-Quarz-Thonschiefer-* und *Kieselschiefergeschieben* von der Gröſse einer Wallnuſs, eines Eies, einer Faust. Aber dieser Sandstein nimmt nur die tiefern Stellen ein; die Kuppen selbst constituirt der neuere Sandstein, welchen wieder oft sehr mächtige, oft aber auch nur schwache Mergellager bedecken. Bei Helutitz, an dem Pſsaner Bache, verschwindet endlich der ältere Sandstein unter dem neuern ganz, und kömmt von dieser Seite nicht wieder zum Vorschein.

An dem Hržibitzer Bache setzt dieser Sandstein etwas weiter gegen Norden fort. Er verbreitet sich bis hinter das Dorf Hržibitz, wo er sich erst unter dem neuern Sandsteine verbirgt. Hier ist seine Farbe im Allgemeinen mehr *grünlich*- und *röthlichgrau*; doch wechselt mit diesem theils lager- theils nesterweise der *ziegel*- und *bräunlichrothe* ab. Er ist sehr *grobkörnig*, ein wahres Conglomerat. Die innliegenden Geschiebe bestehen aus *gemeinem Quarze*, *Gneiſs*, *röthlichgranem splittrichen Hornstein*, *Hornsteinporphyr* mit innliegenden Quarzkörnern, ziemlich häufigen kleinen Feldspathsäulchen, und einzelnen kleinen Glimmerblättchen.

Die Prawde und Mareſska.

Die oben genannte Sommerleite wird an der Abendseite von einem hohen und weit auslaufenden Gebirgsrücken nur durch ein schmales Thal, das einen kleinen, ungenannten Bach aufnimmt, getrennt, und dieser erstreckt sich bis an das Dorf Netluck, ist ganz mit Walde bewachsen, verflächt sich sanft gegen Osten und Westen, fällt aber steiler gegen Norden und Süden ab. An der Nordseite schlieſst sich dieselbe Sommerleite, mittelst eines niedrigen, ganz bewaldeten Kuppchens, der Mareſska, an die Prawda an, einen hohen, von Süden gegen Morgen auslaufenden, an der Westseite mit den Ueberbleibseln eines alten Schlosses versehenen, und an der Nordseite sehr sanft gegen das Dorf Netluck zufallenden Gebirgsrücken.

Der Spitzberg.

Der Prawda gegen Westen liegt der Spitzberg, ein zugespitzter, nicht zu hoher, mit hochstämmiger Waldung bedeckter Berg; gegen Nordosten aber

Die hohe Kuppe.

Diese ist sehr weit verbreitet, fällt an der Südseite ziemlich steil dem Dorfe Nečenitz zu, verflächt sich an der Nordseite sanfter gegen *Litschkau*, Duchoržitz und Markwetetz, ist an diesem sänftigen Abhange gröſstentheils bebauet, nur stellenweise unterbricht die Felder ein kleines Wäldchen. Die Kuppe endigt sich in eine längliche, aber, im Verhältnisse der Länge, sehr schmale Plattform, welche in der Richtung von Südwestwest gegen Nordostost ausläuft. An dem nördlichen Abhange ist sie mit vielen, sehr tiefen Schluchten durchzogen, welche sich erst in die Ebene von Libeschitz, Dubschau, Groſslipen verliehren. Diese Schluchten allein sind dem Geognosten merkwürdig, da die Waldungen, und die Kultur, welche an den Abhängen und an der Kuppe

Statt hat, jede genaue Untersuchung hindert. Wenn man aber diese verschiedentlich gekrümmten, sehr tiefen und engen Schluchten durchkriecht, so bekömmt man sowohl von dem Verhalten der Gebirgsart, als ihrer Beschaffenheit, die nöthigen Aufschlüsse. Die Kuppen, oder vielmehr Plattformen, in welche sich die bisher beschriebenen Berge, der Sandberg, die Sommerleite, der Bor, die Prawda, der Spitzberg, und die hohe Kuppe endigen, erreichen alle eine ansehnliche Höhe, und liegen zugleich in einer und derselben Horizontalebene. Steht man daher auf eine dieser Plattformen, so glaubt man eine Ebene vor sich hin ausgebreitet zu sehen, die sich gegen Süden und Norden zu sanft abfallend verflächt. Allein bei der Bereisung findet man diese Gegend von engern Schluchten und weitern Thälern äufserst durchschnitten, sanfte Gehänge mit steilen Abstürzen abwechseln, und erstere wieder mit unzähligen Wasserschrunden durchzogen.

In den Schluchten steht der ältere Sandstein in 10 bis 12 Klafter hohen Wänden an; die mehrere Fuſs starken Schichten fallen flach (unter 16° bis 18°) gegen Nordwesten ein, und haben ihr Streichen St. 3. Die aufgefundenen Abänderungen liegen in folgender Ordnung, von unten anzufangen, übereinander:

1. *Grobkörniger Sandstein*, in welchem, nebst den häufigen *sehr kleinen*, *kleinen* und *groſsen*, bald *vollkommen abgerundeten*, bald *stumpfeckigen Quarzkornern*, einzelne Stucke eines *graulichweiſsen*,

röthlichgrauen, blaſs ziegelrothen Feldspathes, sehr häufige, aber ganz kleine *graulichweiſse Kalkspathkörnchen* liegen. Eingesprengt hat er sehr kleine *bräunlichschwarze* und *silberweiſse Glimmerblättchen*, und nesterweise kömmt darinn *zerreibliches Steinmark* vor, von *röthlichweiſser, blasfleisch-* und *ziegelrother* Farbe, von *zartschuppigen, schwachschimmernden, zusammengebackenen,* etwas *abfärbenden* Theilen. Auch enthält er *Grünerde* von blaſs berggrüner Farbe theils *eingesprengt*, theils in *stumpfeckigen Stücken.*

Auf den schmalen Klüften, welche in demselben entweder seiger, oder doch unter einem, dem rechten sehr nahe kommenden Winkel niedersetzen, ist ein *graulich-* und *gelblichweiſser Kalkspath* in *kleine, flache, doppelt dreiseitige Pyramiden*, die Seitenflächen der einen auf die Seitenkanten der andern aufgesetzt, krystallisirt.

2. Ein etwas weniger *grobkörniger Sandstein* von theils *asch-* und *grünlichgrauer*, theils *dunkel ziegel-coschenill-*, selten *bräunlichrother* Farbe. Die Farben wechseln theils *streifen-* theils *fleckweise* mit einander ab. Die gröſsern *blaſs nelkenbraunen, röthlichgrauen, graulichweiſsen Quarzkörner* sind gewöhnlich mit einem dünnen Häutchen eines *gelblich-* und *graulichweiſsen*, seltener *grünlichgrauen Kalkspathes* umgeben. Auch kömmt dieser häufig *grob* und *klein eingesprengt* vor, scheint

selbst hier und da das Bindemittel des Sandsteines ganz allein auszumachen, und er ist dann in der grauen Sandsteinabänderung von *graulichweifser*, in der rothen von *ziegel*- oder *fleischrother* Farbe, innwendig fast *stark glänzend* von *Perlmutterglanz*. Merkwürdig ist an demselben das *Schillern*, wenn er in einer gewissen Richtung gehalten wird. Dieses Schillern scheint daher zu entstehen, dafs die starkglänzenden Kalkspathblättchen nicht unmittelbar übereinander liegen, sondern durch die Quarzkörnchen so von einander getrennt werden, dafs sie einander nicht berühren. Dieses Schillern geschieht sowohl bei dem weifsen als rothen Kalkspathe mit einer weifsen Farbe.

Der Feldspath kömmt in dieser Abänderung sparsamer, aber doch, und zwar in *röthlich*- und *graulichweifsen Körnern*, vor.

Merkwurdig ist bei dieser Sandsteinabänderung noch, dafs sie *grofs*- und *sphärischkörnig* abgesonderte Stücke zeigt. Die Sandsteinkugeln haben ½ bis ¾ Zoll im Durchmesser, und man sieht dieselben auf den Ablösungen der Schichten mehr und weniger hervorragen. Die Absonderungsflächen der Kugeln sind gewöhnlich *gelblichbraun* oder *dunkel ochergelb* beschlagen.

3. In höhern Punkten wird der *Sandstein* sehr *feinkörnig*, nimmt stellenweise eine *gelblichgraue* Farbe an, und alsdann sieht man sehr häufige Ocherpunkte

darinn eingestreut. Die Hauptfarbe ist aber doch immer die *asch-* und *grünlichgraue* oder *dunkel ziegel-* und *bräunlichrothe*, in welcher letztern, welche die vorwaltende ist, die erstere *in rundlichen Flecken* erscheint. Der eingesprengte *Glimmer* ist *bräunlichschwarz*. Auch diese Sandsteinabänderung behält noch das sie so vorzüglich auszeichnende Schillern bei.

In allen den eben beschriebenen Sandsteinabänderungen liegen gröfsere und kleinere Geschiebe von *Quarz*, *Hornstein*, *Kieselschiefer*, *Gneifs*, und in der Gegend von Nečženitz, vorzugsweise, auch von *Porphyr*. Es ist ein *Thonporphyr*, dessen Hauptmasse (der Thonstein) *grau* ist, in welcher *kleine* und *sehr kleine*, *rauchgraue* und *nelkenbraune* *Quarzkrystalle* (die doppelt sechsseitige Pyramide), *gelblich-röthlichgraue* und *blafs fleischrothe* *Feldspathsäulchen*, und einzelne *bräunlichschwarze* *Glimmerblättchen* liegen. Diese Porphyrgeschiebe sind darum hier merkwürdig, weil in der ganzen Gegend kein Porphyr anstehend ist, und es keine Wahrscheinlichkeit hat, dafs die hier vorkommenden Geschiebe dieser Gebirgsart aus dem Leutmeritzer Antheile des böhmischen Erzgebirges hinübergekommen sind. Sie müssen daher mit dem Egerflusse, ehe sich dieser das Bett so tief grub, als es gegenwärtig ist, aus der Gegend von Joachimsthal, wo er einzelne Kuppen constituiren soll, hierher gebracht und hier niedergelegt worden seyn.

Zwischen den mehr und minder mächtigen Sandsteinschichten kommen auch hier wieder abwechselnd schmale Lager von einem *ziegelrothen Thone* vor.

Aus dem Gesagten ergiebt sich 1. daſs dieser Sandstein, da er immer nur aus abgerissenen Stücken der Urgebirge besteht, von einer ältern Formation seyn müsse, als jener Sandstein, dessen späther Erwähnung geschehen wird; 2. daſs er, da er ein grobes Conglomerat bildet, und die für ihn so auszeichnende coschenill-dunkel ziegel- und bräunlichrothe Farbe annimmt, mit Rechte mit dem Namen des *rothen todten liegenden* belegt werden könne; 3. daſs seine Verbreitung ziemlich ansehnlich ist, da er bloſs in dem Saatzer Kreise eine Strecke einnimmt, die in der Breite drei und mehr Stunden, in der Länge sechs bis acht Stunden hat; 4. daſs er an der Südwestseite unmittelbar auf dem Granite aufliegt, an der Nordostseite sich unter dem neuern Sandsteine verbirgt; 5. daſs der äuſserst grobkörnige mit dem feinkörnigen in stärkern und schwächern Schichten abwechselt, und daſs sie von 2, 3, selten 4 Zoll starken Lagen eines dunkel ziegel- und bräunlichrothen Thones gewöhnlich unterbrochen werden; 6. daſs er sich in ziemlich hohe Berge an der südöstlichen Gränze des Kreises erhebt, aber auch die tiefsten Punkte in den Granitgebirgen in der Gegend von Petersburg einnimmt; 7. daſs es das Vorkommen des Schieferthones unter demselben in der Gegend von Schötes und Powesen wahrscheinlich macht, daſs in demselben Steinkohlenflötze zerstreut liegen mögen, wovon uns aber nur späthere Versuche, die bei zunehmendem Holzmangel auf dieses Brennmaterial gemacht werden dürften, überzeugen werden; und 8. dafs er in diesem Theile Böhmens keine Versteinerungen zu enthalten scheine, wenigstens traf ich selbst bei der aufmerksamsten Beobachtung in demselben keine an.

Flötzkalkstein.

Dieser Kalkstein liegt unmittelbar auf dem eben beschriebenen groben Conglomerate, oder älterem Sandsteine, auf. Ich fand ihn aber nur einmal auf einem, wahrscheinlich nicht zu weit verbreiteten Lager, an der Nordseite des Städtchens Schötes in dem südlichen Theile des Kreises, in einer nicht zu tiefen Schlucht.

Dieser *dichte Kalkstein* ist von *gelblichgrauer* Farbe, die sich bis in die *rauchgraue* verzieht, und *lichte isabell gefleckt*; ist er der Einwirkung der Atmosphäre längere Zeit ausgesetzt, so wird er *ochergelb* und *lichte gelblichbraun*. Nesterweise kömmt in demselben ein *gelblich-* und *graulichweifser kleinkörniger Kalkspath* vor, hier und da wohl auch *Spatheisenstein* von einer *nelken-* und *schwärzlichbraunen* Farbe und *kleinkörnig* abgesonderten Stücken, aus welchem ein Uebergang in den Kalkspath Statt hat. Auch *gemeiner fasriger Kalkstein* durchzieht den Kalkstein trummweise, hat eine dunklere (rauchgraue, blafs nelken- und schwärzlichbraune) Farbe und einen theils *gerade*- theils *krummfasrigen* Bruch, und ziemlich *dick*- und *krummschaalig* abgesonderte Stücke. Der Kalkspath ist stellenweise auch dem Kalkstein innig beigemengt.

Dieser Flötzkalkstein scheint nur in einzelnen unförmigen Klumpen auf dem Sandstein aufzuliegen, und man wird keine deutliche Schichtung gewahr. *Versteinerungen* fand ich nicht darinn, aber dafür hat er sehr häufige *dendritische Zeichnungen* aufzuweisen.

Dieser Kalkstein scheint mit dem *rauhen Kalke* des Herrn B. R. *Voigt*, sowohl in Hinsicht der äufsern Kennzeichen, als seines Vorkommens, übereinzukommen, von welchem er aussagt, dafs er nie über grofse Flächen verbreitet vorkomme.

Ueber das Verhalten dieses Kalksteins gegen das Liegende, so wie über die Mächtigkeit des Lagers, kann ich nichts bestimmtes sagen, da die Schlucht, in welcher ich ihn auffand, gröfstentheils nach den kurz vorhergegangenen starken Regengüssen verstürzt war; indessen mufs das Lager nicht von so ganz unbedeutender Mächtigkeit seyn, da in dem J. 1782 von dem Abte zu Plefs ein Bruch darauf angelegt wurde. Es lohnte wohl der Mühe, diesen Bruch wieder aufzuräumen, da der Mangel an Kalkstein in dem Saatzer und benachbarten Rakonitzer Kreise so grofs ist, dafs er gröfstentheils von Stitz aus dem Berauner Kreise beigeschafft werden mufs.

Neuerer Sandstein.

Es ist schon oben bemerkt worden, daſs auf dem Conglomerate ein anderer Sandstein aufliegt. Dieser unterscheidet sich, ungeachtet so mancher Aehnlichkeit, von jenem wesentlich, und seine Beschaffenheit deutet auf eine viel neuere Formation hin. Die in dem alten Sandsteine liegenden, von den Urgebirgen losgerissenen Geschiebe, gestatten noch zu bestimmen, welchen Gebirgsmassen und welchen Gegenden sie einst angehörten; bei dem neuern Sandstein ist davon jede Spuhr verwischt. Bei jenem lag der Quarz von allen Farben, gelblich - röthlich - rauchgrau, blaſs nelkenbraun in groſsen Stücken (von der Gröſse einer Nuſs, eines Eies, einer Faust) in Gesellschaft anderer Geschiebe (des Gneiſses, Thonschiefers, Kieselschiefers, Hornsteins, Porphyrs) neben einander, in diesem sind die kleinen graulichweiſsen Körner zu einem körnigen Gemenge verbunden; bei jenem ist der bindende Kitt überwiegend, thonig, grünlich - und gelblichgrau, coschenill - ziegel - und bräunlichroth, bei diesem ist der Thonmasse weniger, welche die Quarzkörnchen zusammenkittet. Der ältere Sandstein bildet abwechselnd sanft abgerundete Hügel, oder er steigt in steil sich erhebende Kuppen, weit verbreitete Gebirgsrücken empor, da er der Einwirkung der Atmosphäre und der durch dieselbe bewirkten Verwitterung einen gröſsern Widerstand leistet, und nur nach längerer Zeit erst zerstöhrt werden kann; der neuere Sandstein setzt steile, schroffe, nackte Felsen, die mit allen Formen in der Ferne täuschen, in steilen Wänden herabstürzen, zusammen.

Die Lagerstätte dieses neuern Sandsteines ist vorzüglich der östliche Theil des Saatzer Kreises, in welchen er aus dem angränzenden Leutmeritzer und Rakonitzer hinübersetzt, die Ufer des Egerflusses bis an Delau und Weschitz begleitet, an allen gröſsern, in die Eger diesseits und jenseits sich ergieſsenden Bächen, in mehr oder minder steil abgestürzten Wänden anstehet.

Die gröſste Höhe erreicht dieser Sandstein oberhalb Groſsczernitz, Teschnitz, Neczenitz, Netluck, Retschow an der südöstlichen Gränze des Kreises, wo er die Kuppen des Sandberges, der Sommerleite, der Prawda, des Bor, der hohen Kuppe zusammensetzt, nur durch tiefe Thäler unterbrochene, aber in einem gleichen Niveau liegende Plattformen bildet, die sich in der Richtung von Südwest gegen Nordost über Jungfernteinitz, Perutz u. s. w., also parallel mit dem Erzgebirge, fortziehen.

Er bildet hier mehrere Klafter hohe Wände, die aus mehrere Fuſse starken Schichten bestehen, welche unter einem Winkel von 8° gegen Südosten einfallen, und St. 4 streichen. Senkrecht niedersetzende Klüfte theilen diesen Sandstein in säulenartige Massen. Aber das Kolossalische und Pittoreske, das die Sandsteinwände an dem Elbufer zwischen Tetschen und Pirna, die mannigfaltige und groteske Form, die die Felsen bei Groſsskall und sonst noch hier und da in dem Leutmeritzer und Bunzlauer Kreise dem Auge darstellen, wird hier vermiſst, muſs vermiſst werden, da der Sandstein nicht bis zu dieser Tiefe, wie dort, entblöſst ist.

Dieses Gebirge in seiner ganzen Erstreckung besteht aus demselben *feinkörnigen Sandsteine*, gröſstentheils mit *thonigem* Bindemittel, und dann ist er *asch*- und *gelblichgrau*, auch *rauchgrau*, theils mit *thonigkalkigtem* (mergelartigem) Kitte, und dieses gewöhnlich nur da, wo er den aufliegenden Mergelschichten näher kömmt, theils mit *eisenschüſsigem* Bindemittel, wo ochriger Brauneisenstein die Quarzkörner verbindet, oder *eisenschüſsig-thonigem* Cemente, und in beiden letztern Fällen liegen immer stärkere und schwächere Flötzlagen von *gemeinem Thoneisensteine* von *gelblich*-*röthlich*- und *nelkenbrauner*, *bräunlich*- und *ziegelrother* Farbe inne.

Ich will hier nur einzelne Gegenden ausheben, und zwar diejenigen, wo ich entweder über das Verhalten des Sandsteins, in Hinsicht seines Fallens und Streichens, nähere Aufschlüsse haben konnte, oder der Sandstein von dem Gewöhnlichen in seinem Vorkommen abwich.

An dem Pſsaner Bache erstreckt sich dieser Sandstein bis an Helutitz, wo er dem ältern Sandsteine Platz macht. Zwischen Brodecz und Lisstein fand ich ihn, in etwas schwächern Schichten, als gewöhnlich, unter 8° gegen Südosten einfallen, und St. 2 streichen. Seine

Hauptfarbe

Hauptfarbe ist die asch- und gelblichgraue; doch ist er mit Flecken und wellenförmigen Adern von einer dunkel ochergelben und gelblichbraunen Farbe durchzogen.

An der Abendseite des Hržibitzer Baches, auf dem Wege, der von Neuschloſs nach Malnitz führt, findet man an dem Fahrwege hier und da das Ausgehende des Sandsteinlagers, das aber hier manches Eigene hat.

1. Ist der Sandstein *sehr feinkörnig*; die sehr und ganz kleinen (erst unter dem Suchglase deutlich auffindbaren) *grauen Quarzkörner* sind mittelst eines *graulichweiſsen Kalkspathes* gebunden, den man an seinem Glanze, blättrichen Bruche, und vorzüglich an seinem lebhaften Brausen mit den Mineralsäuren erkennt. Er hat im Ganzen eine *graue* Farbe; durch die Verwitterung aber, wo sich der Eisengehalt mehr entwickelt, oder das Eisen mehr oxidirt wird, wird sie *dunkel ochergelb* und *lichte gelblichbraun*.
2. Ist er sehr reich an *Versteinerungen*, und zwar an glatten und gestreiften Chamiten, Jacobsmänteln u. s. w.
3. und dieses ist auszeichnend für ihn, liegen in demselben *sehr kleine Nieren* von *Grünerde*, die sich durch ihre schwärzlichgrüne, bei weiter gegriffener Verwitterung dunkel berggrüne Farbe, ihren *dichten feinerdigen*, oft dem *flachmuschlichen* sich annähernden Bruch, die *geringe Härte*, den *Glanz*, den sie durch den Strich annimmt, dazu charakterisirt.

Noch feinkörniger wird dieser Sandstein bei Malnitz, und man glaubt bei dem ersten Anblicke einen rauchgrauen, feinsplittrichen, gemeinen dichten Kalkstein vor sich zu haben. Erst unter dem Suchglase entwickeln sich die ganz kleinen Quarzkörnchen, die wieder, mittelst des graulichweifsen Kalkspathes, gebunden sind. Es liegen in demselben häufige *siberweifse* und *bräunlichschwarze sehr kleine Glimmerschüppchen*, wodurch dieser Sandstein ein schwarz gesprengtes Ansehen erhält. Er ist ebenfalls reich an Versteinerungen, und man findet, nebst obigen, noch sehr häufige kleine Pectiniten und Pectunculiten darinn. Auf diesem Sandsteine ist ein Bruch vorgerichtet; der gebrochene Stein wird nach Postelberg verführt und da zu Kalk gebrannt, und als dieser benützt. Doch wird er hier nochmals ausgehalten, und blofs der an Kalkstein sehr reichhaltige gebrannt, der übrige auf die Halden gestürzt. Dieser Sandstein macht aber kein zu mächtiges Lager in dem gewöhnlichen Sandsteine aus.

An dem Dreowaner Bache und dem Goldbache, welche, vereinigt in einer geringen Entfernung von dem Dorfe Dreowa, sich in den Egerflufs ergiefsen, findet man den jüngern Sandstein gleichfalls an beiden Seiten, und er bildet ihre mehr und minder steil abgestürzten Ufer. Zwischen Grofsheletitz und Mirchotup wird er an letzterem Bache, eine Strecke von einer halben Stunde weit, von einem, mehrere Klafter mächtigen Basaltlager bedeckt, erscheint aber gleich hinter Mirchotup wieder, wo er in einem darauf angelegten Steinbruche entblöſst wird. Seine Schichten sind hier zwischen 2 und 3 Fuſsen stark, fallen sehr flach (unter 8° gegen Nordosten) ein, und haben ihr Streichen St. 3, 6. Seine gewöhnliche Farbe ist die *gelblich*- und *grünlichgraue*, sein Korn ist *fein*, und das Bindemittel *thonigkalkigt* (mergelartig). Die Kalkerde ist aber in diesem Kitte in einem solchen Verhältnisse vorhanden, daſs der Sandstein als Kalkstein benützt werden kann, und auch benützt wird. Er ist mit mehreren Höhlungen, die theils vollkommen rund, theils länglicht und verschiedentlich verzogen sind, versehen. Er wird von schmalen Schichten eines *eisenschüſsigen*, *ochergelben* und *gelblichbraunen* Sandsteines unterbrochen; ja hier und da sieht man diesen in jenem wellen- und schlangenförmige Linien bilden. Auch er hat hier, wie bei Malnitz, *Grünerde klein* und *fein eingesprengt*. Diese seladon- und schwärzlichgrüne *Grünerde* stellt sich unter dem Suchglase dem Auge als ganz kleine *Nieren* dar, die zwischen den Quarzkörnern inne liegen.

Der Sandstein selbst wird von einem Feuerstein-Conglomerate bedeckt.

Der *Feuerstein* ist gewöhnlich *rauch*- und *asch*- seltener *perl*- oder *gelblichgrau*;

liegt in *knolligen*, *durchlöcherten* und *ungestalteten*, nur selten in kuglichen Stücken in dem Sandsteine mit mergelartigem Bindemittel, und diesen Knollen dient von auſsen eine gelblichgraue Erde zum Ueberzuge. Die Kugeln sind mehr und minder vollkommen, haben 3 bis 4 Linien im Durchmesser, und bestehen theils ganz aus deutlichem Feuersteine, bald macht dieser nur die äuſsere Schaale der Kugeln, und der Kern selbst besteht aus demselben sehr feinkörnigen Sandsteine.

Er ist innwendig *schwach schimmernd*,

im Bruche theils *flach* und *unvollkommen* muschlich, theils in den splittrichen übergehend,

an *den Kanten nur schwach durchscheinend.*

Stellenweise geht dieser Feuerstein in *Hornstein* über, stellenweise sogar in *gemeinen Hornstein* von *feinkörnig* abgesonderten Stücken. Die äuſsere Gestalt, in welcher der Feuerstein gewöhnlich (und auch hier) vorkömmt, und die in dem Sandsteine selbst wahrgenommenen Höhlungen, lassen vermuthen, daſs die Feuersteinmasse diese Höhlungen in dem Sandsteine erst späther, und wahrscheinlich durch Infiltration ausgefüllt habe, so schwer erklärbar es auch an sich seyn mag, woher diese Feuersteinmasse, wenn man sie nicht von den Quarzkörnern des Sandsteines selbst herleiten will, ihr Daseyn erhalten habe. Ein ähnliches Feuerstein-Conglomerat kömmt auch in dem Sandsteine unweit Groſslipen bei drei Amseln vor.

Weiter gegen Süden, wo die Ufer des Goldbaches sanfter werden, wird der Sandstein vermiſst, oder vielmehr nur von der Dammerde bedeckt, und erst bei Flöhau, an der Nordseite des Städtchens, wird er in sehr flach gegen Nordwesten einfallenden Schichten an einigen 6 bis 8 Klafter hohen Abstürzen wieder sichtbar, und wechselt dann mit schmalen Schichten eines *ziegel- und bräunlichrothen, gelblichbraunen eisenschüſsigen Sandsteines* ab. An der Südseite von Flöhau aber verschwindet er auf immer, und macht dem älteren Sandsteine Platz.

Auf eine ähnliche Weise begleitet dieser Sandstein den Aubach, den Schönhofer und Podhorsener Bach. Am erstern ist er nicht sehr weit verbreitet, sondern wird bald von dem aufgeschwemmten Gebirge, dem Sand- und Leimlande, bedeckt. An dem Schönhofer Bache erstreckt er sich bis an Schönhof selbst, wo er, nachdem er zuvor eine groſse Strecke von dem aufgeschwemmten Gebirge bedeckt war, wieder zum Vorschein kömmt, aber bald wieder, und zwar auf immer, unter der neuern Trappformation sich verbirgt. Die letzten Spuhren desselben an dem Podhorsener Bache, nachdem ihn das angeschwemmte Sand- und Leimland auch hier eine groſse Strecke dem beobachtenden Auge des Geognosten entzog, findet man bei Dolenka, wo er in dem Rowinberge dem Basalte als sichtbare Unterlage dient, und in dem Städtchen Podhorsen selbst, wo er, aber nur in sehr schwachen Schichten, unter dem Winkel von 12° gegen Nordwesten einfällt, sehr *feinkörnig* ist, und mehrere gröſsere und kleinere *Schwefelkiesnieren* aufnimmt, die an der, der Atmosphäre ausgesetzten Oberfläche, zu einem gelblichbraunen Ocher aufgelöset sind. Weiter gegen Rudig zu wird er von dem aufgeschwemmten Gebirge, und auf immer, dem Auge entzogen.

Nachdem ich die Ausbreitung des Sandsteines gegen Süden und die Gränzen desselben von dieser Seite angegeben habe, so bleibt mir nun noch übrig, auch die Gränzen zu bestimmen, welche demselben an der Nordseite gesetzt werden. Um Wiederholungen zu vermeiden, werde ich mich nur da ins Detail einlassen, wo der Sandstein eine besondere Auszeichnung verdient.

Der neuere Sandstein begleitet die nördlichen und südlichen Ufer des Egerflusses, an welchen man ihn da, wo sie höher und steiler werden, in einzelnen Abstürzen entblöſst findet. Dieses ist der Fall bei Laun, Priesen, wo er die Unterlage des pseudovulcanischen Hügels, des sogenannten Priesener Berges, ausmacht; bei Strecknitz, zwischen Rikonin und Dwerżitz; bei Saatz, Bitetschen, Dreihöfen.

Von dem Priesener Berge setzt er über den Egerfluſs hinüber, wird daselbst eine Strecke von dem aufgeschwemmten Gebirge bedeckt, bis er in der Gegend von Wewerschen, und zwar an der Ostseite des Dorfes, wieder erscheint. Hier ist in demselben ein Steinbruch eröffnet, in welchem man die von 1, 2 Zollen bis zu 2, 3 Fuſsen starken Schichten sehr flach (unter 5°) gegen Westen einfallen, und St. 12, 4 streichen sieht. Der Sandstein ist sehr *feinkörnig* und verwitterbar, von Farbe *gelblichgrau*, mit *thonigtkalkigtem* (mergelartigem), selten mit mehr und weniger *thonig-eisenschüſsigem* Bindemittel, und dann geht seine Farbe aus der *isabellgelben* durch die *blaſs ochergelbe* bis in die *lichte gelblichbraune.* Beigemengt sind ihm auch hier einzelne *silberweiſse Glimmerschüppchen.* Stellenweise nimmt das thonigkalkigte Bindemittel so sehr überhand, daſs man in demselben die *sehr kleinen graulichweiſsen Quarzkörner* gleichsam nur einzeln eingestreut findet, und dann nimmt er sehr häufige, obgleich immer sparsamere (als bei Malnitz), *sehr* und *ganz kleine Nieren* einer *seladon-* und *schwärzlichgrünen Grünerde* auf; zugleich wird der Gehalt an Kalk so vorwaltend, daſs dieser Mergel oder Sandstein gebrannt, und als ein (freilich schlechter) Kalkstein benützt werden kann. Da aber dieser an Kalk so reiche Mergel nur nesterweise in dem eigentlichen Sandsteine vorkömmt, so muſs er an Ort und Stelle ausgehalten, und der unbrauchbare Sandstein auf die Halden gestürzt werden.

Weiter gegen Norden verbirgt sich der Sandstein unter den zur neuern Trappformation gehörigen Bergen, dem Mileyer, Ronneyer, Hoblick u. s. w., und erscheint nur noch einmal an dem westlichen Fuſse des Jablonitzer Berges; an der West- und Südseite aber wird er von dem aufgeschwemmten Gebirge bedeckt.

Die Decke des bisher beschriebenen Sandsteines ist allenthalben dieselbe, nämlich der *verhärtete Mergel* von einer *bläulich-* oder *gelblichgrünen* Farbe, davon die erstere in die *rauch-* und *aschgraue*, letztere durch die *isabellgelbe* in die *ochergelbe* bis in die *gelblichbraune* übergeht. Letztere Farben weisen auf einen gröſsern Eisengehalt hin. Die Kalk- und Thonerde sind in diesem Mergel in sehr verschiedenen und äuſserst veränderlichen Verhältnissen enthalten, so daſs er sich bald dem Kalkmergel nähert, ja in gemeinen dichten Kalkstein übergeht, und als dieser benützt wird, z. B. bei Duchoržitz; bald aber mehr einem Thonmergel gleich kömmt, ja in den Thonstein übergeht, und bloſs als (ein schlechter) Baustein gebraucht wird. Es durchziehen ihn zuweilen *dunkel ochergelbe* und *gelblichbraune wellenförmige Linien* oder *Streifen*, oder er ist mit diesen Farben *punktirt* oder geflammt, wie bei Duchoržitz. Nicht selten liegen in demselben *Nieren* von *gemeinem Schwefelkiese*, die, der Oberfläche näher, wo sie der Einwirkung der Atmosphäre bloſsgestellt sind, zu einem Ocher aufgelöset sind, wie bei Berlech an dem Pſsaner Bache, bei Hochpetsch u. s. w. Meistens sind in demselben *zarte silber*- und *graulichweiſse Glimmerschüppchen* beigemengt. Versteinerungen, als Chamiten, Pectiniten u. s. w., sind ihm nicht ungewöhnlich, aber nur dann, wenn sein Kalkgehalt ansehnlich ist. Die Mächtigkeit der Schichten, welche er bildet, ist von ½ bis 6 Fuſse, und ihren Einfallwinkel haben sie mit dem tieferliegenden Sandsteine gemein. Meistens ist er durch senkrechte, oder mehr und weniger schief aufsetzende Klüfte getrennt. Auf seinen Ablösungen liegt hier und da *Bergmilch* von *gelblich*- und *graulichweiſser* Farbe, und dient ihm als *Ueberzug.* Oft ist dieses Mergellager nur wenige Schuhe, oft aber auch viele Klafter mächtig. Eine beträchtliche Mächtigkeit erreicht es an der östlichen Gränze des Saatzer, und an der westlichen des Rakonitzer Kreises, wo es sich aus diesem in jenen hinüberzuziehen anfängt; bei Perutz, Tauschetin, Jungfernteinitz, Diwitz, Rotschow; dann zwischen Liberitz und Lischwitz, wo es die Mächtigkeit von 6 bis 8 Klaftern erreicht. Vermifst wird diese Decke ganz, wo der Sandstein von der neuern Trapp - oder Steinkohlenformation bedeckt wird.

Gleichfalls dieser Decke beraubt, aber von einer beträchtlichen Mächtigkeit, erscheint dieses Sandsteinlager nochmals an dem südlichen Fufse des Erzgebirges, wo dasselbe bei dem Dorfe Czernowitz, eine Stunde von Komothau, dieser Stadt gegen Westen, an dem Katzenhügel ostwärts von Komothau, bei Görkau, zwischen Oberleutensdorf und Ossegg, zwischen Strahl und Kosten, und bei dem Bergstädtchen Graupen, entblöfst sich dem Auge des Beobachters darstellt.

Es lehnt sich dieses Sandsteinlager an die das Erzgebirge constituirenden Urgebirgsarten an.

In dem Dorfe Czernowitz hat dieser Sandstein 2, 3, 4 Fufse starke Schichten, welche ziemlich flach unter 24° gegen Südosten einfallen, und St. 4, 2 streichen. Es ist hier ein Bruch auf demselben vorgerichtet, wodurch eine 5 bis 6 Klafter hohe Sandsteinwand entblöfst wurde, an welcher man die Schichtung des

Sandsteines und die mehr und weniger schief niedersetzenden Klüfte beobachten kann.

Der Sandstein ist *feinkörnig* von *blaſs ochergelber* Farbe, die sich von einer Seite in die *gelblichbraune*, von der andern in die *blaſs pfirsichblüth*- und *coschenillrothe* verzieht. Er hat häufige rostbraune Flecke. Sein Bindemittel ist *eisenschüſsig-thonig*, und er hat sehr häufig meistens *silberweiſse*, seltener *aschgraue Glimmerblättchen* eingesprengt. Er wird zu allerlei Werksteinen, Bau- Gränz- Pflastersteinen, Thür- und Fensterstöcken, Piedestalen zugehauen, und in die umliegende Gegend verführt. Von den eigentlichen Bausteinen (Quaderstücken) kömmt die Klafter in Komothau auf 6 Fl. zu stehen.

Dieser Sandstein wird eine Strecke weit von dem ziemlich mächtigen Flötze von Alaunerde, oder der alaunhaltigen Steinkohle bedeckt, das einst in der Gegend von Oberndorf abgebauet wurde, bei Komothau gegenwärtig noch abgebauet wird, und kömmt erst an der Ostseite der Stadt Komothau, in der Entfernung einer kleinen halben Stunde, unweit von dem dasigen Alaunwerke, auf dem sogenannten Katzenhügel wieder zum Vorschein, wo er einen nicht zu hohen, an der Westseite sanft ansteigenden, gegen Osten etwas steiler abfallenden, kahlen, oder doch nur sparsam an dem westlichen sanftern Abhange mit niedrigem Strauchwerke bewachsenen, an dem Fuſse bebaueten Hügel zusammensetzt. Es sind mehrere Brüche in diesem Hugel vorgerichtet, davon aber nur einer an dem nordöstlichen Abhange belegt ist. In diesem Bruche konnte ich das Verhalten des Sandsteines bestimmen, da er sonst nur, vorzüglich an dem nördlichen und nordöstlichen Abhange, in grofsen, ungestalteten Massen aus dem Rasen hervorragt. Dieser Sandstein ist durch unter verschiedenen Winkeln niedersetzende Klüfte äufserst zerstückt. Die deutlich wahrnehmbaren Schichten sind 2 bis 3 Fufs stark, fallen unter 12° gegen Südosten ein, und haben ihr Streichen St. 3, 4.

Es brechen hier alle drei Arten des Sandsteines neben und mit einander ein:

1. Der *thonige Sandstein* ist sehr *feinkörnig* und *graulichweifs* von Farbe, nimmt nur sparsam äusserst zarte *silberweifse Glimmerschüppchen* auf, macht nicht lang anhaltende, und nur schwache Schichten, und ist mit *blafs gelblichbraunen Flecken, wellenförmigen*, oder auch *verschiedentlich krummgebogenen*, zuweilen parallel mit einander auslaufenden *Streifen* gezeichnet.

2. Der *eisenschüfsige Sandstein* ist hier vorwaltend. Er ist *klein - grob -* und *grofskörnig*; die *Quarzkörner* sind aber nur selten vollkommen abgeführt, meistens noch *stumpfeckig*, oft auch *stumpfkantig* (Quarz in Bruchstücken). Seine Farbe ist *dunkel* und *lichte ochergelb*, *graulichweifs* (und diese graulichweifse Farbe ist von dem beigemengten thonigen Sandsteine herzuleiten) und *gelblichbraun*

geflecht. Sein Bindemittel scheint *ochriger Brauneisenstein* zu seyn. Der Glimmer wird in demselben fast ganz vermifst; dafür aber entdeckt man sehr und ganz kleine Bruchstücke von *schwarzem Schörl* darinn.

3. Der *kiesliche* oder *quarzige Sandstein* ist der seltenste. Es findet aus dem thonigen in diesen ein allmäliger Uebergang Statt. Da er der Verwitterung und Auflösung am hartnäckigsten widersteht, so liegt er an den Abhängen des Hügels in grofsen Blöcken zerstreut umher. Er ist sehr *feinkörnig*, und die abgesonderten Körner sind nur unter dem Suchgläse deutlich. Seine Farbe ist *gelblichgrau*, *blafs ochergelb*, hier und da auch *lichte röthlichgrau*; im Bruche ist er *grobsplittrich*, und *an den Kanten durchscheinend* Er nähert sich daher dem gemeinen Quarze und dem Hornsteine bald mehr bald weniger, geht wohl auch in letztern über.

Der auf diesem Sandsteine vorgerichtete Bau ist äufserst unordentlich und unregelmäfsig, der Willkühr der Steinbrecher ganz ohne alle Aufsicht überlassen, und eben deswegen ein wahrer Raubbau. Man sucht denjenigen Sandstein aus, der am wenigsten zerklüftet ist, um in der kürzesten Zeit und auf die leichteste Art brauchbare Stücke zu erhalten; der Abraum wird, statt dafs man ihn hinter sich stürzen sollte, in den Bruch selbst hineingestürzt, wodurch es oft nothwendig wird, den unlängst verstürzten Bruch wieder aufzuräumen.

Ueberhaupt hätte, meiner Meinung nach, der Bruch in tiefern Punkten eröffnet, der Bau mit mehr Oeconomie betrieben, der Abraum hinter sich gestürzt, und der Sandstein bankweise abgebauet werden sollen. Man würde auf diese Art vielleicht einen festern, weniger zerklüfteten, und daher viel brauchbarern Stein erhalten, den immerwährenden und kostspieligen Zeitraum erspahrt haben, da bei der jetzigen Lage der Dinge das Abbauen des tiefer liegenden Sandsteines nur nach einem gewiſs sehr kostspieligen Wegräumen des Schuttes möglich wird.

Die gröſsten und am wenigsten zerklüfteten Sandsteinstücke werden zu Gestellsteinen, Sandsteinplatten und Quaderstücken zugehauen, die kleineren Stucke als Baustein benützt.

An Gestellen zu Hochöfen werden alljährlich 18 zugehauen, deren jedes, sammt dem Anweisegelde (von 2 Fl.), an Ort und Stelle auf 24 Fl. zu stehen kömmt; an Bausteinen werden in einem Jahre 20 Klafter zugehauen, davon die Kubikklafter an die Bürger der K. Stadt Komothau um 51 Kr., an Fremde mit Inbegriff des Anweisegeldes (von 6 Kr.) auf 2 Fl. 9 Kr. zu stehen kömmt. Es sind in diesem Bruche drei Mann mit Steinbrechen beschäftigt, die an Tagelohn 15 Kr. erhalten; die sechs Tagelöhner, welche den Abraum wegfahren, erhalten 13 Kr. Die Kosten für das nöthige Gezähe, als da sind: Brechstangen, Keilhauen, Karren, Schaufeln, so wie die Reparaturkosten, die sich alljährlich auf 36 Fl.

belaufen, giebt die Komothauer Stadtgemeinde, welche der Eigenthümer des Bruches ist.

Jenseits des Baches, der durch die Stadt Görkau fliefst (der Bila), sieht man das Ausgehende des Sandsteinlagers, und zwar auf dem Wege, der von der Stadt dem Schlosse Rothenhaus zuführt, und sein Aufliegen unmittelbar auf dem Gneifse ist hier deutlich wahrnehmbar, so wie man die Anhöhe höher hinankömmt. Das Sandsteinlager setzt über Dürrmaul bis an jenen ausspringenden Winkel des Erzgebirges, welchen der Seeberg bei Eisenberg macht, fort. An dem sanftern Abhange, der von dem Fufse des Erzgebirges bis an den Bilaflufs und die daran liegenden Dörfer Augezd, Neudorf zufällt, findet man zahlreiche sehr grofse Blöcke, gröfsere und kleinere Stücke eines *grob - klein -* und *feinkörnigen*, meistens *eisenschüfsigen Sandsteines*, in welchem die gröfsern Quarzstücke und Quarzkörner, mittelst eines ochrigen Brauneisensteins, gebunden sind, seltener von einem *eisenschüfsig-thonigen* oder *kieslichen*, und eben so häufige Stücke von *gemeinem Thoneisensteine* von *gelblich -* und *nelkenbrauner*, auch *bräunlichrother* Farbe, zum Beweise, dafs dieser in schmalen Schichten in dem Sandsteine innliegen mufs.

Das vor einigen zwanzig Jahren noch im Bau gestandene Steinkohlenwerk bei dem Dorfe Schimberg, das durch üble Oeconomie, Mangel an technischen Kenntnissen der damaligen Aufseher eingegangene Alaunwerk bei Czernitz, das bei Oberleutensdorf hervorquellende kalte Schwefelwasser das von dem Besitzer der Herrschaft einer gröſsern Aufmerksamkeit gewürdigt werden sollte, sind eben so viele Beweise, daſs auch auf dieser weiten Strecke von etwa 3 Stunden das Sandsteinflötz wieder von einem mehr oder minder mächtigen, weit verbreiteten (meistens alaunhaltigen) Steinkohlenflötze bedeckt, und so dem Auge des reisenden Geognosten entzogen wird. Erst in der Gegend von Ossegg, an der Abendseite dieses Stiftes, sieht man wieder unzählige ungeheure Sandsteinblöcke an dem Fuſse des Spitzberges in der dasigen Waldung zerstreut herumliegen, welche, näher geprüft, sich gröſstentheils als *kieslicher*, *eisenschüſsiger* und *thonig-eisenschüſsiger* Sandstein zeigen. An der Nordwestseite des Stiftes wird das Sandsteinflötz gleich wieder von einem nicht zu mächtigen Lager von Flötzkalkstein, den ich an einem andern Orte *) beschrieben habe, an der Nordostseite von dem Steinkohlenflötze bei Klostergrab, auf welches ein Bau vorgerichtet ist, bedeckt, aber an der Ostseite des letztern Städtchens wieder durch einen Erdfall entblöſst. Von hier erhebt er sich in einen niedrigen Hügelzug, der mit dem Erzgebirge parallel von Südwesten gegen Nordosten läuft.

Man findet hier folgende drei Abänderungen des Sandsteines:

---

*) Mineralogische Geographie von Böhmen, 1ster B. S. 2.

1. Die erste Abänderung ist sehr *feinkörnig*, *gelblichgrau* von Farbe, mit sparsam innliegenden und äufserst zarten *silberweifsen Glimmerschüppchen*. Sie zeigt auf dem Bruche sehr häufige *sphärische Flecken* von *gelblich-* und *dunkel nelkenbrauner* Farbe, die als eben so viel Durchschnitte der innliegenden rundlichen Körner von der Gröfse einer Bohne, Erbse, eines Hirsekorns von *dichtem Brauneisensteine* mit deutlichen *sehr dünn-* und *concentrischschaalig* abgesonderten Stücken, deren Kern ein eisenschüfsiger Sandstein ausmacht, anzusehen sind, die an der äufsern, der Einwirkung der Atmosphäre ausgesetzten Oberfläche, nachdem der weichere Sandstein durch die Verwitterung aufgelöset worden, als halbsphärische Erhöhungen hervorragen.

2. Die zweite Abänderung des Sandsteines, deren Farbe aus der *graulichweifsen* in die *lichte aschgraue* hinüberzieht, ist gleichfalls sehr feinkörnig, und hat ein *quarziges* Bindemittel, da die erste Abänderung ein *thonig-eisenschüfsiges* hatte. In demselben liegen sparsame, äufserst zarte *silberweifse Glimmerschüppchen*, und es sind *perllichte-* und *dunkel rauchgraue*, seltener *nelkenbraune*, mehr und weniger *stumpfekige kleine Quarzkörner*, seltener *sehr spitzwinkliche doppelt sechsseitige Pyramiden* derselben, die einen hohen Grad der Durchscheinbarkeit besitzen, und

zuweilen

zuweilen einen kleinmuschlichen Bruch zeigen, eingemengt.

3. Die dritte Abänderung hat eine *gelblichgraue*, in die *blafs ochergelbe* übergehende Farbe; ist gleichfalls *sehr feinkörnig*; die innliegenden sehr zarten *Glimmerschüppchen* sind *silberweifs* und sparsam, die eingemengten *stumpfeckigen Quarzkörner* und *Quarzpyramiden*, besonders letztere, aber viel häufiger, als in der zweiten Abänderung, und liegen gedrängter an einander. Noch entdeckt man in derselben häufige Versteinerungen von Vermiculiten und Koralliten, und viele, meistens verschiedentlich verzogene leere Blasenräume.

Die Decke dieser Sandsteinabänderung macht zum Theil ein *aschgrauer dichter Kalkstein* von feinerdigem Bruche, der aber einen beträchtlichen Gehalt an Thon haben mufs, wie der häufige Rückstand, der bei seiner Auflösung in der Salpetersäure zurückbleibt, und sein Verhalten zu einer ziemlich geschmeidigen thonigen Masse aufser allem Zweifel setzt, also mehr ein Mergel zu seyn scheint. Er nimmt sehr viele Versteinerungen, besonders *Chamiten* auf, und hat hier und da *gemeinen Schwefelkies* fein eingesprengt.

In dem Sandsteine selbst liegen ganz schmale Schichten eines derben, *dunkel gelblichbraunen gemeinen Thoneisensteines*.

Dieser Sandstein zieht sich südostwärts über Kosten (wo er von einem Steinkohlenflötze, worauf unlängst ein Grubenbau vorgerichtet worden, bedeckt wird), Ullersdorf, bis Hundorf hinab, wo er den von Herrn Bergmeister *Freiesleben* *) beschriebenen Porphyr bedeckt.

Der Thonporphyr des Erzgebirges, der sich von seinem Rücken bis an seinen Fuſs und in die Ebene von Töplitz herabzieht, verdrängt nur auf eine Strecke von etwa 2 kleinen Stunden den Sandstein, und erst zwischen den Dörfern Judendorf und Rosenthal erscheint das Sandsteinlager wieder, das unmittelbar auf dem Porphyr auflieget, sich bis an die Bergstadt Graupen fortzieht, und einen niedrigen Hügelzug an dem Fuſse des Erzgebirges zusammensetzt. Die mehrere Fuſse starken Schichten desselben fallen sehr flach gegen Süden ein. Er ist sehr *feinkörnig*, mit einem *thonigen* Bindemittel versehen, an Farbe *graulichweiſs*, in das *Aschgraue* ziehend, und hat *blaſs ochergelbe Flecken* und Adern. Er nimmt sehr häufige, aber äuſserst zarte *Glimmerschüppchen* auf.

Bei Graupen zieht sich der Sandstein in die Ebene bei Weiſskirchen und Kerwitz zurück, und nähert sich erst dem Erzgebirge bei Vordertelnitz wieder, wo er den Gneiſs bedeckt, und sich zu einer Höhe erhebt, die jener des Erzgebirges nichts nachgiebt, hier und da, wie z. B. an dem nahegelegenen Schneeberge, dieselbe wohl noch um vieles übertreffen dürfte.

---

*) Bergmännisches Journal a. d. J. 1792. 1ster Band. S. 215.

Ehe ich diese Gebirgsart verlasse, muſs ich doch noch anmerken, daſs in der Nachbarschaft der Dorfschaften Rechel und Burgstall bis an die Stadt Karden in dem westlichen Theile des Saatzer Kreises, so wie in dem südlichen Antheile bei Schönhof, und in dem östlichen in der Gegend von Wewerźen bis an Petsch und Bieloschitz, eine Art Trappsandsteines (eines kieslichen oder quarzigen Sandsteines) in groſsen und zahlreichen Blöcken zerstreut herumliegt. Er ist gewöhnlich *gelblichweiſs*, seltener *graulichweiſs*, von *grobsplittrichem* Bruche, und zuweilen so feinkörnig, daſs er sich bald dem gemeinen Quarze, bald dem Hornsteine anzunähern scheint. Zuweilen ist das quarzige Bindemittel mehr und weniger eisenschüſsig, und dann ist seine Farbe *gelblichgrau*, *ochergelb* und *lichte gelblichbraun*. Bei dem Dorfe Rechel liegen in demselben *Quarzstücke* von *geblich-* und *rauchgrauer*, *blaſs nelkenbrauner* Farbe, von einem beträchtlichen Grade von Durchscheinbarkeit. Diese sind aber nie abgerundet, sondern stellen bald *stumpf-* bald *scharfkantige Fragmente* dar.

Steinkohlenformation.

Die Steinkohlen in dem Saatzer Kreise sowohl, als in dem benachbarten Leutmeritzer, liegen insgesammt in jener Ebene, welche zwischen dem böhmischen Erzgebirge und dem Trappgebirge sich in einer, mit dem Laufe des Erzgebirges parallelen Richtung, von Südwest gegen Nordwest fortzieht, oft die Breite mehrerer Stunden hat, zuweilen aber auch, wenn das Trappgebirge sich dem Erzgebirge mehr nähert, bis auf die Breite einer halben Stunde sich verengert; doch ist der Fall nur selten, daſs sie auch an das südliche Ufer des Egerflusses hinübersetzen. Wahrscheinlich würde man auf jeder Stelle dieser ausgebreiteten Ebene, wenn man nur tief genug mit einem Versuchschachte niederginge oder niedergehen könnte, endlich in einer geringern oder gröſsern Tiefe auf ein Steinkohlenflötz treffen; aber die Schwierigkeit, in einer so flachen Gegend die Grubenwasser zu lösen, schränkt den Bau bloſs auf jene Gegenden ein, die sich mehr in sanfte, wellenförmig fortlaufende Hügelzüge erheben. Doch dürfte es eben so möglich seyn, daſs die Steinkohlen in mehreren kurzen, bald mehr bald minder mächtigen, durch Thonschichten unterbrochenen Flötzen, in dieser Ebene zerstreut liegen.

Die jetzt bestehenden Steinkohlenwerke in dem Saatzer Kreise sind diesseits der Eger, in der Gegend von Milsau und Brunnersdorf, unweit von dem Fuſse des Erzgebirges bei Pahlet, Harreth, Schieſsglock, Postelberg und Brux; jenseits der Eger das einzige bei Weitentrebetitsch. Ich will hier alle diese noch bestehenden Steinkohlenwerke, den auf denselben vorgerichteten Bau, und die technische Benutzung der Kohlen, in möglichster Kürze beschreiben, und dann einige allgemeine Bemerkungen folgen lassen.

I. Das Weitentrebetitscher Steinkohlenwerk.

Das einzige, jenseits der Eger gelegene Steinkohlenwerk, befindet sich in einer geringen Entfernung von dem Dorfe Weitentrebetitsch, zwischen dem Aubache und dem Schönhofer Bache, dem Dorfe gegen Nordwest, an jener mäfsigen Anhöhe, über welche der Weg nach Michelsdorf führt.

Das Dach der Steinkohle machen abwechselnde Sand- und Lettenschichten, welche eine Mächtigkeit von zwei Lachtern haben. Das Kohlenflötz selbst ist 12 böhmische Ellen, oder beinahe 4 Lachter mächtig, und fällt unter einem Winkel von 12° gegen Osten, und zwar widersinnig, in das Gebirge ein. Sein Streichen ist St. 12.

Die hier einbrechende Kohle ist nicht von vorzüglicher Güte.

Die Farbe derselben ist *dunkel bräunlichschwarz*, oder in das *Sammetschwarze übergehend.*

Sie ist innwendig in abwechselnd schmalen Lagen oder Schichten bald ganz *matt*, bald *wenigglänzend* von *Fettglanz.*

Ihr Längebruch ist ziemlich *gerade*, und mehr und weniger *dickschiefrig*; der Queerbruch aus dem *ebenen* in den *flachmuschlichen* übergehend.

Sie springt in *unbestimmteckige*, *stumpfkantige* Bruchstücke,

ist *weich*,

nicht sonderlich spröde,

leicht zerspringbar,
hängt stellenweise *ein wenig* an der Zunge,
fühlt sich *etwas fett*, und
wenig kalt an.

Diese Kohle nähert sich in so mancher Hinsicht der Alaunerde, und könnte wahrscheinlich, wie das auswitternde Haarsalz darthut, auf Alaun benutzt werden.

Aus dieser Steinkohle wittern an mehreren Orten folgende Salzgattungen aus:

1. *Haarsalz*,
   von *silberweißser*, in das *blaſs Apfelgrüne* ziehender Farbe,
   in höchst *zarten haarförmigen Krystallen*, die verschiedentlich *gekrümmt* und in einander *verschlungen sind*,
   von *seidenartigem* Glanze, und
   süſslicht zusammenziehendem Geschmacke.
2. *Bittersalz*,
   von *graulichweiſser* Farbe,
   theils *derb*, theils in *haarförmigen* Krystallen,
   von einem *merklichen* Glasglanze,
   zart, theils *gerade*, theils *krummfasrigen* Bruche,
   und einem *salzigbittern* Geschmacke.
3. *Natürlicher Eisenvitriol*,
   von *blaſs spangrüner* Farbe.
   Er kömmt meistens *tropfsteinartig*, doch auch *haarförmig*, oder in Begleitung des Haarsalzes vor.

Auf den Ablösungen der Kohlen liegt auch noch *Frauen-eis* von einer *gelblich*- und *rauchgrauen* Farbe in *kleinen sphärischen*, mit den Seitenflächen an einander gewachsenen *Linsen*.

Auf das Kohlenflötz ist bloſs ein Schacht abgeteuft, welcher als Fahr- und Förderschacht dient, und 7 Lachter Teufe einbringt. Ein Stollen ist hier nicht vorhanden, da die Grube von Tagewassern nicht leidet; dafür aber sind, wegen Mangel des Wetterwechsels, die Wetter sehr matt, und in der Grube war damals, als ich dieselbe befuhr, eine unausstehliche Hitze.

Der Bau auf dem Steinkohlenflötze ist der allgemein übliche Pfeilerbau. Die Hauptstrecke liegt in der St. 7,6; mit dieser laufen mehrere Seitenstrecken parallel aus, und diese werden wieder durch Queerstrecken unter einem rechten Winkel durchschnitten. Die Pfeiler, welche man hier stehen läſst, sind viel stärker, als bei andern Gruben; sie haben, bei einer Höhe von einer Klafter, vier Klafter Breite und Länge, und zwischen zwei Pfeilern wird nur ein Klafter Kohlen herausgenommen. Als Ursache davon wurde mir angegeben, daſs, da die Kohlen äuſserst zerklüftet sind, sie sich an der Luft äuſserst leicht zerbrökeln, und daher, ungeachtet der gröſsern Stärke der Pfeiler, häufige Brüche veranlassen, was auch die zahlreichen Bingen am Tage auſser Zweifel setzen.

Die Kohlen werden durch Verschrämen und Nachziehen der Förste, mittelst der Keilhaue, gewonnen, auf Karren bis unter den Schacht, und durch diesen in zwei Kubeln, mittelst eines zweimännischen Haspels, zu Tage gefördert. Sie werden im Gedinge gebrochen, und der Häuer erhält für jeden Strich Asche 3 Kr.; dagegen müssen sich die funf Häuer, mit welchen diese Grube belegt ist, das Geleuchte und Gezähe selbst anschaffen; bloſs die Zimmerung unterhält die Gewerkschaft, welche hier die Grundobrigkeit selbst ist, auf ihre Kosten.

An groben Kohlen werden alljährlich 800 bis 900 Strich gefördert, von welchen 200 zu 8 Kr. verkauft, die übrigen von der Obrigkeit consumirt werden. Die kleinen Kohlen werden zu Asche gebrannt, und von dieser alljährlich 5000 Striche zu 15 Kr. verkauft.

II. Die Steinkohlenwerke bei Milsau nnd Brunnersdorf.

Diese beiden Werke bauen auf einem und demselben Flötze. Von dem erstern ist Herr von Ottlilienfeld der Eigenthümer, von letzterem die Herrschaft Hagensdorf.

Das Steinkohlenflötz liegt in einem mäſsigen Hügel, dem sogenannten Kroluper Berge, der sanft von Süden ansteigt, und eben so sanft an der Nordseite dem Fuſse des Erzgebirges zufällt, seine Richtung von Westen gegen Osten nimmt, und zu seinen Gränzen an der Ostseite den Saubach, an der Westseite den Wistritzer Bach hat.

Die Steinkohlen haben bei Brunnersdorf, nebst der Dammerde, nur angeschwemmtes Sandland zur Decke, und dieses beträgt nicht viel mehr als 1 Lachter an Mächtigkeit. Der Sand, in welchem gröfsere Quarz - und Gneifsgeschiebe liegen, ist zuweilen, mittelst eines eisenschüfsigen Kittes, schwach gebunden. Das Steinkohlenflötz selbst ist, so weit als es nämlich abgebauet wird, 4 Lachter mächtig; doch dürfte es wahrscheinlich viel tiefer niedergehen, da die dermalige Sohle noch auf Steinkohlen stehet, und nicht durchsunken ist. Man kann auch wegen den häufig zudringenden Tagewassern nicht tiefer niedergehen, als es der jetzt bestehende Stollen erlaubt, der nicht viel über 5 Lachter seigere Teufe einbringt, obschon er eine Länge von 253 Lachter hat, von welchen nur 53 Lachter im festen stehen, die übrigen 200 Lachter durchaus gezimmert werden mufsten, und man so ziemlich die tiefste Stelle der Gegend dazu aufsuchte. Die Hauptrichtung des Stollens liegt zwischen St. 10 und 11, das Stollenmundloch aber zeigt St. 9, 4.

Das Fallen der Kohlen ist sehr verschieden; mehr gegen Abend fallen sie, unter 32° gegen Südwesten, in den Kroluper Hügel ein, und haben ihr Streichen St. 10, 4; mehr gegen Morgen beträgt der Einfallwinkel nur 12° mit dem gegen Nordwest abgeänderten Fallen in einem gegen Milsau auslaufenden Arme desselben Hügels, das Streichen ist St. 3, 4. In beiden Fällen aber ist das Fallen widersinnig; daher auch nur das

Ausgehende des Flötzes abgebauet wird, welches für die Dauer des Werkes keine günstige Aussicht gewährt.

Die hier einbrechende Kohle ist eigentlich eine *Moorkohle*, die sich von einer Seite der *Grobkohle*, von der andern der *Braunkohle* nähert.

Ihre Farbe ist *bräunlichschwarz*, die sich von einer Seite der *sammetschwarzen*, von der andern der *dunkel schwärzlichbraunen* nähert. Zuweilen ist sie auf den Klüften mit den Farben *des gehärteten Stahles angelaufen.*

Sie bricht in ziemlich *mächtigen Flötzlagen*, zeigt aber immer, besonders wenn sie der Luft längere Zeit bloſsgestellet ist, ein *aufgeborstenes Ansehen*, zerreiſst und zerfällt nach und nach.

Sie ist innwendig *schimmernd*, das sich bald dem *Wenigglänzenden*, bald dem *Matten* nähert,

hat einen *ebenen* oder *flachmuschlichen* Queerbruch, einen *unvollkommen schiefrigen*, zuweilen auch einen ausgezeichnet deutlich *holzartigen Längebruch*,

springt in *unbestimmteckige* stumpfkantige Bruchstücke,

wird durch den Strich *glänzend*, und

ist *weich*.

Mitten in dieser Steinkohle liegen oft gröſsere oder kleinere Stücke wahrer Holzkohle, ja nicht selten ganze deutliche verkohlte Aststücke, seltener Stücke von einem *lichte schwärzlichbraunen bituminösen Holze.*

Auf den Klüften und Ablösungen findet man *gemeinen Schwefelkies* angeflogen.

Buzzenweise kömmt in diesen Steinkohlen auch noch ein *dunkel braunlichschwarzer*, etwas *dick-* und *krummschiefriger Brandschiefer* vor, der bei dem Brennen eine schwache Flamme giebt und einen erdharzigen Geruch entwickelt, und, gebrannt, grau oder blaſs ziegelroth wird. Diese Stücke von Brandschiefer sind zuweilen *grau angelaufen*, und dann liegt ein dünner Uebergang von gemeinem *Quarze* auf, welcher, unter dem Suchglase betrachtet, ein aus unzähligen ganz kleinen *sechsseitigen Pyramiden* bestehendes Häutchen darstellet.

Der auf diesem Steinkohlenflötze vorgerichtete Bau ist der allenthalben gewöhnliche Pfeilerbau. Die Hauptstrecke ist bisher 200 Lachter weit in der St. 9, 4 in das Gebirge getrieben. Mit dieser Strecke ging man anfangs 40 Lachter in Kohle fort; dann aber war man gezwungen, eine sehr mächtige Lettenschicht zu durchbrechen, und erreichte erst mit der 70sten Lachter wahrscheinlich ein zweites höher liegendes Kohlenflötz. Von dieser Hauptstrecke aus sind rechts und links Queerschläge gemacht. Die Kohlenpfeiler, welche stehen bleiben, sind eine Lachter breit und lang, und 4 Ellen hoch. Je zwischen zwei Pfeilern wird $1\frac{1}{2}$ Lachter Kohl weggehauen. Beim Aushauen der Kohl läſst man an der Förste $\frac{1}{4}$ Lachter davon stehen, um Brüche zu vermeiden, die ohne diese Vorsicht leicht entstehen würden, da das über den

Kohlflötzen aufliegende aufgeschwemmte Gebirge für sich nicht stehen würde.

Die Kohlen werden blofs mit Keilhauen gewonnen. Man verschrämt erst an der Sohle, dann wird die Förste nachgezogen. Die gebrochene Kohle wird auf dieselbe Art gefördert, wie bei dem Weitentrebetitscher Steinkohlenwerke. Es wird auch hier im Gedinge gearbeitet; für jeden Kübel Kohlen erhält der Häuer $1\frac{1}{4}$ Kr., wofür er sich das Gezähe und Geleuchte besorgen mufs. Die hier ziemlich kostspielige Zimmerung erhält die Gewerkschaft.

Es werden alljährlich, ohne die Deputate für die obrigkeitlichen Beamten, 3000 böhmische Striche zu $7\frac{1}{2}$ Kr. verkauft, und 21,000 Striche zu Asche verbrannt, davon der Strich zu 15 Kr. an den Landmann zum Düngen der Felder und Wiesen verkauft wird.

Dieses Steinkohlenwerk beschäftigt 10 Häuer, nebst einem Steiger, der für die Aufsicht des ganzen Werks und Unterhaltung der Zimmerung täglich 40 Kr. erhält.

Dieses Werk ist seit dem Jahre 1791 im Gange.

Da der Milsauer Bau auf dieselbe Art, wie der ebenbeschriebene, betrieben wird, so kann ich ihn hier mit Stillschweigen übergehen; nur ist hier anzumerken, dafs, da das Gebirge an der Ostseite etwas steiler abfällt, der tiefere Stollen, der in einer nordöstlichen Richtung (St. 4) in das Gebirge getrieben ist, auch eine viel geringere Länge hat. Die Hauptstrecke läuft in der St. 10, 4 südwestwärts.

Da der gegen Milsau auslaufende Arm des Kroluper Berges viel steiler abfällt, und mit diesem Abfalle des Berges sich auch das Steinkohlenflötz mit den aufliegenden Schichten mehr senkt, so muſs hier das Steinkohlenflötz viel tiefer liegen. Die aufliegenden Flötzlagen bestehen, nebst der Dammerde, aus demselben aufgeschwemmten Sandlande mit innliegenden *Gneiſs*- und *Quarzgeschieben*, einem gelblichgrauen *Letten*- und einem *röthlichgrauen Schieferthone*, der im Groſsen einen *dick*- und *vollkommen geradschiefrigen*, im Kleinen einen *feinerdigen* Bruch hat, und in dem schon ziemlich viele, aber sehr zarte *Glimmerschüppchen eingesprengt* sind, und seltener *Pflanzenabdrücke* vorkommen; also derselbe Schieferthon, welcher das Dach der Komothauer Alaunerde ausmacht.

III. Das Schieſsglocker Steinkohlenwerk.

Dieses Steinkohlenwerk liegt auf der Herrschaft Postelberg an der Ostseite, und zwar unmittelbar an dem Dorfe Schieſsglock, an dem östlichen Abhange einer mäſsigen Anhöhe, die von Schmalzhof sehr sanft gegen Westen ansteigt, und sich oben in die ausgebreitete Saatzer Ebene verliehrt.

Das Dach der Steinkohlen macht auch hier das aufgeschwemmte Gebirge. Die Flötzlagen liegen in folgender Ordnung übereinander:

1.	Dammerde	½, 1 bis 1½ Fuſs
2	ein feiner weiſser Sandstein mit innliegendem sehr zartschuppigen silberweiſsen Glimmer, und gröſsern und kleinern Quarz- und Gneiſsgeschieben	5 Lachter
3.	eine schwache Lettenschicht . .	einige Zolle
4.	Kohlen	16 bis 18 Zolle
5.	Lettenschicht	15 Zolle
6.	Kohlen	9 Fuſse.

Das Steinkohlenflötz beiſst in einer Schlucht, welche von dem Dorfe ostwärts hinabfällt, zu Tage aus. Der Einfallwinkel derselben beträgt 12°; die Weltgegend, welcher es zufällt, ist Westen; das Streichen St. 1, 2.

Die zuflieſsenden Tagewasser werden, mittelst eines Stollens, gelöset, der von dem Gezner westwärts in das Gebirge getrieben ist. Er ist etwas winklich, zeigt an seinem Mundloche St. 5, 4, weiter hinein St. 6, und endlich St. 4; seine Hauptrichtung ist daher zwischen St. 4 und 6. Seine Länge beträgt bis unter dem sogenannten Josephischacht 175 Lachter; seine Höhe ist 5 Fuſs, die Breite an der Sohle ½ Lachter. Er steht durchaus in Mauerung, läuft etwas sanft ansteigend, und das Ansteigen beträgt auf obige 175 Lachter 1 Lachter. Dem auf diesem Stollen abflieſsenden Wasser ist sehr viel Thon und Eisenocher mechanisch beigemischt; es wird daher, da es in dem nahegelegenen Schmalzhofe zum ökonomischen Gebrauche verwendet wird, in drei hintereinander liegenden Sümpfen, wo es alle Unreinigkeifen absetzt, gesammelt, dann durch 60 hölzerne Röhren, deren jede 2 Klafter lang ist, also 120 Klafter weit, nach dem Schmalzhofe geführt, und auf diese Weise der Hof mit Wasser, das ihm sonst mangelte, reichlich versorgt.

Ehe dieser Stollen, der die Steinkohlengrube unterteuft, getrieben wurde, bediente man sich zur Lösung der Wässer eines obern Stollens, welcher St. 10, 2 in das Gebirge getrieben war, ganz im festen stehet, und dessen Länge 92 Lachter beträgt.

Auf das Steinkohlenflötz ist noch ein Schacht abgeteuft, der aber bis auf die obere Sohle, welche jetzt abgebauet wird, nur 5 Lachter, bis auf die Stollensohle 10 Lachter seigere Teufe einbringt.

Die hier einbrechende Kohle nähert sich der *Moorkohle*, ist an Farbe *dunkel schwärzlichbraun*, in die *bräunlichschwarze übergehend*,

hat ein sehr zerklüftetes und *aufgeborstenes Ansehen*,

ist innwendig stark *schimmernd*,

mit unvollkommen schiefrigem *Hauptbruche*, *ebenem*, stellenweise in den *flachmuschlichen* übergehenden *Queerbruche*,

von *unbestimmteckigen*, *stumpfkantigen*, selten *trapezoidischen Bruchstücken*.

Auch in dieser Kohle liegen wieder sehr häufige Stücke einer *wahren Holzkohle* zerstreut; auf den Ablösungen derselben nimmt man Abdrücke von Blättern und allerlei Schilfarten wahr. Auch ist auf den Klüften *gemeiner Schwefelkies angeflogen.*

Das Steinkohlenflötz wurde ehedem auf 3 Sohlen abgebauet; da aber die Kohlen mit zunehmender Teufe an Güte abnahmen, so beschränkt man den jetzigen Bau blofs auf die obere Sohle.

Auch hier ist derselbe Pfeilerbau üblich, und er wird hier mit mehr Regelmäfsigkeit und Ordnung verführt, welches die Gewerkschaft den Kenntnissen und der sorgsamen Aufsicht des Baudirektors, des Herrn Ritters *v. Collar*, zu danken hat. Es wurde zuerst eine Hauptstrecke getrieben, welche, bei einer Höhe von einer Lachter, eine Breite von ¾ Lachter an der Sohle hat, um dem Drucke der aufliegenden Sand- und Laimlagen mehr Widerstand zu leisten, und, die zu befürchtenden Brüche zu vermeiden, gewölbt zuläuft. Mit dieser wurden in paralleler Richtung, in der Entfernung von 1½ Lachter, mehrere Seitenstrecken getrieben, und diese, mittelst rechts und links auslaufender Queerschläge, untereinander in Verbindung gesetzt. Dadurch erhalten die Pfeiler, die zur Unterstützung der Förste zurückgelassen worden sind, eine Länge von 2 Lachtern, und eine Breite von 1½ Lachter.

Bei jedem Streckentriebe, oder Queerschlage, werden erst die Kohlen an der Sohle verschrämt, dann die Förste nach und nach niedergezogen. Man bedient sich zu diesem Behufe blofs der Keilhaue. So lange man auf den zwei tiefern Sohlen bauete, wurden die Kohlen

durch

durch den tiefern Schacht in zwei Kübeln, mittelst eines zweimännischen Haspels, gefördert; seit 4 Jahren aber, wo man, wegen der geringern Güte der Kohlen, die tiefern Sohlen zu verlassen und blofs die obern zu belegen für gut fand, fördert man auf Karren durch eine Rösche, welche 16 Lachter lang ist, 5 Lachter 5 Fufs weit von dem Mundloche an in Zimmerung stehet, und auf diese 16 Lachter 5 Lachter ansteigend zu Tage ausgehet.

Die Kohlen werden im Gedinge gebrochen. Für jeden Kübel erhalten die Häuer, deren im Sommer 2, im Winter 10 bis 12 sind, $2\frac{1}{2}$ Kr., so dafs das Tagelohn eines Häuers, wenn er fleifsig ist, auf 30 bis 36 Kr. sich belaufen mag. Das Geleuchte mufs er sich selbst anschaffen; für die Zimmerung und das Gezähe sorgt die Gewerkschaft. Ein Steiger hat die Aufsicht über das Werk, und besorgt zugleich die Zimmerung; dafür erhält er, nebst freier Wohnung und etwas Getraide, täglich 20 Kr.

Jede Klafter des gemauerten tiefen Stollens kam im Ganzen auf 8 Fl. zu stehen, und zwar in verdingter Maurerarbeit 4 Fl., an Materiale 2 Fl., und an Holzarbeit 2 Fl.

Verkauft wurden hier im Jahre 1797 zehntausend Kübel Kohlen. Der Kübel ist 1 Schuh $8\frac{1}{2}$ Zoll hoch im Lichten, oben 1 Schuh $6\frac{1}{4}$ Zoll, unten 1 Schuh $5\frac{1}{4}$ Zoll lang und breit; der Kubel Kohlen wiegt zwischen 170 bis 180 Pfund Wiener Gewicht. Der Verkaufspreis eines solchen Kubels ist 5 Kr.

Die kleinen Kohlen und das Kohlenklein werden auf Halden aufgestürzt, wo sie sich, nach vorhergegangenem Regen, von selbst entzünden und zu Asche verbrennen. Der Strich dieser Asche wird für 6 Kr. verkauft, und der Landmann bedient sich derselben zum Düngen seiner sauern Wiesen.

Dieses Steinkohlenwerk ist, so wie alle bisher beschriebenen und noch zu beschreibenden, denselben Zufälligkeiten unterworfen, nämlich Tagebrüchen und der Entzündung.

Der Brand nimmt auf diesem Flötze 260 Quadratklafter ein. Um der Verbreitung desselben vorzubeugen, ist er von allen Seiten mit einer Mauer umzogen, der Zutritt der atmosphärischen Luft wird, so viel als möglich, gehindert, daher jeder neu entstandene Riſs mit nassen Letten verstopft wird. Da das Kohl sehr zerklüftet ist, von der Luft aufreiſst, berstet, und allmählig zerfällt, so hat es sich von den Pfeilern im alten Bau mehr und weniger abgebröckelt, die Pfeiler nehmen daher in ihren Dimensionen in die Länge und Breite ab, und werden am Ende zu schwach, um die Förste zu unterstützen. Von der Förste trennt sich immer mehr Kohl ab, und sie selbst zieht sich nieder. Und so viel Mühe sich der in der That geschickte Steiger giebt, durch Stempel, Thürstocke und Kappen, auch Unterziehen der Förste mit Brettern, Tagebrüchen vorzubeugen, so dürften doch über lang oder kurz ansehnliche Brüche, und mit diesen die nothwendigen Folgen - Feuer entstehen.

IV. Das Postelberger Steinkohlenwerk.

Dieses Steinkohlenwerk liegt, der Stadt Postelberg gegen Westen, in der Entfernung von etwa 1000 Schritten, an einer sanft ansteigenden, blofs beraseten Anhöhe, die in der Richtung von Osten gegen Westen fortlauft.

Um die Grubenwasser zu lösen, ist am Fufse derselben ein Stollen, der sogenannte St. Johannesstollen, in dieselbe, in der Stunde 11, 2, nordwärts bis in das Steinkohlenflötz getrieben. In der Entfernung von 16 Lachtern gehen 2 Queerschläge ab, deren einer erst westwarts (St. 6) 57½ Lachter weit, dann nordwärts (St. 1) in den alten Bau hinuber, die andere nordwärts (St. 1) 32 Lachter weit in das Gebirge gehet. Der Stollen ist anfangs ganz söhlig, dann bis vor Ort 1½ Lachter ansteigend, stehet 37 Lachter in Zimmerung, und hat die Höhe von ⅞ Lachter.

Von der Hauptstrecke, welche in dem neuen Baue fortgetrieben wurde, gehet, in der Entfernung von 14 Lachtern, St. 6, 7 westwärts ein Queerschlag bis unter den Schacht (den sogenannten Wetterschacht), und setzt von da 19½ Lachter weiter in den alten Bau hinüber. Der Wetterschacht selbst bringt an seigerer Teufe 10 Lachter ein.

Das Dach der Kohle macht, nebst der Dammerde, ein 4 Lachter mächtiges Sandlager, unter welchem drei schmale Steinkohlenlagen mit abwechselnden Lettenschichten, welche zusammen die Mächtigkeit von sechs Lachtern haben, liegen. Die Stärke der Kohlenschichten ist zwischen $\frac{4}{8}$ bis $\frac{5}{8}$ Lachter, welcher die Stärke der Lettenschichten ziemlich nahe kömmt. Die mit den Lettenflötzen abwechselnden Kohlenflötze fallen, unter dem Winkel von 8°, gegen Nordwesten ein, und streichen St. 3, 6.

Die hier einbrechende Kohle nähert sich stark der *Grobkohle*,

ist von Farbe *sammetschwarz*, die sich hier und da der *bräunlichschwarzen* nähert,

ist innwendig *wenig glänzend*,

von *Fettglanz*,

im Bruche *uneben* von *grobem Korne*, der sich im Grofsen mehr oder weniger zu dem *schiefrigen* neigt; da, wo sie sich mehr der Moorkohle nähert, ist der Queerbruch *flachmuschlich* oder *eben*, der Längebruch *schiefrig*.

Sie hat *unbestimmteckige*, *stumpfkantige* Bruchstücke.

Man bemerkt nirgends in dieser Kohle ein holzartiges Gewebe; aber dafür liegen wieder sehr häufige Stücke von deutlicher *Holzkohle* in derselben, viel häufiger, als die in den bisher beschriebenen Steinkohlenflötzen.

Auch hier ist der Pfeilerbau üblich. Die Höhe der Strecken und der Queerschläge richtet sich nach der Mächtigkeit der Kohlenschichten; auch bleibt an der Förste etwas Kohl stehen, um die Grube vor Einstürzen zu sichern. Die Gewinnungsart der Kohle geschieht auf die gewöhnliche Weise mit Keilhauen durch Verschrämen an der Sohle und Nachziehen der Förste.

Die Förderung zu Tage geschieht mittelst eines Huntes, der einen böhmischen Strich, oder an Gewicht 170 bis 180 Pfund Kohlen faſst, auf den Stollen. Für jeden geförderten Strich Kohlen erhält der Häuer 4 Kr. mit der Verpflichtung, sich das Geleuchte selbst anzuschaffen. Für Unterhaltung der Zimmerung und für das Gezähe sorgt die Gewerkschaft, welche hier, so wie bei dem Schieſsglockner Steinkohlenwerke, der regierende Fürst Schwarzenberg ist, und diese wird im Schichtenlohne gemacht; der Häuer erhält, nebst dem nöthigen Gezähe und Geleuchte, für die zwölfstündige Schicht 20 Kreuzer.

Der Verkaufspreis eines Kübels Kohlen, der dieselben Dimensionen hat, wie der Schieſsglockner, ist hier 8 Kr.; der gröſste Theil der Kohlen wird aber zum Brennen des Malnitzer Kalkes verwendet, zu welchem Behufe ein Kalkofen unmittelbar an der Steinkohlengrube selbst errichtet ist.

Dieses Steinkohlenwerk steht seit dem Jahre 1793 im Betriebe.

V. Das Pahleter Steinkohlenwerk.

Dieses Steinkohlenwerk befindet sich auf der Herrschaft Neundorf an dem südlichen Abhange einer Anhöhe, die sich von dem Dorfe Pahlet sanft erhebt, und in einer östlichen Richtung gegen Holtschitz zuläuft. Die Gewerkschaft dieses Werkes ist der regierende Fürst von Lobkowitz.

Auf das Steinkohlenflötz sind 3 Schächte, welche zugleich Fahr- und Förderschächte sind, in der Richtung von Osten gegen Westen abgeteuft, und bringen 40 bis 45 böhmische Ellen seigere Teufe ein. Ein Stollen ist hier nicht vorhanden, und wäre auch überflüssig, da die Grube von dem zudringenden Regenwasser nicht beschwert wird.

Die Mächtigkeit des Kohlenflötzes ist etwas über 7 Schuhe. Das Dach desselben machen, nebst einer schwachen Lage Dammerde, abwechselnde Sand- und Lettenschichten, welche zusammen 37 bis 40 Ellen stark sind. Der Sand ist gewöhnlich, mittelst eines eisenschüssigen Bindemittels, zu einem lockern Sandsteine schwach gebunden, und es liegen in demselben grössere und kleinere *Quarz- Hornstein-* und *Gneissgeschiebe*, nebst *gemeinem Thoneisensteine* von *ochergelber, lichte gelblich-* und *nelkenbrauner* Farbe, und einzelne Stücke von *versteinertem Holze*. Die Versteinerungsmasse ist in der Mitte einiger seltenen Holzstücke ein *graulichschwarzer muschlicher Hornstein*; an den äussern Holzlagen vertritt die Stelle desselben *Thoneisenstein* von einer aus der *ochergelben* durch die *gelblichbraune*, durch alle Nüancen, bis in die *dunkel bräunlichschwarze* übergehenden Farbe; inwendig ist das versteinerte Holz *matt*, der Bruch der äussern Lagen ist *erdig*, der mittlern *flachmuschlich* oder *eben*, von aufsen ist es *weich*, mehr gegen die Mitte zu ist es mehr *halbhart*, das in das *Harte übergehet*, und hängt im ersten Falle *ein wenig* an der Zunge. Die demselben von seinem ursprünglichen Zustande zurückgebliebene *fasrige Holztextur* ist an demselben ausnehmend deutlich. Zwischen die concentrischen Ringe, welche in den Stamm- und Aststücken sichtbar sind, hat sich *gemeiner Quarz* von *hell-* und *graulichweifser* Farbe in ausnehmend *kleinen Krystallen*, die unter einem stark vergröfsernden Suchglase als *sechsseitige*, an den freien Enden mit 6 Flächen *zugespitzte Säulen* erscheinen, meistens *einzeln zerstreut*, selten in *kleinen Gruppen zusammengehäuft* aufliegen, hineingesintert. Die Holzstücke sind nicht selten nach verschiedenen Richtungen *durchlochert*, und die Löcher theils *leer*, theils mit deutlichen *verkohlten Holzstängeln* angefüllt. Auch lagen in der Mitte der Stammstücke, die aber, ehe sie durch die Eisenthonmasse versteinert wurden, gröfstentheils durch Fäulnifs aufgelöset seyn mufsten, kleine Stücke einer vollkommenen Holzkohle inne.

Die Sohle, oder das Liegende des Steinkohlenflötzes, ist ein gelblichgrauer Letten, unter welchem wahrscheinlich ein zweites Kohlenflötz liegen dürfte.

Das Streichen des Kohlenflötzes ist äufserst veränderlich. Im Ganzen genommen streicht dasselbe von Südsüdwest gegen Nordnordost. Das Fallen ist eben so verschieden, theils nach Westen, theils nach Osten; der

Neigungswinkel beträgt an einigen Stellen nur 10° bis 12°, an andern aber bis 72°; auch giebt es Stellen, wo das Flötz ganz ebensöhlig liegt. Die Ursache dieses verschiedenen Fallens und Streichens sind die vielen Rücken oder Wechsel, welche der unter dem Flötze liegende Letten macht, nach deren Höhe und Ausdehnung, sanftern oder steilern Ansteigen und Abfallen dann das aufliegende Steinkohlenflötz sich gleichmäfsig heben oder senken mufs.

Die Pahleter Steinkohle ist von der Brunnersdorfer nur wenig verschieden, obgleich in ökonomischer und technischer Hinsicht viel brauchbarer, da ihr die Buzzen von erdharzigem Schiefer (Brandschiefer), die dort so häufig inne liegen, hier gröſstentheils fehlen.

Ihre Farbe gehet aus der *dunkel bräunlichschwarzen* in die *sammetschwarze* über; hier und da ist sie auf den Klüften *eisenschwarz* oder mit den *Farben* des *gehärteten Stahls bunt angelaufen.*

Sie macht hier ein weniger mächtiges Flötz als bei Brunnersdorf, *berstet* an der Luft leicht auf, *zerreiſst* und *zerfällt.*

Innwendig ist sie gewöhnlich *stark schimmernd*, das an das *Wenigglänzende* gränzt, doch hier und da auch nur *schwachschimmernd*, ja sogar *matt.*

Es is *Fettglanz.*

Der Längebruch ist *unvollkommen* und *ziemlich dickschiefrig*, der Queerbruch *uneben* wo die Kohle matt ist, *flachmuschlich* wo sie in das Wenigglänzende übergehet, und dann von ausgezeichnet deutlichem *holzartigen Gewebe.*

Sie springt in *unbestimmteckige*, *stumpkantige* Bruchstücke.

Auch in dieser Kohle liegen hier und da einzelne Stücke von ausgezeichnet deutlicher *Holzkohle*, doch sparsamer, als bei Brunnersdorf; auch *Schwefelkies* kömmt auf den Klüften und Ablösungen *angeflogen* vor, der, wo er länger der Einwirkung der Atmosphäre ausgesetzt ist, zu *Haarsalze* umgeändert wird. Diese Umwandelung läſst sich sehr leicht erklären, sobald man annimmt, daſs der in der atmosphärischen Luft enthaltene Antheil von Sauerstoffgas den Schwefel des Schwefelkieses oxidirt (in Schwefelsäure umwandelt), die freie Schwefelsäure dann auf das metallische Eisen, den gröſsten Bestandtheil des Schwefelkieses, und die in der Steinkohle selbst enthaltene Thonerde einwirkt, und sich so zu einem alaunhaltigen Eisenvitriol, welches das Haarsalz eigentlich ist, verbindet.

Nur selten kommen in der Kohle Buzzen von *Brandschiefer* vor; aber diese sind hier gewöhnlich ziemlich groſs, und müssen in der Grube selbst ausgeschieden werden.

Der Bau auf diesem Steinkohlenflötze ist derselbe, wie bei Brunnersdorf, nämlich der Pfeilerbau. Die zur Unterstützung der Förste zurückgelassenen Pfeiler haben eine Lachter an Kubikinhalt, und je zwischen zwei Pfeilern werden 5 Ellen Kohlen weggenommen. Die Hauptstrecke, von welcher rechts und links Queerstrecken getrieben sind, läuft 10 Lachter weit und ansteigend gegen Süden (St. 12, 4) aus, und das Ansteigen beträgt auf diese 10 Lachter 1 Lachter.

Dieses Steinkohlenwerk beschäftigt im Winter 8 bis 9 Personen, und der Häuer erhält für einen Strich geförderten Kohls 1½ Kr. Der Verkaufspreis der Kohle ist 7 Kr. Die Kohlen werden theils in die umliegende Gegend zum ökonomischen Gebrauch, theils nach Komothau zum Alaunsieden verkauft. Die Aufsicht über die Grube hat derselbe Berggeschworne, dem jene des Kutterschitzer Steinkohlenwerks bei Bilin unterliegt.

Der Debit der Kohlen war im J.	1796	23,543	Kübel,
	1797	25,673	——
	1798	27,997	——
also im Durchschnitte alljährlich		25,071	——

VI. Das Harrether Steinkohlenwerk.

Dieses Steinkohlenwerk war zur Zeit meiner Reise nicht befahrbar, da es wegen des verbrochenen Stollens ersäuft war.

Es liegt an einer sanft von Tribschitz gegen Harreth, von Norden gegen Süden anstehenden Anhöhe. Die Grubenwasser wurden sonst mittelst eines 80 Lachter langen Stollens gelöset, der St. 11 gegen Süden in das Gebirge getrieben ist. Auf das Flötz selbst ist ein Schacht abgeteuft, der etwa 20 Ellen seigere Teufe einbringen mag, und auf welchem die Steinkohlen zu Tage gefördert werden.

Das Verhalten des Steinkohlenflötzes in Hinsicht seines Fallens und Streichens konnte ich so wenig bestimmen, als die Beschaffenheit der aufliegenden Schichten, die mir aber gleichfalls nur aufgeschwemmtes Land zu seyn scheinen, da das Gebirge um Harreth nur eine Fortsetzung des niedrigen Rückens ist, der sich von dem Wildbache an der Westseite bis an den Rösselberg an der Ostseite erstreckt.

Die Kohle nähert sich der *Moorkohle*,

ist *dunkelschwärzlichbraun*, ins *Bräunlichschwarze* übergehend,

hat ein sehr *zerklüftetes* und *aufgeborstenes* Ansehen,

ist innwendig *stark schimmernd*,

mit *unvollkommen schiefrigem Haupt-*, *ebenem*, stellenweise *flachmuschlichem Queerbruche*;

hat *unbestimmteckige stumpfkantige*, *seltener trapezoidische* Bruchstücke.

Auf den Klüften ist *gemeiner Schwefelkies angeflogen*; auch liegt er nesterweise darinn von einer *Mittelfarbe zwischen speisgelb* und *stahlgrau*; ist *derb*, selten in *sehr* und *ganz kleine Würfel*, die sich erst unter dem Suchglase entwickeln, krystallisirt, dieselben theils *einzeln aufgestreut*, theils *kuglich* und *traubig zusammengehäuft*.

Verkauft werden hier alljährlich 500 Kübel zu 7 Kr., die übrigen werden zum Ziegel- und Kalkbrennen, und zum Deputate für die obrigkeitlichen Beamten verwendet. Die vier Häuer, mit welchen die Grube zur Winterszeit belegt ist, erhalten für jeden geförderten Kübel $2\frac{1}{4}$ Kr.

VII. Das Bruxer Steinkohlenwerk.

Dieses Steinkohlenwerk befindet sich an dem östlichen Fuſse des Schloſsberges unmittelbar an der K. Stadt Brux, derselben gegen Westen. Der Gewerke dieses Werkes ist Herr Selzer in Bilin.

Auf das Steinkohlenflötz sind 2 Schächte, welche zugleich Fahr- und Förderschächte sind, abgesunken, welche 12 Lachter seigere Teufe einbringen. Ein Stollen ist hier nicht vorhanden, da die Grube vom Wasser nicht beschwert wird.

Die auf dem Steinkohlenflötze selbst aufliegenden Flötzlagen folgen also aufeinander:

1. Dammerde	3	böhm. Ellen.
2. Letten	6	———
3. Sand	2	———
4. Schieferthon mit beigemengter Lösche	5	———
5. Lösche	3	———
6. Steinkohle	$1\frac{1}{2}$	———
7. Brauchbarer Töpferthon	$1\frac{1}{2}$	———
8. Lösche	4	———
9. Weiſser Letten	1	———
10. Steinkohle	6	———

11. Thon mit innliegendem Schwefelkiesnüssen . . . . $\frac{1}{4}$ böhm. Ellen.

12. Fetter Thon . . . . $\frac{3}{4}$ ———

13. Lösche . . . . $\frac{3}{4}$ ———

14. Thon mit innliegendem Schwefelkiese . . . . $\frac{1}{4}$ ———

15. Steinkohle . . . . 6 ———

Diese 6 Ellen sind aber nicht die ganze Mächtigkeit des Steinkohlenflötzes, da die Sohle noch nicht durchsunken ist.

Der *Schieferthon*, welcher die Mächtigkeit von 5 Ellen hat, hat eine röthlichgraue Farbe, enthält sparsame *Abdrücke von Pflanzenblättern* und *Schilfen*, ist im Grofsen von *vollkommen* und *geradschiefrigem*, im Kleinen von *erdigem* Bruche. In diesem liegen ziemlich häufig Bruchstücke einer ausgezeichnet deutlichen **Holzkohle.** Auch nimmt er mehr oder weniger Erdharz auf, und übergeht so durch alle Abstuffungen in **Brandschiefer** (Lösche). Seltener ist der Gallmei, der aber doch auch in Nestern darinn liegt.

Die **Steinkohle** selbst hat eine *dunkel bräunlichschwarze* Farbe; auf den Klüften ist sie zuweilen *tombackbraun angelaufen*, und dann *metallischglänzend;*

sonst ist sie innwendig nur *starkschimmernd*, das an das *Wenigglänzende* gränzt,

von *Fettglanz.*

Der Bruch ist gewöhnlich *flachmuschlich*, seltener nähert er sich dem *ebenen*, oder zeigt eine Neigung zu dem *unvollkommen schiefrigen.*

Zuweilen nimmt man parthienweise eine *ausgezeichnete Holztextur* wahr.

Die Bruchstücke sind *unbestimmteckig* und *stumpfkantig.*

Auch diese Kohle berstet auf und zerreifst, wenn sie der Einwirkung der Atmosphäre längere Zeit ausgesetzt ist. Abwechselnd dem Regen und Sonnenscheine blofsgestellt, entzündet sie sich von selbst.

Auf den Klüften und Ablösungen kömmt *Schwefelkies angeflogen* vor; auch ist er selbst in die Steinkohle häufig *klein* und *fein eingesprengt.* Ganze verkohlte Aststücke sind mit demselben durchdrungen.

Nebstdem setzt *fasriger Gyps* in stärkern und schwächern Trümmchen (von ½ bis 3 Zolle Mächtigkeit) in der Steinkohle auf.

Seine Farbe ist *schnee - graulich* - und *grünlichweifs,* seltener *grünlichgrau.*

Er ist innwendig *wenig glänzend,* das an das *Glänzende* gränzt,

von *Perlmutterglanz.*

Der Bruch ist *gleichlaufend,* theils *gerade* - theils etwas *gebogen, krumm* - und gewöhnlich *grobfasrig.* Die Fasern sammeln sich zu schwachen Bündeln, wodurch er das Ansehen

dünn - und *unvollkommen stänglich* abgesonderter Stücke erhält.

Die Bruchstücke sind *langsplittrich.*

Er ist *mehr* oder *weniger durchscheinend.*

Da, wo die Kohle häufigen Schwefelkies beigemengt hat, und der Einwirkung der äufsern Atmosphäre längere Zeit blofsgestellt war, wittert *Haarsalz* von *silberweifser* Farbe, die ein wenig in die *blafs apfelgrüne* zieht, in *höchst zarten*, *langen haarförmigen* Krystallen aus.

Das Fallen des Steinkohlenflötzes ist, sowohl in Hinsicht des Winkels den es mit der Horizontalebene bildet, als der Weltgegend gegen welche es einfällt, verschieden. So ist in dem obern Schachte der Einfallwinkel von 10° bis 12° gegen Südosten, an dem untern bis 18° gegen Osten, an einer gegen Norden aufgefahrnen Strecke unter 18° gegen Süden. Eben so verschieden ist das Streichen, aber überhaupt theils zwischen St. 7 und 8, theils St. 1.

Der auf diesem Steinkohlenflötze vorgerichtete Bau ist der gewöhnliche Pfeilerbau. In dem ältern Baue, welchen man wegen der matten Wetter verlassen mufste, wurden die Kohlen 7 Ellen in die Höhe, und 4 Ellen in die Breite weggehauen; auf dem neuen Baue, welcher viel zweckmäfsiger vorgerichtet ist, ist eine Hauptstrecke 13 Lachter weit getrieben worden; von dieser sollten rechts und links Queerschläge gemacht werden, und die zurückbleibenden Pfeiler, bei einer Höhe von 1 Lachter, eine Länge und Breite von 2 Lachtern, also einen Umfang von 8 Lachtern haben.

Da das Steinkohlenflötz selbst unter die jetzige Sohle, wie man sich durch gemachte Gesenke überzeugte, viel tiefer niedergeht, so ist man gesonnen, auf zwei Sohlen zu bauen.

Die Kohlen werden im Gedinge gebrochen; für den Kübel erhalten die 8 Häuer, mit welchen diese Grube zur Winterszeit belegt ist, 3 Kr. Für die Aufsicht des Werkes bekömmt der Steiger monathlich 10 Guld. 30 Kreuzer.

Der Verkaufpreis eines Kübels Kohlen ist für die Stadt Brux 6 Kr., für Auswärtige 7 Kr. Das Kohlenklein wird zu Asche gebrannt, und der Strich davon soll für 8 Kr. verkauft werden.

Da der jetzige Besitzer des Steinkohlenwerkes erst seit kurzem dasselbe gekauft hat, so läſst sich der jährliche Steinkohlendebit nicht angeben.

Ich will mir hier einige allgemeine Bemerkungen über das Vorkommen der Steinkohlen in dem Saatzer Kreise erlauben, welche als das Resultat meiner Beobachtungen angesehen werden können, und welche ich bis hierher versparte, um bei der Beschreibung der Steinkohlenwerke mich nicht unterbrechen zu müssen.

Alle Steinkohlenflötze liegen in einer Ebene zwischen dem Erzgebirge und dem Trappgebirge. Sie lehnen sich mit ihren aufliegenden Schichten von der Nordseite an das Erzgebirge an, von der Südseite theils an

das

das Trappgebirge, theils an jenen hohen Gebirgszug, welchen das rothe todte Liegende zusammensetzt.

Die Flötze scheinen nicht einzeln vorzukommen, sondern mehrere, durch Flötzlagen getrennt, über einander zu liegen. Bei Brunnersdorf und Brux ist dieses so ziemlich erwiesen; bei den übrigen, im Betriebe stehenden Steinkohlenwerken, mehr als wahrscheinlich.

Die Mächtigkeit der abgebauten Flötze ist sehr verschieden, und hängt erstens von den Lokalverhältnissen ab, ist aber nirgends unbedeutend. Sie beträgt von 3 und 4 Fufsen wie bei Postelberg, bis zu 28 Fufse wie bei Brunnersdorf. In dem Leutmeritzer Kreise bei Kutterschitz, unweit Bilin, ist die Mächtigkeit des Steinkohlenflötzes, das in derselben weitverbreiteten Ebene liegt, sogar 91 Fufs, und vielleicht noch mehr, da die Sohle des dasigen Steinkohlenflötzes noch Steinkohle ist.

Die Steinkohlenformation dieser Gegend, man mag sie als ein einziges weitverbreitetes Flötz, oder als in mehreren zerstreueten Flötzen vorkommend betrachten, ist von einer beträchtlichen Ausdehnung in die Länge und Breite, da man, wie schon bemerkt worden, allenthalben auf jener Ebene, welche sich von dem Fufse des Erzgebirges bis in das Trappgebirge in dem Saatzer und Leutmeritzer Kreise erstreckt, und, bei einer Breite von 3 bis 4 Stunden, die Länge von beiläufig 16 Stunden hat, auf ein Steinkohlenflötz treffen würde, wie die zahlreichen, theils im Betriebe stehenden, theils aufgelassenen Steinkohlenwerke hinlänglich darthun.

Das Streichen der Steinkohlenflötze und der sie begleitenden Schichten ist gemeiniglich St. 10 und St. 4.

Das Fallen der Kohlen ist aufserordentlich veränderlich, von 8° bis 72°; der letztere Fall ist aber der seltnere, und hat nur bei Pahlet Statt, wo aber der Einfallswinkel sich nach der Höhe der Stücke oder Wechsel richtet; meistens fallen die Steinkohlen sehr flach zwischen 8 und 12° ein.

Die Rücken oder Wechsel, welche das gleichförmige Streichen und Fallen der Steinkohlenflötze und der sie begleitenden Schichten unterbrechen, kommen seltener, und nur bei Pahlet, Brunnersdorf und Brux vor.

Die auf allen Steinkohlenwerken einbrechende Kohle ist gewöhnlich nicht von einerlei Güte und Beschaffenheit. Sie nähert sich bald der Moorkohle, bald der Grobkohle, hier und da auch der Braunkohle.

Das Dach der Steinkohlen ist gewöhnlich blofs aufgeschwemmtes Sand- und Laimland mit innliegenden Quarz- Gneifs- und Hornsteingeschieben, selten gemeinem Thoneisenstein. Seltner sind die Fälle, wo ein Schieferthon unmittelbar das Steinkohlenflötz bedeckt.

Die Unterlage der Kohlen scheint mir ein Sandstein oder das rothe todte Liegende zu seyn. Wahrscheinlich würde man auf eine von diesen beiden Gebirgsarten, wenn man tief genug niederginge, treffen.

Merkwürdig ist das Vorkommen der ausgezeichnet deutlichen *Holzkohle* in den Steinkohlen. Meistens liegt sie nur in gröfsern und kleinern Stücken, selten in ganzen verkohlten Aststücken, und gewöhnlich nur auf den Ablösungen auf. Der Schwefelkies ist sehr häufig theils auf den Ablösungen und Klüften angeflogen, theils eingesprengt, und seiner Verwitterung dankt das Haarsalz, der natürliche Eisenvitriol sein Daseyn. Nur in dem Weitentrebetitscher Steinkohlenwerke werden diese Salzgattungen mit dem natürlichen Bittersalze vermehrt.

Das Vorkommen der Steinkohlen auf dem Sandsteine und unmittelbar unter dem aufgeschwemmten Gebirge, so wie die Beschaffenheit der Kohle selbst, die, wie gesagt, bald der Moorkohle, bald der Grobkohle sich mehr nähert, ja nicht selten einen Uebergang in die Braunkohle und das bituminöse Holz macht, deutet wohl auf eine sehr neue Formation hin, und es scheint, daſs sie erst dann, nachdem selbst der neuere Sandstein aus dem allgemeinen Menstrum lange zuvor niedergefallen war, mit den Gallmei - Eisenthon - und Lettenflötzen gleichzeitig, wie die Folge noch zeigen wird, niedergelegt worden sind, da die Formation der übrigen Kohlen, vorzüglich der Pech - und Schieferkohle, viel früher Statt gehabt haben muſs, weil diese gewöhnlich den neuen Sandstein, nebst einer starken Schicht von Schieferthon, zum Dache haben.

In wie weit alle diese, aus reiner Beobachtung abgezogenen Data, für oder gegen Herrn Kirwans neueste Theorie über die Bildung der Steinkohlen, nach welcher sie ihren Ursprung der Verwitterung und Zersetzung der Urgebirge, welche eine viel beträchtlichere Höhe und einen größsern Umfang hatten, und eine weit gröſsere Menge an Kohle und Erdharz, als jetzt, enthalten haben sollen, sprechen; dieses zu entscheiden, ist hier der Ort nicht. Wahrscheinlich dürfte Herr Kirwan aus dieser summarischen Uebersicht der Data manche für sich benutzen wollen, z. B. daſs alle beschriebenen Steinkohlenflötze zwischen dem Erzgebirge, das aus Gneiſs besteht, in und auf welchem Lager von Hornblende, Hornblendeschiefer, Urgrünstein, Syenit, Syenitporphyr und Thonporphyr liegen, und dem Trappgebirge, dem meistens sehr viele Hornblende beigemengt ist, diese Fossilien aber alle bekanntlich nach den neuen Entdeckungen Kohle enthalten; daſs das Dach aller Steinkohlenflötze aus Sand- und Lettenschichten besteht; daſs die Kohle auf Sandstein und dem groben Conglomerat (Kirwans Semiprotolit) aufzuliegen scheint u. s. w. Aber ungeachtet so mancher Uebereinstimmung dieser wirklichen Erscheinungen mit seiner Theorie, kann ich mich doch von derselben nicht überzeugen, sondern bin noch immer geneigt zu glauben, daſs jene ältere Meinung, welche die Steinkohlen von unermeſslichen, durch partielle Revolutionen niedergestürzten, unter die Erdschichten begrabenen Waldungen, deren in den verschiedenen Holzarten enthaltenes Harz durch irgend einen unbekannten Prozeſs, mittelst der Schwefelsäure, in Erdharz verwandelt worden, herleitet, die wahrscheinlichere sey. Diese partiellen Revolutionen müſsten dann freilich zu verschiedenen weit von einander entfernten Perioden Statt gehabt haben, da man Kohlen von früherer und späthe-rer Formation antrifft, erstere unter dem alten Sand-steine, auf Urgebirgen, dem Porphyr, dem Granite etc. aufliegend; letztere auf dem neuern Sandsteine in der Nachbarschaft der jüngern Flötztrappformation.

In Hinsicht des ökonomischen Gebrauchs habe ich aber noch einiges zu sagen, ehe ich diesen Gegenstand ganz verlasse.

Die beschriebenen Steinkohlenarten haben das Un-angenehme, daſs sie ein sehr zerklüftetes, gleichsam aufgeborstenes Ansehen haben, leicht an der Luft zer-springen, und daher keinen zu weiten Transport, keine längere Aufbewahrung, wenn sie nicht, so viel als mög-lich, vor dem Zutritte der äuſsern Luft geschützt wer-den, zulassen; daſs die Hitze, welche sie geben, weni-ger ausdauernd ist, aber dafür haben sie die Vorzüge, daſs die durch dieselben verarsachte Hitze viel stärker ist, und also an Intension gewinnt, was sie an Extension verliehrt; daſs sie zu Asche brennt, und also das Resi-duum derselben noch, in ökonomischer Hinsicht, zum Düngen der Felder, Wiesen u. s. w. verwendet werden kann; daſs die Asche, dem gewöhnlichen Mörtel zuge-setzt, ein viel dauerhafteres, zum Wasserbau selbst brauchbares Cement giebt: doch lassen sie in gröſsern Quantitäten, bei stärkerem Luftzuge verbrannt, gleich-falls eine Schlacke, wie das bei den Krugfabriken zu Bilin der Fall ist, welche seit kurzer Zeit bloſs mit Stein-kohlen betrieben werden.

Ihre leichte Entzündbarkeit, die selbst an freier Luft Statt hat, wenn die Kohlen, in gröfsern Haufen übereinander gestürzt, längere Zeit dem Regen und Sonnenscheine abwechselnd ausgesetzt sind, legt den Grund zur Entstehung der in den bestehenden Steinkohlenbrüchen vorhandenen Brände, und war wahrscheinlich die Gelegenheitsursache der vielen in dem Saatzer und Leutmeritzer Kreise existirenden Erdbrände.

Aufmerksam mufs ich hier noch auf einen Mifsbrauch machen, der bei Weitentrebetitsch, Brunnersdorf und Milsau mit den Steinkohlen gemacht wird.

Sie werden nämlich an diesen Orten zu Asche verbrannt, und die Asche erst an den Landmann verkauft. Zu einem Striche Asche werden sieben Striche (Kübel) Kohlen erfordert; da nun Weitentrebetitsch 5000 Striche Asche, Brunnersdorf 3000 verkauft, so werden blofs bei diesen acht Steinkohlenwerken, ohne Milsau, wo dieselbe Manipulation üblich ist, 56000 Striche, oder 95,200 Zentner Kohlen alljährlich verbrannt, und so viel geht daher von einem so wohlthätigen Brennmaterial ungenützt verlohren. Nimmt man mit Herrn Plümicke (Bergmänn. Journal 1792, 1ster Bd. S. 56) an, dafs 5 Kübel Kohlen eben so viel Hitze geben, als eine Klafter Holz, so würde, wenn diese 56000 Kübel Kohlen zur Heitzung, zum Bierbrauen, Branntweinbrennen, Kalk- und Ziegelbrennen, und andern ökonomischen und technischen Absichten verwendet würden, das Holzersparnifs in unsern inländischen Forsten

11,200 Klafter betragen. Und dabei würde doch dieselbe Menge, oder vielmehr eine noch gröſsere Menge Asche gewonnen, da bei der Incineration der Kohlen im Freien, bei einem entstehenden, noch so gelinden Winde, ein groſser Theil, bei einem Sturmwinde der gröſste Theil Asche weggeführt wird, um so viel mehr weggeführt werden muſs, da man, um das Verbrennen der Kohlen zu beschleunigen, den Kohlenhaufen auseinander zieht, und so dem Winde eine gröſsere Fläche zum Raube darbietet. Und doch klagt man über den steigenden Holzpreis, über Holzmangel!

Gleichzeitig mit den Steinkohlen scheint ein anderes Flötzgebirge niedergelegt worden zu seyn, welches aus abwechselnden stärkern und schwächern Schichten von Letten, Eisenthon, Brandschiefer mit innliegendemRaueneise und Gallmei besteht.

Dieses Flötzgebirge hat eben auch eine ansehnliche Verbreitung. An der Südseite lehnt es sich an den neuern Sandstein bei Schönhof und Dolanken an; an der Westseite wird es von dem Trappgebirge bei Redonitz und Willomitz verdrängt; an der Ostseite verbirgt es sich bald unter der Dammerde in der Ebene von Miltschowes, Reitschowes und Cžernitz, scheint sich aber bis an Strecknitz zu erstrecken, wenigstens deutet das hier hervorquellende, sehr alaunhaltige Mineralwasser darauf hin. An der Nordseite setzt es über den Egerfluſs den San-

und Wildsbach hinüber, und scheint sich bis an den Fuſs des Erzgebirges und den Anfang des Mittelgebirges, in der Gegend von Brux, hinzuziehen.

Da der flächere Theil des Saatzer Kreises aus einer sehr ausgedehnten, meistens mit fruchtbaren Feldern bedeckten Ebene besteht, sich nur hier und da in ein niedriges Hügelchen oder einen sanften Rücken erhebt, so ist es begreiflich, daſs man die tiefern Punkte an dem Egerflusse, der diese Ebene in zwei ziemlich gleiche Theile theilt, und an den Bächen, welche sie durchschneiden, aufsuchen muſs, um die Beschaffenheit der abwechselnden Flötzlagen und ihr Verhalten gegen einander bestimmen zu können, da sie hier an den gröſsern und kleinern Abstürzen entblöſst sind.

Dies ist jenseits der Eger, vorzüglich an dem Schönhofer und Podhorsamer, und an dem Aubache; diesseits an dem Sau- und Wildsbache, der Fall. Am meisten instructiv ist in dieser Hinsicht die Gegend um Mohr, Oplet, Libietitz, welche ich daher auch zuerst näher beschreiben will.

Zwischen Mohr und Oplet liegen die Flötzlagen in folgender Ordnung übereinander:

1) Ganz oben, unmittelbar unter der Dammerde, liegt ein mehrere Fuſse mächtiges Lager von einem *lichte gelblichgrauen* L e t t e n (Töpferthon), der hier und da *ochergelb gefleckt* ist, und einen *feinerdigen* Bruch hat. Er ist sehr zerklüftet. Auf den Klüften und Ablösungen liegt *Fraueneis* in kleinen zusammengehäuften Krystallen.

2) Unter diesem liegt ein 2, 3 und mehrere Fuſse mächtiges Lager von einem anders gefärbten, etwas mehr *verhärteten Thone*. Seine Farbe ist *blaſs röthlichgrau*, stellenweise auch *rauchgrau*. Der Bruch geht aus dem erdigen in den unebenen von grobem Korne über. In diesem liegen gröſsere und kleinere Bruchstücke von deutlicher *Holzkohle, ganz verkohlte Stengel* und *Aststücke*. Nesterweise nimmt er den späther zu beschreibenden *Gallmei* auf; auch sind darinn einzelne *Fraueneiskrystallen* zerstreut.

3) Tiefer verzieht sich die Farbe des Thones aus der *lichte* und *dunkel rauchgrauen* in die *lichte schwärzlichbraune*; der Bruch ist gleichfalls *uneben von grobem Korne*. Die innliegenden Stücke von *Holzkohle* sind gröſser und zahlreicher; auch der *Gallmei* und die Fraueneiskrystallen nehmen an Menge zu.

Alle diese Abänderungen des Thones haben eine mittlere Consistenz zwischen fest und zerreiblich, und sind durch deutliche Ablösungen von einander getrennt.

4) Auf diesen folgt ein *mannigfaltig gefärbter Thon* (*Buntthon*). Die Hauptfarbe ist bald *mordoréroth*, bald *bläulichgrau*, und im letztern Falle *blut-* und *dunkel mordoréroth gefleckt*, bald *gelblichweiſs* und dann *blaſs ochergelb gefleckt*. Die Farben der kleinen und sehr kleinen Flecken sind meistens von der Hauptfarbe scharf abgeschnitten; selten geschieht der Uebergang in einander durch allmälige Nüancirung. Der Bruch ist *feinerdig*, und, was hier für diese Abänderung des Thones

auszeichnend ist, hat deutliche *kleinkörnig* abgesonderte Stücke.

a. Das Fraueneis, das in den drei ersten Abänderungen des Töpferthones vorkömmt, hat folgende äuſsere Kennzeichen:

Die gewöhnliche Farbe ist die *graulichweiſse*, seltener ist die *gelblich*- und *rauchgraue*, noch seltener die *wachs*- und *honiggelbe*, welche letztere bis in die *blaſs nelkenbraune* hinüberzieht; die seltenste ist die *bräunlichschwarze.*

Es liegt, wie gesagt, in *losen* Krystallen theils *einzeln*, theils in gröſserer Anzahl *neben einander*, selten in *Drusen gruppirt*, in dem Töpferthone inne.

Die gewöhnlichste Krystallform ist:

1. Die *sechsseitige Säule* mit zwei gegenüberstehenden, verhältniſsmäſsig viel breitern und vier schmälern Seitenflächen, an beiden Enden *zugeschärft*, die Zuschärfungsflächen auf die Endkanten der breitern Seitenflächen schief und untereinander gleichlaufend aufgesetzt, so daſs diese Krystallen ein *rhomboidalisches*, zuweilen ganz *plattes* Ansehen erhalten. Nur selten, und zwar nur an den kleinen Säulchen, sind die scharfen Endkanten zwischen den Zuschärfungsflächen und den zwei schmalen Seitenflächen *einmal gebrochen abgestumpft*, und die Ecken zwischen den stumpfen Abstumpfungskanten

und den daran stoſsenden Seitenkanten ebenfalls abgestumpft. Zuweilen sind zwei dieser Krystalle unter einem rechten Winkel (in der Form eines gewöhnlichen Kreuzes), oder unter einem schiefen Winkel (in der Form eines Andreaskreuzes) *durcheinander gewachsen*. Zuweilen steckt ein Krystall *zum Theil*, auch wohl *ganz* in dem andern. Seltener sind drei dieser Krystalle so durcheinander gewachsen, daſs sich die durchgewachsenen Krystallen (nach Art des dreifachen rechtwinklichen Durchganges der Blätter) unter einem rechten Winkel durchschneiden, und die zugeschärften Enden aus dem Hauptkrystalle von vier Seiten hervorragen.

2. Wenn zwei dieser Säulen, der Länge nach, mit ihren Seitenflächen so zusammengewachsen sind, daſs an jeder Säule zwei schmälere Seitenflächen versteckt sind, und die Zuschärfungen an dem einen Ende einspringende, an dem andern Ende ausspringende Winkel bilden, so entsteht der auch hier auffindbare *Zwillingskrystall*, von dem wieder zwei, drei, und mehrere *in einander stecken*.

3. Die *niedrige sechsseitige Säule* mit zwei gegenüberstehenden breitern und mit vier schmälern Seitenflächen und *convexen* Endflächen.

4. Die *niedridrige sechsseitige Saule* mit abwechselnd breitern und schmälern Seitenflächen,

an den Enden mit vier Flächen *flach zugespitzt.*

Zuweilen sind zwei dieser letztern Säulen mit ihren Enden *aufeinander gewachsen.*

5. Die *sphärischen* und *conischen Linsen*, die theils *auf einander*, theils *zollig durcheinander gewachsen*, theils *büschel-* oder *kugelförmig zusammengehäuft* sind.

Diese letztern Krystalle findet man gewöhnlich gelblichgrau, rauchgrau, honiggelb, gelblichbraun, und immer nur *klein* und *sehr klein*, da die Säulen unter Nr. 1. mitunter die Länge von 1 bis 2 Zollen, der Zwillingskrystall sogar die Länge von 6 und mehreren Zollen erreicht; doch kommen sie auch *klein* und *sehr klein* vor.

Die übrigen Kennzeichen des Fraueneises sind die gewöhnlichen, brauchen also hier keiner Wiederholung.

b. *Gallmei.*

Dieser ist gewöhnlich von einer *stroh-* oder *ochergelben* Farbe, welche letztere, obgleich selten, durch die *gelblichbraune* bis in die *haarbraune* übergeht. Insgemein nimmt die braune Farbe die Mitte ein, erstere die Aufsenseite.

Er kömmt in gröfsern *ungestalteten Stücken* in dem Thone vor, doch auch *zerfressen*, *nierförmig*. Die Stücke sind gewöhnlich von der Gröfse einer Wallnufs, doch auch von Faust- und Kopfgröfse.

Er ist äußerlich und innwendig *matt*, die braune Abänderung *schwachschimmernd*.

Der Bruch ist gewöhnlich *feinerdig*, der braunen Abänderung *uneben von feinem Korne*, und aus diesem in das *Feinsplittriche* übergehend.

Gewöhnlich ist er *zerreiblich*, der braune geht in das *Halbharte* über.

In diesem Gallmei sind größere und kleinere Säulen von *Fraueneis* eingewachsen, oder es durchsetzt ihn *grob - und geradschiefriger Gyps* in schmalen Trümmchen; auch liegen sparsame Stücke von *Holzkohle* darinn.

Alle diese bisher beschriebenen abwechselnden Flötzlagen nehmen die Höhe von 8 bis 10 Klaftern ein, fallen unter dem Winkel von 18° gegen Süden ein, und haben ihr Streichen St. 6, 6.

Die tiefer liegenden Flötzlagen sind hier mit Dammerde und Rasen bedeckt; aber diese werden, dem Dorfe Knieżitz gegen Osten, an dem Klitschiner Berge sichtbar, wo sie in mehreren tief niedersetzenden Schluchten, welche von dem Dorfe Klitschin dem Podhorsamer Bache zufallen, entblößt werden, und hier entdeckt man in den tiefsten Punkten

5) Ein drei bis vier Fuße mächtiges Lager von *Brandschiefer*.

Dieser hat eine *bräunlichschwarze* Farbe,

ist innwendig *matt*, nur stellenweise *schwachschimmernd*,

von einem *dick-* und *geradschiefrigen* Bruche,

scheibenförmigen Bruchstücken,

milde,

leicht *zersprengbar*,

ein *wenig an der Zunge hängend*,

wird durch den Strich *glänzend*,

und fühlt sich *etwas fett* an.

In diesem Brandschiefer liegen ganz schwache Schichten von Steinkohle (Moorkohle) und einzelne Krystalle von *Fraueneis*, und Stücke von *Gallmei*.

Die Unterlage aller dieser Flötzlagen macht

6) Ein *grauer feinkörniger*, sehr *mürber*, *thoniger Sandstein*, der mit *schwachen Adern* eines *braunen eisenschüſsigen* durchzogen ist, und in dem viele *Glimmerschüppchen* eingesprengt sind.

In dem oben (unter Nr. 3.) angeführten Thone liegen Stücke von *gemeinem Thoneisensteine*, der sich hier nur dadurch auszeichnet, daſs er

eine *lichte* und *dunkel gelblichgraue* Farbe hat, welche durch alle Schattirungen, durch die *ochergelbe* und *gelblichbraune* bis in die *dunkel nelkenbraune* übergeht, und daſs diese Farben in *kreisförmigen concentrischen Streifen* vorkommen, so zwar, daſs die lichte gelblichgraue Farbe die Mitte oder den Kern, die nelkenbraune die äuſsersten Streifen einnimmt; daſs er

in *elliptischen* und *mandelförmigen* Stücken in dem Thone liegt, sein Bruch *uneben von feinem Korne* ist, ja wohl auch dem *flachmuschlichen* sich nähert; und daſs er *halbhart* ist.

Die hier sowohl in dem Thone, als in dem Brandschiefer innliegenden *Fraueneiskrystallen*, kommen sparsamer vor, und sind nicht so schön und ausgezeichnet deutlich, wie bei Mohr, sondern immer mehr und weniger verbrochen.

So wie sich diese Flötzlagen zwischen Mohr, Oplet und Kniežitz, an dem Schönhofer und Podhorsener Bache, verhalten, so zeigen sie sich auch an einigen Abstürzen an dem Aubache unweit Libietitz.

Bei Willomitz, an demselben Aubache, findet man in den Thonschichten nicht selten *Eisennieren* von einer ansehnlichen Gröſse, die wohl einen halben Fuſs im Längedurchschnitte messen. Der Kern der *nierförmigen* Stücke ist *ochergelb*, die äuſsern Schaalen sind theils *dunkel ochergelb*, theils *gelblich-* und *nelkenbraun*. An der äuſsern Oberfläche ragen mehrere einzeln stehende Zapfen hervor, welche, abgebrochen, eine tief in die Nieren niedergehende, kreisrunde Höhlung zeigen, welche 3 bis 4 Linien im Durchmesser haben, und davon jeder Zapfen wieder sehr *dünn-* und *concentrisch-schaalig* abgesonderte Stücke zeigt. Die äuſsere Oberfläche der Zapfen ist *dunkel ochergelb*; die dünnen Schaalen, aus welchen jene Röhren zusammengesetzt sind, sind abwechselnd *gelblich-* und *nelkenbraun*. Der Kern ist *matt*, die Schaalen schwach und *halbmetallisch schim-*

mernd; der Bruch des Kerns ist *feinerdig*, der Schaalen *eben*, die *krumm-* und *concentrischschaalich* abgesonderten sind *dünn* und *sehr dünn*, der Kern ist *weich*, die Schaale sehr *weich*.

Zuweilen sind mehrere dieser, aber kleinere Nieren *zusammengewachsen*, wodurch nochmals grofskörnig abgesonderte Stücke entstehen.

Zwischen Libietitz und Fünfhunden, an demselben Aubache, findet man häufige Stücke von *versteinertem Holze*, welche in dem Thonflötze zerstreut liegen. Die Versteinerungsmasse ist ein *feinkörniger eisenschüſsiger Sandstein*. Seine Farbe ist *rauch-* und *aschgrau*. Es sind gewöhnlich gröſsere und kleinere Stammstücke, die *grob* und in die Länge gestreift, und an der äuſsern Oberfläche mit kleinen und sehr kleinen dunkel rauchgrauen *Quarzkrystallen* in *sechsseitigen* an den freien Enden, wenn sie mit dem einen Ende aufgewachsen sind, an beiden Enden, wenn sie mit einer oder mehreren dieser Seitenflächen aufgewachsen sind, mit sechs Flächen *zugespitzten* Säulen gleichsam besäet sind. Die Holzstücke sind mit *kleinen Adern* von *gemeinem Quarze* theils von *graulichweiſser*, theils von dunkel honiggelber, in die *gelblichbraune* übergehenden Farbe *durchzogen*.

Dieses neuere Flötzgebirge setzt auch, wie ich schon oben angemerkt habe, über den Egerfluſs in einer nördlichen Richtung hinüber. Entblöſst sieht man es unmittelbar an dem Egerflusse zwischen Negrenitz und

Tschermich, an dem Saubache hier und da, besonders in der Nähe des Städtchens Priesen, an dem Wildbache in der Gegend von Tscheren und Wodierad. Nur selten sieht man an den genannten Orten alle übereinander liegende Flötzlagen in derselben successiven Ordnung, und so deutlich, wie bei Mohr. Gewöhnlich werden die tiefer liegenden dem Auge des Forschers entzogen, theils weil die Schluchten und Thäler hier nicht so tief, wie dort, niedergehen, theils weil sie von den herabgeschwemmten Erdschichten bedeckt werden; zuweilen werden einige dieser Flötzlagen auch ganz vermifst. Um alle ermüdende Wiederholung zu vermeiden, will ich hier in der möglichsten Kürze einige der genannten Orte berühren, und blofs die allenfalls Statt habende Abweichung etwas weitläuftiger auseinander setzen.

An einigen beträchtlichen Abstürzen, welche an den höhern Egerufern unweit Negrenitz befindlich sind, sieht man unmittelbar unter der Dammerde eine sehr mächtige *Lettenwand* entblöfst, welche einen *feinkörnigen graulichweifsen* und *gelblichgrauen*, mit sehr schmalen *ochergelben* und *gelblichbraunen Adern* durchzogenen, sehr lockern *Sandstein* bedeckt. Dieses Sandsteinlager mag 3 bis 4 Lachter mächtig seyn. Unter diesem ist ein 2 bis 3 Lachter mächtiges Lager eines *blaulichgrauen*, ziemlich *dick*- und *geradschiefrigen Schieferthones* befindlich, welches einem nur zum Theil entblöfsten Flötze von *Alaunerde* zum Dache dient. Diese Alaunerde ist da, wo sie der Einwirkung der äufsern Luft längere Zeit ausgesetzt war, mit einem *graulichweifsen mehlichen Beschlage* von *natürlichem Alaune* bedeckt; in derselben liegt, nesterweise, *Fraueneis* von *gelblich-* und *rauchgrauer* Farbe in *stern* und *büschelförmig aneinander gereiheten*, mit den *Seitenflachen aneinander gewachsenen Linsen*; auch ist in derselben *Schwefelkies klein* und *fein eingesprengt*. Zuweilen findet man noch ganze Stücke von einem aufgelöseten *bituminösen Holze* und von obigem, bei Fünfhunden aufgefundenen, mittelst des eisenschüfsigen Sandsteines *versteinerten Holze*.

Die Alaunerde wurde vor einigen Jahren auf Alaun benützt. Sie erhitzt sich im Freien, in Haufen übereinander gestürzt; nach einem vorhergegangenen Regen ist sie für sich entzündbar, und könnte, wegen dieser Entzündbarkeit, als Feuermaterial beim Versieden der Lauge gebraucht, die zurückbleibende Asche wieder ausgelaugt, und gleichfalls auf Alaun benützt werden. Ungeachtet dieses nicht kleinen Vortheils blieb der Bau doch im Kurzen wieder liegen. Als Ursache des Auflässigwerdens gab man mir die Unredlichkeit des Unternehmers an; doch könnte wohl auch noch eine zweite Ursache in der geringen Mächtigkeit und Ergiebigkeit des Flötzes von Alaunerde und in dem Mangel der nöthigen technischen Kenntnisse des Unternehmers mitgelegen haben.

In einer geringen Entfernung, etwas mehr gegen Westen, findet man alle Spuhren eines ehemaligen Erdbrandes, dessen Grund in der entzündlichen Alaunerde gelegen haben mag, der aber keine beträchtliche Strecke in der Breite eingenommen hat, und bloſs in den oberflächigen Schichten gewüthet zu haben schien, da man in den tiefern Punkten unter den pseudovulcanischen Producten wieder abwechselnde Flötzlagen eines *gelblichgrauen* und *ochergelben Lettens*, mit obigen nesterweise innliegenden *Fraueneiskrystallen* und groſsen Stücken des versteinerten Holzes, antrifft.

Noch mehr gegen Abend sieht man ganz unten einen sehr *aufgelöseten Gneiſs*, auf welchem *Kugelbasalt* aufliegt.

Nordwestwärts scheinen sich diese Flötzlagen über Tschermich und Tschachowitz, in welchem letztern Dorfe wieder ein alaunhaltiges Mineralwasser aus der Erde quillt, Luschitz, Tuschmitz, bis über Milsau hinaus in die Kroluper Gegend zu erstrecken; so wie sie nordwärts über Priesen bis nach Tscheren fortziehen. In der Gegend von Tscheren aber, dem Dorfe gegen Südosten, beobachtet man von diesen Flötzlagen nur die obersten, nämlich die unmittelbar unter der Dammerde liegenden, die aber stellenweise, nebst der aufliegenden Lettenschicht, ganz weggespühlt sind. In diesem Falle sieht man die oberste Lage einen sehr mürben, sehr *feinkörnigen*, theils *thonigen*, theils *thonig-eisenschüſsigen*, und daher *graulichweiſsen* oder *gelblichgrauen* und *ochergelben Sandstein* einnehmen, in welchem ganze Stämme, mittelst eines *ochrigen Braun-*

eisensteins, *versteinert* oder vielmehr *vererzt* liegen; unter diesem entdeckt man eine ziemlich mächtige Schicht eines *gelblichgrauen Lettens*, in welchem einzelne *Fraueneiskrystalle*, von derselben äussern Gestalt wie bei Negrenitz oder Tschermich, zerstreut, nebst Stücken von *Gallmei* oder *gemeinem Thoneisensteine*, vorkommen.

Der Gallmei unterscheidet sich von jenem bei Mohr fast gar nicht, ist theils *schwefel-* und *ochergelb*, und aus diesem in das *Gelblichbraune übergehend*, theils *gelblich-* und *aschgrau*, und kömmt theils *traubig*, *nierförmig*, theils *zerfressen* und *zellig* vor, hat sehr viele *dunkel bräunlichschwarze* schwachschimmernde Flecken, die aber bloss aus einem bituminösen Schieferthone (*Brandschiefer*) bestehen. Einige wenige chemische Versuche mit diesen Gallmeiabänderungen hat Herr *Mayer* mitgetheilt, aus welchen sich ergiebt, dass der Metallgehalt desselben nur geringe sey, und er, in Hinsicht seines technischen Gebrauchs, keiner besondern Aufmerksamkeit verdiene.

Tiefer scheint *Buntthon* zu liegen; wenigstens macht dieser ein ziemlich mächtiges Lager in der Gegend von Horženz an einem kleinen Bache, der sich, unweit von diesem Dorfe, in den Wildsbach ergiesst.

Er hat eine, aus der *ziegelrothen* durch die *blut-* bis in die *bräunlichrothe* übergehende Farbe, und ist *graulichweiss gestreift*, *gefleckt* und *geflammt*, auf den Ablösungen *eisenschwarz angelaufen*, und

metallisch *schimmernd;*
innwendig ist er *matt,*
von *feinerdigem* Bruche, der eine Anlage zum *schiefrigen* zeigt,
weich,
stark *abfärbend*, und
sich *etwas fett* anfühlend.

Die Flötzlagen werden in der Gegend von Pritschopl und Wodierad von dem aufgeschwemmten Sandlande mehr und weniger bedeckt. – Der *Kirchberg* bei ersterem Dorfe, ein mäſsiger, von der West- und Südseite steil abfallender, an der Nord- und Ostseite sanft in die umliegende Ebene sich verflächender Hügel, und eine Schlucht, die von letzterem Dorfe gegen Nordost ansteigend zuläuft, zeigen wenigstens unmittelbar unter der Dammerde eine 4 bis 6 Ellen starke Schicht eines *feinkörnigen Sandes*, in welchem groſse *Quarz*- und *Gneiſsgeschiebe* liegen; dann eine nicht zu mächtige Schicht von demselben *Schieferthone*, der bei Komothau das Dach der Alaunerde ausmacht, und unter dem Namen *Wolfenbrod* bekannt ist; und abwechselnd schwache Schichten von *Brandschiefer* mit Steinkohle gemengt, mit innliegenden *gemeinem Thoneisensteine* von *ochergelber*, *gelblich*- und *nelkenbrauner* Farbe, und *Fraueneiskrystallen* in büschelförmig zusammengehäuften sechsseitigen, an beiden Enden zugeschärften Säulen.

Oberhalb Pilln, dem Dorfe gegen Südwesten, sieht man wieder ein Lager von Buntthon entblöſst.

Derselbe Fall, wie bei Wodierad, hat an den Egerufern, die bald niedriger sind, und dann sich sanft gegen den Fluſs zu verflächen, bald aber höher werden und an den steilen Abstürzen die Flötzschichten, aus welchen sie bestehen, entblöſsen, bald sich von dem Flusse eine gröſsere oder kleinere Strecke zurückziehen, bald aber steil in den Fluſs hinabgestürzt sind, Statt.

Die Stadt Saatz liegt schon an sich auf einer beträchtlichen Anhöhe, die mit dem Egerflusse parallel von Dreowa über Saatz bis Libotschen ausläuft, wohin sie sich sanft verflächt, und hier und da wohl 15 bis 20 Klafter senkrechte Höhe haben mag. Ein *feinkörniger grauer Sandstein* mit meistens *thonigem*, seltener *thonig-eisenschüſsigem* Bindemittel, mit aufliegendem *verhärteten Mergel* oder *Letten*, constituiren diese Anhöhe. Bei Horka ziehen sich die Ufer etwas zurück bis an Neusattel, nähern sich aber bei Prossern dem Flusse wieder, wo sie zugleich die Höhe von 6 bis 8 Klaftern erreichen. Hinter Prossern werden sie sanfter, und sind ganz bebauet. Bei Sobiesack und Wikltitz nehmen sie an Höhe zu, fallen aber bald wieder sanfter gegen Drahnitz hinab, wo sich die Flötzschichten unter der Trappformation verbergen.

Bei letzterem Dorfe, demselben gegen Südosten, ist ein 2 bis 3 Klafter hoher Absturz, der durch das Vorkommen eines sehr artigen *gemeinen Thon-*

eisensteines mir merkwürdig wurde. Gleich unter der Dammerde liegt:

1) Ein fünf bis sechs Fuſs mächtiges Lager von *Thonstein*.

Dieser hat eine *gelblichgraue* Farbe,
einen *dichten*, und zwar *feinerdigen* Bruch,
unbestimmteckige, *stumpfkantige* Bruchstücke,
ist *matt*, nur hier und da wegen der ganz kleinen Glimmerblättchen, welche in demselben eingestreut sind, *schimmernd*,
weich,
hängt *ziemlich stark* an der Zunge,
fühlt sich *etwas rauh* an.

Auf den Ablösungen und Klüften ist er *ochergelb beschlagen*. An der Luft zerfällt er sehr leicht, und blättert sich dann ab. Seine Schichten sind 1 bis 4 Zolle stark und etwas krummgebogen, fallen sehr flach (unter 6° bis 8°) gegen Suden ein, und streichen St. 11. Mit diesem kömmt

2) in viel schmälern Schichten derselbe *Thonstein* von einer ochergelben und blaſs gelblichbraunen Farbe abwechselnd vor. Diese Farbe wird wegen des zunehmenden Eisengehaltes immer dunkler, je näher es

3) dem *gemeinen Thoneisensteine* liegt. Dieser macht eine etwas mehr als einen Fuſs mächtige Schicht, und ist äuſserst zerklüftet. Er ist im frischesten Zustande

dunkel nelkenbraun, auf den Klüften *dunkel bräunlich-schwarz* angelaufen, und etwas *schimmernd;*
sonst innwendig *matt.*

Der Bruch ist *flachmuschlich.*

Die Bruchstücke sind *unbestimmteckig, nicht sonderlich scharfkantig.*

Er giebt einen *ochergelben* Strich,
ist *weich,*
spröde,
leicht *zersprengbar,*
hängt nur *schwach* an der Zunge.

Dieser Thoneisenstein liegt endlich

4) auf einem theils *asch-* theils *dunkel rauchgrauen* Schieferthone.

An dem nördlichen Ufer der Eger sieht man an den ziemlich steilen und viel höhern, mit Wasserschrunden stark durchzogenen Gebirgsgehängen bei Dreihöfen, Straupnitz, Strahn, unter der Dammerde stets mehr und minder mächtige Lager von Laim- und Sandland, unter welchem eine sehr mächtige Schicht eines *graulich-* und *gelblichweissen* Thones liegt, der wahrscheinlich das Dach der Steinkohlen ausmacht. Wenigstens bauete man bei Dreihöfen und Stahn auf Steinkohlen. Beide Gruben sind aber jetzt auflässig. Dieselben Flötzlagen haben die Vertiefungen, welche den Sau- und Wildbach aufnehmen, deren eine bei Hrussowen sich öffnet, bei Schisselitz sich endigt, die andere bei Bidlitz beginnt, und bei Farbenz sich endigt, aufzuweisen; und das, obgleich nun aufgelassene Steinkohlenwerk bei Schisselitz und der Versuchbau bei Skirl, das Ausgehende eines, obschon schwachen Steinkohlenflötzes, das man an dem Dorfe Farbenz sieht, und endlich die noch im Bau stehenden Steinkohlenwerke bei Postelberg und Schiefsglock bestätigen den Satz, dafs sich weitverbreitete Steinkohlenflötze auch unter diesen Flötzlagen befinden.

Die Gränze des neueren Steinkohlengebirges in den aufliegenden Letten - Eisenthon - und Gallmeiflötzen dürfte sich daher, wie sich aus dem bisher Vorgetragenen ergiebt, von der Südseite bis an das Granitgebirge in der Gegend von Petersburg, von der Westseite bis an das neuere Trappgebirge, und vielleicht unter diesem noch weiter fort, von der Nordseite bis an den Fufs des Erzgebirges oberhalb Brunnersdorf, Komothau, Görkau, Schimberg, Czernitz. Johnsdorf, Ossegg, Klostergrab, Kosten, von der Ostseite bis an das Trappgebirge des sogenannten Mittelgebirges im Leutmeritzer Kreise, und vielleicht unter diesem noch weiter fort, und an das von dem ältern Sandsteine gebildete Gebirge erstrecken, und dort theils von diesem, theils von dem neueren Sandsteingebirge beschränkt werden.

Neueste Trappgebirge.

Die ersten Spuhren der neuern Trappformation in dem Saatzer Kreise, oder wenn man lieber will, die letzten Spuhren derselben in dem nordwestlichen Mittelgebirge, zeigen sich jenseits des Egerflusses, in der Entfernung einer kleinen Stunde von der K. Stadt Laun, an dem Dorfe Klumtschen, diesseits des Flusses, in der Gegend von Wewerschen und Witelno.

Der Chlumetz.

Bei dem Dorfe Klumtschen, demselben gegen Norden, erheben sich drei niedrige Basalthügel, davon der erste die senkrechte Höhe von etwa 30 Klaftern erreicht, erst sanft ansteigt, dann etwas steiler sich erhebt, und sich in eine kegelförmige, an dem Gipfel zugerundete Kuppe endigt, die mit einem Glorüttchen versehen ist. An den Abhängen dieses Hügels, der von den Bewohnern der Gegend den Namen Chlumetz erhalten hat, findet man zahlreiche grölsere und kleinere Basaltstücke zerstreut; anstehend sieht man ihn erst an der Westseite der Kuppe. Er ist nach allen Richtungen äufserst zerklüftet, zeigt aber doch, bei aufmerksamer Prüfung, *keilformig stänglich* abgesonderte Stücke, welche unter dem Winkel von 48° der Horizontalebene zufallen, und St. 10, 2 streichen. Die Klüfte füllt gewöhnlich *Kalkspath* aus.

Die Farbe des *Basaltes* ist *dunkel graulichschwarz*, der Bruch *uneben*, dem *grobsplittrichen* sich etwas annähernd. Beigemengt hat er nur *einzelne Saulchen* von *Hornblende* von *rabenschwarzer* Farbe, deutlich *blättrichem* Bruche und *geringem Grade von Durchscheinbarkeit*, und zwar nur an den *dünnen Kanten*, die also schon den Uebergang in Augit zu machen scheint, und einige eben so sparsame *Körner* von *gemeinem Olivin*.

Der zweite Hügel, der mit dem erstern nur ein Ganzes auszumachen scheint, und durch einen sattelförmigen Einbug von der erstern Kuppe abgesondert ist, und daher mit dieser einen zweikuppigen Hügel darstellt, ist ganz kahl, gröſstentheils beraset; nur an der Ostseite steht der Basalt in Klafter hohen, steil abgestürzten Felsenmassen an. Der Basalt zeigt dieselben abgesonderten Stücke, nur daſs sie deutlicher sind, und hier und da dem Säulenförmigen sich nähern. Sie fallen unter dem etwas gröſsern Winkel von 54° gegen dieselbe Weltgegend ein, und streichen St. 11, 2. So wie man sich dem Gipfel mehr nähert, so verliehrt sich die Säulenform wieder mehr, und die abgesonderten Stücke werden keilförmig, neigen sich unter demselben Winkel gegen Süden und Südosten, und sind wieder durch nach allen Richtungen aufsetzende Klüfte getrennt. Diese Klüfte sind von einer Linie bis zu 1, 2, 3 Zollen breit, theils leer, theils mit *Kalkspathe* und *Brauneisensteine*, die in abwechselnden ganz schmalen Lagen übereinander liegen, ausgefüllt. Der *Kalkspath* ist theils *graulich-* und *grünlichweifs*, theils *gelblichgrau* und *blafs weingelb*, gewöhnlich *derb*, nur äufserst selten in *sehr kleine, flache, doppelt dreiseitige Pyramiden*, die Seitenflächen der einen auf die Seitenkanten der andern aufgesetzt, krystallisirt; theils von einem sehr *zart - gerade-* und *krummfasrigen*, theils von einem *schmal-* und *büschelförmig auseinander laufend strahlichen* Bruche. Zuweilen hat der Kalkspath, oder vielmehr *fasrige Kalkstein*, *dünn-* und *geradschaalig* abgesonderte Stücke.

Der *Basalt* selbst ist *dunkel graulichschwarz* von Farbe, im Bruche sehr *feinkörnig*, das sich dem *Ebenen* nähert; hat *unbestimmteckige*, *ziemlich scharfkantige* Bruchstücke. Er nimmt nur äufserst sparsam ein *sehr* und *ganz kleines Olivinkörnchen*, oder, statt dessen, ein *sehr kleines Kalkspathkörnchen* auf. Es setzen in demselben sehr schmale (kaum ½ Linie breite) *Kalkspathadern* nach verschiedenen Richtungen auf. Auf den Ablösungen und leeren Klüften ist er *gelblichbraun beschlagen*, und deutet so einen starken Eisengehalt an.

An dem nördlichen Abhange derselben Kuppe, dem Fufse näher, findet man nochmals die Gebirgsart entblöfst. Sie ist aber sehr verwittert, ja gröfstentheils schon zu einem *gelblichgrauen* oder *gelblichbraunen wakkenartigen Thone* aufgelöset, so dafs es nun schwer hält, ein frisches Exemplar zur Bestimmung derselben zu erhalten.

Ihre Farbe ist *lichte bräunlichschwarz*, der Bruch *uneben von feinem Korne*, bei einem höhern Grade der Verwitterung in den *erdigen* übergehend; die Bruchstücke sind *nunbestimmteckig*, *ziemlich stumpfkantig*; sie ist weich, schon in das *sehr Weiche* übergehend, und charakterisirt sich daher zu einem *Uebergange des Basaltes in die Wacke*, oder einer *Mittelgattung zwischen diesen beiden.* Sie nimmt sehr häufigen *Glimmer* von einer aus der *tombackbraunen* in die *bräunlichschwarze* übergehenden Farbe, und gewöhnlich in *sechsseitige Tafeln* und *Säulen* krystallisirt, auf, und, nebst diesem, einzelne *Hornblendesäulchen* und *Olivinkörnchen* von einer aus der *wein*- durch die *honiggelbe* bis in die *gelblichbraune* übergehenden Farbe, die aber an der äufsern Oberfläche zu einem gelblichbraunen Eisenocher aufgelöset sind.

Diese aufgelösete Gebirgsart durchsetzen wieder obige, einige Zolle starke *Kalkspathtrümmchen*, in viel gröfserer Anzahl nach allen Richtungen, und erstere Basaltabänderung liegt in dieser in gröfsern und kleinern, meistens rundlichen Stücken, inne.

Den eigentlichen Fufs dieses Hügels constituirt ein *thonig- eisenschüfsiger Sandstein*, von dessen Lager das Ausgehende an dem südlichen Fufse entblöfst ist. Er ist *feinkörnig*, und die sehr kleinen Quarzkörner sind, mittelst eines gelblichbraunen eisenschüfsigen Thones, gebunden. Es ist daher mehr als wahrscheinlich, dafs der eisenschüfsige Sandstein, der Wackenthon, die Wacke, und der Basalt, in der augegebenen successiven Ordnung übereinander liegen. Der Feldbau, welcher sich den gröfsten Theil dieses Berges bis an seine Kuppen zugeeignet hat, und der Rasen, hindern den Geognosten, die allmäligen Uebergänge dieser übereinander liegenden Gebirgsarten deutlicher zu beobachten.

Der Pfsaner Berg.

Der zweite Hügel, der mehr nördlich liegt, ist viel höher. Sein nördlicher Fufs dehnt sich bis an das Dorf Pfsan (Pschan) aus, von welchem er den Namen des Pfsaner Berges erhalten hat. Er bildet an dem Gipfel einen schmalen, gegen Norden ansteigenden Kamm, dessen östlicher und westlicher Abhang steil hinabfällt, und der sich an der Nordseite in eine kleine Plattform endigt, auf welcher eine Linde aufgepflanzt ist. Dadurch stellt er im Durchschnitte ein Dreieck vor, dessen Grundfläche gegen Norden, die Spitze gegen Süden gekehrt ist. Der Basalt, aus welchem dieser Berg zusammengesetzt ist, hat, dem Fufse näher, *keilförmig stänglich* abgesonderte Stücke, deren Durchmesser aber selten ½ Fufs übersteigt; unterhalb dem Gipfel nähern sie sich mehr dem Säulenförmigen. Sie neigen sich nur wenig gegen den Horizont; ihr Einfallwinkel beträgt nämlich 86°, und ihr Streichen beobachten sie St. 7, 4. Allenthalben ist dieser Basalt äufserst zerklüftet und sehr verwitterbar. Auf den Kluften und Ablösungen beschlägt er, bei anfangender Verwitterung, *gelblichbraun;* greift die Verwitterung weiter, so löset er sich in *körnig* abgesonderte Stücke auf, die Ecken und Kanten der keilförmig abgesonderten Stücke runden sich zu, und sie nehmen so eine rundliche, oft kugelförmige Gestalt an.

Der *Basalt* ist von Farbe *dunkel graulichschwarz*, im Bruche *uneben* von feinem Korne, und nimmt, aufser einzelnen *Hornblendesäulchen* und ganz kleinen, meistens schon mehr oder weniger aufgelöseten *Olivinkörnchen*, nesterweise *verhärteten Mergel* auf.

Seine Hauptfarbe ist die *grünlichgraue*, in welcher aber die *bläulichgraue fleckweise* vorkömmt. Er ist mit häufigen *braunsteinartigen Zeichnungen* versehen.

Er liegt in *stumpfeckigen Stücken* von der Gröfse einer Wallnufs, Faufst, ja eines Kopfes in dem Basalte inne, und die Ablösungen des letztern setzen ungehindert durch erstern hindurch, so dafs oft ein und dasselbe Stuck Mergel zu zwei oder drei Basaltstücken gehört.

Er ist innwendig *matt*, auf den Klüften, mittelst eines taubenhalsig bunt oder mit Farben des gehärteten Stahles angelaufenen zarten Häutchens, *wenig glänzend*.

Der Bruch ist *uneben*, dem *splittrichen* sich nähernd.

Die Bruchstücke sind *unbestimmteckig, ziemlich stumpfkantig*.

Der Chlum.

Die drei niedrigen Hügel, welche in der Nachbarschaft des Dorfes Wewerschen, und zwar demselben gegen Westen liegen, und mit dem gemeinschaftlichen

Namen Chlum bezeichnet werden, gehören gleichfalls, wie die eben beschriebenen Hügel in der Gegend von Klumtschen, noch zu dem nordwestlichen Gebirge, und stehen als Ueberbleibsel des wahrscheinlich meistens allgemein über die Saatzer Ebene verbreiteten Basaltlagers nun isolirt da, schliefsen sich aber doch an die in dem Leutmeritzer Kreise gelegenen Basaltberge, den Wolepschitzer- und Mileyerberg, den Petscher Wacheberg, an. Wasserfluthen scheinen nach und nach das dazwischen liegende Basaltlager, das sie zu einem stetigen Ganzen verband, weggeschwemmt zu haben, weil wahrscheinlich dieser Theil des Lagers aus einem mehr wackenartigen, daher wegen seines gröfsern Thon- und geringern Kiesel- und Eisengehaltes viel verwitterbaren Basalte bestand.

Der am meisten gegen Südwesten gelegene Hügel ist nur mäfsig hoch, ganz beraset; an den Abhängen, die etwas steiler der Ebene zufallen, ragt der Basalt nur in gröfsern und kleinern Massen hervor, oder er liegt in zerstreuten Stücken auf denselben. Wegen dieses Vorkommens des Basaltes läfst sich von seinem Verhalten, in Hinsicht des Streichens und Fallens, nichts Bestimmtes aussagen.

Der *Basalt* ist dunkel graulichschwarz von Farbe, im Bruche uneben von *kleinem Korne*, und sehr fest. Er nimmt, als fremdartigen Theil, blofs einen *lichte olivengrünen gemeinen Olivin* in *kleinen* und *sehr kleinen Körnern* auf, die da, wo sie gröfser werden, *kleinkörnig*

abgesonderte

abgesonderte Stücke zeigen, und da, wo sie sehr klein sind, eine regelmäſsige äuſsere Gestalt und einen *blättrichen* Bruch anzunehmen geneigt scheinen, und daher sich dem *blättrichen Olivine* nähern.

Der mittlere Hügel ist der relativ höchste, gleichfalls ganz kahl, und bloſs beraset, von allen Seiten minder steil, als der erste abfallend. An dem südlichen Abhange ragen die Enden der Säulen mehrere Fuſse weit aus dem Rasen hervor. Sie neigen sich unter dem Winkel von 42° gegen Südwesten, streichen St. 2, und sind durch Queerrisse und schief aufsetzende Klüfte getrennt. An dem nördlichen Fuſse werden diese Säulen undeutlicher, nähern sich mehr dem *keilförmig Stänglichen*; ihre Absonderungsflächen sind uneben, höckerig, sie liegen fast wagerecht, und streichen St. 9, 4. Der Basalt des Hügels ist derselbe, wie des vorigen; nur sind die innliegenden *Olivinkörner* etwas gröſser, und haben eine aus der *lichte olivengrünen* in die *grünlichweiſse* ziehende Farbe und deutlich *kleinkörnig* abgesonderte Stücke.

Der dritte Hügel, welcher mehr nördlich liegt, ist sehr niedrig, mit einer Vertiefung an der Kuppe versehen, aus welcher wahrscheinlich der Basalt zu irgend einem Behufe herausgefördert wurde. Die Abhänge verflächen sich sehr sanft in die Ebene. Die äuſsere Gestalt ist, wie die der beschriebenen Hügel, kegelförmig, an dem Gipfel zugerundet. Der Basalt liegt bloſs an dem Fuſse und an den Abhängen in Stücken zerstreut herum, und ist derselbe, wie an den vorigen zwei Hügeln;

nur nimmt er hier, nebst dem *gemeinen Olivine* von *grünlichweiſser* Farbe, in sehr und ganz kleinen Körnern, auch noch *blättrichen Olivin* auf, der eine theils *blaſs spargelgrüne*, theils *lichte apfelgrüne* Farbe hat, in kleinen *eingewachsenen sechsseitigen Saulen*, mit zwei verhältniſsmäſsig viel breitern und vier schmälern, oft sehr schmalen Seitenflächen, die an den Enden mit zwei auf die von den schmälern Seitenflächen eingeschlossenen Seitenkanten aufgesetzten Flächen *zugeschärft* sind, vorkömmt, einen *geringen* innern Glanz, und zwar *Fettglanz*, hat, einen deutlich *blättrichen* Bruch, und mehr und weniger durchscheinend.

In der Nähe des Dorfes Buschtiefrad, und zwar diesem gegen Nordwesten, liegen noch drei niedrige, gröſstentheils bebauete, nur an dem Gipfel berasete Basalthügelchen, an denen derselbe Basalt, welcher die südlichen Hügel bei Wewerschen constituirt, theils an den Abhängen in Stücken zerstreut liegt, theils an dem nördlichen Fuſse fest ansteht und da *keilförmig stänglich* abgesonderte Stücke zeigt, die unter dem Winkel von 26° gegen Nordosten einfallen und St. 9 streichen.

Der Wtelner Berg.

Der Wtelner Berg liegt, der Stadt Brux gegen Südosten, in der Entfernung einer halben Stunde, und hat an seinem südlichen Abhange das Dorf Wtelno, von welchem er seinen Namen entlehnt. Er nimmt seine Richtung von Südosten gegen Nordwesten, verflächt sich an der Südwestseite in die ausgebreitete Saatzer Ebene, und hat daher mit dieser hier alle Flötzlagen gemein; an der Nordostseite, wo er unweit dem Dorfe Kohn dem Bilaflusse zufällt, sind diese durch einen Erdbrand in die gewöhnlichen pseudovulcanischen Producte, halbgebrannte Thone, Erdschlacken und Porcellanjaspise umgewandelt. An der Südostseite findet man, unterhalb Wtelno, ein beträchtliches Basaltlager. Der *Basalt* liegt von *maſsig* abgesonderten Stücken, die ursprünglich eine undeutliche Säulenform gehabt haben mögen, übereinander, ist *graulichschwarz*, *uneben*, und zwar *etwas grobkörnig* im Bruche, mit Trümmchen des *fasrigen Kalksteines* nach allen Richtungen durchsetzt, und hat, als fremdartige Theile, einzelne *lichte* und *dunkel olivengrüne*, *wein*- und *honiggelbe Körner* von *gemeinem Olivine*, und sehr zahlreiche *Hornblendesäulchen* beigemengt. Höher hinauf ist er zu einem *bläulich*- und *gelblichgrauen*, *ochergelben*, *blaſs* und *dunkel ziegel*-, *fleisch*- und *schmutzig rosen*- und *bräunlichrothen Buntthone* aufgelöset. Alle diese Farben wechseln *fleckweise* mit einander ab, und verlaufen sich allmalig und sanft in einander. In diesem Thone liegen: 1. *lose kleine* und *sehr kleine Hornblendesäulchen*, 2. einige *ochergelbe* und *gelblichbraune Ocherpunkte*, die wahrscheinlich dem völlig aufgelösten Olivine ihr Daseyn danken.

In den Saatzer Kreis gehören noch der *Ronneyerberg* und der *Hoblich*, zwei ziemlich hohe Basaltberge. Da ich diese aber bereits sowohl in Rücksicht ihrer äufsern Form, als der sie constituirenden Gebirgsart, in meiner Orographie des nordwestlichen Mittelgebirges beschrieben habe, so verweise ich hier blofs auf diese Beschreibung nur zu der dem Saatzer Kreise eigenthümlichen Trappformation, die sich aus diesem in den Ellbogner, angränzenden Pilsner, und aus jenem in den Egerischen Bezirk, aus diesem in die Pfalz hinüberzieht, und fange mit dem südlichen Theile derselben an.

In jener Ebene bereits, welche an der Ostseite von dem Goldbache, an der Westseite von dem Podhorsamer Bache eingeschlossen wird, findet man in allen Fahrwegen und Wasserschrunden sehr zahlreiche, gröfsere und kleinere Basaltgeschiebe; der Boden ist in der Nachbarschaft der Dorfschaften Tscheraitz, Reitschowes, Milleschitz, Miltschowes, Ferbenz bräunlichwarz und der beste Weizenboden, und scheint daher der endlichen Auflösung des Basaltes sein Daseyn zu verdanken. Indessen findet man auf dieser Ebene keine ausgezeichnete Anhöhe, welche nähere Aufschlüsse über die die Gegend constituirende Gebirgsart geben könnte; die Wasserschrunden sind zu seichte, um die Gebirgslager zu entblöfsen; man mufs also, um das Räthsel zu lösen, die Ufer des Podhorsamer Baches und des Goldbaches besuchen, in welchen man auch ohne Schwierigkeit die Geburtsörter der in der Ebene so häufig zerstreuten Basaltstucke auffindet.

An dem Goldbache sieht man zwischen Mirchotup und Groſsholetitz das Ausgehende eines Basaltlagers. Dieses hat die Höhe von mehr als 20 Klaftern. Der Basalt verfolgt, in Gestalt eines sanft gekrönten Dammes, die Ufer des Baches über eine halbe Stunde weit, bis er wieder dem Sandsteine Platz macht. Er scheint 2 bis 2½ Fuſs mächtige Schichten zu bilden; wenigstens deuten die parallel laufenden Ablösungen, welche unter einem Winkel von 84° gegen Nordwesten der Horizontalebene zufallen, und ihr Streichen St. 4 beobachten, auf eine Schichtung hin. Der *Basalt* hat *säulenformig stänglich* abgesonderte Stücke; die Säulen sind entweder sechsseitig, und haben dann gewöhnlich zwei verhältniſsmäſsig sehr breite und vier schmälere Seitenflächen, oder sie sind etwas undeutlich, und nähern sich mehr den *keilförmig stänglich* abgesonderten Stücken. Diese und die Säulen werden, nachdem durch die Verwitterung die Kanten und Ecken verlohren gegangen, zu Kugeln umgeformt, die man auf den nahe gelegenen Feldern hier und da zerstreut herumliegen sieht. Jede dieser Kugeln hat wieder *groſs*- und *kleinkörnig* abgesonderte Stücke aufzuweisen. Der Basalt ist nach allen Richtungen mit 1 bis 2 Linien starken Kalkspathadern durchzogen, und sehr zerklüftet. Diese Zerklüftung begünstigt das Lostrennen gröſserer und kleinerer Basaltmassen, woher die an dem Bache liegenden unzähligen, übereinander gestürzten Stücke herzuleiten sind. Der Basalt beschränkt sich nicht auf das westliche Ufer des

Goldbaches, sondern setzt auch an das östliche hinüber, wo er sich aber alsogleich unter dem Sandsteine verbirgt. Diesseits erhebt sich der Basaltdamm, in der Gegend von Groſsholetitz, in einen niedrigen Hügel mit von allen Seiten sehr sanft abfallenden, theils bebaueten, theils beraseten Abhängen, der sich oben in eine kleine Plattform endigt. An diesem findet man aber den Basalt nicht anstehend, sondern bloſs in zerstreuten Stücken.

Der Basalt ist *dunkel graulichschwarz* von Farbe, im Bruche *uneben*, dem *grobsplittrichen* sich nähernd. Er nimmt, auſser dem *gemeinen Olivine*, nichts Fremdartiges auf; dieser ist *lichte olivengrün*, das sich von einer Seite in das *Grünlichweiſse*, von der andern in das *blaſs Honiggelbe* verzieht, bildet *kleine* und *sehr kleine Körner*, selten sehr *kleine Säulchen*, und zeigt im letzteren Falle einen *blättrichen Bruch*.

Das Basaltlager sieht man an dem Podhorsamer Bache wieder zwischen Podhorsam und Dolanken entblöſst. Es bildet hier einen Hügelzug, der sich von der rothen Mühle, in der Richtung von Süden gegen Norden, bis an das Dorf Dolanken erstreckt. Dieser Hügelzug verbreitet sich mit einigen niedrigen, theils beraseten, gröſstentheils aber bebaueten, abgerundeten Küppchen, in die bebauete Ebene von Tsc' eb, von welchen die daselbst zerstreuten Basaltstücke, deren Ecken und Kanten mehr und weniger abgeführt sind, herzuleiten sind. Das Verhalten des Basaltes selbst kann, da er an den steiler abfallenden westlichen Abhangen der Hügel nur hier und da aus dem Rasen hervorragt, nur an den dem Bache mehr oder weniger steiler zufallenden Gehängen dieser Hügelreihe studiert werden.

Der Klarunezberg.

Der am südlichsten gelegene Hügel hat den Namen Klarunezberg. An seinem westlichen Abfalle ragen hier und da, der Kuppe näher, Aggregate von Basaltkugeln hervor, die unordentlich übereinander gehäuft liegen. Jede dieser Kugeln löset sich, bei einem stärkern Hammerschlage, leicht in *krumm*- und *concentrisch schaalig* abgesonderte Stücke auf; jede Schaale hat die Dicke $\frac{1}{4}$ bis $\frac{1}{2}$ Zolles, und zeigt wieder *körnig* abgesonderte Stücke, die aber bloſs die weiter gegriffene Verwitterung, die beginnende Auflösung als Ursache anerkennen. Diese fortschreitende Verwitterung, so günstig sie auch immer von einer Seite für die Auffindung und Erklärung der Structur des Basaltes seyn mag, erschwert von der andern Seite die Bestimmung des Basaltes selbst. Man muſs mehrere der gröſsern Kugeln zerklüften, ehe man auf einen festen Basaltkern trifft, der die Gebirgsart in ihrem ursprünglichen Zustande, und zu einer richtigen und genauen Bestimmung geeignet, darstellt.

Die Farbe dieses Basaltes, an dem der Zahn der Zeit seine Wirkung noch mehr geäuſsert hat, der geschützt vor der Einwirkung der atmosphärischen Luft und des atmosphärischen Wassers blieb, ist *graulichschwarz*, der Bruch ist *uneben* von *kleinem Korne*, die

Härte und Festigkeit ist beträchtlich. Als fremdartige Theile entdeckt man in demselben sehr häufigen

1. *Augit*

von *dunkel olivengrüner* Farbe, die sich bis in die *rabenschwarze* verzieht, in *eingewachsenen sechsseitigen Säulen* mit zwei breitern und vier schmälern Seitenflächen, an den Enden mit zwei auf die von den schmälern Seitenflächen eingeschlossenen Seitenkanten aufgesetzten Flächen *zugeschärft*, diese Seitenkanten zugleich mehr oder weniger *abgestumpft*, nur in dünnen Splittern *durscheinend;* daher man diesen Augit bei dem ersten Anblicke für Hornblende anzunehmen geneigt ist, wenn nicht die leichtere Verwitterbarkeit, der Mangel aller Einwirkung auf die Magnetnadel, der stärkere Glanz, die gröſsere Durchscheinbarkeit, obgleich nur an den dünnen Kanten, für Augit spräche. Fast eben so häufig

2. *blättrichen Olivin*,

der aber seine ursprünglich *blaſs spargelgrüne* Farbe, wegen der weitergegriffenen Verwitterung und dadurch bewirkten stärkern Oxidation des Eisens, mit der *grünlichgrauen* und *blaſs ochergelben* vertauscht, seinen *blättrichen* Bruch aber noch immer beibehalten hat.

Der geringe Widerstand, den diese fremdartigen Theile, ihrer chemischen Mischung nach, der Einwirkung der äuſsern Umstände (der Verwitterung) entgegensetzen, ist Ursache, daſs der Basalt, nachdem sie ausgefallen sind, an der äuſsern Oberfläche *löcherícht* und *porös* erscheint. Diese Löcher sind gewöhnlich schon rund; doch zeigen sie stellenweise noch den Umriſs der darinn gelegenen Krystalle so deutlich an, daſs man aus denselben die Krystallform zu bestimmen vermag.

Der Hummelberg.

Von dem Klarunezberge nimmt der Hügelzug an Höhe etwas ab; die Küppchen ebnen sich mehr zu, erheben sich nur unmerklich in die Tschebner Ebene; ihr westlicher Abfall wird sanfter. Er nimmt den Namen des *Hummelberges* an. Der Basalt hat hier *massig* abgesonderte Stücke; aber diese Basaltmassen sind gleichfalls durch Verwitterung an den Ecken und Kanten mehr und weniger zugerundet, und stellen etwas unförmliche Kugeln dar, die sich wieder in etwas *dickere Schaalen* ablösen. Diese Gröſse der Kugeln, die oft mehrere Fuſs im Durchschnitt messen, schützt den Basalt besser vor der Verwitterung; daher mit geringerer Mühe frische Stücke zur Bestimmung zu erhalten sind. Es ist derselbe Basalt, wie an dem vorigen Hügel; nur ist seine Farbe, da er mehr unversehrt ist, *dunkler*, der innliegende *Augit* und *blättriche Olivin* ist frischer, die Farbe des erstern *dunkel lauch* - und *lichte schwärzlichgrün*, der innere Glanz *stärker*, die Durchsichtigkeit gröſser, aber die Krystallform undeutlicher, da wegen der gröſsern Festigkeit des Basaltes bei dem Zerklüften die Augitsäulchen zugleich mit dem Basalte zerspringen, da sie an dem Klarunezberge dem Zerklüften mehr als der Basalt widerstanden, und dieser von jenem bei dem Zerklüften sich trennte. Die Farbe des blättrichen Olivins ist die gewöhnliche *blafs spargelgrüne*, die sich von einer Seite in die *lichte olivengrüne*, von der andern in die *grünlichweifse* verläuft, der Bruch deutlich *blättrich*, der Glanz *Fettglanz*.

Beide beschriebenen Basaltabänderungen sind auf den Ablösungen und Klüften gewöhnlich *gelblichbraun beschlagen*, und verrathen daher einen ansehnlichen Eisengehalt.

Von dem Hummelberge setzt der Basalt durch den Bach an das jenseitige Ufer hinüber, doch erreicht er nicht die Höhe, wie an dem östlichen Ufer; denn die westlichen Gehänge übersteigen selten die Höhe von 5 bis 6 Klafter, da die östlichen die Höhe von 20 und mehr Klaftern hatten. Aber da diese sanfter abfallen, und daher der Vegetation mehr Raum liefsen, so ist der Fufs mit Rasen bekleidet; da aber jene sehr steil dem Bache zugestürzt sind, so stellen sie dem beobachtenden Geognosten die Unterlage, auf welcher der Basalt aufliegt, entblöfst dar. Sie ist *Wacke*.

Diese ist im frischesten Zustande von einer *blafs nelken - lichte* und *blafs haarbraunen* Farbe, die aber durch die Verwitterung in die *gelblichgraue* übergeht.

Sie ist innwendig *matt*,

von *feinkörnigem* Bruche, der sich stuffenweise bis in den erdigen verläuft,

von *unbestimmteckigen, stumpfkantigen* Bruchstücken,

und *weich.*

In dieser Wacke liegen

1. sehr häufige, *sehr* und *ganz kleine Hornblende-säulchen;*
2. minder zahlreiche *graulichschwarze, tombackbraune* und *dunkel weingelbe Glimmerblättchen;*
3. sparsame *gelblich-* und *rauchgraue Kalkspath-körnchen.*

Diese Wacke ist nach allen Richtungen mit schmalen Kalkspathtrümmchen durchzogen, und es liegen schmale (4 bis 5 Zolle starke) Flötze von einem, im frischesten Bruche *gelblichbraunen, gemeinen Thoneisensteine* darinn, der aber durch die Einwirkung der Atmosphäre eine *blaſs ochergelbe* und *gelblichbraune* Farbe annimmt. Auch nesterweise kömmt dieser Thoneisenstein in der Wacke vor, und dann erscheint er in gröſsern und kleinern, *mehr* oder *weniger vollkommenen Kugeln,* die *dünnkrumm-* und *concentrisch schaalig* abgesonderte Stücke haben, und deren Kern *Gelberde* ist. Die Schaalen haben alle zwischen *blaſs ochergelb, dunkel gelblich-* und *nelkenbraun* liegende Nüancen. Diese Farben wechseln mit einander ab, oder verlaufen sich allmälig in einander.

Noch mehr gegen Norden, an einem der tiefsten Punkte des Hummelberges, beiſst ein *Sandsteinlager* zu Tage aus. Es besteht aus einem sehr *feinkörnigen thonigen* Sandsteine, der schmale Schichten bildet, die aber in tiefern Punkten bald gegen Norden, bald gegen Süden einfallen, höher aber fast wagerecht liegen.

In der Nachbarschaft von Dolanken wird der Hügelzug durch eine gegen Osten auslaufende schmale Schlucht unterbrochen, die den Hummelberg, welcher, der Schlucht näher, wieder an Höhe zunimmt, an dem nördlichen Abhange mit einzelnen Kiefern bewachsen ist, und an welchem die Basaltkugeln zu dicken, fast senkrecht stehenden Säulen gruppirt werden, von dem folgenden Rowinberge trennt.

Der Rowinberg.

Dies ist der merkwürdigste Hügel der Gegend. Er zeichnet sich zwar durch seine Höhe nicht aus, er wird vielmehr von den vorigen Hügeln an Höhe übertroffen; auch seine Form ist nicht auffallend; er stellt ein niedriges, an der Kuppe abgerundetes, halbkugelförmiges Hügelchen dar, das sich an der Ost- und Nordostseite in die Ebene verliehrt, an der Südseite aber steil der Schlucht zustürzt. Aber dieser Absturz entblöſst an seinem südlichen Fuſse seine Unterlage, und zeigt das Verhalten des aufliegenden Basaltes gegen dieselbe.

Unterhalb der Kuppe sieht man den Basalt ſestanstehend. Er bildet beiläufig drei Klafter hohe *fünf*- und *sechsseitige* Säulen, welche an der Nordseite vollkommen *gerade*, an der Südseite etwas krummgebogen sind, fast senkrecht stehen, oder doch nur wenig gegen Norden geneigt sind. Eine schief gegen Nordosten niedersetzende Kluft trennt diesen Basalt gleichsam in zwei Absätze, oder Säulenreihen, davon die untere einen kleinen Vorsprung nimmt. Die Zwischenräume der Säulen und die Klüfte füllt ein *zart* und theils *gerade*- theils *krummfasriger* *Kalkstein* oder *Brauneisenstein*, oder beide zugleich, wo sie dann in schmalen Lagen mit einander abwechseln, aus. Jede Säule wird durch zarte Klüfte oder Risse *tafelartig* getrennt, so daſs jede einzelne Säule als ein Aggregat mehrerer übereinander liegender fünf- oder sechsseitiger Tafeln angesehen werden kann. Der *Basalt* ist noch immer derselbe, nur daſs die *Augitsäulchen* kleiner und sparsamer, die Säulchen von *blättrichem Olivine* dagegen gröſser (sie erreichen nicht selten die Länge von $\frac{1}{2}$ bis $\frac{3}{4}$ Zoll) und zahlreicher werden.

Die Basaltsäulen ruhen unmittelbar auf einem, $1\frac{1}{2}$ Fuſs mächtigen Sandsteinflötze auf. Dieser *Sandstein* ist feinkörnig, aber sehr eisenschüſsig, daher seine Farbe *gelblichbraun*, tiefer unten *gelblichgrau* ist. Das Bindemittel der sehr und ganz kleinen Quarzkörner ist *Wackenthon*, in welchem sehr und ganz kleine theils ganze, theils *verbrochene* *Hornblendesäulchen* und *Kalkspathkörner* liegen.

Unter diesem Sandsteine ist ein zweites Sandsteinflötz, von $2\frac{1}{2}$ Klafter Mächtigkeit, entblöſst. Dieser *Sandstein* ist sehr *feinkörnig* und *weich*, fast *zerreiblich*; sein Bindemittel, das aber sehr vorwaltend ist, *thonig*.

Mit diesem Sandsteine wechseln 5 bis 6 Zoll starke, auch noch schwächere Schichten eines *graulichweiſsen*, im Bruche feinerdigen, und aus diesem in den *muschlichen* übergehenden *Pfeifenthones* ab, der aber wieder mit sehr schmalen Adern eines blaſs gelblichbraunen Eisenochers durchzogen ist.

Der Weinberg.

Mit dem eben beschriebenen Rowinberge steht an der Westseite der Weinberg, ein niedriges, an der Ost- und Südseite berasetes Hügelchen, in Verbindung. In der Vertiefung, welche diese beiden Hügel zurücklassen, liegt das Dorf Dolanken. Die Kuppe verliehrt sich oben in die Ebene; an dem östlichen und südlichen Abhange findet man Bruchstücke desselben Basaltes, den ich an den vorhergenannten Hügeln anstehend fand.

Denselben Podhörsamer Bach schlieſst mehr gegen Abend, in der Entfernung einer kleinen Stunde von dem Städtchen Podhorsam, an dem Stadtchen Puschwitz, ein niedriger Hügelzug, oder vielmehr zwei niedrige, sanft gegen Osten abfallende Gebirgsrücken ein. Da diese gröſstentheils bebauet sind, so findet man an denselben die Gebirgsart gröſstentheils nur in kleinern und gröſsern Stücken; doch ragen, Puschwitz näher, einzelne sehr zerklüftete, und eben deswegen in ihrem Verhalten unbestimmbare Basaltmassen aus dem Rasen hervor. Ich fand zwei Abänderungen des Basaltes daselbst auf. Beide sind von Farbe *graulichschwarz*, im Bruche *uneben* von *kleinem Korne;* die eine enthält *Hornblende* in *kleinen eingewachsenen Säulchen* und einen *graulichschwarzen, tombackbraunen*, und aus diesem in das *Bräunlichschwarze* übergehenden *Glimmer;* die andere nimmt, statt dieser, einen *dunkelolivengrünen* und *blafsweingelben gemeinen Olivin* und *gemeinen Speckstein* auf, letztern von einer theils *gelblichgrauen*, theils *wachs-* und *honiggelben* Farbe, in *kleinen plattgedrückten Körnern* von der Gröfse eines Hanfkornes, seltener einer Erbse, innliegend; die gröfsern Specksteinstückchen umgiebt gewöhnlich ein *gelblichgrauer Kalkspath*.

Der Galgenberg.

In einer geringen Entfernung von Puschwitz, dem Städtchen gegen Südwesten, erhebt sich ein niedriger, gröfstentheils beraseter Hügel, an dessen Fufse die Strafse nach Kleinfirwitz vorbeiführt, und an dessen sanft abfallenden Abhängen die eben beschriebene zweite Basaltabänderung in Stücken zerstreut herumliegt.

Der Rudiger Eichberg.

In der Entfernung einer kleinen halben Stunde von dem eben beschriebenen Puschwitzer Galgenberge erhebt sich der *Rudiger Eichberg.* Dieser ist ganz mit einem hochstämmigen Eichenwalde bewachsen. Er ist an der Ostseite durch eine sattelförmige Vertiefung in drei Kuppen abgetheilt, läuft dann westwärts in einem ziemlich hohen Rücken aus, verflächt sich gegen Süden sehr sanft in die Gegend von Rudig, wo ein Theil des Abhanges und der Fuſs bebauet ist; etwas steiler fällt er an der Nordseite ab. Unterhalb der obigen zwei Kuppen entblöſst er eine 3 bis 4 Klafter hohe Felsenwand, an welcher man den Basalt in etwas unregelmäſsigen Säulen anstehend sieht. Man entdeckt zwei Säulengruppen, welche, mittelst einer Ablösung, von einander abgesondert sind; die obern Säulen sind dünner, haben ungefähr einen Fuſs im Durchmesser, sind ziemlich regelmäſsig fünf- und sechsseitig; die untern sind dicker ($\frac{1}{2}$ Fuſs und darüber stark) und etwas unregelmäſsig. Sie neigen sich nur wenig gegen die Horizontalebene; der Einfallwinkel beträgt 72°, und zwar gegen Norden, das Streichen ist St. 7. Schief aufsetzende Klüfte trennen diese Säulengruppen nach verschiedenen Richtungen.

Der **Basalt** ist *dunkel graulichschwarz* von Farbe, im Bruche *uneben* von *kleinem Korne*, und nimmt, nebst den ziemlich zahlreichen, aber sehr kleinen *dunkel graulichschwarzen* **Hornblendesäulchen**, einzelne *honig-* und *blaſs ochergelbe* **Kalkspathkörner** auf.

Der Werzner Berg, der Pomeisler Galgenberg, der gebrannte Berg, die Welka, der Bränelberg.

Dem zuletzt beschriebenen Eichberge gegen Nordwesten liegt ein nicht zu hoher, aber dafür sehr ausgedehnter Berg. Sein westlicher und nördlicher Fuſs erstreckt sich bis an Pomeisl, die dabei gelegene Steinmühle,

mühle, und den durch das Städtchen fliesenden Bach; an dem südwestlichen Fuſse liegt das Dorf Werzen; an der Ostseite verbindet er sich mit dem Puschwitzer Galgenberge und jenem niedrigen Gebirgsrücken, der gegen Puschwitz zuläuft. Seine äuſsere Form ist sehr unregelmäſsig, er hat allenthalben Einbüge, aus- und einspringende Winkel. Oben endigt er sich in eine ausgedehnte Plattform, welche aber nicht eben ist, sondern von mehreren Erhöhungen und Vertiefungen unterbrochen wird. Die Abhänge sind meistens sanft, und daher gröſstentheils bebauet oder beraset, die niedrigen Küppchen auf der Plattform sind gleichfalls mit Rasen oder niedrigem Strauchwerke besetzt. Er hat mehrere Namen. So heiſst der südwestliche Abfall der *Werzner Berg*, der nordwestliche der *Pomeisler Galgenberg*, der südöstliche der *gebrannte Berg*, zwei der höhern Küppchen auf der Plattform haben den Namen *Welka* und *Bränelberg*.

Die constituirende Gebirgsart dieses vielnamigen und sehr weit verbreiteten Berges ist *Basalttuff* und *Basalt*. Von letzterem kommen folgende Abänderungen vor, und zwar von den auf der Plattform gelegenen höhern Küppchen, der Welka und dem Bränelberge:

1. Ein *graulichschwarzer* Basalt von *unebenem*, und zwar *grobkörnigem* Bruche, und *geradschaalig* abgesonderten Stücken, die aber durch nach verschiedenen Richtungen aufsetzende Klüfte getrennt sind, also ein wahrer *Tafel-* (Platten) *Basalt*, dessen

Tafeln die Stärke von einigen Zollen haben. Er nimmt nichts als *Augit* von einer *dunkel lauchgrünen*, und aus dieser in die *dunkel schwärzlichgrüne* übergehenden Farbe, in *kleinen eingewachsenen Säulchen*, und diese nur sparsam, auf. Zuweilen macht dieser Augit schon den Uebergang in basaltische Hornblende, und dann wird seine Farbe *dunkel rabenschwarz*, der Glanz etwas geringer, und mit diesem veränderten Glanze nimmt auch seine Durchscheinbarkeit ab.

2. Von dem Galgenberge. Die Farbe dieses Basaltes ist etwas *lichter*, der unebene Bruch übergeht schon in den *grobsplittrichen.* Als fremdartige Theile nimmt er obigen *Uebergang des Augites in Hornblende*, und zwar in *sehr kleinen eingewachsenen Säulchen*, auf. Auf den die geradschaalig abgesonderten Stücke durchsetzenden zarten Klüften, und auf den Ablösungen, findet man sehr *dünne Häutchen* eines *graulichweiſsen Kalkspathes*, die unter dem Suchglase als Aggregate unzähliger, aber ganz kleiner, und eben wegen dieser Kleinheit unbestimmbarer Krystallen erscheinen. Hat dieser Basalt einen sehr hohen Grad der Verwitterung erlitten, so wird seine Farbe *dunkel bräunlich-* oder *blutroth*, und er zeigt *grobkörnig* abgesonderte Stücke; die innliegenden Augitkrystallen sind schon gröſstentheils zu einem *gelblichbraunen Eisenocher* aufgelöset.

3. Von dem südöstlichen Abhange oberhalb der Steinmühle. Der Basalt ist von Farbe *dunkel graulichschwarz*, im Bruche *uneben*, und zwar von *kleinem Korne*. Er nimmt auf:

a. sehr häufigen *Augit*, und zwar von bald *lichte*, bald *dunkel olivengrüner* Farbe, deren letztere sich durch die *lauch*- in die *schwärzlichgrüne* verzieht, in gröſsern *eingewachsenen Säulen*, die zuweilen einen Zoll lang sind, bei einer verhältniſsmäſsigen Breite, und nebst diesem

b. fast eben so häufigen *blättrichen Olivin*, gleichfalls in eingewachsenen Säulen, dessen ursprünglich *blaſs spargelgrüne* Farbe sich durch die Verwitterung in die *blaſs berggrune*, *grünlichgraue*, *ocher*- und *dunkel honiggelbe* verzieht, mit einer betrachtlichen Abnahme, auch gänzlichem Verluste des Fettglanzes, je nach dem verschiedenen Grade der Oxidation des Eisens.

Der Basalttuff bricht bloſs auf dem südwestlichen Abhange ein, auf welchem das Dorf Werzen liegt. Er kömmt in Schichten vor, die abwechselnd drei bis vier Fuſse, zuweilen aber auch nur drei bis vier Zolle stark sind. Zwischen den Ablösungen liegt ein mehr und weniger aufgelöseter *Kalkspath*. Die Schichten fallen sehr flach (unter dem Winkel von 4°) gegen Westen ein, und haben ihr Streichen St. 12.

Ich fand folgende Abänderungen des *Basalttuffes* auf, die, von unten anzufangen, in folgender Ordnung übereinander liegen:

1. Die Hauptmasse dieses Basalttuffes ist ein *blaſs röthlichbrauner Wackenthon.* In diesem liegen kleine und sehr kleine *Augitsäulchen* eingeknetet. Zuweilen hüllt diese ein *schnee*- oder *graulichweiſses,* sehr *dünnes Kalkspathhäutchen* ein; auch liegen einzelne *Kalkspathkörnchen* von derselben Farbe in der Hauptmarse sparsam zerstreut.

2. Der *Wackenthon*, oder die Hauptmasse dieser Abänderung, ist *lichte gelblichbraun.* In diesem liegen *rundliche* und *verschiedentlich eckige* Stücke eines ganz *aufgelöseten Basaltes* von *lichte* und *dunkel ziegelrother*, *asch*- und *grünlichgrauer*, *leber*- und *blaſs röthlichbrauner* Farbe. Alle diese Basaltabänderungen enthalten bloſs *sehr* und *ganz kleine* Augitsäulchen, nur die grünlichgraue nimmt einzelne sehr und ganz kleine Körnchen eines *dunkel honiggelben gemeinen Olivins* auf. Nebst diesen Basaltstücken sieht man noch in dem Wackenthone etwas gröſsere, aber dafür wieder minder zahlreiche *Augitsäulchen* und gröſsere *Kalkspathkörner* von *graulichweiſser* Farbe und deutlich *blättrichem* Bruche.

3. Die dritte Abänderung besteht fast bloſs aus *Wakkenthon.*

Dieser hat eine *lichte gelblichgraue* Farbe, die stellenweise in die *gelblichweiſse* oder *blaſs ocher-*

gelbe zieht. Zuweilen wechseln diese Farben *fleckweise* mit einander ab.

Sein Bruch ist *feinerdig*.

Er hält das *Mittel zwischen weich und zerreiblich*,

färbt *ziemlich stark* ab,

hängt *sehr stark* an der Zunge,

fühlt sich *rauh* und *mager* an.

Zuweilen scheint er in *reine Thonerde* übergehen zu wollen, und dann ist er

schnee- oder *gelblichweiſs*,

fühlt sich *sehr fein*, aber *mager* an,

und wird durch den Strich *schwachschimmernd*.

In diesem Wackenthone liegen nur einzelne gröſsere *Augitsäulchen* theils ganz bloſs, theils mit einem *dünnen Ueberzuge* von Kalkspath, theils vollkommen *frisch*, theils in allen Graden der Verwitterung und Auflösung begriffen.

Merkwürdig ist hier der deutlich wahrnehmbare *Uebergang des Augites in eine specksteinartige Masse*, da sie auf die Aehnlichkeit der Bestandtheile des Augites mit den Bestandtheilen des gemeinen Olivins und Chrysolithes hinweiset, so wie sie Herr Prof. *Klaproth* durch die Analyse in diesen letztern Fossilien auffand.

Die specksteinartige Masse hat folgende äuſsere Kennzeichen:

Sie ist *grünlichgrau* von Farbe,

hat die dem Augite eigenthümliche Krystallform bis auf die Seiten- und Zuschärfungskanten erhalten, ist äufserlich *glänzend*, aber wohl nur mit einem von dem Kalkspathe, der sie als dünner Ueberzug umgiebt, erborgten Glanze,

innwendig ist sie *matt*,

im Bruche *feinerdig*, das sich dem *Splittrichen* zuweilen etwas nähert,

springt in *unbestimmteckige*, *stumpfkantige* Bruchstücke,

ist *an den Kanten* nur *schwach durchscheinend*,

sehr weich, und

fühlt sich *fett* an.

Also alle Eigenschaften des Specksteins.

Dieser Uebergang des Augits in Speckstein kann nicht im geringsten auffallen, wenn man in jenem dieselben Bestandtheile in einem, vielleicht nicht sehr abgeänderten Verhältnisse, wie in dem Olivine und Chrysolithe, annimmt, und sie dann mit jenem des Specksteins vergleicht. Ich will sie hier alle nach des Herrn Prof. Klaproths Analysen nebeneinander aufstellen:

Chrysolith *).		*Olivin v. Unkel* **).	*Olivin v. Karlsberg* ***).	*Speckstein* †).
Talk	43,5	38,5	37,75	30
Kiesel	39	50	52	59,5
Kalk	—	0,25	1,2	—
Eisenoxid	19	12	10,75	2,5

*) Klaproths Beiträge zur chemischen Kenntnifs der Mineralkörper, 1ster Bd. S. 110.

) 1r B. S. 118. *) 1r B. S. 128. †) 2r B. S. 179.

4. Die vierte Abänderung hat einen *dunkel gelblichgrauen*, stellenweise sich in das *blaſs Gelblichbraune* verziehenden *Wackenthon* zur Hauptmasse. In diesem liegen

a. sehr zahlreiche *kleine* und *sehr kleine Säulchen* von *Augit*, theils bloſs, theils sind sie mit einem sehr dünnen Kalkspathhäutchen überzogen;

b. einzelne *Kalkspathkörnchen* von *graulichweiſser* Farbe, blättrichem Bruche, *starkem* innern Glanze, und einem hohen Grade von Durchscheinbarkeit, auch wohl Halbdurchsichtigkeit, die aber hier und da schon zu einer *graulichweiſsen kreidenartigen Masse*, mit Verlust ihres ursprünglich blättrichen Bruches und des innern Glanzes, aufgelöset sind;

c. *Pechstein.*

Dieser ist von einer *dunkel grünlichgrauen* und *blaſs leberbraunen* Farbe,

innwendig *schimmernd*,

mit einem *Fettglanze*,

von *unvollkommen muschlichem* Bruche, der sich wohl auch stellenweise dem *splittrichen* nähert,

von *unbestimmteckigen*, *ziemlich scharfkantigen* Bruchstücken,

kleinkörnig abgesonderten Stücken mit glatten Absonderungsflächen, und

an den Kanten schwach durchscheinend.

5. Die fünfte, dem aufliegenden Basalte zunächst liegende Abänderung des Basalttuffes, hat einen *gelblichbraunen*, hier und da schon *lichte bräunlichschwarzen Wackenthon* als Hauptmasse aufzuweisen, in welchem unzählige *kleine* und *sehr kleine Säulchen* von *Augit*, von allen Abänderungen der ihm eigenen Krystallform, eingewachsen sind. Zuweilen werden diese so zahlreich, daſs die Hauptmasse ganz verdrängt wird, und dann sind die Säulchen, mittelst eines *graulichweiſsen Kalkspathes*, der ihnen als *Ueberzug* dient, mit und untereinander verbunden, und jede einzelne Säule hat dann ihre eigene sehr dünne Hülle von demselben Kalkspathe. Merkwürdig für den bindenden Kalkspath ist hier das *perlmutterartige Schillern*, das er zeigt, wenn der Basalttuff in einer solchen Richtung gehalten wird, daſs die stark glänzenden Kalkblättchen nicht unmittelbar übereinander, sondern nebeneinander liegen, und daſs sie, ohne sich zu berühren, durch ganz dünne Lagen des Wackenthones (der Hauptmasse des Basalttuffes) von einander getrennt werden. Und er hat dieses Phänomen dem Schillerspathe von der Harzburger Paste gemein, nur daſs der bei dem Schillerspathe zurückgeworfene Schein grünlich oder messinggelb und metallisch, hier bei dem Kalkspathe aber weiſs und perlmutterartig ist.

Aus dieser Abänderung des Basalttuffes wischt der herabfallende Regen die Augitsäulchen aus; daher man ihrer unzählige los an dem Fuſse und an dem Abhange zerstreut findet.

Auf diesem Basalttuffe endlich liegt unmittelbar der Basalt auf, der von derselben Beschaffenheit ist, wie jener an dem gleich zu beschreibenden Berge.

Der Chlumberg.

Durch eine Vertiefung wird der südwestliche Theil des eben beschriebenen Berges von dem Chlumberge getrennt, der dem Städtchen Pomeisl gegen Südwesten, dem Dorfe Werzen gegen Nordwesten liegt. Er bildet einen langen, von Südosten gegen Nordwesten auslaufenden, ganz mit Nadelholz bewachsenen Rucken, der an seinem Fuſse sowohl, als an einem groſsen Theile der Abhänge bebauet ist. Sein südlicher Fuſs erstreckt sich bis an Werzen und Ketasen, wohin er am steilsten zufällt. Man sieht hier an einem kleinen Bache, der seinen Fuſs bespühlt, den Basalttuff von dem Werzner Berge hinübersetzen, auf welchem in höhern Punkten erst Basalt aufliegt. Dieser kömmt aber theils nur in groſsen Stücken zerstreut vor, theils ragt er in niedrigen Felsenmassen aus dem Rasen hervor, ist aber so sehr zerklüftet, daſs sich von seinem Verhalten, in Hinsicht des Streichens und Fallens, nichts Bestimmtes aussagen läſst.

Der *Basalt* hat eine *dunkel graulichschwarze* Farbe, einen *unebenen* Bruch von etwas *gröberem Korne*. Beigemengt hat er

1. *gemeinen Olivin* von einer *olivengrünen* Farbe, die aber durch die *wein- lichte* und *dunkel honiggelbe* bis in die *hyacinth-* und *bräunlichrothe* übergeht, in *kleinen* und *sehr kleinen eingewachsenen Körnern;*
2. *Augit* von *dunkel schwärzlichgruner* und *rabenschwarzer* Farbe, in *eingewachsenen Säulchen*, mit einem oft nicht undeutlichen *Uebergange in Hornblende;*
3. *Speckstein* von *graulich-* und *grünlichweiſser, grünlichgrauer* und *blaſs apfelgrüner* Farbe, der in *stumpfeckigen Stücken* inneliegt;
4. einzelne sehr sparsame *Kalkspathkörnchen* von einer *gelblichweiſsen* und *gelblichgrauen* Farbe.

Die Ablösungen und die oft ziemlich breiten Klüfte des Basaltes füllt *Kalktuff* aus.

Seine Farbe ist *lichte* und *dunkel rauchgrau*; die dunklere Abänderung bildet **Flecke** und *schmale Streifen* in der lichtern.

Gewöhnlich ist er *derb*, nur auf den offenen Klüften *röhrenförmig* und *tropfsteinartig*,

innwendig *ganz matt*,

von *unebenem*, in den *splittrichen* übergehenden Bruche,

unbestimmt eckigen, *ziemlich stumpfkantigen* Bruchstücken,

ganz *undurchsichtig*, oder doch nur äuſserst schwach *an den Kanten durchscheinend.*

Er scheint einen starken Thongehalt zu haben; wenigstens löset er sich durch die Verwitterung zu einer gelblichgrauen thonigen Masse auf. Bei der grofsen Aehnlichkeit dieses Kalktuffes mit Voigts dichtem Tuffsteine und Tuffsteinincrustate ist er von diesem doch darinn unterschieden, dafs er keine calcinirte Flufsconchylien oder Thierknochen, Blätterabdrücke und dergleichen enthält.

In den Schluchten, die sich an den Fufs des Werzner- und Chlumberges erstrecken, ja selbst auf den Feldern, da, wo sie von der Dammerde entblöfst sind, sieht man einen *ziegel*- und *bräunlichrothen eisenschüfsigen Thon* zu Tage ausbeifsen, der aber nicht als das endliche Resultat des aufgelöseten Basaltes angesehen werden darf, sondern das Ausgehende eines Lagers von dem rothen todten Liegenden, oder dem ältern Sandsteine ist.

Der Kruschiner Berg.

Dem Werzner Berge gegen Südsüdwesten erhebt sich ein ziemlich hoher, ganz bewaldeter Berg, der *Kruschiner Berg*, der sich an der Ostseite sanft in die Ebene verflächt, an der Nordseite steiler abfällt, durch eine ziemlich ausgedehnte, meistens mit hochstämmiger Waldung bedeckte Ebene, von dem Werzner Berge getrennt wird. Der Berg endigt sich an der Westseite in eine zugerundete Kuppe, welche gegen Osten in einen breitern Rücken ausläuft. Unterhalb der Kuppe ragt die Gebirgsart, der Basalt, in meistens *sechsseitigen dicken Säulen* aus dem Rasen hervor, deren jede sich durch den Hammerschlag in *dick*- und *geradschaalige* abgesonderte Stücke trennen läſst.

Der Basalt ist *dunkel graulichschwarz* von Farbe; der *unebene*, etwas *grobkörnige* Bruch nähert sich dem *dickschiefrigen*. Beigemengt hat er nur einzelne *sehr* und *ganz kleine dunkel wein*- und *honiggelbe Olivinkörnchen*, die sich aber erst unter dem Suchglase deutlicher entwickeln, und häufigere, aber immer noch sparsame kleine und sehr kleine *Hornblendesäulchen* von theils *dunkel graulichschwarzer*, theils *sammetschwarzer* Farbe.

Der Sskytaler Eichberg.

Noch mehr gegen Süden liegt der *Sskytaler Eichberg*. Dieser ist viel niedriger, läuft parallel mit dem eben beschriebenen Berge ostwärts in einen Rucken aus, und verbindet sich im Hintergrunde, mittelst eines niedrigen, zugespitzt kegelförmigen, gleichfalls bewaldeten Hügels, mit diesem. Ihn selbst deckt hochstämmige Waldung; daher auch seine Gebirgsart nirgends fest anstehend, sondern nur in zerstreuten Stücken aufgefunden wird, scheint aber in *fünf*- und *sechsseitigen*, *ziemlich dicken Säulen* vorzukommen, wie die bei Linz als Weichpfähle 2 bis 3 Ellen hohen Basaltsäulen, die von diesem Berge sind, ausweisen.

Der *Basalt* ist von Farbe *dunkel graulichschwarz*, im Bruche *uneben* von *grobem Korne*, übrigens *ziemlich fest* und *schwer zerspringbar.* Er nimmt, aufser der sehr häufigen *sammetschwarzen Hornblende*, welche in *kleinen Säulchen eingewachsen* ist, mehrere *sehr kleine stumpfeckige Körner* von *Magneteisenstein* und einzelne Körner von einem *weingelben gemeinen Olivine* auf.

Der Krožka.

Dem Kruschiner Berge gegen Westen, und zwar in einer geringen Entfernung, liegt der *Krožka*, ein nicht zu hoher, an der Ostseite steil ansteigender, gegen Westen auslaufender Gebirgsrücken. Der südliche und nördliche Abfall stürzen sehr steil der Ebene zu. An dem südlichen Absturze sieht man, unterhalb dem Rükken, Säulengruppen, die sich in Gestalt eines Dammes eine grofse Strecke gegen Westen fortziehen; auch an der Mitternachtseite ist eine zwar höhere, aber nicht so weit ausgelängte Felsenwand entblöfst, welche dem Beobachter *fünf*- und *sechsseitige*, 2 bis 3 Klafter hohe Säulen, so weit sie nämlich aus dem Rasen hervorragen, darstellt. Die Absonderungsflächen der Säulen sind aber nicht eben, sondern convex-concav, so dafs immer der hervorragende Theil der einen Seite in die Vertiefung der andern einpafst. Diese Säulen fallen unter einem Winkel von 72° gegen Westen ein, und haben ihr Streichen St. 1. Auf diesem *Säulenbasalte* liegt wieder *Tafelbasalt* auf. Die Tafeln sind ½ bis ¾ Fufs stark, und fallen gegen dieselbe Weltgegend, aber sehr flach (unter dem Winkel von 8°) ein, und beobachten dasselbe Streichen.

Der *Basalt* ist *dunkel graulichschwarz* von Farbe, im Bruche *uneben von feinem Korne*, das in das *Kleinsplittriche* übergeht. Er nimmt *bloss sehr* und *ganz kleine*, aber sparsame *Hornblendesäulchen* auf, die sich grösstentheils erst unter dem Suchglase entwickeln.

Die Winterleite.

Ein tiefes und enges Thal trennt den eben beschriebenen Berg von der Winterleite, einem gleichfalls mit hochstämmiger Waldung bedeckten, von Osten gegen Westen ansteigenden Gebirgskamme, der sich mehr westwärts in einen breiten Rücken ausbreitet. Da der östliche sanfte Abhang an dem Fusse bebauet, der Kamm und Rücken aber mit Walde bedeckt sind, so findet man den Basalt nirgends fest anstehend. Der in Stücken aufgefundene Basalt weicht von jenem der Krożka nur darinn ab, dass er, nebst der *Hornblende*, einzelne *dunkel olivengrüne* und *blass honiggelbe* *Olivinkörner* aufnimmt.

Zwischen der Winterleite und dem Chlumberge führt der Weg anfangs durch das etwas breitere Thal, dann über den abfallenden westlichen Rücken des letzteren Berges nach Deutsch-Rust. In der Nachbarschaft dieses Dorfes sieht man an den Fahrwegen und den von dem Regenwasser gezogenen Wasserschrunden das Ausgehende des hier unterbrochenen, allgemein verbreiteten

Basaltlagers. Die 3 bis 4 Zolle starken Schichten, welche der Basalt bildet, fallen unter 8° gegen Westen ein, und streichen St. 11, 4.

Die Farbe des Basaltes ist *dunkel graulichschwarz* im frischen Bruche, auf der der Einwirkung der äufsern Atmosphäre ausgesetzten Oberfläche und auf den Klüften aber *dunkel bräunlichschwarz*, die bei der weiter gegriffenen Verwitterung etwas *lichter* wird; der Bruch ist *uneben von kleinem Korne.* Der Basalt nähert sich, wegen der sehr zahlreich darinn befindlichen Blasenräume, dem *Mandelsteine.* Die Gestalt dieser Blasenräume ist theils vollkommen rund, theils etwas in die Länge gezogen, ihr Durchmesser beträgt selten mehr als 3 bis 4 Linien, nur äufserst selten erreicht er ½ Zoll; sie sind, der Oberfläche näher, ganz leer, aber mit einem *gelblichbraunen Eisenocher* bekleidet; in der Mitte, wohin die Verwitterung nicht eingreifen konnte, enthalten sie *Zeolith.* Dieser überzieht die gröfsern Blasenräume nur, die kleinen und sehr kleinen füllt er ganz aus; ist im letztern Falle *derb*, im erstern aber nimmt er eine regelmäfsige äufsere Gestalt an. Seine Farbe ist theils *gelblich-* oder *grünlichgrau*, theils *blafs weingelb*, *in sehr* und *ganz kleine nierförmig* und *halbkugelförmig* zusammengehäufte *Würfel* krystallisirt. Nur selten hat sich in jene leeren Räume, welche der Zeolith übrig liefs, etwas *graulichweifser Kalkspath* hineinkrystallisirt, dessen Krystallform aber, wegen der ausnehmenden Kleinheit, nicht näher zu bestimmen war. Aufserdem nimmt dieser Basalt noch ziemlich häufige *Hornblende* in *kleinen eingewachsenen Säulchen* auf.

An der Ostseite des Dorfes Rust zieht sich ein nicht zu hoher, ganz mit Walde bedeckter Gebirgsrücken, von Süden gegen Norden fort, über welchen der Weg nach dem sogenannten Mädelhofe führt. Der oben bestimmte *basaltische Mandelstein* macht die Unterlage desselben, von dem man das Ausgehende in der Nähe des Mädelhofes wieder entdeckt; nur dafs hier seine Farbe sich aus der *bräunlichschwarzen* bis in die *röthlichgraue*, durch alle dazwischen liegende Abstuffungen verzieht; dafs die Blasenräume etwas gröfser, und eben deswegen seltener sind. Auf diesem Mandelsteine scheint aber ein anderer Basalt aufzuliegen, die allenthalben in der Waldung zerstreute Blöcke und gröfsere Stücke darzuthun scheinen. Dieser *Basalt* ist *dunkel graulichschwarz* von Farbe, im *Bruche uneben von etwas gröfserm Korne*. Als fremdartige Theile nimmt er sehr häufige *sammet* - und *dunkel rabenschwarze Hornblende* in *eingewachsenen Säulen* und einen *wein*- oder *blafs honiggelben gemeinen Olivin* auf. Die basaltische Hauptmasse ist nur sparsam vorhanden, an der der Luft ausgesetzten Oberfläche zu einer *gelblichbraunen eisenschüfsig - thonigen Masse* aufgelöset, über welche die sehr zahlreichen Hornblendekrystallen hervorragen.

Der

Der lange Berg.

Derselbe Basalt constituirt auch den langen Berg, einen viel höhern, breiten und langgezogenen Gebirgsrücken, der an der Westseite des Dorfes Rust von Süden gegen Norden abfallend fortläuft, an seinem östlichen bebaueten Fuſse Bukwa, an dem westlichen Geſsing liegen hat.

Der Dobrženzer Berg.

Eben dieses ist der Fall mit einem andern noch höhern, gleichfalls gröſstentheils mit hochstämmiger Waldung bedeckten Berge, der mit diesem an der Nordseite in Verbindung steht, zweikuppig ist, und auf dessen südlicher, nackter, felsigter Kuppe Luſshaus liegt; und mit dem mehr östlich gelegenen Dobrženzer Berge, einem nicht zu hohen, kegelförmigen, an dem bewaldeten Gipfel zugerundeten Hügel. Auf diesen Bergen liegt der Basalt nur an den Abhängen in Stücken zerstreut herum.

Mit dem letztern Berge steht der Maschauer Pfarrbusch oder Pfarrberg, den ich späther beschreiben werde, in Verbindung, und auf der zwischen diesen beiden Bergen befindlichen kleinen bebaueten Ebene liegt das Dorf Dobrženz.

Jene von dem Dorfe Chmelischen gegen Südwesten bis an den Mädelhof sanft ansteigende, gröſstentheils bebauete Ebene, hat unzählige ziemlich groſse Basaltstücke aufzuweisen, die aber von dem fleifsigen Landmanne ausgegraben und aufgesammelt werden, um ein Plätzchen für den spährlichen Feldbau der Erde abzugewinnen, und dann den Feldern selbst zur Befriedigung dienen. Ich fand hier folgende zwei Basaltabänderungen:

1. Die Farbe der erstern, sehr verwitterbaren Abänderung, ist *dunkel graulichschwarz*, und nimmt, aufser sehr häufigem *Augite* von *dunkel schwärzlichgrüner* Farbe in *eingewachsenen Säulen*, etwas *bräunlich* - und *kupferrothen*, in *sechsseitige Tafeln* krystallisirten *Glimmer* auf.
2. Die zweite Basaltabänderung ist fester und schwerer zerspringbar, gleichfalls *dunkel graulichschwarz*, von *unebenem*, aber *feinkörnigem* Bruche, und nimmt sparsame *Hornblendekrystallen* und noch sparsamern *dunkel olivengrünen gemeinen Olivin* in *kleinen eingewachsenen Körnern* auf.

Die letztere Abänderung nimmt nur die höhern Stellen des Gebirges ein, und die erstere scheint ihr als Unterlage zu dienen.

Der Bržeziner Busch.

An der Ostseite des Schönhofer Baches erhebt sich vor dem Dorfe Chmelischen der Bržeziner Busch mit einem ziemlich steil ansteigenden Gehänge; seine Kuppe endigt sich in eine ausgedehnte, mit Waldung bewachsene Plattform, auf welcher man *Tafelbasalt* in gröfsern Blöcken und Stücken zerstreut findet. Er hat eine *dunkel graulichschwarze* Farbe, einen *unebenen* Bruch von *kleinem Korne* und *geradschaalig* abgesonderte Stücke. Als fremdartige Theile nimmt er auf: sparsame *sammetschwarze* Hornblende in sehr *kleinen eingewachsenen Säulchen*, einzelne *graulichweiſse Kalkspath*-und *blaſs weingelbe* oder *lichte olivengrüne Olivinkörner*. Der östliche Abhang verflächt sich sehr sanft, und ist daher gröſstentheils bebauet. So wie man tiefer hinabkömmt, findet man eine zweite, von der ersten sehr verschiedenen Basaltabänderung, aber gleichfalls nur in Stücken. Sie ist *graulichschwarz* von Farbe, *uneben*, und zwar etwas *grobkörnig* im Bruche, von keiner vorzüglichen Festigkeit, und leicht verwitterbar. Es liegen in derselben sehr zahlreiche und ziemlich groſse *Hornblendesäulchen*, die, nach verwitterter basaltischer Hauptmasse, ganz-oder zum Theil an der äuſsern Oberfläche aus derselben hervorstehen. Nebstdem enthält er etwas *Zeolith* von denselben äuſsern Kennzeichen, als in der gleich zu beschreibenden Basaltabänderung, welche man auch noch am östlichen Abhange, aber dem Fuſse näher, findet. Sie kömmt mit der zuletzt beschriebenen an Farbe, Bruch, und selbst in Hinsicht der beigemengten fremdartigen Theile überein; nur daſs sie wegen der sehr vielen, ziemlich groſsen, aber nicht runden, sondern verschiedentlich und winklich verzogenen Blasenräume, sich dem basaltischen Mandelsteine annähert. Die kleinen Blasenräume füllt der *Zeolith* ganz aus, die gröſsern überkleidet er nur mit einem dickern oder dünnern *Ueberzuge.* Es ist *strahlicher Zeolith* von *gelblichweifser*, selten *graulichweifser* Farbe; er kömmt theils *derb*, theils *krystallisirt* vor; die Krystallen sind aber nur *sehr* und *ganz klein*, und scheinen *niedrige* und *stark geschobene vierseitige Säulen* zu seyn; doch läfst sich dies mit Gewifsheit nicht bestimmen, theils wegen der ausnehmenden Kleinheit der Krystalle, die selbst unter einem stark vergröfsernden Suchglase nicht ganz deutlich werden, theils wegen ihrer Gruppirung in *Drusen*, und ihrer *knospigen* Aneinanderreihung, wodurch nur einzelne Flächen derselben sichtbar werden. Der Bruch des derben ist *schmalstrahlich*; die Strahlen sammeln sich in Bündeln, und endigen in den Blasenräumen mit halbkugelförmigen Erhöhungen, die mit ganz kleinen Krystallen wie besäet sind. Dieser Zeolith ist auch hier wieder mit einem *dünnen Ueberzuge* eines *ochergelben* und *gelblichbraunen Eisenochers* versehen.

Das lange Holz.

Der östliche Fufs des zuletz beschriebenen Bržeziner Busches verbindet sich mit dem *langen Holze*, und ist von diesem nur durch ein nicht zu breites Thal, oder vielmehr eine Schlucht, die oberhalb der Leskaer Mühle in einer südlichen Richtung auf Pomeisl zuläuft, getrennt. Dieser Berg fällt an der Nordseite dem Schönhofer, an der Südseite dem Podhorsamer Bache zu, und füllt die ganze, zwischen diesen Bächen gelegene Strecke aus, endigt sich oben in eine ausgedehnte, theils bebauete, theils mit Walde bedeckte Plattform, und läuft parallel mit dem zu beschreibenden Maschauer Pfarrbusche in der Richtung von Westen gegen Osten abfallend fort. Den ihn constituirenden Basalt findet man meistens nur in Stücken zerstreut, doch auch in der Gegend der Leskaer Mühle festanstehend, wo er einige 5 bis 6 Klafter hohe Felsenmassen bildet. Es ist *Tafelbasalt*; die Tafeln sind ½ Fuſs und mehr stark, lösen sich aber durch die Verwitterung in schmälere Tafeln (*geradschaalig* abgesonderte Stücke) auf. Die Tafeln fallen unter 18° gegen Nordosten, und haben ihr Streichen St. 10. Es setzen in diesem Basalte viele Klüfte auf, welche theils leer, theils mit einem *gelblichweiſsen*, *derben Kalkspathe* ausgefüllt sind. Der Basalt ist von Farbe *graulichschwarz*, im Bruche *uneben* von *grobem Korne*, und nimmt gewöhnlich nur etwas *Hornblende* in *sehr kleinen Säulen* auf. Sehr selten, und nur in kleinen Parthien, findet man ihn *blasig*, und dann sind die Blasenräume mit einem *graulichweiſsen strahlichen Zeolithe* theils ausgefüllt, theils nur bekleidet.

Bei und in Preles wird der Basalt von einem sehr mächtigen Lager von Basalttuff bedeckt. Man sieht das Ausgehende davon an dem steilen Abfalle, der sich von dem Schlosse gegen die Mühle hinabzieht. Da derselbe Basalttuff auch den Bocksberg zusammensetzt, so werde ich dort Gelegenheit haben, Mehreres davon zu sagen.

In dem Schönhofer Garten erscheint der Basalt wieder ohne seine Decke von Basalttuff in einer Schlucht, welche in verschiedenen Krümmungen fortläuft, aber ihre Hauptrichtung St. 5 gegen Osten nimmt; an einigen steilen Abstürzen, die dem Bache zufallen; vorzüglich aber in der Gegend der Eremitage und des Grabmals, das selbst in einen Basaltfelsen eingehauen ist. Es ist derselbe *Tafelbasalt*, wie an der Leskaer Mühle; nur daſs hier seine Schichten abwechselnd einige Zolle bis zu einigen Fuſsen stark sind, unter dem Winkel von 8° gegen Nordosten einfallen, und St. 11 streichen. Dieser Tafelbasalt wird aber wieder durch senkrecht niedersetzende Klüfte säulenartig getrennt, und jede Säule stellt bei weiter gegriffener Verwitterung, wodurch ihre Kanten und Ecken abgerundet werden, ein Aggregat übereinander liegender, breitgedrückter (käseförmiger) Kugeln. Die Klüfte füllt gewöhnlich ein *gelblich*- und rauchgrauer *zartfasriger* Kalkstein aus, der aber den Basalt selbst in kaum 1 bis 2 Linien starken Trümmchen nach verschiedenen Richtungen durchsetzt. Der Basalt ist *graulichschwarz* von Farbe, im Bruche *uneben* von kleinem Korne, mit innliegenden einzelnen *sehr kleinen Hornblendesäulchen* und *Kalkspathkörnchen.*

In dem westlichen Theile des Gartens sind die Gänge, welche zur Einsiedelei, zu dem gothischen Gebäude, und zu dem neuen Obelisk führen, mit Basaltstücken an den Seiten belegt. Es ist derselbe Basalt; nur daſs hier und da, nebst der *Hornblende*, noch in demselben *Kalk-*

spath von *graulichweiſser* Farbe, die sich, bei weiter gegriffener Verwitterung, in die *ochergelbe* und *gelblichbraune* umwandelt, in *sehr kleinen Mandeln* von der Gröſse eines Stecknadelkopfes bis zur Gröſse einer gröſsern Erbse, und *gemeiner Olivin* von einer aus der *olivengrünen* bis in die *lauchgrüne* sich verlaufenden Farbe, in *sehr* und *ganz kleinen* Körnern inneliegt.

Der Spitzberg.

An der Südseite, aber auſserhalb dem Garten, gegen Puschwitz zu, erhebt sich der Basalt in zwei niedrige, ganz bebauete Hügel, die in der Richtung von Westen gegen Osten liegen, und davon der westliche den Namen des *Spitzberges* hat, beide aber an den Gipfeln beraset, und, mittelst eines schmalen Rückens, verbunden sind. Sie bestehen aus demselben Basalte, den ich in dem Garten in der Schlucht auffand; nur kömmt die dort inneliegende Hornblende hier in gröſsern Säulen und häufiger vor.

Der Bocksberg.

An der Nordseite des Schönhofer Gartens, in einer geringen Entfernung von dem Schlosse Schönhof, diesem gegen Abend, liegt der *Bocksberg* (Bockaberg). Es ist ein niedriger, von Osten gegen Westen in die Länge gezogener Hügel, dessen Gipfel kahl und bloſs beraset, an dem westlichen Abhange aber mit einigen Bäumen besetzt ist. An seinem östlichen Fuſse liegt das Dorf Kroschau.

An seinem südlichen Fuſse entdeckt man *Basalttuff*, der mehrere Fuſse starke Schichten bildet, die sehr flach gegen Abend einfallen. Er ist mit sehr zahlreichen, nach allen Richtungen auslaufenden Kalkspathadern durchzogen. In dem Basalttuffe selbst liegen wieder an den Ecken und Kanten bereits vollkommen abgeführte *Basaltstücke* (Basaltgeschiebe) von Faust- und Kopfgröſse inne; nebst diesen einige *Mandelsteingeschiebe*. An den Abhängen liegen Bruchstücke von Tafelbasalt zerstreut. Ich will hier erst den Basalttuff näher beschreiben, dann die darinn eingekneteten Basaltabänderungen und Mandelsteingeschiebe.

I. Die Hauptmasse des Basalttuffes ist ein *Wackenthon* von theils *asch*- und *rauchgrauer*, welche letztere sich durch die *gelblichgraue* bis in die röthlichgraue verzieht, theils von *lichte graulichschwarzer* Farbe. Diese Farben wechseln lagen- oder streifenweise mit einander ab *). In diesem liegen, nebst den spähter zu beschreibenden Geschieben,

1. *basaltische Hornblende* von *sammetschwarzer* Farbe, in *sechsseitige*, an beiden Enden mit zwei ziemlich gleichen Flächen flach *zugeschärfte Säulen*, die Zuschärfungsflächen schief, jedoch untereinander gleichlaufend auf diejenige

*) Eine vollstandige äuſsere Charakteristik des Wackenthones findet man in meiner mineralogischen Geographie von Bohmen, 2ter Bd, S. 21, 22. beschrieben, auf welche ich mich hier beziehe.

der zwei gegenüberstehenden Seitenkanten, welche die schmälsten Seitenflächen einschliefsen, aufgesetzt, und diese Seitenkanten abgestumpft, krystallisirt.

Die Säulen sind gewöhnlich *sehr klein*, *selten klein* und *ganz klein*.

2. *Kalkspath* von theils *graulichweifser*, theils *gelblichgrauer* Farbe. Dieser durchzieht, wie schon oben bemerkt worden, entweder den Basalttuff in *schmalen Adern* nach allen Richtungen, oder er liegt in *kleinen* und *sehr kleinen Mandeln* inne, die bald ganz voll sind, bald aber klein, oft aber doch bis ½ Zoll breite, aber dann sehr unregelmäfsige leere Räume zurücklassen, in welchen derselbe Raum und Ruhe genug hatte, um in *ganz kleine*, aber eben deswegen selbst unter dem Suchglase unbestimmbare Krystallen anzuschiefsen, welche *nierförmig* und *traubig* zusammengehäuft sind.

In diesem grauen Basalttuffe liegt wieder nesterweise

1. ein *bräunlichrother*, der sich, aufser der Farbe, noch dadurch auszeichnet, dafs sowohl die Kalkspathmandeln, als die Hornblendesäulen, äufserst klein sind, und erstere nur selten die Gröfse eines Stecknadelkopfs erreichen;
2. ein *grünlichgrauer*, in welchem die Hornblende fast ganz vermifst wird, der aber dafür sehr *blasig* erscheint; die sehr und ganz kleinen Blasenräum-

chen sind leer, und nur mit einem äuſserst dünnen Kalkspathüberzuge bekleidet.

In diesem Basalttuffe liegen nun die Mandelsteine und Basaltgeschiebe.

II. Erstere haben eine *Hauptmasse* von *lichte asch-* und *grünlichgrauer* Farbe. Diese nimmt auf, nebst

1. den *Kalkspathmandeln* und *Nüssen*, die hier eine *gelblichgraue*, und aus dieser durch alle Abstuffungen bis in die *lichte honiggelbe* übergehende Farbe haben, in dem gröſsern Durchmesser selten mehr als ½ bis 1 Zoll messen, und äuſserst selten, und zwar nur dann, wenn sie klein sind, vollkommen ausgefüllt sind, sonst gewöhnlich einen leeren Raum zurücklassen, in welchem der Kalkspath in äuſserst *kleinen*, selbst unter dem Suchglase unbestimmbaren, *traubig* und *nierförmig* zusammengehäuften Krystallen angeschossen ist,
2. *Hornblende* von derselben äuſsern Gestalt, welche ich oben angegeben habe, nur daſs hier einige Säulchen beträchtlich gröſser sind;
3. *srahlichen Zeolith* von *graulichweiſser* Farbe, gerade und *sternförmig auseinander laufendem*, sehr *schmalstrahlichem*, schon in den *fasrigen* übergehenden Bruche.

III. Von dem Basalte kommen zwei Abänderungen vor.

1. Die erste hat eine *dunkel bräunlichrothe* Farbe, einen geringen innern erborgten Schimmer, und einen

unebenen, fast *feinkörnigen* Bruch. Sie nimmt als fremdartige Theile auf:

a. ***Hornblende*** in *sehr* und *ganz kleinen sechs-sechsseitigen Säulen*;

b. ***Kalkspath*** von *graulichweiſser* Farbe, theils in die basaltische Hauptmasse *sehr klein* und *fein eingesprengt*, theils, aber selten, in *sehr* und *ganz kleinen Mandeln* inneliegend, und dann wieder in den zurückgelassenen leeren Räumen in unbestimmbare Krystallen angeschossen.

2. Die zweite Abänderung ist *dunkel bräunlichschwarz* von Farbe, *sehr blasig*. Die Blasenräume sind gewöhnlich *leer*, und dann sehr dünn mit einem *gelblichbraunen* ***Eisenocher*** bekleidet; selten nehmen sie ein ***Kalkspathkörnchen*** auf. Die *sammetschwarze* ***Hornblende*** in der oben angegebenen Krystallform ist der einzige fremdartige Theil, welchen sie enthält.

Nun bleibt mir nur noch der ***Tafelbasalt*** zu bestimmen übrig, der an den Abhängen in zerstreuten Stücken herumliegt. Er ist *graulichschwarz* von Farbe, auf den Ablösungen *gelblichbraun beschlagen*, im Bruche *uneben* von *kleinem Korne*, und nimmt, nebst der ziemlich häufigen ***Hornblende*** in *eingewachsenen Saulen*, einige sparsame und *ganz kleine* ***Olivinkörner*** von *lichte olivengrüner* Farbe und etwas ***Kalkspath*** von *graulichweiſser*, in die *rauchgraue* hinüberziehenden Farbe, auf.

Der Galgenberg.

Eine Ebene führt von dem bisher beschriebenen Hügel auf den *Galgenberg.* Dieser liegt Maschau gegen Westen, ist viel niedriger, an der Oberfläche ganz bebauet, und daher die ihn constituirende Gebirgsart nicht mit Gewifsheit anzugeben. In den von dem Regen gezogenen tiefern Wasserfurchen sah ich hier und da einen Basalttuff ausbeifsen, der mit jenem des folgenden Berges derselbe war.

Der Hutberg.

Noch mehr gegen Abend liegt der *Hutberg.* Dieser Hügel übertrifft den zuletzt genannten an Höhe, und ist zweikuppig. Die Kuppen trennt ein sattelförmiger Einbug. An der Ostseite, wo er steiler abfällt, ist er kahl; an der Westseite, wo er sich sanfter verflächt, ist er theils beraset, theils bebauet, doch ragen hier und aus dem Rasen einzelne Basaltmassen heraus; an der Südseite zieht von dem Einbuge eine gegen Abend auslaufende Schrunde herab, welche die Gebirgsart entblöfst, und Gelegenheit darbeut, ihr Verhalten zu bestimmen. Man sieht hier die ziemlich starken Schichten unter einem Winkel von 24° gegen Osten einfallen.

Die Gebirgsart ist *Basalttuff*, der an seiner Geburtsstätte fast weich ist, der Luft ausgesetzt aber so verhärtet, dafs er an das Halbharte gränzt.

Die Hauptmasse ist *rauchgrau*, mit sehr häufigen, obgleich sehr kleinen, sehr verzogenen Blasenräumchen versehen. Alle diese Blasenräumchen sind leer, und bloſs mit einem dünnen erdigen Ueberzuge versehen, nur selten damit ausgefüllt. Diese Erde ist von *hoch strohgelber* Farbe, von *feinen staubartigen Theilchen*, *wenig glänzend*, sich *mager* anfühlend. Mit den Mineralsäuren brauset sie gar nicht auf. Da die mit dieser Erde theils ausgefullten, theils bloſs überkleideten Blasenräume äuſserst zahlreich sind, so erscheint der Tuff bei dem ersten Anblicke strohgelb und grau gefleckt, und die Hauptmasse wird gleichsam verdrängt. Parthienweise werden aber doch die Blasenräume seltener, und dann erscheint sie in ihrer ursprünglichen Farbe, und nimmt zahlreiche sehr kleine *Hornblendesäulchen* auf, da sie dort nur selten und einzeln inne lagen. Noch ist zu bemerken, daſs dieser Basalttuff mit vielen *Kalkspathadern* durchzogen ist, ja daſs er oft ziemlich groſse *Kalkspathnüsse*, die wohl 2 bis 3 Zolle im Durchschnitte messen, aufnimmt.

In dieser Hauptmasse liegen sehr zahlreiche Basaltstücke inne, die oft mehrere Fuſse im Durchmesser haben, und sich durch Verwitterung in *concentrisch-* und ziemlich *dickschaalig* abgesonderte Stücke auflösen. Der *Basalt* hat eine *bräunlichschwarze* Farbe, einen *unebenen*, in den *flachmuschlichen* übergehenden Bruch, ist innwendig an sich *matt*, und mit einem von den beigemengten fremdartigen Theilen erborgten Glanze schimmernd. Er nimmt, aufser der *Hornblende*, oder vielmehr einem *Uebergange der Hornblende in Augit* von theils *rabenschwarzer*, theils *dunkel schwärzlichgrüner* Farbe, in *eingewachsenen*, 3 bis 4 Linien langen *Säulen*, nichts Fremdartiges auf. Auf den Ablösungen und auf den Klüften, die diesen Basalt durchziehen, ja selbst zwischen den Blättchen der Hornblende, findet sich obige strohgelbe Erde; nur dafs sie hier zusammenhängender, äufserst *schwachschimmernd* ist, und selbst sehr dünne Häutchen bildet. Obigen Zustand scheint sie nur der weiter gediehenen Verwitterung zu verdanken zu haben.

Die an der Westseite des Hügels hervorragenden Basaltmassen haben dieselbe Farbe, denselben Bruch, und dieselben fremdartigen Theile.

Der Ziegenberg.

Dieser liegt dem Hutberge gegen Abend, erhebt sich von der Morgenseite nicht zu steil, ist an den Abhängen sowohl, als auf dem Rücken, theils beraset, theils zum Feldbaue benutzt.

Der Pfarrberg.

Der *Pfarrberg*, der, noch mehr gegen Westen gelegen, ganz mit Walde bedeckt ist, macht mit dem Ziegenberge nur ein Ganzes aus; der abgeänderte Name ist blofs dem Eigenthümer dieses Theils des Hügels abgeborgt. Dieser läuft bis fast an die äufserste Gränze des

Kreises hinaus. Ueberhaupt machen der Hutberg, Ziegenberg und Pfarrberg einen von Osten gegen Westen auslaufenden Hügelzug aus, und jeder der ersten Hügel fällt nur an der Westseite steil ab, um sich an der Ostseite wieder zu einem zweiten Hügel zu erheben. An diesem Hügelzuge liegt an der Nordseite das Städtchen *Maschau*, an der Ostseite das Dorf Tzedlitz, an der Südostseite Rust. Da letzterer Berg ganz mit Walde bedeckt ist, so verbietet er jede geognostische Untersuchung; aber seine unmittelbare Verbindung mit dem Ziegenberge zeigt schon an, daſs sie eine und dieselbe Gebirgsart gemein haben. Diese ist am besten an einer Schrunde zu beobachten, welche ihre Richtung anfangs von Osten gegen Westen hat, späther sich sanft gegen Norden krümmt.

In den tiefsten Punkten findet man *Tafelbasalt*, dessen Tafeln von ½ bis 5 Zolle stark sind, unter dem Winkel von 28° gegen Norden einfallen, und ihr Streichen St. 7 haben. Die Farbe dieses Basaltes ist *dunkel aschgrau*, der Bruch *uneben*, in den *kleinsplittrichen* sich verlaufend. Beigemengt hat er, nebst der *Hornblende* von *dunkel schwärzlichgrüner* Farbe in *sehr kleinen eingewachsenen Säulchen*, einige sparsame *Glimmerblättchen*.

Auf diesem Basalte liegt *Basalttuff*, der mit dem Basalte ein gemeinschaftliches Streichen und Fallen hat, dessen Schichten aber viel stärker sind. Er ist von jenem des Hutberges nicht verschieden, und, wie jener, mit schmalen Adern des *fasrigen Kalksteins* nach allen

Richtungen durchzogen. Aber nebstdem liegt zwischen seinen Schichten gleichfalls derselbe Kalkstein.

Dieser hat eine, obgleich selten, *schneeweiſse*, gewöhnlich eine *graulichweiſse* Farbe, ist innwendig *stark glänzend* vom *Glasglanze*, hat einen *gleichlaufend*-, gewöhnlich *geraden*, doch auch stellenweise etwas *krummgebogen grobfasrigen* Bruch, doppelt abgesonderte Stücke, und zwar *dick*- und *geradschaalig* und *stängliche*, welche letztere die erstern unter einem beinahe rechten Winkel durchschneiden. Diese sind unvollkommen in die *Länge gestreift*. Er ist *schwach durchscheinend*.

Nebstdem aber, daſs der fasrige Kalkstein zwischen den Ablösungen des Basalttuffes liegt, in schmalen Adern den Tuff nach allen Richtungen durchsetzt, liegt auch noch Kalkspath in Mandeln oder Nüssen inne, kömmt wohl auch nesterweise darinn vor. Die Nüsse sind von der Gröſse einer Wallnuſs bis zu jener einer Faust. Die Farbe des Kalkspathes ist gewöhnlich die *graulich*- doch auch die *gelblich*- selten die *grünlichweiſse*; er hat einen *starken* innern Glanz, wenn er nicht schon durch die Verwitterung aufgelöset ist, als wo er *matt* erscheint; der Glanz nähert sich dem *Perlmutterglanze*; er hat einen bald *stern*- bald *büschelformig durcheinander laufend strahlichen* Bruch, und springt in keilförmige Bruchstücke; zuweilen hat er auch noch dunn- und krummschaalig abgesonderte Stücke; er ist *mehr* und *weniger durchscheinend*, je nach dem Grade der Frischheit oder der bereits erlittenen Verwitterung.

Auſ

Auf dem Basalttuffe liegt wieder *Tafelbasalt* auf, dessen Tafeln aber viel stärker (mehrere Fuſse stark) sind. Die Farbe des Basaltes ist theils *dunkel*, theils *lichte bräunlichschwarz*, welche letztere sich in die *dunkel röthlichgraue* verzieht. Parthienweise ist er *kleinblasig*; die Blasen sind oft nur von der Gröſse eines Stecknadelkopfes, oft haben sie aber auch ½ Zoll und mehr im Durchmesser, sind rund und verschiedentlich winklich, und haben ihr Daseyn nicht etwa der Verwitterung zu danken, da sie mitten in den frischesten Basaltstücken vorkommen; sein Bruch ist *uneben*, der sich dem *flachmuschlichen* nähert. Als fremdartige Theile hat er beigemengt:

1. *Augit* von einer *schwärzlichgrüner* Farbe, die sich bald in die *dunkel lauchgrüne* verläuſt; zuweilen ist er an der Oberfläche *pfauenschweifig bunt angelaufen* in *eingewachsenen*, und eben deswegen unbestimmbaren *Säulchen*. Je nach dem Grade der Verwitterung, welchen er erlitten hat, löset er sich zu einer *stroh*- und *citronengelben*, oder *gelblichbraunen* Masse auf. Letztere Farbe zeigt den höchsten Grad der Auflösung an. Merkwürdig ist überhaupt diese Auflösung des Augites; vorzüglich aber sind es die einzelnen Krystallen, die man zu einer *citrongelben zerreiblichen Masse* umgewandelt sieht, aber mit Beibehaltung der ursprünglichen Krystallform, in welcher selbst die Zuschärfung der Säulen noch deutlich bemerkbar ist, des *blattrichen* Bruches, und selbst eines *starken*, fast *metallischen Schimmers*.

2. *Kalkspath* von *graulichweiſser* Farbe, der theils in schmalen *Adern* den Basalt durchzieht, theils in *kleinen Mandeln* oder *Nüssen* inneliegt, theils die leeren Blasenräume nur bekleidet, und dann in ganz kleinen, selbst unter dem Suchglase nicht bestimmbaren Krystallen angeschossen ist.

An der Kuppe ragt stellenweise derselbe Basalt aus dem Rasen hervor, nur daſs er hier einen höhern Grad der Auflösung erlitten hat.

Das Basalttufflager erstreckt sich bis an Maschau, wo man ihn in einer, ostwärts dahin auslaufenden Wasserschrunde, anstehend findet.

Die Weinpresse.

Unmittelbar an der Stadt, und zwar an der Abendseite, liegt die *Weinpresse*, ein konischer, etwas in die Länge gezogener, niedriger, theils beraseter, theils bebaueter Hügel. An seinem östlichen Fuſse liegt die Stadtkirche.

Der Kucheberg.

An der Nordseite erhebt sich der Kucheberg, ein gleichfals niedriger, ganz kahler, an dem Gipfel beraseter, an den Abhängen bebaueter Hügel. An dem südlichen Abhange ist er mit vielen Schrunden durchzogen, welches um so leichter möglich war, da die ihn constituirende Gebirgsart, der *Basalttuff*, der mechanischen Einwirkung des Wassers nur geringen Widerstand leistet. In dem Basalttuffe, der sowohl diesen, als den zuletzt genannten Berg zusammensetzt, liegt derselbe *röthlichgraue* **Basalt** in gröſsern und kleinern, mehr und weniger an den Ecken und Kanten abgeführten Stücken inne, und in dem Städtchen selbst findet man viele Stücke davon zerstreut.

So wie aber die Stadt Maschau von der Südseite von dem oben beschriebenen Hügelzuge, der aus dem Hut- Ziegen- und Pfarrberge besteht, eingeschlossen wird, so wird sie an der Nordseite von einem, gleichfalls von Osten gegen Westen auslaufenden Hügelzuge begränzt.

Der Chlumberg.

Die östliche Gränze dieses Hügelzuges ist ein niedriges, kahles, mit Schrunden durchzogenes Hügelchen, an dessen nördlichem Fuſse ein Schafstall liegt. Dessen westlicher Abhang erhebt sich in einen hohen Hügel, den *Chlumberg*. Auch dieser ist kahl, am Fuſse und an den Abhängen bebauet, und mit zahlreichen Schrunden, die theils gegen Norden dem durch Radonitz und Willomitz flieſsenden Aubache, theils gegen Süden dem Maschauer Bache zufallen. Dieser Hügel verbreitet sich oben in eine ausgedehnte Plattform, zieht sich dann wieder, aber immer sanft ansteigend, in eine bewaldete Kuppe zusammen, die sich dann sanft gegen Tärtsch zu verflächt. An der Südseite fällt dieser Hügelzug nicht zu steil dem Städtchen Maschau zu; aber noch sanfter verflächt er sich bis an Radonitz an der Nordseite. Die an diesem ausgedehnten Hügelzuge anstehende Gebirgsart besteht aus Basalt, von welchem ich drei Abänderungen auffand:

1. Ein *röthlichgrauer Basalt* von einem aus dem *unebenen* in den *flachmuschlichen* übergehenden Bruche, mit innliegenden sehr häufigen, aber nur *kleinen* und *sehr kleinen Hornblendesäulchen*. Dieser Basalt scheint der Auflösung sehr hartnäckig zu widerstehen; doch ist der Widerstand, welchen die innliegende Hornblende der Einwirkung der atmosphärischen Luft und des Wassers leistet, noch gröfser: denn man sieht an der äufsern Oberfläche mancher Stücke die Hornblendesäulchen hervorragen, da die dazwischen liegende Basaltmasse bereits aufgelöset, und von dem Wasser fortgespühlt worden.

2. Die *zweite Abänderung* weicht von der erstern nur darinn ab, dafs ihre Farbe *dunkel bräunlichschwarz* ist; übrigens kömmt sie mit ersterer, selbst in Hinsicht der beigemengten Hornblende, vollkommen überein.

3. Die *dritte Abanderung* ist *dunkel aschgrau* von Farbe, im Bruche uneben von *kleinem Korne*; die beigemengte Hornblende ist viel häufiger, und gewöhnlich in *kleine*, im Verhältnisse ihrer geringen Breite sehr *lange Säulchen* krystallisirt; nebst diesen nimmt sie einige sparsame *Kalkspathkörnchen* auf.

Diese Basaltabänderungen scheinen gleichfalls hier in einem Basalttuffe inne zu liegen; die Kultur und der Rasen hinderten es, mich davon zu überzeugen. In den Schrunden und auf dem Rücken des Hügels sah ich doch mehrere schmale Kalkspathtrümmchen aufsetzen, die mir das Daseyn desselben wahrscheinlich machten.

An der Nordseite von Radonitz, unmittelbar an dem Städtchen, erhebt sich wieder von dem Aubache sehr sanft eine ganz bebauete Anhöhe, über welche der Weg nach Winteritz führt. Sie läuft in der Richtung von Osten gegen Westen bis an den späther zu beschreibenden Spitzberg, und fällt eben so sanft an der Nordseite gegen Winteritz hinab, als sie sich sanft an der Südseite von Radonitz erhebt. Man findet an den Abhängen gröſsere und kleinere Stücke eines *dunkel graulichschwarzen* **Basaltes**, der bald sehr häufige, bald aber wieder äuſserst sparsame Hornblende aufnimmt.

Der Kapellberg.

Dieser nicht zu hohe, an dem Fuſse bebauete, an dem Gipfel mit einem Kieferwäldchen bewachsene Hügel, liegt unweit von dem Dorfe Winteritz, demselben gegen Norden. Er ist etwas in die Länge gezogen, und läuft von Osten gegen Westen. Alle seine Abhänge fallen sehr steil ab, und nur unterhalb dem Gipfel, und zwar an der Südwestseite, findet man den Basalt entblöſst. Man bemerkt an demselben *massig* abgesonderte Stücke, die sich aber schon dem *Dickstänglichen* nähern. Die Säulen stehen fast senkrecht, sind aber durch Klüfte nach allen Richtungen getrennt. Der *Basalt* ist *dunkel aschgrau* von Farbe, von *unebenem*, und zwar kleinkörnigem Bruche, und nimmt, auſser ziemlich häufigen *sehr* und *ganz kleinen Hornblendesäulchen*, nichts Fremdartiges auf.

Der Weinberg.

Dem eben beschriebenen Hügel gegen Norden liegt der *Weinberg*. Er läuft in einer mit diesem parallelen Richtung, nämlich von Osten gegen Westen, verbreitet sich an der Mitternachtseite mit dem höhern Gebirgszuge, der Leite, und fällt an der Abendseite steil ab. Man sieht unterhalb der Kuppe einzelne gröſsere Basaltmassen aus dem Rasen hervorragen, und den südlichen Abhang mit unzähligen gröſsern und kleinern Basaltstücken bedeckt. Ueber das Verhalten des Basaltes in Hinsicht des Streichens und Fallens läſst sich, schon wegen dieses Vorkommens, nichts aussagen. Seine Farbe ist *dunkel aschgrau*, der Bruch *uneben* von fast *feinem Korne*. Er nimmt nichts als einzelne *sehr kleine Säulchen* von *Hornblende* auf, die aber sehr deutlich den *Uebergang in Augit* macht.

Die Leite *).

Der westliche steile Abhang des eben beschriebenen Weinberges steht mit dem hintern höhern Gebirgszuge, der Leite, in Verbindung, da diese erst in der Richtung von Osten gegen Westen fortläuft, dann aber eine sanfte Krümmung gegen Süden macht. Der südliche Abhang dieses Berges fällt ziemlich steil ab, und ist theils beraset, theils bebauet. An seinem südlichen Fuſse, an welchem ein kleiner Bach vorbeiflieſst, findet man einen 8 bis 10 Klafter hohen Absturz, welcher seine Gebirgsart entblöſst. Sie bildet Kugeln, die aber etwas plattgedrückt sind, und selten mehr als einen Fuſs in dem gröſsern Durchmesser haben. Diese Kugeln sind säulenförmig übereinander gereihet, und diese Säulen fallen unter einem Winkel von 52°, also parallel mit dem Abhange des Berges, gegen Südosten ein.

Sie ist eigentlich ein *Basaltporphyr*, in jenem Sinne, den ich in einem andern Werke **) festgesetzt habe. Seine Farbe ist *bläulichgrau*, die in die *lichte aschgraue* zieht; auf den Klüften ist er eisenschwarz beschlagen und metallisch schimmernd; sein Bruch ist *feinsplittrich*, die Bruchstücke sind *unbestimmteckig*, *etwas scharfkantig*. Er hat, wie gesagt, *säulenförmig stänglich* abgesonderte

*) Ich muſs hier anmerken, daſs die Leite eigentlich nur der südliche Abhang des spather zu beschreibenden Kretschumberges ist.

**) Sammlung naturhistorischer Aufsätze, S. 178. 179.

Stücke, die Absonderungsflächen sind *rauh* und *matt*; er ist an den Kanten schwach *durchscheinend*, giebt einen *weifslichgrauen* Strich, und ist im *hohen Grade halbhart*. Er hat beigemengt:

1. *graulich* - und *gelblichweifsen*, bei einem hohen Grade der Verwitterung *isabell* - und *ochergelben* ***Feldspath*** in vierseitigen Säulchen, die sich im frischesten Zustande durch ihren Glanz, blättrichen Bruch, und ihre Härte dazu charakterisiren;
2. einzelne, sehr sparsam eingewachsene, sehr und ganz kleine Säulchen von einer *sammetschwarzen* ***Hornblende***.

Der Birkhügel.

Dieser Hügel liegt dem Dorfe Winteritz gegen Nordwesten, dem Weinberge gegen Westen. Er bildet einen langgezogenen, von Osten gegen Westen auslaufenden Rücken, an welchem sechs deutlich ausgezeichnete Kuppen bemerkbar sind. Jede dieser Kuppen ist kahl, und aus dem Rasen ragen zahlreiche Basaltmassen hervor, an denen aber das Verhalten des Basaltes selbst unbestimmbar ist. Sowohl der Rücken, als die sanftern Abhänge der Kuppen, sind bebauet. Ich untersuchte jede einzelne Kuppe.

Der ***Basalt*** derjenigen Kuppe, welche am meisten östlich liegt, ragt nur hier und da in einzelnen unbeträchtlichen Massen hervor, und hat bereits einen hohen Grad der Verwitterung erlitten, so dafs ich nur mit

Schwierigkeit ein brauchbares Stück zur Bestimmung auffinden konnte. Er hat eine *dunkel aschgraue* Farbe, einen *unebenen* Bruch von *grobem Korne*, und es glänzt auf dem frischen Bruche nur ein einzelnes *sehr* und *ganz kleines* ***Hornblendesäulchen*** dem Auge entgegen.

Von dieser Beschaffenheit ist auch der Basalt der übrigen Kuppen, nur dafs in manchen Parthien desselben die Hornblendesäulen gröfser und ausgezeichneter sind. Aber der Basalt der höchsten Kuppe unterscheidet sich von jenem der übrigen Küppchen schon dadurch, dafs er in gröfsern Massen aus dem Rasen hervorragt, obschon sich, wegen der häufigen Zerklüftungen, auf sein Vorkommen und Verhalten in Hinsicht des Streichens und Fallens nichts Bestimmtes schliefsen läfst. Noch mehr ader zeichnet er sich durch die ihm beigemengten fremdartigen Theile aus. Seine Farbe ist *graulichschwarz*, der Bruch *uneben von grobem Korne*. Beigemengt hat er:

1. *Augit* von *lauchgrüner* Farbe, von allen Graden der Höhe, die sich von einer Seite bis in die *dunkel schwärzlichgrüne*, von der andern bis in die *olivengrüne* verzieht; er bildet 1 Zoll lange und $\frac{1}{3}$ Zoll breite *Säulen*, an denen aber, da sie eingewachsen sind, weder die Zahl der Seitenflächen, noch die Art der Zuschärfung weiter bestimmbar ist. Je nach dem schwächern oder stärkern Grade der Auflösung ändert sich die Farbe mit Verlust des Glanzes, aber bei dem schwächern Grade, mit Beibehaltung des blättrichen Bruches, in die *lichte olivengrüne*, *ocher-*

gelbe und *gelblichbraune*; indessen sind an der äufsern Oberfläche des Basaltes die leeren Blasenräume doch nicht so zahlreich, als sie es in jenem sind, welcher gemeinen Olivin in grofsen Körnern oder Stücken aufnimmt, zum Beweise, dafs der Augit einen hartnäckigern Widerstand der Einwirkung der Atmosphäre leistet, als der gemeine Olivin.

2. *Glimmer* von *schwärzlichbrauner*, von einer Seite in die *tombackbraune*, von der andern in die *bräunlichschwarze* übergehenden Farbe, wahrscheinlich in *sechsseitige Tafeln* krystallisirt.

Der Spitzberg.

Ueber einige kahle Hügelchen, an deren sanften Abhängen noch immer derselbe Basalt in gröfsern und kleinern Stücken zerstreut, aber nie anstehend gefunden wird, führt der Weg von der südlichen Kuppe des Birkhügels auf den *Spitzberg*. An dem Fufse dieser Hügelchen sowohl, als des Spitzberges, fand ich denselben *Basalttuff*, der an den beiden Ufern des Baches durch zwei, einige Klafter hohe Abstürze entblöfst wird. Er bildet da ziemlich starke Schichten, welche sehr flach gegen Süden einfallen, und St. 6 streichen. Zwischen seinen Ablösungen sieht man *fasrigen Kalkstein* von $\frac{1}{2}$ bis $\frac{1}{4}$ Zoll starken Lagen.

Die Hauptmasse des Basalttuffes ist theils *rauch*-theils *aschgrau*; gewöhnlich wechseln diese Farben in schmälern und breitern *Streifen* mit einander ab. In diesem liegen

1. sehr zahlreiche *gröſsere* und *kleinere Säulchen* von *Hornblende* von der oben, bei Gelegenheit des Bockaberges beschriebenen Form; die gröſsern Säulchen haben eine Länge von 3 bis 4 Linien;
2. sparsame *Säulchen* eines *dunkel lauchgrünen Augites*;
3. *Kalkspathkörnchen* von einer gelblichweiſsen und lichte honiggelben Farbe.

Hier und da entdeckt man einige *gelblichbraune Flecken*, die entweder dem aufgelöseten Augite oder Kalkspathe ihr Daseyn danken.

Mit diesem Basalttuffe wechselt *Basalt* in Schichten, die von 1 bis 6 Zollen Stärke haben, ab. Der Basalt ist von Farbe *dunkel aschgrau*, der Bruch zeigt eine *Anlage zum Schiefrichen*, und er nimmt, auſser einzelnen *Hornblendesäulchen*, sonst nichts Fremdartiges auf.

Dieses Tufflager mit dem innliegenden Basalte ist sehr weit verbreitet; denn man findet es an dem zu Winteritz gehörigen Schafstalle, ja selbst in dem Dorfe, an allen Fahrwegen, und an allen Hügeln entblöſst.

Der Spitzberg selbst übertrifft an Höhe, die Leite ausgenommen, alle in der Nachbarschaft befindlichen Hügel. Sein Gipfel läuft in eine Spitze aus, ist in die Länge gezogen, und zwar in der Richtung von Südwesten gegen Nordosten, und ganz mit Tannen und

Kiefern bewachsen. Er verbreitet sich an der Südseite, wohin er sanft abfällt, mit einem niedrigen, gleichfalls ganz bewaldeten Hügelzuge, der in den benachbarten Ellbogner Kreis hinübersetzt, und an dessen östlichem Abhange das Dorf Kogetitz liegt; an der Südostseite fällt er sanft der Ebene zu, auf welcher die Dorfschaften Rodwern und Rosengarten liegen; an dem nördlichen Fuſse entblöſst ein Absturz den zuletzt beschriebenen Basalttuff; an der Kuppe liegen Stücke des gleichfalls beschriebenen Basaltes herum.

Der Lutschkenberg.

Da ich die Hügel von der Westseite bis an die Gränze des Kreises untersucht hatte, schlug ich den Weg gegen Osten und Südosten ein, um das dortige Gebirge zu untersuchen. Ich ging daher über Meretitz auf den *Lutschkenberg*, der an der Südseite eines kleinen Baches, dem beschriebenen Weinberge gegen Osten, dem gleich zu beschreibenden Kuliner Berge gegen Westen liegt. Er steigt von der Südseite ziemlich steil an, erreicht eben keine beträchtliche Höhe; die Abhänge sind theils bebauet, theils beraset. Die Kuppe selbst zieht sich etwas von Osten gegen Westen in die Länge. Die Gebirgsart untersuchte ich an der sogenannten *Silbergrube*, einer nicht zu tiefen, engen Schlucht, die von dem Fuſse gegen Norden, und aufwärts läuft. Man will die hier noch vorhandenen Spuhren eines verfallenen

Stollens, als einen Beweis des hier ehemals im Umtriebe gestandenen Bergbaues aufweisen; ich konnte aber nichts davon entdecken. Der Basalt, als die constituirende Gebirgsart, ist in undeutliche Säulen geformt, welche unter dem Winkel von 62° gegen den Horizont, und zwar gegen Norden, geneigt sind, und ihr Streichen St. 7 haben. Jede einzelne Säule scheint wieder aus aneinander gereiheten, unvollkommenen Kugeln zu bestehen, oder die Säulen sind durch parallele Queerklüfte getrennt, die Ecken und Kanten durch die Verwitterung aufgelöset, und so die Säulenstücke zu unvollkommenen Kugeln umgeformt. Die Ablösungen und Absonderungsflächen sind mit einem gelblichbraunen Eisenschusse bedeckt, und zum Theil ist der Basalt auch schon zu einem eisenschüfsigen Thone vollkommen aufgelöset.

Der Basalt ist *dunkel graulichschwarz*, und *feinkörnig* im Bruche, der sich dem *ebenen* nähert; er zeigt, bei anfangender Verwitterung, *kleinkörnig* abgesonderte Stücke. Von fremdartigen Theilen nimmt er nur wenig auf, und zwar einzelne *sehr* und *ganz kleine Hornblendesäulchen*, mehrere *graulichweifse* und *rauchgraue Kalkspathkörner*, und hier und da eine *sechsseitige Tafel* von *bräunlichschwarzem Glimmer*.

An dem Fufse findet man sehr viele Basaltstücke, an denen die Ecken und Kanten mehr oder weniger abgeführt sind, und die *kleine* und *sehr kleine Hornblendesäulchen* enthalten.

Der Kuliner Berg.

Oberhalb der beschriebenen Kuppe erhebt sich der *Kuliner Berg*, der diesen wegen seiner hohen Lage an relativer Höhe übertrifft. Er ist von allen Seiten steil abfallend, nur an der Nordseite verflächt er sich etwas sanfter bis an das Dorf Schönhof. An seinem südlichen Fufse liegen die Dorfschaften Weinern, Flaha und Kolikenbrunn. An der Ostseite läuft er in einen breitern bebaueten Rücken aus, der sich nordwärts bis an Polig hinabzieht, südwärts hingegen bis Fünfhunden erstreckt. Er selbst ist, die Kuppe ausgenommen, gröfstentheils bebauet, und daher der Basalt nirgends anstehend, sondern nur, in gröfsern und kleinern Stücken zerstreut, auffindbar.

Der *Basalt* ist an der Kuppe *dunkel graulichschwarz* von Farbe, *uneben*, und zwar *grobkörnig* von Bruch, und nimmt *Augit* von *dunkel olivengrüner* Farbe, in kleinern und gröfsern Säulen krystallisirt, und *blättrichen Olivin* auf. Dieser ist von *blafs spargelgrüner* Farbe, die sich bis in die *grünlichweifse* verzieht, selten *grünlichgrau*, und letztere Farbe scheint er schon der etwas weiter gediehenen Verwitterung zu danken zu haben. Die Krystallform desselben ist, da er eingewachsen vorkömmt, unbestimmbar; doch scheint sie die *rechtwinkliche vierseitige Saule* zu seyn, mit 2 verhältnifsmäfsig viel breitern und 2 schmälern Seitenflächen, an den Enden mit 4 auf die Seitenkanten aufgesetzten Flächen *zugespitzt*;

der innere Glanz ist unbeträchtlich und *Fettglanz*, der Hauptbruch *geradblättrich*, der Queerbruch *kleinmuschlich*, die Durchsichtigkeit geringe. Bei dem höchsten Grade der Verwitterung ist er zu einem *gelblichbraunen Ocher* aufgelöset.

Von dem Neuen Wirthshause, das auf dem gegen Osten abfallenden Rücken liegt, ziehen sich an der Fahrstraſse zwei nicht zu tiefe Schluchten hinab, in welchen man *Kugelbasalt* entblöſst findet. Die Kugeln haben 1, 2, auch mehrere Fuſse im Durchmesser, und liegen, säulenartig aneinander gereihet, übereinander. Der Basalt ist nach allen Richtungen mit Kalkspathtrümmchen durchzogen, in tiefern Punkten zu einem *ziegel*- und *bräunlichrothen* Thone aufgelöset, in welchem sehr zahlreiche lose Augitkrystalle liegen. Der bräunlichschwarze, mit mehr und weniger abgeführten Basaltstücken besäete Basaltboden, setzt selbst bei Fünfhunden über den Aubach bis Retschitz hinüber, zum Beweise, daſs der Basalt sich bis dahin erstreckt, und wahrscheinlich bloſs von der Dammerde bedeckt wird.

In der Nachbarschaft von Polig erhebt sich der Gebirgsrücken etwas, fällt aber bald wieder ziemlich steil bis an den Egerfluſs gegen Lometitz hinab. Diese Anhöhe ist, sammt dem steilen nördlichen Abfalle, gleichfalls ganz bebauet, und daher muſste ich mich begnügen, aus den aufgesammelten, mehr und weniger zugerundeten Basaltstücken, die Beschreibung seiner äuſsern Kennzeichen zu entwerfen. Die Farbe des Basaltes ist *graulichschwarz*, der Bruch uneben von kleinem Korne, nähert sich aber schon etwas dem *Splittrichen*; die Festigkeit und Härte desselben ist beträchtlich. Er nimmt, nebst ziemlich häufigen *dunkel schwärzlichbraunen* *G l i m m e r b l ä t t c h e n*, sehr viele *H o r n b l e n d e* in *kleinen* und *sehr kleinen* eingewachsenen Säulchen auf.

Mehr gegen Westen, hinter Delau, macht ein *dunkel graulichschwarzer*, im Bruche etwas *grobkörniger* *B a s a l t*, mit innliegenden *kleinen*, aus dem *lichte Olivengrünen* in das *blaſs Weingelbe* gehenden *O l i v i n k ö r n e r*, einen Gang in dem aufgelöseten Gneiſse, der, der Oberfläche näher, die Mächtigkeit von einigen Lachtern hat, in gröſserer Teufe aber schmäler wird, und sich endlich ganz auskeilt.

Der Kretschumberg.

An der Westseite des Kuliner Berges erhebt sich sanft der *Kretschumberg*, läuft dann in einen schmalen, zugerundeten, mit Holze bewachsenen Rücken aus, mit stets, aber allmählig zunehmender Höhe, gegen Westen fort, wo er sich dann steil gegen Meelsdorf hinabstürzt. An der Südseite verbindet ihn eine kleine Ebene mit dem Weinberge; an der Nordseite fällt er ziemlich steil gegen Atschau hinab, wo die Gebirgsart zugleich, zu einem *ziegel* - und *bräunlichrothen* *T h o n e* aufgelöset, erscheint. Sie ist *B a s a l t*, von dessen näherem Verhalten nichts Bestimmtes ausgesagt werden kann, da er bloſs in Stücken herumliegt.

Der

Der *Basalt* hat eine *dunkel aschgraue* Farbe, einen *unebenen* Bruch, der sich dem *splittrichen* nähert, und nimmt auf:

1. *Basaltische Hornblende* in *sehr kleine Säulen* krystallisirt. Diese scheint in
2. *Augit* von *dunkel grünlichschwarzer* Farbe zu übergehen.
3. Das *sammetschwarze Fossil*, das ich in einem andern Werke beschrieben habe. Dieses kömmt nur in *sehr kleinen stumpfeckigen Körnern eingewachsen* vor.

Der Eichberg.

Dieser liegt, dem beschriebenen Kretschumberge südwestwärts, in einer kleinen Entfernung. Seinen Namen hat er einem Eichwalde, von dem der südliche stärkere Abhang bedeckt ist, zu verdanken. Der nördliche sanftere Abhang ist bebauet. Er hat zwei Kuppen, davon die südliche etwas niedriger ist, als die nördliche. Die Kultur hindert auch hier die genauere Untersuchung des Verhaltens der Gebirgsart, aus welcher er zusammengesetzt ist. An dem östlichen Abhange hat indessen das herabfallende Regenwasser eine Schrunde gezogen, welche dieselbe entblöfst, ohne dafs aber, ungeachtet dieses kleinen Vortheils, das Verhalten deutlich bestimmbar wäre. Eben so wenig geben die an dem Abhange der einen südlichen Kuppe hervorragenden Gebirgsmassen nähern Aufschlufs; ich mufste mich daher begnügen, blofs die auszeichnenden äufsern Kennzeichen der Gebirgsart anzugeben. Sie ist ein *lichte graulichschwarzer* ***Basalt*** von *kleinkörnigem* Bruche. Er nimmt auf:

1. *Gemeinen Olivin.* Dieser hat eine *lichte olivengrüne* Farbe, die sich durch die *wein-* bis in die *honiggelbe* verläuft; kömmt in *kleinen* und sehr *kleinen eingewachsenen Körnern* vor, an denen zuweilen, wenn sie verhältnifsmäfsig gröfser sind, die *kornig* abgesonderten Stücke deutlich wahrgenommen werden können. Aber meistens macht dieser schon den Uebergang in den

2. *blättrichen Olivin.* Er nimmt dann, mit Beibehaltung der Farbe, eine regelmäfsige äufsere Gestalt an, und zwar, wie mir schien, die *sechsseitige Säule* mit 2 breiteren und 4 schmäleren Seitenflächen, an beiden Enden mit 2 auf die von den schmäleren Seitenflächen eingeschlossenen Seitenkanten aufgesetzten Flächen *zugeschärft.* Der Glanz wird *geringer*, und nähert sich dem *Fettglanze*; der Hauptbruch wird *geradblättrich*, die Durchsichtigkeit nimmt ab. Endlich enthält er noch

3. *Augit* von theils *dunkel lauch-* theils *schwärzlichgrüner* Farbe, gleichfalls in *sechsseitigen* Säulen mit 2 breiteren und 4 schmäleren Seitenflächen, an beiden schiefen, aber unter sich gleichlaufenden Endflächen mehr oder weniger *flach zugeschärft*, die Zuschärfungsflächen auf die von den schmäleren

Seitenflächen eingeschlossenen Seitenkanten aufgesetzt, diese Seitenkanten stets stärker oder schwächer abgestumpft.

Der Olivin und Augit kömmt in so groſser Menge vor, daſs er hier und da die Hauptmasse zu verdrängen scheint. Wegen der leichtern Verwitterbarkeit des Olivins, sowohl des gemeinen, als blättrichen, hat der Basalt an der der Atmosphäre ausgesetzten äuſsern Oberfläche viele gröſsere und kleinere Blasenräume, welche der ausgefallene Olivin zurückließs.

An der zweiten nördlichen Kuppe, welche die südliche etwas an Höhe übertrifft, ragt der Basalt auch nur in gröſsern und kleinern Massen aus dem Rasen hervor. Der sie constituirende Basalt ist sehr schön, und weicht von ersterem, in Hinsicht der beigemengten fremdartigen Theile, ganz und gar ab Der Augit wird hier ganz vermiſst; der gemeine und blättriche Olivin, vorzüglich der letztere, liegt nur äuſserst sparsam inne: dafür aber nimmt er sehr häufigen *Glimmer* auf. Dieser ist gewöhnlich *bräunlichschwarz*, seltener *schwärzlich-* und *tombackbraun*. Er ist krystallisirt, und zwar in *sechsseitige Säulen*, welche

a. vollkommen gleichseitig und gleichwinklich sind,

b. mit zwei breitern und vier schmälern gegenüberstehenden Seitenflächen,

c. mit vier breitern und zwei schmälern Seitenflächen,

d. mit abwechselnd breitern und schmälern Seitenflächen,

e. die Kanten zuweilen mehr oder weniger zugerundet, und daher fast *walzenförmig.*

Diese Säulen aber danken ihr Daseyn bloſs der Zusammenhäufung mehrerer gleichnamiger Tafeln übereinander.

Der Langenauer Berg.

Dieses ist ein hoher, kahler Berg, der sich oberhalb dem Eichberge erhebt. Er steht mit diesem an der Abendseite, wohin er sich sanft verflächt, in Verbindung, und nur eine sanfte Vertiefung macht die Gränze beider. An dem Fuſse sowohl, als an den Abhängen, sieht man sehr viele Stücke von der Gebirgsart herumliegen; aber an den höchsten zwei kahlen Kuppen, in welche er sich oberhalb Hammersdorf an der Abendseite endigt, findet man sie anstehend, aber wieder durch nach allen Richtungen aufsetzende Klüfte so getrennt, daſs sich weder ihre abgesonderten Stücke, noch ihr Verhalten in Hinsicht des Streichens und Fallens bestimmen läſst. Erst an der zweiten, etwas mehr nördlich gelegenen Kuppe, aber in tiefern Punkten, erblickt man *Tafelbasalt*, dessen Tafeln $\frac{1}{2}$ bis $\frac{3}{4}$ Fuſs stark sind, und sehr flach (unter 8°) gegen Norden einfallen.

Der *Basalt* kömmt mit jenem, der an der südlichen Kuppe des Eichberges einbricht, gröſstentheils überein; nur ist der blattriche Olivin äuſserst sparsam vorhanden, und in manchen Stücken des untersuchten

Basaltes wird er ganz vermiſst; der *gemeine Olivin* bildet kleine Körner, der Augit aber groſse Säulen von $\frac{1}{4}$ bis $\frac{1}{2}$ Zoll Länge und einer verhältniſsmäſsigen Breite. Ueberhaupt kommen alle beigemengte Fossilien hier viel sparsamer, als dort, vor, und die Hauptmasse tritt wieder in ihre Rechte ein. Aber auch dieses ist nicht beständig: denn bald nimmt der Basalt mehr von den fremdartigen Theilen, wie an dem südwestlichen Abhange, bald sehr wenig, wie an der Westseite, auf; bald wird der Olivin, bald der Augit vorwaltend.

An dem Fuſse dieses Berges liegen die Dörfer Langenau und Hammersdorf; dieses mehr gegen Nordwesten, jenes gegen Nordosten. An letzterem Dorfe bricht derselbe bunte Thon ein, den ich späther bei dem Dorfe Stenglas, an dem südlichen Egerufer, auffand, wohin ich hier verweise.

Derselbe Basalt, den ich eben jetzt beschrieben habe, setzt auch den niedrigen Hügel zusammen, über welchen der Fuſssteig von Hammersdorf nach Redenitz führt; doch wird er hier nur in Stücken aufgefunden.

Der Lerchenhügel.

Von dem Bache, der bei Redenitz vorbeiflieſst, erhebt sich wieder ein anderer Berg, der *Lerchenhügel*, der aber gleich wieder gegen Westen dem Dorfe Mertensdorf zufällt. Er ist länglicht, am Fuſse gröſstentheils bebauet, an dem Gipfel, oder vielmehr an dem langgezogenen Rücken, theils nur mit Rasen, theils mit Walde bedeckt. An diesem erhebt sich der Basalt in einige niedrige Felsen, von welchen er durch seiger aufsetzende Klüfte säulenartig getrennt ist.

Der *Basalt*, oder vielmehr der ***basaltische Mandelstein***, hat eine *dunkel leberbraune* Farbe, die aber, nach dem Grade der bereits erlittenen Verwitterung, durch die *röthlichbraune* bis in die *bräunlichrothe* übergeht; ist an der Oberfläche sehr *blasig*, die Blasenräume sind $\frac{1}{4}$ bis $\frac{1}{2}$ Zoll lang bei einer geringen Breite; von *unebenem*, fast *feinkörnigem* Bruche. Diesem sind beigemengt:

1. *Sammetschwarze* ***Hornblende*** in *kleine* und sehr kleine Säulen krystallisirt; die längsten Krystalle haben eine Länge von 3 bis 4 Linien.

2. ***Kalkspath*** von *graulichweifser* Farbe, theils in einzelnen *sehr kleinen Körnchen* inneliegend, an denen man aber schon Spuhren einer regelmäfsigen äufsern Gestalt entdeckt, theils in *schmalen Adern* durchsetzend, theils in *Mandeln* inneliegend. Die Mandeln sind sehr breitgedrückt, haben in dem Längedurchmesser $\frac{1}{2}$ bis 3 Zolle, und sind theils ausgefüllt, theils haben sie einen leeren Raum, in welchem der Kalkspath Freiheit genug hatte, sich zu krystallisiren. Die Krystalle sind aber äufserst klein, so dafs sie selbst unter dem Suchglase unbestimmbar bleiben, und gewöhnlich *traubig* und *nierförmig* zusammengehäuft.

Der Kriegsberg.

Der Kriegsberg liegt Mertensdorf gegen Nordosten. Bis an seinen Fuſs erstrecken sich die Felder; von da erhebt er sich an der Südseite sanfter, läuft dann gegen Nordwesten ansteigend fort, stürzt sich sehr steil gegen Westen hinab, wo klafterhohe Basaltfelsen entblöſst sind. Die Kuppe selbst ist kahl und bloſs beraset. Der Einwirkung der äuſseren Atmosphäre scheint dieser Basalt einen gegen andere Basaltabänderungen verhältniſsmäſsig geringern Widerstand zu leisten: denn man findet ihn an der Oberfläche sehr aufgelöset, alle an den Abhängen zerstreuten Stücke so zugerundet, daſs sie mehr und weniger vollkommene Kugeln darstellen.

Der *Basalt* ist *dunkel aschgrau* von Farbe, im Bruche *uneben* von *kleinem Korne.* Beigemengt ist demselben sehr vieler

1. *gemeiner Olivin* von *lichte olivengrüner* Farbe, die sich nur selten in die *dunkel olivengrüne*, gewöhnlich in die *wein-* und *honiggelbe* verzieht; er liegt in *kleinen* und *sehr kleinen stumpfeckigen Körnern* inne, die *feinkörnig* abgesonderte Stücke zeigen. Manches Korn hat schon eine Neigung zum blättrichen Bruche, und scheint den Uebergang in blättrichen Olivin machen zu wollen.
2. *Augit*, der aber minder häufig, als der Olivin, vorhanden ist, von *dunkel lauch-* und *schwärzlichgrüner* Farbe, in mehrere Linien langen *einge-*

wachsenen Säulen, an denen aber weder die Zahl der Seitenflächen, noch die Zuschärfung oder Zuspitzung bestimmbar war.

Der Rabenfels.

An demselben Dorfe, an der Morgenseite, ragt mitten aus den Feldern eine nicht zu hohe Felsenmasse heraus. Diese ist durch häufige, senkrecht niedersetzende Klüfte so getrennt, daſs er ein Aggregat mehrerer Nadeln (Pics) darstellt, und dadurch schon in der Ferne ein grotesk - klippiges Ansehen erhält. An dem Fuſse des Felsens selbst, aus den Klüften, wächst niedriges Strauchwerk hervor. Daſs man nur mit Mühe diesen Felsen erklettert, ist begreiflich. Er besteht aus *Tafelbasalt*, dessen Tafeln 5 bis 6 Zolle stark sind, und fast wagerecht liegen, unter einem Winkel von 2°, höchstens 4° gegen Nordosten einfallen, und St. 4 streichen.

Der *Basalt* ist *dunkel graulichschwarz*, *feinkörnig* im Bruche, dem kleinsplittrichen sich nähernd. Die innliegenden fremdartigen Theile sind *klein* und *sehr klein*. Sie sind, nach der relativen Menge, geordnet:

1. *Hornblende* von *sammetschwarzer* Farbe in *sehr* und *ganz kleinen* eingewachsenen Säulen;
2. *gemeiner Olivin* in *sehr* und *ganz kleinen dunkel olivengrünen Körnchen*;
3. äuſserst sparsamer *graulichweiſser Kalkspath* in *sehr kleinen*, aber doch verhältniſsmäſsig gröſsern *Körnchen*.

Der Rabenfels und Kriegsberg sind nur einzelne Kuppen des sehr weit auslaufenden Gebirgsrückens, der sich an der Ostseite des Kedwaer Baches von Süden gegen Norden fortzieht. An der Westseite fallt dieser Gebirgsrücken sehr steil gegen diesen Bach und die daran erbauete Geigenmühle hinab, und dieser steile Abhang ist mit hochstämmiger Waldung bedeckt. Hier und da findet man an demselben den Basalt in niedrigen Felsenmassen hervorragen, oder sehr häufig in einzelnen grofsen Stücken zerstreut, die, bei näherer Prüfung, als Bruchstücke des Tafelbasaltes erscheinen, dessen Tafeln aber eine Dicke von mehreren Fufsen haben müssen. Der in den tiefern Punkten dieses Gebirgsrückens, schon nahe an dem Bache aufgefundene *Basalt* ist *lichte graulichschwarz*, im Bruche *uneben* von *kleinem*, fast feinem Korne. Er nimmt, aufser der *Hornblende*, nichts Fremdartiges auf, und diese ist in *sehr* und *ganz kleine*, im Verhältnisse ihrer Breite sehr *lange Säulchen eingewachsen.*

So wie der Gebirgsrücken in der nördlichen Richtung an dem Bache fortläuft, so zieht er sich in unveränderter Richtung gegen Süden in den Ellbogner Kreis hinüber, und fällt gegen Seer hinab. Dieser Theil des Gebirgsrückens ist gröfstentheils mit hochstämmiger Waldung bewachsen. Anstehend findet man den *Basalt*, der diesen Theil des Gebirgsrückens zusammensetzt, nicht, aber in sehr zahlreichen Stücken zerstreut. Er weicht in der Farbe und in den fremdartigen Theilen von dem zuletzt beschriebenen Basalte kaum ab, nur die Farbe scheint etwas dunkler zu seyn, und nebst der *Hornblende*, deren Säulen zuweilen etwas an Gröſse zunehmen, liegt ein *Körnchen* von *gemeinem Olivine* inne.

So wie aber an der Ostseite dieser hohe Gebirgsrükken den Kedwaer Bach begleitet, so erfüllt an der andern Seite ein ähnlicher, aber viel höherer Gebirgszug, diese Bestimmung, nur daſs er minder steil, als der östliche, dem Bache zufällt; daher dieser Abhang auch der Kultur mehr Verbreitung erlaubt. An der Nordseite hat der Gebirgsrücken die gröſste Höhe, die aber gegen Süden zu immer mehr abnimmt. An dem westlichen Abhange liegt das Dorf Teltsch, an dem östlichen aber Köteshof. Den Rücken selbst, so wie den Abhang, deckt streckenweise hochstämmige Waldung. Dem Dorfe Teltsch gegen Süden, läuft er in einen sehr schmalen Kamm aus, der ost- und westwärts anfangs steil hinabfällt, bis er sich in die sanftern Abhänge verliehrt. Auf diesem Kamme sieht man einen *Basaltgang* zu Tage ausbeiſsen. Dieser Gang ist höchstens drei Fuſs breit, und hat sein Streichen St. 12, 4. Der Gang scheint im Basalttuffe, den man vor und in dem Dorfe, in allen Fahrwegen und Schrunden entblöſst findet, seiger niederzusetzen. Auſser diesem Gange sieht man den Basalt nirgends mehr anstehend, sondern an dem Dorfe Teltsch in zahlreichen, übrigens in minder häufigen Stücken zerstreut. Ich will erst den Basalttuff, dann die in demselben innliegenden Basaltabänderungen beschreiben.

1. Der *Basalttuff* hat zur Hauptmasse oder zum Cemente (Kitte) wieder *Wackenthon*, mittelst welchem die vollkommen abgerundeten, selten verschiedentlich eckigen Basaltstücke, die höchstens von der Gröſse einer Wallnuſs oder Haselnuſs sind. Die Basaltgeschiebe sind aber so zahlreich, daſs man parthienweise die Hauptmasse fast zu vermissen glaubt, *asch*- und *gelblichgrau*, *ziegel*- und *bräunlichroth*, *bräunlich*- und *graulichschwarz*, bald *dichte*, bald *poröse*, im letzteren Falle dem Mandelsteine sich annähernd, mehr und weniger aufgelöset, und daher bald sehr weich, fast zerreiblich, bald von festerem Zusammenhange. Die allen diesen Basaltabänderungen beigemengten fremdartigen Theile sind:

1. *Hornblende* in sehr kleinen eingewachsenen Säulen, die sich aber leicht von den weicheren Basaltabänderungen trennen lassen, und daher ihre äuſsere Gestalt zu bestimmen erlauben. Man findet sie

   a. in *tafelähnlichen*, theils breiten, theils schmalen *sechsseitigen Säulen*, mit 2 gegenüberstehenden breitern und 4 schmälern Seitenflächen, die an beiden Enden flach *zugeschärft* sind, die Zuschärfungsflächen auf die schmälern Seitenkanten aufgesetzt, und diese Seitenkanten zuweilen abgestumpft;

   b. in *Zwillingskrystallen*, wenn nämlich zwei der eben beschriebenen tafelähnlichen Säulen mit ihren breitern Seitenflächen so zusammengewachsen sind, daſs sie an einem Ende ausspringende, an dem andern einspringende Winkel bilden;

c. in *gleichwinklichen sechsseitigen Säulen*, die an einem Ende *zugeschärft*, an dem andern mit vier Flächen *zugespitzt* sind.

Bei allen diesen Abänderungen der Säulen sind bald eine, bald mehrere Endkanten, zuweilen auch die Zuschärfungskanten schwächer und stärker abgestumpft.

2. *Kalkspath*, der theils in *sehr kleinen Körnchen*, theils in *schmalen Schnürchen*, theils in kleinen *plattgedrückten Mandeln* erscheint.

II. In diesem Basalttuffe liegen:

1. Groſse, runde Stücke eines *basaltischen Mandelsteines.* Die basaltische Hauptmasse hat eine *dunkel bräunlichschwarze* Farbe, die aber durch die Verwitterung durch die *dunkel gelblichbraune* bis in die *bräunlichrothe* übergeht; sie ist an der Oberfläche *poröse* und *blasig* wegen der ausgefallenen Mandeln, innwendig an sich *matt*, wegen der innliegenden fremdartigen Theile *schimmernd*, von *unebenem*, *feinkörnigem* Bruche, der theils in den *ebenen*, theils in den *splittrichen* übergeht. In dieser Hauptmasse liegen:

a. Graulich - und gelblichweiſser Kalkspath.

Dieser bildet *kleine* und *sehr kleine Mandeln* oder

Nüsse; sie erreichen kaum die Gröfse eines Pfefferkorns oder einer Erbse, sind selten vollkommen ausgefüllt, sondern der Kalkspath überkleidet nur die Blasenräumchen, und ist dann in ganz kleine, und eben deswegen selbst unter dem Suchglase unbestimmbare Krystalle angeschossen. Oft ist der Ueberzug, den der Kalkspath bildet, so dünn, dafs die Hauptmasse durchscheint.

b. *Hornblende* in *eingewachsenen Krystallen,* die aber selten *sehr klein,* meistens *ganz klein* sind, und sich blofs durch den Schimmer dem unbewafneten Auge verrathen, und erst unter dem Suchglase sich deutlich entwickeln.

2. Der *Basalt,* der an dem spitzig zulaufenden Kamme in diesem Basalttuffe als Gang erscheint, scheint bei dem ersten Anblicke nichts als eine Zusammenhäufung unzähliger *Hornblendesäulchen* zu seyn: denn diese sind so häufig, dafs sie die Hauptmasse fast ganz verdrängen. Diese ist im frischesten Zustande *dunkel bräunlichschwarz,* durch die Verwitterung wird sie *rauchgrau.* Die innliegende Hornblende hat dieselbe Krystallform, welche die in dem Tuffe innliegende hatte. Nebst der Hornblende kömmt auch, obgleich sparsamer, ein bräunlichschwarzer *Glimmer* von *niedrigen sechsseitigen Säulen,* am sparsamsten aber ein einzelnes *Olivinkornchen,* das dann gewöhnlich schon zu einem

gelblichbraunen Ocher aufgelöset ist, oft aber auch in mehreren Stücken ganz vermifst wird.

3. Diejenige Basaltabänderung, welche an dem östlichen Abhange, in Stücken zerstreut, vorkömmt, ist von Farbe *dunkel aschgrau*, hat einen *unebenen* Bruch, der aber schon eine *Anlage zum schiefrigen* zeigt. Beigemengt hat er einige sparsame *Hornblendesäulchen* und *sechsseitige Glimmertäfelchen* von *bräunlichschwarzer* Farbe.

Die Hornleite.

Obiger Kamm, der anfangs gegen Morgen läuft, erweitert sich zu einem breitern Rücken, dreht sich etwas westwärts, kehrt aber bald wieder zu seiner ursprünglichen Richtung zurück, und zieht sich wieder nordwärts, oberhalb Horn, fort, wo er den Namen *Hornleite* *) annimmt. Diese Leite ist gröfsentheils mit Walde bedeckt; nur in der Nachbarschaft des Dorfes hat die Waldung dem Feldbau Platz gemacht. Da sie die Gebirgsart mit dem folgenden Berge gemein hat, so verspahre ich deren Beschreibung bis dahin.

Der Ziegenrücken.

Hinter Horn verengert sich der Gebirgsrücken wieder, und seine Höhe nimmt nun immer schneller ab,

*) Leite ist ein Name, den man einem jeden steilen Abhange in der Gegend giebt, so wie die steil abgestürzten Sandsteinwände an der Elbe hinter Tetschen gleichfalls mit diesem Namen belegt werden.

je näher er gegen Norden kömmt. Er nimmt hier den Namen *Ziegenrücken* an, und ist gleichfalls mit hochstämmiger Waldung bedeckt. An seinem östlichen Fuſse findet man den Basalt in groſsen Stücken zerstreut, die ihn, so wie den vorhergehenden Berg, zusammenzusetzen scheinen. Der *Basalt* ist *dunkel aschgrau* von Farbe, von einem *unebenen*, in den *grobsplittrichen* übergehenden Bruche. Auſser einigen sparsamen *Hornblendesäulchen*, nimmt er nichts Fremdartiges auf.

Von diesem Rücken geht ein schmaler Kamm gegen Westen ab, der sich in einen steil abgestürzten, einige Klafter hohen Felsen endigt. Der Basalt ist *Tafelbasalt*. Die Tafeln haben eine Dicke von $\frac{1}{2}$ bis $\frac{3}{4}$ Fuſs; doch läſst sich ihr Fallen und Streichen, wegen der häufig niedersetzenden Klüfte, nicht mit Gewiſsheit angeben. Der Basalt hat eine theils *graulichschwarze*, theils *aschgraue* Farbe; erstere kann als die Hauptfarbe angesehen werden, letztere bildet bloſs kleine, vollkommen *kreisförmige Flecke* von der Gröſse eines Stecknadelkopfes, und diese Flecke werden bei einem hohen Grade der Verwitterung *gelblichgrau*; auf den Klüften und Ablösungen ist er gleichfalls *gelblichgrau* oder *lichte gelblichbraun beschlagen*; er ist innwendig *matt*, von *unebenem*, *feinkörnigem* Bruche, und *in einem hohen Grade halbhart*. Er ist fast ganz rein, und äuſserst selten sieht man

1. ein *sehr* oder *ganz kleines Hornblendesäulchen* und
2. ein eben so kleines *olivengrünes*, bei einem hohen Grade der Verwitterung *ochergelbes Olivinkörnchen*.

Zuweilen hat dieser Basalt, nebst den breitern, nach verschiedenen Richtungen aufsetzenden Klüften, die, wie gesagt, das Verhalten des Basaltes undeutlich machen, noch schmale Klüftchen (Risse) und Blasenräumchen. In diesen findet sich an den Wänden

3. *strahlicher Zeolith* von *graulichweifser* Farbe, theils in die Basaltmasse *eingesprengt*, theils in *sehr kleine*, breite, *rechtwinkliche vierseitige Säulen* mit zwei breitern und zwei schmälern Seitenflächen, an beiden Enden mit vier auf die Seitenkanten aufgesetzten Flächen *zugespitzt*. Die Säulen sind wieder theils *zellig*, theils *unvollkommen* und *klein nierförmig* zusammengehäuft, so dafs man nur selten einen vollkommen ausgebildeten Krystall sieht, meistens nur die Zuspitzung und etwas von der Säule wahrnimmt. Er ist innwendig *glänzend* von einem Glasglanze, der sich dem *Perlmutterglanze* nähert; der Bruch, der aber nur an dem Derben bemerkbar wird, ist *schmalstrahlich*, hier und da in den fasrigen übergehend. Liegen die Blasenräumchen der Oberfläche näher, so sind die Zeolithdrüschen meistens mit einem dünnen Ueberzuge von einem *gelblichbraunen Eisenocher* versehen.

Der Guppenberg.

Ich verfolgte nun den Rücken weiter, der noch immer in der Richtung von Süden gegen Norden fortläuft, aber immer sanfter letzterer Weltgegend zufällt.

An

An dem Abhange liegen sehr grofse Basaltstücke, die Bruchstücke von einem Tafelbasalte zu seyn scheinen. Die Tafeln müssen aber noch stärker als an dem eben beschriebenen Felsen gewesen seyn. Dieser Basalt ist auch von obigem Tafelbasalte ganz verschieden. Seine Farbe ist *dunkel graulichschwarz*, der Bruch *uneben*, und zwar *kleinkörnig*. Beigemengt sind ihm:

1. *Gemeiner Olivin* von *lichte* und *dunkel olivengrüner* Farbe, die sich von einer Seite in die lichte honiggelbe, von der andern in die *lauchgrüne* verzieht; sein Bruch ist *kleinmuschlich*, der innere Glanz Glasglanz; der lauchgrüne zeigt eine *Neigung zum blättrichen* Bruche, und sein Glanz übergeht in Fettglanz, und macht so den Uebergang in den
2. *Augit*, der da, wo er ausgezeichnet deutlich ist, eine *dunkel lauchgrüne* Farbe hat, und in *eingewachsenen*, aber nicht bestimmbaren Säulen vorkömmt.

Beide Fossilien liegen so häufig inne, dafs sie die basaltische Hauptmasse zu verdrängen scheinen; doch ist der gemeine Olivin stets vorwaltend.

Die der Einwirkung der Atmosphäre längere Zeit ausgesetzte Oberfläche der Basalttafeln wird *uneben* und *höckerig*, welches von den hervorragenden, noch wohl erhaltenen Augitsäulchen herrührt, theils aber auch porös wegen des ausgewitterten gemeinen Olivins. Ich hätte hier wieder Gelegenheit, die Bestättigung des von mir *)

*) In *Mayers* Sammlung physikalischer Aufsätze, 4ter Bd. und in meiner Sammlung naturhistorischer Aufsätze, S. 294.

aufgestellten Satzes über die relative gröfsere Verwitterbarkeit des Olivins vor dem Augite zu finden.

Der Rücken, dessen äufsere Gestalt, Richtung und constituirende Gebirgsart ich bisher bestimmt habe, endigt sich in eine zugerundete Kuppe, welche oben zum Theil bebauet, zum Theil mit Wald bewachsen ist. Sie fällt mit einem steilen, mit hochstämmiger Waldung bedeckten Gehänge, im Hintergrunde gegen das Dorf Okenau zu, von welchem aus betrachtet sie eine ansehnliche Höhe hat. Diese Kuppe ist der eigentliche *Guppenberg.* Er scheint aus einer besondern Abänderung des Basaltes zu bestehen, so viel sich aus den zerstreuten, sehr grofsen Stücken beurtheilen liefs. Anstehend fand ich ihn nicht.

Diese Basaltabänderung nähert sich dem basaltischen Mandelsteine. Die Hauptmasse ist sehr *dunkel bräunlichschwarz*, im Bruche *kleinkörnig.* Als fremdartige Theile nimmt er auf:

1. *Zeolith*, der theils die in der Hauptmasse befindlichen *kleinen* und sehr kleinen, aber zahlreichen, *verschiedentlich eckigten*, gewöhnlich etwas verzogenen *Blasenräumchen* theils ausfüllt, theils nur überzieht. Es sind folgende Arten des Zeolithes bemerkbar:

   a. Mehlzeolith.

   Dieser ist von *graulichweifser* Farbe,
   füllt die Blasenräume gewöhnlich ganz aus,
   macht aber auch nur einen *Ueberzug* der

kleinen Zeolithdrüschen, und erhebt sich zuweilen *knospig* oder *zackigt*.

Er ist matt,

von *erdigem* Bruche,

undurchsichtig,

sehr weich, und

fühlt sich *mager* an.

Er scheint sein Daseyn nur der Auflösung der folgenden Zeolithart zu danken zu haben.

b. Strahlicher Zeolith

von *graulichweifser* Farbe,

er dient theils den Blasenräumchen als Ueberzug, der aber zuweilen so dünn ist, dafs die Hauptmasse durchscheint, theils, obgleich seltener, ist er *krystallisirt*, die Krystalle aber ausnehmend *klein*, selbst unter dem stark vergröfsernden Suchglase unbestimmbar, und in *Drüschen zusammengehäuft*. Noch findet man, aber äufserst selten,

c. dichten Zeolith

von *röthlichweifser*, *fleisch*- und *ziegelrother* Farbe, welche Farben in *zarten Streifen* abwechseln.

Er füllt die Blasenräumchen gewöhnlich ganz aus, kömmt aber auch mit dem Strahlzeolithe *verwachsen* vor.

Er ist *matt*,

zeigt einen *feinsplittrichen Bruch*, der in den *erdigen* übergeht.

2. *Augit* von *dunkel oliven-* oder *dunkel schwärzlich-grüner* Farbe, in vollkommen *eingewachsenen*, und daher wieder unbestimmbaren *Saulen*.

3. *Glimmer* von der gewiss seltenen kupferrothen Farbe, in *sechsseitige Tafeln* krystallisirt.

An dem Fusse des Guppenberges sieht man einzelne Basaltfelsen mitten in der Waldung. Sie erreichen die Höhe von 3 bis 4 Klaftern, und sind aus einem *Tafelbasalte* zusammengesetzt. Die Tafeln sind 2 bis 3 Zolle stark, liegen fast wagerecht, und haben ihr Streichen St. 7, 2. Um dieselben liegen unzählige Bruchstücke von Platten unordentlich übereinander gestürzt. Der Basalt weicht von der eben beschriebenen Abänderung wieder ab. Seine Farbe ist *graulichschwarz*, der Bruch *grobsplittrich* mit einer deutlich sichtbaren Anlage zum *Schiefrigen*, und er nimmt nur selten ein einzelnes *Augitsäulchen* von einer *dunkel lauch-* und *schwärzlich-grünen* Farbe auf.

Hinter Okenau unterbricht der Gneiss die Trappformation eine ziemliche Strecke weit; aber vor Cronsdorf macht dieser dem Basalte wieder Platz. Dieser bildet

Den Rabenfels,

einen ziemlich hohen, kahlen und klippigen Felsen, wo er in 10 bis 15 Klafter hohen *säulenartigen Pfeilern* ansteht. Diese Pfeiler werden durch die zahlreichen, oben etwas breitern, unten schmalern, senkrecht niedersetzenden Klüfte gebildet. Sie sind an den, der Einwirkung der Atmosphäre blofsgestellten Absonderungsflächen sehr aufgelöset, und dadurch entwickeln sich die *grobkörnig* abgesonderten Stücke. Die Enden der Säulen sind zugerundet, und jeder einzelne Pfeiler stellt daher einen sehr spitzig zulaufenden Kegel dar. Da aber die senkrechten Klüfte von andern, in einer schiefen Richtung aufsetzenden, wieder durchschnitten werden, so findet man jede Säule in unregelmäfsige Massen getrennt. Auf den Klüften entstand durch die Auflösung etwas Erde, dieser bemächtigte sich die Vegetation, und stellenweise wächst aus den Klüften ein niedriges Bäumchen oder Strauch. Ueberhaupt geben die äufsere Form des Basaltes; diese zahlreichen, nebeneinander stehenden, spitzig auslaufenden Basaltkegel; der Egerflufs, welcher den Fufs dieses Felsens bespühlt, und nur einen schmalen Fufssteig über die Klippen dem Wanderer übrig läfst; diese mitten aus dem Felsen hervorwachsenden Bäumchen und Sträucher; die an dem Fufse und in den Flufs hinab- und übereinander gestürzten Basaltstücke, dieser Felsenparthie ein sehr pittoreskes Ansehen. Im Hintergrunde sieht man die mit ihrem vielkuppigen, mit Nadelholze bewachsenen Rücken versehene Eichleite die Aussicht schliefsen. An seinem Fufse liegen an der Abendseite 5 oder 6 Häuschen, die, mit kleinen Gärten umgeben, den fürchterlich-schönen Anblick in etwas mildern.

Der den Rabenfels constituirende *Basalt*, oder vielmehr *Basaltporphyr*, ist von *graulichschwarzer* Farbe, *unebenem*, und zwar *kleinkörnigem* Bruche. Er hat als fremdartige Theile beigemengt

1. häufige *Hornblende* von *sammetschwarzer* Farbe, in kleine und *sehr kleine Säulen* krystallisirt, welche aber theils wegen ihrer Kleinheit, theils weil sie ganz eingewachsen sind, unbestimmbar bleiben;

2. *gemeinen Feldspath* von *grünlichgrauer* Farbe, in seltenen eingewachsenen *rundlichen Stücken* von $\frac{1}{4}$ Zoll im Durchmesser, von ausgezeichnet deutlich blättrichem Bruche, starkem Glasglanze;

3. ein Fossil, das
   eine aus der *grünlichgrauen* in die *berggrüne* übergehende Farbe hat,
   gleichfalls in *länglicht runden eingewachsenen Stücken* vorkömmt,
   einen *schwache* innern Schimmer,
   einen *kleinsplittrichen* Bruch hat,
   undurchsichtig und
   in *einem hohen Grade halbhart* ist, und nach dieser äufsern Charakteristik
   dichter Feldspath zu seyn scheint;

4. einzelne, äufserst seltene *Olivinkörnchen* von *lichte olivengrüner* Farbe, und

5. *magnetischen Eisenstein* in kleinen und sehr kleinen stumpfeckigen eingewachsenen Körnern von der Gröfse einer kleinen Erbse, der sich durch die *dunkel eisenschwarze* Farbe, den *starken* innern *Me-*

tallglanz, und den *klein* - und *vollkommen muschlichen* Bruch auszeichnet.

Hinter Cronsdorf erscheint nochmals der Gneifs, der aber nur auf eine viel kürzere Strecke seine Rechte behauptet, bald wieder von dem Basalte verdrängt wird, der einen ganz niedrigen Hügelzug bildet, welcher mit dem hier sehr gekrümmten Egerufer parallel läuft. Am Fufse dieses Hügelzuges quillt zwischen Warta und Cronsdorf, fast an dem Ufer der Eger, ein Säuerling hervor, der durch sein starkes Blasenwerfen, seinen prickelnden Geschmack einen grofsen Gehalt an Kohlenstoffsäure, durch das abgesetzte Eisenocher den Eisengehalt darthut. Schade, dafs für diefe Quelle nicht mehr Sorgfalt verwendet, die Quelle tiefer gegraben, und statt des hölzernen Troges, der ihm zum Refervoir dient, in ein steinernes Bassin gefafst wird. Sie dürfte der Gieshubler oder Rodesforter gleichkommen, vielleicht dieser den Rang ablaufen. Die Bestandtheile scheint sie mit dieser, so wie alle in der Nachbarschaft bei Lagersdorf, Petersdorf u. s. w. in grofser Zahl hervorquellenden Säuerlinge, gemein zu haben, und dürfte vielleicht nur in Rücksicht des quantitativen Verhältnisses etwas abweichen.

An diesem Hügelzuge findet man den Basalt nicht anstehend, wohl aber findet man ihn in zahlreichen Stücken an den sanften Abhängen zerstreut. Dieser *Basalt* ist wegen der ihm beigemengten fremdartigen Theile sehr merkwürdig, und verdient eine vorzügliche Aufmerksamkeit. Seine Farbe ist *dunkel röthlichgrau*, die sich bis in die röthlichbraune, stellenweise sogar bis in die *bräunlichschwarze* verläuft; sein Bruch ist *uneben*, und zwar von kleinem Korne. Die beigemengten Fossilien sind:

1. Ausgezeichnet deutlicher *Augit* von *dunkel lauch-* und *schwärzlichgrüner* Farbe.

2. *Hornblende* von theils *sammetschwarzer*, theils *bräunlichschwarzer* Farbe, aus welcher sie in die *rabenschwarze* und dunkel lauchgrüne übergeht, und in diesem letztern Falle den Uebergang in Augit macht. Beide Fossilien sind gewöhnlich *sehr klein* und *ganz klein*, zuweilen aber auch $\frac{1}{4}$ bis $\frac{1}{2}$ Zoll lange und verhältnißmäßsig breite, aber da sie eingewachsen sind, unbestimmbare Säulchen.

3. *Glimmer*

von *kupferrother* Farbe, die sich in die *bräunlichrothe*, und aus dieser obgleich selten, in die *röthlichbraune* verzieht;

in *eingewachsenen sechsseitigen Tafeln* mit 4 breitern und 2 verhältnißmäßsig viel schmälern Endflächen, die aber oft bis $\frac{1}{4}$ Zoll dick werden, und den *Uebergang in die sechsseitige Säule* machen; die Tafeln sind zuweilen nur *sehr klein*, oft aber messen sie auch im Durchschnitte 1 bis $1\frac{1}{2}$ Zoll; nur selten kommen sie verschiedentlich *gruppirt* vor, oder *auf-* und *dnrcheinander gewachsen*. Die Tafeln und Säulen haben gewöhnlich eine *röthlichbraune matte Einfassung*, (der Glimmer an sich ist metallischglänzend,) die man aber nicht der Verwitterung des Glimmers zuschreiben kann, da sie selbst in den frischesten Basaltstücken vorkömmt. Nur äuſserst selten umgiebt diese Einfassung, die diese röthlichbraune, matte, dem Ansehen nach thonige Einfassung bildet, noch eine zweite, 1 bis 2 Linien starke Einfassung von Zeolith. In manchen Basaltstücken wechseln bei den dicken Säulchen die Glimmerblättchen mit dem geradblättrichen Gewebe der sammetschwarzen Hornblende ab.

4. *Zeolith*

von *graulich- gelblich-* und *milchweiſser*, selten von *blaſs weingelber* Farbe,

theils *derb*, theils *krystallisirt*, und zwar

1. in *vierseitige Säulen* mit 2 breitern und 2 schmälern Seitenflächen, an beiden Enden mit 4 auf die Seitenkanten aufgesetzten Flächen *zugespitzt*;
2. in *längliche sechsseitige*, an den schmalen Endflächen *zugeschärfte Tafeln*;
3. in *vollkommene Würfeln*.

Alle diese Krystalle sind *sehr* und *ganz klein*, theils *einzeln*, theils in *Drusen zusammengehäuft*, die *nierförmige* und *traubige* Erhöhungen bilden.

Der krystallisirte *stark-* der derbe *wenigglänzend*, von *Glasglanz*, der in *Perlmutterglanz* übergeht.

Der derbe ist von deutlich *büschel-* und *sternför-* *förmig auseinander laufend strahlichem* Bruche.

Der derbe Zeolith füllt die in dem Basalte zahlreich vorhandenen, verschiedentlich eckigen, selten runden Blasenräume aus, kömmt auch wohl nur *eingesprengt* in dem Basalte vor; krystallisirt erscheint er nur dann, wenn die Blasenräume nicht ganz ausgefüllt sind, und also dem Zeolithe Raum und Freiheit blieb, eine regelmäfsige äufsere Gestalt anzunehmen.

5. *Speckstein*

von *olivengrüner* Farbe,

eingesprengt oder die kleinen leeren Räume, welche der krystallisirte Zeolith zurückliefs, *ausfullend*,

schimmernd,

von *Fettglanz*,

splittrich im Bruche,

durchscheinend,

wird durch *den Strich glänzend*,

fühlt sich *fett* an,

und ist mit zarten Glimmerschüppchen durchwachsen.

Der Grasberg.

Oberhalb dem beschriebenen Hügelzuge erhebt sich der *Grasberg*, der die Gränzen des Saatzer Kreises mit dem Ellbogner von dieser Seite macht. Er besteht aus mehreren ziemlich hohen Kuppen, die durch von oben gegen Norden herablaufende Vertiefungen getrennt werden. Alle diese Kuppen vereinigen sich ganz oben in eine einzige. Alle, den Vereinigungspunkt mit eingeschlossen, sind mit Nadel- und Laubholz bewachsen. An dem Gipfel sowohl, als an den steil dem Flusse zufallenden Abhängen, findet man bloſs einzelne Basaltstücke; anstehend fand ich ihn nur an der niedrigsten Kuppe, welche, Warta gegenüber, unmittelbar dem Flusse zufällt. Er ist *Tafelbasalt.* Die Tafeln sind 4 Zolle bis ½ Fuſs stark, fallen unter dem Winkel von 66° gegen Norden ein, und haben ihr Streichen St. 8, 3. Bemerkungswerth ist an diesen Tafeln, daſs sie nie durchaus eine gleiche Dicke haben, sondern keilförmig auslaufen, und so aufeinander zu liegen kommen, daſs die Spitze des einen Keils auf der Grundfläche der andern aufruht. Der *Basalt* ist von Farbe *dunkel graulichschwarz;* der Bruch ist *splittrich*, und hat im Groſsen eine *Anlage zum Schiefrigen.* Er ist fast rein, nur hier und da liegt ein sehr kleines *Hornblendesäulchen* und einige seltene *sehr kleine Körner* von *Magneteisenstein*, die sich durch ihre charakteristische Kennzeichen dem Auge verrathen.

Der Sattelberg.

Zwischen dem beschriebenen Grasberge und dem jetzt zu beschreibenden Sattelberge läuft eine Schlucht südwärts in das Gebirge hinan, in welcher die Croner Mühle liegt, die auf Horn und Teltsch zuführt. Diese Schlucht macht die Gränze beider Berge. Das Ausgehende des Berges macht unmittelbar an dem Egerflusse der Rabenfels. Oberhalb dieses Felsens hat man noch drei abgesonderte Kuppen, davon die nördlichste die niedrigste, die südlichste die höchste ist. Alle diese Kuppen sind mit Walde bedeckt. Ich bestieg sie alle drei, und hier ist das Resultat einer fast sechsstündigen Untersuchung.

An der nördlichsten und niedrigsten Kuppe fand ich den Basalt nicht anstehend; ich mufste mich daher mit den an den Abhängen zerstreuten Stücken begnügen, nach welchen ich die Beschreibung desselben entwerfe.

Dieser *Basalt* kömmt in einigen Rücksichten mit jenem, den ich an der Warter Sauerbrunnenquelle auffand, überein, weicht aber in einigen davon ab. Die Farbe des Basaltes, oder, um mich bestimmter auszudrücken, des basaltischen Hauptmasse, ist *dunkel aschgrau*, der Bruch *uneben von kleinem Korne*, geht auch hier und da in den *erdigen* über. Beigemengt hat er:

1. *Augit* von *dunkel lauch-* und *schwärzlichgrüner* Farbe in 3 bis 4 Linien langen *eingewachsenen Säulen.*

2. *Hornblende*, obgleich sparsamer, in gleichfalls eingewachsenen Säulen. Aus jenem ist der Uebergang in diese hier und da ausgezeichnet deutlich. Die Farbe wird in diesem Falle *pech-* und *sammetschwarz*, der Glanz *stärker* und nähert sich dem *Glasglanze*, die Durchsichtigkeit nimmt ab, die Härte aber zu.

3. *Glimmer* von *tomback-* und *röthlichbrauner*, auch *pechschwarzer* Farbe, in *sehr kleine sechsseitige Tafeln* krystallisirt.

4. Ich lasse hier gleich ein anderes Fossil auf den Glimmer folgen, das ich, bei aufmerksamer Beobachtung, doch nur für das Resultat der endlichen Auflösung desselben halten muſs. Oder sollte es das erste Rudiment des Glimmers seyn, so wie es erste Rudimente der Hornblende giebt *). Hier ist seine äuſsere Charakteristik:

Die Farbe ist theils *asch-* theils *grünlichgrau*, von diesem kommen beide bald jede für sich vor, bald wechseln sie in *zarten Streifen* mit einander ab; theils *bräunlichroth*. Diese macht aber nur in ersterer, als der Hauptfarbe, kleine Flecken.

Es ist in 3 bis 4 Linien hohe, aber verhältniſsmäſsig breitere, mit 4 breitern und 2 schmälern Seitenflächen versehene *Säulchen* krystallisirt.

Es ist innwendig *matt*, nur zuweilen (vielleicht bei nicht erfolgter gänzlicher Auflösung oder bei weiterer Ausbildung des Glimmers) auf den Bruchflächen des Längebruches *schwach-*, und zwar *metallisch schimmernd*,

hat einen *dünn-* und *geradblättrichen* Haupt- oder *feinerdigen* Queerbruch,

---

*) Verglichen meine mineralogische Geographie von Bohmen, 2ter Bd. S. 77 und 132.

scheibenförmige Bruchstücke.
Es ist *undurchsichtig*,
giebt einen *aschgrauen* Strich,
ist in *einem hohen Grade weich*,
milde,
sehr *leicht zersprengbar*, und
hängt an der Zunge.

Dieses Fossil mag aber die endliche Auflösung, oder das erste Rudiment des Glimmers seyn, so ist meine Vermuthung, welche ich an einem andern Orte geäufsert habe, nicht unwahrscheinlich, dafs der dem Basalte und vielleicht überhaupt der Trappformation beigemengte Glimmer in seinen Bestandtheilen von dem gewöhnlichen abweichen dürfte, da dieser sich nie in eine ähnliche thonige Masse, sondern mehr in eine specksteinartige oder talkartige auflöset. Vielleicht ist in dem Trappglimmer mehr Thonerde und Eisen, in dem gewöhnlichen mehr Talkerde enthalten.

5. *Zeolith*, und zwar

a. dichter Zeolith

von *ziegelrother* Farbe, die von einer Seite in die *blafs morgenrothe*, von der andern in die *fleischrothe* übergeht.

Er liegt in *verschiedentlich eckigen* Stücken inne in Begleitung der folgenden Zeolithen, mit denen er verwachsen ist.

Sein Bruch ist *feinsplittrich*.

Die Bruchstücke sind *unbestimmt eckig*, etwas *scharfkantig*.

Er ist *an den Kanten*, oder in dünnen Splittern etwas *durchscheinend*, und

halbhart.

b. strahlicher Zeolith

von *gelblich - graulich -* und *milchweiſser* Farbe,

theils *derb*, theils *krystallisirt*, und zwar

1. in *vierseitige Säulen* mit zwei breitern und zwei schmälern Seitenflächen, an beiden Enden *zugespitzt*, die Zuschärfungsflächen auf die Seitenkanten aufgesetzt;
2. in *längliche sechsseitige*, an den schmalen Enden *zugeschärfte Tafeln*.

Der derbe füllt die Blasenräumchen, die dieser Basalt in groſser Menge enthält, ganz aus; der krystallisirte findet sich bloſs an den Seitenwänden derselben in kleine Drüschen, die *knospen -* oder *nierförmig zusammengehäuft* sind, gruppirt.

Der derbe zeigt einen *büschelförmig auseinander laufend strahlichen* Bruch.

c. Würfelzeolith.

Dieser ist nur selten, und erscheint in Gesellschaft des strahlichen.

Er ist *graulichweiſs*, das in das *lichte Weingelbe* hinuberzieht, und

ist in *sehr* und *ganz kleine* einzeln aufliegende, *vollkommene Würfel* krystallisirt.

6. Ein besonderes Fossil, das ich bisher in dem Basalte, ja selbst in allen zur Trappformation gehörigen Gebirgsarten nicht vorfand. Hier ist seine äufsere Charakteristik:

Die Farbe ist theils *hyacinth*- theils *lichte blutroth*.

Es kömmt nur *krystallisirt* vor, und zwar in *lange*, *dünne*, *nadelformige* Krystallen, die sich zuweilen unter verschiedenen Winkeln *durchkreuzen*, und gewöhnlich den derben Zeolith durchsetzen, zuweilen, obgleich nur selten, *stänglich zusammengehäuft* sind.

Die Seitenflächen sind *in die Länge gestreift.*

Es ist äufserlich und innwendig *starkglänzend*, von einem *Glasglanze*, der sich dem *Fettglanze* nähert.

Der Queerbruch ist deutlich *blättrich*, der Längebruch scheint das Mittel *zwischen uneben* und *blättrich* zu halten.

Es ist *durchscheinend*.

Die übrigen Kennzeichen waren, wegen der Kleinheit der Krystalle, nicht zu bestimmen. Aber nach diesen angegebenen Kennzeichen ist dieses Fossil nichts anders als der ehemalige sogenannte *rothe Schörl*, oder der zu dem Mänakgeschlechte gehörige *Rutill* des Herrn B. R. *Werner*. Sein Vorkommen im Basalte scheint mir sehr merkwürdig, da man ihn bisher blofs in den Urgebirgsarten auffand, als in dem salzburgischen hohen Gebirge im

Fischthale

Fischthale im Quarze, bei Aschaffenburg im Granite, zu Boinik, unweit Rosenau, bei Murany in Ungarn in einem mit Glimmer gemengten Quarze, in der Gegend von Passau im Syenite.

Die Eichleite.

Die zweite höher gelegene Kuppe, die gleichsam auf der ersten nördlichen aufsetzt, heifst die *Eichleite.* Diese ist steiler abgestürzt, da erstere sich sanfter verflächt, und erst an der Eger in den steil abgestürzten Rabenfels sich endigt. Diese hat an der Nordseite mehrere Felsen anstehen, die wieder aus Säulengruppen bestehen. Die Säulen sind colossalisch, erscheinen in der Ferne als sehr regelmäfsig, in der Nähe aber verliehrt sich freilich die scheinbare Regelmäfsigkeit. Die Säulen stehen senkrecht, und werden durch schief aufsetzende Klüfte getrennt. Der *Basalt* ist *dunkel graulichschwarz*, im Bruche *uneben* von *kleinem Korne*, und er nimmt nur wenige fremdartige Theile auf, und zwar eine *bräunlichschwarze Hornblende* in eingewachsenen Säulen, die bald gröfser und dann deutlich erkennbar, bald ganz klein sind, und dann dem unbewafneten Auge bald schimmernde Punkte darstellen, die sich unter der Luppe erst zu Hornblendesäulchen entwickeln.

Die dritte höchste Kuppe ist ganz mit Walde bedeckt, läuft südwärts in einen Rücken aus, der sich bei Horn mit jenem vielnamigen Gebirgsrücken oberhalb Teltsch vereinigt, und gemeinschaftlich mit ihm steil an der Südseite abfällt. Der sie constituirende *Basalt*, der nur in zerstreuten Stücken sich vorfindet, ist der eben beschriebene von der Eichleite.

Der Bukaberg.

Der *Bukaberg* hängt an der Abendseite mit dem Sattelberge zusammen. Er ist in die Länge gezogen, läuft in paralleler Richtung mit dem Sattelberge südwärts, erstreckt sich bis an Horn, wo er in einem gemeinschaftlichen Rücken mit ihm zusammenläuft, und ist ganz mit Waldung bedeckt. An seinem Fuſse sind zwei gröſsere Felsen entblöſst.

Der Herrnstuhl

liegt an dem westlichen Fuſse.

Der Kirchenstuhl

bildet den östlichen Theil des Fuſses. Sein nördlicher Abhang, der auch den Namen

Bärenleite

erhalten hat, verflächt sich ziemlich sanft, bis er sich endlich in jene zwei steil abgestürzte Felsenmassen endigt. Der Basalt des Herrnstuhls ist *Tafelbasalt*; seine Tafeln sind $\frac{1}{2}$ bis $\frac{3}{4}$ Fuſs dick, liegen fast wagerecht, und streichen St. 8. Er ist *dunkel graulichschwarz* von Farbe, im Bruche uneben von grobem Korne. Beigemengt hat er:

1. *Hornblende* in eingewachsenen, 2 bis 3 Linien langen Säulen;
2. *pechschwarzen Glimmer* in *sechsseitige Tafeln* krystallisirt;
3. wenige *stumpfeckige Körner* von *magnetischem Eisenstein;*
4. *strahlichen Zeolith* von *graulich-* und *gelblichweifser* Farbe, theils *derb* und dann von ausgezeichnet deutlichem *schmalstrahlichem* Bruche, theils krystallisirt, und zwar in die bei dem Sattelberge angegebene Krystallform.

An der Bärenleite selbst findet man eine andere Abänderung des Basaltes, aber nur in Stücken. Die Gröfse dieser Stücke und die Höhe, auf welcher sie vorkommen, zeigen deutlich, dafs der Berg selbst sein Geburtsort sey. Die Farbe des Basaltes ist dieselbe, wie am Herrnstuhle; der Bruch aber ist etwas *unvollkommen schiefrig.* In demselben liegen:

1. *sehr* und *ganz kleine sammetschwarze Hornblendesäulchen;*
2. ein Gemenge von *grünlichgrauem gemeinem Feldspathe, gelblichweifsem, derbem Strahlzeolithe,* und unzähligen *sehr dünnen* (nadelförmigen) *Hornblendesäulchen;* alle diese Fossilien bilden ein kleinkörniges Gemenge, und liegen in rundlichen Stücken von der Gröfse einer Wallnufs, ja einer Faust inne;
3. *strahlicher Zeolith* von *gelblichweifser* Farbe und *schmalstrahlichem* Bruche.

An dem Dorfe Stenglas findet man mächtige Lager eines mannigfaltig gefärbten, *gelblichgrauen*, *ochergelben*, *gelblichbraunen*, *ziegel*- und *braunlichrothen* **Thones.** Alle diese Farben kommen fleck- und streifenweise vor. Er ist innwendig *matt*, von theils *feinerdigem*, theils *unebenem* Bruche von *grobem Korne*, *unbestimmteckigen*, *stumpfkantigen* Bruchstücken, *undurchsichtig*, *sehr weich*, wird durch den Strich *glanzend*, fühlt sich *etwas fett* an, und hält so das ***Mittel zwischen dem Steinmarke und dem Pfeifenthone;*** also ein wahrer ***Buntthon***, der aber hier zuverläſsig das Resultat der vollkommensten Auflösung des Basaltes ist. Man findet ihn auch an mehreren Stellen des bisher beschriebenen Gebirges.

Der zuletzt beschriebene Bukaberg zieht sich mit seinem östlichen Abhange etwas zurück, verbindet sich mit dem Guppenberge, und läſst so eine kleine Ebene zurück, auf welcher das Dorf Okenau liegt. Diese Ebene ist halbmondförmig; im Hintergrunde schlieſst sie der Guppenberg, an der Abendseite die Bärenleite, an der Morgenseite der gleich zu beschreibende Berg.

Der Himmelberg.

Dieser liegt in einer geringen Entfernung von dem Dorfe, und ist ein niedriger, an der Kuppe, die sich von Norden gegen Süden etwas ansteigend fortzieht, beraseter, am Fuſse bebaueter Hügel. Die Kuppe läuft in einen Kamm aus, an dessen steil gegen Osten und

Westen abfallenden Gehängen einige Basaltmassen hervorragen, ohne dafs sich aber ihr Verhalten näher bestimmen liefs.

Der Ahorn.

Der Ahorn liegt diesem Hügel gegen Süden, und ist nur durch einen Einbug von ihm getrennt. Er ist hoch; seinen Fufs umgeben theils Felder, theils Waldung; seine Kuppe endigt sich in einen kegelförmig zugespitzten Felsen, der an der Nordseite in einen schmalen Kamm ausläuft. Diesen Felsen umgränzt ein kleines Wäldchen.

Die Wolfsleite.

Mit dem Ahorn steht, weiter gegen Süden, die *Wolfsleite* in Verbindung; eine ganz mit hochstämmiger Waldung bewachsene, sanft abgerundete Kuppe. Eine geringe Vertiefung trennt sie von dem

Plattenwellay,

einem kleinen, gleichfalls zugerundeten Küppchen. Noch südlicher endlich liegt

Der Krupitzer Berg,

die höchste, abgerundete, bewaldete Kuppe, die an der Südseite dem Dorfe Krupitz zufällt. Alle diese Kuppen zusammengenommen, setzen einen allmälig sehr erhebenden, wellenförmig gekrümmten, breiten Rücken.

Bloſs seichte Einbüge, oder Vertieſungen, theilen ihn in mehrere bald höhere, bald niedrigere Kuppen ab. Die Gebirgsart ist allenthalben dieselbe, wie mich eine aufmerksame Untersuchung lehrte; doch kömmt sie, den Ahorn ausgenommen, immer nur in gröſsern und kleinern Stücken zerstreut vor. An dem Felsenkamme des Ahorns sieht man den Tafelbasalt anstehend, dessen Tafeln von einigen Zollen bis zu einem Fuſse stark sind, sehr flach (unter 2°) gegen Osten einfallen, und St. 7, 5 streichen. Diese Tafeln werden, dem Gipfel des Hügels näher, immer stärker, und durch aufsetzende Klüfte so getrennt, daſs sich ihr Verhalten dort nicht weiter mit Bestimmtheit angeben läſst; dünner werden diese Tafeln in gröſserer Tiefe, die Zerklüftung seltener, und daher das Verhalten deutlicher.

Der an dem Fuſse des Felsens abgeklüftete Basalt hat eine *dunkel graulichschwarze* Farbe, einen *unebenen* Bruch von *kleinem Korne*, und hat nur sehr sparsame und *sehr kleine Olivinkörnchen* von *dunkel olivengrüner* Farbe, deren Bruch eine Anlage zum *blättrichen* hat, und die sich da, wo sie der Oberfläche näher liegen, und einen hohen Grad der Verwitterung erlitten haben, zu einer *grünlichrgrauen thonigen Masse* auflösen. An dem Gipfel des Felsens ist der Basalt schon viel mehr verwittert, seine Farbe ist etwas *lichter*, und es haben sich bereits die *kleinkörnig* abgesonderten Stücke deutlich entwickelt. Er nimmt nur *Hornblende* in *sehr kleinen eingewachsenen Säulchen* auf.

Die heilige Leite.

Mit dem eben jetzt beschriebenen Gebirgsrücken steht an der Ostseite ein zweiter in Verbindung. Dieser erhebt sich anfangs nicht zu steil von dem Dorfe Wodlowitz, wo sein nördlicher Fuſs bebauet, der Abhang, der den Namen der *heiligen Leite* von den Bewohnern der Gegend erhalten hat, mit Walde bedeckt ist; dann steigt er steiler hinan, und bildet eine zugespitzt kegelförmige, gleichfalls ganz mit hochstämmiger Waldung bewachsene, gegen Süden, Osten und Westen steil abfallende Kuppe, die sich an der Südseite in eine ziemlich ausgedehnte Plattform ausbreitet, auf welcher das Dorf Humetz liegt, von welchem die Kuppe den Namen des

Humetzer Berges

annimmt. Die Plattform ist gröſstentheils dem Feldbaue gewidmet, übrigens beraset. Sie ist aber nicht so vollkommen eben, als man in der Ferne glauben sollte; sondern sie fährt fort, obgleich sehr sanft, gegen Süden anzusteigen, bis sie sich in den oben beschriebenen Kriegsberg endigt. Der westliche Abhang des Gebirgsrückens ist hier und da bebauet, selten mit Nadelholze bewachsen; der östliche fällt steiler dem Kedwaer Bache zu, und schlieſst ihn von dieser Seite ein.

Der Basalt, der diesen Gebirgsrücken zusammensetzt, wird nirgends anstehend, sondern nur in zerstreuten Bruchstücken, die, dem äuſssrn Ansehen nach,

Theile von Tafeln sind. Seine Farbe ist *dunkel aschgrau*, sein Bruch uneben von kleinem Korne, der sich schon etwas dem *erdigen* nähert. An fremdartigen Theilen nimmt er auf:

1. *Hornblende* von *sammetschwarzer* Farbe, in *kleinen eingewachsenen Saulen*; die Länge der Säulen beträgt gewöhnlich 2 bis 3 Linien bei einer verhältnifsmäfsigen Breite, doch sind sie auch *sehr* und *ganz klein*.
2. *Kalkspath* von *schnee - graulich* - und *gelblichweifser*, *gelblich - grünlich* - und *rauchgrauer* Farbe. Er durchsetzt zum Theil den Basalt in *sehr schmalen Trümmchen*; theils ist er in *stumpfeckigen Körnchen eingewachsen*, und in diesem Falle *derb*, theils macht er einen *dünnen Ueberzug* von den Blasenräumchen, die der Basalt hat, theils endlich liegt er in *Mandeln* oder Nüssen inne, die bald gröfser, bald kleiner sind, im ersteren Falle nicht selten einen leeren Raum zurücklassen, in die er sich in *kleine* und *sehr kleine doppelt dreiseitige Pyramiden* hineinkrystallisirt hat, diese Pyramiden sind *traubig* und *nierförmig* zusammengehäuft; sein Bruch ist der gewöhnliche *blättriche*, der aber stellenweise, obgleich selten, in den *schmalstrahlichen* übergeht.
3. *Strahlichen Zeolith*, aber diesen nur selten, und dann von einer *graulichweifsen* Farbe, in eingewachsenen *kleinen* und *sehr kleinen Mandeln*, die nur selten *hohl* sind: in diesem Falle zeigt er eine Neigung eine regelmäfsige Gestalt anzunehmen; doch

sind die Krystallen nur äuſserst klein, und eben deswegen unbestimmbar. Nur einmal erreichten sie eine solche Gröſse, daſs ich unter dem Suchglase die *nadelförmige rechtwinkliche vierseitige*, mit 4 auf die Seitenflächen aufgesetzten Flächen *zugespitzte Säule* entdecken konnte; er hat einen *Perlmutterglanz* und einen *büschelförmig auseinanderlaufend schmalstrahlichen* Bruch.

4. Einige *grünlichgraue*, in das *Berggrüne* übergegehende, innwendig *matte* Massen, in *eingewachsenen stumpfeckigen Stücken*, wahrscheinlich *Grünerde*, aber innig mit Kalkspath gemengt, wie das Brausen mit Säuren beweiset.

5. *Magnetischen Eisensand* von *dunkel eisenschwarzer* Farbe, in *eingewachsenen stumpfeckigen Körnern.*

6. Einzelne sehr kleine *hyacinth*- und *bräunlichrothe, metallischglanzende, sechsseitige Glimmertäfelchen.*

An dem östlichen Abhange des Humetzer Berges, an welchem der Fuſssteig nach Groſs-Spindelsdorf führt, fand ich *Kugelbasalt* in groſsen, aber etwas unvollkommenen Kugeln. Er hatte einen ziemlich hohen Grad der Verwitterung erlitten. Seine Farbe hält das Mittel zwischen *röthlich*- und aschgrau; der Bruch ist *uneben*, dem *erdigen* sich annähernd. Innliegend hat er:

1. *Hornblende* in *eingewachsenen*, *sehr* und *ganz kleinen Säulchen*, die aber so zahlreich sind, daſs sie partienweise die Hauptmasse zu verdrängen scheinen.

2. *Kalkspath* von *graulich-* und *gelblichweifser* Farbe, aber nur im frischesten Zustande, bei weiter gediehener Verwitterung geht sie durch die *gelblichgraue*, *isabellgelbe*, bis in die *ochergelbe* über; er liegt in *kleinen Körnchen* inne, die aber in ihrem Mittelpunkte sehr kleine leere Räumchen zurücklassen, in welche sich der Kalkspath *kleinnierformig* und *traubig* erhebt; zuweilen umgiebt der Kalkspath in *dünnen zarten Häutchen* (als Ueberzug), die Hornblendesäulen, drängt sich wohl auch zwischen ihr blättriches Gewebe hinein.

3. Sehr *kleine stumpfeckige lichte* und *blafs spargelgrüne* Körnchen von den oben angegebenen Kennzeichen.

Der Schwarzberg.

Dieser liegt an der Morgenseite des Kedwaer Baches, und läuft theils an diesem Bache gegen Süden, theils mit dem Laufe des Egerflusses parallel, aber etwas im Hintergrunde gegen Osten. An der Südseite ist er an der Kuppe abgerundet, und stellt daher, von dieser Seite angesehen, das Segment eines Sphäroids vor. Von dieser Kuppe laufen ost- und westwärts zwei schmale Kämme aus. An der Südseite verliehrt er sich in eine Ebene, welche ihn mit dem folgenden Berge verbindet. Dieser ist gröfstentheils mit Waldung bedeckt; nur an der Westseite findet man den Basalt in nicht zu hohen Felsenmassen anstehen, die aber nach allen Richtungen so zerklüftet sind, dafs ihr Verhalten sehr undeutlich ist.

Es scheint *Tafelbasalt* zu seyn, dessen Tafeln gewöhnlich mehrere Fuſse stark sind, zuweilen aber auch bis auf 3 bis 2 Zolle abnehmen, unter 44° gegen Südosten einfallen, und St. 9, 4 streichen.

Die Farbe des Basaltes ist *dunkel graulichschwarz*, der Bruch hat eine *Anlage zum Schiefrigen.* Als fremdartige Theile enthält er *Augit* von *dunkel lauch-* und *schwärzlichgrüner* Farbe in *eingewachsenen kleinen und sehr kleinen Säulen*, und *strahlichen Zeolith* von *graulichweiſser* Farbe, in *kleinen stumpfeckigen Körnern*, von *büschelförmig auseinanderlaufend strahlichem* Bruche.

Die Hühnerkoppe.

Mit dem eben beschriebenen Berge verbindet sich, wie gesagt worden, mittelst einer Ebene, an der Nordseite die *Hühnerkoppe*, die an der Nordwestseite Groſs-Spindelsdorf, an der Nordostseite Klein-Spindelsdorf, an der Südostseite das Dorf Grün liegen hat. Von diesem letztern Dorfe aus betrachtet, hat sie eine ansehnliche Höhe, ist gröſstentheils bebauet, sonst mit Walde bedeckt. Seinen Fuſs bespühlt der Kedwaer Bach. Anstehend ist seine Gebirgsart nirgends, sondern man sieht sie nur hier und da aus dem Rasen hervorragen, oder in Stücken zerstreut; daher sich von ihrem Verhalten in Hinsicht des Streichens und Fallens, und ihrem Vorkommen gar nichts aussagen läſst. Sie ist *Basalt* von *graulichschwarzer* Farbe, *unebenem* Bruche, und *kleinkörnig* abgesonderten Stücken, welche letztere er dem höheren

Grade der Verwitterung zu danken hat. Die beigemengten fremdartigen Theile sind:

1. *Augit* von *dunkel lauchgrüner* Farbe, die sich von einer Seite in die *dunkel oliven*- von der andern in die *lichte schwärzlichgrüne* verzieht, in $\frac{1}{2}$ bis 1 Zoll langen *eingewachsenen Säulen*, und zwar
   a. die *sechsseitige Säule* mit 2 breitern und 4 schmälern Seitenflächen, an beiden schiefen, aber untereinander gleichlaufenden Endflächen mehr und weniger flach *zugeschärft*, die Zuschärfungsflächen auf die von den schmälern Seitenflächen eingeschlossenen Seitenkanten aufgesetzt, diese Seitenkanten stets stärker oder schwächer, die Zuschärfungskanten aber nur zuweilen und schwach abgestumpft;
   b. die *sechsseitige Säule*, aber mit 4 breitern und 2 schmälern Seitenflächen, gleichfalls an beiden Enden, wie oben, *zugeschärft*, die Zuschärfungsflächen auf die von den breitern Seitenflächen eingeschlossenen Seitenkanten aufgesetzt, diese Seitenkanten stets, die Zuschärfungskanten aber nur zuweilen abgestumpft.
2. *Blättricher Olivin*, der aber nur selten frisch vorkömmt, meistens in einem mindern oder stärkern Grade der Verwitterung begriffen ist. Im erstern Falle ist er *blafs spargelgrün*, das zuweilen in das *lichte Honiggelbe* übergeht, und ist *krystallisirt*

a. in sehr deutliche *eingewachsene sechsseitige Säulen* mit 2 breitern und 4 schmälern Seitenflächen, an beiden Enden mit 2 auf die von den schmälern Seitenflächen eingeschlossenen Seitenkanten aufgesetzten Flächen *zugeschärft;*

b. in *rechtwinkliche vierseitige Säulen* mit 2 verhältnifsmäfsig viel breitern und 2 schmälern Seitenflächen, an den Enden mit 4 auf die Seitenkanten aufgesetzten Flächen *zugeschärft.*

Die Krystalle haben die Länge von ½ Zoll, doch sind sie auch nur sehr klein.

Im zweiten Falle geht er aus dem *Honiggelben* durch das *Ochergelbe* bis in das *Gelblichbraune* über, behält seine Krystallform bei, ist bei anfangender Verwitterung *wenigglänzend*, bei fortschreitender *matt;* in jenem Falle noch von *blättrichem*, in diesem von *unebenem* Bruche *von kleinem* Korne, im höchsten Grade der Auflösung von *erdigem* Bruche, *ganz undurchsichtig*, oder doch nur *wenig durchscheinend.*

Der Schöber.

Mehr gegen Osten liegt der Schöber, ein hoher Berg, der dem zuletzt beschriebenen an Höhe gleich kömmt, wenn er ihn nicht übertrifft. Er nimmt seine Richtung von Norden gegen Süden mit etwas zunehmender Höhe, und fallt an der Ostseite steil dem Sosaer Bache zu. Er ist ganz mit Nadelholz bewachsen. Dieses hindert die nähere Untersuchung seiner Gebirgsart, und ich mufste mich mit den aufgefundenen Stücken begnügen. Der *Basalt* ist *graulichschwarz*, im Bruche uneben von *sehr kleinem Korne*. Beigemengt hat er *sehr kleine eingewachsene Hornblendesäulchen* und *stumpfeckige Körner* von *gemeinem Olivine* von *grünlichweifser*, in die berggrüne sich verziehenden Farbe, die durch die Verwitterung *gelblichgrau* und *ochergelb* wird.

Der Schöberstein.

Die beiden ziemlich parallel von Süden gegen Norden auslaufenden, und daselbst steil abfallenden Gebirgsrücken, den Schöber und die Hühnerkoppe, verbindet ein dritter, von Westen gegen Osten auslaufender, bogenartig gekrümmter, steil abfallender Rücken, der sich oben in eine zugerundete Kuppe endigt, welche mit einem Felsendamme umgeben ist. Dieser Felsendamm ist unter dem Namen des *Schöbersteines* bekannt. Der Rücken, die Kuppe, und selbst das von dem Felsen steil abfallende Gehänge, sind mit Nadelholz bewachsen. Die Kuppe besteht aus *Basalt*, der tafelartig geschichtet ist. Die Tafeln liegen horizontal, sind aber durch senkrechte Klüfte so getrennt, dafs 5 bis 6 Fufs dicke Säulen entstehen, welche senkrecht niedersetzen. Den Fufs setzt *Basalttuff* zusammen. Zwischen ersterem und letzterem liegen noch einige Abänderungen, die ich in derjenigen Ordnung, in welcher ich sie in dem Hinabsteigen von dem Felsendamme auffand, beschreiben werde.

1. Der Basalt des Felsendammes, der Kuppe am nächsten, ist *dunkel graulichschwarz*, von *unebenem*, und zwar *sehr kleinkörnigem* Bruche. Beigemengt hat er:

a. **Gemeinen Olivin** von *lichte* und *dunkel olivengrüner* Farbe, die von einer Seite in die *graulichweiſse*, von der andern in die *dunkel lauchgrüne* übergeht, zuweilen kömmt er auch *lichte* und *dunkel honiggelb* vor; er liegt in *kleinen eingewachsenen Körnern* inne, hat da, wo er ausgezeichnet deutlich ist, einen *Glasglanz*, der sich dem *Fettglanze* nähert.

b. **Blättrichen Olivin** von *graulichweiſser* und *blaſs spargelgrüner* Farbe, die durch die *ochergelbe* bis in die *gelblichbraune* übergeht; letzteres nur bei einem hohen Grade der Verwitterung. Er ist theils *glänzend*, theils *wenigglänzend*, bei einem höhern Grade der Auflösung *schimmernd* von *Fettglanz*, hat im frischesten Zustande einen deutlich *blättrichen* Bruch, der bei weiter gediehener Verwitterung in den *unebenen* übergeht. Einige Säulchen des verwitterten blättrichen Olivins sind sehr merkwürdig. Sie sind *dunkel citrongelb* von Farbe, die sich bis in die *oraniengelbe* und *blaſs morgenrothe* verläuft. Die ihm eigene Säulenform ist vollkommen beibehalten; der Glanz ist bloſs ein *starker Schimmer*, und zwar *Fettglanz*; der Längebruch deutlich *blättrich*.

c. *Augit* von *lichte* und *dunkel lauchgrüner* Farbe, die bis in die *dunkel schwärzlichgrüne* übergeht, in eingewachsenen, ½ bis ¾ Zoll langen, doch auch nur *sehr* und *ganz kleinen Saulen.* Man nimmt hier, wie sonst nirgends, einen vollkommen deutlichen Uebergang des gemeinen Olivins durch den blättrichen in den Augit wahr.

2. Die zweite Abänderung des Basaltes, die unterhalb dem Felsendamme liegt, nähert sich dem *basaltischen Mandelsteine*, hat aber bereits einen ziemlich hohen Grad der Verwitterung erlitten. Ihre Hauptmasse ist *bräunlichschwarz*, im Bruche *uneben*, das sich dem *Erdigen* nähert. In dieser liegen:

a. *Mandeln* oder *Nüsse* von *strahlichem Zeolithe*, die oft sehr klein sind, oft aber auch ½ bis ¾ Zoll im Durchmesser haben. Der Zeolith ist *graulich* - selten *schneeweiſs*, *derb* und *krystallisirt*, und zwar dieses nur da, wo in den Nüssen ein leerer Raum zurückblieb, der ihm die Freiheit lieſs, eine regelmäſsige äuſsere Gestalt anzunehmen. Diese scheint, so viel als sich unter der Luppe ausnehmen lieſs, die *niedrige*, *stark geschobene*, *vierseitige Säule* zu seyn. Die Säulen sind *traubig*, *nierformig* zusammengehauft; der krystallisirte ist *stark glänzend* von *Glasglanz*, der derbe von *Perlmutterglanz*; der derbe hat einen *büschel*- und *sternförmig auseinanderlaufend schmalstrahlichen* Bruch und

keilförmige

keilförmige Bruchstücke, der krystallisirte ist *stark*, der derbe nur *schwach durchssheinend.*

b. ***Dichter Zeolith*** von *ziegel* - und *bräunlichrother* Farbe, in eingewachsenen *sehr kleinen stumpfeckigen Körnern*, seltner mit dem strahlichen *verwachsen.*

c. ***Hornblende*** von *sammetschwarzer* Farbe, in *sehr* und *ganz kleinen eingewachsenen Säulen.*

d. **Gemeiner Olivin** von *dunkel olivengrüner*, in die *wein* - und *honiggelbe* übergehenden Farbe, gewöhnlich schon zu einem Ocher aufgelöset.

2. Die dritte Abänderung ist ein ***Basalt*** von *leberbrauner* Farbe, die sich in die *röthlichbraune* verläuft. Es liegen in demselben:

a. Sehr häufiger ***Augit*** von *dunkel lauch*- in die *schwärzlichgrüne* übergehenden Farbe, in *kleinen* und *sehr kleinen* eingewachsenen Säulchen, die sich aber leicht von der Basaltmasse trennen lassen, und untersucht

1. die *sechsseitige Säule* mit 2 breitern und 4 schmälern Seitenflächen, an beiden schiefen, aber untereinander gleichlaufenden Endflächen mehr und weniger flach *zugeschärft*, die Zuschärfungsflächen auf die von den schmälern Seitenflächen eingeschlossenen Seitenkanten aufgesetzt, diese Seitenkanten stets stärker oder schwächer, die Zu-

schärfungskanten aber nur zuweilen und schwach abgestumpft, zeigen;

2. die *sechsseitige Säule*, aber mit 4 breitern und 2 schmälern Seitenflächen, gleichfalls an beiden Enden, wie oben, *zugeschärft*, die Zuschärfungsflächen auf die von den breitern Seitenflächen eingeschlossenen Seitenkanten aufgesetzt, die Seitenkanten stets, die Zuschärfungskanten zuweilen abgestumpft;

3. *dieselbe Säule*, an der aber die Zuschärfung nur an einem Ende Statt hat, das andere hingegen mit 4 auf die Seitenkanten aufgesetzten Flächen zugespitzt ist.

Wenn diese Säulen ausgefallen sind, so lassen sie deutliche Abdrücke ihrer Säulenform zurück, und diese Vertiefungen sind dann sehr glatt, und haben einen schwachen Schimmer.

b. ***Blättricher Olivin***, der aber gröſstentheils schon zu einem *dunkel gelblich*- und *röthlichbraunen* ***Ocher*** aufgelöset ist.

c. *Graulichweiſser* ***Kalkspath*** in *verschiedentlich eckigen Körnern eingewachsen.*

4. Die vierte Abänderung ist in einem noch höhern Grade der Auflösung begriffen. Ihre Farbe ist *dunkel asch* - *rauchgrau* und graulichweiſs, und sie scheint bloſs ein Gemenge von ***Kalkspath***, ***Augit*** und ***blättrichem Olivine*** zu seyn.

a. Der *Kalkspath* ist *graulichweiſs*, theils mit seinem ursprünglich *blättrichen* Bruche und *Glasglanze* versehen, den Basalt in *schmalen Aederchen* durchsetzend, oder auf den Ablösungen und zarten Klüften *aufliegend*, oder in Gestalt eines *dünnen*, *zarten Häutchens* (Ueberzuges) die Augitkrystallen einhüllend; oder die innliegenden Körnchen sind, mit Verlust des Glanzes, des blättrichen Bruches, der Durchsichtigkeit und Härte, zu einer *graulichweiſsen zerreiblichen Erde* von *matten staubartigen Theilen* (einer Art Bergmilch) aufgelöset.

b. *Augit* von den oben (unter Nr. 3.) angegebenen, vollkommen wohl erhaltenen Säulen, die sich von der basaltischen Hauptmasse wieder leicht lostrennen lassen.

c. *Blättricher Olivin*, der, mit Beibehaltung der säulenförmigen Krystallform, aber mit Verlust des Glanzes, des blättrichen Bruches, der Durchsichtigkeit, zu einer *ziegel*- und *bräunlichrothen*, *zerreiblichen*, an der *Zunge klebenden thonigen Masse* aufgelöset ist.

Dieser aufgelösete Basalt hat ein sehr artiges Ansehen. Man sieht die vollkommen erhaltenen Augitsäulchen, die groſsen rothen aufgelösten Olivinkrystalle mit dem Kalkspathe gleichsam in einer grauen Hauptmasse eingeknetet liegen.

5. Die allgemeine Unterlage aller beschriebenen Basaltabänderungen macht der *Basalttuff*, der mit jenem des folgenden Berges vollkommen übereinkömmt; ich verspahre daher die Beschreibung desselben bis dahin.

Der Leskaer Galgenberg.

Der Leskaer Galgenberg erhebt sich zwischen dem Dorfe Leska und Klein-Spindelsdorf; ersteres liegt an seinem südöstlichen Fufse, letzteres an dem nordwestlichen. Den Fufs des Berges setzt *Basalttuff* zusammen, der aus dem Rasen in gröfsern und kleinern Massen hervorragt. Dieser Basalttuff besteht aus grofsen und kleinen verschiedentlich eckigen, auch schon vollkommen abgeführten Basaltstücken, die mittelst eines Wackenthones gebunden sind. Die darinn liegenden Basaltabänderungen sind:

1. Ein *rauchgrauer*, sehr *blasiger Basalt*, dessen verschiedentlich verzogene, selten runde Blasenräume leer, und nur mit einem dünnen Kalkspathhäutchen bekleidet sind; indessen bemerkt man unter einer etwas stark vergröfsernden Luppe, dafs diese Häutchen aus ausnehmend kleinen zusammengehäuften Krystallen bestehen, deren Gestalt aber, wegen ihrer ausnehmenden Kleinheit, unbestimmbar bleibt. Selten füllt der Kalkspath die Blasenräumchen vollkommen aus. In diesem Basalte liegen

a. einzelne, *sehr kleine* *Augitsäulchen.* Der Augit ist *dunkel schwärzlichgrau;* die verbrochenen Krystalle sind *taubenhalsig bunt angelaufen* und *stark glänzend;*

b. einelne *kupfer-* und *bräunlichrothe* *Glimmerblättchen.*

2. Ein *röthlichbrauner* *Basalt,* sehr *kleinblasig;* die Blasenräumchen leer, oder nur mit *Kalkspathhäutchen* bekleidet.

3. Ein *dunkel röthlichgrauer* *Basalt* mit innliegenden sehr zahlreichen und sehr *kleinen Säulchen* eines *schwärzlichgrünen* *Augites.*

4. Ein *leberbrauner* *Basalt* mit innliegenden *sehr kleinen graulichweifsen* *Kalkspathkörnchen,* die nicht selten einen leeren Raum zurücklassen, in dem der Kalkspath in ganz kleinen unbestimmbaren Krystallen ~~sich dem~~ Auge darstellt.

5. *Basaltischer Mandelstein,* dessen Hauptmasse *grünlichgrau* ist. Diese Blasenräume sind theils leer, und blofs mit einem dünnen *Kalkspathüberzuge* versehen, theils nehmen sie *sehr* und *ganz kleine Nüsse* oder *Mandeln* von *Kalkspath* auf. Diese erreichen selten die Gröfse einer kleinen Erbse; gewöhnlich aber sind sie von der Gröfse eines Mohnsamens, oder eines Stecknadelkopfes, *vollkommen rund* oder *mandelformig.*

6. *Dunkel röthlichgrauer* *Basalt* von fast feinerdigem Bruche mit innliegenden einzelnen *Augitsäul-*

chen, und *tombackbraunen* und *bräunlichrothen sechsseitigen* **Glimmertäfelchen.** Nebst diesen Basaltabänderungen liegt in diesem Tuffe:

7. Ein *dunkel hyacinth-* und *ziegelrothes* Fossil, theils in *eingewachsenen*, blofs *zusammengebackenen Stücken*, theils in *schmalen Adern* den Tuff durchsetzend.

Es ist *matt*, hier und da *schwach schimmernd*, von *unebenem*, in den *erdigen* übergehendem Bruche; im letztern Falle ist es *etwas zerreiblich*.

Es ist ganz *undurchsichtig*,

weich, in das *sehr Weiche* übergehend.

Es nimmt durch den Strich einen Schimmer an, und fühlt sich *mager* an.

Es scheint aufgelöseter dichter Zeolith, also eine Abänderung des

Mehlzeolithes zu seyn.

8. *Graulichweifser*, *gelblich-* und *rauchgrauer* **Kalkspath**, theils in *stumpfeckigen Stücken* und *Körnern* inneliegend, theils in *schmalen Adern* den Basalttuff durchsetzend, theils in *ganz kleinen*, und eben deswegen unbestimmbaren Krystallen. Dieser Kalkspath kömmt oft in so grofser Menge vor, dafs er die Hauptmasse verdrängt, und statt deren ihm als Bindemittel dient.

Die Kuppe selbst besteht aus **Basalt**, der an der Südseite in sehr grofsen, unordentlich übereinander gestürzten Massen da liegt. Seine Farbe ist *dunkel grau-*

lichschwarz, der Bruch *uneben* von *kleinem Ko*. Beigemengt hat er *sammet*- und *pechschwarze Hornblende* in sehr *kleinen eingewachsenen Säulen* und *lauchgrünen gemeinen Olivin* in *sehr* und *ganz kleinen eingewachsenen Körnern*, und diese nur äuſserst sparsam.

Die Kuppe endigt sich in eine nicht zu ausgedehnte Plattform, welche theils bebauet, theils mit einzelnen kleinen Wäldchen besetzt ist, und die sich nordwestwärts bis an den ſolgenden Berg hinüberzieht.

Das Egerwerk.

Das *Egerwerk*, oder der *Leskaer Schloſsberg*, verbindet sich, wie gesagt, an der Südostseite mit dem eben beschriebenen Berge, und hat an seinem südlichen Fuſse das Dorf Leska liegen. Den Gipfel deckt eine zerstöhrte Burg, von der aber nur noch die Seitenmauern stehen, und die die Gestalt eines Halbovals hat, mit einer Mauer umgeben war, von welcher noch einige Stücke an der Nordseite erhalten sind. Der Hügel ist kegelförmig, von allen Seiten steil abgestürzt bis auf die Südseite, wo er sich mit dem Heckelberge verbindet, und bloſs beraset. Unterhalb dem Schlosse steht niedriges Strauchwerk.

Den Fuſs des Hügels setzt wieder *Basalttuff* zusammen, der horizontale, wenige Fuſse starke Schichten bildet.

1. Die Hauptmasse (das Bindungsmittel) des Basalttuffes ist *aschgrau*, *feinerdig* im Bruche. Die innlie-

genden Basaltstücke sind vollkommen an den Ecken und Kanten abgeführt (Geschiebe) und klein; sie erreichen selten die Gröſse einer Wallnuſs, sondern sind einer Haselnuſs, einer Erbse groſs, ja meistens noch viel kleiner; sie haben einen hohen Grad der Verwitterung erlitten, und haben eine *lichte bläulich- asch-* und *rauch-*, selten *röthlichgraue* Farbe. Mit diesen Geschieben kommen zugleich in der Hauptmasse *bräunlichschwarze Glimmerblättchen*, Fragmente ehemaliger Tafeln, ganze *Hornblendesäulchen* und Bruchstücke davon, nur selten ein *Augitsäulchen* vor. *Kalkspath* liegt theils in *stumpfeckigen Körnern* inne, theils ist er *eingesprengt*, theils erscheint er in Nestern von Faustgröſse, und dann ist er nicht selten *drusig* und in sehr *spitzwinkliche*, *doppelt dreiseitige Pyramiden*, die Seitenflächen der einen auf die Seitenflächen der andern aufgesetzt, krystallisirt. Seine Farbe ist *schnee- graulich-* oder *gelblichweiſs*.

2. Derselbe Tuff kömmt auch in höhern Punkten vor, nur daſs er hier gröſsere Basaltstücke aufnimmt, und zwar gewöhnlich von *lichte* und *dunkel röthlichgrauer* Farbe, mit innliegenden zahlreichen *Augitsäulen* und aufgelösetem *blättrichen Olivine*.

3. Auf diesem Tuffe liegt in mächtigen Schichten folgende Gebirgsart auf. Sie ist ohne alle Hauptmasse, ein Gemenge von *Augit*, *blättrichem Olivin*,

Zeolith und *Kalkspath* in einem körnigen Gefüge. Vorwaltend ist:

a. Der *Augit.*

Dieser ist *dunkel lauch*- und *schwärzlichgrün.*

Er kömmt nur *krystallisirt* vor, und zwar

1. die *sechsseitige Säule* mit 2 breitern und 4 schmälern Seitenflächen, an beiden schiefen, aber untereinander gleichlaufenden Endflächen mehr und weniger flach *zugeschärft*, die Zuschärfungsflächen auf die von den schmälern Seitenflächen eingeschlossenen Seitenkanten aufgesetzt, diese Seitenkanten stets stärker oder schwächer, die Zuschärfungskanten aber nur zuweilen und schwach abgestumpft;
2. die *sechsseitige Säule* mit 4 breitern und 2 schmälern Seitenflächen, an beiden Enden, wie oben, *zugeschärft*, die Zuschärfungsflächen auf die von den breitern Seitenflächen eingeschlossenen Seitenkanten aufgesetzt, diese Seitenkanten stets, die Zuschärfungskanten zuweilen abgestumpft;
3. der letztere Krystall, an dem aber die Zuschärfung nur an dem einen Ende Statt hat, das andere mit 4 auf die Seitenkanten aufgesetzten Flächen zugespitzt ist;
4. der Zwillingskrystall, an welchem zwei der unter Nr. 1. beschriebenen Säulen mit ihren

Seitenflächen so aneinander gewachsen sind, daſs die Zuschärfungsflächen an dem einen Ende ausspringende, an dem andern einspringende Winkel, und so eine Art Visir bilden.

Gewöhnlich sind die Krystalle einzeln *eingewachsen*, zuweilen aber doch auch mehrere derselben *aneinander*, *aufeinander* und *durcheinander gewachsen.*

Die äuſsere Oberfläche der Krystalle ist *glatt* und *schimmernd.*

Innwendig ist er *glänzend*, das an das *Starkglänzende* gränzt,

von *Fettglanz.*

Er hat einen *gerad-* und *vollkommen blättrichen* Bruch,

mit *zweifachem Durchgange der Blätter.*

Er springt in *unbestimmteckige*, *ziemlich scharfkantige* Bruchstücke,

ist meistens nur an *den dünnen Kanten durchscheinend,*

hart,

spröde,

nicht *sonderlich schwer zersprengbar*, und

nicht *sonderlich schwer.*

Da sich diese Krystalle leicht trennen lassen, so war diese äuſsere Charakteristik derselben um so leichter zu entwerfen.

b. Selten, und nur in einzelnen Krystallen, erscheint der *blättriche Olivin*, und zwar immer nur in einem schon etwas aufgelöseten Zustande.

Seine Farbe ist *dunkel oraniengelb*, bei weitergediehener Auflösung *röthlichbraun*.

Er ist *krystallisirt*, und zwar

1. in sehr deutliche *eingewachsene sechsseitige Säulen*, mit 2 breitern und 4 schmälern Seitenflächen, an beiden Enden mit 2 auf die von den schmälern Seitenflächen eingeschlossenen Seitenkanten aufgesetzten Flächen *zugespitzt*,
2. in *rechtwinkliche vierseitige Säulen*, mit 2 verhältnifsmäfsig viel breitern und 2 schmälern Seitenflächen, an beiden Enden mit 4 auf die Seitenkanten aufgesetzten Flächen *zugespitzt*;

innwendig *stark schimmernd*,

von einem *Fettglanze*, der sich dem *Metallglanze* nähert,

von *blättrichem* Haupt- *unebenem*, in den *erdigen* übergehenden Queerbruche,

theils *durchscheinend*, theils schon *undurchsichtig*,

theils *halbhart*, theils *weich*, je nach dem Grade der erlittenen Verwitterung.

c. *Würfelzeolith*

von *graulichweiſser*, *gelblichgrauer*, und aus dieser bis in die *blaſs weingelbe* hinüberziehenden Farbe,

in *sehr* und *ganz kleine vollkommene Würfel*, welche *traubig* und *nierförmig* zusammengehäuft, doch auch *einzeln aufgewachsen* sind;

stark glanzend,

von *Glasglanz*,

von *blättrichem* Bruche,

von *dreiſachem Durchgange der Blätter*,

würflichen Bruchstücken, und

durchscheinend, was schon an das *Halbdurchsichtige* gränzt.

d. *Kalkspath*

von theils *graulich*- theils *gelblichweiſser* Farbe, in *stumpfeckigen Körnern* inneliegend, oder das Fossil, obgleich sehr selten, in *schmalen Schnürchen* durchsetzend.

4. Derselbe Tuff, welchen ich unter Nr. 1. beschrieben habe, setzt auch den Gipfel zusammen; nur daſs die Felsenmassen, welche er hier bildet, schroffer, obgleich an der der Einwirkung der Atmosphäre ausgesetzten Oberfläche abgerundet sind, und *sehr blasig*, auch wohl gröſstentheils aufgelöset erscheinen, und daſs gröſsere Basaltstücke (von 3 bis 4 Fuſs im Durchmesser) in demselben liegen. Ja, dieser Basalt wechselt sogar mit dem Tuffe ab, und

diese abwechselnden Schichten fallen unter dem Winkel von 24° gegen Westen ein.

Der *Basalt* ist *dunkel röthlichgrau*, sehr *kleinblasig*, im Bruche *uneben von feinem Korne*, und er zeigt *sehr kleinkörnig* abgesonderte Stücke. Beigemengt hat er:

a. obigen *Würfelzeolith*, dessen kleine Würfel auf den Wänden der Blasenräume aufgestreut sind;

b. denselben *Augit* in *eingewachsenen sehr kleinen Säulchen.*

Der Heckelberg.

Dem Egerwerke gegen Süden liegt der *Heckelberg*. Dieser steht an der Westseite mit dem Schwarzberge in Verbindung; an seinem Fuſse liegt Kedwa, an dem östlichen Felixburg oder Roschwitz. Beide Berge, nämlich der Heckelberg und der Schwarzberg, erreichen mit ihrem Fuſse den Egerfluſs nicht, sondern laufen von Südwestwest gegen Nordostost im Hintergrunde fort. Der Heckelberg stellt einen zugespitzten Kegel vor, ist an der Südseite kahl, nur hier und da mit niedrigem Strauchwerke bewachsen; an der Nordseite deckt ihn hochstämmige Waldung. Seine Gebirgsart ist Basalt, und zwar *Tafelbasalt.* Die Tafeln haben eine Stärke von ½ bis 3 Fuſs, fallen sehr flach (unter dem Winkel von 12°) gegen Nordwesten ein, und streichen St. 8, 2. Am Gipfel ist wegen der häufigen Zerklüftungen sein

Verhalten unbestimmbar; ich mußte daher dasselbe an einem niedrigern Standorte untersuchen. Der Basalt ist *dunkel graulichschwarz*, hat einen *grobsplittrichen* Bruch, der in den *schiefrigen* übergeht. Er ist sehr rein; nur hier und da erblickt man ein *sehr* und *ganz kleines* *Olivinkörnchen*, *Hornblendesäulchen* und *Kalkspathkörnchen*; ersteres *dunkel* oder *lichte olivengrün*, die Hornblende *sammetschwarz*, letzteres *grünlich-* und *rauchgrau*.

An dem südlichen Fuße des Heckelberges und Schwarzberges liegt ein zu einem Wackenthone aufgelöseter Basalt, in welchem unzählige *Hornblendesäulchen* und häufige *sechsseitige Glimmertäfelchen* inneliegen. Das Regenwasser wäscht sie aus; daher man in den Schrunden, die das Regenwasser zog, eine vollständige Sammlung aller Krystallisationen in kurzer Zeit machen kann. Die hier auffindbaren Abänderungen der Krystallisationen der Hornblende sind folgende:

1. Die *tafelähnliche*, theils *breite*, theils *schmale sechsseitige Säule*, mit 2 gegenüberstehenden breitern und 4 schmälern Seitenflächen, die an beiden Enden flach *zugeschärft* ist, die Zuschärfungsflächen auf die von den schmälern Seitenflächen eingeschlossenen Seitenkanten aufgesetzt, diese Seitenkanten zuweilen stärker oder schwächer abgestumpft.
2. Der *Zwillingskrystall*, wenn zwei der eben beschriebenen Säulen mit ihren breitern Seitenflächen so zu-

sammengewachsen sind, dafs die Zuschärfungen an einem Ende ausspringende, an dem andern einspringende Winkel, also eine Art Visir bilden.

3. Die theils *gleichwinkliche*, theils *ungleichwinkliche Säule*, an beiden Enden mit 3 auf die abwechselnden Seitenkanten aufgesetzte Flächen *zugespitzt.*

4. Dieselbe *Säule*, an einem Ende mit 3 Flächen *zugespitzt*, an dem andern *zugeschärft.*

5. Dieselbe *Säule*, an einem Ende mit 4 Flächen *zugespitzt*, an dem andern *zugeschärft.*

6. Dieselbe *Säule*, an einem Ende mit 3, an dem andern mit 4 Flächen *zugespitzt.*

An diesen sind bald die Zuschärfungskanten, bald eine oder mehrere der Endkanten schwächer oder stärker abgestumpft.

Der aufgefundene G l i m m e r ist *tombackbraun graulich-* oder *bräunlichschwarz*, in theils *vollkommene*, theils *längliche*, theils etwas *verschobene* sechsseitige Tafeln krystallisirt, welche durch Auf- und Uebereinanderhäufung theils *kurze* oder *niedrige*, theils *längliche sechsseitige Säulen* mit *gleichen*, oder 2 breitern und 4 schmälern, oder 2 schmälern und 4 breitern, oder abwechselnd breitere und schmälere Seitenflächen bilden.

Die Johannesleite.

Die Johannesleite (oder in der dort üblichen Landessprache Konnesleite) liegt an der Westseite des Sosaer Baches. Er erhebt sich oberhalb Sosa, läuft mit der

Richtung des Baches parallel, und hat an seinem östlichen Fuſse, nebst Sosa, Meseritsch, Preles, Dona und Redenitz. Seine Höhe ist beträchtlich; er läuft oben in einen weiterstreckten, aber schmalen Kamm aus, der ganz mit Walde bedeckt ist. Er ist von beiden Seiten steil abgestürzt, und verbindet sich an der Westseite mit dem Schöber. An dem Kamme ragt hier und da etwas von dem *Basalte* aus dem Rasen hervor, der von jenem des Heckelberges nur wenig abweicht. Die Farbe ist dieselbe, der Bruch aber *feinsplittricher*, gleichfalls mit einer *Anlage zum Schiefrigen*. Die *Kalkspathkörner* sind *graulichweiſs* oder *grünlichgrau*, häufiger, obgleich kleiner; die *Hornblendesäulchen* und *Olivinkörnchen* sind *sehr* und *ganz klein*, und äuſserst selten.

An dem westlichen Fuſse ist der Basalt anstehend; er setzt 2 bis 3 Fuſs dicke Säulen zusammen, welche senkrecht stehen, durch schief aufsetzende Klüfte aber hier und da getrennt sind. Der *Basalt* ist von jenem des Kammes sehr verschieden. Seine Farbe ist *dunkel röthlichgrau* oder *bräunlichschwarz*, der Bruch *uneben von kleinem Korne*. Beigemengt hat er *Augit* von *lichte* und *dunkel lauchgrüner* Farbe, davon die letztere in die *schwärzlichgrüne* übergeht, in *eingewachsenen Säulen*, und nur selten ein einzelnes Säulchen von *blättrichem Olivine*, der aber schon mehr oder weniger aufgelöset ist.

Der

Der Lindhorn.

Zwischen Preles und Atschau erhebt sich ein niedriger, kegelförmiger, an dem Gipfel zugerundeter, ganz mit Walde bewachsener Hügel, der Lindhorn (die Lidhora), an dessen nördlichem Fuſse einige Kalksteinbrüche eröffnet sind. Seine Gebirgsart ist *Basalt*, der aber nur an dem Fuſse und an den Abhängen in Stücken vorkömmt. Seine Farbe ist *dunkel graulichschwarz*, der Bruch *uneben von feinem Korne*, der in den *splittrichen* übergeht, und er nimmt bloſs einzelne Körner eines *dunkel lauchgrünen gemeinen Olivins*, und nur selten ein Säulchen des graulichweiſsen *blättrichen Olivins* auf.

Der Purberg.

Der Purberg liegt der Stadt Karden gegen Süden. Er ist ausgedehnt. Sein nördlicher Fuſs erstreckt sich bis an den Egerfluſs, wohin er sich sanft verflächt; der westliche Abhang fällt steiler dem Sosaer Bache zu; an der Südseite setzt ihm der Atschauer Bach Gränzen. Die Dorfschaften Atschau, Preles und Pobetitz liegen an seinem Fuſse, Pobetitz an der Nord-, Atschau an der Süd-, Meseritz und Preles an der Westseite. Er stellt ein fast regelmäſsiges Viereck vor, oder vielmehr eine vierseitige Pyramide, deren Spitze gerade und stark abgestumpft ist. Ich bestieg ihn von Karden aus. Er steigt anfangs sanft gegen Süden hinan; die Kultur bemächtigte sich dieses sanften nördlichen Abhanges; ein ergiebiger Feld-

und Obstbau lohnt den Fleiſs des Landmannes. So wie man sich dem Dorfe Gasen nähert, so wird er steiler, die am Fuſse sparsamern und kleinern Stücke der Gebirgsart werden zahlreicher und gröſser. Oberhalb des Dorfes umgiebt an der Ostseite ein niedriger Hügelzug den Fuſs des eigentlichen Purberges. Dieser besteht aus vier niedrigen, kahlen, klippigen, kegelförmigen Hügeln, die mit dem Fuſse zusammenhängen, und ein in der Richtung von Süden gegen Norden auslaufendes Ganzes ausmachen. Die Abhänge der Hügel fallen steil ab, und an diesen entdeckt man das Ausgehende der Basaltlager. Von dem Verhalten des Basaltes in Hinsicht seines Fallens und Streichens läſst sich nichts aussagen, da er nur in unförmlichen Massen aus dem Rasen hervorragt, und selbst diese Massen bereits einen hohen Grad der Verwitterung erlitten haben.

Der Basalt ist *graulichschwarz* von Farbe, zeigt im Groſsen eine *Anlage zum schiefrigen* Bruche; im Kleinen ist sein Bruch uneben von etwas gröbern Korne. Als fremdartige Theile hat er beigemengt:

1. *Augit* von einer aus der *dunkel lauch* - bis in die *schwärzlichgrüne* ziehenden Farbe, in *eingewachsenen Säulen.* Diese haben eine ansehnliche Gröſse, bei einer verhältniſsmäſsigen Breite die Länge eines Zolles und darüber, und zwar kommen sie in allen bisher bekannten Abänderungen *) vor.

---

*) Vergl. meine Samml. naturhist. Aufsätze S. 290 bis 292.

2. *Blättricher Olivin* von spargelgrüner Farbe, die von einer Seite in die *graulichweiſse*, von der andern in die *blaſs berg* - oder *lichte olivengrüne* übergeht, und mit den übrigen, an einem andern Orte ausführlicher angegebenen *) äuſsern Kennzeichen. Der Oberfläche näher, ist er alle Grade der Verwitterung durchgegangen. Man sieht hier, wie er entweder bloſs seine Farbe in die *lichte honiggelbe*, und späther in die *gelblichbraune* verwandelt hat, mit Beibehaltung seiner übrigen charakteristischen äuſsern Kennzeichen; oder wie er bereits seinen innern Glanz mit einem schwachen Schimmer vertauscht hat; wie späther sein blättricher Bruch undeutlich und uneben wird; und endlich, wie er durch alle Abstuffungen in eine *grünlich*- und *gelblichgraue*, *gelblichbraune*, so wie sein Eisengehalt mehr oxidirt wird, *eisenschüſsig - thonige Masse* übergeht.

Von diesem Basalte findet man an dem Fuſse des Hügelzuges zentnerschwere Blöcke, gröſsere und kleinere Bruchstücke.

Steigt man nun den Purberg, der sich oberhalb des beschriebenen Hügelzuges ziemlich steil erhebt, hinan, so findet man etwa auf der Hälfte des Berges eine andere Gebirgsart, und zwar *Mandelstein*.

---

*) Verglichen meine Sammlung naturhistorischer Aufsätze S. 283 bis 285.

Die Hauptmasse ist eine *dunkel leberbraune* *thonige*, *sehr eisenschüſsige Masse*, die, der Einwirkung der Atmosphäre ausgesetzt, sehr schnell verwittert, an der Oberfläche gelblichbraun beschlägt. Die Blasenräume dieses Mandelsteines sind meistens leer, von der Gröſse eines kleinen Stecknadelkopfes bis zur Gröſse einer gröſsern Haselnuſs, gewöhnlich *langlicht*- doch auch *vollkommen rund*, selten in die *Lange gezogen*, oder verschiedentlich *verzogen*, und dann entweder mit einem *Ueberzuge von Grünerde*, oder, bei einem höhern Grade der Verwitterung, mit einem *ochergelben* oder *gelblichbraunen Ocher* bedeckt, zuweilen mit *Kalkspathnüssen* ausgefüllt. Diese haben selten über einen Zoll im Längendurchmesser, sind mit einem *gelblichbraunen eisenschüſsigen Ueberzuge* versehen. Nebstdem liegt der Kalkspath auch noch in groſsen Nestern inne, und kömmt auch dann meistens nur *derb* vor, selten in *sehr flache doppelt dreiseitige Pyramiden*, bei welchen die Flächen der einen auf die Kanten der andern aufgesetzt sind, krystallisirt; auch durchsetzt er in schmalen Adern oder Trümmchen den Mandelstein nach verschiedenen Richtungen. Seine Farbe ist gewöhnlich *graulich*- oder *gelblichweiſs*, selten *grünlichgrau* und lichte weingelb. Nebst den Kalkspathnüssen nimmt die Hauptmasse auch noch einzelne, aber sehr sparsame *Augitsäulen* von dunkel lauchgrüner Farbe auf.

Auf dem Mandelsteine liegt unmittelbar wieder Basalt auf. Es ist *Tafelbasalt*, dessen Tafeln abwechselnd ½ bis 5 Fuſs dick sind, sehr flach (unter dem Winkel von 4° bis 5°) gegen Nordwesten einfallen, und St. 10 streichen. Durch senkrecht oder doch nur wenig schief aufsetzende Klüfte wird er *säulenartig* getrennt. Seine Farbe ist *dunkel graulichschwarz*, der Bruch *uneben von sehr kleinem Korne*, und er nimmt *Augit* von *dunkel lauchgrüner* Farbe in *sehr* und *ganz kleinen eingewachsenen Säulen*, und äuſserst selten ein *Säulchen* von *blaſs spargelgrünem blättrichen Olivine* auf. Der Verwitterung widersteht dieser Basalt ziemlich hartnäckig, und er beschlägt, der Einwirkung der Atmosphäre längere Zeit ausgesetzt, *aschgrau*.

An dem nördlichen, gleichfalls sehr steil abgestürzten Abhange, ist dieser Berg gröſstentheils beraset; doch ragen aus dem Rasen drei Basaltdämme, einer über den andern, hervor, welche den gröſsten Theil dieses Abhanges umgeben. Diese Basaltdämme weisen, bei näherer Untersuchung, gleichfalls einen *Tafelbasalt* auf. Die Tafeln haben von ½ Zoll bis 1 Fuſs Dicke, streichen St. 9, 4, und fallen unter 10° gegen Norden ein. Auch ihn trennen senkrecht niedersetzende Klüfte säulenartig. Seine Farbe ist *dunkel graulichschwarz*, der Bruch zeigt im Groſsen eine *Anlage zum Schiefrigen*, im Kleinen ist er *uneben von kleinem Korne*. Beigemengt hat er bloſs einzelne sparsame *olivengrüne Olivinkörner*, und *sehr* und *ganz kleine eingewachsene Säulchen* einer aus dem *Sammetschwarzen* in das *Bräunlichschwarze* sich verlaufenden *Hornblende*.

Denselben Tafelbasalt sieht man an der Süd - und Südostseite anstehen; nur sind die Tafeln hier stärker (von $\frac{1}{4}$ bis einige Fuſse stark), fallen unter 5° gegen Norden, und streichen St. 7.

Der Galgenfels.

Die gröſste Höhe erreichen die, wie gesagt, an den übrigen Gehängen in Gestalt höherer und niedrigerer Dämme hervorragenden Felsenmassen an dem westlichen Abhange des Purberges, wo sie die Höhe von 10 bis 12 Klaftern haben. Der höchste Felsen ist in der Gegend unter dem Namen des *Galgenfelsens* bekannt, und dieser stürzt senkrecht gegen Preles hinab. An diesem westlichen Abhange findet man bis auf $\frac{2}{3}$ der Höhe *basaltischen Mandelstein*, der in abgerundeten Massen, welche an der Oberfläche einen ziemlich hohen Grad der Verwitterung erlitten haben, aus dem Rasen hervorragt.

Die basaltische Hauptmasse ist von Farbe *dunkel bräunlichschwarz*, und im Bruche *feinkörnig*. Diese hat sehr kleine, aber äuſserst zahlreiche Blasenräumchen, die selten *rund*, gewöhnlich *verzogen* und *verschiedentlich eckig* sind. Diese füllt

1. *Kalkspath* entweder ganz aus, oder er bekleidet sie nur; im letztern Falle nimmt er in den zurückgelassenen leeren Räumen eine regelmäſsige äuſsere Gestalt. Es ist die ganz kleine, bloſs unter dem

Suchglase bestimmbare *flache doppelt dreiseitige Pyramide*, deren mehrere *nierformig*, *traubig* und *knospig zusammengehäuft* sind. Der Oberflache näher, hat er bereits seinen Glanz, die deutliche Krystallform, die Durchsichtigkeit verlohren, ja stellenweise ist er zu einem *gelblichgrauen Mehle* zerfallen. Mit und in diesem Kalkspathe kömmt, obgleich selten,

2. *strahlicher Zeolith* von *graulichweisser* Farbe, *büschel-* und *sternförmig auseinanderlaufend strahlichem* Bruche vor. Gewöhnlich bildet er sphärische Erhöhungen, an denen aber nur zuweilen die Hälfte, zuweilen zwei Drittheile der Kugeln sichtbar sind. In der Hauptmasse selbst liegen noch

3. sehr häufige *Augitkrystalle* von *dunkel lauch-* und *schwärzlichgrüner* Farbe. Diese sind gewöhnlich sehr klein; doch haben sie auch zuweilen die Länge von ½ bis ¾ Zoll.

4. Liegt noch ein ganz eigenes Fossil in diesem Mandelsteine, dessen äufsere Charakteristik ich hier vorlegen will.

Die Farbe desselben ist *dunkel nelkenbraun*, durch die Verwitterung geht sie in die *gelblichbraune* über.

Es liegt in *stumpfeckigen*, *sehr kleinen Körnern* inne, welche zuweilen mit einem *bräunlichschwarzen Ueberzuge* versehen sind.

Innwendig ist es *schimmernd*, das zuweilen in das *Wenigglänzende* übergeht,

von *Fettglanz*.

Der Bruch geht aus dem *unebenen* in den *unvollkommen muschlichen* über.

Die Bruchstücke sind *unbestimmteckig*, *ziemlich scharfkantig*.

Es ist nur äuſserst schwach *an den Kanten durchscheinend*,

halbhart,

spröde.

Dieses Fossil scheint, nach diesen äuſsern Kennzeichen zu urtheilen, eine Abänderung des *Halbopals* zu seyn.

Auf diesem Mandelsteine liegt wieder *Basalt* auf. Dieser hat eine *blaſs rauchgraue* Farbe, und einen *unebenen*, in den *grobsplittrichen* ubergehenden Bruch. Eingesprengt hat er sehr vielen *gelblich*- und *graulichweiſsen Kalkspath*; auch kömmt er auf den Klüften vor, wo er nicht selten eine regelmäſsige äuſsere Gestalt (die doppelt vierseitige Pyramide) annimmt. Nebst diesem liegen einzelne *sehr*, und *ganz kleine Hornblendesäulchen* darinn.

Die Kuppe des Berges endigt sich in eine weit verbreitete Plattform, welche gröſstentheils, vorzüglich aber in der Nachbarschaft des Dorfes Purberg, bebauet, hier und da mit einem kleinen Wäldchen, oder vielmehr niedrigem Strauchwerke bewachsen ist.

Die blaue Leite.

An der Südseite läuft von dem Purberge ein schmaler Kamm aus, der an der Süd- und Nordseite steil abfällt, und auf welchem hier und da der zuletzt beschriebene Basalt anstehend gefunden wird. Dieser Kamm hat den Namen *blaue Leite.*

In dem am meisten südwärts gelegenen Hügel des oben beschriebenen Hügelzuges, der mit dem östlichen Fufse des Purberges parallel läuft, ist ein Grubenbau vorgerichtet, auf welchem *Grünerde* gefördert wird.

Der eigentliche Grubenbau besteht aus zwei Stollen, welche aufsteigend in den Hugel getrieben sind, und deren Richtung nach der an dem Mundloche genommenen Stunde nordwestlich (St. 8) ist. Da das Flötz von Grünerde, auf welches der obere (höher gelegene) Stollen angesetzt ist, nur schwach war, und weiter in das Gebirge hinein ganz verdrückt wurde, so liefs man diesen liegen, ging aber in dem zweiten Lachter (eigentlich $1\frac{1}{2}$ Lachter von dem Mundloche) mit einem Gesenke bis auf das zweite Flötz nieder, das man in der zehnten Elle traf, und setzte darauf einen zweiten (den untern) Stollen an. Dieser ist bis vor Ort 20 Lachter lang, und sein Ansteigen beträgt auf diese Länge 4 Ellen. Man teufte auch auf diesem Stollen ein anderes Gesenke ab, in der Hoffnung, in gröfserer Teufe mehrere, und vielleicht auch stärkere Flötze von Grünerde zu treffen; da man aber in der vierten Elle noch keine Spuhr davon sah, so gab man das weitere Absinken auf.

Auf dem untern Stollen hat man in der achtzehnten Elle, von dem Mundloche an zu zählen, rechts und links einen Queerschlag gemacht, davon jener 3 Klafter, dieser 6 Klafter weit ausgelängt ist. Die Richtung der Queerschläge ist St. 11.

Von diesem Queerschlage ist die Stollenstrecke St. 5, 4 (südwestlich) weiter verfolgt worden.

Der Stollen steht, da das Gebirge nur eine geringe Festigkeit hat, so wie das Gesenke, durchaus in Zimmerung. Der Stollen hat die Höhe von $3\frac{1}{2}$ Elle, die von diesem aus südwestlich getriebene Strecke und die Queerschläge sind sehr niedrig, oft kaum 3 bis vier Schuh hoch, und stehen im festen Gesteine.

Die Flötze, welche die Grünerde bildet, sind von 2 bis 6 Zollen stark, werden aber bald mehr, bald weniger von dem Hangenden und Liegenden verdrückt, so daſs sie oft nur die Mächtigkeit eines Zolles haben. Nach dieser Mächtigkeit des Flötzes richtet man sich vorzüglich bei dem Baue. Man geht nämlich mit der Strecke oder dem Queerschlage so lange fort, als die Mächtigkeit des Flötzes den Anschein zu einer reichlichen Ausbeute giebt; wird dieses schwächer, so verläſst man die Strecke, um auf einer andern sein weiteres Glück zu versuchen.

Von demjenigen Orte, der bei meinem Befahren (im J. 1798) belegt war, war die Mächtigkeit des Flötzes etwas über einen Schuh; doch war die Grünerde nicht rein. Es wurde daher blofs die reine in der Grube ausgehalten, die unreine mit den Bergen auf die Seite gestürzt.

Die Strecken gehen auf dem Liegenden des Flötzes fort, und ihr Ansteigen ist daher mit dem Ansteigen des Flötzes selbst das nämliche.

Die Flötze fallen unter dem Winkel von 14° bis 20° gegen Norden, bald mit einiger Abweichung gegen Westen, bald gegen Osten, und haben ihr Streichen zwischen St. 4 und St. 7.

Das Liegende der Grünerde macht ein *verhärteter Mergel*

von *gelblich-* und *grünlichgrauer*, *blafs schwefelgelber*, *lichte* und *dunkel ochergelber* Farbe. Diese Farben erscheinen *fleckweise*, und verliehren sich durch alle Schattirungen ineinander.

Er scheint ein ziemlich *mächtiges Lager* zu machen, ist *sehr zerklüftet*, und zugleich *blasig*. Die Löcher sind theils *leer*, theils mit Grünerde ausgefüllt. Auf den Klüften und den leeren Blasenräumen liegt *dichter Brauneisenstein* von einer *nelkenbraunen* Farbe theils *angeflogen*, theils *unvollkommen traubig*, äufserst selten in ganz *kleine*, aber ehen deswegen unbestimmbare *Krystallen* angeschossen.

Er hat einen *erdigen* Bruch, der aber im Grofsen eine *Anlage* zu dem *wellenförmig schiefrigen* zeigt,

unbestimmteckige, stumpfkantige Bruchstücke,
ist *weich*, fast *sehr weich*.

Das Hangende macht ein *Wackenthon*.

Seine Farbe zieht aus der *dunkel ochergelben* bis in die *gelblichbraune* hinüber.

Er macht ein sehr *mächtiges Lager*,

ist von einer *mittleren Consistenz zwischen fest und zerreiblich*,

an sich *matt*, hier und da mit erborgtem Glanze *wenig glänzend* oder schimmernd.

Der Bruch ist *erdig*, das in das *Unebene von grobem Korne* übergeht.

Die Bruchstücke sind *unbestimmteckig, stumpfkantig*.

Er ist *undurchsichtig*,

färbt *etwas* ab,

wird durch den Strich *glänzend*,

ist *sehr weich*,

milde.

sehr leicht zersprengbar,

hängt *stark* an der Zunge, und

fühlt sich *etwas fett* an.

In diesem Wackenthone liegen *sehr kleine stumpfeckige*, auch *rundliche Stücke* von *Grünerde*, *einzelne Körner* von *dunkel olivengrünem gemeinen Olivine*, und einige *specksteinartige Massen* von *dunkel lauch - und schwärzlichgrüner* Farbe, an denen man, bei aufmerksamer Betrachtung, noch eine regelmäfsige äufsere Gestalt (die Säulenform) wahrnehmen kann, und die daher nichts als Augit in dem Zustande der gröfsten Auflösung zu seyn scheinen.

Von dem obern Flötze macht dieser Wackenthon das Hangende und Liegende zugleich aus, zum Beweise, dafs die Grünerde in demselben in stärkern und schwächern Flötzen einbreche.

Die Grünerde selbst hat folgende äufsere Kennzeichen:

Ihre gewöhnliche Farbe ist die *schwärzlichgrüne*, die von einer Seite in die *lauchgrüne*, von der andern in die *berggrüne* fällt.

Sie macht, wie gesagt, 1 bis 8 Zolle starke Flötze.

Sie ist äufserlich und innwendig *matt*, auf den Klüften etwas *fettglänzend*.

Sie hat gewöhnlich einen *unvollkommen schiefrigen* Bruch, der hier und da in den *flachmuschlichen*, gewöhnlich aber in den *erdigen* übergeht,

unbestimmteckige, *stumpfkantige* Bruchstücke.

Sie ist *undurchsichtig*,

wird durch den Strich *glänzend*,

ist *weich*, in das *sehr Weiche* übergehend,

etwas milde,

leicht zersprengbar,

fühlt sich ein *wenig fett* an,

hängt *ein wenig* an der Zunge, und

ist *nicht sonderlich schwer*.

Dem Wackenthone näher ist sie mehr verhärtet, und in diesem Falle zieht ihre Farbe aus der *schwärzlichgrünen* von einer Seite in die *lichte* und *blafs pistaziengrüne*, von der andern in die *blafs olivengrüne*, und sie kömmt gewöhnlich *gelblichbraun gefleckt* vor; sie ist innwendig äufserst *schwachschimmernd*, im Bruche im Grofsen *schiefrig*, im Kleinen *erdig*, *weich*, fühlt sich *rauh* an, und hängt noch weniger an der Zunge. Sie nimmt dann sehr zahlreiche kleine *Kalkspathnüsse*, die theils ganz dichte sind, theils in der Mitte einen leeren Raum enthalten, in welchem der *grünlich*- und *rauchgraue* Kalkspath die Freiheit hatte, in ganz kleine, selbst unter dem Suchglase unbestimmbare Krystalle anzuschiefsen.

Im Feuer wird die Grünerde kleinblasig, verliehrt am Gewichte, und nimmt endlich eine pfirsichblüthrothe Farbe an, welche auf einen nicht unbedeutenden Eisengehalt derselben hindeutet.

Die Grünerde wird in der Grube mit Keilhauen gewonnen, und in einem Kübel mittelst eines zweimännischen Haspels auf den obern Stollen, und durch diesen auf Karren zu Tage gefördert. Es wird hier blofs im Schichtenlohne gearbeitet. Der Steiger, welcher zugleich die Zimmerung besorgt, erhält täglich 24 Kr., das Gezähe und Grubenlicht von der Stadt Karden, welcher diese Grube gehört. Diesem ist nur noch ein Tagelöhner zugegeben.

Sie wird als Mahlerfarbe, und da sie sehr luftbeständig ist, zum Anstreichen der Häuser gebraucht. Der Preis eines Centners ist in Karden 4 Fl., 2 Fl. 45 Kr., 2 Fl. 30 Kr. und 2 Fl. Der Preis wird nach der dunklern

Farbe und dem feinerdigen Bruche regulirt. Sie wird auch zum Theil in eine Art eines kleinen Ziegelofens gebrannt, und dann als rothe Farbe verkauft. Der reine Ertrag der Grube soll zwischen 900 und 1000 Fl. seyn.

Sowohl an dem Fuſse des Purberges, als der übrigen, dem Atschauer Thale zufallenden Gebirge, findet man den Basalt zu einem *bunten* (vorzüglich aber *ziegel-* und *bräunlichroth gefärbten*) *Thone* aufgelöset, der oft 4 bis 5 und mehrere Fuſs mächtige Lager bildet.

Der Pilsenberg.

Der Pilsenberg (Pinsenberg) ist ein nicht zu hoher, von Süden gegen Norden ziemlich weit auslaufender Hügel, der an dem Fuſse von allen Seiten bebauet, an den Abhängen aber kahl und bloſs beraset ist. Die Kuppe endigt sich in eine Plattform, welche ein gleichwinkliches Dreieck darstellt, dessen Grundlinie gegen Norden, die Spitze gegen Süden gekehrt ist. An seinem westlichen Fuſse liegt das Dorf Atschau, an dem nördlichen Selau. Die Abhänge sind mit vielem Gerölle bedeckt, das aus gröſsern und kleinern Basaltstücken besteht. Anstehend ist der Basalt nirgends. Seine Farbe ist *dunkel graulichschwarz*; er hat einen *schwachen* innern Schimmer, einen *unebenen* Bruch, der theils in den *splittrichen*, theils schon in den *ebenen* übergeht. Auf den Klüften ist er *gelblichbraun beschlagen*. Er nimmt nur einige sehr sparsame *sehr* und *ganz kleine Säulchen* von *Augit* auf, der schon den *Uebergang in Hornblende* zu machen scheint.

Diesseits der Eger ist die Trappformation nicht so weit verbreitet, wie jenseits, und der Basalt bildet hier nie ganze Gebirgs- und Hügelzüge, sondern erhebt sich nur in einzeln stehende, nicht zu hohe, mehr und weniger an dem Gipfel zugerundete Kegel. Von dieser Regel machen aber einige Basaltberge, die auf dem Rücken des hohen Erzgebirges aufliegen, eine Ausnahme, da sie nicht selten eine ansehnliche Höhe erreichen.

Die ersten Spuhren des Basaltes findet man an dem nördlichen Ufer des Egerflusses in der Gegend von Tschermich, wo er in der Nachbarschaft eines Pseudovulcans vorkömmt. Er bildet hier ein nicht zu mächtiges, nach allen Richtungen äusserst zerklüftetes Lager auf einem abwechselnd gelblichweissen, grünlichgrauen, ochergelben und gelblichraunen sehr feinkörnigen, in ½ bis 1 Schuh starken Schichten anstehenden Sandsteine. Unmittelbar über diesem Sandsteine liegt ein nicht zu mächtiges Lager eines *dunkel gelblich-* und *rauchgrauen, ochergelb gefleckten Wackenthones*, in welchem sehr viele *Glimmerblättchen* und *sehr kleine Hornblendesäulchen* eingemengt sind. Diesen bedeckt ein fester, von Farbe *graulichschwarzer*, im Bruche *unebener*, und

zwar

zwar *grobkörniger*, an der der Einwirkung der äufsern Atmosphäre ausgesetzten Oberfläche, wegen der ausgefallenen fremdartigen Theile, poröser oder löcherichter *Basalt*. Dieser nimmt, nebst den *sehr kleinen Hornblendesäulchen*, *tomback-* und *schwarzlichbraunen Glimmer* in *sechsseitige Tafeln* auf.

Mehr westwärts setzt er oberhalb Weschitz zwei niedrige Hügel zusammen, davon der östliche kahl und blofs beraset ist, von Südosten gegen Nordwesten ausläuft; der westliche eine viel beträchtlichere Höhe erreicht, von der Südostseite sanft ansteigt, und hier theils mit niedrigem Strauchwerke bewachsen, theils bebauet ist, von der Nordwestseite, wo er seine gröfste Höhe hat, steiler abfällt. Diese zwei Hügel sind aber nur als die Kuppen eines weit ausgedehnten Berges anzusehen, der sich, von Weschitz aus, nicht zu steil erhebt, und gegen Pröhl zu sich sanft verflächt, an der Südseite steil dem Flusse zugestürzt ist. An diesem Absturze sieht man eine beiläufig 5 Klafter hohe Basaltwand entblöfst, die aber, da sie fast senkrecht in den Flufs hinabfällt, unzugänglich ist, und deswegen das Verhalten der sie constituirenden Gebirgsart nicht zu bestimmen erlaubt. Der Basalt von den zwei Kuppen, an denen er aber blofs in Stücken zerstreut liegt, ist derselbe, den ich in der Gegend von Delau aufgefunden habe, und der daher von dem südlichen Ufer, und zwar von dem Pohliger Gebirge, herüberzusetzen scheint.

Der Goldberg.

Eine Ebene führt von dem ebenbeschriebenen Berge bis an den *Goldberg*, welcher der Stadt Karden gegen Nordostost liegt. Es ist ein niedriges, an dem Gipfel abgerundetes, von allen Seiten sanft, doch gegen Westen etwas steiler abfallendes und ganz bebautes Hügelchen. Es besteht aus Basalt, den man aber nur in unvollkommene Kugeln an den Abhängen herumliegen sieht. Jede Basaltkugel löset sich in *concentrisch-schaalig* abgesonderte Stucke auf. Der *Basalt* hat bereits einen hohen Grad der Verwitterung erlitten; daher es schwer ist, ein frisches Stück zu erhalten. Er ist im frischesten Zustande *graulichschwarz* von Farbe, *grobkörnig* im Bruche, und nimmt, als fremdartige Theile, auf:

1. *Gemeinen Olivin* von *olivengrüner* Farbe, die sich durch die *spargelgrüne* bis in die *grünlichweiſse* verläuft. Hier und da bemerkt man schon einen *blattrichen* Bruch, eine *regelmäſsige* äuſsere Gestalt, einen *ziemlich starken* innern Glanz an demselben, und er scheint einen *Uebergang in den blattrichen Olivin* machen zu wollen.
2. *Augit* von *dunkel lauchgruner* Farbe, in *kleinen eingewachsenen Saulen.*
3. Einige *gelblichweiſse Kalkspathkörner.*

Der Hirschberg.

Mit diesem steht an der Nordseite der *Hirschberg* in Verbindung. Nur eine kleine Vertiefung trennt beide

Hügel von einander. Dieser ist gleichfalls niedrig, zieht sich von Westen gegen Osten in einen breiten Rücken, der in der Mitte einen Einbug hat, und daher in der Ferne zwei Küppchen darstellt. Er ist an dem Fuſse und an den Abhängen gröſstentheils bebauet, an dem Rücken beraset. An der Westseite findet man den Basalt anstehend. Er hat *massig* abgesonderte Stücke, die sich schon den *kugelförmigen* nähern. Jede einzelne Kugel ist aber durch nach verschiedenenen Richtungen aufsetzende Klüfte wieder getrennt. Auch dieser Basalt ist schon in einem hohen Grade der Verwitterung begriffen, und an den Absonderungsflächen und auf den Klüften *gelblichbraun beschlagen.* Der Basalt des Hirschberges unterscheidet sich von dem Basalte des Goldberges nur dadurch, daſs sein Bruch *feinkörniger* ist, daſs man in demselben den gemeinen Olivin vermiſst, dafür kömmt eben derselbe *Augit* von derselben Farbe und Krystallform; und in derselben, vielleicht selbst gröſsern Menge vor; die Stelle des gemeinen Olivins vertritt der *blättriche* von *blaſs spargelgrüner* Farbe, die sich in die *grünlichweiſse* verzieht, in *eingewachsenen* sehr deutlichen *sechsseitigen Säulen*, mit 2 breitern und 4 schmälern Seitenflächen, an beiden Enden mit zwei auf die von den schmälern Seitenflächen eingeschlossenen Seitenkanten aufgesetzten Flächen *zugeschärft.* An der äuſsern Oberfläche, wo der Basalt der Einwirkung der atmosphärischen Luft längere Zeit ausgesetzt war, ist dieser Olivin zu einem *dunkel gelblichbraunen Ocher* aufgelöset.

Der kahle Berg.

Noch mehr gegen Norden erhebt sich ein drittes Küppchen, der *kahle Berg*, das an dem südlichen Abhange bebauet, an dem nördlichen bebuscht ist, sanft ansteigend von Westen gegen Osten läuft, und mit dem Hirschberge einen und denselben Berg zusammensetzt, da nur ein schwacher Einbug dieses Küppchen von ersterem absondert. Den Basalt hat er daher mit ihm gemein; nur kömmt er hier bloſs in einzelnen Stücken zerstreut vor.

Der Wistritzer Berg.

Der Wistritzer Berg liegt der Stadt Karden gegen Nordosten, hat eine kegelförmige, an dem Gipfel etwas in die Länge gezogene, gegen Norden auslaufende Gestalt, ist an der West- und Nordseite bloſs beraset, an der Süd- und Ostseite bebauet. An seinem nördlichen Fuſse liegt das Dorf Wistritz, von welchem er seinen Namen erhalten hat. Die Gebirgsart ist *Basalt*, der theils in schon vollkommen losgetrennten Kugeln an den Abhängen herumliegt, theils an der Abendseite anstehend gefunden wird. An jeder anstehenden oder losen Kugel nimmt man deutlich die *dickschaalig* abgesonderten Stücke wahr. Uebrigens unterscheidet sich der Basalt von jenem des Hirschberges, in der Farbe sowohl, als in Rücksicht der beigemengten fremdartigen Theile, fast gar nicht; nur sind die eingewachsenen Säulchen des blättrichen Olivins und Augites kleiner.

Der hintere Berg.

Dieser Berg liegt jenseits des Wistritzer Baches, hat das Dorf Wistritz an der Ostseite, die Stadt Karden an der Südseite liegen. Er ist vielkuppig. Fünf bis sechs niedrige, etwas kegelförmig zugespitzte, kahle, klippige Kuppchen ragen aus dem wellenförmig gebogenen, von Südsüdwest gegen Nordnordost laufenden, gröſstentheils bebaueten, übrigens beraseten Rücken hervor. An den Abhängen derselben liegt der *Basalt* in *eckigen Stücken* und *unvollkommenen Kugeln* herum; da, wo er fester ansteht, ragt er gleichfalls in kugelichen Massen aus dem Rasen hervor. Er ist *dunkel graulichschwarz* von Farbe, im Bruche *uneben von kleinem Korne*, und nimmt sparsame *Augitsäulchen* von *dunkel lauchgrüner*, in die *schwärzlichgrüne* ziehenden Farbe, einige *Körner* eines *lichte olivengrünen gemeinen Olivins*, und einige *gelblichweiſse* oder *rauchgraue Kalkspathkörner* auf.

Der mittlere Berg.

Dieser liegt der Stadt gegen Nordwesten. Er hat seine Richtung von Süden gegen Norden. Der Rücken ist durch einige, gegen Westen und Osten herablaufende Vertiefungen, welche anfangs Wasserschrunden gewesen seyn mögen, späther aber verraset sind, in mehrere Küppchen abgetheilt, die sich oben in eine bebauete Plattform vereinigen. An der Nordseite steht der Basalt fest an. Es ist *Tafelbasalt*; die Tafeln sind nur einige Zolle stark, fallen flach (unter dem Winkel von 24°) gegen Süden ein, und haben ihr Streichen St. 6, 1. An der Westseite hat der Berg ein steiler abgestürztes Gehänge. Da, wo hier der Basalt entblöfst ist, ragt er gleichfalls in Tafeln aus dem Rasen hervor, die aber viel stärker sind, übrigens unter demselben, oben angegebenen Winkel gegen dieselbe Weltgegend einfallen, und dasselbe Streichen beobachten. Mehr gegen Süden, an demselben steilen Gehänge, erheben sich die Tafeln mehr, und machen mit der Horizontalebene einen Winkel von 45° bis 54°. An der Südostseite wird der Basalt *säulenförmig*; die Säulen haben aber keine zu grofse Regelmäfsigkeit, unebene, convex-concave, gelblichbraun beschlagene Absonderungsflächen, und scheinen wie gewunden, sind fünf- und sechsseitig, stehen fast senkrecht, oder neigen sich doch nur wenig gegen Nordostosten.

Der *Basalt* ist *dunkel graulichschwarz*, im Bruche *uneben von kleinem Korne*. An fremdartigen Theilen enthält er *dunkel lauch*- und *schwärzlichgrünen Augit* in *eingewachsenen Säulen*, einzelne sehr sparsame *Säulchen* von *blättrichem Olivine*, und einige *stumpfeckige Körner* von einem *gelblich*- und *rauchgrauen Kalkspathe*.

Der heilige Berg.

Der heilige Berg erhebt sich in der Entfernung einer kleinen Viertelstunde von der Stadt, derselben gegen Abend. Er stellt ein kleines Segment eines gröſsern Kreises vor, dessen concave Seite der Stadt zugekehrt ist, die convexe gegen Osten steht. An seinem südlichen Fuſse liegt das Franziskanerkloster. An dem östlichen Abhange ist er fast ganz bebauet, der Gipfel selbst beraset. An der Westseite umgiebt der anstehende Basalt den Gipfel in Gestalt eines nicht zu hohen Dammes; der von dieser Seite steil abfallende Abhang ist mit Basaltstücken bedeckt. Der Basalt hat *keilförmig stänglich* abgesonderte Stücke, die sich den *geradschaaligen* nähern. Sie fallen unter 4-° gegen Norden, und streichen St. 6. Mehrere parallele wagerechte Ablösungen trennen den Basalt, und bilden so mehrere Fuſse dicke Schichten. Der *Basalt* ist verwittert, an der äuſsern Oberfläche *kleinblasig*. Im frischesten Zustande hat er eine *dunkel graulichschwarze* Farbe, einen *unebenen* Bruch von *kleinem Korne*, und nimmt, nebst sehr häufigem *dunkel lauch-* und *schwärzlichgrünen* ausgezeichneten *Augite* in *eingewachsenen*, ½ bis 1 Zoll langen, doch hier und da auch nur *sehr kleinen Saulen*, sparsame *Saulen* von *blättrichem Olivine* auf, dessen Farbe aus der *spargelgrünen* in die *lichte olivengrüne* übergeht. Stellenweise ist sein Uebergang in Augit nicht undeutlich. Durch die Verwitterung nimmt dieser Olivin, mit Verlust des Glanzes und des blättrichen Bruches, eine aus der *grünlich-grauen* durch die *ocher-* und *honiggelbe* bis in die *gelblich-braune* übergehende Farbe an, und die endliche Auflösung umformt ihn zu einer *thonig-eisenschüſsigen, gelblichbraun gefärbten Masse* um. Das blasige Ansehen hat der Basalt diesem aufgelöseten, und durch das Wasser ausgewaschenen Olivine zu danken.

Der Spitzberg.

Der Spitzberg liegt dem eben beschriebenen Berge gegen Norden, und hat zwei hohe Kuppen. Die erste ist zugespitzt kegelförmig, von Osten gegen Westen sanft ansteigend, an den höhern Stellen mit Walde bewachsen; an der Nordseite fällt sie noch sanfter ab, verliehrt sich da in einen Kamm, der sich mit einem kleinen runden Küppchen endigt, an welchem der Basalt in gröſsern Felsenmassen hervorragt. Vorzüglich deutlich erscheint der Basalt an der Nordseite dieses Küppchens, wo er fünf- und sechsseitige Säulen mit unebenen, gleichsam eingekerbten Absonderungsflächen bildet, die unter dem Winkel von 62° gegen Südsüdosten einfallen, St. 4, 2 streichen, und so weit, als sie aus dem Rasen hervorragen, die Höhe von zwei bis drei Klaftern haben. Mehr gegen Süden, und an einem etwas höhern Standorte, vermindern die Basaltsäulen ihr Streichen und Fallen; ersteres ist St. 9, letzteres unter 60° bis 66° gegen Nordwesten, also in einer ganz entgegengesetzten Richtung.

Der *Basalt* ist *dunkel graulichschwarz*, hat einen *unebenen* Bruch von *kleinem Korne*, der sich in den *kleinsplittrichen* verläuft. Er ist fast ganz rein, und daher innwendig fast ganz matt; nur hier und da schimmert dem Auge ein sehr oder ganz kleines *Olivinkörnchen* von *lichte olivengrüner* oder *grünlichweiſser* Farbe, oder ein *graulichweiſses Kalkspathkorn* entgegen.

Die zweite Kuppe ist höher am Gipfel zugerundet, und ganz bewachsen. Ein schmaler Kamm, oder vielmehr Rücken, der von Westen gegen Osten abfallend fortläuft, verbindet sie mit dem kleinen Küppchen. In der Ferne stellt sie einen abgestumpften Kegel vor, von dem nur ein schmaler Rücken gegen Norden ausläuft. Hier und da ragt aus dem Rasen eine kleine Säulengruppe hervor. An der Ostseite findet man sie am zahlreichsten, und die Säulen erreichen hier eine Höhe von 4 bis 5 Fuſs, sind unregelmäſsig fünf- und sechsseitig, fallen unter 68° gegen Südosten ein, und streichen Stunde 4.

Der Basalt hat dieselbe Farbe, aber ein noch feineres Korn, so daſs der Bruch sich schon dem *ebenen* nähert. Man entdeckt unter dem Suchglase äuſserst kleine schimmernde Punkte, die wahrscheinlich *Olivin* seyn dürften, und hier und da ein sehr kleines stumpfeckiges Körnchen von *Magneteisenstein.*

An dem östlichen Fuſse des Berges liegt der Hof Spitzing, und an dem westlichen Nicklsdorf.

Den Fuſs dieses, so wie des vorhergehenden Berges, constituirt Gneiſs; dieser macht am letztern fast ein Drittheil seiner ganzen Höhe aus.

Der Seeberg.

Dieser liegt jenseits des Wernsdorfer Baches, ist in die Länge gezogen, und zwar von Norden gegen Suden, an der Ostseite steil abgestürzt; gegen Westen verflächt er sich sanft, und ist an dieser Seite, mittelst zweier Vertiefungen, in drei Kuppchen abgetheilt, die sich oben in eine kleine Ebene vereinigen. Er ist an den Abhängen und an der Plattform gröſstentheils beraset, an dem Fuſse bebauet. Den Basalt findet man nirgends anstehend, sondern bloſs, in Stucken zerstreut, an den Abhängen liegen. Er ist *dunkel graulichschwarz*, innwendig von den häufig innliegenden fremdartigen Theilen *schimmernd*, im Bruche *uneben* von *kleinem Korne*. Er nimmt sehr häufige *sammetschwarze basaltische Hornblende* theils in *gröſsern* (1 bis 3 Linien langen), theils in *sehr* und *ganz kleinen Krystallen*, von welchen der erborgte Schimmer des Basaltes herzuleiten ist, und *Kalkspath* auf. Dieser liegt gewöhlich in *sehr kleinen*, oder *kleinen Mandeln* oder *Nussen* inne, die theils *verschiedentlich eckig*, theils *langlichtrund*, theils *verzogen* sind, und im letztern Falle zwei bis drei Zolle lang erscheinen. Er ist *graulich*- und *gelblic weiſs* von Farbe, *derb*, nur dann, wenn die Nüsse einen kleinen leeren Raum zurücklassen, in *ganz kleine*, und eben deswegen unbestimmbare Krystallen angeschossen.

Die Unterlage dieses Berges macht wieder Gneiſs.

Zwischen diesem Berge und der Stadt Klösterle, letzterer gegen Osten, läuft zwischen jenen kleinen Bächen, die in südlicher Richtung dem Egerflusse zueilen, ein niedriger Hügelzug in einer diesen parallelen Richtung, und lehnt sich an das höhere Gebirge an der Nordseite an. Da aber dieser Hügelzug theils beraset, gröſstentheils bebauet ist, so hindert er alle geognostische Untersuchung, und ich muſste mich mit den kleinen, meistens schon mehr oder weniger abgeführten, zum Theil schon sehr stark verwitterten Stücken der Gebirgsart begnügen, welche von demselben Basalte waren, der den Seeberg constituirt.

Der Birkicht.

An der Abendseite der Stadt liegt ein zweiter, gleichfalls niedriger Hügelzug, der aus fünf niedrigen, ganz mit Walde bewachsenen Küppchen besteht. Eine ziemlich tiefe Schlucht windet sich zwischen diesen Küppchen hindurch, welche mir über die Aufeinanderfolge und das gegenseitige Verhalten der Gebirgsarten genugthuende Aufklärung gab. Ich will hier die ganze Suite in derjenigen Ordnung, als ich sie, von den tiefsten Punkten anzufangen, auffand, aufstellen:

1. Die Unterlage macht der *Wackenthon.*

Dieser ist *gelblichgrau*, zieht sich aus diesem durch das Ochergelbe bis in das *lichte Gelblichbraune.*

Er bildet ein (mehrere Klafter) mächtiges Lager, das aber wieder in 1 bis 3 Fuſse starke Schichten abgetheilt ist,

hat einen *groberdigen* Bruch,

unbestimmteckige, *sehr stumpfkantige* Bruchstücke,

kleinkörnig abgesonderte Stücke,

ist *undurchsichtig*,

färbt *etwas* ab,

ist *sehr weich*, stellenweise in das *Zerreibliche* übergehend,

fühlt sich *rauh* und

mager an,

hängt *etwas* an der Zunge.

In diesem Wackenthone liegen:

a. *Basaltische Hornblende* von *sammetschwarzer* Farbe und folgende Krystallisationen:

1. Die *gleichseitige sechsseitige Säule* — an einem Ende mit 3 Flächen *zugespitzt*, die Zuspitzungsflächen auf die abwechselnden Seitenkanten aufgesetzt; an dem andern mit 4 Flächen *zugespitzt*, die Zuspitzungsflächen gleichfalls auf die Seitenkanten aufgesetzt — an dem einen Ende mit 3 Flächen *zugespitzt*, an dem andern *zugeschärft*, die Zuschärfungsflächen gleich, oder, was gewöhnlicher ist, un-

gleich grofs — an beiden Enden mit 4 Flächen *zugespitzt* — eine oder mehrere Endkanten schwächer und stärker, auch wohl gebrochen abgestumpft.

2. Die *ungleichseitige sechsseitige Säule* mit 4 breitern und 2 schmälern Seitenflächen — an beiden Enden *zugeschärft*, die Zuschärfungsflächen auf die von den breitern Seitenflächen eingeschlossenen Seitenkanten aufgesetzt — an dem einen Ende *zugeschärft*, an dem andern mit 3 oder 4 Flächen *zugespitzt* — an beiden Enden mit 3 auf die abwechselnden Seitenkanten aufgesetzten Flächen *zugespitzt*, wo auf diejenigen Seitenkanten, die bei der einen Zuspitzung frei geblieben sind, die Flächen der andern aufgesetzt sind — an beiden Enden mit 4 Flächen *zugespitzt* — zuweilen eine oder mehrere Endkanten abgestumpft.

3. Die *ungleichseitige sechsseitige Saule* mit 2 breitern und 4 schmälern Seitenflächen — an beiden Enden *zugeschärft* — an dem einen Ende *zugescharft*, an dem andern mit 3 oder 4 Flächen *zugespitzt* — an beiden Enden mit 3 Flächen *zugespitzt* — an dem einen Ende mit 3, an dem andern mit 4 Flächen *zugespitzt* — an beiden Enden mit 4 Flächen *zugespitzt* — zuweilen eine oder mehrere Endkanten schwächer oder stärker abgestumpft.

4. Die *ungleichseitige sechsseitige Säule* mit abwechselnd breitern und schmälern Seitenflächen — an dem einen Ende *zugeschärft*, an dem andern mit 4 Flächen *zugespitzt* — an beiden Enden mit 3 Flächen *zugespitzt* — an dem einen Ende mit 3, an dem andern mit 4 Flächen — an beiden Enden mit 4 Flächen *zugespitzt* — eine oder mehrere Endkanten schwächer oder stärker abgestumpft.

5. Wenn zwei sechsseitige, mit 2 breitern und 4 schmälern Seitenflächen versehene, an beiden, aber untereinander gleichlaufenden Endflächen, mehr oder weniger flach zugeschärfte Säulen, mit ihren breitern Seitenflächen so aneinander gewachsen sind, dafs die Zuschärfungsflächen an dem einen Ende ausspringende, an dem andern einspringende Winkel bilden, so entsteht der *Zwillingskrystall.*

6. Die *achtseitige Säule* an beiden schiefen, aber unter einander gleichlaufenden Endflächen ganz flach *zugeschärft*, die Zuschärfungsflächen auf die 2 schmälsten gegenüberstehenden Seitenflächen aufgesetzt.

Die Säulchen sind *sehr klein*, und gewöhnlich mit einem lichte grauen, sehr dünnen Kalkspathhäutchen überzogen.

b. Kalkspathkörnchen und *Blättchen* von *graulichweifser* Farbe und *Perlmutterglanz.*

c. Einige graulichschwarze Glimmerblättchen, die hier und da auch wohlerhaltene *sehr kleine sechsseitige Tafelchen* darstellen.

2. Auf diesem Wackenthone liegt eine Art **Mandelstein** auf, der aber schon einen hohen Grad der Verwitterung erlitten hat.

Die Hauptmasse hat eine *lichte schwärzlichgrüne* Farbe, ist innwendig *matt*, von einem *feinkornigen*, in den *erdigen* übergehenden Bruche, und *weich*. Diese thonige Hauptmassse scheint entweder innig mit Grünerde gemengt, oder selbst ein Uebergang in Grünerde zu seyn. Sie hat *kleine* und sehr kleine Blasenräume, die selten *vollkommen rund*, meistens *verschiedentlich eckig* und *verzogen* sind. An der der Einwirkung der Atmosphäre blofsgestellten Oberfläche sind sie *leer* und mit einem *Ueberzuge* von *dunkel gelblichbraunem Ocher*, oder dem späther zu beschreibenden *ziegelrothen Fossile* bekleidet. Die Blasenräume fullt sonst

a. *Speckstein* aus.

Dieser ist von *grünlichweifser* oder *grünlichgrauer* Farbe,

innwendig *matt*,

von *feinsplittrichem* Bruche,

unbestimmteckigen, ziemlich stumpfkantigen Bruchstücken,

an den Kanten durchscheinend,

sehr weich.

Er wird durch den Strich *schimmernd*, und fühlt sich *etwas fett* an.

b. Ein *Fossil* von folgenden äufsern Kennzeichen:

Es ist von *lichte ziegelrother* Farbe.

Es liegt in sparsamen *Körnern* inne, die im Durchschnitte 1 bis 3 Linien messen, oder dient den Blasenräumen als *Ueberzug*, zeigt wohl selbst hier und da eine Anlage zur Krystallform, welche aber, wegen ihrer Kleinheit, unbestimmbar ist.

Es ist innwendig *matt*, oder doch nur äufserst *schwachschimmernd*,

von *unebenem* Bruche,

ganz *undurchsichtig*, oder doch nur schwach *an den Kanten durchscheinend.*

Sollte dieses Fossil nicht dasselbe seyn, das zu Zalathna in Siebenbürgen theils in einem Mandelsteine *eingewachsen*, theils *lose* vorkömmt, und das Herr *Estner* unter dem Namen *Crocallit* *) beschreibt. Die Kleinheit des Fossils erlaubte mir nicht, alle zur Vergleichung nöthige Kennzeichen aufzusuchen. Ueberhaupt scheint es, wie dieser, mit dem dichten Zeolithe mehr verwandt zu seyn.

Dient dieses Fossil den Blasenräumen des Mandelsteines blofs als Ueberzug, so füllt diese nicht selten wieder

---

*) Versuch einer Mineralogie, 2r Bd. 2te Abtheil. S. 559 ff.

wieder obiger Speckstein aus. Nebstdem liegt in der Hauptmasse des Mandelsteines:

c. *Basaltische Hornblende* von *sammetschwarzer* Farbe in *kleinen*, im Verhältnisse ihrer Breite *sehr langen eingewachsenen Säulen.*

d. Das *honiggelbe Fossil*

von *lichte honiggelber*, in die *weingelbe* übergehenden Farbe,

in eingewachsenen sechsseitigen Säulen,

und allen übrigen äufsern Kennzeichen, die ich an einem andern Orte *) weitläuftiger angegeben habe.

e. Ein *Fossil*

von *gelblichgrauer* Farbe, die sich in die *blafs isabellgelbe* verzieht,

in *eingewachsenen breitern sechsseitigen Säulen*, die an beiden Enden flach *zugeschärft* sind, die Zuschärfungsflächen auf die entgegengesetzten, von den schmälern Seitenflächen eingeschlossenen Seitenkanten aufgesetzt, und diese Seitenkanten mehr oder weniger stark abgestumpft,

innwendig *matt* oder nur *schwachschimmernd*,

von *blättrichem* Bruche, der aber theils in den *unebenen*, theils schon in den *erdigen* übergeht,

---

*) Sammlung naturhistorischer Aufsätze, S. 187 ff.

ganz undurchsichtig,

weich, oder in *einem geringen Grade halbhart.*

Dieses Fossil scheint ein mehr oder weniger *aufgelöseter* ***gemeiner Feldspath*** zu seyn.

3. Auf diesem Mandelsteine liegt ***Basalt*** auf.

Dieser ist von *dunkel graulichschwarzer* Farbe, *unebenem*, und zwar *sehr kleinkörnigem* Bruche. In diesem liegen

a. sehr häufige ***Hornblende*** in *sehr* und *ganz kleinen* eingewachsenen Säulchen;

b. einzelne ***Kalkspathkörner*** von *graulichweifser* Farbe;

c. einige sparsame *Körner* des oben beschriebenen ***ziegelrothen Fossils;***

d. einige *stumpfeckige Körner* von ***magnetischem Eisensande*** von *eisenschwarzer* Farbe, *metallischem* Glanze, und ausgezeichnet deutlichem *kleinmuschlichen* Bruche.

4. Mit diesem Basalte wechselt schichtenweise eine andere ***Basaltabänderung*** ab. Diese ist *dunkel aschgrau*, das von einer Seite in das *Rauchgraue*, von der andern in das *lichte Graulichschwarze* übergeht. Sie ist auf den Ablösungen und den sie durchsetzenden Klüften *gelblichbraun beschlagen*, *schwammförmig* und *unbestimmt zellig*, im Bruche *uneben von kleinem Korne*. Die unregelmäfsigen Blasenräume sind mit einem *lichte olivengrünen Ueberzuge* dünn bekleidet, der sich aber zuweilen *halbkugelförmig*, *traubig* und *nierförmig*

erhebt, ganz *matt* ist, durch den Strich einen *fettartigen Schimmer* annimmt, und sehr weich ist. Dieser Ueberzug scheint *Speckstein* zu seyn. Nebstdem liegen sehr häufige kleine *Hornblendesäulchen* darinn.

5. Die oberste Lage macht derselbe unter Nr. 3. beschriebene Basalt.

Alt-Schönburg.

Der Fuſs dieses Berges erstreckt sich an der Ostseite fast bis an die Stadt Klösterle, oder vielmehr an den Bach, der durch sie flieſst; wenigstens führt der Weg gleich von der Stadt ansteigend auf denselben. An der Südseite erreicht sein Fuſs den Egerfluſs, wo an demselben das Dorf Egerwiese liegt. Er steht mit dem Birkicht in Verbindung. Der eigentliche Berg erhebt sich erst in der Nähe des Dorfes Schönburg, das an seinem nördlichen Fuſse, oder vielmehr Abhange, liegt. Seinen Fuſs constituirt gleichfalls *Wackenthon*, der in dem Fahrwege hier und da, am deutlichsten aber unterhalb dem Dorfe, in wagerechten Schichten anstehend gefunden wird. Seine Farbe verzieht sich aus der *gelblichgrauen* von einer Seite in die *grünlich*- von der andern in die *rauchgraue*; er ist innwendig *matt*, hat einen *erdigen* Bruch, *unbestimmteckige*, *stumpfkantige* Bruchstücke, *kleinkörnig* abgesonderte Stücke, ist *weich*, in das *Zerreibliche* übergehend, hängt fast gar nicht an der Zunge, und hat einen eigenen Geruch, den ich *Modergeruch* nennen würde *).

In diesem Wackenthone liegen:

1. sehr zahlreiche *kleine* und *sehr kleine Säulchen* der *Hornblende*, die, wenn sie ausgefallen sind, eine Vertiefung (Eindruck) zurücklassen, die *röthlichgrau* gefärbt ist;
2. *graulichweifser Kalkspath* theils in *eingewachsenen stumpfeckigen Körnern*, theils in *schmalen Adern*, welche ihn nach verschiedenen Richtungen durchziehen, mit deutlich *blättrichem* Bruche und einem *Perlmutterglanze*;
3. *asch - gelblichgraue* und *graulichschwarze Glimmerblättchen*, an denen nur selten die *sechsseitige Tafel* wahrnehmbar ist.

Die eigentliche Schönburg stellt einen, mit der Grundfläche parallel abgestumpften Kegel vor, auf dessen obern Abschnitte, der eine kleine Plattform bildet, die Ueberbleibsel einer alten Burg stehen. Man sieht davon noch einen Thurm und mehrere, gröfstentheils schon zusammengestürzte Mauern, und einige unterirrdische Gänge und Gewölbe, davon einige eingefallen, andere erhalten sind. An dem westlichen und östlichen Abhange ragen

*) Dieser Geruch des Wackenthones und Basalttuffes ist wirklich identisch, und mit keinem der gewöhnlichen Gerüche in dem Mineralreiche zu vergleichen; und scheint diesen Gebirgsarten eigen zu seyn. Wenigstens fand ich ihn immer.

klafterhohe Basaltfelsen hervor. Der Basalt hat *gerad-schaalig* abgesonderte Stücke. Die Tafeln, welche unter dem Winkel von 14° gegen Südosten einfallen, und St. 9 streichen, sind mehrere (2 bis 3) Fuſse stark. An denjenigen Basaltfelsen auf der Plattform, welche dem Mauerwerke zur Basis dienen, werden die Basalttafeln dünner, (sie haben selten mehr als 3 bis 5 Zolle Stärke,) und fallen sehr flach (unter 18°) theils gegen Südwesten, theils gegen Nordosten ein; treffen daher unter einem stumpfen Winkel so zusammen, als wären sie durch eine gewaltsame Revolution in der Mitte niedergebrochen. Der *Basalt* ist sehr rein, von Farbe *dunkel graulich-schwarz*, im Bruche sehr *feinkörnig*, und zeigt im Groſsen eine Anlage zum Schiefrigen. Nur äuſserst selten liegt ein einzelnes *sehr* und *ganz kleines Hornblendesäulchen* inne, und auf den schmalen Klüften, die in demselben aufsetzen, sieht man *Kalkspath* von *gelblich-weiſser* und *rauchgrauer* Farbe.

Die Unterlage dieses Berges, so wie der folgenden, ist noch immer derselbe Gneiſs.

Der Purberg.

Dem ebenbeschriebenen Berge gegen Nordwesten erhebt sich der *Purberg*. Er beginnt schon an dem Dorfe Czernitz, das an seinem südlichen Fuſse liegt, steigt dann ziemlich steil an, läuft gerade gegen Norden, und endigt sich in eine kleine bebauete Ebene. Der nordwestliche Abhang ist mit Walde bewachsen, der nördliche bebauet.

An dem südlichen Abhange, etwas unterhalb der Kuppe, steht die Gebirgsart in 4 bis 6 Klafter hohen Felsenmassen an; an der Westseite bildet sie einen schmalen, nicht zu hohen Felsendamm, der einen Theil der Kuppe von dieser Seite umgiebt. Sie ist *Tafelbasalt*, der aber durch nach verschiedenen Richtungen aufsetzende Klüfte so zertheilt ist, dafs sich nur mit Mühe das Streichen und Fallen desselben bestimmen läfst; ich glaubte, nach einer sorgfältigen Prüfung und Uebersicht gröfserer Parthien des Berges, ersteres St. 7, letzteres unter 8° gegen Süden beobachtet zu haben. An der Nordseite verbindet er sich mit folgendem Berge, und hat an seinem nordwestlichen Fufse das Dorf Pirschenstein, in welchem zwei Stabhämmer, ein Hohofen, und eine Drathmühle befindlich sind.

An dem südlichen Fufse, der gröfstentheils bebauet ist, findet man einen *basaltischen Mandelstein* in unregelmäfsigen, schroffen, etwas zugerundeten, aber äufserst zerklüfteten Massen anstehen. Die basaltische Hauptmasse hat eine *aschgraue* Farbe. Die Blasenräume sind sehr zahlreich, aber *klein* und *sehr klein*, fast niemals *rund*, sondern *verschiedentlich zellig*, *schwammformig*, *verzogen*, theils leer, und dann gewöhnlich mit einem so dünnen Ueberzuge bekleidet, dafs die dunklere Farbe der Hauptmasse durch ihn durchscheinet. Dieser Ueberzug besteht aus *Zeolith*, der unter dem Suchglase als ein Aggregat *ganz kleiner Würfel* erscheint, die wieder theils *einzeln aufgewachsen*, theils *traubig* und *nierförmig* gruppirt sind. Seine Farbe ist *grünlich-* und *gelblichgrau*, der Glanz *beträchtlich*, und zwar *Glasglanz*, der sich dem *Perlmutterglanze* nähert. Selten vertritt die Stelle dieses Zeolithes der *Kalkspath*, der aber in so kleinen Krystallen vorkömmt, daſs sie, selbst unter einer stark vergröſsernden Luppe, unbestimmbar blieben. Seine Natur verräth nur das starke Brausen mit Mineralsäuren; theils, und zwar gröſstentheils, sind sie ganz ausgefüllt. Die innliegenden *kleinen* und *sehr kleinen Nüsse*, die sich nach der Form der Blasenräume richten, bestehen aus *Kalkspath* von *gelblich-* und *graulichweiſser* Farbe, der aber immer nur *derb* ist. So wie aber dieser Kalkspath die Nüsse oder Mandeln ausfüllt, so liegt er auch noch auf den Klüften auf, und kömmt nicht selten in Nestern vor. Die Kalkspathnester haben 5 bis 6 Zoll im Durchmesser, und dann ist er gewöhnlich in der Mitte *drusig*, und zwar in *sechsseitige Säulen*, die an den Enden mit drei Flächen, welche, auf die abwechselnden Seitenflächen aufgesetzt, *flach zugespitzt* sind, krystallisirt, Die Säulen, die *auf-* und *durcheinander gewachsen* sind, haben die Höhe von 5 bis 6 Linien, und die Breite von 2 Linien. Nebstdem liegen in der basaltischen Hauptmasse sehr zahlreiche *Hornblendesäulen* inne.

Der *Basalt*, welcher den Berg selbst zusammensetzt, und an den Felsendämmen, welche die Kuppe umgeben, ansteht, ist, von den südlichen Felsenmassen aufgesammelt, *lichte graulichschwarz*, von einem im

Grofsen deutlich *dick-* und *geradschiefrigen*, im Kleinen von sehr *kleinkörnigem*, in den splittrichen übergehenden Bruche, mit sparsam innliegenden *sehr* und *ganz kleinen Hornblendesäulchen* und noch sparsamern *Kalkspathkörnchen* von *isabellgelber* Farbe; an dem westlichen Felsendamme ist seine Farbe etwas dunkler, das *Korn des unebenen* Bruches *feiner*, und er nimmt, nebst obigen *Hornblendesäulchen*, noch *strahlichen Zeolith* von *gelblich-* und *milchweifser* Farbe und *schmalstrahlichem* Bruche auf. Dieser dient auch den in den Basalt aufsetzenden Klüften zum *Ueberzuge*, kömmt auch wohl nesterweise, ja wohl in den Nestern, wenn sie einen leeren Raum zurücklassen, *traubig* und *nierförmig* vor; selten entdeckt man eine etwas undeutliche Spuhr, oder vielmehr eine Neigung zur regelmäfsigen äufsern Gestalt. Nicht ungewöhnlich sind auch in diesem Basalte *eingewachsene rundliche Stücke*, die als ein Gemenge von *gelblich-* und *milchweifsem strahlichen Zeolithe*, *sammetschwarzer basaltischer Hornblende*, und *grünlich-* und *rauchgrauem Feldspathe* anzusehen sind.

Der Mühlberg.

Noch mehr gegen Nordwesten liegt der *Mühlberg*, an dessen westlichem Fufse das Dorf Pirschenstein liegt. Von diesem angesehen, ist er ziemlich hoch, sehr steil gegen Osten ansteigend, ganz kahl, blofs hier und da beraset; an der Ostseite ist er niedrig, mit einem Wäldchen versehen, sonst gröſstentheils bebauet, und verflächt sich sanft in die umliegende Ebene, oder vielmehr in den gegen Klösterle zuſallenden Abhang des Erzgebirges. An der Nordseite endigt er sich in eine abgerundete, mit Walde bedeckte Kuppe; an der Südseite läuft er in einen schmalen Rücken oder Kamm aus, und ist da mit einem Kreuze versehen. An dem steilen westlichen Gehänge findet man unzählige, aber kleine und immer schon stark abgeführte Basaltstücke, welche selten die Gröſse einer Faust erreichen. Dieses Gerölle macht das Ansteigen von dieser Seite äuſserst beschwerlich. An dem Kamme ragen gröſsere Basaltmassen hervor, die durch seiger niedersetzende Klüfte säulenartig getrennt sind. Diese Säulen sind, so weit sie aus dem Rasen hervorragen, 6 bis 8 Fuſs lang, 1 bis 1½ Fuſs dick, stehen fast senkrecht, oder sind doch nur wenig gegen Osten geneigt. Von hier schlug ich meine Exemplare zur Bestimmung ab, da die an dem Abhange zerstreuten Basaltstücke schon sehr verwittert waren. Der *Basalt* ist *graulichschwarz*, von *unebenem*, *kleinkörnigem* Bruche. Er ist ganz matt auf dem frichen Bruche bis auf einige ganz kleine schimmernde Punkte, die sich unter dem stärker vergröſsernden Suchglase als *ganz kleine Hornblendesäulchen* zeigten. Nebst diesen liegt hier und da ein *stumpfeckiges Korn* von *dunkel honiggelbem*, in das *Lauchgrüne* ziehenden Specksteine.

Der Spitzberg.

Jene zugespitzt kegelförmige Kuppe, in welche sich der beschriebene Gebirgsrücken endigt, heiſst der *Spitzberg*. Er fällt an der Nord- Süd- und Ostseite sehr steil ab, am steilsten an der Westseite dem Wotscher Bache zu, ist gröſstentheils mit hochstämmiger Waldung bewachsen, und bloſs hier und da beraset. Aus dem Rasen ragen unterhalb der Kuppe Basaltmassen hervor, die aber einen so hohen Grad der Verwitterung erlitten haben, daſs man nur mit vieler Mühe ein brauchbares Stück erhält, und so zerklüftet, daſs sich sein Verhalten in Hinsicht des Fallens und Streichens nicht bestimmen läſst; doch scheint es *Tafelbasalt* zu seyn. Er ist *dunkel graulichschwarz* von Farbe, im Bruche *uneben von kleinem Korne*, und nimmt, auſser ziemlich häufiger, aus dem *Pech-* in das *Sammetschwarze* übergehenden *Hornblende* in *sehr* und *ganz kleinen eingewachsenen* Säulen, nichts Fremdartiges auf.

Der Zibischhügel.

Der südliche Abhang dieses Berges zieht sich an der Westseite gegen das Dorf Wotsch, an der Ostseite gegen Mühlendorf hinab. Ehe er aber diese Dorfschaften erreicht, erhebt er sich nochmals in eine niedrige, theils bewaldete, theils angebaute Kuppe, die sich steil der Eger an der Südseite, und dem Wotscher Bache an der Westseite zustürzt. Sie heiſst der Zibischhügel, und besteht aus demselben Basalte, der aber nur in viel kleinern und seltenern Stücken aufgefunden wird.

Der Rabenfels.

An der Westseite einiger hoher Gneifsfelsen, die sich von dem Dorfe Wotsch westwärts gegen das Dorf Warth zu hinabziehen, und dort unter dem Namen des Hutberges und des niedrigen Felsens bekannt sind, erhebt sich ein sehr hoher, schroffer Felsen, der ein ausgezackt klippiges, groteskes Ansehen hat, und steil der Eger zufällt.

Seinen Fufs, der von dem Flusse bespühlt wird, setzt der an seinem Orte beschriebene Gneifs zusammen. Auf diesem liegt unmittelbar *Basalttuff* auf. Dieser Tuff besteht aus Basaltgeschieben, die aber nur von der Gröfse einer Erbse bis zur Gröfse einer Wallnufs sind, diese letztere selten erreichen, nie übersteigen, und mittelst eines theils *rauch-* theils *aschgrauen Wackenthones* gebunden sind. Die kleinen Basaltgeschiebe sind *dunkel asch-* selten *dunkel röthlichgrau* von Farbe und *kleinkörnig* im Bruche, und enthalten, aufser häufigen *sehr* und *ganz kleinen eingewachsenen Hornblendesäulchen* und einzelnen *ganz kleinen Kalkspathkörnchen* von *graulichweifser* Farbe, nichts Fremdartiges. Dieselbe *Hornblende*, aber in etwas gröfsern Säulen, liegt auch in dem thonigen Teige, der die Basaltgeschiebe verbindet, und, nebst dieser, dasjenige sammetschwarze Fossil, das ich in meiner Sammlung naturhistorischer Aufsätze, S. 310. §. 20, beschrieben habe; nur haben die Stücke selten mehr als 2 bis 3 Linien im Durchmesser.

Oberhalb dieses Basalttuffes erscheint *Tafelbasalt*. Die Tafeln fallen unter 75° gegen Osten ein, und streichen St. 11, 4, sind von einigen Zollen bis zu einigen Fufsen stark. Die Farbe des Basaltes ist *graulichschwarz*, im Bruche *uneben von kleinem Korne*. Als fremdartige Theile enthält er:

1. *Hornblende* von *sammetschwarzer* Farbe, die aber von einer Seite in die *pech*- von der andern in die *graulichschwarze* übergeht, in *sehr* und *ganz kleinen eingewachsenen Säulen*.
2. *Strahlichen Zeolith* von *graulichweifser* Farbe, in Zoll langen, sehr *breitgedrückten Nüssen* inneliegend, und theils *derb*, theils in etwas *breite rechtwinkliche vierseitige Säulen* mit zwei breitern und zwei schmälern Seitenflächen, an beiden Enden mit vier Flächen, die auf die Seitenkanten aufgesetzt sind, *scharf zugespitzt*, und die Zuspitzungen wieder mehr oder weniger abgestumpft, krystallisirt; im ersterem Falle von *schmalstrahlichem* Bruche.

In einem höhern Standorte nimmt der Basalt *keilförmig stänglich* abgesonderte Stücke an, die unterhalb dem Gipfel immer mehr den *säulenförmig stänglichen* sich nähern. Die Säulen haben aber keine vorzügliche Regelmäfsigkeit, sehr unebene Absonderungsflächen, und fallen unter 24° gegen Süden ein. Hier und da, besonders an der Abendseite, erheben sie sich mehr, und der Einfallwinkel beträgt 45° bis 54°. An dem Gipfel selbst fallen sie wieder flächer (unter 12° bis 15°) gegen dieselbe Weltgegend ein, und streichen St. 8.

Der Basalt ist *dunkel graulichschwarz* von Farbe, im Bruche *uneben von kleinem*, fast *feinem Korne*, von grofsem Zusammenhalte, und daher in kleinen Bruchstücken äufserst *schwer zersprengbar*. Er nimmt sehr häufige *Hornblende* in *sehr* und *ganz kleinen eingewachsenen Säulchen*, einige *gröſsere Körner* von *gemeinem Olivin*, dessen Farbe aus der *grünlichweiſsen* in die *lichte berggrüne* übergeht, und der *sehr feinkörnig* abgesonderte Stücke hat, und *magnetischen Eisensand* in *eingewachsenen stumpfeckigen Körnern* von der Gröfse einer gröfsern Erbse auf.

Der Basalt am Gipfel ist nur darinn von dem eben beschriebenen unterschieden, dafs die in demselben inneliegenden *Hornblendesäulen* verhältnifsmäfsig noch kleiner sind, und dafs er *Zeolith* und *Kalkspath* in *eingewachsenen Nüssen* enthält.

Der Gebirgszug, von welchem der Rabenfels nur einen kleinen Theil ausmacht, der aber bis auf diesen ganz aus Gneifs besteht, dreht sich vor Erbelstein, da seine Richtung vorher ganz westlich war, etwas gegen Norden, und ist bis auf die zwei Felsen, den niedrigen Felsen und den Rabenfels, an den dem Flusse steil zufallenden Gehängen mit hochstämmiger Waldung bedeckt.

Der Erbelstein.

Dieser ist ein niedriges, unmittelbar an der Eger gelegenes Hügelchen, dessen südlicher Abhang steil dem Egerflusse, der westliche einem kleinen ungenannten Bache zufällt, der an der Nordseite mit dem folgenden Himmelsteine verbunden ist, und, so zu sagen, einen Theil seines Fufses ausmacht. An der Ostseite, wo es gröfstentheils bebauet ist, wird seine Gebirgsart, der Basalt, anstehend gefunden, und zwar in 2 bis 3 Fufs dicken unregelmäfsigen Säulen, welche durch horizontale Queerrisse so getrennt sind, dafs die Säulen in ½ bis 1½ Fufs hohe Segmente abgetheilt erscheinen. Diese Säulen fallen unter einem Winkel von 78° gegen Süden ein, und streichen St. 7, 2.

Der Basalt des Erbelsteines ist *dunkel graulichschwarz* von Farbe, im Bruche *uneben von sehr kleinem Korne.* Er nimmt als fremdartige Theile auf:

1. *Hornblende* von sammetschwarzer Farbe, die aber hier und da in die *bräunlichschwarze* hinüberzieht, in gröfstentheils *kleinen* und *sehr kleinen*, theils aber auch in *gröfsern* (1½ Zoll langen und verhältnifsmäfsig breitern) *eingewachsenen Saulen.*
2. *Bräunlich* - und *graulichschwarzen Glimmer* in *sechsseitige Tafeln* krystallisirt.
3. *Magnetischen Eisensand* in *sehr kleinen eingewachsenen stumpfeckigen Körnern.*

Der Himmelstein.

Dieser Berg macht die westliche Gränze des Saatzer Kreises an dem nördlichen Ufer der Eger. Von dem Flusse angesehen, ist er kegelförmig zugespitzt, und von einer ansehnlichen Höhe. Er ist von der Südseite steil abfallend, und erhebt sich an seinem südlichen Fufse in den eben beschriebenen Erbelstein. Eben so steil, fast noch steiler, fällt er an der Westseite dem Bache zu; von der Nordseite angesehen erscheint er nicht zu hoch, aber sein Gehänge fällt gleichfalls steil ab; hier zieht sich seine Kuppe in einen schmalen Kamm, der in der Richtung von Süden gegen Norden ausläuft. Er ist fast ganz mit Walde bedeckt, der aber an der Mittagsseite gröfstentheils ausgeschlagen ist. Unterhalb dem Gipfel, an dem südlichen und westlichen Abhange, ragt der Basalt in nicht zu hohen Felsenmassen aus dem Rasen hervor, die in der Ferne als Säulengruppen täuschen, in der Nähe betrachtet aber das scheinbar Regelmäfsige verliehren, und nur durch zahlreiche, senkrecht niedersetzende Klüfte, gespaltenen Basalt darstellen. Den Gipfel dekken Ueberbleibsel eines alten Schlosses, von welchem aber nur noch ein viereckigter Thurm dasteht. An dem nördlichen Fufse fand ich den Basalt nochmals anstehend, und wieder in unregelmäfsige Säulen getrennt, die unter dem Winkel von 36° gegen Süden einfallen, und St. 6 streichen. Sonst ist der Basalt blofs in gröfsern und kleinern Stücken an allen Abhängen zerstreut zu finden. Der *Basalt* ist *dunkel graulichschwarz*, von *unebenem*, *grobkörnigem* Bruche, und nimmt, aufser einigen *kleinen* und *sehr kleinen Hornblendesäulchen*, nichts Fremdartiges auf.

Jenseits desjenigen Thales, welches den kleinen Bach aufnimmt, und in welchem das Dorf Hölle liegt, erheben sich noch zwei schmale, gegen Norden auslaufende Kämme, die dem Bache steil zufallen, oben sich in eine Plattform endigen, und mit Walde bewachsen sind. Der Basalt, aus welchem diese Kämme bestehen, kömmt nur an den Abhängen in zerstreuten Stücken vor; nur an der Morgenseite, oberhalb dem Dorfe, sieht man ihn unmittelbar unter der Pattform in säulenartigen Massen getrennt anstehen. Die Säulen haben, bei einer Höhe von 4 bis 5 Klaftern, eine Dicke von 2 bis 3 Fufsen, und sind durch schief aufsetzende Klüfte wieder verschiedentlich gespalten. Der Basalt kömmt übrigens mit jenem des Himmelsteines vollkommen überein.

Nebstdem aber, dafs der Basalt in dem flächern Theile des Saatzer Kreises theils einzelne (isolirte), mehr oder weniger kegelförmige Berge und Hügel bildet, theils ganze Gebirgs- und Hügelzüge constituirt, so erscheint er auch in Kuppen auf dem höchsten Gebirgsrücken desjenigen Theiles des böhmischen Erzgebirges, der sich aus dem Ellbogner Kreise durch den Saatzer bis in den Leutmeritzer Kreis hinüberzieht, und man dürfte wohl behaupten,

behaupten, dafs er die höchsten Punkte desselben ausmacht. Denn wenn man auch nur annimmt, dafs der Lerchenhügel bei Oberhals, der Spitzberg und Hafsberg bei Presnitz, der Lichtenwalder Berg bei Flöhe, der Sattelberg bei Schönwald, mit dem Pöhlberge bei Annaberg in Sachsen in einem gleichen Niveau liegen, so erreicht der Basalt schon bei dieser Annahme die Höhe von beiläufig 2500 Fufs; aber mir ist es wahrscheinlich, dafs die genannten Berge diesen an Höhe vielleicht aus mehr als 300 Fufse übertreffen dürften, da dieser schon viel tiefer auf dem nördlichen Abhange des Erzgebirges aufliegt, jene den höchsten Gebirgsrücken einnehmen.

Ich will hier den aufgefundenen Basalt, sowohl in Hinsicht der äufsern Form der Berge, welche er constituirt, ihrer Lage, als seines Verhaltens gegen die Gebirgsarten, welche demselben zur Unterlage dienen, und seines Vorkommens näher beschreiben, und mit dem westlichen Theile des Erzgebirges beginnen, und dann ostwärts in den Leutmeritzer Kreis hinübergehen.

Der Bläschenberg.

Dieser niedrige Hügel ist die erste Basaltkuppe auf dem hohen erzgebirgischen Rücken. Sie liegt an dem westlichen Abhange desjenigen Gebirgskammes, der sich von Kupferberg nordwärts abfallend nach Sachsen hinüberzieht. Sie ist niedrig, ganz bewaldet, etwas zugespitzt kegelförmig. Schon an ihrem Fufse und an den Abhängen findet man Basaltstücke zerstreut, an dem

Gipfel aber, wenn man die Moosdecke abhebt, ist der Basalt anstehend. Es ist *Tafelbasalt*, der aber durch seiger niedersetzende Klüfte säulenartig getrennt ist. Die Basalttafeln fallen sehr flach gegen Westen ein, und streichen St. 12.

Die Farbe des Basaltes ist *dunkel aschgrau;* der Bruch ist *uneben von sehr feinem Korne.* Als fremdartige Theile nimmt er auf:

1. Einige sparsame und *sehr kleine*, im Verhältnisse der Breite sehr lange *Hornblendesäulchen.*
2. *Kalkspathnüsse*, die wohl $\frac{1}{2}$ bis $\frac{3}{4}$ Zoll im Durchschnitte messen. Ihre Farbe zieht sich aus der *grünlichweifsen* durch die *lauch*- bis in die *schwärzlichgrüne.* Diese Farbe verdankt der Kalkspath wahrscheinlich der zart- und mehr oder weniger häufig beigemengten *Grünerde*, die erst nach der Auflösung des Kalkspathes durch die längere Einwirkung der atmosphärischen Luft und des atmosphärischen Wassers sich als diese entwickelt.

Der Basalt liegt, wie an einem andern Orte gezeigt werden wird, auf dem Gneifse auf.

Das Gerichtsstück.

Nochmals erscheint der Basalt an dem westlichen Fufse desselben Gebirgskammes, unmittelbar an dem Bache in dem Dorfe Schmiedeberg selbst, auf dem sogenannten Gerichtsstücke. Er bildet hier mehrere, 2 bis 6 Klafter hohe Felsen, die gröfstentheils mit Rasen bedeckt sind. Man sieht an jedem einzelnen Felsen mehrere, etwas unförmliche Säulen gruppirt, und jede Säulengruppe stellt ein zuckerhutförmiges Hügelchen vor. Jede einzelne Säule ist $\frac{1}{2}$ bis 1 Fuſs dick, unter dem Winkel von 72° gegen Süden geneigt, und streicht St. 7. Die zuckerhutförmigen Hügelchen stehen einzeln in geringen Entfernungen von einander, an deren einem man eine, an der Basis breite Kluft entdeckt, welche, gegen den Gipfel zu, zugespitzt auslaufend sich endigt. Diese Felsen scheinen nur eine Fortsetzung des kleinen Spitzberges, dessen Beschreibung folgen wird, zu seyn, von welchem sich der Basalt mitten in dem Gneiſse bis an den Fuſs hinabzieht.

Der Basalt ist an Farbe *graulichschwarz*, im Bruche *uneben* von *etwas gröbern Korne*. Beigemengt hat er:

1. sehr häufige *Hornblende* in *sehr kleinen eingewachsenen Säulchen*;
2. einige *grünlichweiſse* und *lichte olivengrüne Olivinkörner*;
3. *Kalkspath* von *graulichweiſser* und *grünlichgrauer*, in das *Olivengrüne* hinüberziehenden Farbe; erstern in *sehr kleinen Körnern*, letztern in *eingewachsenen Stücken* von $\frac{1}{2}$ Zoll im Durchmesser;
4. sparsam und *fein eingesprengten goldgelben Schwefelkies*;
5. *magnetischen Eisensand* in *eingewachsenen rundlichen Stücken*.

Der Lerchenhügel.

Der Lerchenhügel liegt unmittelbar auf dem erzgebirgischen Rücken auf, und zwar an dem bereits in dem Ellbogner Kreise gelegenen Dorfe Oberhals, der Vitriolhütte gegen Osten. Dieser Basalthügel hat die Höhe von 10 bis 12 Klaftern, eine kegelförmige Gestalt, ist ganz kahl, und bloſs beraset. An seinen sanft abfallenden Abhängen liegen meistens kleine Basaltstücke, an denen die Kanten und Ecken schon mehr oder weniger abgerundet sind. An der Südseite ragen einige wenige, 3 bis 4 Fuſs hohe, sehr zerklüftete Felsenmassen hervor, die, bei näherer Besichtigung, sich als Aggregate von unförmlichen Säulen dem Auge darstellen. Die Säulen sind, unter dem kleinen Winkel von 8°, gegen Norden geneigt, und haben eine Länge von $\frac{3}{4}$ bis 1 Fuſs. Die Absonderungsflächen derselben sind gelblichgrau beschlagen.

Der *Basalt* hat eine *graulichschwarze* Farbe, einen unebenen, kleinkörnigen, hier und da fast feinkörnigen Bruch. Beigemengt sind ihm:

1. *Kalkspath* von *gelblich*- und graulichweiſser Farbe. Dieser ist theils *eingesprengt*, theils liegt er in *kleinen* und *sehr kleinen* Nüssen inne, die von $\frac{1}{4}$ Linie bis $\frac{1}{4}$ Zoll im Durchmesser haben. An der Oberfläche sind diese Nüsse ausgefallen, wodurch der Basalt hier und da blasig erscheint; die Wände der Blasenräume sind dann mit einem gelblichbraunen Ocher bekleidet.

2. *Gemeiner Schwefelkies* von *blafs speisgelber* Farbe, theils *grob*, *klein* und *fein eingesprengt*, theils in sehr schmalen (kaum ½ Linie starken) Adern den Basalt durchziehend.

3. *Hornblende* in *sehr* und *ganz kleinen eingewachsenen Säulchen*.

4. *Magnetischer Eisensand* von *dunkel eisenschwarzer* Farbe, in *sehr kleinen eingewachsenen Körnern*, mit *klein*- aber vollkommen muschlichem Bruche.

Diese fremdartigen Theile sind hier nach ihrem quantitativen Verhältnisse, in welchem sie vorkommen, geordnet.

Der kleine Spitzberg.

Die zweite, mehr nordwestwärts auf demselben höhern erzgebirgischen Gebirgsrücken gelegene Kuppe, ist der *kleine Spitzberg*, ein niedriges, gröfstentheils berasetes Hügelchen, das zwischen Orpes und Schmiedeberg liegt, und sich, wie gesagt, gegen Nordwest an dem gegen Schmiedeberg zufallenden Abhange hinabzieht. An dem ersten Küppchen dieses Hügels findet man den *Basalt* blofs in gröfsern und kleinern Stücken zerstreut. Es ist *Tafelbasalt*, der sich meinem sogenannten *Basaltschiefer* annähert. Seine Farbe ist *lichte aschgrau*, der Bruch *uneben*, und zwar *kleinkörnig*, bei einem höhern Grade der Verwitterung dem *erdigen* sich nähernd, und er hat *geradschaalig* abgesonderte Stücke. Beigemengt sind ihm:

1. *Hornblende* in *eingewachsenen sehr kleinen Säulchen.*

2. *Gelblichgraue Feldspathrhomben*, die sich zwar schon dem unbewaffneten Auge durch ihren *Glasglanz* verrathen, unter dem Suchglase aber erst ihre *regelmäſsige* äuſsere Gestalt und ihren *blättrichen* Bruch entwickeln.

3. Einzelne *sehr* und *ganz kleine graulichweiſse Kalkspathkörnchen*, die sich durch ihr Brausen mit Mineralsäuren als das auszeichnen.

Diesem Küppchen gegen Abend liegt eine zweite Erhöhung, die bloſs durch einen sanften Einbug von dem erstern höhern Küppchen getrennt wird. Diese Erhöhung setzt *Säulenbasalt* zusammen. Die etwas unregelmäſsigen Säulen neigen sich unter dem Winkel von 30° gegen Osten, und haben ihr Streichen St. 2. Sie sind meistens fünf- und sechsseitig, und messen im Durchschnitte beiläufig ½ Fuſs.

Eine dritte, noch geringere Erhöhung, liegt noch mehr westlich. An dieser erheben sich die Basaltsäulen etwas, behalten aber ihr voriges Streichen bei; ihr Einfallwinkel beträgt 54°, aber dieser Einfallwinkel vermindert sich an dem vierten, und zwar niedrigsten (kaum 2 Klafter hohen) Küppchen bis auf 12°. Die Säulen fallen gegen Norden, und haben ihr Streichen St. 7.

Die Absonderungsflächen der Säulen sind hier *uneben* (höckerig) und *gelblichbraun beschlagen.*

Der *Basalt* ist von allen drei Küppchen derselbe: von *graulichschwarzer* Farbe, *unebenem*, und zwar *feinkörnigem* Bruche. Als fremdartige Theile enthält er:

1. *Hornblende* in *sehr* und *ganz kleinen Säulen.*
2. Es schimmern dem unbewaffneten Auge sehr und ganz kleine glänzende Parthien entgegen, von welchen der Basalt den fremden innern Schimmer erborgt, und die wahrscheinlich Bruchflächen *sehr* und *ganz kleiner Olivinkörnchen* sind.
3. Einzelne *eingewachsene stumpfeckige Körner* von *magnetischem Eisensande*, die sich durch ihre *eisenschwarze* Farbe, den *starken metallischen* Glanz, und den *klein*- und *vollkommen muschlichen* Bruch dazu charakterisiren.
4. Sehr sparsame innliegende *graulichweiſse Kalkspathkörnchen*, die nur sehr selten in ihrer Mitte einen leeren Raum zurücklassen.

Alle diese beschriebenen, durch seichte Vertieſungen von einander abgesonderten Erhöhungen scheinen einen von Nordwesten gegen Südosten auslauſenden Kamm gebildet zu haben.

Der mittlere Spitzberg.

Dem kleinern Spitzberge gegen Norden liegt der mittlere, der jenem an Höhe um vieles übertrifft. Er ist in die Länge gezogen, läuft von Süden gegen Norden ansteigend fort, und bildet, wenn man die sanftern Abhänge überstiegen hat, ein kahles, klippiges, kegelförmiges, von allen Seiten ziemlich steil abgestürztes Küppchen, an welchem der *Basalt* in einzelnen Felsenmassen hervorragt. Er ist *säulenartig* getrennt; doch sind die Säulen noch viel unregelmäfsiger, als an dem kleinern Spitzberge, und nähern sich mehr den *keilförmig stänglich* abgesonderten Stücken; ihre Absonderungsflächen sind sehr uneben und höckerig; sie fallen unter 60° gegen Südwesten ein, und haben ihr Streichen St. 9. Der Basalt ist übrigens derselbe, der die drei niedrigen Küppchen des kleinen Spitzberges constituirt.

Der grofse Spitzberg.

Noch mehr nordwärts erhebt sich der grofse Spitzberg, der eine ansehnliche Höhe hat, aber doch darinn den späther zu beschreibenden Hafsberg nicht erreicht. Er ist kegelförmig zugespitzt, ganz mit Walde bewachsen, und fallt von allen Seiten ziemlich steil ab. An dem östlichen Fufse und Abhange liegt vieles Gerölle und gröfsere Stücke von Basalt. Anstehend wird er blofs unterhalb dem Gipfel gefunden, wo er unregelmäfsige Säulen mit schroffen Absonderungsflächen bildet, welche von $\frac{1}{2}$ bis $\frac{3}{4}$ Fufs im Durchschnitte messen, durch Queerklüfte in 4 bis 5 Fufs lange Stücke getrennt sind, unter einem Winkel von 68° gegen Süden einfallen, und St. 7 streichen. Der Basalt unterscheidet sich von jenem des mittleren Spitzberges nur durch die inneliegenden etwas gröſsern, aber immer noch *sehr kleinen Olivinkörnchen*, und die etwas zahlreichern *eingewachsenen rundlichen Körnchen von magnetischem Eisensande.* Aller Basalt widersteht sehr hartnäckig der Verwitterung, da diese kaum einige Linien tief eingegriffen hat.

Der Haſsberg.

Jenseits des Presnitzer Baches, in dem gegen Osten angränzenden, weit ausgedehnten Gebirgszuge, zeichnet sich der *Haſsberg* aus. Dieser Berg übertrifft den Spitzberg an Höhe, und ist einer der höchsten Punkte des böhmischen Erzgebirges. Er liegt der Stadt Presnitz gegen Nordnordosten in einer geringen Entfernung davon, ist in die Länge gezogen, von Südosten gegen Nordwesten sanft sich erhebend, an der Nordseite aber ziemlich steil abfallend. Er ist, sowohl an dem Fuſse, als an den Abhängen, mit Nadelholz, an der Kuppe mit Laubholz (und zwar gröſstentheils mit Buchen) bewachsen. Die aufgesetzte Kuppe läuft mit dem Berge in paralleler Richtung, ist an der Nord- und Westseite stärker abgestürzt, fällt sanfter gegen Süden und Osten ab. An dem Fuſse und an einem groſsen Theile des sanftern Abhanges des Berges findet man bloſs Blöcke und Bruchstücke von Gneiſs. Erst da, wo der Berg steiler anzusteigen beginnt, werden sie von Basaltstücken verdrängt, die immer zahlreicher und gröſser werden, so wie man höher hinankommt. Der Haſsberg hat eigentlich zwei abgesonderte Kuppen, deren eine, und zwar die niedrigere, südöstlich liegt, viel niedriger und kegelförmig zugespitzt ist, und der *kleine Haſsberg* heiſst. Hier und da ragt von dieser Kuppe der Basalt in kleinen Felsenmassen hervor. Diese Felsen zeigen sich, bei näherer Untersuchung, als Säulenaggregate. Die Säulen ragen 1 bis 2 Klafter aus dem Rasen hervor, haben einen hohen Grad von Regelmäſsigkeit, messen in der Breite 1 bis 2 Fuſs, und sind fünf- und sechsseitig. Sie fallen unter dem Winkel von 37° gegen Norden ein, und streichen Stunde 6, 6.

Der *Basalt* ist *dunkel graulichschwarz*, von *unebenem*, und zwar *kleinkörnigem* Bruche, mit einem starken, aber von den innliegenden fremdartigen Theilen erborgten Glanze *schimmernd.* Diese fremdartigen Theile sind hier bloſs *basaltische Hornblende* von einer *sammetschwarzen*, hier und da in das *Graulichschwarze* fallenden Farbe, in *eingewachsenen sechsseitigen Säulen*, davon die gröſste nicht über 3 Linien in die Länge, bei einer verhältniſsmäſsigen Breite, miſst. Der Verwitterung widersteht dieser Basalt sehr hartnäckig auch dann, wenn ihn keine Moosdecke vor der Einwirkung der Atmosphäre schützt.

Eine sanfte Vertiefung trennt diese Kuppe von dem sogenannten *groſsen Haſsberge*, einer 15 bis 20 Klafter hohen, in die Länge gezogenen, nordwestwärts ansteigenden Kuppe, die sich in einen kegelförmig zugespitzten Gipfel endigt. An der Nordseite umgiebt den Gipfel bogenartig ein Damm von fünf- und sechsseitigen Basaltsäulen, die meistens ganz senkrecht stehen, oder doch nur wenig gegen den Horizont geneigt sind. An diesem Damme zeichnen sich vorzüglich zwei Felsen durch ihre Höhe aus. Der Durchmesser der Basaltsäulen ist stärker, als an dem kleinen Hafsberge, und beträgt 3 bis 4 Fufs. An der Westseite liegen klafterlange Basaltsäulen unordentlich übereinander gestürzt. Von diesen Säulen sind mehrere theils ganz, theils nur Bruchstücke davon, weiter an den Abhang hinabgestürzt. Der *Basalt* ist ganz derselbe, wie an dem kleinen Hafsberge; nur fand ich in demselben schon häufiger *magnetischen Eisensand* in *sehr* und *ganz kleinen Körnchen* inneliegend.

Auf dem Natschunger Gebirgskamme kömmt in dem sogenannten Wurzgarten wieder Basalt vor, aber nur in mehr oder minder abgeführten Bruchstücken. Anstehend fand ich ihn, ungeachtet meines sorgfältigen Nachsuchens, nicht.

Der Schinkenberg.

Glücklicher war ich in dem Brandauer Gebirge, an dessen westlichem Abhange, welcher dem Teltschbache zufällt, ich anfangs sparsame und stark abgeführte, je höher ich aber den Abhang hinanstieg, häufigere Basaltstücke mit wohlerhaltenen Ecken und Kanten fand. Diese so zahlreichen und wohlerhaltenen Bruchstücke machten mir das Daseyn eines Basaltlagers in der Nachbarschaft wahrscheinlich. Da aber der ganze Gebirgsrücken mit hochstämmiger dichter Waldung bewachsen, der Boden theils mit Moose, theils mit sehr häufigem Farrnkraute bedeckt war, so war das Auffinden dieses Lagers eben nicht das leichteste bei der Sache, um so mehr, da alles Nachfragen nach einem schwarzen Felsen fruchtlos blieb. Da indessen, so wie ich dem Kamme näher kam, die Vegetation viel frecher wurde, die Bruchstücke sich vermehrten, so verfolgte ich getrost meinen Weg, bis ich endlich einen felsigten Damm fand, der eben nicht hoch war, aber ziemlich weit auslief. Die Höhe des Dammes mochte 5 bis 6 Klafter betragen, lief von Nordosten gegen Südwesten in einem sanft gekrümmten Bogen aus. Auf diesem Felsendamme wachsen aus dessen Klüften theils einzelne Bäume, theils ganze Gruppen von Bäumen hervor. Dieser Felsendamm hat den Namen des *Schinkenberges*, und er liegt Brandau gegen Südwesten, Gabrielhütte gegen Nordosten.

Die Gebirgsart ist *Tafelbasalt*. Die Tafeln haben eine Stärke von 4 Zollen bis zu einem Fuſse, fallen unter einem Winkel von 32° gegen Südosten, und haben ihr Streichen St. 3. Der Basalt ist übrigens äuſserst zerklüftet; daher sein Verhalten nur, nach einer sehr aufmerksamen Beobachtung, deutlich wird. Die Bruchstücke davon liegen um den Felsendamm in einer Entfernung von 200 bis 300 Schritten herum, in einer gröſsern Entfernung aber verschwindet jede Spuhr davon. Der mit der Gegend Unbekannte kann daher nur durch Zufall diesem Basaltdamme näher kommen, wenn er nicht auf das Daseyn desselben zuvor aufmerksam gemacht wird.

Die Farbe des Basaltes ist *dunkel graulichschwarz*; er ist innwendig *ganz matt*, im Bruche *uneben von feinem Korne*, der theils in den *ebenen*, theils in den *grofsmuschlichen* übergeht. Er nimmt nur äufserst sparsame *sehr* und *ganz kleine Olivinkörnchen* von einer *dunkel olivengrünen* Farbe auf. Der Verwitterung widersteht auch dieser Basalt äufserst hartnäckig, und sie greift kaum 1 bis 2 Linien tief ein, und ist dann mit einer aschgrauen Rinde bedeckt.

An dem nordwestlichen Abhange des Adlerberges, in der Gegend von Böhmisch-Neudorf, liegen einzelne Basaltstücke, an denen die Ecken und Kanten schon sehr abgeführt sind, deren Geburtsstätte ich an der Kuppe vermuthete. Bei näherer Prüfung bestätigte sich aber diese Vermuthung nicht. Der aufgefundene Basalt war von Farbe *graulichschwarz*, im Bruche uneben von kleinem Korne, und enthält blofs *grünlichweifsen*, in das *lichte Olivengrüne* übergehenden *Olivin* in Körnern von der Gröfse eines Stecknadelkopfes bis zur Gröfse eines Hanfkornes, und selten einer kleinen Erbse.

Der Lichtenwalder Berg.

Dieser Berg liegt dem Dorfe Flöhe gegen Abend. Er ist von Osten gegen Westen in die Länge gezogen, an dem Gipfel abgeplattet, erhebt sich von dem an seinem östlichen Fuſse vorbeiflieſsenden Bache (der Flöhe) erst ziemlich steil, bildet aber in einer geringen Höhe einen Absatz. Auf diesem Absatze sieht man nur Granit in groſsen Blöcken und gröſsern und kleinern Stücken zerstreut, die an Gröſse und Zahl abnehmen, auch wohl schon mehr abgerundet sind, je mehr man sich dem zweiten Absatze nähert, zu welchem eine Ebene, oder vielmehr eine sehr sanft ansteigende Gebirgslehne führt. Dieser Absatz erhebt sich nun viel steiler (er macht mit der Horizontalebene einen Winkel von etwa 50 Graden), und bildet die eigentliche Kuppe des Berges. An diesem östlichen stärkern Abhange (der westliche verflächt sich gegen Sachsen viel sanfter) findet man in $\frac{2}{3}$ seiner Höhe die ersten Basaltstücke, die aber stets gröſser werden, je näher man der Plattform, in welcher sich oben die Kuppe erweitert, kömmt, auf der Plattform selbst aber so zahlreich werden, daſs man anzunehmen gezwungen ist, die Kuppe des Berges sey ganz aus Basalt zusammengesetzt, der aber nur an dem östlichen sanftern Abhange anstehend ist. Man sieht nämlich in der geringen Entfernung von etwa 100 Schritten von dem nach Dux gehörigen Lichtenwalder Jagdschlosse, diesem gegen Westnordwest, einige sparsame Ueberbleibsel eines alten Schlosses, das auf einem Basaltfelsen erbauet war. Am Fuſse dieser Felsen liegen sehr viele groſse Basaltstüke, die sich nach und nach von demselben losrissen und herabstürzten. Die Basaltfelsen selbst haben nur die geringe

Höhe von einigen Klaftern, und sind nach allen Richtungen äuſserst zerklüftet. Die Klüfte setzen theils senkrecht, theils unter einem, von dem rechten nur wenig abweichenden Winkel nieder.

An dem mehr gegen Süden gelegenen, etwas höhern Felsen, scheint der Basalt *dick-* und *säulenförmig stanglich* abgesonderte Stücke zu haben; doch vermiſst man an denselben das gewöhnliche Regelmäſsige, vielmehr sind die Säulen an ihren Absonderungsflächen, deren Zahl unbestimmt ist, verschiedentlich höckerig. Unter den herumliegenden Basaltstücken findet man hier und da einige ziemlich regelmäſsige Säulen, die in der Dicke einen Fuſs messen mögen. An dem mehr gegen Norden gelegenen, etwas niedrigern (etwa 2 Klafter hohen) Felsen glaube ich *geradschaalig* abgesonderte Stücke bemerkt zu haben, welche aber durch senkrecht niedersetzende Klüfte wieder undeutlich säulenartig getrennt sind. Die Basalttafeln liegen fast söhlig, oder fallen doch nur sehr flach (unter dem Winkel von 5°) gegen Nordosten ein, sind 5 bis 6 Zolle stark; doch sind diese geradschaalig abgesonderten Stücke nur an dem nordwestlichen Theile des Felsens deutlich wahrnehmbar, der südöstliche Theil ist mehr säulenartig getrennt, und seine Struktur jener der höhern, mehr südlich gelegenen Felsenmassen ähnlich. Von diesen beiden Felsen sind die zahlreichen Bruchstücke, welche an dem nördlichen und westlichen Abhange zerstreut herumliegen, herzuleiten, obschon es mehr als wahrscheinlich ist, daſs an dem nahe gelegenen, ganz mit Nadelholz bewachsenen westlichen Berge, der von dem eben beschriebenen nur durch eine Vertiefung getrennt ist, noch ein Basaltküppchen vorkomme; wenigstens veranlassen die an demselben gleichfalls häufigen gröſsern und kleinern Bruchstücke diese Vermuthung.

Der *Basalt*, welcher den Lichtenwalder Berg zusammensetzt, ist von einer *graulichschwarzen* Farbe. Auf der verwitterten Oberfläche hat er eine *gelblichgraue* oder *gelblichbraune Rinde*; doch hat die Verwitterung selten über einige Linien tief eingegriffen. Er hat innwendig Blasenräume und Löcher, die zuweilen nur einige Linien, oft aber auch einige Zolle, ja einen Fuſs im Durchschnitte messen; die gröſsern sind mit Olivin *ausgefüllt*, die kleinen zuweilen, obgleich nur selten, *leer*. Diejenigen Blasenräume, welche er an der der Einwirkung der äuſsern Atmosphäre ausgesetzten Oberfläche hat, dankt er dem ausgefallenen, verwitterten Olivine. Er ist innwendig *matt*, von *unebenem* Bruche, von *kleinem Korne*. Beigemengt hat er:

1. *Gemeinen Olivin*, und diesen zwar sehr häufig, von *lichte* und *dunkel olivengrüner* Farbe, deren erstere sich bis in die *grünlichweiſse*, letztere in die *wein-* und *ochergelbe* verläuft. Hier und da wird die Farbe *spargelgrün*. Er kömmt in *eingewachsenen Körnern* und *rundlichen Stücken* von der Gröſse eines Hanfkorns bis zur Gröſse einer Faust, eines Kopfes vor; hat ausgezeichnet deutlich *körnig* abge-

sonderte

sonderte Stücke; durch die Verwitterung löset er sich zu einem *gelblichbraunen Ocher* auf.

2. *Augit* von *dunkel lauch-* und *schwärzlichgrüner* Farbe, in sparsamen *eingewachsenen Säulen.*

3. *Zeolith* von graulichweifser Farbe, der die kleinen Blasenräume gewöhnlich nur bekleidet, und in ganz *kleine*, selbst unter der Luppe nicht näher bestimmbare *Säulchen* krystallisirt, die meistens in Drüschen gruppirt sind.

Der Schwarzberg.

Der Schwarzberg liegt, dem eben beschriebenen Berge gegen Süden, unmittelbar auf dem erzgebirgischen Rücken auf. Er stellt eine sphärisch zugerundete, ganz mit hochstämmiger Waldung bewachsene, am Gipfel mit einem Jagdhause versehene Kuppe dar, deren Abhänge von allen Seiten ziemlich steil, am steilsten gegen Westen abfallen. Auch sie bestehen aus Basalt, der aber nur in zerstreuten Bruchstücken vorkömmt, und von dem Lichtenwalder nur darinn abweicht, dafs der Olivin viel sparsamer, und in kleinen Stücken eingewachsen, vorkömmt. Von diesem Berge sind die Basaltgeschiebe herzuleiten, die man in der Ebene von Johnsdorf, Oberleutensdorf bis Tschrusch zerstreut antrifft, und die von den Wasserfluthen in dieselbe zusammengeführt worden.

Der Spitzberg oder Sattelberg.

Der letzte Basaltberg auf dem sehr weit auslaufenden erzgebirgischen Rücken befindet sich in der Nähe des Dorfes Schönwald, demselben gegen Norden. Er ist in Böhmen unter dem Namen des *Spitzberges*, in Sachsen unter dem Namen des *Sattelberges* bekannt. Der Fuſs des Berges ist sehr weit verbreitet. Er verflächt sich an der Südseite gegen Schönwald, an der Ostseite gegen Peterswald zu sanft; steiler fällt er an der West- und Nordseite gegen den Schönwalder Bach hinab. Dieser Fuſs besteht gröſstentheils aus Gneiſs. Die Kuppe, welche eigentlich der Basalt zusammensetzt, mag 20 bis 30 Klafter Höhe haben, endigt sich oben in einen schmalen, gegen Südwesten auslaufenden Kamm, der in der Mitte stark eingebogen ist, und so die Gestalt eines Sattels in der Ferne annimmt. Dieser Kamm ist beiläufig 5 Klafter hoch, und stürzt sich steil gegen Nordwesten hinab; sanfter fällt er gegen Süden ein. Der Fuſs der eigentlichen Kuppe ist gröſstentheils bebauet, nur an der Ost- und Westseite deckt ihn Nadelholz. Auf dem höchsten Punkte des Kammes ist ein Kreuz errichtet. Von dieser Stelle hat man, wegen der hohen Lage dieser, obgleich an sich niedrigen Kuppe, eine entzückende Aussicht gegen Norden und Osten über einen groſsen Theil von Chursachsen. Man sieht nordwärts die Ebene um Dresden mit ihren zahlreichen Dörfern und Weilern vor sich liegen; mehr ostwärts erblickt man die hohen Sandsteinkegel, den Königstein, Lilienstein, Sonnenstein u. s. w., das Gränzgebirge von Böhmen, ja selbst einen Theil der Oberlausitz; an der Süd- und Westseite ist die Aussicht wegen des höhern Rückens des Erzgebirges sehr beschränkt.

Der Basalt, der die von allen Seiten mehr oder minder steil abfallende Kuppe constituirt, ist *Säulenbasalt.* Die Säulen sind gruppenweise zusammengehäuft, fallen, dem Fuſse näher, an der Ostseite unter 50° gegen Osten ein, und streichen St. 12; an der Südseite unter demselben Winkel gegen Süden, und streichen St. 6; auf dem Kamme selbst unter 60° gegen Osten mit dem Streichen St. 12. Die Säulen würden daher, wegen dieses verschiedenen Ansteigens gegen verschiedene Weltgegenden, aber immer gegen die Axe des Berges zu, in einen Punkt auſserhalb der Kuppe zusammentreffen. Die Säulen sind ziemlich regelmäſsig, und meistens fünf- und sechsseitig.

Der Basalt ist *dunkel graulichschwarz* von Farbe, im Bruche *uneben* von *feinem Korne*, in den *splittrichen* übergehend. Der Verwitterung widersteht er sehr hartnäckig, und sie greift kaum einige Linien tief ein. Er nimmt ziemlich häufigen *grünlichweiſsen* und *lichte olivengrünen gemeinen Olivin*, der da, wo er der etwas verwitterten äuſsern Oberfläche näher liegt, *wein*- und *ochergelb* wird, und eingewachsene *kleine* und *sehr kleine Hornblendesäulchen* auf. An dem Basalte des Kammes werden die Olivinstücke gröſser; sie erreichen die

Gröſse einer Wallnuſs, und dann ist der Olivin *wein-* und *honiggelb*, seltener *lichte olivengrün*, und hat *klein-körnig* abgesonderte Stücke. Wegen der ausgefallenen Olivinstücke wird der Basalt an der Oberfläche *blasig*, und die Blasenräume haben gewöhnlich ½ bis 1 Zoll im Durchmesser.

An der Ostseite lehnt ~~sich an~~ den Basalt dieses Berges eine Sandsteinwand an, welche der Anfang, oder wenn man will, das Ende der durch mehrere Kreise Böhmens und einen groſsen Theil der Lausitz und des Meiſsnischen Kreises verbreiteten Sandsteinformation ist. Dieses ist wohl zugleich einer der höchsten Punkte, auf welchem der Sandstein in Böhmen vorkömmt. Die Schichten, welche er bildet, sind ½ bis 1 Fuſs und mehr stark, fallen flach (unter dem Winkel von 12°) gegen Nordwesten ein, und streichen St. 3. An der äuſsern Oberfläche ist er *porös* und *löcherícht*. Diese Löcher sind wahrscheinlich von den auffallenden Strichregen herzuleiten. Der *Sandstein* ist ***eisenschüſsig-thonig***, von Farbe *gelblichgrau*, die sich bis in die *ochergelbe* und *lichte gelblichbraune* verzieht, sehr *klein-* ja schon hier und da *feinkörnig*, und nähert sich dann dem ***kieslichen (Trapp-)*** Sandsteine, wird an Farbe *aschgrau*, und es durchziehen ihn eisenschüſsige *röthlichbraune Flecke* und *Adern*.

Ehe ich diese Abhandlung über die neuere Trappformation schlieſse, muſs ich noch fünf Hügel beschreiben, welche an dem südlichen Fuſse des Erzgebirges im

Leutmeritzer Kreise vorkommen, und theils auf Gneiſs, theils auf Thonporphyr aufliegen.

Der erste Hügel befindet sich zwischen Straden und Kulm. Er ist niedrig, an dem Fuſse beraset, und hat an den Abhängen zahlreiche Basaltstücke zerstreut. Das Daseyn des Basaltes verräth schon in der Ferne der schwarze fette Boden, der von dem grauen sandigthonigen Gneiſsboden scharf abgeschnitten war. Da der Basalt, wie gesagt, nur in Stücken an den Abhängen des Hügels herumlag, so kann ich über sein Verhalten in Hinsicht des Fallens und Streichens nichts sagen.

Der *Basalt* ist *dunkel graulichschwarz* von Farbe, im Bruche *uneben* von *feinem Korne*, dem *splittrichen* sich nähernd. Beigemengt hat er, nebst dem ziemlich häufigen, aber nur sehr *kleinkörnigen*, aus dem *dunkel Oliven-* in das *Lauchgrüne* übergehenden *gemeinen Olivine* in einzelnen *stumpfeckigen*, *eisenschwarzen*, *metallisch glänzenden*, im Bruche *kleinmuschlichen Körnern* von *magnetischem Eisensande*, nichts Fremdartiges.

Die Unterlage dieses Basaltes ist der Gneiſs der Gegend.

Der zweite, aber noch viel niedrigere Hügel, erhebt sich mitten in einem Gebüsche an der Südsüdostseite des Thiergartens von Dopperlburg, in der Entfernung einer kleinen Stunde von Töplitz, derselben gegen Nordwesten, unweit von dem Dorfe Tischa. Die Abhänge des Hügels fallen von allen Seiten sanft ab.

Anstehend findet man auch hier den Basalt nicht, wohl aber in zahlreichen Stücken allenthalben herumliegen.

Auch dieser Basalt hat eine *dunkel graulichschwarze* Farbe und einen *unebenen* Bruch von *kleinem Korne.* Beigemengt hat er:

1. *Gemeinen Olivin* von *ölgrüner* Farbe, die sich von einer Seite in die *grünlichweifse*, von der andern bis in die *dunkel olivengrüne* verzieht; er liegt theils in *kleinen Körnern*, theils in *Stücken*, die von 1 bis 3 Zoll im Durchmesser haben, inne, und hat dann ausgezeichnet deutliche, sehr *kleinkörnig* abgesonderte Stücke. Durch die Verwitterung wird seine Farbe *gelblichbraun*, ja *bräunlichroth*, je nach dem Grade der Oxidation seines Eisengehaltes.
2. Ein *dunkel-pistaziengrünes* Fossil,
   das in *sehr kleinen stumpfeckigen Stücken* inne liegt,
   innwendig *schwachschimmernd* ist,
   einen *feinsplittrichen* Bruch und
   ziemlich scharfkantige Bruchstücke hat,
   an den *Kanten durchscheinend*, und
   hart ist.

Wegen der ausgefallenen Olivinstücke erscheint der Basalt an der der Einwirkung der Atmosphäre ausgesetzten Oberfläche *blasig.*

Der Laimhügel.

Der dritte, viel höhere, ganz mit Waldung bedeckte Hügel, der Laimhügel, liegt nahe an dem fürstlich

Lobkowitzischen Forsthause Kosten, demselben gegen Nordnordost, mitten im Walde. An dem Fuſse und an den Abhängen liegen sehr häufige Basaltstücke, die an Zahl und Gröſse zunehmen, so wie man dem Gipfel, der, etwas in die Länge gezogen, kegelförmig ist, näher kömmt. Unterhalb dem Gipfel ist der Basalt an der Südseite anstehend, aber so sehr zerklüftet, daſs man, selbst bei der aufmerksamsten Prüfung, weder von der Gestalt der abgesonderten Stücke, noch von seinem Verhalten in Hinsicht des Fallens und Streichens, einen bestimmten Begriff erhält.

Die Farbe des hier einbrechenden *Basaltes* ist wieder *dunkel graulichschwarz*, der Bruch *uneben von feinem Korne*, der sich hier und da dem *ebenen* oder *splittrichen* nähert. Diejenigen Basaltstücke, welche vor der Einwirkung der Atmosphäre weniger geschützt waren, zeigen *körnig* abgesonderte Stücke. Als fremdartigen Theil nimmt er nur *gemeinen Olivin* auf. Dieser liegt in *rundlichen Stücken* von der Gröſse einer Erbse, Bohne, einer Hasel- und Wallnuſs inne. Er hat in der Mitte (im Kerne) eine *dunkel lauchgrüne* Farbe, die aber gegen die Peripherie zu durch die *honiggelbe* in die *hyacinth-* ja bis in die *bräunlichrothe* übergeht. Diese letzteren Farben sind nicht Folgen der Verwitterung, sondern man hat Gelegenheit, sie selbst an den Olivinstücken, die dem frischesten Basalte beigemengt sind, wahrzunehmen. Selten ist der Olivin von einer *weingelben*, *öl-* und *olivengrünen* Farbe, aber allezeit zeigt er *kleinkörnig* abgesonderte Stücke.

Die hohe Tanne.

Dieses ist eine ziemlich hohe Basaltkuppe, die, dem Forsthause gegen Norden, an dem südlichen Abhange des Erzgebirges liegt. Sie ist ganz mit Nadelholz bewachsen; ihre Abhänge fallen von allen Seiten, bis auf die Nordseite, wo sich die Kuppe in den Gebirgsabhang verliehrt, steil ab. Der Basalt ist ganz derselbe, den ich eben beschrieben habe, und gleichfalls nur in grofsen Stücken auffindbar; doch findet man darunter auch fünf- und sechsseitige Säulen, die, bei einer Höhe von 1 bis 1½ Fufs, 5 bis 6 Zoll im Durchschnitte messen. An der Ostseite dieser Kuppe sieht man äufserst zerklüfteten Thonporphyr, auf welchem sie, so wie die vorhergehenden zwei Hügel, unmittelbar aufzuliegen scheinen.

Richters Hügel.

Der letzte Basalthügel erhebt sich an der Nordseite von dem Kostner Forsthause, unweit von dem Dorfe Strahl. Er hat von dem Eigenthümer den Namen Richters Hügel entlehnt. Er ist niedrig, von konischer Gestalt, an den sanft abfallenden Gehängen mit Stücken der ihn constituirenden Gebirgsart bedeckt. Diese ist ein *graulichschwarzer* **Basalt** von *unebenem, kleinkörnigem* Bruche, der als fremdartigen Theil den *blafs olivengrünen, wein- und lichte honiggelben* **gemeinen**

Olivin theils in einzelnen *eingewachsenen Körnern*, theils in *rundlichen Stucken* von der Gröſse einer Haselnuſs, und in diesem Falle von *kleinkörnig* abgesonderten Stücken, aufnimmt.

Pseudovulcanische Gebirgsarten.

Nicht so zahlreich, wie in dem benachbarten Leutmeritzer Kreise, aber doch noch immer häufig genug sind die Erdbrände in dem Saatzer Kreise. Ihr Vorkommen in und mit den Steinkohlen beweisen schon an und für sich, daſs sie diesen ihr Daseyn danken, wenn man auch die Natur nicht auf der That ertappt hätte. Dies war der Fall bei Duttweiler im Saarbrückischen; dies ist auch in Böhmen bei Milsau der Fall, wo ein ziemlich mächtiges Steinkohlenflötz vor etwa zehn Jahren in Brand gerathen ist. Hier sieht man, wie das Feuer des in Brand gerathenen Steinkohlenflötzes den aufliegenden Schieferthon und Letten zu Erdschlacken und halbgebrannten Thonen umwandelt. Die Farbe der *Erdschlacken* ist *gelblich*- und *röthlichgrau* und blaſs ziegelroth, und sie bestehen bloſs aus *zusammengebackenen*, *halbgebrannten Thonstücken*; selten findet man einzelne kleine Stücke einer *lichten porösen Schlacke*, und dann ist die Farbe *eisenschwarz*; sie ist von auſsen *schwachschimmernd* und mit vielen Löchern versehen (*kleinblasig*). Die Löcher sind selten *vollkommen rund*, meistens *verzogen*; ihr eigenthümliches Gewicht ist *unbeträchtlich*. Diese porösen Schlacken haben ihr Daseyn den geschmolzenen Schwefelkiesen zu danken. Es mangelt daher diesen Erdschlacken das lavaähnliche Ansehen, das jene des Leutmeritzer Kreises hier und da haben. Die hier vorkommenden *Thone* sind, an der Oberfläche des Erdbrandes wenigstens nur halb oder auch nur schwach gebrannt, *gelblichgrau*, *hoch strohgelb*, *lichte hyacinthroth*, *ziegelroth* von allen Graden der Höhe, *blafs kirschroth* und *lichte blutroth*. Meistens wechselt die gelbe Farbe mit der rothen *streifen*- oder *fleckweise* ab. *Abdrücke von Pflanzenstängeln* und Blättern kommen nur äufserst selten vor. Sie übergehen nicht selten in obige Erdschlakken, wahrscheinlich da, wo sie dem Letten näher liegen; aber einen Uebergang in Porcellanjaspifs bemerkte ich nicht (so wie ich auch keinen au gezeichneten Porcellanjaspifs fand), denn alle diese Thone kleben noch stark an der Zunge, riechen angehaucht thonig, und es mangelt ihnen die Härte des Jaspifses ganz. Doch dürften sie vielleicht auf den tiefern Schichten, wo das Feuer mit mehr Stärke und Heftigkeit auf den Schieferthon einwirken konnte, vorkommen. Da der Erdbrand ruhig und langsam fortschreitet, so haben die umgeänderten Letten- und Schieferthonschichten noch ziemlich ihre regelmäfsige, lagerartige Schichtung beibehalten; nur sind sie hier und da, je nachdem sie sich mehr oder weniger senkten, mehr oder weniger verbogen.

Die Producte dieses Erdbrandes sind also freilich nicht sehr mannigfaltig, aber eben so wenig mannigfaltig waren die Gesteinarten, welche das pseudovulcanische Feuer hier umändern konnte. Selbst der Letten scheint nur wenig Kiesel- und Kalkerde zu enthalten; denn sonst würde er doch einen Grad von Schmelzung erlitten haben. Denn ganz unbedeutend ist der Grad des Feuers doch nicht. Man sieht in der Nacht die Flamme aus den Rissen, die es in der Erde verursachte, zuweilen einen halben Fufs und mehr über der Oberfläche hervorlodern; die Erde ist aufgeborsten, da, wo der Erdbrand bereits längere Zeit wüthet, eingesunken, und um die Einstürze sind die Risse viel tiefer und weiter. Auf den Rissen sieht man einen schneeweifsen oder gelblichgrauen Sublimat, von dem ich aber nicht so viel aufsammeln konnte, als zur Bestimmung seiner Natur durch chemische Hülfsmittel erforderlich gewesen wäre. Der Brand greift immer weiter um sich, und zieht sich dem Dorfe Milsau näher, dem über lang oder kurz ein trauriges Schicksal bevorstehen dürfte; auch sind bereits mehrere Menschen des Nachts verunglückt. Und doch sucht man nicht dem Brande Einhalt zu thun, was doch so leicht wäre, wenn man in der Milsauer Kohlengrube dem Feuer so nahe als möglich zu kommen suchte, und dann den Brand mit einer Mauer umfafste, die Risse mit Letten verstopfte, wie dieses in der Gegend von Artern in Thüringen, zu Kutterschitz bei Bilin, zu Schiefsglock bei Postelberg, und an mehreren Orten geschah.

Von dem jetzt noch in dem Saatzer Kreise bestehenden Erdbrande übergehe ich zu den bereits erloschenen desselben Kreises.

An der Südseite des Egerflusses sind nur zwei Erdbrände, nämlich einer bei Priesen zwischen Laun und Postelberg, der andere bei Delau unweit Karden; an dem nördlichen Ufer sind sie zahlreicher, als bei Tschermich, Tuschmitz, Hoschnitz, Postelberg, und Laun. Ich will diese Erdbrände, nach ihrer Lage und ihren Producten, in der möglichsten Kürze beschreiben.

I. Der Erdbrand bei Priesen.

Dieser scheint nur eine Fortsetzung des Erdbrandes bei Laun zu seyn, der sich von Werschetitz über Netschig bis an den rothen Berg fortzieht, sich dann unter der bebaueten Dammerde verbirgt, und erst jenseits der Eger, bei Priesen, wi der zum Vorschein kömmt *). Er bildet einen mäfsig lieher, in die Länge gezogenen, zweikuppigen, gröfstentheils beraseten, zum Theil an dem Fufse und an den Abhängen bebaueten, von allen Seiten sanft abfallenden Hügel, an dessen westlichem Fufse das Dorf Priesen liegt. Der Rasen verhinderte mich, das Verhalten der pseudovulcanischen Producte gegen einander zu bestimmen; ich mufste mich daher mit Aufsammlung derselben an dem östlichen steilern

*) Vergl. meine Orographie des nordwestlichen Mittelgebirges in Böhmen, S. 131 bis 138., und mineralogische Geographie von Böhmen, 1ster Bd. S. 380 bis 382.

Abhange der westlichen Kuppe begnügen. Sie bestehen gröfstentheils nur aus kleinen und sehr kleinen Bruchstücken *gebrannter Thone* von *stroh-* und *schwefelgelber*, *ziegel-* und *bräunlichrother* Farbe, *perlgrauer* und *lavendelblauer*, seltener *strohgelber Porcellanjaspifse*, die aber eben nicht zu häufig vorkommen, und meistens *sehr blasiger* und *poröser Erdschlacken*. Dieser Erdbrand scheint nur in den obersten Erdschichten gewüthet zu haben, und das entzündete Steinkohlenflötz von keiner zu grofsen Mächtigkeit gewesen zu seyn, da man an einem Absturze der östlichen Kuppe, der in den Egerflufs hinabfällt, eine sehr mächtige Lettenschicht mit abwechselnd vorkommenden, sehr schwachen Steinkohlenschichten, die sehr flach gegen Nordwesten einfallen, entblöfst sieht.

II. Der Erdbrand am Weinberge bei Postelberg.

Von dem Priesener Berge scheint der Erdbrand wieder sich bis an das nördliche Egerufer hinüber verbreitet zu haben: denn man findet an der Nordnordostseite der Stadt Postelberg wieder ein pseudovulcanisches Gebirge, den sogenannten *Weinberg*, einen niedrigen, von Westen gegen Osten auslaufenden, gröfstentheils beraseten, zum Theil mit niedrigem Strauchwerke bewachsenen Hügel. Gegen Morgen zu findet man die pseudovulcanischen Producte an dem gegen Süden sanft abfallenden Gehänge; aber auch hier wieder nur theils in gröfsern und kleinern Bruchstücken zerstreut, theils in Blöcken aus dem Rasen hervorragend. Sie bestehen aus *gelblichweifsen, ziegel- und bräunlichroth gefleckten, lichte kirschlichte* und *dunkel ziegel- und bräunlichrothen, oranien- und schwefelgelben gemeinen Thonen*, die hier und da auf den Rissen mit einem *gelblichweifsen* oder *grünlichgrauen glanzenden Ueberzuge* (Email) bedeckt sind; aus *schwefel- und blafs ochergelben, lavendelblauen* und *perlgrauen Porcellanjaspifsen*, und aus *dunkel bräunlichrothen, braunlich-* und *eisenschwarzen*, sehr *kleinblasigen Schlacken*, in welchen Brocken von gebrannten Thonen liegen. Die Blasenräume haben zuweilen ½ Zoll im Durchmesser, und kommen dann nur einzeln vor; meisens sind sie aber *klein* und sehr klein, und dann mehr aneinander gedrängt, immer aber sehr verzogen.

Die in gröfsern Blöcken und viel häufiger vorgefundenen Erdschlacken haben ihr Daseyn hier zuverläfsig dem Mergellager, das in der ganzen Gegend die tieferliegenden Flötzschichten bedeckt, und das im Feuer sehr leicht schmelzbar ist, zu danken.

III. Der Erdbrand bei Delau.

Der zweite Erdbrand jenseits der Eger befindet sich bei Delau. Man sieht seine Producte in einer Schlucht, die sich bei dem Brauhause öffnet, und, sich verengernd, gegen Westen hinanläuft. Die Wasserfluthen haben an beiden Seiten sechs und mehrere Klafter hohe Wände entblöfst. Die durch das Feuer umgeänderten Flötzlagen setzen gewiſs viel tiefer nieder, da die Anhöhe, in welcher diese Schlucht befindlich ist, von dem Bräuhause an gerechnet, eine senkrechte Höhe von beiläufig 15 Klafter haben mag. Das in Brand gerathene Steinkohlenflötz muſs daher eine beträchtliche Mächtigkeit gehabt haben.

Die *Thone* sind hier viel stärker gebrannt, und gehen von einer Seite in die vollkommensten Erdschlakken, von der andern in Porcellanjaspiſs über. Sie haben eine *röthlichbraune*, *bräunlich - blaſs* und *dunkel ziegel- dunkel hyacinth - dunkel scharlach* - und *blaſs coschenillrothe*, oder eine oranien - und *schwefelgelbe* Hauptfarbe; die rothen Abänderungen sind gewöhnlich *röthlichbraun*, *lichte leberbraun*, oder *gelb*, selten *dunkel bräunlichschwarz gefleckt*; die dunkel bräunlichschwarzen Flecke sind auf den zarten Rissen *taubenhälsig bunt angelaufen*. In den Thonen findet man Pflanzenstängel eingewachsen. Die *Porcellanjaspiſse* sind *bläulich* - und *perlgrau*, selten *lichte lavendelblau*, die Abänderungen *lichte fleisch - blaſs scharlach - hoch* - und *lichte hyacinthroth gefleckt*. Die *Erdschlacken* haben eine *dunkel eisen* - und *bräunlichschwarze* oder eine *dunkel röthlichbraune* Farbe, sind theils *groſsblasig* (die Blasen haben einen Zoll und zum Theil mehr im Durchmesser), theils *kleinblasig* und *zellig*, hier und da auch *dichte*; im letztern Falle sind sie *schwer* und *hart* (sie locken Funken aus dem Stahle), im erstern *nicht sonderlich schwer*, an *das Leichte gränzend*.

Auf den Klüften, oder vielmehr Rissen der gebrannten Thone sieht man zuweilen ein *graulichweifses* *Fraueneis* aufliegen, so wie dieses den Erdschlacken als ein dünner *Ueberzug* dient, der alle Erhöhungen und Vertiefungen einige Linien hoch bekleidet, zuweilen aber sich *traubig* und *sehr klein nierförmig* erhebt. Jede dieser Erhöhungen erscheint unter dem Suchglase als ein Aggregat ganz kleiner, und daher unbestimmbarer Krystallen. Seine Farbe ist gewöhnlich *gelblich*- und *blafs rauchgrau*. Dieses Fraueneis ist wahrscheinlich ein Seitenproduct, und folglich von noch spätherer Entstehung.

IV. Der Erdbrand bei Tschermich.

Der eben beschriebene Erdbrand bei Delau scheint mit jenem bei Tschermich und Tuschmitz in Verbindung zu stehen. Die Producte des Tschermicher findet man unmittelbar an dem Egerflusse in einer geringen Entfernung von dem Dorfe Tschermich, mitten zwischen ganz unveränderten Gebirgsarten. An der Abendseite steht aufgelöseter *Gneifs* mit aufliegendem *Kugelbasalte*; an der Ostseite unveränderte *Alaunerde* mit aufliegenden *Schieferthon*- *Letten*- und *Sandschichten*. Zwischen diesen beiden Gebirgslagern nimmt der Erdbrand eine Strecke von einigen hundert Schritten ein. Der Sitz des Feuers bei diesem Erdbrande scheint ziemlich tief gewesen zu seyn, da der Egerflufs das pseudovulcanische Gebirge bespühlt, und dasselbe auch auf einer Höhe von 120 und mehreren

Fufsen

Fuſsen entblöſst sich dem Auge darstellt. Man sieht sehr deutlich, wie die Wirkungen des Feuers ostwärts immer mehr abnehmen; wie die unter dem Sande liegenden Flötzlagen von Letten und Schieferthone sich da, wo sie dem Feuerheerde näher lagen, niedersenkten aber gegen Morgen zu immer mehr ihre ursprüngliche Lage und Richtung beibehielten, so daſs sie endlich sich nur wenig gegen Südosten neigen, und St. 2 streichen. Es muſste also hier ein tiefer liegendes Flötz von Alaunerde oder Steinkohle, als dasjenige ist, von welchem man in der Nachbarschaft das Ausgehende sieht, den Erdbrand veranlaſst haben.

Erdschlacken und *Porcellanjaspiſse* findet man in den tiefern Punkten an dem Egerflusse, höher hinauf nur *gebrannte Thone* von *blaſs* - und *dunkel ziegelrother*, *schwefelgelber* und *gelblichgrauer* Farbe. Aber das, was diesen Tschermicher Erdbrand vor allen übrigen auszeichnet, ist das Auswittern des *natürlichen Bittersalzes* auf den gebrannten Thonen. Dieses findet man vorzüglich in einem Stollen, der etwa funfzehn Klafter oberhalb dem Flusse eine ziemliche Strecke weit in das pseudovulcanische Gebirge hineingetrieben ist. Es bedeckt die Wände des Stollens theils als ein *mehlicher Beschlag*, theils liegt es zwischen den sehr schmalen Schichten des bereits etwas aufgelöseten gebrannten Thones in dünnen Lagen.

Die Farbe des natürlichen Bittersalzes ist theils *schnee*-theils *graulich*- selten *röthlichweiſs*, und diese letztere

Farbe scheint ihm nicht eigen, sondern von der Verunreinigung mit dem rothen gebrannten Thone hergeleitet worden zu seyn.

Es liegt, wie gesagt, als *mehliger Beschlag* (erdig) an den Wänden des Stollens, oder es kömmt *derb* und in *haarförmigen büschel*- und *sternförmig zusammengehäuften Krystallen* vor.

Das erdige ist *matt*, das derbe und krystallisirte wenigglänzend,

von *Seidenglanz.*

Das derbe hat einen sehr *zart*- theils *gerade*- theils *krummfasrigen* Bruch.

Das derbe ist *durchscheinend*, das krystallisirte *halbdurchsichtig*, das erdige *undurchsichtig*,

halbhart,

spröde,

leicht zersprengbar, und

hat einen *salzig-bittern* Geschmack

Wenn man gröſsere Massen des gebrannten Thones zerklüftet, so findet man an den Bruchstücken nicht eine Spuhr dieses Salzes. Liegt aber dieser Thon einige Zeit der Einwirkung der Atmosphäre bloſsgestellt, so gehen die Thonlagen auseinander (er blättert sich auf), und man sieht in ihren Zwischenräumen zarte, haarförmige Krystalle. In den Höhlen, wohin die atmosphärische Luft den Zutritt hat, zugleich aber das Salz durch das zudringende Regenwasser nicht weggewaschen werden kann, findet man ähnliche haarförmige Krystallisationen von 2, 3, auch mehreren Zollen Länge nebeneinander liegen. Je mehr sich die Farbe des gebrannten Thones der ziegelrothen nähert, oder vielmehr, je höher der Grad des auf ihn einwirkenden Feuers gewesen zu seyn scheint, desto mehr Salz findet man, obige günstige Umstände vorausgesetzt, angeschossen. Der Letten oder Schieferthon, welcher keine Umänderung von dem Feuer erlitten hat, ist auch der Auswitterung des Salzes unfähig; dafür aber findet man in demselben nesterweise *Fraueneis* inneliegend.

Die chemische Untersuchung dieses natürlichen Bittersalzes habe ich in den Abhandlungen der böhmischen Gesellschaft der Wissenschaften aus dem Jahre 1786, S. 13 bis 24, geliefert.

V. Der Erdbrand bei Tuschmitz.

Die Fortsetzung des eben beschriebenen Erdbrandes wird eine Strecke weit von der Dammerde bedeckt, und so dem Auge entzogen; aber deutlich durch seine auffindbaren Producte wird er wieder oberhalb Weschitz, von wo aus er über Liebitsch bis Tuschmitz fortzieht. An dem letztern Dorfe bildet er eine mäſsige Anhöhe, welche in der Richtung von Südosten gegen Nordwesten lauft. Gegen das Dorf zu ist ein Theil dieser Anhöhe, die sich oben in eine niedrige Kuppe endigt, abgegraben, und hier findet man die verschiedenen pseudovulcanischen

Producte entblöſst. Sie bestehen aus Porcellanjaspiſsen, gebrannten Thonen, und Erdschlacken.

1. *Porcellanjaspiſse:*

a. dunkel bläulichgrau, das etwas in das *Lavendelblaue* zieht, mit *kirschrothen Flecken* und *Klüften*;

b. dieselbe Abänderung mit *blaſs ziegelrothen Flecken*;

c. *lichte bläulichgrau*, auf den Klüften *blaſs ziegelroth* und *lichte röthlichgrau*;

d. dieselbe Abänderung mit *artigen dendritischen Zeichnungen*;

e. *lichte bläulichgrau* und *aschgrau*, mit *ochergelben*, *gelblichgrauen* und *gelblichbraunen Flecken*, und sehr häufigen eingebackenen dünnen *nelkenbraunen Holzstängeln*;

f. blaſs morgenroth mit *sehr zarten braunsteinartigen Zeichnungen.*

2. *Gebrannte Thone*

von *asch*- und *bläulichgrauer*, *oranien*- *citronen*- und *schwefelgelber*, *ziegel*- *morgen*- *fleisch*- und *bräunlichrother* Farbe. Zuweilen kommen *mehrere dieser Farben*, zuweilen *alle* in einem und demselben Stücke vor, und dann wechseln sie *fleck*- oder *streiſenweise* mit einander ab.

3. *Erdschlacken:*

a. aus dem Röthlichbraunen bis in das *Bräunlichschwarze* übergehend, *zellig*, mit sehr häufigen, aber *kleinen* und *sehr kleinen*, meistens *länglicht*-

runden Blasenräumen, diese *eisen* - und *bläulich-schwarz* beschlagen;

b. dieselbe Abänderung, nur daſs die Blasenräume hier und da etwas *verzogen* sind, mit anstehendem *blaſs bräunlichrothen* *gebranntem Thone*;

c. *dunkel bräunlichschwarz*, *leicht*, *zellig*, die Seitenwände der viel gröſsern, verschiedentlich *verzogenen Blasenräume eisenschwarz beschlagen* und metallisch schimmernd, mit eingebackenen *blaſs ziegel* - und *bräunlichrothen* und *gelblichgrauen Brocken* von *gebranntem Thone*;

d. *graulichschwarz*, *dicht*, aus *länglichten*, einem Zoll und mehr dicken, unordentlich *durcheinander gewachsenen* (wie *gewundenen*) *Zacken*, von *unebenem*, und zwar *feinkörnigem* Bruche, der sich dem *splittrichen* hier und da nähert, und einer *beträchtlichen Harte* (sie lockt Funken aus dem Stahle). Die Blasenräume sind äuſserst sparsam, und *sehr*, fast *ganz klein*, entweder ganz *leer*, oder mit einer *isabellgelben*, *sehr porösen Masse* ausgefüllt, die mir durch Feuer veränderter *Olivin* zu seyn schien. Diese dichte Schlacke hat wahrscheinlich dem geschmolzenen *Basalte* ihr Daseyn zu danken. Zwischen und in den gewundenen Zacken liegen Stücke von *gebranntem Thone* eingebacken.

VI. Der Erdbrand bei Hoschnitz.

Noch ein merkwürdiger Erdbrand befindet sich in der Nachbarschaft des Dorfes Hoschnitz, das zwei Stunden von Komothau, der Stadt gegen Osten, drei Stunden von Brux, dieser Stadt gegen Südwesten, in einer kleinen Vertiefung liegt. Herr *Stütz* hat uns bereits eine Beschreibung der Gegend um Hoschnitz und der daselbst vorkommenden pseudovulcanischen Producte *) gegeben. Ich kann mich daher hier ganz kurz fassen.

Die pseudovulcanischen Producte findet man sehr häufig in einer Schrunde, die sich von Norden gegen Süden bis an das Dorf hinabzieht. Die durch das Feuer umgeänderten Flötzlagen haben so ziemlich ihre ursprüngliche Schichtung beibehalten. Dieser Erdbrand erstreckt sich nordwärts bis an Trupschitz, wo die Dorfkirche selbst auf einem niedrigen pseudovulcanischen Hügel liegt, und verbreitet sich kreisförmig über eine halbe Stunde weit. An der Peripherie des Kreises sieht man den rothen Boden scharf von dem bräunlichschwarzen abgeschnitten, so dafs dieser Umrifs die Gränze des Erdbrandes deutlich angiebt.

Die pseudovulcanischen Producte bestehen auch hier aus *gebrannten Thonen*, *Porcellanjaspifsen*, und *Erdschlacken*.

---

*) Abhandlungen der bohm. Gesellschaft der Wissenschaften a. d. J. 1786. S. 171 bis 229.

1. Die *halbgebrannten Thone*

von einer *blafs*- und *dunkel ziegel*- *coschenill*- und *morgenrothen*, von einer *schwefel*- und *oranien-gelben* Farbe. Auf den Ablösungen findet man nicht selten *Pflanzenstängel* und *Blätterabdrücke*. Die gebrannten Thone sind, wie gewöhnlich, aufgerissen (aufgeborsten) und auf den Rissen *eisenschwarz angelaufen*, und dann *schwach*- und *metallisch schimmernd*.

2. Die *Porcellanjaspifse*, in welche aus den gebrannten Thonen ein allmäliger Uebergang Statt hat, sind

perl- und *bläulichgrau*, *blafs*, *lichte* und *dunkel lavendelblau*, *ziegel*- und *bräunlichroth*, selten *schwefelgelb gefleckt*. Auch auf diesen bemerkt man nicht selten *Abdrücke von Blättern* und *Pflanzenstängeln*.

3. Die *Erdschlacken* sind

bräunlich- und *eisenschwarz* mit innliegenden Brocken der gebrannten Thone, mehr und weniger *blasig*, nach der Gröfse der Blasenräume *schwerer* oder *leichter*. Nebst diesen aber kömmt hier, und zwar für den Saatzer Kreis, ausschliefsend vor:

4. *Stänglicher Thoneisenstein*.

Er hat eine Mittelfarbe zwischen *kirsch*- oder *blut*- und bräunlichroth.

Er liegt in ziemlich grofsen *plattgedrückten*, *kugelförmigen Stücken* mitten zwischen den gebrannten Thonen inne,

welche eine *matte* und *rauhe* Oberfläche haben.

Innwendig ist er *matt*,

von *feinerdigem* Bruche,

unbestimmteckigen, *nicht sonderlich scharfkantigen* Bruchstücken.

Er hat gewöhnlich *dünn* - selten *etwas dick* - theils *gerade* - theils *etwas gebogen stänglich* abgesonderte Stücke, die zuweilen etwas *gegliedert* sind,

mit *rauhen* und *matten* Absonderungsflächen.

Er giebt einen *blutrothen* oder *gelblichbraunen* Strich,

ist *weich*,

spröde,

sehr leicht zersprengbar,

hängt *ein wenig* an der Zunge,

ist in einzelnen Stängeln *klingend*,

fühlt sich *mager* und rauh an, und

ist nicht sonderlich schwer.

Es hat aus demselben nicht selten ein vollkommen deutlicher Uebergang in gemeinen Thoneisenstein Statt.

Herr *Meyer* *) hat beobachtet, dafs einige abgesonderte Stücke dieses Fossils sich wie natürliche Magnete verhalten, die gleichnamigen Pole einer Magnetnadel

---

*) Abhandlungen der böhm. Gesellschaft der Wissenschaften a. d. J. 1788. S. 238 bis 241.

schon in der Entfernung eines Zolles abstofsen, und sich, bei der dazu erforderlichen Verrichtung, in den magnetischen Meridian bewegen. Die Anziehung der Eisenfeile geschah aber nur schwach. Geglüht, wodurch sie in kleine Stücke zerspringen, verliehren sie die magnetische Eigenschaft.

Dem Dorfe Wteln gegen Nordwest, oberhalb Kohn, findet man noch einige Spuhren des Erdbrandes, der aber nur die Fortsetzung desjenigen bei Schwintschitz und Saidschitz, dessen Producte ich an einem andern Orte *) beschrieben habe, zu seyn scheint.

Aufgeschwemmte Gebirgsarten.

In den Thälern, welche in jener ausgebreiteten Ebene des Saatzer Kreises den Egerflufs und die gröfsern Bäche aufnehmen, ist der eigentliche Sitz der aufgeschwemmten Gebirgsarten, welche noch immer Zuwachs erhalten. An dem Egerflusse, dessen Lauf, so lange er zwischen dem höhern Erzgebirge und dem gleichfalls ziemlich hohen neuern Trappformationsgebirge eingeengt ist, zu reifsend und schnell ist, dessen Ufer meistens hoch und mehr oder minder unzugänglich sind, hatten die von den höhern Gebirgen losgerissenen Bruchstücke, nebst dem mechanisch aufgelöseten Laim - und Sandlande,

*) Orographie des nordwestl. Mittelgebirges, S. 133 bis 138.

nicht Ruhe genug, um sich daselbst niederzulegen; und legten sie sich auch nieder, so wurden sie, wenn die Höhe des Flusses, aufgeschwellt durch lang anhaltende Regengüsse, durch den geschmolzenen Schnee in den Gebirgen stieg, von denselben wieder fortgerissen. Man findet sie daher nur da, wo die Ufer derselben sich sanft verflächen. Um so zahlreicher kommen sie aber an den gröſsern Bächen, dem Wistritzer, Sau- oder Wildsbache, an dem Bilaflusse diesseits der Eger, jenseits der Eger an dem Aubache, Schönhofer, Podhorsamer, Dreowaner, Hrźibitzer und Pſsaner Bache vor.

Das aufgeschwemmte Land bedeckt mehrere Steinkohlenflötze des Kreises, füllt alle Vertiefungen zwischen den Bergen und Hügeln aus.

Hieher gehören:

I. Das Laimland.

Der Laimen, das Resultat der endlichen Auflösung mehrerer Gebirgs- und Steinarten, bedeckt ziemlich weit verbreitete Strecken, und es ist fast keine Gegend, wo es nicht Lager von gröſserer oder geringerer Mächtigkeit bildet, wie die fast auf jeder Herrschaft, jedem Gute des Kreises erbauten Ziegelöfen hinlänglich darthun. Oft liegen zwischen seinen Schichten stärkere und schwächere Schichten von grobem Sande mit innliegenden *Quarz-Hornstein-* und *Gneiſsgeschieben.* Dieser Sand ist durch ein, meistens eisenschüſsiges Bindemittel, schon wieder zu einem sehr mürben, lockern, zerreiblichen

Sandsteine gebunden, der, wie natürlich, von der neuesten Formation seyn muſs. Ueberhaupt bindet nichts so schnell und gut, wie das Eisen, oder verstärkt wenigstens die bindende Kraft anderer Erden, wie schon *Henkel* *), *Rinmann* **), und *King* ***) erwiesen haben.

II. Das Sandland.

Der aufgeschwemmte *Sand* macht gewöhnlich in diesem Kreise eine mehr oder minder mächtige Schicht unter dem Laimen, der theils noch ganz *los*, theils, wie eben gesagt worden, wieder mittelst eines eisenschüſsigen Cements locker gebunden ist. In diesem liegen in dem nördlichen Theile des Kreises meistens nur *Gneiſs*- und *Quarzgeschiebe*, selten, und nur in einzelnen Gegenden, *Hornstein*- und *Kieselschiefergeschiebe*; in dem südlichen, wo vorzüglich die Trappformation zu Hause ist, wird ihre Zahl durch die Basaltgeschiebe vermehrt. Die Geburtsörter dieser Basaltgeschiebe lassen sich leicht angeben, und sind gewöhnlich nicht weit entfernt. Aber von den Geschieben eines *dunkel graulichschwarzen*, mit häufigen *Quarzadern* durchzogenen *gemeinen Kieselschiefers*, die ich in der Gegend von Komothau, unweit des klei-

*) Entstehung der Steine, S. 405 in der Anmerk.

**) Schwedische Abhandlungen, 1770.

***) *Philosophical transactions*, 1779. S. 35. ff.

nen Steinteiches, in der Tiefe von sechs Fuſsen auffand, ist es schwer erklärbar, wie diese hierher in den Sand gekommen seyn mögen, da sie doch nur der Saubach hierher führen konnte, dieser aber in dem Erzgebirge entspringt, wo keine Spuhr von Kiesel- oder Thonschiefer, in welchem jener oft lager- oder gangweise vorkömmt, aufzufinden ist.

III. Pfeifenthon.

Pfeifenthon, und zwar von ausgezeichneter Feinheit und Güte, findet man in dem südlichen Theile des Kreises, in der Gegend von Flöhau, in einer Schlucht, die von Tzira gegen Westen ansteigt. Er bildet hier ein 3 bis 4 Fuſse mächtiges Lager auf einem *feinkörnigen, graulichweiſsen*, mittelst eines thonigen Kittes schwach gebundenen *Sandsteine*, und kömmt, selbst in der aufliegenden Dammerde sowohl, als in dem tiefer liegenden Sandsteine, nesterweise vor.

Er hat eine *graulichweiſse* Farbe, zeigt im Groſsen eine *Anlage* zum *schiefrigen* Bruche, der aber im Kleinen *feinerdig* ist. Der Mangel alles Sandes, der ochergelben und röthlichbraunen Adern, seine Feuerbeständigkeit, machen ihn zu feinen Töpferarbeiten vorzüglich brauchbar; daher er auch nicht nur in die umliegende Gegend, sondern auch zu der Steingutfabrik nach Prag verführt, und an Ort und Stelle der Strich für 15 Kr. verkauft wird.

In kleinen Nestern, oder in sehr schmalen Schichten, findet man den Pfeifenthon noch hier und da in dem aufgeschwemmten Sande, besonders aber in der Gegend von Dolanken, unweit dem Städtchen Podhorsam, wo er, nebst einem lockern Sandsteine, die Unterlage des Basaltes ausmacht.

IV. Der Tuffstein.

Preles gegen Osten, Atschau gegen Westen, in der Entfernung einer Stunde von der Stadt Karden südwärts, wird auf den, zwischen den genannten Dörfern gelegenen Feldern ein Kalkstein gebrochen. Einer dieser Brüche gehört der Stadt Karden, die übrigen den Bauern des Dorfes Atschau. Die über dem Kalkstein liegenden Schichten verhalten sich, wie folgt:

1. Dammerde	$\frac{1}{2}$	Fuſs.
2. Rother eisenschüſsiger Letten . . .	1	—
3. Schwärzlichbrauner, ochergelb, gelblich- und grünlichgrau gefleckter Letten	3	—
4. Tuffstein	2	—
5. Letten, wie Nr. 3.	$1\frac{1}{2}$	—
6. Tuffstein	3 bis 4	—

Alle diese Schichten fallen sehr flach (unter dem Winkel von 6°) gegen Süden ein, und streichen St. 5.

Der Tuffstein, oder Kalktuff, hat eine *gelblichgraue* Farbe, die sich bis in die aschgraue verläuft, und ist *ochergelb* und *gelblichbraun gestreiſt*. Diese Streifen sind bald *wellenförmig*, bald stellen sie mehrere *concentrische Kreisbogen* vor, bald durchziehen sie ihn in einige Linien *breiten Adern*.

Er bildet keine ordentliche Lager, sondern liegt in *ungestalteten Klumpen neben-* und *übereinander*. Hier ist er gewöhnlich dichte, nur selten porös. Er nimmt Aeste und Stammstücke auf, die meistens einen *gelblich-* und *graulichweifsen*, *gelblichgrauen* oder *lichte weingelben Kalkspath* zur Versteinerungsmasse haben. Zwischen den Fasern liegt er hier und da in *kleine* und *sehr kleine flache*, *doppelt dreiseitige Pyramiden* krystallisirt. Auch enthält er oft ganze Parthien incrustirten Reisiges und andere Gewächse.

Er ist innwendig *matt*,

von *unebenem*, und zwar *kleinkörnigem Bruche*, der sich bis in den *erdigen* verläuft.

Die Bruchstücke sind *unbestimmteckig*, *stumpfkantig*.

Er ist *undurchsichtig*,

hält das *Mittel zwischen weich und sehr weich*,

ist nicht sonderlich spröde,

leicht zersprengbar, und

leicht.

Mit diesem Kalktuffe wechseln oft schmale Schichten eines Conglomerats ab, das aus *Kalkspathkörnern*, stumpfeckigen Stücken des beschriebenen Kalktuffes, welche mittelst der *Grünerde* verbunden sind, besteht. Die bindende *Grünerde* ist *schmutzig zeisiggrün*, und geht aus dieser von einer Seite in das *Olivengrüne*, von der andern in das *Grünlichgraue* über. Die *Kalkspathkörnchen* sind zuweilen *hohl*, und dann hatte der Kalkspath die Freiheit, in der Mitte der Körner in ganz kleine, selbst unter dem Suchglase unbestimmbare Krystallen anzuschiefsen; oft sind die kleinen Höhlungen, welche der Kalkspath zurückliefs, mit einer *dunkel seladongrünen Grünerde* ausgefüllt, oder blofs bekleidet. Der Kalktuff ist mit schmalen *Kalkspathadern* durchzogen. Er giebt, gebrannt, einen schlechten Kalk, der allenfalls zum Mörtel, zum Uebertünchen (Anweifsen) aber nicht brauchbar ist.

Dieser Kalktuff macht auch das Hangende des Flötzes von Grünerde aus, das bei Atschau einbricht, wie an seinem Orte bemerkt worden.

V. Basalttuff.

Auch einiger Basalttuff gehört zu den aufgeschwemmten Gebirgsarten; derjenige nämlich, welcher die Vertiefungen, welche die Basaltberge zurückliefsen, einnimmt, und blofs aufgelöseter, von den höhern Bergen zusammengeschwemmter Basalt mit innliegenden theils frischen, theils mehr oder weniger verwitterten, bereits vollkommen zugerundeten, oder noch stumpfeckigen Basaltstücken ist. Aber von einer viel ältern Formation scheint jener Tuff zu seyn, der mehreren Basalten des

Kreises zur Unterlage dient. Und sollte selbst dieses Aufliegen des Basaltes auf Basalttuff nicht auf eine Mehrheit der Basaltformationen hinweisen.

Alle Geschiebe, die man in den Bächen des Saatzer Kreises antrifft, haben bloſs Gebirgsarten desselben Kreises aufzuweisen, da alle in den Gebirgen dieses Kreises entstehen. Nur der Egerfluſs macht eine Ausnahme, der auſser dem Kreise seinen Ursprung nimmt, und aus höhern Gebirgsgegenden fremdartige Geschiebe herüberbringt, die aber eben nicht zahlreich sind, und meistens aus Granit, Feldspath und einigen Basaltabänderungen bestehen. Die Bäche des nördlichen Theiles des Kreises diesseits der Eger enthalten gewöhnlich Gneiſs- Glimmergeschiebe, Hornsteingeschiebe, Geschiebe von Achaten, die aus abwechselnden Lagen von gemeinem Chalcedon, Carniol, Hornstein, Jaſspiſs und Amethyst bestehen; die Bäche des südlichen Antheils Granit- Gneiſs- Hornstein- und sehr häufige Basaltgeschiebe. Alle diese zusammengenommen nimmt der Egerfluſs auf; nebst diesen aber noch sehr viele Geschiebe von gemeinem Kieselschiefer, die er aus dem Ellbogner Kreise und dem Egerischen Bezirke, wo wenigstens der Thonschiefer zu Hause ist, oder vielleicht gar aus dem Fichtelgebirge, wo er Gänge und Lager im Thonschiefer machen soll, herbeigeführt hat. In der Gegend von Karden findet man sehr groſse Blöcke und Geschiebe von einem *porphyrartigen Granite.*

Sein

Sein vorwaltender *Feldspath* ist *gelblichgrau*, *ochergelb* und *gelblichbraun*, und im letztern Falle mit Verlust seines ursprünglichen Glanzes, also wahrscheinlich erst durch Verwitterung so gefärbt; der *Glimmer* ist in *kleinen Blättchen* von *bräunlich* - und *graulichschwarzer* Farbe *eingesprengt*; der *Quarz* liegt in *stumpfeckigen*, *asch*- und *lichte rauchgrauen Körnern* inne. Nebst dem zu dem granitartigen Gemenge wesentlich gehörigen Feldspathe kommen in demselben noch von dem nämlichen *graulich*- und *gelblichweiſsen* Feldspathe zolllange, *vierseitige breite*, an den Enden *zugeschärfte Säulen* vor.

Ein sehr merkwürdiges Gneiſsgeschiebe, das ich in der Gegend von Delau, an dem südlichen Ufer des Egerflusses, unweit Karden, auffand, verdient noch einer Erwähnung hier. Es ist ein etwas verwitterter *dünnschiefriger Gneiſs* mit vorwaltendem *gelblichweiſsen Feldspathe*, nicht zu häufigem *graulichweiſsen Quarze*, und sparsamen *silberweiſsen Glimmerblättchen*, die auf den Ablösungen theils einzeln, theils zusammengehäuft liegen. Auszeichnend an diesem Gneiſse ist dieses, daſs er durch die Verwitterung sich in sehr *dünn*- und *geradstänglich* abgesonderte Stücke aufgelöset hat, an denen die Absonderungsflächen uneben und blaſs ochergelb beschlagen sind.

Da der Torf als das Verbindungsmittel des Pflanzenreichs mit dem Mineralreiche angesehen werden kann, und mit der Moorkohle in der nächsten geognostischen Verwandtschaft steht, so will ich die in dem Saatzer Kreise und in dem erzgebirgischen Antheile des Leutmeritzer Kreises befindlichen Torfmoore nur kürzlich anführen. Das merkwürdigste Torfmoor befindet sich in der Gegend von Schmiedeberg, diesem Dorfe gegen Südsüdost in der Entfernung einer kleinen Viertelstunde, in der sogenannten Kieferheide. Dieses Torfmoor erstreckt sich in die Länge von Südwest gegen Nordost über eine halbe, in die Breite über eine Viertelmeile. Seinen Anfang nimmt es unweit des Bläschenberges, und sein Ende unterhalb der Strafse, die nach Presnitz führt. Dieses Torflager hat nicht durchaus dieselbe Mächtigkeit; an einigen Orten ist es 2 bis 3, an andern kaum einen Lachter mächtig. Der Torf wird hier gestochen, und das 1000 Stück Torfziegeln kömmt, mit allen Unkosten, auf 35 Kr. zu stehen, und wird an Privaten um 45 Kr. verkauft. Im Jahre 1794 wurde, mit Bewilligung der Kammer, ein Versuch mit verkohltem Torf auf dem Hohofen zu Schmiedeberg zum Eisenschmelzen gemacht. Da aber das mit Torfkohlen erzeugte Roheisen selbst dann, wenn nur $\frac{1}{3}$ derselben auf $\frac{2}{3}$ Holzkohlen genommen wurde, sehr rothbrüchig ausfiel, so unterblieben die ferneren Versuche. Ein zweiter Versuch wurde mit dem Torfe zur Erzeugung eines groben Packpapiers auf den dasigen Papiermühlen gemacht;

das erzeugte Papier war röthlichgrau, und ziemlich fest; aber auch dieser Versuch wurde nicht weiter fortgesetzt. Jetzt ist also der Gebrauch des Torfs blofs auf die Ziegelbrennereien beschränkt. Der Ziegelofen und der Trokkenschuppen befinden sich in der Nähe des Torflagers selbst; es werden alljährlich einige tausend Stück Ziegeln daselbst gebrannt, und der eventuelle Nutzen der königlichen Kammer verrechnet.

Das mit Extractivstoff so sehr geschwängerte, und daher bräunlich gefärbte Wasser, das alle Bäche des Erzgebirges führen, macht es wahrscheinlich, dafs auf den Ebenen und in den Vertiefungen, die sich auf dem erzgebirgischen Rücken und den beiderseitigen Abhängen befinden, mehrere Torfmoore liegen, und zwar vorzüglich auf den Herrschaften Komothau und Rothenhaus in dem Saatzer, auf den Herrschaften Dux und Oberleutensdorf, Liebshausen und Bilin in dem Leutmeritzer Kreise, die aber, wegen des nicht zu grofsen Mangels an Holz und der an dem südlichen Fufse des Erzgebirges allenthalben befindlichen Steinkohlengruben, bisher nicht benutzt werden.

In dem flächern Theile des Saatzer Kreises ist blofs ein einziges Torfmoor auf der Herrschaft Petersburg, zwischen Alberitz und Lischka, allwo gleichfalls der Torf gestochen wird.

Die Beobachtung, dafs die Torfmoore gewöhnlich auf den älteren Gebirgsformationen aufliegen, wird auch in diesem Kreise bestätigt, da jene im Erzgebirge vorkommenden Moore Gneifs, Glimmerschiefer und Thonporphyr, die in dem flächeren Theile des Kreises Granit zur Unterlage haben. Selbst die Höhe, in welcher die Torfmoore in dem böhmischen Erzgebirge vorkommen, dürfte jener des Brockens in Niedersachsen, der Schneekoppe in Schlesien, des Romberges im Würzburgischen ziemlich nahe kommen.

Zweiter Theil,

welcher

den in dem Erzgebirge des Saatzer und Leutmeritzer Kreises umgehenden Bergbau in sich begreift.

I.

Die Kiesgrube am Kupferhügel bei Kupferberg.

Einen der höchsten Punkte des böhmischen Erzgebirges macht, wie schon in dem ersten Theile bemerkt worden, der Kupferhügel, der der Stadt Presnitz gegen Süden in der Entfernung einer kleinen Stunde, dem Städtchen Kupferberg, welches unmittelbar an dessen südlichem Fuſse liegt, gegen Norden gelegen ist. Dieser Hügel ist kegelförmig, an dem mit einer Kapelle versehenen Gipfel abgestumpft, von allen Seiten ziemlich steil abfallend. Er ist auf dem, von Westen gegen Osten fortlaufenden Gebirgsrücken, der sich nordwärts sanft gegen die Stadt Presnitz zu verflächt, südwärts sehr steil gegen das Dorf Unterhals und Kleinthal hinabfällt, aufgesetzt. Er gewährt, da er isolirt dasteht, eine sehr weit verbreitete Aussicht über einen groſsen Theil des Saatzer und einen kleinen des benachbarten Leutmeritzer und Ellbogener Kreises, vorzüglich gegen Morgen und Mittag; denn an der Abendseite ist sie wegen des naheliegenden, aber viel höhern kleinen

Fichtelberges, an der Mitternachtseite wegen der gleichfalls höhern Basaltberge, des Spitzberges und Hafsberges, beschränkter.

Die den Hügel selbst constituirende Gebirgsart gehört eigentlich, so wie ein Theil des gegen Westen und Osten von ihm auslaufenden Rückens, zu dem Urtrappe, und ist nichts als ein sehr grofskörniges Gemenge von *gemeiner Hornblende* und *gemeinem Granate*, so zwar, dafs parthienweise bald dieser, bald jener vorwaltend wird. Das ganze Gebirgslager, an dem keine deutliche Schichtung wahrgenommen werden kann, fällt ziemlich flach (unter dem Winkel von 24°) gegen Nordosten ein, und hat sein Streichen St. 8, 3.

Der *gemeine Granat* ist gewöhnlich von einer *blafs bräunlichrothen* Farbe, seltener *braun*, und zwar *röthlich* - *gelblich* - und *leberbraun*; am seltensten *grün*, und zwar *oliven* - und *lauchgrün*.

Er ist meistens *derb*, zuweilen *drusig*, und dann auf den kleinern oder gröfsern Drusenlöchern, und den Klüften, welche die Gebirgsart sehr häufig nach verschiedenen Richtungen durchsetzen, *krystallisirt*. Man findet aber nur die *niedrige sechsseitige Säule*, an beiden Enden mit 3 Flächen flach *zugespitzt*, die Zuspitzungsflächen auf die abwechselnden Seitenkanten so aufgesetzt, dafs auf diejenigen abwechselnden Seitenkanten, welche bei einer Zuspitzung frei geblieben sind, die Flächen der andern Zuspitzung aufgesetzt sind.

Daher alle Flächen, an der Zahl 12, gleiche rautenförmige Vierecke vorstellen.

Diese Krystallen sind drei bis vier Linien hoch, und fast eben so breit, doch nur *sehr klein.*

Innwendig ist der Granat *wenigglänzend,*

von einem, dem *Fettglanze* sich annähernden Glanze.

Der Bruch ist *uneben*, und verläuft sich in den *splittrichen.*

Die Bruchstücke sind *unbestimmteckig, nicht sonderlich scharfkantig.*

Der derbe bräunlichrothe kömmt von *dick-* und ziemlich *geradschaaligen*, der braune und grüne von *kleinkörnig* abgesonderten Stücken vor.

Er ist nur *an den Kanten durchscheinend.*

Aeuſserst selten kömmt dieser Granat schon etwas dem *Edlen* nahe, und dann ist seine Farbe *lichte* oder *dunkel hyacinthroth*, die sich wohl auch bis in die *blutrothe* verzieht.

Die Krystallform ist dieselbe, und gewöhnlich sind die Säulen *sehr*, auch nur *ganz klein.*

Der Glanz ist *stärker.*

Der Bruch aus dem *splittrichen* in den *muschlichen* übergehend.

Er ist *durchscheinend*, hier und da schon *halbdurchsichtig.*

Die *gemeine Hornblende* ist

von *dunkel lauchgrüner* Farbe, die sich durch alle Abstuffungen bis in die *dunkel schwärzlichgrüne* verläuft;

gewöhnlich *derb*, nur selten auf den Drusenlöchern und Klüften in *sechsseitige Säulen* mit 2, im Verhältnisse der übrigen 4 schmälern, sehr breiten Seitenflächen, an den Enden mit 2 Flächen, die auf die von den sehr schmalen Seitenflächen eingeschlossenen Seitenkanten aufgesetzt sind, *zugeschärft*, krystallisirt.

Sie ist innwendig *glänzend*,

von einem, dem *Perlmutterglanze* sich nähernden Glanze.

Der Bruch des krystallisirten ist *geradblättrich*, mit *doppeltem, schiefwinklichem Durchgange der Blätter*, des derben bald *breit*, bald *schmal*- und *büschelförmig auseinanderlaufend strahlich.*

Die Bruchstücke sind *unbestimmteckig, nicht sonderlich scharfkantig.*

Sie ist von *grofs*- *grob*- und *klein langkörnig* abgesonderten Stücken, und

nur *wenig an den Kanten durchscheinend.*

Gewöhnlich wechseln diese beiden Fossilien parthienweise mit einander ab, so dafs Massen von mehreren Fufsen im Durchmesser aus derbem Granate ohne alle Beimengung, oder nur mit geringer Beimengung der Hornblende bestehen; von jenem findet man daher ganze Blöcke an dem Abhange des Kupferhügels zerstreut. Oft giebt es wieder grofse Parthien von gemeiner Hornblende, in welche nur sparsam derber gemeiner Granat eingesprengt ist. Zuweilen ist wieder die Hornblende innig mit Granat gemengt. In diese, aus Granat und Hornblende gemengte Gebirgsart, ist nicht selten ein *graulichweifser derber* *Kalkspath eingesprengt*, oder dieser durchsetzt sie wohl auch in schwachen Trümmchen.

Diese Gebirgsart macht ein bis 20 Lachter mächtiges Lager, und in demselben brechen die verschiedenen Erze hier ein. Diese bestehen aus Schwefelkiese, Magnetkiese, Magneteisensteine, Kupferkiese und Arsenickkiese. Ich will das Eigenthümliche derselben in der möglichsten Kürze ausheben.

1. *Schwefelkies.*

Dieser hat eine *speisgelbe* Farbe, die von einer Seite in die *gelblichweifse*, von der andern in die *goldgelbe* fällt. Auf den Klüften und Ablösungen ist er, obgleich selten, *bräunlich* oder *taubenhälsig bunt angelaufen.*

Er bricht meistens *derb* ein, nur selten ist er auf den schmalen Klüften in *sehr kleine vollkommene Würfel* mit *geraden und glatten Flächen* krystallisirt.

Er hat einen *unebenen* Bruch von *kleinem* und *feinem Korne*, nur selten dafs er in den *muschlichen* übergeht, und dann ist er *glänzend*, da er sonst nur *wenigglänzend* ist.

Eben so selten zeigt er *feinkörnig* abgesonderte Stücke.

2. *Kupferkies*

von *messinggelber* Farbe, die sich der *goldgelben* nähert; auf den Klüften *braun*, *roth*, oder *taubenhälsig bunt angelaufen*.

Er bricht nur *derb*, wenigstens fand ich ihn nicht krystallisirt, und hat stets

einen *unebenen* Bruch *von kleinem und feinem Korne*.

3. *Magnetkies*

von einer *Mittelfarbe zwischen blafs kupferroth* und *speisgelb*, doch letzterer sich mehr annähernd; diese fällt wohl auch schon hier und da in das *Weifse*. Er ist gewöhnlich etwas *bräunlich angelaufen*.

Er kömmt nur *derb* oder in den Kupfer- und Schwefelkiese *eingesprengt* vor,

hat einen *unebenen* Bruch von *kleinem Korne*.

Er beunruhigt die Magnetnadel, obgleich nur schwach; in kleinen Splittern wird er aber von dem Magnete mit Heftigkeit angezogen.

4. *Gemeiner Arsenickkies*

von *silber*- oder *graulichweifser* Farbe,

in die vorhergehenden Kiesgattungen nicht zu häufig und nur parthienweise *eingesprengt*.

Beim Zerklüften oder Reiben mit dem Stahle entwickelt er den ihm eigenthümlichen Knoblauchgeruch deutlich.

Diese Kiesgattungen begleitet

5. *ochriger* und *dichter Brauneisenstein*, letzterer durchsetzt dieselben auch hier und da in sehr schwachen Trümmchen;

6. *gemeiner Magneteisenstein*

von vollkommen *eisenschwarzer* Farbe,

derb und *eingesprengt*,

selten *stark* -, gewöhnlich *wenig* - und *metallisch-glänzend*,

von *unebenem*, und zwar *kleinkörnigem* Bruche,

klein - und *feinkörnig* abgesonderten Stücken.

Dieser Magneteisenstein wird von dem Magnete stark angezogen, und zwar nur von dem Nordpole; von dem Südpole wird er hingegen zurückgestoſsen. In der Grube selbst fand ich kein Exemplar, das selbst wieder das Eisen angezogen hätte; aber auf den Halden findet man zuweilen Stücke, welche von dem Magnete angezogen werden, selbst wieder Eisen anziehen, und zugleich deutlich Polarität zeigen.

Auf den Halden fand ich endlich noch

7. *Kupfergrün*

von *lichte spangrüner* Farbe,

theils als *Ueberzug*, theils, obgleich nur selten, *kleintraubig* und *nierförmig*,

von *vollkommen* und *kleinmuschlichem* Bruche,

an den Kanten schwach durchscheinend;

8. *eisenschüſsiges Kupfergrün*, und zwar *erdiges* und *schlackiges:*

ersteres von *hoch* - und *lichte olivengrüner* Farbe, die sich zuweilen der *zeisiggrünen* nähert; letzteres von *dunkel olivengrüner* Farbe, die sich bis in die *dunkel lauchgrüne* verläuft.

Von diesen beschriebenen Erzgattungen kömmt der Schwefelkies am häufigsten vor, minder häufig der Kupferkies, sparsam der Magnetkies, am sparsamsten der Arsenickkies. Der Magneteisenstein scheint nur in tiefern Punkten mit einzubrechen, wenigstens nimmt dessen Menge zu, so wie man mit dem Baue tiefer niedergeht; in höhern Punkten wird er im Gegentheile fast ganz vermiſst. Die Kiesgattungen sind parthienweise von einander abgesondert, und der Kupfer - Magnet- und Arsenickkies in dem gemeinen Schwefelkies am gewöhnlichsten nur grob, klein und fein eingesprengt; doch findet man auch alle diese Kiese oft in einer und derselben Handstuffe, nebst dem Magneteisensteine, so innig gemengt beisammen, daſs es dem unbewaffneten Auge schwer wird, sie von einander zu sondern. Daraus läſst sich wohl auch die Erscheinung erklären, daſs man Stücke von Kupferkies findet, die so wie der Magnetkies, ja wohl noch mehr die Boussole beunruhigen.

Das Liegende des Erzlagers macht ein *dunkel bräunlichschwarzer derber Glimmer* von ziemlich *groſskörnig* abgesonderten Stücken, in welchem sehr viele, aber *kleine* und *sehr kleine Körner* eines *hyacinthrothen*, *stark durchscheinenden* oder *halbdurchsichtigen* *Granates* liegen, und in dem etwas *Kupfer*- und *Schwefelkies* *eingesprengt* ist. Stellenweise bemerkt man schon einen deutlichen *Uebergang der Hornblende in diesen Glimmer*, und dann übergeht die Farbe des letztern aus der *bräunlichschwarzen* durch die *grünlichschwarze* bis in die *schwärzlichgrüne*, der Bruch verläuft sich aus dem *blättrichen* in den *breit*- und *büschelförmig auseinanderlaufend strahlichen*.

In tiefern Punkten ändert der Glimmer seine Farbe in die *grünlich-rauch*- oder *gelblichgraue*, und letztere zieht sich allmälig bis in die *silberweifse* hinüber; der Granat verschwindet ganz aus demselben, statt dessen findet sich zwischen den sehr dünnen Schichten, die er nun zeigt, etwas *gelblichgrauer* *Quarz* ein, der an Menge immer zunimmt, und mit dem *Feldspathe* vermehrt wird, und so den Uebergang durch den Glimmerschiefer in den Gneifs, die herrschende Gebirgsart der Gegend, macht.

Die Erze selbst kommen in der aus Granat und Hornblende gemengten Gebirgsart, dem Urtrappe, buzzenweise vor. Diese Buzzen haben oft nur einige Fufse, oft aber auch viele Lachter im Durchmesser; daher die vielen Weitungen, die man in der Grube ausgehauen findet, die 5, 6, auch mehrere Lachter hoch, und verhältnifsmäfsig breit sind.

Der Bau ist aus dieser Ursache nicht der regelmäfsigste, da man nur diejenigen Punkte in dem Gebirge aufsucht, wo das Erz am mächtigsten ansteht, und diese Erzpunkte dann ganz weghauet, um in möglichst kurzer Zeit, mit den geringsten Kosten, das möglichst gröfste Erzquantum zu erhalten; eine Folge der Einrichtung, dafs hier, so wie bei Orpes, im Gedinge, und nicht im Schichtenlohne gearbeitet wird.

Der Bau besteht eigentlich aus einem Stollen, dem sogenannten Mariahülfestollen, der in einer nördlichen Richtung, oberhalb dem Städtchen Kupferberg, in den Kupferhügel getrieben worden ist, nicht um die Wasser zu lösen, da die Grube davon nicht beschwert wird, indem sich alles Wasser in dem sehr klüftigen Urtrappgesteine verliehrt, sondern um die Förderung der Erze zu erleichtern. Die Länge dieses Stollens beträgt 90 Lachter, geht 40 Lachter in der St. 11, 1 fort, steht 12 Lachter in Zimmerung, dann aber in dem zuletzt beschriebenen Gneifse, dessen ziemlich starke Schichten unter einem Winkel von 48° gegen Norden einfallen, und St. 6 streichen *). In der 40sten Lachter ist ein Flügelort St. 9, 2 getrieben, in der 50sten Lachter ein Gesenke 3 Klafter tief abgeteuft worden, mit dem man aber tiefer nieder-

*) Dies ist für den prüfenden Geognosten der interessanteste Punkt an dem Hugel, da man an demselben das Verhalten des Urtrapps in Rücksicht seines Fallens und Streichens, und den allmäligen Uebergang desselben in den Gneifs beobachten kann, und zugleich hier die Ueberzeugung erhält, dafs von dem Gneifse die Erze vollkommen abgeschnitten werden.

niederzugehen aufhörte, da die Erze von dem Gneifse abgeschnitten wurden.

Vom Tage ist ein Schacht, der Mariahülferschacht, wahrscheinlich um den Wetterwechsel zu unterhalten, niedergebracht, der bis auf die Stollensohle 13 Lachter seigere Teufe einbringt, unter welche hier noch ein Gesenke 7 Lachter tief niedergeht.

An dem westlichen Fufse des Hügels ist noch ein zweiter Schacht befindlich, welcher bis auf den tiefern Grenmühlstollen (Frohnleichnamsstollen), der oberhalb der Grenmühle in nördlicher Richtung, aber sehr winklich, da er an dem Mundloche St. 2 zeigt, die Hauptrichtung aber St. 12 hat, in das Gneifsgebirge getrieben ist, und 50 Lachter seigere Teufe einbringt, niedergebracht werden sollte, jetzt aber ersäuft ist.

Die vielen mehr und weniger tiefen Bingen und Halden, die man an allen Abhängen dieses Hügels sieht, zeugen von dem Alter des hiesigen Baues, der aber in jenen Zeiten blofs oberflächig verführt worden seyn mufste.

Die Erze werden hier geschossen, die Löcher mittelst achtzehnzölliger Meifselbohrer gebohrt, auf ein Loch wohl 15, 16, auch 20 Bohrer verschlagen, und 4, 6 bis 8 Loth grobes Pulver zu einem Schusse erfordert. Zu Tage werden sie auf Hunten durch den Stollen gefördert. Es wird, wie schon gesagt worden, im Gedinge gearbeitet, und der Häuer erhält fur einen Zentner des festern Erzes 11 Kr., fur einen Zentner des mürbern (mürbe heifsen hier diejenigen Kiese, welche mit vielen Trümmchen von ochrigem und dichtem Brauneisensteine durchsetzt sind, und sich daher leichter arbeiten lassen) 5 Kr. Belegt ist jetzt die Grube mit 8 Mann und einem Steiger, der zugleich die Aufsicht über die nahegelegene Vitriolhütte hat. Das Gezähe giebt die Gewerkschaft, welche Se. Majestät der Kaiser sind; das Geleuchte und die Schmiedekosten mufs der Häuer tragen.

An Fuhrlohn wird bis an die Vitriolhütte für den Zentner Erz $1\frac{1}{2}$ Kr. bezahlt.

II.

Das Vitriolwerk zu Oberhals.

Die Vitriolhütte liegt, in der Entfernung einer Viertelstunde von dem Kupferhügel, in dem Dorfe Oberhals an dem Fufse des Lerchenhügels, demselben gegen Westen, an dem ziemlich steil abfallenden südlichen Abhange des erzgebirgischen Rückens. Dieser Umstand ist für die Anbringung der Laugsühne, so wie für die Stellung der Laugekästen, Siedepfannen und Läuterkästen sehr vortheilhaft gewesen, indem diese Behälter meistens untereinander liegen, und man sich deshalb des Zuleitens durch Pumpen und andere Verrichtungen erspahren konnte. Auch an Wasser, das von dem Theile des hohen Gebirgsrückens ziemlich häufig zufliefst, ist kein Mangel.

Da die Fabrikation des Vitriols, so wie die Anlage von dergleichen Werken, hinlanglich bekannt ist, so werde ich hier nur einige kurze Bemerkungen machen, und blofs dasjenige ausheben, worin sich dieses Vitriolwerk von andern ähnlichen unterscheidet.

Das Materiale, woraus der Vitriol erzeugt wird, ist der Schwefel- Magnet- und Kupferkies, welche von der Kiesgrube am Kupferhügel hierher geführt werden. Was die Fabrikation desselben betrifft, so ist der Gang für dieselbe hier folgender.

Die Kiese werden, so viel als möglich, schon an der Grube geschieden, von dem beibrechenden Magneteisensteine, Arsenickkiese, der Hornblende und dem Granate gereinigt, und dann an der Hütte, und zwar mit Holz, geröstet. Es sind hier 7 Röststätten, auf welchen das Rösten geschieht. Jede Röststätte ist 6 böhmische Ellen lang, 3 Ellen breit, und alle sind mit einer gemeinschaftlichen Mauer umgeben und mit einem gemeinschaftlichen leichten hölzernen Dache bedeckt. Dieses Dach hält den Regen ab, so dafs der Brand nicht gelöfcht oder gedämpft wird, und die Erze gleichförmiger durchbrennen *). Da auf jede Röststätte auf eine doppelte Lage Scheitholz (die ½ Klafter dem Maafse nach beträgt)

*) Man hat eben jetzt ein zweites Rösthaus mit gleichfalls 7 Röststätten errichtet, das aber noch nicht im Gebrauche ist.

100 Zentner Erze zwei Schuh hoch, also auf alle 700 Zentner aufgestürzt werden, so sind die Erzhaufen nicht übermäfsig grofs, und leichter zu übersehen. Jedes Rösten der frischen Erze dauert acht Tage.

Nach dem Rösten werden die Erze auf die Laugekästen (in die Wäsche) zum Auslaugen, nach dem Auslaugen aber wieder, und zwar nafs, auf die Roststätten gefahren. Ueberhaupt ist ein sechs- bis siebenmal wiederholtes Rösten der Erze nöthig. Durch dieses wiederholte Rösten zerfallen die Kiesstücke allmählig, werden immer kleiner. Um sie von dem bereits hinlänglich ausgelaugten Erzklein, das selbst die Einwirkung des Wassers auf die gröfsern Kiesstücke hindern würde, zu trennen, wird das Erz durch einen Durchwurf geworfen. Dieser Durchwurf ist 2 Ellen hoch und $\frac{3}{4}$ Elle breit, und besteht aus $\frac{1}{4}$ Zoll starken, in die Queere in einen hölzernen Rahm eingelegten, $\frac{1}{3}$ Zoll von einander abstehenden eisernen Stangen. Die gröfsern Stücke, welche vor dem Durchwurfe liegen bleiben, werden einer nochmaligen Röstung unterworfen, das Erzklein aber auf die Buhnen gestürzt. Diese Bühnen sind zwei hölzerne Kästen, deren jeder 12 Ellen lang und eben so breit ist, aber nur eine Bretthöhe hat. Er besteht aus starken, genau eingefugten Pfosten, und der Boden ist aus zwei gleichen Stücken zusammengesetzt, die aber nicht in einer und derselben Ebene liegen, sondern bei einem Anlaufen von etwa 3 Zollen unter einem sehr stumpfen Winkel in der Mitte zusammenstofsen (gegen einander geneigt sind). An der Vertiefung liegt eine hölzerne Röhre, auf welcher das auf die, 3 bis 4 Fuſs hoch aufgestürzten Haufen von Erzklein, aus einem, mitten in der nahe gelegenen Halde befindlichen Wasserbehälter aufgepumpte, und beim Durchsikern mit Vitriotheilen imprägnirende Wasser, in einen Behälter abfliesst, aus welchem es wieder durch hölzerne Röhren in den Sammelkasten geleitet wird. Das auf diese Weise aller vitriolischen Theile so ziemlich beraubte Erzklein wird endlich auf die in der Nähe befindliche Halde gestürzt.

Das Auslaugen geschieht in 4 viereckigten, aus Bohlen zusammengesetzten hölzernen Kästen (Laugekästen, hier Waschkästen), deren jeder 6 Ellen lang, 5 Ellen breit und 1½ Elle tief ist, und einen doppelten Boden hat, damit die Lauge, nach abgesetztem Schlamme, rein abfliefse. In jeden Kasten werden 100 Zentner Erze aufgestürzt, diese mit Wasser (aus einem daranstoſsenden Wasserkasten) übergossen, das auf denselben 48 Stunden stehen bleibt. Von diesen Kästen wird, mittelst angebrachter Röhren, die Lauge in den obern Sammelkasten, und aus diesem in den untern Sammelkasten abgelassen. Jeder dieser Sammelkästen hat denselben Kubikinhalt, den die Laugekästen haben.

Man hat hier zwei Siedepfannen, deren jede 3½ Elle lang, 2½ Elle breit und ¼ Elle tief, wie gewöhnlich von Blei, und 46 bis 50 Zentner schwer ist. Sie werden an Ort und Stelle im Ganzen gegossen, die Seitenborden aufgebogen, und die Winkel vergossen. Bei jedem Uebergiefsen, das alle 2 Jahre nöthig ist, müssen 8 Zentner frisches Blei zugesetzt werden. Die Pfannenboden ruhen auf einen Zoll starken gegossenen eisernen Stäben, und diese sollen, nach der Aussage des Huttenaufsehers, nicht eingemauert seyn, sondern in dem Seitengemäuer frei liegen, und an jedem Ende etwas Spielraum übrig haben, wodurch freilich die Ausdehnung dieser Stäbe durch das Feuer unschädlich wird, da eingemauerte Stäbe ein Zersprengen, und folglich Risse in der Mauer veranlassen, oder ein Beugen der eisernen Stäbe leicht Statt haben kann, wo sich dann der Pfannenboden senken mufs.

Der Feuerheerd ist der Pfanne gleich, die Feuerhöhe $\frac{5}{4}$ Elle, so dafs die Flamme die Seitenborden der Pfanne ungehindert berührt. Der Rost ist in einem Ofen von Eisen, in dem andern von Ziegeln, und jeder hat die Länge von 4 Ellen, und gegen hinten zu ein Ansteigen von 3 Zollen. Das Schürloch, das in der Hütte selbst ist, ist $\frac{3}{4}$ Elle breit, eine Elle hoch. Die Windzüge sind, so wie bei dem Komothauer Alaunwerke, in den Seitenmauern des Ofens angebracht, sehr enge, und es ist kein Rauchfang vorhanden.

Von dem untern Sammelkasten wird die Lauge auf die Läuterpfanne geläutert. Der Läutersud dauert gewöhnlich 48 Stunden, (doch kömmt hier viel auf die Stärke der Lauge an,) und zu einem Sude werden gewöhnlich 3 Klafter Stockholz verbraucht.

Der Preis von einer Klafter Scheitholz ist am Stamme	1 Fl.	18 Kr.
Holzhauerlohn		24 —
Fuhrlohn zur Hütte		42 —
Also in allem	2 Fl.	24 Kr.

Der Preis von einer Klafter Stockholz		40 Kr.
Waldzins		$3\frac{1}{2}$ —
Holzhauerlohn		24 —
Fuhrlohn		27 —
Also in allem	1 Fl.	$34\frac{1}{2}$ Kr.

Nach dem ersten Sude kömmt die Lauge in die Läuterkästen zum Abklären. Man hat deren zwei, davon jeder $1\frac{1}{2}$ Elle tief, $2\frac{1}{4}$ Elle lang, und 2 Ellen breit ist. Das Mehl, welches sich hier absetzt, wird nicht zum Englischroth benutzt, sondern ungenutzt weggestürzt.

Aus den Läuterkästen wird die Lauge auf den obern Sammelkasten aufgepumpt, aus welchem sie in die Pfanne zum Gaarsude abgelassen wird. Nachdem die Lauge die Gaare hat, welches durch genommene Proben bestimmt wird, so wird sie unmittelbar, ohne alle nochmalige Läuterung, in einen eigends dazu vorgerichteten Sedimentkasten, von der Pfanne durch hölzerne Röhren auf Tröge abgelassen, wo der Vitriol anschiefst. Diese Tröge werden aus den untern dickern Enden der Tannen- und Fichtenstämme zugehauen, sind daher, wie die Stämme selbst, rund, messen nach der verschiedenen Dicke $\frac{3}{4}$ bis 1 Elle im Lichten*, und haben eine Länge von 9 Ellen. In jedem dieser Tröge sind 8 runde dünne Stabe senkrecht aufgesetzt, an welchen der Vitriol anschiefst. Man bedient sich daher hier keiner Wachsbank. Die Mutterlauge wird aus den Trögen, welche mit Zapfen versehen sind, durch ein hölzernes Gerinne in den Sumpf, der tiefer als die Tröge liegt, abgelassen. Der Sumpfkasten hat eine Länge von 6 Ellen, die Breite von $\frac{7}{4}$ Elle, und die Höhe von $1\frac{1}{2}$ Elle. Aus diesem wird sie in den sogenannten reinen Kasten, der dieselben Dimensionen mit dem Sumpfkasten hat, hinaufgepumpt, und von da wieder in die Pfanne abgelassen und mit hinzugesetzter frischer Lauge versotten.

Jede Woche werden 24 bis 25 Zentner Vitriol erzeugt, und der Zentner an Ort und Stelle für 9 Fl. 3 Kr., zu Presnitz für 9 Fl. 14 Kr. verkauft. Man siedet hier auch noch, aber blofs auf gemachte Bestellungen, einen mehr kupferhaltigen Vitriol (feinen Vitriol), wozu eben die kupferkieshaltigen Erze vorzüglich und eigends ausgehalten werden müssen, von welchem der Zentner für 10 Fl. 33 Kr. an Ort und Stelle verkauft wird.

Ich will mir hier nur einige Anmerkungen erlauben, und mich, in Betreff der Mängel bei der Struktur des Ofens, der Windzüge u. s. w., auf den späthern Aufsatz über das Komothauer Alaunwerk beziehen.

1. Vermifst man in der Hütte sowohl, als in dem unmittelbar anstofsenden Gebäude, wo die Lauge zum Anschiefsen in die Tröge geleitet wird, die bei sol-

chen Anlagen so nöthige Reinlichkeit ganz und gar, obschon manche der übrigen Vorrichtungen zum Theil oder ganz ihren Zweck erfüllen.

2. Ist es auffallend, dafs man die Kiese, von welchen der Zentner bis in die Hütte nur auf $12\frac{1}{2}$ Kr., von den mürbern sogar nur auf $6\frac{1}{2}$ zu stehen kömmt, nicht zuvor zum Schwefelbrennen benützt, und erst die zurückbleibenden Schwefelbrände zur Vitriolfabrikation anwendet. Es ist zwar wahr, dafs die Kiese vielen Magneteisenstein, Arsenickkies, Hornblende u. s. w. enthalten, aber alle diese fremdartigen Fossilien werden schon an der Grube auf die Halden gestürzt, und dann könnten ja die Kiese an der Hütte nochmals ausgekuttet oder darauf gesehen werden, dafs dieses, bei dem nur etwas erhöheten Preise, auf der Grube geschehe. 90 bis 100 Zentner Kiesschlich geben doch sonst bei andern Schwefelwerken 9 bis 10 Zentner Schwefel. Da der Arsenickkies mit den übrigen Kiesgattungen nicht selten innig gemengt ist, so dürfte freilich der Schwefel etwas arsenickhaltig seyn; aber dieser Arsenickgehalt würde ihn doch bei so manchen Manufakturen und Fabriken nicht unanwendbar machen.

3. Obschon sich in den Sammel- und Läuterkästen eine beträchtliche Menge von Eisenocher absetzt, so fällt doch noch während des Gaarsudes viel von dem oxidirten Eisen nieder. Und doch bemerkte ich, bei meinem Aufenthalte an der Hütte, keinen Sedimentkasten zum Abklären der Lauge.

4. Da dem Schwefel- und Magnetkiese so viel Kupferkies beigemengt ist, so ist es begreiflich, daſs der Vitriol sehr kupferhaltig ausfallen müsse. Von dem Kupfergehalte könnte er befreiet werden, wenn die Lauge aus dem Läuterkästen in ein Reservoir, in welches altes Eisen gelegt worden, abgelassen, (wo sich das Kupfer als Cementkupfer ausscheiden würde,) und aus diesem Reservoir erst in die Pfanne zum Gaarsude (freilich müſste aber dann der Sud der rohen Lauge nicht so lange dauern, und sein Vitriolgehalt nicht so sehr erhöhet werden, als hier geschieht) gelassen würde. Aber zu vielen Gewerben wird gerade kupferhaltiger Vitriol erfordert, und daher gesucht; und dann verdiente diese Einrichtung allhier, wenn anders das Verhältniſs des Kupfervitriols zu dem Eisenvitriole durch Versuche ausgemittelt würde, Beifall statt Tadel *).

5. Kupfervitriol wird hier, so viel mir bekannt ist, jetzt keiner mehr verfertigt, und doch sagt *Ferber* (Mi-

---

*) Ein solcher kupferhaltiger Vitriol wird aus Eisen- und Kupfervitriol in verschiedenen Verhältnissen künstlich zusammengesetzt. Beispiele davon sind der Admonter und Salzburger Vitriol. Der doppelte Admonter wird aus 8 Zentner Eisen- und 2 Zentner Kupfervitriol, der einfache aus 9 Zentner Eisen- und 1 Zentner Kupfervitriol; der Salzburger aus 11 Zentner Eisen- und 5 Zentner 41 Pfund Kupfervitriol zusammengesetzt. Bei dem Admonter ist, bei dem Aufwande von 1½ Klafter Holz und einem Zeitaufwande von 8 Stunden, 1 Zentner Vitriol Verlust; bei dem Salzburger, bei einem Holzaufwande von 1 Klafter Holz und einem Zeitaufwande von 10 bis 12 Stunden, 41 Pfund Vitriol Verlust.

neralgeschichte von Böhmen, Seite 49.), daſs jährlich 800 bis 1000 Zentner dieses Vitriols erzeugt werden könnten, und daſs der Zentner davon vormals um 17 bis 18 Fl., späther (im Jahre 1774) um 14 Fl. verkauft worden sey.

6. Warum wird hier kein Vitriolöl und Scheidewasser gebrannt? Wäre das Vitriolbrennen hier üblich, so könnte aus dem, bei dieser chemischen Operation abfallenden Rückstande, durch Zusatz von Zink, Zink-oder weiſser Vitriol gefördert werden, so wie man, bei dem Brennen des Scheidewassers, als Nebenprodukt Duplikatsalz erhielte. Warum wird die Bereitung des englischen Roths vernachläſsigt, und der Schlamm ungenützt auf die Halde gestürzt, da man doch nur eines einfachen Reverberirs-oder Flammenofens zum Brennen des Schlammes und zum Trocknen desselben, wenn er zuvor nach dem Brennen in kleinen runden Wachsfässern gewaschen und von allen Unreinigkeiten gereinigt worden ist, bedürfte.

III.

Das Geschiebfeld in der rothen Sudelheide.

Das Vorkommen der sehr groſsen, oft ungeheuren Blöcke von den meistens zum Urtrapp gehörigen Gebirgsarten (der aus Granat und Hornblende gemengten, im dem ersten Abschnitte dieses Theils beschriebenen

Gebirgsart, des Grünsteinschiefers, der Hornblende u. s. w.) auf dem von dem Kupferhügel westwärts gegen Oberhals auslaufenden Gebirgsrücken; die geringere relative Höhe desselben in Vergleichung mit dem isolirt dastehenden Kupferhügel und dem basaltischen Lerchenhügel; und endlich das Verhalten des Geschiebstückes selbst, geben uns einige Gründe zur Vermuthung an die Hand, daſs dieser Theil des erzgebirgischen Rückens eine Revolution erlitten haben müsse, daſs diese Blöcke nur Ueberbleibsel eines über diesen Theil des Rückens verbreiteten Urtrapplagers sind, und daſs dieses Lager selbst, das die Continuation von dem Kupferhügel zu dem Lerchenhügel ausmacht, durch die Einwirkung äuſserer Ursachen (der atmosphärischen Luft und des atmosphärischen Wassers) auf die dasselbe bildenden, vielleicht leichter zerstörbaren Fosssilien, und die dadurch bewirkte leichtere und schnellere Oxidation des Eisens und vielleicht selbst der Erden, welche die Bestandtheile dieser Fossilien ausmachten, zerstöhrt, aufgelöset, von den Fluthen mit fortgerissen, und die Ueberbleibsel davon in den tiefern Schluchten, kleinen Vertiefungen oder Kesseln, an dem nördlichen Abhange des Gebirgsrückens niedergelegt worden seyn. Wenigstens ist diese die einzige Art, auf welche die Erscheinung des Geschiebstückes erklärt werden kann. Doch ich will das Verhalten des Geschiebfeldes selbst beschreiben, und dann soll es jedem freistehen, sich eine Theorie über die Entstehung desselben nach Willkühr zu entwerfen.

Das Geschiebfeld (Geschiebstück) liegt dem Kupferhügel gegen Nordwesten, Orpes gegen Südwesten, in der Entfernung von etwa 500 bis 600 Lachtern von beiden genannten Orten, an dem nördlichen Abhange des Erzgebirges, niedriger als der Kupferhügel, aber höher als die Orpeser Eisengrube, und macht eine sanfte, ziemlich weit verbreitete Vertiefung aus.

In dieser Vertiefung sieht man in einem bräunlichrothen eisenschüſsigen Letten (Laimen) gröſsere und kleinere, mehr oder weniger abgeführte Gneiſsbruchstücke, Eisensteine und Braunstein durcheinander liegen.

Der *Gneiſs* ist zum Theil noch ganz frisch und unversehrt, und der nämliche, welcher in der Gegend des Kupferhügels an den unter demselben freistehenden Felsenmassen und in der Gegend des Dorfes Oberhals fest ansteht, und welchen ich in dem ersten Theile an seinem Orte beschrieben habe; theils ist er aber bereits sehr aufgelöset, und zwar der *Feldspath* zu einer *eisenschüſsig-thonigen Masse*, der *Glimmer* zu einem aus dem *Silberweiſsen* durch das *Grünlichweiſse*, *Apſelgrüne*, bis in das *dunkel Lauchgrüne* übergehenden *Talke*; der *Quarz* ist *kleinkörnig* und sehr sparsam. Auch ſindet man in manchen Gneiſsgeschieben sehr häufigen, obgleich bereits verwitterten *bräunlichrothen gemeinen Granat*, und es liegt *gemeiner Magneteisenstein* von *kleinkörnig* abgesonderten Stücken theils für sich, theils mit dem Granate innig gemengt, in sehr schwachen Lagen in demselben. Zuweilen verdrängt der

Magneteisenstein den Gneifs ganz und gar, und man sieht nur auf dem schiefrigen Längebruche einzelne *silber-* und *graulichweifse Talkblättchen* liegen, so dafs man einen Magneteisenstein von ausgezeichnet deutlich schiefrigem Bruche vor sich zu haben glaubt. Aus dieser Ursache wird dieser Gneifs aufbereitet und verschmolzen. Dieser Eisenstein ist in manchen Stücken in einem sehr hohen Grade oxidirt, und zu einem ochergelben, lichte und dunkel gelblichbraunen Ocher, wenigstens an der äufsern Oberfläche, aufgelöset; doch dringt die Auflösung (Oxidation) zwischen den Ablösungen der sehr schmalen Lagen, welche, wie gesagt, der Magneteisenstein bildet, ein, und in diesem Falle beunruhigt der Eisenstein die Magnetnadel nicht mehr, da er es im frischen Zustande sehr merklich that.

Der hier aufgefundene Braunstein ist *dichtes Graubraunsteinerz*

von einer *bläulichschwarzen* Farbe.
Er kömmt in *knolligen Stücken* vor,
ist innwendig *schimmernd*,
mit *Metallglanz*,
von einem *unebenen*, und zwar *feinkörnigen* Bruche.
Gerieben *färbt es ab*,
ist *hart* (giebt mit dem Stahle ziemlich häufige Funken,)
spröde,
leicht zersprengbar.

In dieses ist gewöhnlich *erdiges Graubraunsteinerz*

von *bräunlichschwarzer* Farbe,

matten, staubartigen, mehr und weniger zusammengebackenen Theilen eingesprengt,

von welchem der Uebergang in obigen dichten stellenweise nicht undeutlich ist.

Die zerstreueten, an Magneteisenstein sehr reichen Gneifsgeschiebe, so wie die Geschiebe von Magneteisenstein, werden theils auf der Oberfläche zusammengelesen, theils aber auch durch sehr zahlreiche Schürfe, die aber selten mehr als einige Fufs tief niedergehen, aufgesucht, so dafs man die ganze Gegend allenthalben durchwühlt antrifft.

Eine, durch ihre Ausdehnung sowohl als Tiefe ansehnliche Binge, und eine Stollenrösche, aus welcher die Grubenwasser auch jetzt noch sehr häufig abfliefsen, und welche in südwestlicher Richtung (St. 4) zu dieser Binge führt, und etwa eine Länge von 100 Lachtern haben mag, beweisen, dafs die Alten in dieser Gegend einen tiefern Bau verführt haben mögen. Auf diese Anzeichen gestützt, legte man in der Nachbarschaft dieser Binge einen Schurf an, mit welchem in der Tiefe von 2 Lachtern ein 1½ Fufs mächtiges Lager (?) von Eisenstein erschroten wurde.

Eine zweite, gleichfalls beträchtliche Binge, befindet sich mehr östlich, allwo der Kupferschacht gestanden hat, auf welchem sehr viele und reichhaltige Kupfererze gefördert worden seyn sollen. *Hermann* *) und *Gmelin* **) erwähnen einiger Kupfergruben in dieser Gegend, und selbst der Name des Städtchens Kupferberg scheint auf hier mehrmals eingebrochene Kupfererze hinzudeuten. Bis unter diesen Schacht soll der sogenannte *alte Stollen* (wahrscheinlich der von *Ferber* ***) angegebene *Hofnungsstollen*) führen, der bis hierher eine Länge von 278 Lachtern hat, am Mundloche St. 2 zeigt, dessen Hauptrichtung aber St. 2, 5 ist. Dieser Stollen soll nun bis unter den *rothen Schacht*, der, in der Entfernung von 180½ Lachter, dem Kupferschachte gegen Osten liegt, ausgelängt werden, um die jenem häufig zufliefsenden Tagewasser zu lösen, welche jetzt in Kübeln aus dem Schachte zu Tage gefördert werden müssen.

Der rothe Schacht ist bis jetzt 11 Lachter abgeteuft, stand aber zur Zeit meines Aufenthaltes in der Gegend voll Wasser, und war daher nicht befahrbar. Mit diesem soll man in der sechsten Lachter einen, 1½ Fufs mächtigen Gang, der fast seiger niedersetzt und sein Streichen St. 2, 4 hatte, überfahren, und im Jahre 1798 in zwei Quartalen

*) Abrifs der physikal. Beschaffenheit der Oestreich. Staaten und des gegenwärtigen Zustandes der Landwirthschaft, Gewerbe, Manufakturen, Fabriken und Handlung in denselben. St. Petersburg und Leipzig 1782. 8. S. 201.

**) Beitrage zur Geschichte des deutschen Bergbaues, vornämlich in den mittlern und spathern Jahrhunderten unserer Zeitrechnung. Halle 1783. 8. S. 92. §. 119. und S. 113. §. 153.

***) Mineralgeschichte von Böhmen, S. 52.

Quartalen 232 Fuder guten und brauchbaren Eisenstein gefördert haben.

Die Gangart bestand, so viel ich aus den mir mitgetheilten Handstuffen beurtheilen konnte, aus einem *schwärzlichgrauen splittrichen Hornsteine*, der mit vielen Rissen und zarten Klüften versehen war, in welche sich *Quarz* in ganz kleine, nur unter dem Suchglase bestimmbare *einfache sechsseitige Pyramiden* hinein krystallisirt hat. In diesen war hier und da *gemeiner Magneteisenstein* sehr *fein eingesprengt*. Der Eisenstein selbst war ein *dichter Rotheisenstein* von *bräunlichrother* Farbe, *unebenem klein-* und *feinkörnigem* Bruche.

Nebst diesem Schachte, der im Baue erhalten wird, waren in der Nähe noch zwei andere Schächte, mit deren einem man in der zweiten Lachter, mit dem zweiten in der fünften Lachter auf denselben Eisenstein traf.

So wie man aber mit dem rothen Schachte tiefer niederkam, so verschwand der Rotheisenstein, und machte dem Magneteisensteine Platz. Wenigstens erreichte man in der achten Lachter ein 3 Fuſs mächtiges Lager davon. Ich sage ein *Lager*, da der Einfallwinkel des Magneteisensteins 30° betragen haben soll; eine Neigung, welche er mit dem Gneiſse, der in der Gegend von Oberhals an einer kahlen Felsenmasse ansteht, gemein hat.

Da man mit dem alten Stollen den rothen Schacht zu unterfahren willens ist, so geht man aus dieser

Ursache auch mit dem letztern immer tiefer nieder. Bei dem Abteufen durchbrach man ein Lager von folgendem Fossile:

Seine Farbe ist *blaſs olivengrün*, die von einer Seite in die *zeisiggrüne*, von der andern durch die *gelblichgraue* bis in die *schwefelgelbe* übergeht. Parthienweise ist es *lichte lauch-* und *berggrün gefleckt*, durchaus mit häufigen *dendritischen Zeichnungen* versehen, und selbst mit sehr *schmalen Adern* eines *dichten Graubraunsteinerzes* durchzogen.

Es hält das *Mittel zwischen fest* und *zerreiblich*,

ist innwendig *matt*,

im Bruche *feinerdig*, im Groſsen aber zeigt es eine deutliche *Anlage zum Schiefrigen*;

springt in *unbestimmteckige*, *stumpfkantige* Bruchstücke,

ist *undurchsichtig*,

sehr weich, fast *zerreiblich*,

milde,

leicht zersprengbar,

wird durch den Strich *fettglänzend*,

hängt *etwas* an der Zunge,

fühlt sich ein *wenig fett* an.

Im Wasser zerfällt es unter Entwickelung sehr kleiner, aber zahlreicher Luftbläschen und einem hörbaren Zischen, läſst sich aber nicht kneten. Nach diesen Kennzeichen scheint es daher eine Annäherung zur *Walkererde* zu seyn. Mit diesem wechseln in schmalen Schichten folgende zwei Fossilien ab. Das erste ist

von einer *lichte isabellgelben*, in die *ochergelbe* ziehenden Farbe, und gleichfalls mit *denselben schmalen Adern* des Graubraunsteinerzes *durchzogen*.

Es hält, wie ersteres, das *Mittel zwischen fest* und *zerreiblich*,

ist im Bruche *feinerdig*,

von denselben *unbestimmteckigen*, *stumpfkantigen* Bruchstücken,

sehr weich, fast *zerreiblich*,

wird durch den Strich *fettglänzend*;

hängt *etwas stärker*, als ersteres, an der Zunge, und

fühlt sich *weniger fett* an.

Es scheint daher dasselbe, vielleicht nur mit braunem Eisenocher gefärbte, *Walkererde* zu seyn.

Das zweite scheint ein ursprünglich gemengtes Fossil gewesen zu seyn, das aber jetzt in einem hohen Grade der Auflösung begriffen ist.

Es ist *dunkel gelblichbraun* von Farbe, und mit sehr häufigen ochergelben Punkten versehen,

fast *zerreiblich*,

innwendig *schimmernd*,

fühlt sich *fett* an, und

zerfällt nur späth im Wasser.

Unter dem Suchglase bemerkt man, daſs es nichts als eine Zusammenhäufung sehr viel *schmutzig honiggelber*, fettig *glänzender* Blättchen, und sparsamerer *bräunlichschwarzer*, *metallisch glänzender* Glimmerblättchen sey. Die *bräunlichschwarzen Flecke* und moosartigen Zeichnungen auf den Rissen und Klüftchen deuten auf einen vorzüglichen Braunsteingehalt hin.

IV.

Der Graukopf.

Diese ist eine, bisher nicht so reiche und ausgiebige, aber in geognostischer Hinsicht sehr merkwürdige Eisensteingrube. Sie liegt zwischen dem Kupfe hügel und Orpes, ersterem gegen Norden, letzterem gegen Süden mit einer geringen Abweichung gegen Westen, nach einer ungefähren Schätzung nach dem Augenmaafse etwa 80 Lachter tiefer als der Kupferhügel, aber kaum 30 Lachter höher als die Eisensteingrube zu Orpes.

Der hier verführte Grubenbau, welchen ich, der bessern Uebersicht wegen, voranschicken mufs, besteht in einem Stollen und drei Schächten.

Der Stollen ist an dem Fufse einer sanft gegen Südsüdosten ansteigenden Anhöhe, die einen Theil des erzgebirgischen Rückens ausmacht, an einem kleinen Gebirgsbache in das Gebirge getrieben. Obschon die an dem Stollenmundloche genommene Stunde St. 11 war, so ist doch die Hauptrichtung des Stollens, da derselbe etwas winklich getrieben worden, St. 9, 4. Er bringt, bei einer Länge von 150 Lachtern, 15 Lachter seigere

Teufe ein. Da der Stollen durchaus in Zimmerung steht, und an dem Mundloche sowohl, als in der ganzen Gegend, die bloſs aus Moorgrund besteht, der Gneiſs, in welchem man mit dem Stollen durchaus, nach der Aussage des Steigers, aufgefahren ist, nicht anstehend gefunden wird, so kann ich von seinem Verhalten hier gar nichts aussagen.

Von den Schächten sind bisher nur zwei befahrbar (den dritten war man eben im Begriff abzuteufen), von welchen der westliche 15 Lachter, der östliche, etwas höher gelegene, 16 Lachter Teufe einbringt. Alle drei liegen in der Richtung von Nordwest gegen Südost hintereinander, und gehen 10 bis 11 Lachter im Gneiſse nieder.

Der *Gneiſs*, welcher, vermöge dieser Angabe, das Hangende des Eisensteins ausmacht, ist, wegen seines stärkern Eisengehalts, *röthlichgrau* und ziemlich *dickflasrig;* bei näherer Prüfung entdeckt man in demselben sehr zahlreiche, aber sehr kleine *bräunlichrothe Flecken* und *Punkte.* Vorwaltend ist in demselben der *gelblich-* und *blaſs röthlichgraue*, seltener *fleischrothe Feldspath;* der Menge nach folgt ihm der *graulichweiſse* oder *rauchgraue Quarz;* am sparsamsten, und nur in zarten Schüppchen, erscheint der aus dem *Gelblichgrauen* in das *Silberweiſse* übergehende *Glimmer.*

Unter diesem Gneiſse liegt unmittelbar das Lager von *Magneteisenstein*, das sammt den einbrechenden Fossilien eine Mächtigkeit von 5 Lachtern hat, und unter dem Winkel von einigen dreissig Graden sich gegen Südwesten verflächt, und sein Streichen St. 10 hat.

Der *gemeine Magneteisenstein* ist von *eisenschwarzer* Farbe, die nur wenig in die *stahlgraue* zieht, und hat sehr *kleine*, fast *feinkörnig* abgesonderte Stücke. Er wechselt in mehrere Zolle starken Schichten mit folgenden Fossilien ab.

1. *Gemeine Hornblende*

von *dunkel lauchgrüner* Farbe.

Sie kömmt nur *derb* vor,

hat einen *gerad-* und *langblättrichen* Bruch,

von *doppeltem*, *schiefwinklichem Durchgange der Blätter*; und dieser ist *sehr zart in die Länge gestreift*,

hat *grob-* und *langkörig* abgesonderte Stücke, und

ist *an den Kanten durchscheinend*.

2. *Gemeiner Granat*

von *dunkel coschenillrother* Farbe.

Er kömmt *derb* und in obige Hornblende *grob eingesprengt* vor,

ist innwendig *wenig glänzend*,

von einem, dem *Fettglanze* sich stark annähernden Glasglanze.

Der Bruch ist *uneben*, *von kleinem und feinem Korne*.

Die Bruchstücke sind *unbestimmteckig*, *nicht sonderlich scharfkantig*.

Er hat *feinkörnig* abgesonderte Stücke, und

ist *undurchsichtig*.

3. *Kalkspath*

von *gelblichweifser* Farbe, die sich bis in die *rauchgraue* verläuft, Er durchzieht den Eisenstein in mehr oder minder starken *Trümmchen*, die meistens mit einander parallel laufen; zuweilen ist er aber auch in die Hornblende *eingesprengt*, auch wohl mit derselben innig gemengt.

Das Liegende des Eisensteinlagers macht der Urkalkstein, doch nicht unmittelbar; denn nur allmälig geschieht der Uebergang durch mehrere zu dem Talkgeschlechte gehörige Fossilien in den Kalkstein. Es kommen vor:

1. Der *verhärtete Talk.*

Dieser ist gewöhnlich von einer *grünlichgrauen*, doch hier und da auch von einer *lichte apfelgrünen* Farbe, welche letztere sehr stark in die *silberweifse* spielt.

Er kömmt in *krummgebogenen Schichten* von verschiedener Stärke vor, zwischen welchen immer eine schwächere oder stärkere Lage von Magneteisenstein liegt. In einer und derselben etwas gröfsern Handstuffe sieht man diese Schichten von Talk und Eisenstein wohl dreifsig- und mehreremale mit einander abwechseln. Letztere sind zuweilen sehr schwach (kaum 1 bis 2 Linien stark), doch zuweilen auch $\frac{1}{4}$ bis $\frac{1}{2}$ Zoll. Sind diese stärker, so werden die Talkschichten schwächer, oft so schwach, dafs zwischen zwei Schichten Eisenstein nur einzelne Talkblättchen liegen.

Er ist innwendig *glänzend*,

von einem *Perlmutterglanze.*

Der Bruch hält das Mittel zwischen *krumm* - auch *wellenförmig blättrich* und *schiefrig.*

Die Bruchstücke sind *scheibenförmig.*

Er hat *krummschaalig* abgesonderte Stücke, und die Absonderungsflächen erscheinen wie *gerunzelt* oder *gefurcht.*

Er ist *an den Kanten durchscheinend*,

weich,

milde,

unbiegsam, und

fühlt sich *fett* an.

2. *Gemeiner Strahlstein.*

Er ist von theils *spargel* - theils *lichte apfelgrüner* Farbe; letztere verläuft sich bis in die *graulich-weisse.*

Er kömmt blofs *derb* vor,

ist innwendig *glänzend*,

von Glasglanz,

hat einen sehr *schmal* - theils *gleich* - theils *unter-* und *auseinander laufend strahlichen* Bruch, der sich schon sehr dem *fasrigen* nähert.

Die Bruchstücke sind *unbestimmteckig*, *nicht sonderlich scharfkantig.*

Stellenweise zeigt er *dünn-* und *unvollkommen stänglich* abgesonderte Stücke, und
ist *an den Kanten durchscheinend.*

Dieser Strahlstein hat da, wo er dem Kalksteine näher liegt, diesen schon häufig beigemengt, so wie er im Gegentheil wieder in dem Kalksteine *eingesprengt* vorkömmt. Dem Eisensteine näher nimmt er auch diesen auf, ja an einigen Handstuffen fand ich den Eisenstein an dem Strahlsteine anstehend.

Von diesem gemeinen Strahlsteine hat ein Uebergang durch den *asbestartigen*, durch alle Nüancen bis in den

3. *Asbest* Statt.

Die Farbe desselben zieht aus der blafs spargelgrünen durch alle Abstuffungen bis in die *oliven-* ja bis in die *dunkel lauchgrüne.* Auf den Klüften ist er gewöhnlich *lichte haarbraun.*

Er kömmt *derb* vor,

ist innwendig *glänzend*,

von einem *Seidenglanze*.

Der Bruch ist *krumm-* aber *gleichlaufend fasrig*, wo der Asbest ausgezeichnet deutlich ist: da, wo er in den Strahlstein zu übergehen anfängt, ist er *durch-* und *büschelförmig auseinander laufend strahlich.*

Auch in dem Asbeste findet man Magneteisenstein, aber sparsamer, und nebst diesem noch *goldgelben* S*chwefelkies eingesprengt*. So wie der ebenbeschriebene Asbest von der einen Seite in Strahlstein übergeht, so verläuft er sich von der andern bis in den Amianth.

4. Der *Amianth* ist

von Farbe *silberweifs* und *blafs smalteblau;*

letzteres, wenn er auf den Klüften des Hornblendegesteins *derb* aufliegt, ersteres wenn er sich in *einzelne kleine Büschel* auflöset.

Er ist *wenigglänzend,*

von *Seidenglanz,*

von *zart - gerad -* und *gleichlaufend fasrigem* Bruche.

Unter diesen Fossilien, welche zusammengenommen ein eigenes, nicht zu starkes Lager ausmachen, liegt endlich der *körnige Kalkstein.*

Dieser ist gewöhnlich von *graulichweifser*, nur selten von *schnee - oder gelblichweifser*, oder *lichte* und *hoch gelblichgrauer* Farbe. Diese Farben wechseln gewöhnlich in *sanft gekrümmten gleichlaufenden Streifen* ab, die gelblichgraue erscheint wohl auch *fleckweise* in der *schnee -* und graulichweifsen. Parthienweise ist er mit gemeinem Strahlsteine innig gemengt, und dann wird seine Farbe *grünlichgrau.*

Er macht ein, einige Lachter *mächtiges Lager* aus.

Der schnee - graulich - und gelblichweifse ist innwendig *glänzend*, der gelblich - und grünlichgraue *wenigglänzend*, zum Theil auch nur *schimmernd.*

Er hat einen *geradblättrichen* Bruch,

unbestimmteckige, nicht sonderlich scharfkantige Bruchstücke,

doppelt abgesonderte Stücke, und zwar im Grofsen *dünn*- und nach der Oberfläche *krummgebogen schaalige*, und im Kleinen *klein*- und *feinkörnig* abgesonderte Stücke.

Der weifse ist *durchscheinend*, der graue nur *an den Kanten durchscheinend*, und dieses oft nur *schwach*.

Die Unterlage des Kalksteines (das Liegende des Kalksteines und des Eisensteinlagers, und der diesem beibrechenden Fossilien) macht der *Gneifs*. Ich besitze Stücke Kalkstein, an denen der Gneifs noch ansteht. Aber das Verhalten dieser beiden Gebirgsarten gegen einander ist hier ganz anders, als bei Kalkofen unweit Moldau. Dort scheint ein successiver Uebergang des Gneifses in den Urkalkstein Statt zu haben, dort wechseln schmale Kalksteinschichten mit Gneifsschichten ab; hier ist kein solcher Wechsel vorhanden, hier ist der Kalkstein von dem Gneifse scharf abgeschnitten, der Kalkstein nimmt auch kein Blättchen von Glimmer auf, nur an der Gränze beider Gebirgsarten nimmt man wahr, dafs sowohl der Gneifs, als der Kalkstein, etwas mehr eisenschüfsig wird, und beide durch Vermehrung des in einem oxidirten Zustande vorhandenen Eisengehaltes gelblichbraun und mürber werden.

Der *Gneiſs* selbst ist *sehr dünn- und wellenförmig schiefrig;* doch sind die Biegungen der Schichten nur schwach. Vorwaltend ist bei ihm der theils *aschgraue*, theils *graulichschwarze Glimmer;* der *Feldspath* sowohl, als der *Quarz*, ist *graulichweiſs*, und ziemlich in gleichem Verhältnisse, obgleich immer sehr sparsam, vorhanden.

V.

Der Orpes.

Die Orpeser Eisensteingruben liegen, in der Entfernung einer kleinen Stunde von dem Kupferhügel, auf dem von diesem gegen Norden sich verflächenden Gebirgsrücken mitten in Waldungen. Von der Geschichte des Bergbaues weiſs man eigentlich gar nichts; denn man hat von der Zeit seiner Entstehung weder archivarische Nachrichten, noch mündliche Ueberlieferungen. Die groſsen Weitungen aber, welche ich bei dem Befahren der Gruben, besonders der ältesten Dorotheazeche, antraf, machen es wahrscheinlich, daſs der Grubenbau daselbst schon mehrere Jahrhunderte im Betriebe stehe. Von der Art seiner Entstehung erzählt man folgendes. Es sollen, unfern des jetzigen Dorotheaschachtes, durch einen heftigen Sturm mehrere Bäume, deren Wurzeln in einander verschlungen waren, aus der Erde gehoben, umgestürzt worden seyn, und bei ihrem Umsturze einen sehr reichen Eisenstein entblöfst haben. Dieser Zufall soll Gelegenheit zu einer sorgfältigern und genauern Untersuchung gegeben, und so den Bergbau veranlaſst haben. Den Namen *Orpes* hat der hierortige Bergbau wahrscheinlich gleichfalls von diesem Zufalle erhalten, da die Bewohner der Gegend, wenn ein Baum, von dem Sturme entwurzelt, niederstürzt, zu sagen pflegen: *der Baum ist georpeſst.*

Da in dem ersten Theile der ganze Gebirgszug, in welchem die Orpeser Eisensteingruben liegen, sowohl in Rücksicht seiner äufsern Form, als der ihn constituirenden Gebirgsarten, beschrieben worden, so übergehe ich hier zu der Beschreibung des in demselben betriebenen Bergbaues, und will meine an Ort und Stelle gesammelten Beobachtungen, mit steter Hinsicht auf die von andern Schriftstellern, vorzüglich aber von *Ferber* mitgetheilten, freilich nur kurzen Notizen, und die daraus gezogenen Resultate vortragen.

§. 1.

Schriftsteller.

1. *Lithophylacium Bornianum s. Index fossilium, quae colligit, in classes, ordines digessit Ignatius à Born. T. II. Pragae* 1772 bis 1775. 8. *T. I. p.* 124. 125. *T. II. p.* 137.
2. *Ferber, Joh. Jac.*, Beiträge zur Mineralgeschichte von Böhmen. Berlin 1774. 8. S. 50 bis 53.

3. *Hermann*, *Ben. Franz*, Abriſs der physikalischen Beschaffenheit der Oestreichischen Staaten und des gegenwärtigen Zustandes der Landwirthschaft, Gewerbe, Manufakturen, Fabriken und Handlung in denselben. St. Petersburg und Leipzig 1782. 8. S. 201.

4. *Gmelin*, *Joh. Friedr.*, Beiträge zur Geschichte des deutschen Bergbaues, vornämlich in den mittlern und späthern Jahrhunderten unserer Zeitrechnung. Halle 1783. 8. S. 117. §. 161.

5. *Schaller*, *Jar.*, Topographie des Königreichs Böhmen, 7ter Theil. Saatzer Kreis. Prag und Wien 1787. 8. S. 170.

6. *Museum Leskeanum*, *regnum minerale*, *quod ordine systematico disposuit et descripsit D. L. Gustav. Karsten*, *Vol. II. p. 1. Lips.* 1789. S. 445 u. 448.

Von allen diesen ist *Ferber* der Hauptschriftsteller; denn *Hermann*, *Gmelin* und *Schaller* geben die Ferberischen Nachrichten in einem (oft nur verstümmelten) Auszuge, *Born* aber und *Karsten* führen in ihren oryctognostischen Systemen nur einige zu Orpes einbrechende Fossilien auf.

§. 2.

Betrieb des Bergbaues.

Der ganze Bergbau zu Orpes wird gegenwärtig von fünf Gewerkschaften betrieben, die sich zu verschiedenen Zeiten belehnen lieſsen. Die Zechen dieser fünf

Gewerkschaften sind nach der Zeitfolge ihrer Belehnung namentlich:

I. Die *Dorotheazeche.* Bei dieser ist die K. Kameralherrschaft mit 6 Kuxen, die Herrschaft Rothenhaus mit 31 Kuxen als Gewerkschaft begriffen.

Auf dieser Zeche sind 4 Schächte abgeteuft:

1. Der *Dorotheaschacht* mit 20 Lachter seigerer Teufe.

   Mit diesem Schachte traf man in der eilften Lachter bereits auf den Eisenstein.

2. Der *neue Schacht* mit 26 Lachter seigerer Teufe.

   Dieser Schacht erreichte erst mit der zwei und zwanzigsten Lachter das Eisensteinlager bei der geringen Entfernung von 40 Lachtern von dem Dorotheaschachte, und ist 20 Lachter durch abwechselnde Kalkstein - und Gneißslager durchsunken.

3. Der *alte Krustschacht* mit 30 Lachter seigerer Teufe.

4. Der *neue Krustschacht* mit 36 Lachter seigerer Teufe, und zwar 19 Lachter bis auf die Stollensohle, und unterhalb dieser noch 17 Lachter.

II. Die *Fräuleinzeche*, deren einziger Gewerke die Herrschaft Klösterle ist. Sie gränzt mit der Dorotheazeche an der Südwestseite (St. 2, 4).

Der auf dieser Zeche abgeteufte Schacht bringt 36 Lachter Teufe ein.

III. Die *Mariahülfezeche*, welche von einer Gewerkschaft, die gröfstentheils aus Presnitzer Bürgern besteht, und bei der die Herrschaft Rothenhaus mit 25 Kuxen begriffen ist, betrieben wird, ist die dritte in der Zeitfolge.

Der auf derselben abgeteufte Schacht ist 15 Lachter tief. Sie markscheidet mit der Dorotheazeche an der Nordostseite (St. 2, 4).

IV. Die *Siebenbrüderzeche* ward erst vor einigen Jahren gemuthet, und die Gewerkschaft besteht theils aus Presnitzer Bürgern, theils aus Orpeser Häuern (Eigenlöhnern).

Sie gränzt mit der Dorotheazeche gegen Nordwest (St. 8, 4). Der auf derselben abgeteufte Schacht hat 19 Lachter Teufe.

V. Die *Hülfegotteszeche* ist vor 5 Jahren von einem Presnitzer Bürger, *Fiedler*, gemuthet worden, und gränzt mit der Dorotheazeche an der Nordostseite (St. 4, 4).

Der darauf abgeteufte Schacht ist 10 Lachter tief.

Dieser Schacht sowohl, als der auf der Mariahülfezeche, stehen durchaus im Gneifse, ohne das Eisensteinlager getroffen zu haben.

Die Wässer der Orpeser Gruben werden durch einen Stollen, den sogenannten Haus Oestreichstollen, gelöset, welcher von Presnitz aus, nahe bei der daselbst befindlichen Marktmühle, in das Gneifsgebirge

getrieben

getrieben ist, und den Orpeser Bergbau unterteuft. Er ist sehr winklich, und hat folgende Richtung:

Von dem Stollenmundloche bis zu dem Altväterschachte . . .	St. 5,7.	585	Lacht.
Von da bis zu dem Harnischschachte	St. 3,6.	85	—
Von diesem bis zu dem krummen Schachte	St. 1,4.	642	—
Von da bis zu dem festen Schachte	St. 4,7.	187	—
Von diesem bis zu dem Orpeser Kunstschachte	St. 2,7.	300	—

Dieser Stollen geht durch das Keiler, Scheibner und Orpeser Gebirge, hat eine Länge von 1799 Lachtern, und bringt ungefähr dieser Länge in Orpes selbst nur 19 Lachter seigere Teufe in dem Kunstschachte ein, mit welchem er, mittelst einer Strecke, durchschlägig ist; würde aber mehr als die doppelte eingebracht haben, wenn man mit der Stollensohle nicht zu sehr gestiegen wäre.

Auf diesen Stollen werden, mittelst einer Kunst, die Wässer aus den tiefern Punkten der Orpeser Gruben gehoben.

An dieser Kunst beträgt:

Die Höhe des Rades	26	Fuſs	—	Zoll.
Die Breite des Kranzes	—		10	—
Die Schaufelungsweite (der Abstand der Kränze)	2	—	3	—
Schaufeln giebt es 53 an der Zahl, welche weit sind	1	—	2	—
und auseinander stehen	—		$6\frac{1}{2}$	—

Die Radwelle hat eine Länge von .	7 Fuſs	10 Zoll.
und miſst im Durchmesser . .	1 —	9 —
Der Krummzapfen ist hoch . . .	2 —	———
Die Korbstange hat eine Länge von .	21 —	6 —
Die Wagebaumwelle ist lang . . .	6 —	6 —
Bei einer Stärke von	1 —	5 —
Derjenige Arm, in welchem die Korbstange befestigt ist, ist lang . .	4 —	———
Jener aber, an welchem das Gestänge mit dem Wagebaume hängt .	3 —	3 —
Das Gestänge von der Wagebaumwelle bis zum Wagebaum ist lang . .	39 —	———
Die Höhe und Breite des Wagebaums ist	3 —	6 —
Die Länge des Schachtgestänges von dem Wagebaume bis zu dem ersten Satze beträgt	101 —	———
Es sind 4 Sätze angehängt.		
Jede der zweiböhrigen Röhren hat eine Höhe von	20 —	———
und die Weite der Röhren ist . .	———	2½ —
Der von Eisen gegossene Satz ist hoch	4 —	———
weit	———	9 —
und kömmt in die hölzerne Röhre zu stehen	———	6 —

Der Grubenbau ist äuſserst unregelmäſsig, und besteht eigentlich nur in Strecken, die nach verschiedener Richtung getrieben sind. Mittelst dieser Strecken ist die Dorotheazeche mit der Fräulein- und Siebenbrüderzeche durchschlägig. Die Höhe und Breite der Zechen ist sehr verschieden, nach der jedesmaligen Convenienz der Häuer, die sich nach der gröfsern Güte und Reichhaltigkeit des Eisensteins richtet. Ja man findet auf der Dorotheazeche mehrere Weitungen ausgehauen, die bei einer ansehnlichen Weite eine Höhe von 6 bis 7 Lachtern haben. Da durch diese, gegen alle bergmännischen Grundsätze ausgehauenen Weitungen, dem Eisensteine an der Förste die nöthigen Unterstützungspunkte fehlen, und der Eisenstein selbst ein sehr grofses eigenthümliches Gewicht hat, so ist es nichts ungewöhnliches, dafs sich aufserordentlich grofse Eisenmassen von der Förste losziehen, Gelegenheit zu Tagebrüchen geben, oft den besten Eisenstein unter das zugleich mit niedergezogene Gebirge begraben, und daher ungenützt in der Grube bleiben. Dieses Lostrennen des Eisensteins von der Förste, und die dadurch begünstigten Brüche, machen den Orpeser Bergbau von der andern Seite für den Häuer gefährlich, und es ist nichts seltenes, dafs die Häuer von den losgetrennten Eisenmassen verschüttet oder doch beschädigt werden, wie dieses einige Tage zuvor, ehe ich die Grube befuhr, und einige Tage später nach meinem Befahren der Fall war. Durch diesen unordentlichen Bau werden endlich die Aussichten für die längere Fortdauer desselben immer weniger tröstlich, und über kurz oder lang dürfte der Orpeser Bergbau ganz liegen bleiben, um so mehr, da die neueren Versuche auf der

Hülfegottes- und Mariahülfezeche den Wünschen nicht entsprechen, und vielleicht, wie sich aus dem Folgenden ergeben wird, nicht entsprechen konnten. Diese Furcht vor Mangel des Eisensteines, welcher durch die Einrichtung mehrerer Hammerwerke in der Folgezeit noch fühlbarer wurde, veranlafste wahrscheinlich den Bergbau auf dem Kremsger, der aber, wegen der Nichtanwendung erprobter bergmännischer Grundsätze in Hinsicht des vorzurichtenden Grubenbaues und des Mangels eines tiefern Stollens, dessen Bau man wegen der Entfernung, von welcher aus er in das Gebirge getrieben werden müfste, und des aus dieser Ursache damit verbundenen beträchtlichen Kostenaufwandes scheuet, bisher nicht ergiebig ist, wie ich an seinem Orte zeigen werde.

Ich konnte, bei meinem Aufenthalte in Orpes, nur die Dorotheazeche befahren, auf welcher ich durch den neuen Schacht einfuhr, durch mehrere Strecken nach den ansehnlichsten Weitungen, obgleich mit Gefahr, fuhr, und dann auf dem Dorotheaschachte ausfuhr. Da die nach der Fräulein - und Siebenbrüderzeche getriebenen Strecken verbrochen waren, so mufste ich den Wunsch, von der Dorotheazeche aus die übrigen Zechen zu befahren, aufgeben.

§. 3.

Beobachtungen.

Ich will hier nur einige wenige Bemerkungen ausheben, weil sie zur Bestätigung derjenigen Theorie, die ich mir von dem Vorkommen des Eisensteins entwarf, zu dienen scheinen.

Der auf der Mariahülfezeche 15 Lachter, und der auf der Siebenbrüderzeche 10 Lachter tiefe Schacht, ist im bloſsen Gneiſse abgeteuft.

Die auf der Dorotheazeche befindlichen zwei Schächte, der Dorotheaschacht und der neue Schacht, sind im Kalksteine abgeteuft, und zwar geht letzterer 20 Lachter in demselben nieder, und er erreichte erst in der 22sten Lachter den Eisenstein, da der Dorotheaschacht denselben bereits in der 11ten Lachter erreichte, und doch beträgt die Entfernung dieser Schächte nicht ganz 40 Lachter.

Von dem neuen Schachte wurde eine Strecke 7 Lachter weit gegen Norden (St. 12) getrieben, um das Gebirge weiter aufzuschlieſsen und die Verbreitung des Eisensteins kennen zu lernen; aber in einer geringen Entfernung kam man aus dem Eisensteine in das Gebirge (den Gneiſs).

Der Kunstschacht selbst, der, wie oben bemerkt worden, bis auf die Stollensohle 19 Lachter tief ist, und unter derselben noch eine Teufe von 17 Lachtern einbringt, steht durchaus im Gneiſse. Von diesem Schachte wurde in der obigen Teufe von 19 Lachtern ein Versuchort (der sogenannte Ledeburort) St. 11, 5 eine ziemliche Strecke weit getrieben, in der Hofnung, das vorliegende taube Gebirge zu durchbrechen, und den Eisenstein wieder zu treffen. Man kam auch wirklich aus dem Gneiſse in den Kalkstein, welcher gute Aussichten versprach; aber endlich gab man doch den fernern Ortsbetrieb auf, mit welchem man, wie ich mit Wahrscheinlichkeit vermuthe, die gehoffte Absicht nicht erreicht haben würde.

§. 4.

Einbrechende Fossilien.

Nachdem ich diese wenigen Data als Einleitung vorausgeschickt habe, übergehe ich zu dem Verhalten des Eisensteins selbst, zu seinem Hangenden und Liegenden, und die damit einbrechenden Fossilien.

Die herrschende Gebirgsart in der Gegend von Orpes ist, wie schon in dem ersten Theile bemerkt worden, der *Gneiſs*, nur daſs er sich hier dem Glimmerschiefer sehr nähert, daher auch sein vorwaltender Gemengtheil ein *aschgrauer*, hier und da in das *Graulichschwarze* ziehender *Glimmer* ist; der theils *graulichweiſse*, theils *gelblichgraue Feldspath*, und der *graulichweiſse Quarz*, kömmt nur sparsam vor, und wechselt in sehr dünnen Lagen mit dem ersteren ab. Auſserordentlich nimmt aber dieser Gneiſs noch auf:

1. *Gemeinen Granat* von *lichte blutrother* Farbe, in die gewöhnlichen *sehr kleinen sechsseitigen*, an beiden Enden mit 3 Flächen *zugespitzten Säulen*, die Zuspitzungsflächen auf die abwechselnden Seitenkanten aufgesetzt, krystallisirt.

2. *Gemeine Hornblende*, theils *fleckweise* mit dem Feldspathe *verwachsen* oder in denselben *klein* und *fein eingesprengt*, theils in *sechsseitige Säulen* mit 2 gegenüber stehenden breitern und 4 schmälern Seitenflächen, an den Enden *zugeschärft*, die Zuschärfungsflächen auf die von den schmälern Seitenflächen eingeschlossenen Kanten aufgesetzt.

Die Schichten, welche dieser Gneifs bildet, fallen unter einem Winkel von 28° gegen Südwest ein, haben ihr Streichen St. 10, und machen zugleich das Liegende des Eisensteinlagers aus.

Das unmittelbare Dach des Eisensteines ist der *körnige Kalkstein*.

Dieser ist von *schnee- graulich- gelblich-* und *grünlich-weifser*, seltener von *grünlich-rauch-* und *lichte asch-grauer*, am seltensten von *blafs apfel-* und *dunkel* oder *lichte berggrüner* Farbe (erstere dieser grünen Farben scheint er dem innig beigemengten Talke, letztere dem Strahlsteine zu verdanken). Diese Farben wechseln theils in *geraden* oder *bogenartig gekrümmten*, auch wohl *netzförmig verschlungenen Streifen*, theils in *Flecken* mit einander ab. Die Flecke haben oft wohl mehr als einen Zoll im Durchmesser. Auf den Ablösungen und Klüften hat er zuweilen *sehr zarte dendritische Zeichnungen* aufzuweisen.

Der innere Glanz dieses Kalksteins ist *beträchtlich*.

Der Bruch ist *gerade* und *deutlich kleinblättrich*.

Er kömmt von *kleinkörnig* abgesonderten Stücken vor, ist *schwach durchscheinend*, die dunkler gefärbten Abänderungen sind nur *an den Kanten durchscheinend.*

Stellenweise ist er mit *gemeinem Talke* von theils *blafs apfelgrüner*, theils von einer *Mittelfarbe zwischen lauch-* und *berggrün* innig gemengt; auch nimmt er hier und da *gemeinen Strahlstein*, von welcher die berggrüne Farbe, und *gemeine Hornblende* auf, von welcher die aschgraue Farbe des Kalksteins herrührt, wenn er damit gemengt ist, und einzelne *Glimmerblattchen*, die aber immer an Menge zunehmen, so wie der Kalkstein sich dem Gneifse, mit welchem er in schmalen Lagen (Schichten) einigemal abwechselt, nähert. Nebstdem hat er noch *Magneteisenstein* und *gemeinen Schwefelkies eingesprengt.*

Der Oberfläche naher (denn der Kalkstein beifst auch zu Tage aus) scheint der Kalkstein einigen Gehalt an Thonerde aufzunehmen; denn es entwickelt sich bei dem Anhauchen ein deutlicher Thongeruch, und er löset sich nicht vollkommen in der Salpetersäure auf. Sein Gewebe ist dann *sehr klein -* und *undeutlich blättrich*, verläuft sich wohl gar bis in *das Dichte;* seine Farbe wird *gelblichweifs*, und er ist mit *sehr zarten*, aber eben so häufigen *dendritischen Zeichnungen* versehen, die aber nicht blofs auf den Klüften und Ablösungen Statt haben, sondern durch die ganze Masse des Kalksteins dringen. Hier und da liegt etwas *Glimmer* darin, der sich in gröfsern Flecken sammelt.

Die Kalksteinschichten, die, wie gesagt, einigemal mit schwachen Gneifsschichten abwechseln, fallen unter dem Winkel von 16° gegen Südwesten ein, und haben ihr Streichen St. 8.

Zwischen diesem Urkalksteine und obigem Gneifse liegt der Eisenstein. Es ist *gemeiner magnetischer Eisenstein*,

gewöhnlich von einer *vollkommen eisenschwarzen* Farbe, die aber von einer Seite in die *stahlgraue*, und aus dieser in die *bläulichschwarze*, von der andern in die *lichte bräunlichrothe* übergeht. Die in das Bräunlichrothe ziehende Abänderung ist seltener, die seltenste die stahlgraue und bläulichschwarze.

Man findet ihn *derb*; nur einmal fand ich ihn krystallisirt, und zwar in *sehr kleine sechsseitige Säulen*, an den Enden mit 3 auf die abwechselnden Seitenkanten aufgesetzten Flächen *flach zupespitzt*.

Der derbe wechselt von dem *Wenigglänzenden* bis zu dem *Schimmernden* ab; der krystallisirte ist *glänzend*, von *Metallglanz*.

Im Bruche ist er *uneben* von *kleinem* und *feinem Korne*; nur selten übergeht er etwas in das *unvollkommen Blättriche*.

Er springt in *unbestimmteckige*, *ziemlich scharfkantige* Bruchstücke,

kömmt fast immer von *klein*- *fein*- und *sehr feinkörnig* abgesonderten Stücken vor, die oft so wenig zusammenhängen, daſs sich der Eisenstein mit den Fingern zerreiben läſst.

Er giebt einen *graulichschwarzen Strich*, und wird durch diesen *glänzender*,

ist in *einem hohen Grade halbhart*,

spröde,

leicht zersprengbar.

In und mit diesem Magneteisensteine brechen folgende Fossilien zugleich ein:

1. *Gemeiner Strahlstein.*

Dieser ist gewöhnlich von *lichte lauchgrüner* Farbe, die von einer Seite durch die *apfelgrüne* bis in die *grünlich*- und *graulichweiſse*, von der andern durch die *dunkel lauchgrüne* bis in die *schwärzlichgrüne* übergeht. Sehr selten ist diejenige Abänderung des Strahlsteins, welcher eine *gelblichgraue*, und aus dieser in die *gelblichbraune* übergehende Farbe hat.

Er kömmt bloſs *derb* vor, und zwar entweder mit dem Magneteisensteine innig gemengt, oder in denselben *eingesprengt*, in *Flecken* inneliegend, doch auch in *schmalen Streifen* mit dem Eisensteine abwechselnd. An der Oberfläche macht er einen *Uebergang* in *verhärteten Talk.*

Er ist theils *glänzend*, theils *wenigglänzend*,

von einem *Perlmutterglanze*; die gelblichgraue und gelblichbraune Abänderung hat mehr einen *Glasglanz.*

Sein Bruch ist *schmal- unter-* und *büschelförmig auseinanderlaufend strahlich.*

Die Bruchstücke sind seltener *keilförmig*, meistens *unbestimmteckig.*

Er hat *lang- platt-* und *schmalstänglich* abgesonderte Stücke,

ist an *den Kanten nur wenig durchscheinend*, auch wohl gar *undurchsichtig*; der graulichweiſse und gelblichgraue gränzt schon an das *Halbdurchsichtige.*

Er ist *halbhart,*

spröde, und

leicht zerspringbar.

Es hat aus diesem Strahlsteine ein vollkommener allmaliger Uebergang in die gemeine Hornblende Statt; die graulichweiſse, gelblichgraue und gelblichbraune Abänderung scheint sich dem *Glasartigen* anzunähern.

2. *Gemeiner Granat.*

Seine Farbe ist seltener *coschenill-* oder *hyacinth-* gewöhnlich *lichte* und *dunkel bräunlichroth.*

Er kömmt *derb*, und in den Magneteisenstein, die gemeine Hornblende, und den gemeinen Strahlstein *grob- klein-* und *fein eingesprengt*, vor. Zuweilen ist er mit gemeiner Hornblende, einem Uebergange derselben in gemeinen Strahlstein, Magneteisenstein und Kalkspath, zu einem *körnigen Gewebe mit-* und *untereinander* verwachsen Nur äuſserst selten findet man ihn *krystallisirt*, und zwar:

die *niedrige sechsseitige Säule* mit abwechselnd breitern und schmälern Seitenflächen, an beiden Enden mit drei auf die schmälern Seitenflächen aufgesetzten Flächen *zupespitzt*, und diese schmälern Seitenflächen *zugeschärft*.

Diese Krystalle sind nur *klein* und *sehr klein*.

Ihre äufsere Oberfläche ist theils *glatt*, theils *überzwerch zart gestreift*.

Er ist innwendig *glänzend*,

von einem *Fettglanze*.

Sein Bruch ist *uneben*, in den *splittrichen* übergehend.

Die Bruchstücke sind *unbestimmteckig*, nicht *sonderlich scharfkantig*.

Er zeigt zuweilen *doppelt*- und zwar *dick*- und *etwas krummgebogen schaalige*, und zugleich kleinkörnig abgesonderte Stücke.

Er ist *undurchsichtig*, oder doch nur *wenig durchscheinend*; seltener geht er aus dem *Durchscheinenden* in das *Halbdurchsichtige* über, und dieses zwar, wenn er krystallisirt vorkömmt.

Er ist *halbhart*,

spröde,

leicht zersprengbar.

3. *Gemeine Hornblende*.

Von dieser beobachtete ich zwei Abänderungen:

a. Die erste hat eine *lichte schwärzlichgrüne* Farbe, welche sich in die *lauchgrüne*, selten bis in die *grünlichgraue* verzieht.

Sie kömmt *derb*, in den gemeinen Granat und Magneteisenstein *eingesprengt*, vor; nur selten erscheint sie *krystallisirt*, und zwar hier nur:

die *sechsseitige tafelahnliche Säule*, mit 2 gegenüberstehenden schmälern und 4 breitern Seitenflächen, an den Enden *zugeschärft*, die Zuschärfungsflächen auf die von den breitern Seitenflächen eingeschlossenen Seitenkanten aufgesetzt.

Die Krystalle sind *klein* und *sehr klein*.

Die Oberfläche derselben ist *glatt*, seltener *sehr zart in die Länge gestreift*, zuweilen ist sie mit einem *zarten gelblichbraunen Ocherhäutchen* bekleidet.

Die derbe ist äußerlich *schimmernd*, das an das *Wenigglänzende* gränzt,

innwendig *wenigglänzend*; die krystallisirte ist äußerlich und innwendig *wenigglänzend*, den Fall, wo sie mit einem Ocherhäutchen bedeckt ist, ausgenommen.

Die krystallisirte hat einen *geradblättrichen* Bruch mit *zwiefachem*, *schiefwinklichem Durchgange der Blätter*; die derbe ist in dem Bruche theils *krummblättrich*, das sich in das *Breitstrahliche* verläuft, theils *schmal- unter-* und *durcheinander*, seltener *büschelförmig auseinanderlaufend strahlich*.

Die Bruchstücke sind *unbestimmteckig*, nicht *sonderlich scharfkantig*; bei dem büschelförmig auseinanderlaufend strahlichen zuweilen, aber sehr selten, *keilförmig*.

Die derbe hat *kleinkörnig* abgesonderte Stücke.

Sie ist nur schwach *an den Kanten durchscheinend*,

ist *weich*, das sich dem *Halbharten* nähert,

spröde,

giebt einen *grünlichgrauen* Strich, und

entwickelt beim Anhauchen einen *muffigen* Geruch.

Diese Abänderung der Hornblende, und zwar die derbe, nimmt zuweilen sehr häufigen *zartschuppigen*, *asch*- und *grünlichgrauen* *Glimmer* auf, so dafs sie oft als ein inniges Gemenge von Glimmer und Hornblende angesehen werden kann.

Oft ist der *Uebergang* derselben in *gemeinen Strahlstein* nicht undeutlich, und dann wird ihre lauchgrüne Farbe *lichter*, der Glanz wird *beträchtlicher*, die Durchsichtigkeit und Härte *nimmt zu*.

b. Die zweite Abänderung

ist *sammetschwarz*, das sich zuweilen etwas in das *dunkel Rabenschwarze* zieht.

Sie kömmt gewöhnlich nur *derb* und *eingesprengt* vor, sehr selten *krystallisirt*, und zwar

die *stark geschobene vierseitige Saule*, die aber, da ich sie ganz eingewachsen fand, sich nicht weiter bestimmen liefs.

Die Krystalle sind *klein* und *sehr klein*.

Sie ist äufserlich und innwendig *wenigglänzend*,
von einem *Perlmutterglanze*.
Der Bruch ist *krumm*- und *langblättrich*, der sich seltener in den *breitstrahlichen* verläuft.
Sie ist ganz *undurchsichtig*,
nähert sich dem *Halbharten*,
giebt einen *berggrünen* Strich, und
kömmt in den übrigen äufsern Kennzeichen mit der vorhergehen Abänderung überein.

In dieser Hornblende kömmt zuweilen der *gemeine Granat eingesprengt* vor, und sie selbst liegt, besonders die krystallisirte, im Kalkspathe, und in einem ochrigen, mit Kalkspath innig gemengten Brauneisensteine inne.

4. *Kalkspath*

von *graulich-gelblichweifser*, seltener *rauch*-oder *grünlichgrauer* Farbe.

Er kömmt *derb* und in die gemeine Hornblende *eingesprengt* vor, durchzieht wohl auch in *dünnen Schnürchen*, *Adern* und *Trümmchen* den Magneteisenstein und die mit demselben einbrechenden Fossilien nach allen Richtungen.

In diesem Kalkspathe liegen parthienweise, wie oben angemerkt worden, einzelne Säulchen der schwarzen Hornblende-Abänderung eingewachsen.

5. *Gemeiner Quarz*

von *graulichweifser* Farbe, die sich aber gewöhnlich bis in die *lichte rauchgraue* verzieht.

Er durchzieht in *schmalen Schnürchen*, *Adern* und *Trümmchen*, so wie obiger Kalkstein, den Magneteisenstein und die mit ihm einbrechenden Fossilien, ist gewöhnlich *derb*, seltener *krystallisirt*, und zwar in *sehr* und *ganz kleine*

a. *einfache sechsseitige Pyramiden*, die da, wo sie angewachsen sind, schon einige Anfänge von Säulen zeigen;

b. in an den freistehenden Enden mit 6 Flächen *zugespitzte*, *sechsseitige Säulen*.

Die Krystalle sind bald *reihen* - bald *nierförmig* zusammengehäuft, und bekleiden nicht selten eine dünne Chalcedonrinde.

Der krystallisirte nähert sich dem *Bergkrystalle*, und hat oft einen so hohen Grad von Durchsichtigkeit, daſs die unter demselben liegende Chalcedonrinde mit ihrer eigenthümlichen Farbe durchscheint.

6. *Amethyst*

von *lichte violblauer* Farbe, die aber zuweilen so *blaſs* wird, daſs sie sich der *perlgrauen* nähert.

Er durchzieht den Magneteisenstein in Zoll starken *Trümmchen*, und ich fand ihn nur *derb*,

von *unvollkommen* und *unordentlich stänglich* abgesonderten Stücken.

7. *Gemeiner Chalcedon*.

Man findet ihn von *milch* - *graulichweiſser* und *gelblichgrauer* Farbe; erstere geht in die *blaulichgraue*, und aus dieser in die *lichte smalteblaue*, die zweite in die

perl-

perl- und *rauchgraue*, die letztere in die *wein-* und *honiggelbe* über.

Er macht gewöhnlich die äuſserste Lage der den Magneteisenstein durchsetzenden Quarztrümmchen von beiden Seiten aus, erhebt sich wohl auch *nierförmig* und *traubig*,

und hat zuweilen *dünn-* *krumm-* und *concentrisch-schaalig* abgesonderte Stücke,

ist theils *halbdurchsichtig*, theils nur *durchscheinend*.

Dieser Chalcedon bekleidet nicht selten das gleich folgende Fossil:

8. *Spatheisenstein.*

Dieser ist von *honig-* und *ochergelber Farbe*,

kömmt nur *derb* und *eingesprengt* vor,

ist innwendig *wenigglänzend*,

von *Perlmutterglanz*,

geradblättrichem Bruche mit *dreifachem Durchgange* der Blätter,

klein- und *feinkörnig* abgesonderten Stücken,

nur *äuſserst schwach an den Kanten durchscheinend*,

mit einem *graulichweiſsen* Striche.

9. *Magnetkies.*

Dieser hat eine *Mittelfarbe zwischen kupferroth*, *tombackbraun* und *speisgelb*, nähert sich aber der erstern mehr als der letztern; nur selten ist er *pfauenschweifig bunt angelaufen*.

Er kömmt nur in und mit dem folgenden Fossile vor.

Dieses ist

10. *Gemeiner Schwefelkies*

von *speisgelber* Farbe, selten *bräunlich angelaufen*, *derb*, *eingesprengt* und in *sehr* und *ganz kleine Dodecaedern* mit abwechselnd zart gestreiften Flächen, welche *nierförmig*, *traubig* und *kuglich* zusammengehäuft sind.

Der derbe ist von *klein-* und *feinkörnig* abgesonderten Stücken.

Beide letztere Fossilien, der Magnet- und gemeine Schwefelkies, brechen aber nur selten ein, und sind mit dem Magneteisensteine durchwachsen. Zum Glück sind sie auch nur so sparsam vorhanden, da sie, wenn sie es in größerer Menge sind, ein rothbrüchiges, zu den neuesten Arten der Eisenfabrikation ganz untaugliches *Eisen* geben.

Noch seltener kömmt vor

11. Der *gemeine Thoneisenstein.*

Seine Farbe ist theils *ochergelb*, theils *gelblich-* und *nelkenbraun*. Diese Farben wechseln in stärkern und schwächern *geraden* Streifen mit einander ab, und verlaufen sich durch alle in der Mitte liegenden Nüancen (aus der lichte ochergelben bis in die dunkel nelkenbraune) ineinander.

Er ist inwendig *matt*.

Sein Bruch nähert sich dem *unebenen von feinem Korne*,

springt in *unbestimmteckige*, *nicht sonderlich scharfkantige* Bruchstücke, nähert sich dem *Halbharten*, und

hängt nur *wenig* an der Zunge.

Zuweilen ist er mit schmalen Adern eines milchweifsen Chalcedons durchzogen.

Hier und da zieht seine Farbe in die *bräunlichrothe*, und dann macht er den *Uebergang* in den *dichten Rotheisenstein*.

Ich habe oben bemerkt, dafs der Hülfegottesschacht im blofsen körnigen Kalksteine abgeteuft sey. In der Teufe von beiläufig 10 Lachtern fand man diesen Kalkstein sehr aufgelöset und sehr häufig mit ochrigem Brauneisensteine gemengt.

12. *Ochriger Brauneisenstein.*

Die Farbe desselben verlauft sich aus der *lichte ochergelben* bis in die *dunkel gelblichbraune*. Diese Farben wechseln *fleckweise* mit einander ab.

Er ist *derb*,

innwendig *matt*,

von *erdigem* Bruche,

zum Theil *sehr weich*, schon in das Zerreibliche übergehend, und

stark abfärbend.

In diesem Brauneisensteine findet man viele Blasenräume, in die sich *Kalkspath* von einer *graulichweifsen*, *rauch*- und *gelblichgrauen* und *graulichschwarzen* Farbe, in *kleine flache*, *doppelt dreiseitige Pyramiden*, die Seitenflächen der einen auf die Seitenkanten aufgesetzt, hineinkrystallisirt hat. Diese Krystallen sind seltener *kugel-* und *nierförmig zusammengehäuft*, gewöhnlich unordentlich *durch* - und *aufeinander gewachsen*. Auch durchzieht hier und da *derber* Kalkspath in schmalen Trümmchen und Adern das Gemenge von Brauneisenstein und Kalkstein, und in diesem Kalkspathe liegt wieder

13. *Dichtes Graubraunsteinerz*

von einer *bläulichschwarzen*, stark in das *dunkel Stahlgraue* ziehenden Farbe.

Er kömmt *sehr klein nierförmig*, *traubig* und *zakkig* vor,

ist innwendig *schwachschimmernd*,

mit einem *ebenen*, *in den muschlichen* sich verlaufenden Bruche.

Als eine Seltenheit ist hier noch anzumerken

14. Der *Eisenkiesel*.

Dieser ist von einer *lichte haarbraunen* Farbe, die sich durch die *nelkenbraune* bis in die *gelblichbraune* verläuft.

Er kömmt nur *derb* vor.

Innwendig ist er *wenigglänzend*, fast nur *schimmernd*,

von einem, dem *Fettglanze* sich annähernden Glanze.

Der Bruch ist *klein* - und *flachmuschlich*, in einigen Abänderungen *uneben von feinem Korne*.

Die Bruchstücke sind *unbestimmteckig*, nicht *sonderlich scharfkantig*.

Er hat sehr *kleinkörnig* abgesonderte Stücke, die aber an manchen Exemplaren weniger ausgezeichnet sind, ist *undurchsichtig*.

Er macht den *Uebergang* in *dichten Brauneisenstein.*

§. 5.

Beleuchtung der Ferberischen Theorie, und Aufstellung einer neuen.

Aus der im ersten Theile mitgetheilten Beschreibung der den ganzen Gebirgsrücken constituirenden Gebirgsart sowohl, als aus dem geognostischen Verhalten des Eisensteinlagers gegen dieselbe, ergiebt sich, wie irrig Ferbers Vorstellung von der Orpeser Eisengrube gewesen sey, die er uns in seinen Beiträgen zur Mineralgeschichte Böhmens, S. 50. mittheilt.

Erstens scheint er zu vermuthen, daſs die Orpeser Eisensteinformation sehr neu sey. Er erklärt sich hierüber also: „Es ist eine ganz richtige Wahrnehmung, „daſs sich Flötze gemeiniglich an dem Fuſse einfacher, „älterer, oder sogenannter ursprünglicher Gebirge, und „um dieselbe herum, wo sie aufhören, sich über die „Oberfläche der Erde zu erheben, anlegen. Daſs sich „aber auch mitten in, oder zwischen diesen Gebirgen „eines ältern Ursprunges, in ihren Vertiefungen kleine „flötzartige Lager finden können, erhellet unter andern „aus der natürlichen Beschaffenheit der Eisengrube zu

„Orpes und noch einiger anderer, nördlich von ihr in „dieser Gegend liegenden Eisengruben, die einerlei Erze „und einerlei Bewandnifs haben. Kleine zufallige Ue-„berschwemmungen sowohl, als das allmalige Herunter-„waschen verschiedener Erden und abgenutzter Theile „von den umstehenden höhern Gebirgen, welche sich „als ein Schlamm des ausgetretenen oder überschwem-„menden Wassers natürlicher Weise in den tiefern „Schluchten, kleinen Vertiefungen oder Kesseln des „ursprünglichen Gebirges niedersetzen, geben Gründe „genug an die Hand, woraus man dergleichen Erschei-„nungen erklären kann. Zu Orpes nun ruht auf dem „Gneifse erstlich ein mächtiges Lager von schuppigtem „Kalksteine, darüber ein 30 Lachter mächtiger schwe-„bender Gang von Eisenstein, und dieser wird endlich „mit einem weifsen thonartigen, von schmalen Glim-„merlinien grau gestreiften, zuweilen 7 Lachter mäch-„tigen Gestein bedeckt." Nach dieser Darstellung wäre das Orpeser Eisensteinlager von neuerer, ja sehr neuer Formation; aus dem von mir angegebenen Verhalten des Eisensteins gegen den Gneifs und Urkalkstein aber ergiebt sich, dafs dieser Eisenstein von einer viel ältern Formation, und mit dem Gneifse und Urkalkstein gleichzeitig niedergelegt worden seyn müsse. Die *weifse thonartige, mit grauen Glimmerlinien gestreifte Steinart*, die, nach *Ferber*, das Hangende des Eisensteines ausmachen, und nichts anders als aus abgenützten, und von dem Wasser zusammengeschlammten Theilen der umliegenden höhern Gneifsgebirge entstanden seyn soll, scheint die oben von mir näher beschriebene Abänderung des körnigen Kalksteins zu seyn.

Zweitens behauptet *Ferber*, der körnige Kalkstein mache das Liegende des Eisensteins aus. Nach meiner Beobachtung aber macht er vielmehr das Hangende, womit auch *Born* übereinstimmt. Denn in dem obenangeführten Werke führt er den körnigen Kalkstein von Orpes mit dem Zusatze auf: *pars pendens fodinae in Orpes ad Presnitz.*

Drittens sagt *Ferber* von dem Orpeser Eisensteine irrig aus, er bilde einen, 30 Lachter mächtigen, schwebenden Gang. Ich glaube behaupten zu dürfen, dafs der Eisenstein ein mächtiges Lager, obgleich nicht allenthalben von 30 Lachter Mächtigkeit, ausmache, und dafs von diesem Erzlager der Kalkstein das Hangende, der Gneifs das Liegende sey, und dafs dieses Lager einen Keil vorstelle. Denn wenn man die Winkel, welche beide Gebirgslager, der Gneifs (als Liegendes) von 28°, der Urkalkstein (als Hangendes) von 16°, mit der Horizontalebene machen, vergleicht, so ergiebt sich, dafs diese Gebirgslager in irgend einem Punkte, und zwar, wenn man die Neigung dieser Gebirgslager gegen dieselbe Weltgegend (Südwesten nämlich) erwägt, an der Südwestseite zusammentreffen müssen; dafs jenseits dieses Punktes der Kalkstein und der Eisenstein ganz vermifst werden müssen; dafs der zwischen diesen Gebirgslagern liegende Eisenstein also einen Keil bilden müsse, dessen

Grundfläche (Basis) an der Südwestseite, die Schärfe aber an der Nordost- und Ostseite liegt; daſs folglich die Mächtigkeit des Eisensteins um so ansehnlicher seyn müsse, je mehr man sich der Südwestseite nähert, um so geringer, je mehr man gegen Nordosten und Osten vorrückt.

Die Richtigkeit meiner Vorstellungsart muſs ich aber mit Gründen belegen, welche mir die Beobachtung an Ort und Stelle an die Hand gab.

Erstens ist oben bemerkt worden, daſs die Dorotheazeche die Mitte des Orpeser Eisensteinlagers einnimmt. Mit dieser gränzen an der Nordostseite (zwischen St. 2, 4 und St. 4, 4) die Hülfegottes- und Mariahülfezeche. Mit den auf diesen Zechen abgeteuften Schächten (dem Hülfegotteszechenschachte, dem alten und neuen Mariahülfeschachte) durchbrach man bloſsen Gneiſs, ohne das Eisensteinlager zu treffen. Und dieses muſste der Theorie nach so erfolgen, da diese Zechen jenseits des Punktes liegen, in welchem das Kalksteinlager mit dem Gneiſslager (das Hangende und Liegende) zusammentrifft, und wo sich daher das Eisensteinlager ausgekeilt hat. Auch der Kunstschacht, welcher bis auf die Stollensohle 19 Lachter, und unter dieser Stollensohle noch 16 Lachter (also in allem 35 Lachter) abgeteuft ist, ist bloſs im Gneiſse getrieben. Erst, als man dieser Teufe eine Strecke gegen Südwestwest auffuhr, kam man auf den Kalkstein, und nachdem man diesen durchbrochen hatte, traf man das Eisensteinlager.

Zweitens beifst der Kalkstein an der Nordostseite zu Tage aus, und dieses ist gerade die Stelle, wo das Kalksteinlager unmittelbar auf dem Gneifslager aufruhet; diesseits dieses Punktes (nämlich gegen Südwesten) nimmt das Eisensteinlager an Mächtigkeit zu, jenseits desselben wird es im Gegentheile ganz vermifst.

Drittens ist man mit dem auf der Dorotheazeche am meisten gegen Südwesten abgeteuften neuen Schachte in blofsen Urkalkstein 20 Lachter niedergegangen, und erst mit dem 20sten Lachter erreicht man den Eisenstein.

Viertens. Die gröfste bisher bekannte Mächtigkeit des Eisensteinlagers ist 14 Lachter (nicht also, wie Ferber angiebt, 30 Lachter), welche aber abnimmt, so wie man mehr gegen Nordosten kömmt; daher nimmt auch

Fünftens die Tiefe der Schächte zu, so wie sie mehr gegen Süden und Südwesten liegen, und zwar in folgender Ordnung:

1. Der auf der Siebenbrüderzeche abgeteufte Schacht . . . . 19 Lacht.
2. Der auf der Dorotheazeche abgeteufte Dorotheaschacht . . . . 20 —
3. Der auf der Dorotheazeche abgeteufte neue Schacht . . . . 26 —
4. Der auf der Dorotheazeche abgeteufte alte Kunstschacht . . . . 30 —
5. Der auf der Dorotheazeche abgeteufte neue Kunstschacht . . . . 36 —
6. Der auf der Fräuleinzeche abget. Schacht 36 —

Ich glaube, dafs aus der Uebersicht dieser, auf Beobachtungen gegründeten Bemerkungen, sich mit Wahrscheinlichkeit der Schlufs ableiten läfst, dafs der Orpeser Eisenstein ein zwischen dem Gneifse (als Liegendem) und dem Urkalksteine (als Hangendem) liegendes keilförmiges, ansehnliches Erzlager ausmache, nicht aber, wie Ferber annimmt, einen, 30 Lachter mächtigen, schwebenden Gang bilde; dafs die Eisensteinformation zu Orpes in eine viel frühere Zeitepoche falle, als Ferber anzunehmen geneigt ist.

§. 6.

Oekonomie des Baues.

Der Eisenstein wird hier, wegen seiner ausnehmenden Festigkeit, allgemein geschossen. Es wird einmännisch, und zwar in dem festern Gesteine mit dem Kronenbohrer vor- und mit dem Meifselbohrer nachgebohrt. Man bedient sich kürzerer und längerer Bohrer; die erstern sind 6 bis 8, die letztern bis 30 Zolle lang. In einer achtstündigen Schicht werden 5 bis 6 Bohrer verschlagen (verhauen), und zu einem 20 Zolle tiefen Loche bedarf der Häuer gewöhnlich zwei Schichten. Auf einen Schufs wird $\frac{1}{4}$ Pfund (8 bis 9 Zolle) Pulver genommen.

Gefördert wird bis unter den Förderschacht theils mit Karren, theils mit Trögen (mittelst dieser aus den Gesenken, engen und niedrigen Strecken und Orten);

durch den Schacht mittelst eines zweimännischen Haspels in Kübeln.

Es wird hier bloſs im Gedinge gearbeitet. Der Häuer, der für das Gezähe, Grubenlicht, Grubenholz und alle Bedürfnisse sorgen muſs, erhält für das Fuder Eisenstein von fünf Karren, sammt Maaſsgelde, 1 Gulden 27 Kreuzer.

Die Tonne, oder der Karren, soll allhier nach dem neuesten Maaſse seyn:

lang	27 Zolle
breit	21 ——
tief	7 ——

Der Kubikinhalt einer Tonne betrüge daher 3927 Kubikzolle, oder 2,27 Kubikfuſse, und der Kubinhalt einer Fuhre 11,35 Kubikfuſse.

Diese Einrichtung scheint mir zum Theil mit an dem von langen Zeiten her schlecht betriebenen Grubenbaue Schuld zu seyn, da der Häuer die gröſstmöglichste Quantität Eisenstein mit den geringsten Kosten zu erhalten sucht, und daher, wenn er auf einen reichen Eisenstein trifft, davon so viel als möglich herausnimmt; und daraus lassen sich die ungeheuren Weitungen in den Orpeser Gruben, die oft sehr hohen, oft sehr niedrigen Strecken, so daſs man mit Mühe durchkriechen kann, die vielen tiefern und seichtern Gesenke u. s. w., überhaupt der gegen alle erprobten Grundsätze der Bergbaukunde verführte Bau erklären.

Orpes war zur Zeit meines Aufenthalts mit 39 Mann belegt, und zwar die Dorotheazeche allein mit 16, die übrigen zusammen mit 23 Mann.

Der Eisenstein wird theils auf der K. Kammerherrschaft Presnitz in dem bei Schmiedeberg befindlichen hohen Ofen und Eisenhammer zu gute gemacht, theils auf den auf der Herrschaft Klösterle und Rothenhaus befindlichen hohen Oefen verschmolzen, deren Einrichtung späther beschrieben werden soll.

VI.

Der Kremsger.

Die Kremsger Eisensteingruben liegen der Orpeser gegen Mitternacht, dem Auspaner Gebirge gegen Nordost, etwas höher als jene, und etwas tiefer als dieses, in der Entfernung einer starken halben Stunde von Orpes, und die in dem ersten Theile beschriebenen, zur Trappformation gehörigen Spitzberge, trennen beide von einander. Von der Geschichte des hierortigen Bergbaues weiſs man eben so wenig Zuverläſsiges, als von dem Orpeser; selbst die angeführten Schriftsteller machen, auſser *Ferber* (im angef. Werke S. 50), keine Erwähnung davon. So viel ist aber auſser allem Zweifel, daſs er viel jünger sey, und wahrscheinlich durch den Mangel an Eisenstein, den die Errichtung mehrerer Hammerwerke in der Gegend und der unordentliche Bergbau zu Orpes zur Folge hatte, veranlaſst wurde.

§. 1.

Betrieb des Bergbaues.

Es sind hier folgende Gruben im Gange, die ich in derjenigen Ordnung, wie sie von dem Stollen aufwärts zu liegen, namentlich anführen will:

1.	Clementiszeche; die Tiefe des darauf niedergebrachten Schachtes ist	— Lacht.
2.	Christinazeche	2 bis 3 ——
3.	Fiedlerszeche, sammt dem Gesenke .	12 ——
4.	Die Hammerzeche }	$18\frac{1}{2}$ ——
5.	Glück mit Freuden }	
6.	Fundgrube Sechszehnlehn, sammt dem Gesenke	16 ——
7.	Drei Brüderzeche	4 ——
8.	Anton am Bärenloch	8 ——
9.	Schuhdrahtzeche	11 ——
10.	Ueberschaarzeche } .	22 ——
11.	Fundgrube Dreiundzwanziglehn }	
12.	Die obere Weiſszeche	16 ——
13.	Die obere Wasserzeche	16 ——
14.	Die Wolfgangszeche	15 ——
15.	Johanniszeche über der Hammerlehn .	8 ——
16.	Ferdinandizeche	8 ——
17.	Die untere Weiſszeche	9 ——
18.	Die Schwarzzeche	— ——
19.	Unverhoft Glück	— ——
20.	Procopiizeche	— ——

Von diesen wird die Hammerlehnzeche, die Glück mit Freudenzeche zum Theil, und Anton am Bärenloch von der K. Kameralherrschaft Presnitz, die untere Weiſszeche von der Herrschaft Rothenhaus, die übrigen gröſstentheils von Presnitzer Bürgern, und einige von Eigenlöhnern im Baue erhalten.

Um die Wasser zu lösen, wird der Ferdinandistollenbau, welcher seine Hauptrichtung St. 9 gegen Nordwesten hat (die an dem Stollenmundloche genommene Stunde war St. 11, 4) und bis zur Fundgrube 22 Lachter seigere Teuſe einbringt, gewerkschaftlich betrieben. Da aber dieser Stollen nur diese geringe Teufe einbringt, und bisher nur einige 100 Lachter in das Gebirge geht (er soll bis jetzt die beiden obigen Fundgruben unterteufen), so ist es begreiflich, daſs er nicht die Wasser aller Gruben lösen, und daſs man mit den Schächten um so weniger in eine gröſsere Teufe niedergehen kann. Dieser Mangel eines hinreichend tiefen und weit genug ausgelängten Stollens ist eine der hauptsächlichsten Ursachen, daſs der Bergbau auf dem Kremsger nicht so ergiebig ist, nicht so ergiebig seyn kann, als man sonst von demselben mit Recht erwarten könnte, da man sich in den jetzt bestehenden Gruben, wegen der häufig zudringenden Tagewasser, mehr auf die bloſs oberflächigen Eisensteinlager beschränken muſs. Es wurde daher beschlossen, durch einen zweiten tiefern Stollen, von dem rothen Hirſche aus, das Gebirge aufzuschlieſsen. Da aber derselbe, nach den mir mitgetheilten Nachrichten, nur 4 Lachter mehr Teufe einbringen soll, so wird wohl nur wenig damit gewonnen. Am besten wäre es wohl mit einem Stollen in dem tiefsten Punkte des Gebirges, als in der Gegend von Christophshammer, in das Gebirge anzufahren, weil so nicht nur die Wasser der schon bestehenden Gruben vollkommen abgezapft werden könnten, sondern weil man alsdann mit den Schächten tiefer niedergehen könnte, und so die wahrscheinlich tiefer liegenden Erzlager mit demselben erreicht würden, welche, wenn es von dem Orpeser Bergbaue auf den Kremsger analogisch zu schliefsen erlaubt ist (und die relativ höhere Lage des Kremsger und die Aehnlichkeit der auf beiden Eisensteingruben einbrechenden Eisensteine und anderer Fossilien berechtigt zu so einem Schlusse), eine viel beträchtlichere Mächtigkeit haben müssen. Freilich wären die Kosten dieses tiefen Stollens beträchtlich; aber, meiner Meinung nach, würde die gröfsere Ausbeute an Eisenstein, die erleichterte Förderung, der dann einzuführende regelmäfsigere, und mehr auf die Dauer berechnete Grubenbau, diese Kosten bald wieder ersetzen.

Mit den Schächten geht man unter gegenwärtigen Umständen so weit nieder, als man kann, sammelt wohl auch, wenn die Tagewasser zu häufig zudringen, dieselben in einem Gesenke, woraus sie in Kübeln zu Tage gefördert werden müssen, treibt dann nach Gutdünken, oder Convenienz, nach verschiedenen Richtungen Strekken, welche, da der Eisenstein selten mehr als 2 bis 2½ Schuh mächtig einbricht, sehr niedrig sind. Ueberhaupt richtet sich ihre Höhe nach der jedesmaligen Stärke des Eisensteinlagers.

Nach dieser Uebersicht des hier verführten Grubenbaues im Allgemeinen wäre es überflüfsig und zeitverderbend, wenn ich im Detail die Beschreibung des auf jeder der verzeichneten Zechen verführten Baues hier mittheilen wollte; ich begnüge mich daher blofs mit zwei Gruben, der Hammerlehn und Glück mit Freudenzeche, welche mit einander durchschlägig sind, und sowohl wegen des hier regelmäfsigern Baues, als auch wegen des in der Nachbarschaft befindlichen Tagebruches, eine Auszeichnung verdienen.

Diese Gruben liegen der Stadt Presnitz gegen Norden mit einer geringen Abweichung gegen Westen, der Fiedlerschen Grube, welche, in diesem Kremsger Gebirge die erste, dem Auspaner Gebirge die nächste, am südlichsten gelegen ist, gegen Nordwesten. Es sind zwei Schächte vorhanden, deren einer im Tagebruche selbst nur 6 Lachter niedergeht, und nun ersäuft ist, der andere, oder der sogenannte Stollenschacht, von den beiderseitigen Gewerken gemeinschaftlich niedergebracht worden ist. Er bringt bis auf die Stollensohle 18½ Lachter seigere Teufe ein. Auf diesen fuhr ich an. Der ganze Bau besteht aus einer Strecke, welche von dem Schachte nach beiden Seiten ausgehauen ist, und einem Flügelorte, das man seit dem Jahre 1794 erst in der St. 2, 4 nordöstlich, dann in St. 8, 2 nordwestlich etliche 40 Lachter weit getrieben hat, das 25 Lachter in Zimmerung,

übrigens

übrigens im Festen steht. Da dieser Bau bis auf die Stollensohle niedergeht, so werden die Grubenwasser durch den von der Kameralherrschaft Presnitz im Bau erhaltenen Stollen gelöset, an welche auch das Stollenneuntel entrichtet werden muſs.

Das Liegende des Eisensteinlagers macht ein *dickflasriger Gneiſs*, dessen sehr starke Schichten unter dem Winkel von 68° gegen Nordwesten einfallen, und St. 2 streichen. Das Eisensteinlager selbst ist über 18 Lachter mächtig, und geht zu Tage aus, wie dieses in dem Tagebruche deutlich sichtbar ist, wo man an der Südostseite den Gneiſs, an der Nordwestseite das Erzlager anstehen, und dieses auf jenem aufruhen sieht. Bei diesem sehr groſsen Einfallwinkel ist es sehr natürlich, daſs man nur das Ausgehende des Lagers, auf welchem nur die drei Gruben, Fiedlerszeche, Hammerlehn- und Glück mit Freudenzeche angelegt sind, zum Theil abbaut; da nun ferner auf diesem Lager, dem Tage näher, der Eisenstein den übrigen beibrechenden Fossilien (der Hornblende, dem gemeinen Granate, Quarze u. s. w.) nur sparsamer beigemengt ist, und erst in gröſserer Teufe bauwürdig erscheint, so ergiebt sich daraus nochmals die Nothwendigkeit eines Stollens, der eine gröſsere seigere Teufe einbringt, als der jetzige Ferdinandistollen, oder als der projektirte rothe Hirschstollen einbringen würde.

Die übrigen Gruben bauen viel schwächere, oft kaum 3 bis 4 Fuſs mächtige Eisensteinlager ab, die meistens viel flächer, unter dem Winkel von einigen 40 Graden, gegen Nordwesten einfallen, deren Hangendes und Liegendes derselbe Gneifs ist; wodurch es wahrscheinlich wird, dafs mehrere mit dem Gneifse abwechselnde Erzlager hier übereinander liegen.

§. 2.

Oekonomie des Baues.

Der Eisenstein wird hier mit Schlegel und Eisen gewonnen, das Nebengestein aber weggeschossen. Bis unter den Schacht wird das gewonnene Erz auf Karren oder in Trögen, durch den Schacht mittelst eines zweimännischen Haspels in Kübeln gefördert. Auch hier sorgt, wie zu Orpes, der Häuer für Grubenzimmerung, Geleuchte, Gezähe; erhält aber nur für ein Fuder zu fünf Tonnen 1 Fl. 10 Kr. Die Tonne war, nach der Angabe der Häuer, hier sonst

lang	21 Zelle,
breit	14 ——
tief	7 ——

hatte daher an Kubikinhalt 1$\frac{1}{5}$ Kubikfufs, und eine Fuhre fafste ungefähr 6 Kubikfufse.

Auf der Glück mit Freudenzeche und Hammerlehnzeche erhalten die Steiger, denen die Aufsicht der Gruben anvertrauet ist, für das Fuder 1 Fl. 7$\frac{1}{2}$ Kr.; dafür müssen sie die Häuer auslöhnen, die Grubenzimmerung, das Geleuchte und Gezähe besorgen, und noch von den geförderten Eisensteinen das Stollenneuntel und das Zehntel entrichten. Der Verkaufpreis des Fuders Eisensteins ist 2 Fl. Der Preis des Pulvers war damals das Pfund 18 Kr., das Geleuchte das Pfund 18 Kr., der Stahl das Pfund 18 Kr. Für das Zurichten eines Bohrers mufste bezahlt werden 1 Kr.

Der Eisenstein wird theils nach Böhmen an die Hohöfen zu Schmiedeberg, Kallich und Gabrielhütte, theils nach Sachsen an die Eigenthümer der Hohöfen zu Schmalzgrube, Sächsisch - Kuhnheit, Schlössel, am rothen Hammer, zu Mittel - Schmiedeberg (Werkel) verkauft. Das Stollenneuntel und der Zehnte ist hier, wie zu Orpes, an die Herrschaft Rothenhaus verpachtet.

§. 3.

Beibrechende Fossilien.

Der Eisenstein macht, der Erdoberfläche näher, $\frac{1}{2}$, 1, 2 bis $2\frac{1}{2}$ Fufs mächtige, mit dem Gneifse abwechselnde Lager, welche mit den Schichten des Gneifses parallel, gewöhnlich unter dem Winkel von 36°, gegen Norden einfallen, und ihr Streichen St. 5 haben. In tiefern Punkten scheint er, wie oben bemerkt worden ist, in Begleitung der Hornblende, des Granates u. s. w., ein viel mächtigeres Lager auszumachen.

Der gewöhnlich hier einbrechende Eisenstein ist derselbe, wie zu Orpes, nämlich der *gemeine Magneteisenstein*

von *eisenschwarzer* Farbe, die sich nur selten etwas in die *stahlgraue* zieht.

Er kömmt nur *derb* vor,

ist *wenigglänzend*, bis in das *Schimmernde* übergehend,

von *unebenem*, *feinkörnigem* Bruche,

klein- und *feinkörnig* abgesonderten Stücken.

In und mit diesem Eisensteine brechen hier noch ein:

1. *Gemeiner Schwefelkies*

von *speisgelber* Farbe, die sich bald der *stahlgrauen*, bald der *goldgelben* mehr nähert, selten *bräunlichroth angelaufen* ist;

er kömmt theils *klein* und *fein eingesprengt* in dem Magneteisensteine, theils mit demselben innigst gemengt, vor.

Dieser Schwefelkies bricht nur auf einigen Gruben, überhaupt aber hier häufiger, als in Orpes, ein. Da nun der Eisenstein, wenn er davon eine gröſsere Menge enthält, ein rothbrüchiges, daher untaugliches Eisen giebt, so sieht man den Orpeser Eisenstein überhaupt, und den Eisenstein von einigen Kremsger, welcher wenig oder gar nichts von diesem Schwefelkiese enthält, vor. Ja man will die Häuer auf denjenigen Gruben, auf welchen der Schwefelkies häufiger mit dem Magneteisensteine einbricht, dazu verhalten, erstern besonders und unmittelbar auf der Grube auszuhalten.

2. *Gemeiner Granat.*

Auch dieser kömmt nicht so häufig, und zwar theils in den Eisenstein *klein eingesprengt* und dann von *bräunlichrother* Farbe, theils in den Kalkspath *fein eingesprengt* und alsdann *lichte* und *dunkel hyacinthroth*, von einem hohen Grade der *Durchscheinbarkeit*, an das *Halbdurchsichtige gränzend*, vor.

3. *Gemeine Hornblende.*

Von dieser fand ich nur die bei Orpes angeführte erste Abänderung hier, und zwar von einer *schwärzlichgrünen*, selten von einer *grünlichgrauen* Farbe. Diese letztere schien schon einen hohen Grad der Verwitterung erlitten zu haben. Sie bildet theils schmale, mit dem Magneteisensteine abwechselnde Schichten, theils kömmt sie in demselben nesterweise, oder wohl auch damit innig gemengt, vor. Durch die Verwitterung übergeht sie in eine gelblichgraue, blaſs ochergelbe zerreibliche, eisenschüſsigthonige Masse.

4. *Kalkspath*

von einer *graulichweiſsen*, in die *rauchgraue* ziehenden Farbe. Dieser kömmt theils nesterweise in dem Magneteisensteine vor, theils durchzieht er denselben in schmalen Trümmchen und Adern nach verschiedenen Richtungen, theils ist er mit ihm und dem gemeinen Granate zu einem feinkörnigen Gemenge verbunden.

5. *Gemeiner Quarz*

von *graulichweiſser*, *dunkel rauchgrauer* und *blaſs nelkenbrauner* Farbe, in schmalen Trümmchen in dem Eisensteine aufsetzend, und mit diesem, aber nur äusserst selten,

6. *Amethyst*

von *lichte violblauer* Farbe.

Auf einigen Gruben, und zwar denjenigen, welche eine höhere Lage haben, und daher bloss die obern Eisensteinlager abbauen, bricht auch *Rotheisenstein* ein, der aber nur schmale Lager zu bilden scheint. Es ist gewöhnlich

7. *dichter Rotheisenstein*

von einer *bräunlichrothen* Farbe, die sich durch alle Abstuffungen bis in die *dunkel stahlgraue* verläuft, seltener von einer *blutrothen.*

Er kömmt hier nur *derb* vor,

ist innwendig *matt* oder nur äusserst *schwachschimmernd,*

im Bruche theils *uneben von feinem Korne*, theils in den *muschlichen* übergehend, bei dem Uebergange in den *ochrigen erdig,*

von *unbestimmteckigen, nicht sonderlich scharfkantigen* Bruchstücken,

blutrothem Striche,

hart (er giebt mit dem Stahle häufige Funken), auch wohl nur *halbhart.*

Er macht nicht selten einen deutlich wahrnehmbaren Uebergang in *gemeinen Jaspis.*

Dieser dichte Rotheisenstein ist mit häufigen schmalen Trümmchen und Adern von *gemeinem*

Quarze und *Amethyste* durchzogen, und diese Adern sind zuweilen *netzförmig* verschlungen.

Ersterer ist meistens *graulich-* oder *gelblichweiſs*, theils *derb*, theils in *kleine* und *sehr kleine einfache sechsseitige Pyramiden* krystallisirt, die da, wo sie angewachsen sind, schon Anfänge der sechsseitigen Säule zeigen. Letzterer ist *lichte* oder *dunkel*, doch auch nur *blaſs violblau*, gleichfalls theils *derb*, theils in etwas *stumpfe, einfache sechsseitige Pyramiden* krystallisirt, und liegt gewöhnlich auf einer dünnen Lage des derben Quarzes auf.

Selten bricht mit diesem dichten Rotheisensteine zugleich ein

8. *rother Glaskopf*

von einer *blutrothen*, der *stahlgrauen* sich nähernden Farbe,

kleintraubiger und *nierförmiger* äuſserer Gestalt,

büschelformig auseinander laufend und *zartfasrigem* Bruche,

dünn - und *concentrisch - schaalig* abgesonderten Stücken.

Am sparsamsten kömmt mit ihm vor

9. *das blättriche Graubraunsteinerz*

von *lichte stahlgrauer* Farbe,

theils *derb*, theils in *ganz kleine vierseitige Täfelchen*, die sich meistens um ein Korn des gemeinen Granates *halbkugelförmig* aneinander gereihet haben, krystallisirt.

VII.

Die Eisensteingrube am Hohensteine.

Zu der bisher beschriebenen Eisensteinformation scheint auch das Lager im Hohensteine zu gehören, da sowohl der hier einbrechende Eisenstein derselbe Magneteisenstein ist, als auch die beibrechenden Fossilien, obgleich nicht alle zu denselben Gattungen, doch gröfstentheils zu denselben Geschlechtern, gehörig sind. Die meiste Analogie scheint sie mit der Grauköpler, mit welcher sie auch das Hangende und Liegende gemein hat, und mit welcher sie in ziemlich gleicher Höhe gelegen seyn mag, zu haben.

Der Hohenstein ist, von der Südseite angesehen, ein hoher, von der Nordseite betrachtet, ein nicht zu hoher, zugespitzt kegelförmiger Berg, dessen Abhänge von allen Seiten bis auf die Westseite, als wo er sich durch einen, gegen Nordwest auslaufenden breiten Kamm, mit dem nahe gelegenen erzgebirgischen Rükken verbindet, ziemlich steil abfallen. Er ist, bis auf einen kleinen Theil des nordwestlichen Abhanges, mit hochstämmiger Waldung bedeckt; an seinem nördlichen Fufse liegt das Dorf Unterhals, an dem südlichen Redling. Er steht, bis auf obigen Kamm, ganz aufser Verbindung mit dem erzgebirgischen Rücken, und macht eine für sich bestehende, ziemlich isolirte Kuppe aus.

Die diese Kuppe constituirende Gebirgsart ist ein nicht zu *dick*- und *geradschiefriger* **Gneifs**, der an dem Gipfel nur in zerstreuten Bruchstücken auffindbar, dem Fufse näher aber in einigen niedrigen Felsenmassen festanstehend ist, in welchen ich daher sein Verhalten in Hinsicht des Fallens und Streichens bestimmen konnte. Der Einfallwinkel der oft kaum einige Zolle starken Schichten beträgt 24° gegen Süden, das Streichen ist St. 6. Der Gneifs fällt also parallel mit dem erzgebirgischen Gebirgsabhange, und der Hohenstein scheint blofs eine durch spähtere Revolution losgetrennte Kuppe zu seyn. Der *blafs gelblichgraue* **Feldspath** ist in demselben der vorwaltende Gemengtheil; auf diesen folgt der **Glimmer**, der theils in *zarten Schüppchen* dem häufigern Feldspathe und sparsamern Quarze beigemengt ist, theils auf den Ablösungen der Schichten in *gröfsern zusammengehäuften* Blättchen übereinander liegt, und dessen Farbe sich aus der *tombackbraunen* bis in die *silberweifse* verläuft; der **Quarz** ist theils *graulichweifs*, theils *rauchgrau*.

Aber an demselben nordöstlichen Abhange findet man noch einige Felsenmassen, in der Nachbarschaft der Eisensteingrube entblöfst, deren Gebirgsart von dem eben beschriebenen Gneifse ganz verschieden ausfällt. Ihr Verhalten konnte ich nicht bestimmen, da sie äufserst zerklüftet ist. Ich will ihre Beschaffenheit, so wie ich sie oberhalb der Eisensteingrube, und wie ich sie unterhalb derselben fand, näher beschreiben. Jene macht das Hangende des Eisensteinlagers, oder vielmehr selbst einen Theil des Lagers aus.

Sie besteht aus einem sehr feinkörnigen Gemenge von *Quarz, gemeinem Granat* und *Magneteisenstein.* Ersterer ist von dem innig beigemengten *Chlorite dunkel lauchgrün* gefärbt (diese Farbe entwickelt sich erst unter dem Suchglase, oder an den sehr dünnen Splittern bei unbewafnetem Auge), und hat *feinkörnig* abgesonderte Stücke. Der *gemeine Granat* ist *gelblichbraun*, und vorzüglich auf den Klüften, wo er häufiger vorkömmt, deutlicher wahrnehmbar; der *Magneteisenstein* endlich ist gleichfalls sehr *feinkörnig*, oft nur sparsam, oft häufig beigemengt. Im Ganzen hat diese Gebirgsart eine aus der *rauchgrauen* in die *dunkel grünlichgraue* ziehende Farbe. Auf den Klüften entdeckt man hier und da schwache dendritische Zeichnungen.

Die Gebirgsart, welche unterhalb der Grube ansteht, und, nebst dem späther zu beschreibenden Urkalksteine, das Liegende des Eisensteinlagers ausmacht, ist deutlich geschichtet. Die Schichten sind 1 bis 1½ Fuſs stark. Sie zeigt auf dem Queerbruche abwechselnd 2 bis 3 Linien starke, gerade und gleichlaufende, *asch-* und *lichte graulichschwarze* Streifen, und besteht aus einem gleichfalls *feinkörnigen* Gemenge von *Quarz* und *Feldspath*, in welches sehr und ganz kleine *dunkel bräunlichschwarze*, *graulichschwarze* und *aschgraue zarte Glimmerblättchen* eingestreut sind, welche aber, auf den Ablösungen zusammengehäuft, äuſserst schwache Lagen bilden. Sie ist also *Gneiſs.* Auf den Klüften, und zuweilen noch tiefer hinein, ist er (vielleicht von dem gleichfalls, obgleich nur mechanisch beigemengten *Chlorite*) *blaſs lauchgrün* gefärbt.

Bei den höher gelegenen Felsenmassen geht eine, einige Fuſs breite Oeffnung in das Gebirge, die weiter hinein noch enger zu werden scheint. Da ich kein Grubenlicht bei mir hatte, so wagte ich es nicht sie zu befahren; kann daher weder bestimmen, wie weit sie hineingeht, noch ob sie bloſs eine seiger niedersetzende Kluft oder ein von den Alten angelegter Stollen sey.

Die Eisensteingrube selbst ist eine von Tage niedergehauene Weitung (Höhle), deren Eingang einige Lachter breit und hoch ist. Die Weitung selbst mag 50 Lachter in die Breite und Länge, und in die Höhe 3 Lachter betragen. Diese Höhe bestimmt zugleich die Mächtigkeit des abgebaueten Lagers; ich sage, des *abgebaueten:* denn rechnet man obige Felsenmassen hinzu, so dürfte die Mächtigkeit desselben wohl 10 und mehr Lachter betragen. Im Hintergrunde derselben fand ich folgende Gebirgsarten übereinander gelagert. Die Förste macht obiges feinkörniges Gemenge; auf dieses folgt das Eisensteinlager selbst, das 1½ Lachter mächtig ist; darunter liegt der Urkalkstein.

Der Grubenbau scheint in diesem Berge nicht neu, sondern sehr alt zu seyn; denn man findet unterhalb der bezeichneten Grube zwei Stollen, einen etwa 10 Lachter tiefer als die Grube, den andern an dem nördlichen Fuſse des Berges, an dem gegen Unterhals zuflieſsenden Bache. Beide waren südwestwärts in derselben Stunde in das Gebirge getrieben, wenn es anders erlaubt ist, die an dem beiderseitigen Mundloche genommene Stunde (St. 2, 3) für die Richtung derselben unbedingt anzunehmen; denn mich durch Authopsie zu überzeugen, hinderte mich der Umstand, daſs beide Stollen am Mundloche und vielleicht auch weiter hinein verbrochen waren. *Zweitens* findet man, dem Gipfel näher, noch einige, freilich ganz verrasete Halden. *Drittens* dürfte vielleicht obige Oeffnung auch der Eingang eines dritten Stollens seyn. *Viertens* endlich findet man an der Mühle bei Unterhals groſse aufgestürzte Halden von Hohofenschlacken, die einen Beweis abgeben, daſs hier einst ein Hohofen stand, auf welchem diese Eisensteine verschmolzen wurden. Nach den sorgfältigst eingezogenen Nachrichten konnte ich aber doch nicht erfahren, weder zu welcher Zeit dieser Hohofen im Gange war, noch wer der Eigenthümer desselben gewesen. Doch ich übergehe zu der Beschreibung der oben angegebenen Gebirgslager, und fange mit dem Kalksteinlager an.

Dieses ist 4 bis 5 Fuſs mächtig, und wird abgebauet. Der geförderte Kalkstein wird gebrannt, und in ökonomischer Hinsicht benutzt. Dieser körnige Kalkstein scheint mir in geognostischer Hinsicht, wegen der ihm beigemengten und mit einbrechenden Fossilien, äuſserst merkwürdig.

Ist der körnige Kalkstein rein, was aber nur selten und blofs in kleinen Parthien der Fall ist, so ist er von Farbe *gelblichweifs*; öfters ist er (wegen der innig beigemengten Hornblende) *dunkel graulichschwarz* oder (wegen des beigemengten Chlorites) *grünlichgrau*; nur selten ist er *bläulichgrau*. Diese Farben wechseln in *verschiedentlich gekrümmten* oder *wellenförmigen*, selten *geraden*, und dann nur eine kurze Strecke parallel auslaufenden, *sehr schmalen* (kaum eine Linie starken) oder *breitern* (bis einige Zolle starken) *Streifen*, oder *fleckweise* mit einander ab.

Innwendig wechselt er von dem *Glänzenden* bis zum *Schwachschimmernden* ab, und der Glanz steht mit dem Bruche im genauesten Verhältnisse.

Ist der Bruch deutlich *blättrich* (wie bei dem weifsen und grünlichgrauen), so ist der Glanz beträchtlich; so wie aber der Bruch *dichte*, und zwar *splittrich* (wie bei dem bläulichgrauen) oder *uneben* wird (wie bei dem dunkel graulichschwarzen), nimmt der Glanz bis zu einem geringen Schimmer ab.

Die Bruchstücke sind *unbestimmteckig*, *nicht sonderlich scharfkantig*.

Der Kalkstein mit blättrichem Bruche zeigt *kleinkörnig* abgesonderte Stücke.

Gewöhnlich ist er *durchscheinend*; der bläulichgraue ist nur *an den Kanten durchscheinend*, der scwarze *undurchsichtig*.

Unter den ihm beigemengten Fossilien muſs vor allen ausgezeichnet werden:

1. Die *gemeine Hornblende.*

Diese ist von *sammetschwarzer* Farbe,

und theils in den Kalkstein *klein* und *fein eingesprengt*, theils liegt sie in demselben in *langen*, aber *sehr dünnen*, *nadelförmigen* Krystallen inne, welche bald *einzeln* vorkommen, bald einander unter verschiedenen Winkeln *durchkreuzen*, bald *büschelförmig zusammengehäuft* sind; theils endlich kömmt sie *derb*, mit dem Kalksteine *streifenweise* abwechselnd oder mit demselben so innig gemengt vor, daſs sie die Kalksteinmasse ganz oder gröſstentheils verdrängt;

und dann von *durcheinander laufend strahlichem* Bruche.

2. Der *Kalkspath.*

Dieser ist von *gelblich-* und *graulichweiſser* Farbe,

durchsetzt *trümmchenweise* nach verschiedenen Richtungen den Kalkstein (die Trümmchen sind aber selten durchaus von gleicher Stärke, sondern bald 2 bis 3 Zolle, bald aber auch nur einige Linien stark), oder liegt in *Nestern* darinn.

3. *Gemeiner Asbest.*

Diesen fand ich nur einmal auf einer, in dem Kalksteine aufsetzenden Kluft, unmittelbar auf dem Gneiſse aufliegend.

Seine Farbe war *graulichweiſs*,

er kam bloſs *derb* vor,

war innwendig *schwachschimmernd*,

von *Seidenglanz*,

war *zart- gerade-* und *gleichlaufend fasrig*, nur selten *durcheinander laufend fasrig*, und dann bildete er *dünne Plättchen*, und machte den Uebergang in *Bergkork*.

4. *Serpentinstein.*

Von diesem kommen beide Arten vor.

a. Der *gemeine Serpentinstein.*

Dieser ist von *schwärzlichgrüner* Farbe, die sich bald in die *rabenschwarze* verläuft; oder von *schwefelgelber*, die von einer Seite in die *gelblichgraue*, von der andern in die *zeisiggrüne* zieht. Zudem ist er noch hier und da *oraniengelb*, *scharlachroth* und blutroth gefleckt.

Er ist innwendig *matt*; nur da, wo er viele zarte Talkblättchen aufnimmt, hat er einen von diesen erborgten *Schimmer*.

Er hat einen theils *groſsmuschlichen*, theils *splittrichen* Bruch,

unbestimmteckige, *nicht sonderlich scharfkantige* Bruchstücke,

ist *an den Kanten* nur *schwach durchscheinend*, auch wohl ganz *undurchsichtig*.

In diesen Serpentinstein ist sehr oft schon der *Magneteisenstein klein* und *fein eingesprengt*, oder auch parthienweise innig damit gemengt; und in diesem Falle zeigt er eine beträchtliche Einwirkung auf die Magnetnadel, und wird selbst in kleinen Splittern von dem Magnete angezogen. Auch liegen oft sparsame, aber sehr häufige und *sehr kleine silberweiſse* *Talkblättchen* darinn. Am sparsamsten *Glimmer*

von *dunkel berggrüner* Farbe, die durch die *spargelgrüne* bis in die *grünlichweiſse* übergeht, und im letztern Falle in die *silberweiſse* spielt;

theils *eingesprengt*, theils in *kleine sechsseitige Tafeln*, auch wohl in *gleichnamige niedrige Säulen* krystallisirt, und in diesem Falle

ist er *starkglänzend*, von einem dem *Metallglanze* sich *annähernden Perlmutterglanze*, sonst nur *glänsend* von *Perlmutterglanz*.

Der Bruch des krystallisirten ist *gerade*, des andern *wellenförmig blättrich*.

Von diesem Glimmer hat ein Uebergang durch alle Nüancen bis in den *gemeinen Talk* Statt.

Endlich liegt in diesem Serpentinsteine noch *graulichweiſser Kalkspath* inne.

b. Der *edle Serpentinstein*.

Dieser ist von *lichte* und *dunkel lauchgrüner* Farbe, erstere verläuft sich zuweilen in die *ölgrüne*.

Er

Er kömmt *derb*, auch wohl nur in den gemeinen *eingesprengt* vor.

hat einen *splittrichen* Bruch,

unbestimmteckige, ziemlich scharfkantige Bruchstücke,

und (obgleich selten) *dünn-* und *geradstänglich* abgesonderte Stücke,

ist in *einem hohen Grade durchscheinend*,

weich, das in das *Halbharte* übergeht,

nicht sonderlich spröde,

und *nicht schwer zersprengbar*.

Gewöhnlich liegen der Kalkspath und Serpentinstein nur buzzen- oder nesterweise in dem Kalksteine, zuweilen aber wechseln sie, nebst der Hornblende, lagenweise mit einander ab, so zwar, daſs die Hornblendeschichten die schwächsten, die Kalksteinschichten die stärksten sind. Manchmal ist der Serpentinstein mit dem Urkalksteine innig gemengt.

Das Erzlager selbst besteht

1. aus dem *gemeinen Magneteisensteine*.

Dieser hat eine *vollkommen eisenschwarze* Farbe,

kömmt *derb* und *eingesprengt* vor,

ist innwendig *glänzend*,

von *Metallglanz*.

Der Bruch ist hier und da schon deutlich *blättrich*, gewöhnlich aber *uneben* von *kleinem Korne*.

Die *körnig* abgesonderten Stücke sind gröſser, als bei dem Eisensteine der vorigen Gruben, aber dafür auch weniger ausgezeichnet.

Mit und in diesem bricht

2. *bräunlichrother* und *gelblichbrauner* **gemeiner Granat;**

3. der oben beschriebene, hier aus dem *Berggrünen* in das *dunkel Lauchgrüne* übergehende, zuweilen in *sechsseitige Tafeln zusammengehäufte* **gemeine Talk;**

4. ein *bräunlichrother* **gemeiner Serpentinstein,** der mit sehr häufigen, aber äuſserst zarten Talkblättchen, und dem sehr feinkörnigen Magneteisensteine ein äuſserst feinkörniges Gemenge macht;

5. **Chloritschiefer**

von einer *Mittelfarbe zwischen lauch-* und *schwärzlichgrün.*

Dieser scheint mit dem Eisensteine abwechselnde *schmale Lagen* zu bilden,

ist innwendig *wenigglänzend,*

von *Fettglanz,*

hat einen *krummschiefrigen,* in den *schuppigen* übergehenden Bruch.

In diesen ist häufig *graulichweiſser* **Kalkspath,** noch häufiger aber **Magneteisenstein** *klein* und *fein eingesprengt.* Ersterer erscheint in *kleinen länglichen Flecken,* welche, der Einwirkung der äuſsern Atmosphäre ausgesetzt, verwittern, und dann ihren ursprünglichen Glanz und blattrichen Bruch verliehren.

VIII.

Die Eisensteingruben am Auspaner Gebirge.

Die höhere Lage des Auspaner Gebirges und die Ver-Verschiedenheit des auf demselben einbrechenden Eisensteines von jenem, der auf dem Orpes und Kremsger vorkömmt, scheint auf eine verschiedene, und, wie mir dünkt, spáthere Formation desselben hinzudeuten. Diese Formation scheint gleichsam zwischen der Kiesformation an dem Kupferhügel und der Orpeser und Kremsger Eisensteinformation in der Mitte zu liegen, und mit jener des Rotheisensteins bei Oberhals und an dem Hammergebirge u. s. w. gleichzeitig zu seyn.

Das Auspaner Gebirge scheint ein Theil des an dem hohen erzgebirgischen Rücken in der Gegend von Kupferberg und Oberhals gegen Norden auslaufenden Gebirgskammes zu seyn, welchem an der Westseite das Schwarzwasser, an der Ostseite der Presnitzer Bach Gränzen setzt. Eine sanfte Vertiefung, durch welche ein kleiner Gebirgsbach fliefst, trennt es von dem mehr gegen Nordost gelegenen Kremsger Gebirge, mit welchem es ein Ganzes ausmacht. Es erhebt sich von Presnitz sanft, und verliehrt sich oben in den Kamm. Die Entfernung von Schmiedeberg kann nordöstlich $1\frac{1}{2}$ Stunde, von dem Kremsger südwestlich eine kleine Viertelstunde betragen.

Die vielen ausgehauenen Weitungen, die man in diesem Gebirge bei der Wiederbelegung der Gruben fand, deren einige mehrere Lachter hoch sind, und 10 bis 20 Lachter im Umfange haben, geben einen Beweis, daſs hier vielleicht vor langer Zeit ein beträchtlicher Eisensteinbau betrieben worden sey. Nächst Orpes ist hier wohl der weitläuftigste Bau auf Eisenstein in dieser Gegend.

Der jetzige Bau beschränkt sich bloſs auf die sogenannte Johanniszeche, welche die Herrschaft Presnitz gemeinschaftlich mit der Herrschaft Rothenhaus und einigen Privatgewerken (die Kameralherrschaft hat 6, die Herrschaft Rothenhaus 10 Kuxe) bauet, und den rothen Schacht, dessen Gewerke Herr Nennl, Schichtmeister in Schmiedeberg, ist.

Auf der Johanniszeche ist bloſs ein Schacht 12 Lachter tief abgeteuft, mit dem rothen Schachte ist man 13 Lachter niedergegangen. Der Johannisstollen, der von dem Gebirgsbache in westlicher Richtung (St. 5, 4) 200 Lachter weit in das Gneiſsgebirge getrieben ist, bringt 18 Lachter Teufe ein; tiefer kann der Bau wegen der häufig zudringenden Tagewasser nicht betrieben werden. Einen tiefern Stollen anzulegen, ist wohl möglich, aber nicht rathsam, da er wegen der sanften Verflächung des östlichen Gebirgsabhanges, bei einer beträchtlichen Länge, keine vorzügliche Teufe einbringen dürfte, und der hier einbrechende Eisenstein, wegen des ihm sehr häufig beigemengten Schwefelkieses, nicht von vorzüglicher Güte ist; daher auch, bei dem Fördern desselben, mit Achtsamkeit darauf gesehen werden muſs, daſs er rein ausgehaltsn wird, da er widrigenfalls verschmolzen ein rothbrüchiges Eisen erzeugt. Der Eisenstein bildet ein in dem Gneiſse höchstens 7 bis 8 Fuſs mächtiges, sehr flach gegen Nordost einfallendes Lager.

Der hier einbrechende Eisenstein besteht:

1. *Aus einem Mittel zwischen gemeinem Eisenglanze und dichtem Rotheisensteine.*

Seine Farbe ist *stahlgrau*, theils in das *Blaue* fallend, theils in das *Rothe* ziehend. Auf den Absonderungsflächen ist er, obgleich selten, *stahlfarben bunt angelaufen.*

Er kömmt *derb* vor,

ist innwendig *schimmernd*,

von *Metallglanz*,

von theils *unebenem* und zwar *feinkörnigem*, theils *unvollkommen geradblättrichem* Bruche,

unbestimmteckigen, *ziemlich scharfkantigen* Bruchstücken,

theils *unabgesondert*, theils von *kleinkörnig* abgesonderten Stücken,

giebt einen *dunkel kirschrothen* Strich,

ist *hart* (lockt Funken aus dem Stahle).

Die Farbe fällt mehr in die rothe, der Glanz wird geringer, der blättriche Bruch verschwindet, die Bruchstücke werden stumpfkantiger, die Härte und Schwere nimmt ab, so wie er sich mehr dem dichten Rotheisensteine nähert.

2. *Rotheisenstein*, und zwar:

a. *Dichter Rotheisenstein*

von *bräunlichrother* Farbe, welche stellenweise in die *dunkel stahlgraue* übergeht;

er kömmt *derb* vor,

ist innwendig *schwachschimmernd*, in das *Matte* übergehend,

von *unebenem* feinkörnigen, hier und da in den *erdigen* übergehenden Bruche,

blutrothem Striche,

hart, an das *Halbharte* gränzend,

in den halbharten Abänderungen *ziemlich stark* abfärbend.

b. *Rother Glaskopf*

von *stahlgrauer* Farbe,

sehr kleinnierförmig und *traubig*,

mit *zartdrusiger* Oberfläche der kugelförmigen Erhöhungen,

innwendig *glänzend*,

von *Metallglanz*,

von *schmal*- und *sternförmig auseinanderlaufend strahlichem* Bruche,

keilförmigen Bruchstücken,

und *blutrothem* Striche,

Die Oberfläche der nierförmig und traubig zusammengehäuften, halbkugelförmigen Erhöhungen, (welcher Fall aber nur auf den von dem Quarze häufig gebildeten Drusenlöchern eintritt,) ist mit einem *schwachschimmernden*, stark *abfarbenden*, *bräunlichschwarzen Ueberzuge* von *erdigem Graubraunsteinerze* versehen.

c. *Rother Eisenocher.*

Dieser kömmt nur selten, und dann von *lichte bräunlichrother* Farbe vor.

Er wird als *Ueberzug* auf dem dichten Rotheisensteine und Quarze gefunden,

ist *starkschimmernd*,

von *halbmetallischem* Glanze,

besteht aus *zerreiblichen*, *schuppigen*,

etwas zusammengebackenen,

stark abfärbenden Theilchen,

und fühlt sich *fett* an.

3. *Spatheisenstein.*

Dieser kömmt gleichfalls nur äusserst selten vor.

Er hat eine *gelblichgraue*, in die *isabellgelbe* übergehende (bei weiter gegriffener Verwitterung *dunkel ochergelbe*) Farbe,

kömmt nur *derb* oder *gerade* und *vielseitig zellig* vor.

Die Wände der Zellen sind *drusig*, mit ganz kleinen, selbst unter dem Suchglase unbestimmbaren Krystallen besetzt.

Er ist innwendig *schimmernd*,

mit *Perlmutterglanze*,

von *krummblattrichem* Bruche:

4. *Dichter Brauneisenstein.*

Dieser ist gleichfalls eine sehr seltene Erscheinung.

Seine Farbe ist *dunkel nelkenbraun.* Auf der Oberfläche ist er *dunkel bräunlichschwarz angelaufen.*

Er kömmt theils *derb*, theils sehr *kleinnierförmig* und *unvollkommen traubig* vor.

Aeufserlich ist er *glänzend*,

inwendig *schwachschimmernd*,

von *unebenem*, *feinkörnigem* Bruche.

5. *Schwefelkies.*

Dieser kömmt vorzüglich häufig vor, und zwar von *speisgelber* Farbe, die stellenweise in die *goldgelbe zieht*,

derb und *eingesprengt*,

im erstern Falle von *fast feinkörnig* abgesonderten Stücken.

Mit diesen verschiedenen Eisensteingattungen kommen zugleich *Amethyst*, *gemeiner Quarz* und *Bergkrystall* vor. Der *graulich - gelblichweifse* und *rauchgraue Quarz*, und der *lichte* und *dunkel violblaue Amethyst*, durchsetzen den Eisenstein gewöhnlich trummweise nach verschiedenen Richtungen, sind gewöhnlich *derb*, doch hier und da auch drusig, und dann in *kleine*, *einfache*, *sechsseitige Pyramiden* krystallisirt, von denen man hier und da schon die Anfänge der gleichnamigen Säule wahrnimmt. Auf den Drusenlöchern vertritt oft die Stelle des Amethystes der *Bergkrystall*, der eine theils *dunkelnelkenbraune*, theils schon *bräunlichschwarze* Farbe hat, und gleichfalls in *scharfwinkliche, einfache, sechsseitige Pyramiden* krystallisirt ist. Zuweilen wechselt streifenweise (und zwar sind diese Streifen verschiedentlich *krumm-* auch *gerade* und *fortificationsartig gebogen*) mit dem Quarze *Eisenkiesel* ab.

Der *Eisenkiesel*

hat eine *blutrothe* Farbe,

kömmt nur *derb* vor,

ist innwendig *wenigglänzend*,

von einem *Mittel zwischen Fett-* und *Glasglanze*,

von *unvollkommen klein-* und *flachmuschlichen*, dem *unebenen* nahe kommenden Bruche,

unbestimmteckigen, *ziemlich scharfkantigen* Bruchstücken,

sehr kleinkörnig abgesonderten Stücken, und

undurchsichtig.

Durch diesen hat ein Uebergang aus dem Quarze in den gemeinen Jaspis Statt.

Zuweilen findet man auch in schmalen Lagen ein kleinkörniges Gemenge von *grünlichgrauer Hornblende* und *hyacinthrothem durchsichtigen Granate*, sehr selten einen *gelblichgrauen*, in *sehr kleine sechsseitige Säulen* krystallisirten *Kalkspath* auf den Drusenlöchern angeschossen, am seltensten ein *blafs fleischrothes*, *graulich-* und *röthlichweifs geflecktes*, *verhärtetes Steinmark*, im Grofsen von *unvollkommen muschlichen*, im Kleinen von *feinerdigem* Bruche.

IX.

Birkner - oder Christophorizeche bei Oberhals.

Diese Eisensteingrube liegt unmittelbar an dem Dorfe Oberhals auf dem erzgebirgischen Rücken, der sich, von dem Kupferhügel abfallend, westwärts zieht. Das Gebirge ist hier durch zwei Schächte aufgeschlossen, davon der östliche 12, der westliche aber nur 4 Lachter Teufe einbringt. Die Grubenwasser löset ein Stollen, der gegen Nordwesten (St. 10) 70 Klafter weit, aber nicht söhlig (sondern ansteigend) in das Gneifsgebirge getrieben ist. Der Eisenstein soll hier einen, von $\frac{1}{2}$ bis 2 Fufs mächtigen Gang, der gegen Südwesten einfällt und St. 3 sein Streichen hat, machen. Die Zeit erlaubte mir nicht, mich durch Selbstprüfung von dieser Angabe zu überzeugen.

Der hier einbrechende Eisenstein ist *Rotheisenstein*, und zwar meistens:

1. *Dichter Rotheisenstein.*

Seine Farbe hält das *Mittel zwischen blutroth und dunkel stahlgrau*, nähert sich aber mehr der letztern.

Man findet ihn gewöhnlich *derb*, seltener *zellig*, mit *sechsseitig pyramidalen Eindrücken*, am seltensten krystallisirt. Die Krystallen sind wahre Krystallen, aber wegen der Art ihrer Zusammenhäufung schwer bestimmbar. Mir scheinen sie *kleine* und *sehr kleine Würfel* zu seyn, die entweder *an allen Ecken* mehr oder weniger, oder nur an den *zwei gegenüberstehenden Ecken*, aber so *sehr abgestumpft* sind, dafs die Abstumpfungsflächen fast in der Mitte der Flächen berühren.

Innwendig ist er theils *wenigglänzend*, theils *schimmernd*,

von *halbmetallischem* Glanze.

Der Bruch ist *uneben von kleinem Korne*, zuweilen in den *muschlichen* übergehend.

Die Bruchstücke sind *unbestimmteckig*, *mehr* und *weniger scharfkantig*.

Er zeigt in einigen Abänderungen *stänglich*-, in andern *kleinkörnig*-, auch wohl, obgleich äufserst selten, *dünn*- und *unvollkommen krummschaalig* abgesonderte Stücke.

Er giebt einen *blutrothen* Strich,

und ist gewöhnlich hart (schlägt Feuer), zuweilen auch nur *halbhart*.

Mit diesem brechen zugleich ein:

2. *Rother Glaskopf*,

von derselben *Mittelfarbe zwischen blutroth und stahlgrau*; letzterer wieder sich mehr nähernd.

Er kömmt nur *derb* vor,

ist innwendig *schimmernd*,

von *halbmetallischem* Glanze.

Der Bruch ist *zart-lang-* und *büschel-* oder *sternförmig auseinander laufend fasrig.*

Er hat gewöhnlich *klein-* und *langkörnig* abgesonderte Stücke, bei welchen die Absonderungsflächen *eisenschwarz*, *glatt* und metallisch glänzend sind; zuweilen aber auch *concentrisch-schaalig* und *dünnstänglich* abgesonderte Stücke, welche beide sich *rechtwinklich durchschneiden*; noch seltener sind die *keilförmig* abgesonderten Stücke.

Er hat einen *blutrothen* Strich,

ist *hart*, dem *Halbharten* sich nähernd.

3. *Brauner Glaskopf*,

der aber nur sparsam vorkömmt.

Er hat eine *blafs nelkenbraune*, in die *gelblichbraune* übergehende Farbe. Auf der Oberfläche ist er meistens *sammetschwarz angelaufen*, auf den Absonderungsflächen ist er *blafs ochergelb.*

Er liegt gewöhnlich nur auf den Wänden der Quarzdrusen *sehr kleinnierförmig* und *sehr kleintraubig* auf.

Die äufsere Oberfläche ist *gekörnt.*

Aeufserlich ist er *starkglänzend*,

innwendig *wenigglänzend*,

von einem Glanze, der das *Mittel zwischen Seiden- und Fettglanz* hält.

Der Bruch ist *höchst zartfasrig.*

Die Bruchstücke sind *keilförmig.*

Die abgesonderten Stücke *krumm-* und *concentrisch-schaalig.*

4. *Eisenglanz*, und zwar:

a. Gemeiner Eisenglanz

von *dunkel stahlgrauer* Farbe, die sich etwas in die *rothe* zieht,

theils *derb*, theils bloſs in den dichten Rotheisenstein *eingesprengt*,

innwendig *wenig*- und *metallischglänzend*,

von *kleinkörnig* abgesonderten Stücken.

b. Eisenglimmer.

Die Farbe desselben ist theils *eisenschwarz*, die sich hier und da der *stahlgrauen* nähert, theils *goldgelb*, in die *tombackbraune* fallend, theils *kupferroth*, in die *bräunlichrothe* übergehend.

Man findet ihn in *sehr kleinen* (aber selbst unter dem Suchglase) unbestimmbaren *Täfelchen*, die mit ihren Endflächen *auf*- und so *durcheinander gewachsen* sind, daſs sie *Zellen* bilden.

Die Oberfläche der Krystalle ist *glatt* und *starkglänzend*.

Innwendig ist er gleichfalls *starkglänzend*,

von *Metallglanz*.

Der Bruch ist *unbestimmt krumm*- und *vollkommen blättrich*.

Die Bruchstücke sind *scheibenförmig*.

Er ist in dünnen Blättchen *schwach durchscheinend*.

Der kupfer- und bräunlichrothe Glimmer geht allmälig in den rothen Eisenocher über.

5. *Graubraunsteinerz*, und zwar

a. dichtes

von einer *dunkel stahlgrauen* Farbe, die schon in die bläulichschwarze fällt;

es kömmt *nierförmig* vor, und liegt gewöhnlich auf dem Gneifse auf,

ist innwendig *starkschimmernd*,

von Metallglanz,

im Bruche *uneben von feinem Korne*, der sich stellenweise in den *muschlichen* verläuft,

hat *unbestimmteckige*, *nicht sonderlich scharfkantige* Bruchstücke,

und *dünn* - und *krummschaalig* abgesonderte Stücke;

b. erdiges

von einer theils *bläulich*- theils *bräunlichschwarzen* Farbe.

Es liegt auf aufgelösetem Gneifse auf,

hält das *Mittel zwischen fest und zerreiblich*,

besteht aus *matten*, *staubartigen*, etwas *zusammengebackenen*, *sehr stark abfärbenden*, sich *mager* anfühlenden Theilchen, und

ist *leicht*, in das nicht *sonderlich Schwere* übergehend.

Die Gangart selbst scheinen folgende Fossilien auszumachen:

1. *Gemeiner Quarz.*

Er ist gewöhnlich von *gelblich*- und *graulichweifser*,

seltener von *rauchgrauer*, *dunkel nelkenbrauner* und *bräunlichschwarzer* Farbe.

Gewöhnlich ist er *derb*, bildet ganze *Knauer* in dem Eisensteine, durchsetzt denselben in stärkern und schwächern *Trümmchen*. Doch ist er nicht selten auch *krystallisirt*, und zwar in *einfache*, sehr *spitzwinkliche sechsseitige Pyramiden*, an welchen man schon die Anfänge der Säulen wahrnimmt, und welche *knospig* und *nierformig* zusammengehäuft sind, oder dem nierförmigen dichten Rotheisensteine als *Ueberzug* dienen.

Er hat zuweilen *stänglich* abgesonderte Stücke,

und ist in Krystallen *stark durchscheinend*, auch wohl schon *halb durchsichtig*.

2. *Amethyst*

von *blaſs violblauer* Farbe.

3. *Eisenkiesel*

von *blutrother* Farbe.

Aus diesem ist der Uebergang von einer Seite in den gemeinen Quarz, von der andern in Jaspis, und durch diesen in dichten Rotheisenstein nicht undeutlich.

4. *Splittricher Hornstein*

von *blut-* und *bräunlichrother* Farbe.

Er ist *derb*,

innwendig *matt*,

von *kleinsplittrichem* Bruche,

unbestimmteckigen, *ziemlich scharfkantigen* Bruchstücken.

Dieser macht zuweilen den Uebergang in gemeinen Jaspis.

5. *Chalcedon*, und zwar

a. gemeiner Chalcedon.

Dieser ist theils *bläulich* - oder *perlgrau*, theils *wachs* - und *blafs oraniengelb.* Diese Farben wechseln *streifenweise* mit einander ab. Zuweilen ist er *blutroth* punktirt.

Er ist innwendig *matt*,

von *feinsplittrichem* Bruche,

unbestimmteckigen, *ziemlich scharfkantigen* Bruchstücken,

zeigt *nierförmig gebogene* und *concentrisch-schaalig* abgesonderte Stücke,

und ist *schwach durchscheinend.*

b. Carneol.

Dieser ist gewöhnlich von *dunkel* und *lichte hyacinthrother* Farbe, davon die letztere sich schon sehr der *gelben* nähert.

Er wechselt streifenweise mit dem gemeinen Chalcedone ab, und bildet, nebst dem Quarze, Amethyste und Hornsteine, ganz artige *Fortifications- Band*- und *Kreisachate*, bei welchen aber der Quarz immer vorwaltend ist, und mehrere Zolle starke Lagen

macht,

macht, da der gemeine Chalcedon und Carneol kaum zwei bis vier Linien starke bildet; doch kommen auch Parthien in diesem Achate vor, wo der Carneol vorwaltend wird.

Von diesem Achate findet man sehr grofse und zahlreiche Blöcke in der Nachbarschaft auf dem erzgebirgischen Rücken herumliegen.

X.

Blei - und Silberbergbau bei Schmiedeberg.

Unweit des im ersten Theile beschriebenen Bläschenberges, demselben gegen Abend, ist eine Grube, die sogenannte St. Michael Silberzeche, befindlich.

Diese Grube stand schon vor mehr als 50 Jahren im Baue, fiel aber nach der Hand ins Freie, bis sie im Jahre 1791 neuerdings von einer Gewerkschaft gemuthet wurde. Der Bau, der auf dieser Grube betrieben wurde, bestand eigentlich blofs in einem Stollen, der von dem sogenannten Weidenbache in das sanft ansteigende Gneifsgebirge 80 Lachter weit in der St. 10 getrieben worden. In der 62sten Lachter wurde darauf ein Tageschacht 6 Lachter tief niedergebracht, daselbst eine Radstube ausgehauen, eine Kunst eingehängt, um mittels derselben die Tagewasser aus dem Gesenke auf den Stollen zu heben.

Mit dem Stollen überfuhr man mehrere Quarzgänge. Der *Quarz* war theils *gelblich* - theils *rauchgrau*, von einem *splittrichen* Bruche, mit einem geringen innern Glanze, also ein *Uebergang in Hornstein.* In diesem Quarze kam vor,

1. theils *eingesprengt*, theils in *schwachen Trümmchen* aufsetzend, *violblauer* und aus dem *Grünlichgrauen* in das *Spangrüne* übergehender *Flufsspath*, der meistens *derb*, der violblaue aber doch zuweilen in *sehr kleine Würfel* krystallisirt war;
2. ein *gelblichgrauer*, bis in das *lichte Weingelbe* übergehender *derber Kalkspath.*

Diese Gänge waren selten mehr als 5 Zolle stark.

An dem Hangenden und Liegenden dieser Gänge ist die Gebirgsart (der Gneifs) so verändert, dafs der *Glimmer* entweder *aschgrau* und sehr *zartschuppig*, oder wohl gar zu einer *grünlichgrauen specksteinartigen Masse* aufgelöset ist, die Stelle des *Feldspathes* ein *gelblichgrauer verhärteter Thon*, der sich stellenweise dem *Steinmarke* näherte, und dann sehr häufige und artige dendritische Zeichnungen hat, einnimmt, der Quarz ganz vermifst wird. Statt dessen aber ist viel theils *lichte braunlichrother*, theils *graulichweifser Kalkspath* eingesprengt, oder innig mit dem Glimmer gemengt; ja nicht selten durchsetzt dieser die veränderte Gebirgsart trummweise. Seltener vertritt die Stelle des Kalkspathes *Schieferspath* von *schneeweifser* Farbe, die sich zuweilen in die *graulichweifse* verzieht. In die veränderte Gebirgsart ist zudem noch *gemeiner Bleiglanz fein eingesprengt.*

Alle diese Gänge verflächen sich unter dem Winkel von 64° bis 82° gegen Mittag. Auf einem St. 5 übersetzenden Morgentrumme soll mit dem Bleiglanze etwas *Silberglanzerz* eingebrochen haben. (Ueberhaupt war aller Bleiglanz silberhaltig, und sein Gehalt betrug in dem Zentner 50 Pfund Blei und 2 bis 3 Mark Silber. Diese Veredlung hielt aber nicht lange an, und das Trumm keilte sich aus. Man fuhr auf diesem, 5 Zolle starken, unter 64° gegen Norden einfallenden Trumme, mit einem Orte 8 Lachter in der St. 5, 1 gegen Osten auf; bei dessen Endigung teufte man in der Voraussetzung, daſs sich die Gänge in einer gröſsern Teufe vielleicht veredeln dürften, ein 6 Lachter tiefes Gesenke ab, fuhr auf dem Gesenke im J. 1793 mit einer Strecke St. 8, 7 gegen Abend auf, überfuhr damit ein St. 4 streichendes, 6 Zolle starkes Lettentrumm mit eingesprengtem Bleiglanze, dessen Liegendes und Hangendes die oben beschriebene veränderte Gneiſsabänderung mit sehr vielem eingesprengten Bleiglanze war. Der Bleiglanz dieses Lettentrumms hielt 30 Pfund Blei und 4 bis 5 Loth Silber im Zentner, das mit Bleiglanz eingesprengte Nebengestein gab im Zentner 16 bis 18 Pfund Blei und 1 bis 2 Loth Silber (nach den von Joachimsthal erhaltenen Probezetteln). Da aber die in dieser Teufe sehr häufig zudringenden Tagewasser den Bau erschwerten und die Kosten erhöhten, so wurde dieser Grubenbau wieder einstweilen eingestellt.

XI.

Der Silberbergbau bei Presnitz.

Dieser Bergbau schränkt sich auf die verlassene Silberzeche *Maria Kirchbau*, die gleichfalls verlassene *Baumgarten-Fundgrube*, die aufgelassene *Schöne Maria Concordia* und *Himmlische Heerzeche*, und auf den *Josephistollen* ein. Ich kann hier nur sparsame Notizen, die ich über diese Gebäude zu sammeln Gelegenheit hatte, mittheilen, da sie in diesem Augenblicke nicht mehr befahrbar sind.

Die Silberzeche *Maria Kirchbau*, von der uns auch *Ferber* (in seinen Beiträgen zur Mineralgeschichte Böhmens, S. 49. 50) einige Nachrichten giebt, war auf einem, zwischen St. 12 und 1 gegen Mittag streichenden Gange angelegt, der einen *fleischrothen Schwerspath* und verschiedentlich gefärbten *Flufsspath* führte, worin auf dem tiefen Stollen vormals *gediegenes Silber*, und über dem Stollen bis unter dem Rasen andere *Silbererze* ausgehauen worden seyn sollen. Der Schwerspath selbst soll silberhaltig gewesen seyn, und er wurde, nebst dem Flufsspathe, anstatt Flusses bei der Kupferschmelzhütte zu Katharinaberg vorgeschlagen. Die Höhe des Gneifsgebirges über dem Stollen bis zu Tage war 20 Lachter, und die gröfste Teufe unter dem Stollen in dem Kunstschachte 12 Lachter. Gegen Mittag war der

Gang unzertrümmert und ganz, gegen Mitternacht aber in dem abfallenden Gebirge zertrennt und unedel. Gleich bei dem Schachte hat sich zu dem wahren Kirchbauer Gange ein anderer Gang, auf dem der Stollen eingetrieben worden, geschaart, ihn aber nicht veredelt. In den siebenziger Jahren wurde dieser Grubenbau mehr wegen des Spathes zum Behuf der Katharinaberger Schmelzhütte und auf Hoffnung, als wegen der Erzanbrüche gebauet. Da aber späther die Unterhaltung der Kunst zu kostspielig wurde, und sie selbst die Grubenwasser zu gewältigen nicht hinreichte, so fiel der Bau im Jahre 1785 ganz ins Freie.

Die gleichfalls aufgelassene *Baumgarten - Fundgrube* stand mit der eben beschriebenen Silberzeche in Verbindung, und befand sich in demselben Hammergebirge an der Südseite der Stadt. *Born* führt in seinem *Lithophyllacium* von dieser Grube einen *rothen Glaskopf* mit *zähnig gediegenem Silber* in einer quarzigen Gangart auf.

Jetzt beschränkt sich der Presnitzer Bergbau auf den *Josephistollen*, der am schwarzen Busche, der Stadt gegen Osten, in das Gneifsgebirge getrieben wird. Man will damit einige Mitternacht- und Morgengänge überfahren haben, die sich aber wieder nicht edel bewiesen, und gröfstentheils aus einem *röthlichweifsen* und *blafs fleischrothen geradschaaligen Schwerspathe* mit *eingesprengtem Schwefel-* und *Kupferkiese* bestehen. Man ist daher willens, auch diesen Stollen liegen zu lassen; und es ist im Vorschlage, die diesseits des Hellberges befindliche *Schöne Maria Concordia*- und *Himmlische Heerzechen* wieder zu belegen, und diese mit einem Stollen, der von der Lohmühle bei Presnitz in das Gneiſsgebirge getrieben werden soll, zu unterteuſen, und so das bewilligte Militair-Ordinarium zu verbauen *).

Wenn man alles das, was bisher über den in der Gegend von Presnitz verführten Bergbau weitläuftiger auseinandergesetzt wurde, mit einem Blicke übersieht, so dürfte sich über das relative Alter der hier vorkommenden Erzniederlagen mit vieler Wahrscheinlichkeit Folgendes aussagen lassen.

1. Die älteste Erzniederlage scheint die silberarme Bleiniederlage zu seyn, auf welcher man am Hammerberge, Hellberge u. s. w. bei Presnitz, am Bläschenberge bei Schmiedeberg bauete. Sie besteht aus Bleiglanz, Silberglanz, wenig gediegenem Silber, und ihre Gangarten sind Schwerspath, Fluſsspath, Quarz, seltener Kalkspath.

---

*) Man sieht aus der kurzen Darstellung der Silberbergwerke von Presnitz, daſs sie gegenwärtig keine Aufmerksamkeit verdienen, obschon dieselben unter Kaiser Karl dem Vierten sehr im Flor gestanden haben sollen, und zu den Zeiten des Königs Johann von Lützenburg eine königl. Münzstadt zu Presnitz gewesen seyn soll. Noch weniger Spuhren des ehemals bestandenen Bergbaues findet man bei den Bergstädten Sebastianberg und Sonnenberg.

2. Die zweite jüngere Formation ist die Rotheisensteinniederlage. Diese führt bloſs Rotheisenstein, und zwar meistens dichten, selten glasköpfigen, auch wohl etwas Eisenglanz, Brauneisenstein und Graubraunsteinerz mit Quarz, Hornstein.

3. Die dritte, noch jüngere Erzniederlage, ist die Niederlage von Magneteisenstein, die sehr verbreitet ist, sich in derselben Stunde (St. 3) von Hohenstein bis an den Kremsger, also fast eine Meile in die Länge erstreckt, und wahrscheinlich sich bald nach Ehrenfriedersdorf in Sachsen hinüberzieht. Sie bildet ein aus gemeinem Magneteisensteine, Eisenglanz, Schwefelkies u. s. w. bestehendes Lager, und scheint mit der Formation des Urtrappes gleichzeitig zu seyn.

4. Die letzte und jungste Erzniederlage scheint die Kiesniederlage am Kupferhügel zu seyn, die aus Kupfer- Schwefel- Magnet- und Arsenickkies besteht, in tiefern Punkten schon gemeinen Magneteisenstein aufnimmt, mit Hornblende, Granat, Kalkspath u. s. w.

Die Aufeinanderfolge der verschiedenen Gebirgslager dürfte sich, vom Tage nieder, also verhalten:

1. Urtrapp, aus gemeiner Hornblende und gemeinem Granat bestehend, in welchem buzzenweise die verschiedenen Kiesgattungen einbrechen.
2. Gneiſs als Hangendes des Eisensteinlagers am Graukopfe und am Hohensteine.
3. Urkalkstein als Liegendes desselben Eisensteinlagers.
4. Gneiſs mit Hornblende.

5. Urkalkstein als Hangendes des Orpeser Eisensteinlagers.

6. Gneifs als Liegendes desselben Erzlagers.

Da das Urtrapplager am Kupferhügel (so weit nämlich dessen Mächtigkeit bis jetzt bekannt ist) wenigstens 20 Lachter mächtig ist (denn selbst mit dem Gesenke unterhalb dem Mariahülfeschachte hat man es noch nicht durchsunken), und unter dem ziemlich starken Winkel von 48° gegen Nordwesten einfallt; da derselbe Urtrapp auf dem höher gelegenen Kremsger, an dem Tagebruche bei der Grube Hammerlehn und Glück mit Freuden, wieder sichtbar wird: so ist es wahrscheinlich, dafs derjenige Theil des Urtrapplagers, der die Continuation von dem Kupferhügel zu dem Kremsger Gebirge ausmachte, theils allein, wie am Graukopfe, theils sammt den tieferliegenden zwei Gneifslagern und dem sich dazwischen befindlichen Urkalksteinlager, wie am Orpes, von den Fluthen fortgeschwemmt worden sey. Für eine von der Südostseite eingetretene partielle Ueberschwemmung in dieser Gegend scheint das Geschiebstück nur zu deutlich zu sprechen.

Dafs das Erzlager am Hohensteine wahrscheinlich von derselben, aber gleichzeitigen Formation mit dem Graukopfer sey, ergiebt sich daraus, dafs diese Gruben fast in demselben Niveau und in derselben Stunde (St. 3) liegen, und dafs sowohl der einbrechende Eisenstein derselbe, als die beibrechenden Steinarten dieselben, oder doch zu demselben Geschlechte gehörig, sind.

XII.

Die Eisensteingrube am Hammerberge.

In dem Hammergebirge sind gleichfalls einige Eisensteingruben befindlich, von welchen aber, bei meiner Reise im Jahre 1798, nur die sogenannte Franciscizeche im Umtriebe war. Diese Grube ist zu Gunsten des zur K. Kameralherrschaft Presnitz gehörigen Schmiedeberger Hohofens bereits im Jahre 1785 belegt worden.

Die Grube befindet sich an dem südlichen Abhange des Gebirges, der dem Dorfe Schmiedeberg zufällt. Das Gebirge selbst ist durch einen tiefen Stollen aufgeschlossen, welcher von dem Schwarzwasser, unweit der Schmiedeberger obern Mühle, in das Gneifsgebirge getrieben worden. Er ist sehr winklich. Die an dem Mundloche genommene Stunde war St. 12, 6, seine Hauptrichtung ist St. 1, 3 nordwärts, bringt etwas mehr als 16 Lachter seigere Teufe ein, und war, bis zu dem J. 1795, 261 Lachter angefahren. In der 82sten Lachter ist auf demselben ein Schacht $6\frac{1}{4}$ Lachter tief niedergebracht worden. In der 111ten Lachter überfuhr man mit ihm ein schwaches (7 bis 8 Zoll starkes) rothes Lettentrumm, das sein Streichen St. 3 hatte, und in welchem etwas Glaskopf lag. Da man hoffte, dafs dieses Lettentrumm mächtiger werden, und zugleich sich veredlen dürfte, so verfolgte man dasselbe mit der Stollenstrecke 70 Lachter weit. Da aber der Erfolg dem Wunsche nicht entsprach, so bemühete man sich, den sogenannten Franciscigang durch eine veränderte Richtung des Stollentriebes (St. 10, 4 nordwestwärts) zu erreichen, welches auch in der 186sten Lachter geschah. Man verfolgte nun diesen Gang wieder mit der Stollenstrecke 35 Lachter weit, wo man wegen eingetretenen Wettermangels gezwungen war, einen zweiten Schacht auf den Stollen abzusinken, welcher 16¼ Lachter einbringt. Von diesem Schachte sind noch 42 Lachter bis vor Ort angefahren.

Noch sind hier zwei alte Tageschächte vorfindig, die aber jetzt verbühnt sind, deren einer oberhalb dem Hammerberge 8 Lachter, der andere unterhalb dem Wege 5½ Lachter Teufe einbringt, und die mittelst eines Queerschlages von 8 Lachtern mit einander durchschlägig gemacht sind.

Der St. Franciscigang hat sein Streichen St. 1, 4, und fällt fast seiger ein. Er ist 1½ Schuh mächtig; doch wird er stellenweise mehr und weniger verdrückt. Er besteht gröſstentheils aus *rothem Glaskopfe*

von einer *stahlgrauen* Farbe, die in die *bräunlichrothe* zieht,

von *nierförmig* und *traubiger* äuſserer Gestalt,

von *kurz- dick-* und *büschelförmig auseinanderlaufend strahlichem* Bruche

und *dünnschaaligen*, *concentrischen*, nach der *äussern Oberfläche krummgebogenen*, abgesonderten Stücken.

Mit diesem bricht aber zugleich *dichter* und *ochriger Rotheisenstein* ein.

Ersterer hat eine *Mittelfarbe zwischen kirsch-* und *bräunlichroth*,

kömmt bloſs *derb* vor,

ist innwendig theils *schwachschimmernd*, theils ganz *matt*,

von *unebenem*, und zwar *feinkörnigem* Bruche, der sich hier und da in den *erdigen* verläuft.

Letzterer ist *lichte bräunlichroth*, das in das *Kirschrothe* zieht,

kömmt gleichfalls *derb* vor,

ist *matt*,

von *erdigem* Bruche,

stark *abfärbend*,

weich, dem *Zerreiblichen* sich nähernd.

Mit diesen Arten des Rotheisensteins kömmt noch ein theils *rauchgrauer*, theils, obgleich selten, *blutrother gemeiner Quarz*, theils *derb*, theils *drusig*, und auf den Drusenlöchern in *niedrige sechsseitige Säulen*, an den freistehenden Enden mit sechs Flächen *zugespitzt*, oder in *sechsseitige Pyramiden* mit hier und da bemerkbaren Säulenanfängen krystallisirt, und ein *derber graulichweiſser Kalkspath* vor. Oft nimmt der Quarz so sehr an Menge zu, daſs der Rotheisenstein auf mehrere Lachter weit ganz vermiſst wird, oder doch nur sparsam, und bloſs nesterweise einbricht. Dies ist die Ursache, daſs die Ausbeute auf dem St. Franciscigange eben nicht die reichlichste ist. Man hofft aber weiter in dem Gebirge noch mehrere und reichere Gänge mit dem Stollen zu überfahren.

Die Gänge selbst scheinen in keine beträchtliche Teufe niederzusetzen, sondern mehr an der Oberfläche hinzustreichen, da man mit mehreren Tageschächten zwar auf reiche Eisensteingänge traf, die sich aber alle in grösserer Teufe auszubreiten anfingen.

XIII.

Die Eisensteingruben zu Glieden, Hadorf und Kleinthal.

Nebst dem Rotheisensteine, der auf dem höhern erzgebirgischen Rücken bei Oberhals, an dem nördlichen Abhange desselben bei Auspan und am Kremsger einbricht, und dessen Vorkommen ich in dem Vorhergehenden weitläuftig genug beschrieben habe, erscheint er auch in den tiefern Punkten desselben Erzgebirges, und zwar an dem südlicheu Abhange desselben, nämlich zu Glieden, Kleinthal und Hadorf, und bricht daselbst auf mehr und minder mächtigen Gängen, welche gleichfalls in dem Gneifse aufsetzen.

Da sowohl das Vorkommen dieses Rotheisensteines, als der darauf vorgerichtete Bau, an allen genannten Orten dieselben sind, so werde ich mich, um alle Wiederholung und die daraus entstehende Weitschweifigkeit zu vermeiden, hier begnügen, eine kurze Beschreibung der Gliedner Grube zu liefern.

Von der herrschenden Gebirgsart der Gegend, in welcher alle obige Eisensteingruben liegen, dem Gneifse, ist hier nur anzumerken, dafs derselbe in der Nachbarschaft der Eisensteingänge eine Veränderung leidet, dafs nämlich der Feldspath immer mehr aus demselben verschwindet, die Stelle dessen aber (wie dies auch der Fall am Hammergebirge ist, wo ich es anzumerken vergafs) ein eisenschüfsiger *verhärteter Thon* (*Thonstein*) von *röthlichgrauer*, *bräunlichrother* Farbe einnimmt, und der Glimmer aufgelöset erscheint, und dafs in demselben, sowohl am Hangenden als Liegenden, schmale Trümmchen des Rotheisensteins hinübersetzen.

Was Glieden insbesondere betrifft, so hat hier der Eisensteingang eine Mächtigkeit von 2 bis 3 Schuhen, welche aber in tiefern Punkten bis auf 12 und 10 Zolle abnimmt, bis er sich endlich wahrscheinlich in gröfserer Teufe ganz auskeilt. Sein Streichen ist St. 9.

Auf diesen Gang ist nur ein Schacht abgeteuft, welcher 13 Lachter seigere Teufe einbringt, etwa 6 Lachter in Zimmerung steht, und dann im festen Gesteine niedergeht. Die Grubenwasser werden mittelst eines Stollens gelöset, der bis jetzt 76⅛ Lachter in das Gebirge ausläuft, vom Tage aus 23 bis 24 Lachter in Zimmerung steht, und dessen Hauptrichtung St. 10, 7 ist. Die an dem Mundloche genommene Stunde war St. 9, 4.

Der auf dem Gange vorgerichtete Bau ist ein Stroſsenbau, und der Eisenstein wird geschossen, auf Hunten bis unter den Schacht, und durch denselben mittelst eines zweimännischen Haspels durch den Schacht, oder unmittelbar auf den Hunten durch den Stollen zu Tage gefördert.

Auch hier wird bloſs im Gedinge gearbeitet. Die Gewerkschaft, welche der Graf von Rottenhan ist, giebt das neue Gezähe, und unterhält Schacht und Stollen im Stande; der Häuer aber sorgt für Schmiedekosten und das Geleuchte, und erhält für ein Fuder Eisenstein von 5 Tonnen, welche mit der Presnitzer gleichen kubischen Inhalt hat, 1 Fl., oder für jede einzelne Tonne 12 Kr.

Dieser Eisenstein wird zu Gabrielhütte und Kallich auf den dasigen Hohöfen verblasen, und das Fuhrlohn einer Tonne bis zu ersterer Hütte kömmt auf 11 Kr. zu stehen. Der Zehnte wird nach Hagensdorf, als auf welcher Herrschaft diese Grube liegt, entrichtet, da er von obigen Orpeser und Kremsger Gruben an das Schmiedeberger Schichtamt verrechnet wird, und der Zeit, sammt dem Stollenneuntel, an die Herrschaft Rothenhaus verpachtet ist. Die Grube beschäftigt 7 Häuer.

Die zu Glieden einbrechende Eisensteingattung ist *Rotheisenstein*, und zwar vorzüglich *dichter* und *ochriger* mit innliegendem *rothen Glaskopfe*.

1. Der *ochrige Rotheisenstein*

hat eine aus der *blutrothen* nur wenig in die *bräunlichrothe* ziehende Farbe, kömmt *derb* vor,

ist innwendig *matt*,

hat einen *erdigen* Bruch;

färbt *stark* ab,

ist *zerreiblich*.

2. Der *dichte Rotheisenstein*.

Seine Farbe zieht in die *bräunlichrothe*, und aus dieser in die *dunkel stahlgraue*.

Er kömmt gröſstentheils *derb*, doch auch *kuglich* vor,

hat einen *geringen* innern *Schimmer*,

einen *unebenen* Bruch von *feinem Korne*, der in einigen Exemplaren sich zum *schiefrigen* neigte;

wenn er *kuglich* ist, *unvollkommen schaalig* abgesonderte Stücke;

er giebt einen *blutrothen* Strich, und

ist *halbhart*.

Oft nähert er sich ersterer Art, und dann ist sein Bruch mehr *erdig*, er ist *weicher* und färbt sehr *stark* ab.

Mit und in beiden beschriebenen Arten, vorzüglich ersterer, bricht zugleich ein:

3. *Rother Glaskopf*.

Seine Farbe ist *stahlgrau*, die sich zuweilen, aber auch dann nur ein wenig, in die *bräunlichrothe* zieht.

Er liegt in gröſsern und kleinern Bruchstücken, vorzüglich in ersterer Art, inne.

Der innere Glanz wird etwas *stärker*,
und ist *metallisch*.

Der Bruch ist *gerade*, und gewöhnlich *zart-gleich-* oder *büschelförmig auseinanderlaufend fasrig*.

In dem ochrigen Rotheisensteine liegen, nebst diesen Bruchstücken von rothem Glaskopfe, noch gröſsere und kleinere Bruchstücke von *Quarz* und *Gneiſs* inne, aber beide von dem Eisensteine rothgefärbt. Nebstdem sind in demselben sehr häufige *graulich-* und *gelblich-weiſse Glimmerschüppchen* zart eingesprengt.

Die Hadorfer und Kleinthaler Eisensteingruben liegen unterhalb Kupferberg, dieser Bergstadt gegen Süden, mit einer geringen Abweichung gegen Osten, etwa 6 bis 800 Fuſs tiefer als der Kupferhügel, aber mit Glieden fast in derselben Horizontalebene.

An beiden Orten bricht der Eisenstein in Begleitung des *Quarzes* und *Amethystes* ein, und ersterer macht die eigentliche Gangart aus, ist *gelblich-* und *graulich-weiſs*, aus ersterem in das *Rauchgraue* übergehend, gewöhnlich *derb*, nur auf den Klüften und in den Höhlungen *drusig*, und in diesem Falle in *kleine einfache sechsseitige Pyramiden* mit hier und da bemerkbaren Anfängen der Säulen krystallisirt, und diese Pyramiden *reihenförmig* zusammengehäuft. Der Amethyst ist *blaſs violblau*, und geht aus diesem durch das *Perlgraue* in das *Graulichweiſse* über, ist meistens in *stumpfe*, *einfache*

sechsseitige

sechsseitige Pyramiden krystallisirt, und hat *unordentlich stänglich* abgesonderte Stücke, die da, wo sie ausgehen, sich in obige Pyramiden endigen.

Der Eisenstein ist gewöhnlich

1. *rother Glaskopf*

von *stahlgrauer* Farbe, die stellenweise in die *bräunlichrothe* übergeht,

von *kleinkörnig* abgesonderten Stücken. Seltener

2. *dichter Rotheisenstein*

von *bräunlichrother*, in die *stahlgraue* ziehender Farbe, und dieser ist gewöhnlich mit dem Quarze innig gemengt, so daſs es scheint, als wären die körnig abgesonderte Stücke des Quarzes bloſs mittelst dieser Art des Rotheisensteines gebunden.

Der an den Quarzgängen anstehende Gneiſs ist sehr aufgelöset, mit Rotheisenstein imprägnirt; daher er zugleich mit ausgehalten und gefördert wird.

Der hier einbreckende Eisenstein ist wegen des häufig mit einbrechenden Quarzes eben nicht der vorzüglichste, und fordert die Mischung mit ändern Eisensteingattungen und Arten, und einen gröſsern Zuschlag.

Die in der Gegend von Betlern anstehenden Felsenmassen von Hornstein mit Quarz und Amethyst, dessen Beschreibung in dem ersten Theile geliefert worden, machen es mehr als wahrscheinlich, daſs auch dort Eisengänge in dem Gneiſse aufsetzen.

XIV.

Einige Bemerkungen über den Eisenhütten-Haushalt.

Der auf den angeführten Gruben geförderte Eisenstein wird auf den Hochöfen zu Schmiedeberg auf der K. Kameralherrschaft Presnitz, zu Gabrielhütte und Kallich auf der Herrschaft Rothenhaus, und zu Pirschenstein auf der Herrschaft Klösterle verblasen *). Ich glaube, daſs hier der schicklichste Ort sey, von dem Baue der hier üblichen Hochöfen, der Vorbereitung der Erze, dem Schmelzen der Eisensteine, dem Ausbringen des Roheisens, und der Erzeugung des Stabeisens, einige wenige Bemerkungen niederzuschreiben.

Von dem Hochofen zu Schmiedeberg **).

A. Bauart des Hochofens.

Die Dimensionen des Hochofens sind folgende:

Die Höhe des Ofens beträgt

von dem Bodensteine bis zur Gicht	24 Fuſs	— Zoll
von dem Bodensteine bis zur Form	1 —	——

*) Ich rede hier bloſs von den böhmischen Hochöfen, denn diese Gruben versehen auch noch 5 Hochöfen in Chursachsen, als zu Schmalzgrube, zu Sächsisch-Kühnheit, am Schlöſsel, Werkel, den rothen Hammer, mit Eisensteinen.

**) Der Hochofen zu Pirschenstein weicht in der Bauart und in der Zustellung von dem Schmiedeberger ganz und gar

Die Weite des Ofens beträgt

bei dem Bodensteine	1 Fuſs	4 Zoll
bei der Rost, nach der längern und kürzern Seite	1 —	10 —
bei der Gicht	3 —	———
in der Mitte	5 —	9 —

Die Lage des Boden - oder Sohlsteines ist fast söhlig, oder kaum ½ Grad gegen den Abstich zu abfallend.

Die Rost ist ziemlich steil, und macht mit der Horizontalebene einen Winkel von 70°.

Der Fall der Form beträgt nicht mehr als ½ Grad.

Die Windöffnung ist weit	3 Zoll
hoch	1½ —
Die Form selbst ist lang . . . 28 bis	29 —

Sie besteht aus Kupfer, ihr Rüssel, oder der Rand der Windöffnung war sonst ¾, jetzt ist sie 1 Zoll dick, und ragt nicht über die Mauerfläche in dem Ofen vor, sondern liegt letzterer gleich.

Das Gestell ist viereckigt.

Seine Länge und Breite beträgt

oben bei der Rost	1 Fuſs	10 Zoll
unten	1 —	4 —
Die Höhe aber	1 —	2 —

nicht ab, wohl aber die Hochöfen zu Kallich und Gabrielhütte, von welcher ich daher auf meinen Reisen eine vollständige Beschreibung entwarf, die ich aber mitzutheilen von dem Eigenthümer derselben die Erlaubniſs nicht erhalten konnte. Ich werde daher die Abweichungen nur in einigen Anmerkungen im Allgemeinen berühren.

Es besteht aus zugehauenen Sandsteinen, welche erst von Dobržiž im Berauner Kreise, jetzt von Komothau zugefahren werden. Das Gestell, das aus 13 bis 14 Stükken besteht, kömmt an Ort und Stelle (am Steinbruche am Katzenhügel) selbst auf 18 Fl., sammt dem Fuhrlohne bis an den Hochofen auf 25 Fl. zu stehen *).

Das Gebläse besteht aus zwei hölzernen Blasebälgen. Diese Blasebälge sind von Kiefernholz. Die Balgkästen haben die Dicke einer starken Pfoste, oder von drei Zollen.

---

*) Die Höhe des Hochofens zu Gabrielhütte betrug zur Zeit meiner Reise 32 Fuſs, wurde aber spather bis auf 36 Fuſs vermehrt. Die Höhe von dem Bodensteine bis zur Form ist 14 Zoll, die Weite des Ofens bei dem Bodensteine 14 Zoll, in der Mitte 6 Fuſs 6 Zoll. Die Lage des Bodens oder Sohlensteins ist vollkommen wagerecht; der Tümpel ist von gegossenem Eisen, und zwar 2 Fuſs lang, 1½ Fuſs breit. Die Form liegt gleichfalls wagerecht, ihre Windöffnung ist vierkantig, 2 Zoll 3 Linien lang, und 1 Zoll 8 Linien hoch; die Dicke des Rüssels oder des Randes beträgt 6 bis 9 Linien. Das Gestell ist viereckigt, und seine Lange beträgt 4 Fuſs 10 Zoll, die Breite 1 Fuſs 4 Zoll, die Höhe 4 Fuſs 3 Zoll, und es ist nicht, wie bei Schmiedeberg, aus gehauenen Sandsteinen zusammengesetzt, sondern wird, wie zu Mückenberg, aus einer künstlichen Masse eingeschlagen, welche aus feingepochtem Quarze und einem feuerbeständigen Tone besteht.

Der Hochofen zu Kallich ist nach Steyerischer Art zugestellt, und bestand daher aus zwei abgestumpften Kegeln, die mit ihren Grundflachen zusammenstoſsen; die Dimensionen wichen daher von jenen der Hochöfen zu Schmiedeberg und Gabrielhütte betrachtlich ab. Die Höhe des Ofens betrug von dem Bodensteine bis zur Gicht 28 Fuſs, die Axe des obern Ke-

Sie sind lang von hinten bis zu dem Ende			
des Kopfes	13 Fuſs	3 Zoll.	
von da die Tiesen sammt			
den Anstecketiesen .	4 —	——	
weit hinten	4 —	6 —	
vorn bei dem Kopf- oder			
Augnagel	1 —	8 —	
tief hinten	3 —	——	
vorn	——	9 —	

Die Bälge haben $1\frac{1}{2}$ Zoll weite Tiesen, welche 6 Zoll von dem Formrüssel zurückstehen, und etwa $\frac{1}{8}$ Zoll über den Boden der Form erhöhet liegen. Sie stehen

---

gels bis zu der gemeinschaftlichen Grundfläche war 19 Fuſs, des untern Kegels bis dahin 9 Fuſs hoch. Die Höhe des Ofens von dem Bodensteine bis zur Form war 1 Fuſs 4 Zoll; die Weite des Ofens betrug bei dem Bodensteine 1 Fuſs 6 Zoll, bei der Gicht oder der Abstumpfungsfläche des obern Kegels 3 Fuſs, an der gemeinschaftlichen Grundfläche beider Kegel 6 Fuſs. Die Lage des Sohlensteines war vollkommen horizontal, der Tümpel von gegossenem Eisen und offen, sonst war der Ofen ganz geschlossen. Die Form lag etwas (beiläufig einen Zoll) ansteigend, die Windöffnung war halbrund und $2\frac{1}{8}$ Oestr. Zoll weit, $1\frac{1}{4}$ Zoll hoch, die Dicke des Rüssels betrug $\frac{1}{2}$ bis $\frac{3}{4}$ Zoll. Die Form bestand gleichfalls aus Kupfer, ragte nicht über die Mauerfläche in den Ofen hinein, sondern glich sich mit dem Gestelle aus, und beide Bälge bliesen in dieselbe. Das Gestell hatte dieselben Dimensionen, wie bei Gabrielhütte, und bestand aus derselben künstlichen Masse. Dieser Ofen aber wurde spätherhin abgebrochen, und nach der in der Gegend gewöhnlichen Form erbauet; nur war er höher als bei Schmiedeberg, niedriger als bei Gabrielhütte.

hinten 18 Zoll weit von einander ab, liegen 7° bis 8° Falles, und blasen in einer Minute siebenmal. Ihr Hub beträgt in ihrem höchsten Stande 2 Fuſs 8 Zoll. Der kubische Inhalt der Bälge macht 49½ Kubikfuſse *).

Die Maaſse sind hier nach böhmischen Fuſsen angegeben, der sich zu dem Pariser wie 1314 zu 1440 verhält, zu dem Wiener wie 1314 zu 1410.

Zu Ofensteinen bedient man sich des Gneiſses, der herrschenden Gebirgsart der Gegend.

B. Vorbereitung der Erze.

1) Daſs die Eisensteine auf den Gruben nicht rein genug gefördert, weder in den Gruben, noch auf den

---

*) Die Balgkästen oder Mäntel haben zu Gabrielhütte und Kallich die Dicke von 2½ Zoll. Sie sind lang von hinten bis zu dem Kopfnagel 13 Fuſs 6 Zoll, von dem Kopfnagel bis zu dem Ende des Kopfes 2 Fuſs 6 Zoll, von da die Tiesen sammt ihren Anstecketiesen 7 Fuſs; sie sind weit, hinten 4 Fuſs, vorn bei dem Kopf- oder Augnagel 1 Fuſs, tief hinten im Lichten 1 Fuſs, vorn 6 Zoll. Die Tiesen sind 1¾ bis 2 Zoll weit, stehen von dem Formrüssel 4 bis 4½ Zoll zurück, und liegen über den Boden der Form ⅛ Zoll beilaufig erhohet. Die Bälge stehen hinten 1 Fuſs 3 Zoll von einander ab, und wechseln anfangs neunmal in einer Minute, spather öfters, so daſs sie bei vollem Gange des Ofens wohl zwölfmal in einer Minute blasen. Der Kubikinhalt der Blasebälge beträgt 48 bis 50 Kubikfuſs. Ihr Hub beträgt in dem höchsten Stande 27 bis 28 Zoll.

Die Dimensionen der Kallicher Blasebälge waren dieselben, nur die Tiesen etwas weiter, nämlich 2 Zoll Oestr. Maaſses, und standen von dem Formrüssel nur 3½ Zoll zurück, und wechselten im vollen Gange des Ofens 12 bis 14 mal in einer Minute.

Halden sorgfältig genug geschieden werden, wodurch nicht nur die Förderungskosten, sondern auch die Fuhrlohne zur Hütte um Vieles unnöthig erhöhet werden; daſs der Eisenstein auf der Hütte durch eigends dazu vorgerichtete Wäschen nicht völlig gereinigt, daselbst nicht mit mehr Sorgfalt ausgehalten und ausgeklaubet wird; daſs durch das bloſse Zerschlagen unter dem groſsen Hammer (Pochhammer) viel taubes Gestein unter dem Eisensteine bleibt, das späther nicht wieder davon getrennt werden kann (welches doch so leicht möglich wäre, wenn der Eisenstein unter einer strengern Aufsicht mit dem Schneidehammer geschieden würde) — dieses sind Mängel, die man den deutschen Hütten überhaupt zur Last legt, und diese dürften wohl auch auf Schmiedeberg ausgedehnt werden. Daſs aber diese Unaufmerksamkeit, dieser Mangel an strengerer Aufsicht, bei dem Fördern und Aushalten der Eisenerze gröſsere Unkosten, verlohrne Fuhrlöhne, übertriebene Schmelzerlöhne, einen äuſserst kostbaren Kohlenverbrand, unreine eisenhaltige Schlacken, ein schlechtes, ungleiches Roheisen, geringeres Ausbringen desselben, also Geld- und Zeitverlust zur Folge haben müssen, versteht sich von selbst.

Da aber auf dem Schmiedeberger Hochofen so verschiedenartige Eisensteine verblasen werden, als Magneteisenstein mit anstehendem rothen gemeinen Granate, Hornblende, Strahlstein u. s. w., oder mit denselben innigst gemengt, mit mehr oder weniger häufig eingesprengtem Magnet- und gemeinem Schwefelkiese, gemeinem Eisenglanze, Rotheisensteine, und zwar dichter, ochriger und glasköpfiger; bald mit vielem Thone und Laimen verunreinigt, bald mit Quarz, Amethyst, Hornstein u. s. w. gemengt: so ergiebt sich die Nothwendigkeit um so mehr, sie nach ihren Eigenschaften, Bestandtheilen, Verhalten mit einander zu beschicken. Alles dieses glaube ich doch bei der Schmiedeberger Hütte vermifst zu haben, da ich zwar den Eisenstein jeder Grube besonders aufgestürzt, aber diese Haufen nicht sorgfältig genug von einander entfernt, und die, obgleich auf derselben Grube, aber doch immer sehr von einander abweichenden Eisensteingattungen, auf einem und demselben Haufen bei einander liegen fand.

Die Presnitzer Tonne, auf welcher der Eisenstein vermessen wird, ist bei den jetzt geänderten Maafsen

nur lang . . . . 22 Zoll,
breit . . . . 14 —
hoch . . . . 7 —

hat also an Kubikinhalt nach Oestr. Maafse 2156 Kubikzolle, da sie zuvor lang war . . . . 27 Zoll,
breit . . . . 21 —
tief oder hoch im Lichten 7 —

also an Kubikinhalt 5969 Kubikzoll hatte. Fünf solche Tonnen machen eine Fuhre aus, und das Fuhrlohn einer solchen Fuhre Eiseinstein wird bis an die Schmiedeberger Hütte, wie folgt, gezahlt:

Von der Orpeser . . . . 18 Kr.
Hammerlehner . . . . 33 —

Von der Glück mit Freudner Bärenlocher Rothschachter	. . . .	33 Kr.
Birkner	. . . .	20 —
Franciscizecher	. . . .	6 —

2. Das Waschen des Eisensteines vor dem Rösten hat hier nicht Statt, und doch wäre dieses bei einigen Eisensteingattungen, vorzüglich jenen von dem Geschiebstücke und rothem Schachte, nicht überflüfsig, da diese gewöhnlich vielen Schlamm an sich haben.

3. Das Rösten der Eisensteine ist bei den strengflüfsigen Glasköpfen wegen ihres festern Zusammenhanges, bei schwefelkieshaltigen Eisensteinen wegen des darinn enthaltenen Schwefelkieses, als nothwendig anerkannt worden; aber selbst jenen Erzen, bei welchen dieses der Fall nicht ist, ist es vortheilhaft, da sie durch dasselbe poröser, milder, schmelzbarer, und so für das Ausbringen reicher werden. Da nun von denjenigen Eisensteinen, die auf dem hiesigen Hochofen verblasen werden, der Hadorfer, Kleinthaler, Birkner, wegen des beigemengten Quarzes, Amethystes, Hornsteines u. s. w. sehr hart ist, der Kremsger, Orpeser, Auspaner, Birkner mehr oder weniger Schwefelkies hält: so ist zwar auch hier das Rösten üblich, doch nur des Orpeser, Kremsger, von der Glück mit Freudenzeche und des Hadorfer; des letztern, wenn er viel Hornstein und Quarz hält. Die übrigen Eisensteine werden nicht geröstet. Aber selbst bei jenen, welche einer Röstung unterwor-

fen werden, sollte dasselbe mehr in ordentlichen Röstöfen bei einem besonders geleiteten Feuer, oder wenigstens auf eigends dazu vorgerichteten Roststätten und in gröſsern Quantitäten geschehen *).

4. Das ordentliche Auslaugen der Erze wird hier nicht angewendet. Da aber der Kremsger, Orpeser und Birkner Eisenstein mehr oder weniger Schwefelkies enthalten, und daher durch das Rösten etwas vitriolisch werden, und auch jene Erze, die es im Rösten nicht werden, doch durch das Wässern und Auslaugen viel milder und leicht flüſsiger werden sollen: so würde dasselbe nicht ohne allen Nutzen seyn.

5. Der Eisenstein und der zuzuschlagende Kalkstein wird, ehe er aufgegeben wird, unter einem Pochham-

---

*) Zu Gabrielhütte und Kallich werden alle Eisensteine unmittelbar erst bei der Hütte geröstet, aber gleichfalls nicht in eigends dazu eingerichteten Rostöfen, sondern auf Roststatten im Freien, die, bei einer Länge von 3 böhm. Ellen, eine Breite von 2 Ellen haben. Die Erze werden auf eine Schicht Scheitholz gestürzt, und dann mit Lösche bedeckt. Nur der Eisenstein von Brandau wird unmittelbar an der Grube geröstet, wodurch etwas an Fuhrlohn erspahrt wird. Die Roststatte liegt auch im Freien, ist 4 böhm. Klafter lang und 2½ Klafter breit. Auf den geebneten Boden werden zuerst 6 Zolle hoch Erze aufgestürzt, auf welche eine Lage Scheitholz zu liegen kömmt, und dann wieder 18 Zolle Erze. Da zudem, und zwar vorzüglich in Gabrielhütte, der Ofen eine viel gröſsere Höhe hat, als zu Schmiedeberg, so erleiden die Eisensteine hier durch das höhere Aufgeben gleichsam eine zweite Röstung, wodurch das Ausbringen des Eisens um so reichlicher ausfallt.

mer, der 2½ Zentner wiegt, in Stücke von der Gröfse einer Erbse zerschlagen; derjenige Eisenstein hingegen, welchem viel Quarz und Hornstein beigemengt ist, zu Mehl gepocht.

6. Der auf dem Schmiedeberger Hochofen übliche Zuschlag ist ein sehr eisenschüfsiger *körniger Kalkstein* von einer theils *grünlich*- theils *dunkel rauchgrauer* Farbe, innwendig *wenigschimmernd* und von kleinkörnig abgesonderten Stücken. Auf den Klüften und Ablösungen ist er eisenschwarz beschlagen, und hat hier und da sehr viele braunsteinartige Zeichnungen. Er ist meistens schon in einem hohen Grade der Auflösung begriffen. Sein Geburtsort ist Kleinthal. Zuweilen, aber doch selten, *soll* auch Basalt zugeschlagen werden *).

7. Die Kohlen werden in einem eigenen Kohlenmagazine aufbewahrt, und daher der auf manchen Hütten befolgten üblen Gewohnheit, sie im Freien der schädlichen Einwirkung der Atmosphäre ausgesetzt zu lassen, wodurch sie von der Feuchtigkeit ganz unbrauchbar oder doch schlechter werden, ausgewichen.

---

*) Zu Kallich und Gabrielhütte bedient man sich als Zuschlag des körnigen Kalksteins von Kallich, der mit Quarz, Schiefer- und Braunspath, Flufsspath und Tremolith gemengt ist, der aber, wie billig, roh zugesetzt wird, und zwar nur in den ersten Wochen; spätherr wird der Eisenstein ohne allen Zuschlag aufgegeben.

C. Das Schmelzen des Eisensteins und das Ausbringen des Roheisens.

1. Ich will hier vor allem das Verhältnifs, in welchem die verschiedenen Eisensteine, die man auf dem hiesigen Hochofen verblaset, aufgegeben werden, so angeben, wie es mir mitgetheilt wurde.

Man vermischt folgende Eisensteine in folgendem Verhältnisse:

Von dem Orpeser Eisensteine, und zwar	
von der Dorotheazeche	16 Theile
von der Fräuleinzeche	10 ——
Von dem Kremsger, und zwar	
von der Glück mit Freudenzeche .	6 ——
von dem Bärenlocher *)	2 ——
Von dem Rothschachter am Auspaner Gebirge	4 ——
Von dem Hadorfer	4 ——
Von dem Geschiebschachter	16 ——
Von dem Hammerzechner	2 ——
Von dem Hofgrunder *)	2 ——
Von dem Birkner	2 ——
In allem	64 Theile **).

*) Da die Bärenlocher- und Hofgrunderzechen nicht mehr belegt sind, so werden die vier abgehenden Theile durch den Rothsshachter oder Geschiebschachter Eisenstein ersetzt.

**) Zu Kallich und Gabrielhütte verblaset man folgende Eisensteine: 1) Orpeser von der Dorotheer — Siebenbrüder —

2) Der bei den meisten Hütten gewöhnliche Fehler, den Eisenstein, die Kohlen und den Zuschlag nicht nach dem Gewicht, sondern nach einem gewissen Maafse aufzugeben und zu berechnen, ist auch hier üblich; indessen will ich, um dem Vorwurfe, den man so vielen metallurgischen Schriften (mit Recht) macht, auszuweichen,

---

Mariahülfer — und Fräuleinzeche, 2) Kremsger von der Weifszeche — Fundgrube — dem Ueberschaar — der Ferdinandi — Christianizeche, 3) Ehrenfriedersdorfer von der neuen Hoffnungszeche, 4) den Brandauer und ehemals den Gliedner. Sie bestehen theils aus gemeinem Magneteisensteine, wie der Orreser, Kremsger und Ehrenfriedersdorfer, davon letzterer aber sehr reich an Schwefelkies ist, und daher nur sparsam den übrigen zugesetzt werden kann; theils aus Rotheisenstein, wie der Gliedner; theils aus Thoneisenstein, wie der Brandauer. Alle Eisensteine werden hier vor dem Einschmelzen auf einem trocknen Pochwerke unter einem 2 Zentner 20 bis 30 Pfund schweren Hammer zu Stücken, welche die Gröfse einer Wallnufs haben für sich gepocht, und so wie es von dem Pochen wegkommt, auf den Beschickungsboden gebracht.

Das Verhaltnifs, in welchem diese verschiedenen Eisensteine vermengt wurden, ehe sie aufgegeben worden, war zur Zeit meiner Reise folgendes:

Auf 60 Karren Eisenstein kamen

von dem	Dorotheazecher	18 Karren.
	Siebenbrüderzecher . . .	4 —
	Mariahülfer	3 —
	Frauleinzecher	4 —
	Weifszecher	8 —
	Ueberschaarzecher . . .	5 —
	Ferdinandizecher	6 —
	Gliedner	6 —
	Brandauer	5 —
	Ehrenfriedersdorfer . .	1 —

den kubischen Inhalt dieser Maaſse angeben, und aus diesem selbst das Gewicht zu berechnen suchen *).

*) Wenn eine Gicht 3 bis 3½ Fuſs niedergegangen ist, so wird ein neuer Satz aufgegeben. Jeder aufzugebende Satz (Gicht) besteht

in Kohlen . . . . 2 Küb.

Jeder Kübel miſst 5 Prager Striche. Der Prager Strich hat an Kubikinhalt 4718,5 Pariser Zoll, oder (da sich der Pariser Kubikfuſs zu dem Prager verhält wie 2986 zu 2269) 6210 Prager Kubikzoll; also betrüge ein Kübel Kohlen 31050 Prager Kubikzoll, und die bei einer Gicht aufzugebende Kohlenmenge 62100 Prager Kubikzoll. Da man sich aber hier derselben Kohlen bedient, wie zu Gabrielhütte, dort aber der Kübel Kohlen von 23287,5 Kubikzoll 117 Pfd. Prager Gewicht wiegt, so würde hier ein Kübel 156 Pfd. und die ganze Kohlenmenge betragen 312 Pfd.

in 5, 6 bis 7 Kästchen Eisenstein, deren jedes 187 Kubikfuſs faſst, und je nach Verschiedenheit des Eisensteins 40 bis 45 Prager Pfunde wiegt, also die Mittelzahl von . . . . 6 Käst.

zu 42,5 Pfund angenommen . . . . . . 255 Pfd.

und aus ¼ bis ½ Kästchen oder 46¾ bis 93½ Kubikzollen Kalkstein *).

---

*) Der Eisenstein, die Kohlen und der Zuschlag, von welchem auf 60 Karren Eisenstein 2 bis 3 Karren, aber bloſs im Anfange des Schmelzens zugesetzt werden, wurden zu Gabrielhütte und Kallich nicht nach dem Maaſse, sondern nach dem

Die Kohlen, deren man sich bedient, sind theils Stock- theils Scheitholzkohlen, und zwar meistens Buchen- oder Fichtenkohlen.

In 24 Stunden werden durchgesetzt	17 bis 20 Gichten
mit einem Aufwande von .	34 — 40 Küb. Kohlen
durchgesetzt	102 — 120 Käst. Eisenst.
oder	31 — $36\frac{3}{7}$ Ztn. Eisenst.
und	$5\frac{2}{3}$ — $6\frac{2}{3}$ Käst. Kalkst.

Dagegen wird gewöhnlich jede 13te oder 14te Gicht abgestochen. Die bei dem Ablassen des Roheisens erhaltene Ganz wiegt 8 bis 9 Zentner zu 140 Pfund böhmisch, oder 1120 bis 1260 Pfunde.

Bei dem besten Gange des Ofens werden daher in einer Woche

durchsetzt	119 bis 140 Gichten
mit einem Aufwande von	238 — 280 Küb. Kohlen
oder von	265 — 312 Ztn. Kohlen
verblasen	714 — 840 Käst. Eisenst.
oder	217 — 255 Ztn. Eisenst.
und an Roheisen in 9 bis 11 Abstichen, die Mittelzahl von 1190 Pfunden auf die Ganz angenommen, erzeugt .	$107\frac{1}{5}$ — $130\frac{9}{10}$ Zn. z. 100 Pf.

Gewicht aufgegeben, und zwar in folgendem Verhaltnisse: Man nahm zu Gabrielhütte auf 28 Kubikfuſse oder 234 Pfund Kohlen 425 bis 450 Pfund Erze, sammt dem Zuschlage, der aber, wie gesagt, bloſs im Anfange zugesetzt wird, und dann $\frac{1}{10}$ des Ganzen ausmacht. Bei Kallich war das Verhältniſs so, daſs auf 117 Pfund Kohlen 120 bis 130 Pfund Erze kommen.

1 Kästchen Eisenstein also, welches $42\frac{1}{2}$ Pfd.

wiegt, giebt an Roheisen . . . . $15\frac{3}{10}$ Pfund

bei einem Kohlenaufwande von . . . $\frac{1}{3}$ Kübel

oder . . . . 52 Pfund

1 Zentner Eisenstein giebt an Roheisen . $50\frac{2}{3}$ Pfund

bei einem Kohlenaufwande von . . . $1\frac{23}{236}$ Kübel

oder . . . . 169 Pfund

1 Zentner Roheisen braucht daher an Kohlen $2\frac{1}{5}$ Kübel

oder . . . . 242 Pfund

Als Gegenstück dieser sehr günstigen Berechnung lege ich hier eine andere von dem ganzen letzten Umlasse des Schmiedeberger Hochofens bei, der von der am 11ten October 1798 unternommenen Zustellung 19 Wochen dauerte. Es wurden in diesem Zeitraume von 19 Wochen durchgesetzt

Sätze 2493, also in einer Woche 131 Sätze

Aufgegeben wurden

an Eisensteine	14451 Kästch.	. 760 Käst. Eisenst.
oder	4387 Zentn.	. 236 Ztn. Eisenst.
an Kohlen . .	4986 Kübel	. 262 Küb. Kohlen
oder	5556 Zentn.	. 292 Ztn. Kohlen

Erzeugt wurden an

Roheisen .	1229 Zn. z. 140 Pf.	65 Zentner
oder . . .	172060 Pfund	$9056\frac{1}{3}$ Pfund.

1 Kästchen Eisenstein zu $42\frac{1}{2}$ Pfund gab

daher an Roheisen . . . . 12 Pfund

bei einem Kohlenaufwande von . . . $\frac{131}{380}$ Kübel

oder . . . . $38\frac{1}{2}$ Pfund

1 Zentner

1 Zentner Eisenstein gab an Roheisen $38\frac{2}{5}$ Pfund
bei einem Kohlenaufwande von . $1\frac{26}{236}$ Kübel
oder . . . . $123\frac{4}{5}$ Pfund
1 Zentner Roheisen fordert daher an
Kohlen . . . . $2\frac{9}{10}$ Kübel
oder . . . . 322 Pfund *).

3. Die Dauer eines Umlasses (einer Reise) ist sehr verschieden, und beruht meistens auf die Güte und die davon abhangende Dauer der Gestellsteine. Nach der Feuerbeständigkeit dieser geht der Ofen gewöhnlich 19 bis 20 Wochen, doch auch 40 Wochen, oder gegentheilig wieder nur 16 Wochen, so daſs des Jahrs auch dreimal zugestellt werden muſs **).

4. Die Schlacken, welche hier alle Stunden einigemal mit dem Schlackenhaken und der Schaufel abgeworfen werden, sind gewöhnlich lichte- oder dunkelblau, spielen zuweilen auch in das Schwarze, und verrathen daher immer noch einigen Eisengehalt, welcher ein Miſs-

*) Das Ausbringen des Roheisens zu Gabrielhütte war stets etwas geringer, und zwischen 27 und 29 Procent, welches gröſstentheils von der schlechtern Beschaffenheit der Erze abhängt, da die besten auf dem Schmiedeberger Hochofen verschmolzen werden; dafür war aber der Kohlenbedarf stets um ein beträchtliches geringer.

**) Der Hochofen zu Gabrielhütte geht gewöhnlich 45 bis 48, doch auch 54 bis 56 Wochen, selten nur 30 Wochen, und in einem Umlasse wurden sonst beiläufig 4000 Zentner Roheisen ausgebracht; doch soll das Ausbringen jetzt noch etwas groſser seyn.

verhältnifs zwischen der Gröfse des Gestelles und der Stärke des Gebläses vermuthen läfst, da die Kohlenmenge, im Verhältnifs der aufgegebenen Erze, gewifs sehr ansehnlich, vielleicht selbst zu grofs ist *).

*) Die Schlacken werden zu Gabrielhütte und Kallich in einer Stunde wohl zehnmal abgehoben. Sie sind gewöhnlich blafsblau, etwas in das Grüne spielend, im Bruche eben und glänzend, und voll kleiner Bläschen, dabei aber so hart, dafs sie mit dem Stahle Feuer geben, und von keinem beträchtlichen eigenthümlichen Gewichte. Herr Prof. Lampadius hat eine solche Schlacke von Kallich chemisch untersucht, und gefunden, dafs dieselbe bestand aus

Eisen	6,5
Magnesium	1,5
Thon	35
Kalk	8
Baryt	3
Kiesel	40
Phosphorsäure	4
Flüchtige Theile	1
Verlust	1
	100

Im Jahre 1797 fielen die Schlacken einige Zeit hindurch grün aus, welches auf einen beträchtlichen Braunsteingehalt hinzudeuten scheint. Wird viel Kalkstein zugeschlagen, und sind die Eisensteine sehr kieshaltig, so bläht sich die Schlacke sehr auf, und erscheint im kalten Zustande graulich- oder grünlichweifs, gerieben oder zerschlagen entwickelt sie einen hepatischen Geruch, der sein Daseyn wahrscheinlich dem erst während des Schmelzens aus dem Kalke und dem Schwefel des Kieses gebildeten Schwefelkalke danket.

Die Schlacken werden auf einem Pochwerke, das aus einem Satze mit 4 Stempeln besteht, gepocht, und die in den Schlacken befindlichen Eisenkörner in einem, bei dem Schlackenpochwerke angebrachten Wasch- oder Schlammtroge erhalten.

Die Schlacken werden auf einem aus zwei Sätzen, jeder zu 3 Stempeln bestehenden, Pochwerke gepocht, und die in demselben sehr häufig zerstreuten Eisenkörner in dem Wasch- oder Schlammtroge aufgesammelt.

5. Gegossen wird auf dieser Hutte nichts, sondern alles Roheisen wird verfrischt *).

D. Das Verfrischen des Eisens.

Es befinden sich bei Schmiedeberg zwei Stabhämmer mit einfachen Heerden. Durch eine vieljährige Erfahrung will man folgende Heerdstellung als die vortheilhafteste befunden haben.

Der Heerd ist eine mit Eisenplatten eingeschlossene Grube, deren Sohle eine ähnliche Eisenplatte ist. Sie mifst

in die Länge von der Form zur Windseite	3 Fufs	4 Zoll.
in die Breite von dem Abstichbleche zur Aschenseite	2 —	2 —
in die Tiefe	1 —	2 —

Die aus Kupfer bestehende Form steht von dem hintern Zapfen 10 Zoll entfernt, ist über die Sohlen-

*) Gegossen wird hier nur auf gemachte Bestellungen, sonst alles Roheisen in die Frischhämmer abgeliefert. Noch verdient hier angemerkt zu werden, dafs im J. 1794, nach erfolgter Hofbewilligung, auf dem Schmiedeberger Hochofen ein Schmelzversuch mit verkohltem Torfe gemacht worden sey. Da aber das abfallende Roheisen selbst dann, wenn nur $\frac{2}{5}$ Torfkohlen auf $\frac{3}{5}$ Holzkohlen genommen wurden, sehr rothbrüchig ausfiel, so unterblieben, wegen dieser schlechten Qualität des erzeugten Roheisens, alle fernern Versuche.

platte $10\frac{1}{4}$ Zoll erhöhet, und ragt mit ihrer untern Fläche 4 Zoll in den Heerd hinein. Das Auge ist halbrund, $1\frac{1}{2}$ Zoll breit, und $1\frac{1}{4}$ Zoll hoch *).

Bei einem jeden Heerde befinden sich 2 hölzerne Bälge, welche, sammt dem Tiesenkopfe,

lang sind	10	Fuſs —	Zoll
breit an der Hinterwand des Mantels .	4	—	— —
am Kopfe	1	—	6 —
Die Tiesen sind lang	3	—	— —
und haben an ihrer runden Oeffnung in der Form im Lichten . . .	—	—	$1\frac{1}{2}$ —

Die zu jedem Balge gehörigen 2 Däumlinge an der Balgradwelle bestehen aus Buchenholz, und sind in der Welle in durchgehende Löcher eingekeilt.

Der Hub der Bälge beträgt 2 Fuſs, und jeder faſst 23 Kubikfuſs Luft. Sie wechseln sechs- bis zehnmal in der Minute, je nachdem die Arbeit einen mattern oder frischern Wind erfordert.

Die Hämmer bestehen aus geschmiedetem Eisen, und wiegen 270 bis 280 Pfund. Die Ambosse sind von

*) Die Hochofen zu Kallich und Gabrielhütte beschaftigen 6 Frischfeuer, davon 3 zu Gabrielhütte, 3 zu Kallich sind.

Der Frischboden ist im Quadrate lang und breit 1 bohm. Elle 2 Zoll, die drei Frischzacken sind 1 Elle 2 Zoll lang und 13 Zoll breit. Die Form liegt über dem Frischboden 10 bis 13 Zoll erhöhet, nach der Verschiedenheit des zu verfrischenden Roheisens. Sie besteht aus Kupfer, ist vorn am Rüssel $2\frac{1}{8}$ Zoll weit, $1\frac{1}{2}$ Zoll hoch, und oval; sie liegt auf 8 bis 10° Fall, und ragt $3\frac{1}{2}$ bis 4 Zoll in den Heerd hinein.

Gufseisen, 380 Pfund schwer, und in einem Stocke von Buchenholz befestigt. Sie haben eine eiserne Unterlage, und der Stock selbst ist auf Grundsohlen in der Erde befestigt. Der Stock ist mit einem eisernen, hervorstehenden Ringe umgeben, in welchem sich der Hammerschlag (Sinter) sammelt, und er wird, während des Schmiedens, beständig von dem aus der Radstube durch ein Gerinne zufliefsenden Wasser befeuchtet.

Das Hammergerüste ist aus starken Bäumen von Tannenholz zusammengesetzt, und die Büchsensäulen bestehen gleichfalls aus demselben Holze. Der Helm des Hammers ist aus Buchenholz, und mit einem geschmiedeten starken eisernen Ringe versehen, an welchem sich zwei eiserne angeschmiedete Zapfen befinden, die in eisernen, an der Büchsensäule befindlichen Büchsen liegen. Vorne, wo die Hebarme an den Helm anstreichen, ist an demselben ein eisernes, ziemlich breites Blech angelegt. An der Hammerwelle befinden sich 4 eiserne Hebarme, welche an einem eisernen Ringe zugleich mit angegossen sind, die da, wo sie an den Hammerhelm anstreichen, mit büchenen Fröschen überkeilt sind *).

---

*) Zu Kallich und Gabrielhütte sind die hölzernen Bälge

lang,	von hinten bis zu dem Kopfnagel . . .	8 Fufs	— Zoll
	vom Kopfnagel bis zum Ende des Kopfes	2 —	6 —
	vom Kopfsende die Tiesen	3 —	— —
weit,	hinten	2 —	9 —
	vorn	1 —	— —
tief,	hinten	— —	8 —
	vorn	— —	6 —

Die ganze Schmiedungsmanipulation besteht

a. aus dem Einschmelzen,

b. aus dem Aufbrechen,

c. aus dem Anlaufen, Theilmachen und Ausschmieden.

a. Beim Einschmelzen wird, nachdem der Heerd gehörig vorgerichtet ist, derselbe mit kleinen, etwas glühenden Kohlen angefüllt, und beim hintern Zapfen einige vom vorigen Schmelzen zurückgebliebene Schaalen gelegt. Man rückt nun die Ganz (das Roheisen) gegen die Formseite so weit in das Feuer hinein, daſs sie von der Form 8 Zoll entfernt, und gegen dieselbe etwas überhängend zu liegen kömmt. Sodann werden die nöthigen Kohlen im Heerde aufgegeben, und die Ganz, so weit dieselbe in den Heerd hineinreicht, damit überdeckt. Nach dieser Verrichtung wird anfangs das Gebläse nur langsam angelassen, so daſs die Bälge in einer Minute höchstens sechsmal wechseln, und nachdem ein Theil von der Ganz herabgeschmolzen, so wird solche weiter bis auf die vorige Entfernung von der Form nachgerückt. Man wirft, zur Beförderung des Schmelzens und des Verfrischens, etwas Frischschlacken und Hammerschlag zu, und die Kohlen werden öfters mit Wasser besprengt. Wenn die Schlacken bis zur Form in die

---

Sie sind auf 20° bis 25° Fall gerichtet, und wechseln 13 bis 14 mal in der Stunde. Der Frischhammer wiegt 300 bis 350 Pfund böhm. Gewichts.

Höhe steigen, so werden sie abgestochen *), doch nicht ganz, damit das Eisen nicht davon entblöfst werde. Während dieser Zeit werden die von der vorigen Arbeit zurückgebliebenen Kolben (Theilstücke) ausgeschmiedet, und die nicht ganz ausgeschmiedeten Stäbe mit ausgewärmt.

b. Nach dem vollendeten Einschmelzen der erforderlichen Quantität Roheisens wird zu dem Aufbrechen geschritten.

Bei dieser Arbeit wird das Roheisen aus dem Feuer gerückt, von dem bereits eingeschmolzenen Roheisen werden die Kohlen und die Schlacken abgeräumt und das Gebläse stärker angelassen. Dann wird, mittelst einer Brechstange, das in den Ecken des Heerdes allenfalls angelegte Roheisen abgelöset, der eingeschmolzene Klumpen und die auf dem Boden zerstreut liegenden Stücke gegen die Form in die Höhe gehoben, und die ganze Masse von unten öfters zerstauchet (aufgebrochen). Diese Arbeit, welche eine halbe, manchmal auch drei Viertelstunde dauert, wird überhaupt so lange fortgesetzt, bis das Eisen dergestalt zu frischen anfängt, dafs es im Heerde mit einer weifslichen Farbe erscheint, und dafs mehrere schon weifsglühende Theile an die Brechstange so fest anhängen, dafs man sie nur mit Mühe wieder losbrechen kann.

---

*) Zu Gabrielhütte werden die Schlacken auf ein Theil (Luppe) drei- auch viermal abgestochen.

Dann wird das aufgebrochene Eisen mit Kohlen bedeckt, das Gebläse verstärkt, etwas Hammerschlag zugesetzt und noch eine Viertelstunde im Feuer gelassen, zugleich aber mit der Brechstange immer durchwühlt, und von der Löschseite in die Kohlen gelüftet.

c. Hierauf fängt man das Anlaufen an, das ist: es wird das zusammengesinterte Eisen im Heerde mit einer Brechstange in die Höhe gehoben, und ein am Ende weifsglühender eiserner Kolben, der an einem hölzernen Stiele befestigt ist (der Anlaufestab, die Anlaufestange) unter das geschmolzene Eisen an jenem Orte, wo der Wind am heftigsten anfällt, in den Heerd gebracht, wo sich das herabsinternde Eisen an denselben anlegt (anschweifst). Man dreht den Kolben mit dem angesetzten Eisen drei bis vier Minuten lang um, damit es der Wind von allen Seiten durchstreiche, worauf man das angelegte Eisen unter den Hammer bringt, um es durch etliche Schläge besser zusammenzutreiben (zusammenzuwellen) und darauf wieder unter die Luppe in den Heerd steckt. Nach Verlauf einiger Minuten wird der Kolben wieder herausgenommen, und wenn sich eine hinreichende Menge Eisen an denselben angelegt hat, dasselbe unter den Hammer gebracht, und zu einem viereckigten, $\frac{5}{4}$ Fufs langen Stabe gestreckt. Ehe aber ein Kolben unter den Hammer kömmt, wird er im Sande herumgewälzt, damit sich dieser anlege, und so das Eisen vor dem Zutritt der atmosphärischen Luft und dem gröfsern Verbrande schütze.

Auf solche Art wird so lange mit dem Anlaufen fortgefahren, bis nur wenig Eisen in dem Heerde zurückbleibt, welches, weil es zerstreuet ist, nicht leicht an die Anlaufstange gebracht werden kann.

Man erhält hier von einer Luppe 35 Pfund, etwas mehr oder weniger Anlaufeisen.

Das übrige geschmolzene Eisen im Heerde, das nicht mehr anlauft, oder anschweifst, wird zu einer Schmelze oder Luppe gemacht. Die Kohlen werden von der Luppe weggeräumt, dieselbe, die 70 bis 80 Pfund schwer seyn mag, mittelst eines mit Eisen beschlagenen Tragebaumes auf einmal aus dem Heerde gehoben (ausgebrochen), mit einem hölzernen Hammer beklopft und unter den grofsen Schmiedehammer gebracht, wo es zu einem breiten Stücke geschmiedet und mit dem Setzeisen in drei Theile zerschroten wird. Diese Theile werden nochmals im Heerde gewärmt, und in die nöthigen Eisengattungen ausgeschmiedet. Aus dem Mittelstücke werden jene Eisengattungen, welche von vorzüglicher Güte seyn müssen, auf der Stelle ausgeschmiedet. Von den Seitenstücken (Ortscherben) wird das eine ohne weitere Arbeit zu Blecheisen (das hier Frischeisen genannt wird) zur Seite gelegt, das andere zu Stabeisen verwendet.

In einer Zeit von 4½ Stunden wird ein Theil von 126 Pfund Roheisen eingeschmolzen, aufgebrochen und ausgeschmiedet, und hiervon 35 Pfund (eine Wage)

Drath-, 35 Pfund ordinäres und 20 bis 25 Pfund Blech- oder Theileisen, das 6 Zoll lange, breite, eckigte Stäbe darstellt, erhalten. Nebstdem werden noch wöchentlich 70 bis 87½ Pfund (2 bis 2½ Wage) geschmiedetes Eisen (über das bestimmte Quantum) von dem Hammerschmiede eingeliefert, das ihnen um einen festgesetzten Preis abgelöset wird.

In 24 Stunden werden, bei vollem Wasser, 5 Luppen verfertigt. Zu einer Wage, oder 35 Pfund Stabeisen, werden $48\frac{1}{10}$ Pfund Roheisen und $\frac{13}{16}$ Kübel Kohlen zugestanden; hernach sind dem Schmiede $17\frac{18}{100}$ Prozent passirt. Da aber der Schmied wöchentlich noch 87½ Pfund einbringt, so bleiben nur $25\frac{42}{100}$ Prozent Verlust an Roheisen *).

Für die Wage (oder 35 Pfund) Stabeisen werden 9 Kr. bezahlt, davon erhält der Meister 2½ Kr., die zwei Gesellen oder Schmiede zusammen 5 Kr., der Aufgiefser oder Heitzer 1½ Kr. Von dem über das abzuliefernde

*) Gemeiniglich werden täglich (in 24 Stunden) zu Kallich und Gabrielhütte in einem Feuer 6 bis 7 Zentner Roheisen eingeschmelzt, daraus 4 Frischtheile gemacht, jeder zu 1½ bis 1¾ Zentner. Auf 1 Zentner Stabeisen beträgt der Abgang an Roheisen 25 Pfund, und der auf 1 Zentner Roheisen bewilligte Kohlenaufwand ist 3 Kübel. In allen Frischhütten werden daher täglich beilaufig 31½ Zentner an Stabeisen erzeugt, mit einem Kohlenaufwande von 126 Kubeln oder 147½ Zentner. Was an Kohlen oder Roheisen eingebracht wird, wird dem Meister nach einem festgesetzten Preise abgekauft.

Quantum eingelöseten Stabeisen erhält der Meister die Halfte, die Gesellen sammt dem Aufgiefser zusammen die andere Halfte, und dazu auf die Wage $\frac{13}{16}$ Kübel Kohlen unentgeldlich zugestanden.

Zu 100 Pfund Frisch- oder Blecheisen wird an Roheisen $124\frac{4}{9}$ Pfund abgeschieden, und der Kohlenverbrand auf $1\frac{1}{4}$ Kübel pro Zentner berechnet.

An Lohn erhält der Meister für den Zentner 10 Kr., wovon der Meister $2\frac{3}{7}$, die zwei Gesellen zusammen $5\frac{1}{2}$ Kr., der Aufgiefser $1\frac{3}{4}$ Kr. empfangen.

Bei jeder Hütte sind, nebst dem Meister, zwei Gesellen oder Schmiede, ein Heitzer oder Aufgiefser, und ein Hüttenjunge angestellt. Von diesen Arbeitern wechseln in jeder Hütte alle $4\frac{1}{2}$ Stunden einer nach dem andern ab, und es bleiben, bei Bearbeitung einer Luppe, nur 3 Mann in der Arbeit stehen. Es wird das ganze Jahr gearbeitet *).

Man bringt, nach einer mir mitgetheilten Nachricht, in einer Anlaufschmiede wöchentlich

an Drath- und ordinärem Eisen	2170 Pfd.	2920 Pfd.
an Blech- (hier Frisch-) eisen	750 —	
schmelzt dazu an Roheisen ein		3780 —
passirt an Verbrand		860 —
verbraucht dazu Kohlen 60 Kübel oder .		9360 —

*) Jede Frischhütte beschaftigt allhier einen Meister, einen Vorschmied, einen Aufgiefser, einen Huttenjungen. Für jeden Zentner Stabeisen erhält der Meister $26\frac{2}{3}$ Kr.

Wenn man nach diesem Calcul durch volle 13 Wochen, die Woche zu 6 Tagen, den Tag zu 5 Schichten, mit einem Feuer arbeitet, weil die Anlaufschmieden nur 24 Stunden die Woche hindurch, nämlich Sonntags, stehen: so würden in 390 Schichten

an Frischeisen ausgebracht	$379\frac{3}{5}$	Ztn.
dazu an Roheisen verbraucht	$491\frac{2}{5}$	—
an Abbrand passirt	$101\frac{4}{5}$	—
an Kohlen verbraucht	$1216\frac{4}{5}$	—

Der Ausfall ist etwas anders, wenn man die Sache nach den obigen Daten berechnet.

Man bringt in einer Anlaufschmiede zu Schmiedeberg in $4\frac{1}{2}$ Stunden, oder in einer Schicht, an Frischeisen auf 90 bis 95 Pfund, oder die Mittelzahl angenommen	$92\frac{1}{2}$	Pfd.
schmelzt dazu an Roheisen ein	126	—
Der Abbrand beträgt daher	$33\frac{1}{2}$	—
Man verbraucht dazu an Kohlen $2\frac{13}{100}$ Kübel oder	$332\frac{1}{4}$	—

Wenn man daher mit einem Feuer durch 13 Wochen oder 390 Schichten arbeitet,

bringt man an Frischeisen aus . . .	$360\frac{3}{4}$	Ztn.
verbraucht an Roheisen	$491\frac{2}{5}$	—
passirt an Abbrand	$130\frac{13}{20}$	—
verbraucht an Kohlen $830\frac{7}{10}$ Kübel oder	$1295\frac{89}{100}$	—

Beim Mangel an Aufschlagewässern aber, wo in 24 Stunden nicht 5 Luppen, sondern nur 3 bis 4 erzeugt werden können, fällt verhältnifsmäfsig auch der Verbrauch des Roheisens und die Erzeugung des Frischeisens *).

Die hier üblichen Eisensteingattungen sind:

1. Drath- oder Anlaufeisen, welches das vorzüglichste ist, und aus $\frac{5}{4}$ Elle langen, 1 Zoll breiten, viereckigten Stäben bestehet. Dieses wird an die nahe liegenden inländischen Drathmühlen verkauft, auf welchen alle Arten, selbst des feinsten Drathes, daraus verfertigt werden. Der Preis einer Wage (von 55 Pfund) war damals 4 Fl.

2. Das ordinäre oder Theileisen **), wozu alle Gattungen des geschmiedeten Eisens gehören, als Reifen- Rohrplatten- Schlosser- Büchsenbrandeisen. Das Rohrplatten- und Büchsenbrandeisen wird an die K. Feuergewehr-Lieferanten zu Weiperth abgegeben, das übrige an verschiedene Abnehmer verkauft, die Wage zu 3 Fl. 33 Kr.

---

*) Ein Theil des Stabeisens kömmt nach Kallich auf die Zainhämmer, deren dort 2 befindlich sind. Der Zainhammer wiegt 30 bis 40 Pfund. Auf einen Zentner Stabeisen wird hier 5 Pfund Abgang bewilligt, und an Kohlen erhält der Meister blofs Löschkohlen Jeder Zainhammer beschaftigt, aufser dem Meister, einen Gesellen oder Auswärmer. Wöchentlich werden 11 bis 12 Zentner Zaineisen erzeugt, und an Arbeitslohn für den Zentner 22½ Kr. bezahlt. Des Nachts stehen die Zainhämmer offen.

**) Ein anderer Theil des Eisens kömmt in den Zeughammer zu Kallich, der mit einem 120 bis 150 Pfund schweren Hammer versehen ist. Da hier verschiedene Werkzeuge verfertigt werden, so ist der Kohlenaufwand, der Abgang an Eisen, und der Lohn des Meisters sehr verschieden.

3. Das Frisch- oder Blecheisen *). Dieses besteht aus 25 bis 30 Pfunde schweren Theilstücken, und wird

*) Alles Stabeisen in Gabrielhütte wird, wie schon bemerkt worden, auf die Blechhammer abgegeben, deren hier vier befindlich sind. Auf jeder Blechhütte ist nur ein Hammer, und zwar der Breithammer, unter welchem sowohl die Kölbel ausgeglichen, als die Bleche geschmiedet werden. Sein Gewicht beträgt zwischen 500 und 600 Pfund, und seine Bahn ist eben, nicht halbrund. Man arbeitet hier nur Vaſsblech (Blech in Vässern).

Da bei der Anfertigung der Bleche allhier ordinäres Stabeisen aus den Stabhütten genommen wird, so wird in den hiesigen Blechhammern die Arbeit

1. alsogleich mit dem Urwällen (Gleichen) angefangen. Diese Arbeit verrichten der Heerdschmied mit dem Urwäller und Kölbelaufseher, und es werden allezeit 6 Stäbe auf einmal zum Wärmen eingehalten und damit fortgefahren, bis alle Stäbe verarbeitet sind. Der Heerdschmied schmiedet die Kolben an den Stäben, und hauet sie mit einem kleinen Setzeisen ab. Dieses Kölbchen nimmt der Kölbelaufheber unter dem Hammer weg, und bringt das starke Ende weiter zum Wärmen in das Feuer, da dann der Urwäller dasselbe, wenn es warm genug ist, der Länge und Breite nach streckt, und so wie der Urwäller unter dem Hammer wegfährt, so ist der Heerdschmied mit dem Stabe zum Absetzen dagegen da. Die Kölbel werden von dem Heerdschmied vierkantig, $\frac{3}{4}$ Zoll dick, 8 bis 9 Zoll lang, und $1\frac{1}{2}$ bis $1\frac{3}{4}$ Pfund schwer, angesetzt, von dem Urwäller 2 bis 3 Zoll breit der Länge nach an einem Ende hinausgestreckt.

Wenn die Zahl der Stürze zu 15 Doppelschock fertig ist, so schmelzt der Heerdschmied den Hammerschlag, nebst Schweelen und Abschnitteln zu einem Theil, welcher, in zwei Stucke gehauen, zu Stangeneisen verarbeitet wird. Diese Arbeit währt gewöhnlich 6 Stunden.

2. Die geurwällten Kölbel werden dann von den Gleichern mit dem Lehrknechte auf dem andern Ende auch hinausgebreitet, in der Mitte zusammengebogen und zu Stürzen gemacht, welche Arbeit 3 bis $3\frac{1}{2}$ Stunde währet, und das *Richtheifsen* genannt wird. Dann wird das Feuer rein gemacht, die Sturze werden Paarweise übereinander gelegt, wieder gewärmt, und unter dem Hammer gebreitet, bis sie 4 bis 5 Zoll breit und 10 bis 11 Zoll lang sind. Bei dieser Arbeit wird vorzüglich darauf gesehen, dafs das Eisen auf beiden Seiten sehr gut abgezogen werde; denn wenn dieses jetzt nicht geschieht, so ist es bei dem spather erfolgenden Ausbreiten oder Schmieden der Bleche nicht wohl möglich, und es fallen dann die Abschnittel zu stark aus. Diese Arbeit währt gewöhnlich 3 Stunden, und heifst das *Ausgleichen*, wobei zugleich der Lehrknecht die Stürze sortirt, in den Hahnebrei (einen dünnen, aus einem fetten, feuerbeständigen, reinen Thone, Stübbe und Wasser bestehenden Brei *)) eintaucht, um das Zusammenschweifsen zu verhindern, sie zählt, und zangenweise, zu 38 bis 40 Stürzen, zum Einhalten fertig macht. Nach dieser Arbeit wird das Feuer durch den Förderausgleicher und Lehrknecht von Lösche und Schlacken gereinigt, es werden die drei Wärmeeisen eingelegt, und zwar das eine über die Form an der Feuermauer queer über, die andern zwei der Länge nach auf das Queerliegende, worauf dann vier Zangenstürze, welche $2\frac{1}{2}$ Doppelschocke ausmachen, zur Wärme gelegt werden. Das Feuer wird dann zugemacht, die Stürze rings herum mit groben Kohlen bedeckt, dafs der Wind hohl unten weggehen kann, zu welchem Ende auch der Vorstofs, der eine gute Queer-

*) Wenn der Thon nicht sehr rein und sorgfältig geschlemmt ist, und der Brei nicht fleifsig umgerührt wird, so bekommen die Bleche durch das Verbrennen desselben leicht Flecke, und werden unscheinbar. Es wird also von vielen, statt dieses Breies, blofs reines, von allem Sande befreites Kohlengestübbe empfohlen.

rigen Blechhammer, zu Blech verarbeitet. Der Zentner zu

hand breit ist, an die Mündung der Form angesetzt wird, damit der Wind nicht hindern, oder andere Unreinigkeiten in die Stürze blasen könne. So werden die Stürze allmälig gewärmt.

3. Wenn die Stürze warm genug genug sind (das ist: dergestalt gawarmt worden, daſs sie zwischen roth und weiſs glühen; denn werden sie bis zum Weiſsglühen erhitzt, so schweiſsen sie leicht zusammen, werfen zu viel in Hammerschlag, und verursachen daher mehrern Abgang), macht der Heerdschmied mit der ersten Zange den Anfang zum Schmieden (*Ausbreiten*), dann folgt der Meister mit der zweiten, der Urwäller mit der dritten, der Heerdschmied aber mit der vierten Zange. Wenn die vierte Zange zum erstenmale aus dem Feuer kömmt, werden die Warmeeisen (der Rost) herausgenommen. Jedes Pack wird besonders in der Wärmezange nochmals eingehalten und wechselsweise verhammert, bis solche breit und lang genug sind. Das Auswärmen geschieht bei dem ersten Schmieden durch den Förderausgleicher und Urwäller, und zwar wird jeder Pack oder jede Zange mehrmal gewärmt, wo daher auch jeder, der unter dem Hammer mit seinem Pack hervorkömmt, die Stürze auswechseln muſs, damit die äuſsersten, welche am ersten erkalten, wieder in die Mitte kommen und ausgewärmt werden, und so auch die gehörige Lange und Breite erhalten. Diese Arbeit dauert, das Auswärmen und Schmieden mitgerechnet, $2\frac{1}{2}$ Stunde, in welcher Zeit, vom ersten Schmieden an, der Hammer in einem fortgeht.

Wenn das Schmieden beendigt ist, so werden die schon beschnittenen Schocke etwas auf dem herumgeworfenen Wärmeeisen angewarmt und unter dem Hammer abgerichtet, damit die Falten und Runzeln aus den Blechen hinausgebracht werden, und solche glatt und eben ausfallen.

Dann

zu hundert Pfund kömmt auf 7 Gulden 30 Kreuzer zu stehen.

Dann folgt das Beschneiden, welches gleich warm geschieht. Die Bleche werden 13½ Zoll lang und 10 Zoll breit gelassen.

Während dieser Zeit werden die übrigen drei Doppelschocke Bleche in 4 Zangen wieder eingehalten, und damit, wie zuvor, fortgefahren, nur dafs hier statt dem Förderausgleicher, der Saumausgleicher das Auswärmen verrichtet. So wie diese Arbeit geendigt ist und die gewöhnlichen 6 Doppelschocke durch die Schmiede fertig sind, so hält der Saumausgleicher den aus Hammerschlag, Schweelen und Abschnitteln zusammengeschmolzenen Theil zum Zaimen vor, und es wird daraus ein ¼ Zoll dicker, vierkantiger Blechstab zubereitet.

Der Abgang auf 1 Zentner Stab- (Prügel-) Eisen wird hier auf 30 Prozent angenommen, so dafs für 100 Pfund Stabeisen 70 Pfund Bleche abgeführt werden müssen. Auf ein Väfschen Bleche zu 300 Blatt werden 6⅗ Kübel oder 7⅘ Zentner Kohlen passirt. An Schmiedelohn erhält der Meister für ein Väfschen 1 Fl. 47 Kr., wofür er den Heerdschmied, Förderausgleicher, Saumausgleicher, Urwäller, Kölbelaufheber und Lehrknecht auslöhnen mufs.

Das Verzinnen der Bleche geschieht zu Kallich auf dieselbe Art, welche in der weifsen Blechfabrik zwischen Grafslich und Heinrichsgrün üblich ist, und welche *Jars* in seinen metallurgischen Reisen, 1ster Band, Seite 143 bis 152, beschrieben hat.

XV.

Das Blaufarbenwerk zu St. Christophshammer.

Obgleich das allgemeine Verfahren bei den Blaufarbenwerken in mehreren Schriften, und erst unlängst in *Kapfs* Beiträgen zur Geschichte des Kobalts, Kobaltbergbaues und der Blaufarbenwerke (Breslau, 1792. 8.), mit Rücksicht auf die in mehreren Ländern wirklich existirenden Blaufarbenwerke sehr vollständig beschrieben ist, so trifft man doch in jedem Lande, und fast bei jedem Blaufarbenwerke, kleine Unterschiede und besondere Einrichtungen, die aufgezeichnet zu werden verdienen. Um so mehr glaube ich in diesem Werke eine kurze Beschreibung des Blaufarbenwerkes zu St. Christophshammer auf der K. Kameralherrschaft Presnitz liefern zu können, da desselben *Jars* *) und *Ferber* **)

*) *Jars* und *Duhamel* geben (in des erstern metallurgischen Reisen 4ter Band, übersetzt von Gerhard, Berlin 1785. 8., in der 13ten Abhandlung über die Silber- Blei- Wissmuth - und Kobaltgruben des Erzgebirges in Sachsen und Böhmen, nebst einer Beschreibung der Blaufarbenwerke, S. 881 ff.) von dem Blaufarbenwerke zu Joachimsthal und Pletten einige Nachrichten.

**) *Ferber* liefert in seinen Beiträgen zur Mineralgeschichte verschiedener Länder (Mietau 1778. 8.) S. 3. ff., nebst einer allgemeinen Einleitung über die Bereitung der Smalte auf den gar nicht erwähnen, *Kapf* dasselbe namentlich, ohne weitere Nachrichten anführt.

Dieses Blaufarbenwerk hat der jetzige Besitzer, Herr *Schlemm*, von der K. Staatsgüter-Administration im J. 1789 käuflich an sich gebracht.

Der *Kobalt*, als das Haupterfordernifs zur Bereitung der blauen Farbe, wird von dem Eigenthümer *gröfstentheils* von Joachimsthal aus den dasigen Gruben, worunter die Einigkeit die vorzüglichste ist, deren Bau auf drei Hauptgängen, welche sich durchkreuzen und auf ihren Schaarpunkten vorzüglich ergiebig sind, betrieben wird, bezogen. Die Ausbeute des Kobaltes von diesen Gruben wird unter die erzgebirgischen Blaufarbenwerke vertheilt, und Herr Schlemm erhält zu seinem Antheile ein Achttheil. *Jars* *) führt eine von der weiland K. K. Maria Theresia errichtete Taxe an, welche den Preis aller in Böhmen geförderten Kobalte von 20 bis 48 Livres 15 Sols (von 5 Thlr. 10 Ggr. bis auf 13 Thlr. 9½ Ggr.) für den Zentner bestimmt. Jetzt kömmt der Zentner Kobalt (mit anstehender Bergart, so wie er von der Grube kömmt,) auf 10⅔ bis 13⅔ Thaler, der reinste

---

böhmischen Blaufarbenwerken, insbesondere von dem Buzzischen Blaufarbenwerke zwischen Johanngeorgenstadt und Pletten, und dem Mifstischen, ehemals Puchnerischen bei Joachimsthal, eine Beschreibung, die auch in *Kapfs* angeführten Beiträgen Seite 67 bis 72 nochmals, aber unverändert abgedruckt ist.

*) Im angeführten Werke S. 881.

und beste Kobalt aber auf $44\frac{2}{3}$ Thaler zu stehen, und die Fracht bis an das Farbenwerk zu St. Christophshammer erhöhet seinen Preis bis auf 60 Thaler, da doch in Sachsen der Zentner des schönsten Kobaltes nur 18 Thlr. kosten soll. Nebst diesem böhmischen Kobalte, wird hier noch etwas sächsischer, und selbst ein kleiner Theil spanischen Kobaltes verarbeitet.

Das zweite Bedürfniſs zu einem Blaufarbenwerke ist der *Quarzsand*. Diesen bereitet man hier aus den groſsen Quarzblöcken, die an dem östlichen Abhange des Orpeser und Kremsger Gebirgszuges, der sich, von dem Kupferhügel sanft abfallend, bis an die sächsische Gränze hinabzieht, zerstreuet liegen, und Ueberbleibsel mehr und minder mächtiger, in dem Gneiſse einbrechender Quarzlager sind.

Der dem Blaufarbengemenge beigemengte Fluſs ist hier die *Potasche*, welche sowohl in den böhmischen Potaschsiedereien aufgekauft, als auch aus Ungarn bezogen wird. Der Preis derselben ist seit einigen Jahren ansehnlich gestiegen (von 8 Thaler bis 13 Thaler und mehr). Wegen dieses erhöheten Preises ist von den sämmtlichen Blaufarbenwerken des Erzgebirges um ein Verboth der Ausfuhr inländischer Potasche bei der Landesstelle angesucht worden.

Das *Holz* findet sich ganz in der Nähe, da sich von beiden Gebirgsabhängen, welche das Thal, in welchem das Dorf Christophshammer liegt, einschlieſsen, die Waldungen bis an den Bach herabziehen. Der zu dem

Blaufarbenwerke jährliche Holzbedarf soll in 1400 Klaftern bestehen. Man nimmt zum Gebrauch immer weiches Holz (hier Fichten- und Tannenholz) theils wegen des niedrigern Preises, theils weil es mehr Flamme giebt, und so das Rösten und Schmelzen befördert. Der Preis einer Niederöstreich. Klafter $\frac{5}{4}$ elligen Holzes ist im Walde 1 Fl. 40 Kr. (1 Thlr. 2$\frac{1}{4}$ Ggr.), des $\frac{7}{4}$ elligen 2 Fl. 20 Kr. (1 Thlr. 15$\frac{1}{2}$ Ggr.)

Das zu dem Blaufarbenwerke benöthigte Wasser ist ziemlich rein, frei von allem Extractivstoffe und mineralischen Theilen, und auf die Reinheit des Wassers, von welcher zum Theil die Schönheit der Farbe mit abhängt, kömmt vieles an.

Ich gehe nun zu der Beschreibung des Blaufarbenwerkes selbst über.

Der von den Gruben gelieferte Kobalt wird von der noch anstehenden Bergart und den ihm mechanisch beigemengten Körpern zuerst durch die Scheidung mit der Hand gereinigt, und in vier Sorten abgetheilt. Dann wird er auf dem Kobaltpochwerke, das aus einem Satze mit zwei Stempeln besteht, roh gepocht, durch ein Mittelsieb geschlagen, und hernach in dem Brennofen geröstet. Es werden gewöhnlich 3 bis 4 Zentner Schlich auf einmal in den Ofen geworfen und 2, 3, 4 und mehrere Stunden gebrannt, je nachdem es jede Sorte, deren eine mehr Calcination als die andere bedarf, erfordert; während des Brennens, um die Verflüchtigung des Arsenicks und Schwefels zu erleichtern, von Zeit zu Zeit mit einer Rührkrücke umgearbeitet, damit die Flamme auf alle Theile gleichförmig wirken und sie durchdringen könne. An den Brennofen ist ein Giftfang angebracht, der aber nicht aus einem langen gemauerten Kanale, wie in *Jars* Zeichnung, Tafel XXIII. Fig. 5., sondern aus 3 Kammern besteht, in deren ersterer sich das schwarze, in der zweiten das rothe, und in der dritten das weifse Arsenickmehl ansetzt. Da es aber scheint, dafs demungeachtet nicht aller Arsenick abgelegt wird, sondern etwas durch den Schornstein mit dem Rauche abzieht, so soll der Giftfang noch mit einer vierten Kammer vermehrt werden.

Einige Arten des Kobaltes, diejenigen nämlich, welche frei von allem Arsenickgehalte sind, oder doch nur sehr wenig davon enthalten, werden gar nicht geröstet, sondern roh und ungebrannt dem übrigen zugesetzt.

Nach der Röstung wird der Kobalt nochmals durch ein Klarsieb geschlagen, und sodann mit dem Quarzsande gemengt.

Der in der Nachbarschaft in Blöcken aufgefundene Quarz, bei dessen Auswahl vorzuglich darauf gesehen wird, dafs er keinen Glimmer enthalte, nicht thonartig-eisenschüfsig sey, da in diesem Falle die Farbe dünne ausfallen, in jenem der Quarzsand nicht gut fliefsen und daher die Farbe ganz unbrauchbar machen soll, wird zerschlagen, in einer offenen Röststätte im Freien gebrannt (geröstet), auf einem Pochwerke, das aus einem mit 3 Stempeln versehenen Satze besteht, naſs über den Spund klar gepocht, und in dem sogenannten Sandofen mehrere Stunden wohl getrocknet, alsdann gesiebet und mit dem Kobalte gemengt.

Der zum Trocknen des Quarzsandes erforderliche Ofen ist, zur Erspahrung des Holzes, mit dem Schmelzofen so verbunden, daſs das Feuer durch eine Zugröhre in den Sandofen geht, und also das besondere Feuern in diesen unnöthig macht.

Ehe man die Mischung zum Schmelzen im Groſsen aufbereitet, macht man vorher Proben von verschiedener Art im Kleinen (die Alligationsarbeit), aus deren Resultate das Verhältniſs bestimmt wird, um die Farben zu erhalten, die mit den Mustern übereinkommen.

Das Mischungsverhältniſs ist ein Fabrikengeheimniſs, und es ist wohl niemand so unbescheiden, in dieses eindringen zu wollen; überdies muſs es wohl nach der Güte des Kobaltes, von welchem allein die tingirende Kraft abhängt, seiner Reinheit, das ist: der gröſsern oder geringern chemischen Beimischung fremdartiger Körper, abgeändert werden *).

---

*) *Ferber* (im angef. Werke S. 4. 5.) und nach demselben *Kapf* im angef. W. S. 67.) geben folgendes Gemenge an, das auf den böhmischen Blaufarbenwerken üblich seyn soll. Man nimmt von 2, 3, 4 Sorten Kobaltes, wie sich solche zusammen schicken, von einer Sorte ½, von der andern ¼, von der

Das Gemenge wird in Häfen in den Schmelzofen mit der Kelle (Eintrageschaufel) eingetragen und beiläufig 8 Stunden geschmolzen, das Feuer unterhalten mit gedörrtem Scheitholze. Nach Verlauf von 8 Stunden, oder etwas späther, rührt der Schurer mit einem Rühr-

---

dritten $\frac{3}{4}$, von der vierten $\frac{3}{8}$, zusammen $1\frac{7}{8}$ Zentner. Dieser Kobalt wird mit $2\frac{1}{2}$ Zentner Kieselsand, $\frac{1}{8}$ Zentner Aschel-Krippel (Sumpfaschel), um diese mit anzubringen, und mit $1\frac{1}{8}$ Zentner Potasche, zuweilen auch wenn die Kobalte streng sind, mit $\frac{1}{8}$ Zentner Giftmehl versetzt, und alles in dem Gemengkasten wohl untereinander gemischt. *Jars* (im angef. W. S. 884.) bestimmt bei dem Miefstischen Blaufarbenwerke zu Joachimsthal die Quantitat der zu dem Gemenge aus Kobalt calcinirten Potasche, gepochten und getrockneten Quarze und etwas Arsenickmehl, auf $\frac{1}{4}$ des Erzes, und sagt zugleich aus, dafs die Quantität des Quarzes sich nicht füglich bestimmen lasse, weil die verschiedenen Kobaltarten mehr und weniger davon vertragen können, und dafs der Zusatz der Speise, als einer der Farbe schädlichen Sache, gänzlich weggelassen werden müsse. Die Mischung auf dem Blaufarbenwerke zu Pletten wird von demselben Schriftsteller (im angef. W. S. 886.) also bestimmt: Auf $2\frac{1}{2}$ Zentner gerösteten, gepochten und gesiebten Kobalt kommen von dem Quarze 6 Zentner, von der calcinirten Potasche $2\frac{3}{4}$ Zentner 6 Pfund, von der unreinen Farbe, die sich an die grofsen Behalter ansetzt, 1 Zentner, und von dem Arsenickmehle 40 Pfund. Die Mischung auf dem sächsischen Blaufarbenwerke zu Schneeberg wird (im angef. W. S. 893) unbestimmt gelassen, weil man daselbst aus derselben das gröfste Geheimnifs macht, und nur die Bemerkung angeführt, dafs man sich blofs der calcinirten Potasche bediene, deren Quantität sich, so wie jene des Quarzes verändere und dafs zu der Mischung etwas Arsenickmehl und zuweilen etwas Speise zugesetzt werde.

eisen zwei-, dreimal, auch wohl öfters die Masse in den Hafen um. Dann wird das Glas mit einem grofsen eisernen Löffel (Ausschöpflöffel) aus den Häfen herausgeschöpft, und, damit es locker werde, in Wasser geworfen. Nachher bringt man einen neuen Satz in die Häfen.

In dem Schmelzofen, der eiförmig ist, und mit dem Joachimsthaler, von welchem *Jars* (auf der XXVII. Tafel, Fig. 1 bis 7.) einen Abrifs giebt, übereinzukommen scheint, nur dafs er von einem gröfsern Umfange und auf 6 Häfen eingerichtet ist, ist über dem Heitzloche eine Oeffnung befindlich, wodurch die Häfen in den Ofen gebracht werden, und die, wenn dies geschehen ist, zugemauert wird. Ueber die Häfen sind in dem Gewölbe des Ofens Oeffnungen, durch welche das geschmolzene Glas, nachdem man zuvor die Speise aus dem Austragelöffel ablaufen liefs, ausgeschöpft, und in den Kühltrog, welcher beständig frisches Wasser enthält, geworfen wird. Diese Oeffnungen verstopft man während dem Schmelzen mit lose eingestochenen Steinen.

Die Häfen sind oben weiter, als unten. Der untere Durchmesser macht fast $\frac{2}{3}$ des obern aus, und die Höhe derselben mag etwa einen Fufs betragen. *Jars* Angabe, dafs sie oberhalb $18\frac{3}{4}$ Zoll im Durchmesser haben, und unten bis auf 3 Zolle spitz zulaufen, ist daher unrichtig. Diese Häfen werden, ehe sie in den glühenden Schmelzofen eingesetzt werden, um das Gemenge einzutragen, zuvor in einem Ofen (Abwärmeofen), der einem gewölbten Backofen ähnlich ist, abgeglühet. Der Thon zu den Häfen wird am Buchelberge, im Ellbogener Kreise, gegraben, und wegen seiner Feuerbeständigkeit in alle böhmische und sächsische Blaufarbenwerke, als der einzig brauchbare, verführt.

Die abgestochene Speise hält einen silberreichen Wifsmuth, davon das Pfund für 16 Ggr. nach Spanien verkauft wird.

Das Glas wird in dem aus einem Satze mit 4 Stempeln bestehenden Pochwerke gepocht, durch ein Sieb geschlagen, auf die Mühlen geschüttet und gemahlen, alsdann abgezapft, in ein grofses Waschfafs in das Wasser gegossen, umgerührt, und in ein anderes Fafs übergeschöpft, eine Viertelstunde oder länger stehen gelassen, und daraus in die sogenannten Sechsschelfässer abgeschöpft, wo sich die Kläre sammelt. Diese wird nochmals mit einem Rührscheid im Wasser wohl umgerührt. Was zu Boden fällt, ist die *Grobe* oder das sogenannte *Streublau*, das nochmals auf die Mühlen geschüttet wird.

Das Ueberstehende schöpft man ab, und heifst das *Reine*. Dieses läfst man eine Viertelstunde stehen, sodann wird die Trübe in die Eschelfässer abgeschöpft; die Farbe aber findet sich auf dem Boden des Fasses. Diese wird sodann ausgehauen, in die Stube getragen, auf die Reibebank gestürzt und mit einem Reibeholze zweimal durchgerieben, alsdann auf den, aus bloſsen Backsteinen erbaueten Trockenofen geworfen, öfters mit einer Krücke umgerührt, und nur zum Theil getrocknet. Denn um es vollständig zu trocknen, wird es auf, über Stäbe gelegte Hunden ausgebreitet. Nach dem Trocknen wird die Farbe durch ein klares Sieb in den Siebkasten gesiebt, und wenn der Vorrath beträchtlich ist, in Fässer geschlagen und gezeichnet.

Die Eschel wird zum Theil aus der Kläre gemacht, die sich bei dem Schlemmen der Farben, indem das überstehende Trübe in die Eschelfässer geschöpft wird, in denselben zu Boden setzt. Sie wird herausgehauen, gepocht, wieder in einem Fasse gewaschen, daraus in einen Bottich geschöpft, in diesem 24 Stunden, länger oder kürzer, je nachdem es nöthig ist, stehen gelassen, davon die Trube in einen andern Bottich abgelassen, und zuletzt die Eschel ausgehauen, auf Bretter stückweise gelegt, in die Trockenstube auf die Stangen getragen, nach dem Trocknen durch ein Sieb geschlagen, auf den Ofen geworfen, und hernach ganz heiſs durch ein sehr kleines Drathsieb in den Siebkasten gesiebt. Daraus füllt man sie in Fässer, und zeichnet sie mit FE, ME, OE.

Auf diesem Blaufarbenwerke werden dreierlei Waaren gemacht, als:

1. Hohe Farben, OH, MA, FH, FFH.
2. Couleuren, OC, MC, FC, FFC.
3. Eschel, OE, ME, FE, FFE.

Die Preise dieser blauen Farben waren nach dem Zentner von 112 Pfund:

	Im Mai 1798.	Im Jahre 1792.
FFFC	38½ Rthlr.	35½ Rthlr.
FFC, FFH	28 ——	24½ ——
FC, FH	22 ——	19½ ——
MC, MH	17 ——	14½ ——
OC, OH	15 ——	12½ ——

Eschel.

FFFE	40 Rthlr.	38½ Rthlr.
FFE	28½ ——	25 ——
FE	25 ——	22½ ——
MEges	21 ——	19½ ——
OEges	17½ ——	15½ ——
OEſs	17 ——	15 ——

Ferner.

FCB	13 Rthlr.	10⅓ Rthlr.
MCB	11 ——	8⅓ ——
FEB	14 ——	11⅙ ——
MEB	12 ——	9⅙ ——
MEBS	12 ——	

Das bei dem Farbenwerke angestellte Personale ist:

1 Farbemeister.

1 Vice - Farbemeister.

1 Sandpocher.

8 Farbemühl - Arbeiter.

1 Kobaltpocher.

XVI.

Das Alaunwerk zu St. Christoph bei Komothau.

Wir besitzen von diesem Alaunwerke bloſs einzelne Nachrichten, und selbst diese sind an sich nur unbedeutend, und doch besteht dieses Werk seit 240 Jahren. Jch glaube daher kein unnützes Werk zu unternehmen, vielleicht selbst den Wünschen Mehrerer zu entsprechen, wenn ich demselben eine gröſsere Aufmerksamkeit schenke, als diejenige ist, deren man es bisher würdigte. Vielleicht leiste ich selbst der Gewerkschaft einen Dienst, wenn ich auf die Mängel, die ich vorfand, und denen zum Theil, vielleicht auch ganz abgeholfen werden kann, aufmerksam mache; nur bitte ich, mir keine schiefe Absichten unterlegen zu wollen. Es ist nicht Sucht zu tadeln, nicht der Wille irgend jemand zu schaden; nein — es ist der reine Wunsch, nützlich zu werden.

§. 1.

Lage des Alaunwerkes, und die Geschichte desselben.

Das Alaunwerk liegt der K. Stadt Komothau gegen Norden, in der Entfernung einer kleinen halben Stunde, an dem Fuſse des Erzgebirges, in der Nachbarschaft der sogenannten Roländer.

Von der Geschichte desselben weiſs man nur folgendes. Das Alaunwerk wurde, laut einer archivarischen Nachricht, welche auf dem Komothauer Rathhause aufbewahrt ist, in der Hälfte des sechszehnten Jahrhunderts (im J. 1558, nicht wie *Schaller* in seiner Topographie irrig angiebt, 1588) durch einen Komothauer Bürger, Lazarus Krohmann, von dem damaligen Besitzer der Herrschaft Komothau, dem Johann von der Weitmühl, gemuthet, demselben aber von dem ebengenannten Grundherrn in demselben Jahre, den Sonnabend nach Simonis und Judä, ein Privilegium ertheilt, laut welchem der Gewerkschaft das gegenwärtige Alaun- und Vitriolwerk sowohl, als auch alle übrigen, welche in Zukunft noch erschürft werden sollten, doch mit Ausschluſs aller andern Metalle und Mineralien, unter der Bedingung verliehen worden, daſs die Gerichtsbarkeit sowohl, als das Lehen, dann vier Erbkuxe, der Zehnte, und der Verkauf des Alauns dem Grundherrn vorbehalten bleibe; dagegen die Grundobrigkeit allen Schaden, der allenfalls der Gemeinde durch dieses Alaunwerk zugefügt werden könnte, ohne Nachtheil der Gewerke zu ersetzen verpflichtet bleibe. Dieses Privilegium wurde im Jahre 1564 den 17ten Februar durch den Erzherzog Ferdinand (einen Sohn K. Ferdinand I, Statthalter in Böhmen), mit Ausschluſs jenes Punktes wegen des von der Grundobrigkeit zu leistenden Schadenersatzes, der nun der Gewerkschaft selbst übertragen wurde, bestätigt. Die vorbehaltene obere Gerichtsbarkeit, der Zehnte, das Lehn und die vier Erbkuxe übergingen, mit der Uebernahme der Herrschaft Komothau, auf die Nachfolger bis auf *Georg Popel von Lobkowitz*. Diese fielen dann unter der Regierung des K. Rudolphs II, sammt der Herrschaft, dem Fiscus anheim. Da aber K. Rudolph der Stadt Komothau im Jahre 1605 den Freikauf allergnädigst bewilligte, so wurde das Alaunwerk, das auf dem Stadtgebiete liegt, eximirt und dem Staate vorbehalten.

Bei der gröſsern Ausdehnung des Alaunwerkes wurden im Jahre 1564 verschiedenen Bürgern der Stadt Komothau Gärten und Felder abgelöset; da in der Folge auch diese abgebauet waren, so wurden in den Jahren 1676 und 1696 mehrere angränzende Grunde gekauft, auf welchen auch jetzt noch der Bau betrieben wird.

Im Jahre 1785, im Monathe April, wurde das Alaunwerk gröſstentheils verschüttet; man eilte aber, dasselbe so schnell, als möglich, wieder aufzuräumen.

§. 2.

Schriftsteller.

Der literarischen Notizen, die man sowohl in historischer als oryctognostischer und geognostischer Hinsicht von diesem Alaunwerke und den daselbst einbrechenden Fossilien findet, giebt es nur diese wenige, welche ich hier anführe:

1. *Bohuslav Balbini, Miscellanea historica regni Bohemiae. Fol. Pragae* 1679. *LI. CXIX. p.* 54.
2. *Ad. Voigt,* Beschreibung der bisher bekannten Münzen, nebst eingestreuten histor. Nachrichten von dem Bergbaue in Böhmen, Prag 1771. 4. 3r Bd. 3s St. §. 12.
3. *Lithophylacium Bornianum seu index fossilium, quae colligit, in classes ac ordines digessit Ignatius à Born. T. I. Pragae* 1772. 8.
4. *Ferber, Joh. Jac.,* Beiträge zur Mineralgeschichte von Böhmen, Berlin 1774. 8. S. 46.
5. *Peithner Edler v. Lichtenfels, Joh. Thadd. Anton,* Versuch über die natürliche und politische Geschichte der böhmischen und mährischen Bergwerke, Wien 1780. Fol. S. 58. 59.
6. *Hermann, Bened. Franz,* Abriſs der physikalischen Beschaffenheit der östreich. Staaten, St. Petersburg und Leipzig 1782. 8. S. 99.
7. *Schaller, Jarosl.,* Topographie des Königreichs Böhmen, 7ter Th. Saatzer Kreis. Prag und Wien 1787. 8. S. 186 bis 188.

8. *Born,*

8. *Born*, *Catalogue méthodique et raisonné de la collection de Mlle de Raab, à Vienn.* 1790. 8. *T. I.*

9. *Reufs*, *Franz Ambr.*, das Saidschitzer Bitterwasser physikalisch, chemisch und medicinisch beschrieben. Prag 1791. 8. S. 61 ff.

§. 3.

Betrieb des Alaunwerkes.

Das Alaunflötz wird vom Tage abgebauet. Die über demselben liegenden Flötzlagen sind:

1. Der *Abraum*.

Dieser hat die Mächtigkeit von beiläufig 1½ Lachter; doch ist diese nicht allenthalben dieselbe, vielmehr nimmt sie, so wie man mehr südwärts kömmt, immer an Höhe ab Er besteht aus einem sehr sandigen *Laimen*, in welchem gröfsere und kleinere Quarz- und Gneifsgeschiebe liegen; ist also blofs aufgeschwemmtes Gebirge. Hier und da wird er ganz vermifst, und dann vertritt seine Stelle

2. der *Ablös* (das Wolfenbrod, Wolfert).

Dies ist ein *Schieferthon*

von *lichte röthlichgrauer* Farbe.

Er kömmt in sehr *plattgedrückten*, *elliptischen Stükken* (Laiben), woher der Name Wolfenbrod derivirt ist, vor, und enthält sehr häufige *Abdrucke von Schilfarten*, *Kannewisch*, *Farrenkrautern*, *Weiden- und Birkenblattern*, und diese Abdrucke haben eine etwas dunklere, aber dieselbe röthlichgraue Farbe.

An sich ist er *matt*; doch geben ihm die sehr häufig beigemengten *silber*- und *graulichweissen*, *sehr zarten* **Glimmerschüppchen**, einen *schwachen Schimmer*.

Im Grossen ist sein Bruch etwas *unvollkommen* und *geradschiefrig*, im Kleinen *feinerdig*.

Er springt in *scheibenförmige* Bruchstücke,

ist *weich*, das sich dem *sehr Weichen* nähert,

nicht sonderlich spröde,

leicht zersprengbar,

hängt *ziemlich stark* an der Zunge, und

fühlt sich *mager* an.

Die Mächtigkeit dieses Schieferthones ist nicht immer dieselbe; sie nimmt an der Südseite zu, so wie jene des Abraums abnimmt.

3. Das *Oberflös*.

Dieses hat die Mächtigkeit von 7 Lachtern, und ist ein mit Erdharz mehr oder weniger durchdrungener Schieferthon, also ein *Uebergang* in *Brandschiefer*, der in tiefern Punkten schon deutlicher *Brandschiefer* ist.

Seine Farbe ist, dem aufliegenden Schieferthone näher, aus der *dunkel röthlichgrauen* in die *bräunlichschwarze übergehend*, tiefer *vollkommen bräunlichschwarz*.

Er ist innwendig theils *matt*, theils schon *schwachschimmernd*,
von *gerade-* und *ziemlich dickschiefrigem* Bruche,
springt in *scheibenförmige* Bruchstücke,
ist *sehr weich*,
milde,
leicht *zersprengbar*,
hangt *wenig* an der Zunge, und
fühlt sich *etwas fett* an.

Zwischen glühende Kohlen gelegt, brennt er mit einer schwachen Flamme, und entwickelt beim Brennen einen Schwefelgeruch; ist gebrannt theils röthlichgrau, theils blafs ziegelroth, hier und da bräunlichroth gefleckt.

In diesem Brandschiefer liegen

a. sehr viele theils *einzelne*, theils *büschelförmig zusammengehäufte* kleine *sechsseitige Säulen* mit 2 gegenüberstehenden breitern und 4 schmälern Seitenflächen, an beiden Enden *zugeschärft*, die Zuschärfungsflächen schief, jedoch untereinander gleichlaufend auf die breitern Seitenflächen aufgesetzt, von einem *gelblich-* und *rauchgrauen* *Fraueneis*.

b. *Gallmei* von einer aus der *schwefel-* in die *blafs-* und *dunkel ochergelbe* übergehenden Farbe, *nierförmig*, *zellig* und *zerfressen*. In den Zellen und Löchern liegt dasselbe bituminöse Holz, das ich späther beschreiben werde.

Marggraf (chemische Schriften, 1ster Theil, S. 267.) scheint also doch wirklich eine Gallmeiabänderung von Komothau einigen chemischen Versuchen unterworfen zu haben, ungeachtet dieses Herr *Meyer* (aus Unkunde und Mangel an Authopsie, Abhandlungen der böhm. Gesells. d. Wissensch. a. d. J. 1787. S. 260. 261.) bezweifelt.

4. Das *Alaunflötz* selbst.

Die Mächtigkeit des Flötzes ist, so weit es entblöfst ansteht, von 9 Lachtern. Da aber die Sohle ansteigend von Süden gegen Norden geht, so würde sie viel beträchtlicher seyn, wenn man mit dem Baue vollkommen söhlig fortgegangen wäre. Ueberhaupt ist es noch nicht genau bestimmt, wie tief das Flötz niedersetzt, da die Sohle noch nicht durchsunken ist, und der Erdbohrer bei einigen damit angestellten Versuchen, selbst in einer Tiefe von 20 Lachtern, noch auf Alaunerde traf.

Man unterscheidet in der St. Christophshütte drei Arten des Alaunerzes (ich bediene mich noch immer der hier üblichen Ausdrücke, ohne ihre Richtigkeit zu prüfen), das *holzige*, *lettige* und *kiesige*. Und dieser Unterschied ist in der That gegründet, wie ich sogleich zeigen werde.

Das hier einbrechende Alaunerz ist *Alaunerde* von einer *bräunlichschwarzen* Farbe, die aber stellenweise durch alle Abstuffungen in die *dunkel* und *lichte schwärzlichbraune* übergeht.

Sie macht, wie gesagt, ein *sehr mächtiges*, und, wie später wahrscheinlich gemacht werden soll, *weit verbreitetes Lager.*

Sie hat eine *mittlere Consistenz zwischen fest und zerreiblich*, nähert sich doch mehr der erstern.

Sie ist innwendig ganz *matt*, oder mit einem von den äuſserst zart beigemengten *silberweiſsen Glimmerschüppchen* erborgten Glanze *schwachschimmernd*;

im Kleinen ist ihr Bruch *erdig*, im Groſsen aber übergeht er in den *schiefrigen*,

Die Bruchstücke sind *unbestimmteckig*, *stumpfkantig*.

Durch den Strich wird sie *etwas weniges glänzend.*

Sie ist *weich*, *sehr weich*, und aus diesem in das *Zerreibliche* übergehend,

leicht zersprengbar.

Aber diese Alaunerde geht von einer Seite in *bituminöses Holz* über. Dieses ist

von *lichte* und *dunkel schwärzlichbrauner* Farbe, die sich bald in die *leber-* bald in die *dunkel nelkenbraune* hinüberzieht.

Es hat theils noch die ganze äuſsere Gestalt von *etwas zusammengedrückten Stamm- und Aststükken*, theils ist es *fest*, theils hält es das *Mittel zwischen diesem und dem Zerreiblichen.*

Innwendig ist es theils *matt*, theils *schwachschimmernd.*

Der Bruch ist theils mehr und weniger *erdig*, theils mehr oder weniger *krummfasrig*, mit Beibehaltung der vollkommenen Holztextur.

Die Bruchstücke sind *scheibenformig* oder *unbestimmteckig*, *stumpfkantig*.

Durch den Strich wird es *glänzend*,

färbt stellenweise *etwas weniges* ab,

ist *weich*, *sehr weich*, stellenweile in das *Zerreibliche übergehend*,

leicht zersprengbar, und

leicht.

In und mit diesem bituminösen Holze kommen zugleich gröfsere und kleinere Stücke ausgezeichnet deutlicher, vollkommener *Holzkohle* vor.

Von der andern Seite übergeht die Alaunerde allmälig durch alle Abstuffungen in den oben beschriebenen *Brandschiefer*, und hat dann nicht selten selbst wahre Steinkohle, und zwar *Moorkohle* beigemengt. Sie hat dann mit dieser viele äufsere Kennzeichen gemein:

die aus der *dunkel schwärzlichbraunen* in die *bräunlichschwarze* übergehende Farbe;

das *aufgeborstene*, *zerklüftete* äufsere Ansehen;

den ziemlich *ebenen* Queer- und *unvollkommen schiefrigen*, hier und da selbst *ausgezeichnet deutlichen*, *holzartigen* Längebruch;

den stärkern *innern Fettschimmer*.

Die Alaunerde hat sehr häufigen *gemeinen Schwefelkies* beigemengt.

Seine Farbe hält das *Mittel zweischen speisgelb und stahlgrau*, verläuft sich wohl auch in die *dunkel stahlgraue*.

Er kömmt *derb*, *eingesprengt*, *nierförmig* und *tropfsteinartig* vor,

ist innwendig theils *wenigglänzend*, theils auch nur *sehr schwachschimmernd*.

Der Bruch ist *uneben von feinem Korne*.

Die Bruchstücke sind *unbestimmteckig*, *mehr und weniger stumpfkantig*.

Durch den Strich wird er glänzender.

Er ist äufserst leicht verwitterbar, und braucht nur kurze Zeit an der freien Luft zu liegen, um zu zerfallen, und dann beschlägt die äufsere Oberfläche desselben mit *haarförmigen*, *glänzenden*, *schnee- und grünlichweifsen* Krystallen von *Haarsalz*. Diese Abänderung des Schwefelkieses scheint sich also, sowohl in Hinsicht der äufsern Kennzeichen, als seiner leichten Verwitterbarkeit, dem *Leberkiese* anzunähern.

Aus dieser hier mitgetheilten Beschreibung der einbrechenden Alaunerde ergiebt sich, dafs das, was bei der Hütte unter dem Namen des *kiesigen Erzes* vorkömmt, nichts anders sey, als Brandschiefer, Moorkohle und Alaunerde mit sehr häufig eingesprengtem, oder nieren- und nesterweise innliegendem Schwefelkiese, das sogenannte *lettige Erz* aber ein Uebergang der Alaunerde in Brandschiefer, das *holzige* zum Theil bituminöses Holz, zum Theil Moorkohle sey.

An den Wänden der Alaunerde sowohl, als auf den Ablösungen und Klüften, welche die atmosphärische Luft berührt, findet man:

1. *Bergbutter*

von einer *gelben*, und zwar *schwefelgelben* Farbe, die sich mehr oder weniger der *blaſs isabellgelben* nähert.

Sie kömmt bloſs *derb* vor,

ist innwendig *schimmernd*

von *Wachsglanz*.

Der Bruch ist *uneben von feinem Korne*.

Die Bruchstücke sind *unbestimmteckig*, *stumpfkantig*.

Sie hat *feinkörnig* abgesonderte Stücke,

ist *an den dünnen Kanten schwach durchscheinend*,

sehr weich, fast *zerreiblich*,

fühlt sich etwas *fett* an, und

hat einen *herben* (süſslicht zusammenziehenden) Geschmack.

2. *Haarsalz*

von denselben äuſsern Kennzeichen, die ich bereits bei Gelegenheit der Beschreibung der Weitentrebetitscher Kohle angegeben habe.

3. *Natürlicher Alaun*

von *graulich*- und *gelblichweiſser* Farbe,

theils als *mehliger Beschlag*, (bei Verlust des ihm eigenen Krystallisationswassers,) theils in *zarten, kurzen, haarförmigen Krystallen;*

innwendig ist er *wenigglänzend*, auch nur *schimmernd*,

von einem *Seidenglanze*,

theils *halbdurchsichtig*, theils nur *mehr oder weniger durchscheinend*,

zerreiblich,

von *süſslicht zusammenziehendem* Geschmacke.

Alle diese Fossilien haben ihr Daseyn der Verwitterung der Alaunerde und der ihr beibrechenden Fossilien zu danken, und scheinen nur in dem Verhältnisse der Bestandtheile, welche Alaun und Eisenvitriol sind, von einander abzuweichen, so zwar, daſs der natürliche Alaun fast ganz schwefelsaurer Thon ist, das Haarsalz und die Bergbutter aus diesem und dem schwefelsauren Eisen bestehen, doch wieder mit dem Unterschiede, daſs in diesem das schwefelsaure Eisen, in jenem der schwefelsaure Ton vorwaltend ist.

Das Verhalten der aufliegenden Flötzlagen sowohl, als des Alaunerdeflötzes, ist folgendes. Der Schieferthon und Brandschiefer fallen sehr flach (unter einem Winkel von 8°) gegen Westen ein, und haben ihr Streichen St. 12, 6. Die Alaunerde beobachtet dasselbe Streichen, aber der Einfallwinkel derselben ist etwas gröſser (er beträgt 18°, vermindert sich aber mehr ostwärts gegen das

Sudhaus zu bis auf 4° und weniger Grade), und die Weltgegend, welcher sie zufällt, ist Osten.

Die Alaunerde ist bei der beträchtlichen Mächtigkeit (von einigen 30 Lachtern, wenn die Bohrversuche als zuverläfsig angenommen werden dürfen) sehr weit verbreitet: sie scheint mit den aufliegenden Flötzlagen von einer Seite, und zwar südwärts, über den Wilds- oder Saubach, die Eger, den Aubach hinüberzusetzen, und sich dort an den ältern Sandstein anzulehnen; von der andern Seite sich westwärts bis über Milsau und Brunnersdorf hinaus zu verbreiten, und den Gneifs zu dekken, ostwärts über Görkau bis an Schimberg und Cźernitz, und vielleicht noch weiter über Oberleutensdorf, Klostergrab, Kosten, und theils dem Gneifse, theils dem Thonporphyre zur Decke zu dienen, wie die Analogie der Komothauer Alaunerde mit den Steinkohlen bei Weitentrebetitsch, Brunnersdorf, Milsau, Klostergrab u. s. w., der auf denselben aufliegenden Flötzlagen mit jenen bei Eidlitz, Wodurad, Mohr, Oplet, Libietitz, Witschitz, Brux u. s. w., und die aufgelassenen Alaunwerke bei Oberndorf, Görkau, Cźernitz und Schimberg, Witschitz und Cźukowitz aufser allem Zweifel setzen. Dieses scheint aber zugleich auf eine gleichzeitige Formation der Komothauer Alaunerde mit den genannten Steinkohlenflötzen hinzuweisen, die aber, wie schon an mehrern Orten gezeigt worden ist, in eine spāthere Zeitepoche fallen mufs, als jene war, in welcher der neuere Sandstein niedergelegt worden.

Um die Tagewasser zu lösen, ist von dem Dorfe Udwitz aus ein Stollen in das Gebirge getrieben worden, dessen Hauptrichtung St. 8 gegen Westen ist. Er hat folgende Länge:

von dem ersten Schachte bis zu dem zweiten	in Zimmerung.	8½ Klft.
von dem zweiten bis zu der ersten Wasserseige . . .	in Zimmerung.	30½ —
die obere Wasserseige bis zu dem Graben	ofen.	44 —
von der obern Wasserseige über den See bis zu der zweiten Wasserseige	ofen.	200 —
die zweite Wasserseige	ofen.	35 —
von der zweiten Wasserseige bis zu dem Schachte in Dreil Matzens Garten	ofen.	7 —
von diesem Schachte bis zu dem Hauptschachte, wo die Hütte steht	in Zimmerung.	288 —
von der Hütte bis zu der dritten Wasserseige . . .	in Zimmerung.	134 —
die letzte Wasserseige . .	ofen.	46 —
	In allem	793 Klft.

Bei dieser Länge von 793 Klaftern aber bringt er doch nicht mehr als 3 Klafter seigere Teufe ein, woraus es sehr begreiflich wird, daſs er nicht hinreicht, die Wasser abzuleiten.

§. 4.

Gewinnung der Erze.

Nach diesen vorausgeschickten Bemerkungen übergehe ich zu der Einrichtung des hier üblichen Baues selbst.

Die Alaunerde wird durch eine Art Strofsenbau abgebauet (das Erz wird stuffenweise von oben gegen die Sohle zu niedergehauen); die Stöfse (Stuffen) macht man gewöhnlich $\frac{1}{2}$ bis $\frac{3}{4}$ Elle hoch, so weit nämlich als der Häuer bequem schreiten kann. Jeder Stofs ist mit einem Manne belegt. Wenn man aber viele neue Halden anzulegen nöthig hat, so fängt man neben der ältern Strofse eine neuere wieder von der Förste an. Die Lage der Strofsen beträgt 130 Schritte (beiläufig 75 Klafter), wodurch also eine 9 Klafter hohe und 75 Klafter breite Erzwand entblöfst wird.

Die Gewinnung der Erze geschieht blofs mittelst der Schaufel, selten hat man die Keilhaue nöthig. Der Abraum, Ablös, und zum Theil der Oberflös wird weggestürzt, das gewonnene Erz aber auf einem, unterhalb der Erzwand geebneten Platze, durch Huntestöfsen auf mehrere viereckigte, oben in eine Spitze ausgehende Haufen (*rohe Halden*) aufgestürzt. Jeder solcher Erzhaufen hat 3240 Kubikfufs Inhalt. Das Erz hat wegen des häufig beigemengten Schwefelkieses das Eigene, dafs es sich von selbst entzündet, wenn es abwechselnd dem Regenwetter und Sonnenscheine ausgesetzt ist; gewöhnlich aber wartet man diese Selbstentzündung nicht ab, sondern man steckt die Haufen mit etwas brennendem Erze an.

Sobald die Erzhaufen brennen, so werden sie mit Wasser begossen. Das Wasser wird zu diesem Behufe aus einem Gesenke, durch ein einfaches Saugewerk (Pumpe), 2 bis 2½ Lachter hoch heraufgehoben. Das ausgebrannte (von selbst geröstete) Erz, das hier den Namen *Auszüge* hat, wird nach und nach abgezogen, mit Wasser umgegossen, und dann auf andere Haufen (Halden) in der Nähe des Sudhauses wieder aufgestürzt. Diese heifsen dann *abgerichtete Halden.*

Dieser freiwilligen Röstung werden alle Erze ohne Unterschied unterworfen; doch zuweilen wird das holzige auf eigenen Röststätten geröstet; und wenn das kiesige Erz in gröfserer Menge vorkäme, würde es gewifs vortheilhafter seyn, es der Verwitterung an der Atmosphäre zu überlassen.

Die Förderung der Auszüge zu den abgerichteten Halden geschieht auf einem niedrigen, mit vier Rädern versehenen Karren, mittelst zweier von den vier gewerkschaftlichen Pferden, welche abwechselnd einen Tag den Urin aus der Stadt zuführen, einen andern Tag aber die Erze fördern.

Der Kubikinhalt der abgerichteten Halden ist unbestimmt, und richtet sich nach der Zahl der Halden und der Gröfse des Platzes.

Der Boden, auf welchem die abgerichteten Halden stehen, ist mit Letten einige Fufs hoch ausgeschlagen, und in ihrer Nachbarschaft sind mehrere Wasserbehälter, in welche das Wasser durch hölzerne Röhren aus den höher gelegenen Schiefer- Pelzer- und Silberischen Brunnen und aus dem Stadtteiche geleitet wird, und in welchen man Wasser vorräthig halten muſs, um diese Halden abzugieſsen, und abzulöschen, wenn sie zufällig in Brand gerathen sollten.

Die Erze bleiben auf den abgerichteten Halden beiläufig zwei Jahre lang liegen, ehe sie ausgelaugt werden können, und nehmen dann eine rothe Farbe an. Nach diesem Zeitraume werden sie auf die Laugekästen verführt.

§. 5.

Bereitung der Lauge (Wäsche.)

Es sind hier in allem 15 Laugekästen, in welche die Erze zum Auslaugen aufgestürzt werden. Sechs davon (die untern Laugekästen) sind, in die Erde eingesenkt,

lang	1 Klaft.	11 Fuſs.
breit	——	9 —
im Lichten tief . .	——	3 —

Neun (die obern Laugekästen) liegen etwas höher, und sind

lang	1 Klaft.	11 Fuſs.
breit	——	10 —
im Lichten tief . .	——	3 —

Auf jeden dieser Laugekästen werden 34 Doppelkarren oder 68 einfache Karren Erze aufgestürzt. Ein Doppelkarren miſst

in die Länge . . .	1	Fuſs	11	Zoll,
in die Breite . . .	1	—	5	—
ist im Lichten tief .	1	—	3	—

hat also an Kubikinhalt $3,\frac{227}{576}$ oder $3\frac{2}{5}$ Kubikfuſs.

Das Verhältniſs der auf die Laugekästen aufzustürzenden Erze ist folgendes. Man nimmt

abgerichtete gute Erze . .	3	Kasten.
einmal geröstete Erze . .	1	—
zweimal geröstete Erze . .	1	—
dreimal geröstete Erze . .	1	—
viermal geröstete Erze . .	1	—
fünfmal geröstete Erze . .	1	—

Selten werden die Erze das sechstemal ausgelaugt, und den Mangel an Alaungehalt zeigt ihre rothe Farbe an.

Das Wasser zum Auslaugen der Erze wird aus einem Gesenke mittelst eines einfachen Saugewerkes heraufgehoben, und so viel davon aufgepumpt, daſs es einen Schuh hoch die Erze bedeckt. Diese Auslaugung der Erze dauert zur Sommerszeit 10, zur Winterszeit 5, 6, auch manchmal wegen des eintretenden stärkern Frostes nur 3 Stunden lang, so lange nämlich bleibt das Wasser auf den neuaufgestürzten Erzen stehen.

Von den obern Kästen läſst man die Lauge in einen unter diesen befindlichen Sumpf ab, aus welchem sie dann in den zweiten, unter den untern Laugekästen gelegenen Sumpf abfliefst. Aus diesem wird die (*einfache*) Lauge nochmals auf die neuerdings in die Laugekästen aufgestürzten frischen Erze gehoben, und dann heifst sie *Doppellauge* (Grundlauge). Diese wird erst für sudwürdig gehalten.

Die ausgelaugten Erze werden wieder auf Halden aufgestürzt, damit ihr Alaungehalt mehr aufgeschlossen werde, und die Auslaugung fünf- auch sechsmal wiederholt, ehe man sie als unbrauchbar wegstürzt. Jede dieser Halden ist mit der Aufschrift des Jahrs, in welchem sie das erstemal ausgelaugt worden, bezeichnet.

Aus dem Laugesumpfe der obern und untern Laugekästen wird die sudwürdige Lauge (die Sudwürdigkeit derselben soll durch eine Wasserwage, deren Einrichtung ich aber nicht kenne, da ich sie nicht zu Gesicht bekam, bestimmt werden) auf die Sudpfannen gehoben.

§. 6.

Vorrichtung der Pfanne und der Oefen.

Die Versiedung der Lauge geschieht hier, wie auf allen Alaunwerken, in bleiernen Pfannen.

Die Sudpfanne ist lang	. . . .	12 Fufs,
breit	. . . .	9 —
im Lichten tief		$2\frac{1}{4}$ —

hat also 243 Fufs Kubikinhalt.

Die Pfannen werden auf der Hütte selbst nach der bestimmten Gröfse in vier, einen Zoll starken Blättern (Scheiben) gegossen, und diese Blätter dann mit einem bleiernen Kreuze zusammengelöthet. Die Form, welche man zum Giefsen braucht, besteht nicht, wie an andern Orten, aus einem hölzernen Rahmen, sondern aus Ziegeln.

Die

Die Sudpfanne liegt so hoch, dafs mittelst angebrachter Zapfen die Gaarlauge aus derselben auf die Kühl- und Rührkasten von selbst ablaufen kann, wodurch die Arbeit um vieles erleichtert wird, welche, beim Mangel dieser Vorrichtung, durch das Ein- und Ausschöpfen der Lauge um vieles erschwert würde.

Man hat hier eine doppelte Vorrichtung des Ofens.

Bei einem der ältern sind dicke Queereisen (Brandeisen) in die Seitenmauern eingemauert *), die aber, ungeachtet ihrer Dicke von $\frac{1}{3}$ Fufs und mehr, doch von der Hitze krummgebogen sind; auf diese Brandeisen liegen erst die Pfannenstäbe auf, auf welchen die Pfanne ruht.

Bei dem neuern vertreten die Stelle der Brandeisen vier mit Ziegeln aufgemauerte, gewölbte Bögen, welche die Pfanne unterstützen. Jeder dieser Bögen ist in der Mitte 3 Fufs hoch, und die Schenkel an der Basis sind eben so weit von einander entfernt. Auf diesen Bögen liegen die Pfannenstäbe, 30 bis 33 an der Zahl, ohne allen Lettenbeschlag, ohne mit Knöpfen versehen, aber auch ohne eingemauert zu seyn, auf. Jeder Pfannenstab wiegt zwischen 116 bis 120 Pfund, und ist 3 Zoll dick. Ungeachtet dieser Dicke krümmen sie sich doch sehr bald. Die Gewölbe selbst ruhen auf einem einfachen Roste auf, durch welchen das Kohlenklein und die Asche durch-

---

*) In dem Jahre 1798 sind diese Queereisen auch bei diesem Ofen abgeschafft, und, zur Ersparung der Kosten, Bogen gesprengt worden.

fällt. Der Rost läuft unter dem Winkel von beiläufig 4° ansteigend.

Die Oefen sind mit keinem Rauchfange versehen, sondern der Luftzug wird blofs durch die an den Seitenmauern der Pfanne angebrachten, ziemlich engen Löcher, unterhalten.

Die Dimensionen des Ofens sind folgende:

Er ist im Lichten hoch . .	4	Fufs
breit . .	11½	—
lang . .	15½	—
Die Höhe des Schürlochs beträgt	2	—
Die Breite	1½	—

Oben läuft es gewölbt zu.

Solcher Sudöfen giebt es hier drei (nebst einem Wachs - oder Läuterofen).

Seit dem Jahre 1790 wird, statt des Holzes, mit Steinkohlen gefeuert Man verbraucht wöchentlich 210 Kübel Kohlen, welche aus dem beschriebenen Pahleter Steinkohlenwerke geholt werden, und von welchen der Kübel bis an die Hütte auf 11 Kr. zu stehen kömmt. Nebstdem wird auf jeden Sud eine Klafter $\frac{5}{4}$ elliges Holz zum Unterzünden zugestanden, welche an der Hütte mit 2 Fl. 15 Kr. bezahlt wird.

§. 7.

Bereitung der Lauge.

Es ist durch Erfahrungen bewiesen, wie viel auf eine hinlängliche starke und rein geruhete Lauge ankömmt, wenn man mit Vortheil arbeiten will. Denn von der Reinigkeit der Lauge hängt die Reinigkeit des Alaunmehls, und von dieser der Vortheil des Waxmachens ab, da sich bei einer unreinen Lauge die verunreinigenden Theile während dem Sieden an die Pfanne ansetzen, das Sieden erschweren, und das Mehl wird mit fremdartigen Theilen vermischt. Durch das Ausruhen der Lauge und die dabei Statt habende Verdünstung der wäſsrigen Theile wird dieselbe zugleich mehr concentrirt, das Eisen, das in dem Vitriole die Grundlage ausmacht, wird mehr oxidirt, fällt aus der Auflösung nieder, und die freie Schwefelsäure kann nun in die Thonerde eingreifen, und so wird der Alaungehalt der Lauge vermehrt, so wie der Vitriolgehalt abnimmt. Indessen hat die Concentration der Lauge auch ihre Gränzen, und die Ueberschreitung dieser Gränzen ist mit dem Nachtheile verbunden, daſs die Lauge entweder schmierig wird, oder daſs man gar kein Steinmehl erhält, welches beides mit auſserordentlichem Schaden verbunden ist. Aber noch ein gröſserer Vortheil einer geruheten und hinlänglich starken Lauge besteht darin, daſs das Mehl in kürzerer Zeit gahr und kernhaft wird, daſs es besser an den Läuter setzt, nicht so viel davon in die Waschbrühe wäscht, und der Alaun schöner wird. Aber gerade auf die Reinigkeit der Lauge, ihre hinlänglich starke und immer gleiche Concentration, scheint man hier nicht so viel zu sehen, als es dieser Umstand verdient.

Mit der Grundlauge wird, wie schon bemerkt worden, die Pfanne vollgefüllt, und dann untergefeuert, das Feuer anfangs nicht zu stark gegeben, aber sobald die Lauge in der Hitze ist, so wird das Feuer bis zum Abschlagen der Pfanne so stark unterhalten, als es zum Kochen der Lauge erforderlich ist. Wenn die Lauge vier Zölle tief abgelaugt ist, so wird von der Lauge, die aus dem Sumpfe durch ein Saugewerk in einen Trog, und aus diesem durch hölzerne Röhren in die Pfanne geleitet wird, hinzugesetzt.

Die Gahre der Grundlauge wird theils durch die auf den Sud verwendete Zeit, die durch Rutine auf 20 Stunden festgesetzt ist, theils durch das Probenehmen bestimmt. Diese besteht darin, dafs man ein Paar Stunden vor dem Abschlagen der Lauge mit einer kleinen hölzernen Schaufel (Probetrögl) etwas Lauge nimmt, und sie zum Anschiefsen hinstellt. Fällt die Probe nicht gut aus, das heifst, ist die Menge des Anschusses zu gering, so wird von dem Vitriole zugesetzt, um der Lauge die Last zu geben (zum Abstärken der Pfanne).

Ehe man die Lauge abschlägt, so wird der Niederschlag unmittelbar in die Pfanne geschüttet. Der Niederschlag besteht gewöhnlich aus Urin und so viel Seifensiederlauge, als man erhalten kann. Auf einen ordinären Sud wird eine Fuhre Urin zu 30 Fäfschen, jedes Fäfschen zu 3 Kannen, zugesetzt, Doch ist diese Menge des Niederschlags nicht ganz bestimmt; bei fetten Laugen wird dieselbe vermehrt.

Die Kühlkästen, auf welche die Lauge abgelassen wird, sind

lang	3 Klaft.	2 Fuſs	
breit	2 —	1 —	
tief im Lichten . . .		2 —	

Der Sud bleibt auf diesen Kühlkästen 3 Stunden. Nach Verlauf dieser Zeit wird die abgekühlte Lauge (nach abgesetzten Unreinigkeiten) auf die Rührkästen abgelassen. Dieser Kästen, oder vielmehr Bottiche, giebt es hier 70 auf beiden Seiten des Kühlkastens. Sie sind kreisrund,

im Lichten tief	1 Fuſs	6 Zoll	
haben im Durchmesser oben	2 —	6 —	
unten	1 —	11 —	

Die Lauge wird so lange in diesen Bottichen gerührt, als das Mehl weiſs niederfällt; wird es grün, so hört man auf.

Die *Mutterlauge* (starke Brühe) wird dann alsogleich mit hölzernen Schaufeln abgeschöpft und in den Mutterlaugensumpf gegossen, und aus diesem auf die Pfanne geleitet und der Grundlauge zugesetzt. Das Alaunmehl wird aber auf einem, etwas gegen den Horizont geneigten Kasten (*Mehlkasten*) aufgestürzt, und durch eine ganze Woche (7 Tage) oder von 14 ordinären Suden gesammelt.

Die Kühl- und Rührkästen stehen, wie billig, hier nicht in der Erde, sondern ganz frei, ohne einen Wall von Letten darumgeschlagen zu haben.

§. 8.

Das Schwachemachen.

Das Schwachemachen ist, mit geringen Abweichungen, dieselbe Manipulation, die man auf andern Alaunwerken unter dem Namen des Läutermachens kennt, oder soll wenigstens diese ersetzen. Sie ist bloſs dazu bestimmt, um das erhaltene Alaunmehl durch eine nochmalige Auflösung, Concentrirung und Reinigung in gröſsern Krystallen zu erzeugen, und die Alauntheile noch enger, als dieses bei dem Versieden der Lauge geschehen konnte, zusammenzubringen, zugleich aber den Alaun von dem beigemengten Vitriole zu reinigen. Sie gründet sich auf den durch die Erfahrung erprobten Satz, daſs der Vitriol zn seiner Auflösung viel weniger warmes Wasser erfordert, als der Alaun (eine Unze warmes Wasser löset nämlich 80 Gran Vitriol auf, da eben diese Wassermenge nur 14 Gran Alaun aufzulösen vermag), und dieser sich aus derselben Ursache auch viel eher durch Krystallisation aus der abgekühlten Ablösung ausscheidet. Wird daher dem Alaunmehle nur eine solche Menge warmes Wasser bei dem Schwachemachen zugesetzt, als dieses zur Auflösung bedarf, und die Auflösung nicht zu stark abgedampft, so muſs sich auf den Rührkästen alsogleich der Alaun in gröſsern Krystallen ausscheiden, und das daraufstehende Auflösungswasser den Vitriol enthalten, das dann abgeschöpft und der Mutterlauge zugesetzt werden kann.

Zu diesem Behufe wird das, wie oben bemerkt worden, von 14 ordinären Suden auf dem Mehlkasten gesammelte Alaunmehl nur in so vielem Wasser aufgelöset, als gerade zur Auflösung nöthig ist, und die Auflösung mit Urin nochmals versetzt. Man verfährt hier also:

Man nimmt zwei Fuhren Urin (jede Fuhre zu 30 Fäſschen) und vier Eimer Wasser. Dieses Gemisch bedeckt bloſs den Boden der Pfanne. Es wird heiſs gemacht und erst dann das Mehl eingetragen, damit dieses alsogleich zerflieſse; das Feuer wird nur so weit verstärkt, daſs die Auflösung (die Schwache) eben aufwallet (aufsiedet). Sie wird alsogleich auf den *Kühlkasten* (Kühlstock) abgelassen.

Der Kühlstock ist lang . . .	2 Klaft.	5 Fuſs
breit . . .	1 —	$2\frac{1}{2}$ —
tief im Lichten		$2\frac{3}{8}$ —

Die Schwache bleibt nur eine halbe bis drei Viertelstunde auf dem Kühlstocke, und wird aus diesem in den *tiefern Kasten* (Röhrkasten) geleitet, daselbst gerührt, damit alles Alaunmehl niederfalle (man hört mit dem Rühren auf, sobald das Mehl anfängt grün zu fallen). Die Mutterlauge wird abgeschöpft und in den Mutterlaugensumpf gegossen, um wieder der Grundlauge hinzugesetzt zu werden.

Die Dimensionen des tiefern Kastens sind:

die Länge	1 Klaft.	5 Fuſs
die Breite		$5\frac{1}{2}$ —
die Tiefe im Lichten		5 —

Aus diesem wird das Mehl ausgeschlagen und auf den *weissen Kasten* gefördert. Dieser hat

die Länge von	. . .	1 Klaft.	$1\frac{1}{2}$ Fuss
die Breite von	. . .	1 —	$1\frac{1}{2}$ —
die Tiefe im Lichten von			3 —

Alsdann wird es auf dem *Waschtroge* mit Wasser gewaschen, das hierzu verwendete Wasser aber wieder mit der Grundlauge eingesotten.

Der Waschtrog hat die Länge von	.	3 Klaft.	— Fuss
die Breite von	.		3 —
die Tiefe im Lichten			$2\frac{1}{2}$ —

Das Mehl von dem Schwachemachen wird durch drei Wochen zusammengehalten, dann zu Wax gemacht.

§. 9.

Das Waxmachen (hier Läutermachen)

Das Waxmachen ist die letzte Bearbeitung, durch welche man den Alaun seiner Vollkommenheit nahe zu bringen sucht.

Man nimmt zu dieser Arbeit hier nur so viel Wasser, als eben zur Auflösung des Alaunmehls in der Wärme nöthig ist (dafs sich das Mehl nur anseuft, und das Wasser einen Zoll über dem Mehle steht), schüttet alsdann das zu Wax zu machende Mehl allmälig zu dem in der Läuterpfanne enthaltenen Wasser, und man verstärkt das Feuer nur so weit, dafs das Wachs nur eben aufwellt.

Sobald dieses erfolgt, so wird die Auflösung auf sehr wohl gefugte, und mit guten Reifen versehene Fässer gefullt. Man läſst das Wax 13 bis 14 Tage ruhig stehen, damit sich der Alaun völlig auskrystallisire. Dann wird die auf dem Alaune gestandene Brühe (*Waxbrühe*, *Waxlauge*) abgefullt und der ordinären Sudlauge zugesetzt. Die Fässer werden von ihren Reifen befreiet, damit man den beinahe ganz zu einer Masse angeschossenen Alaun mit eisernen Fäusteln entzweischlagen und mit reinem Wasser abspühlen könne. Auch dieses Wasser, womit der Alaun gewaschen worden, wird der ordinären Sudlauge zugesetzt. Ist der Waxsud sehr vitriolhaltig, so schieſst, besonders zur Winterszeit, wo die Krystallisation zu schnell vor sich geht, etwas Vitriol an, der abgesondert werden muſs.

Die Waxpfanne (hier Läuterpfanne) ist

lang	2	Klaft.	$\frac{1}{2}$	Fuſs
breit	1	—	3	—
tief im Lichten . .			2	—

Das Waxfaſs ist im Lichten tief oder hoch $3\frac{1}{8}$ böhm. Ellen

in der Mitte hat es im

Durchmesser . . .	$2\frac{1}{2}$	—	—
oben und unten . . .	$1\frac{3}{4}$	—	—

und hält 30 Eimer. Man erhält aus demselben zwischen 30 und 33 Zentner Alaun.

Alle drei Wochen wird ein Wax gemacht, und der erzeugte Alaun betrug sonst 85, jetzt bis an die hundert Zentner.

Ehedem wurde, nebst dem Alaune, auch Vitriol gesotten; man hat aber später diese Arbeit nicht lohnend gefunden. Nach *Ferber* sollen alljährlich 2000 Zentner Alaun erzeugt werden, wovon damals der Zentner 17 bis 19 Fl. galt, später aber auf 12 Fl. herabgesetzt wurde. Jetzt werden im Durchschnitt jährlich 1200 Zentner Alaun erzeugt, und der Zentner zu 14 bis 15 Fl. an die Komothauer Manufakturisten, Kauf- und Handelsleute, an die Fuhrleute, an die Mitgewerken zu Komothau, an die Linzer Kattunfabrike, und an einige Kaufleute in Prag, die gleichfalls Mitgewerke sind, verkauft.

§. 10.

Oeconomie des Alaunwerkes.

Die Inspection über das Alaunwerk hat immer einer der vorzüglichern Gewerken. Der zeitige Inspector war im J. 1798 Herr Imanuel Franz Itz von Mildenstein, der diese Stelle seit dem J. 1786 bekleidet. Diesem müssen die Quartals- und Jahrsrechnungen eingeschickt werden, um sie durchzusehen, die darin vorkommenden Fehler zu berichtigen und sie abzuschliefsen. Auch ist es seine Pflicht, das Alaun- und Sudwerk alljährlich einmal, in wichtigen Fällen, welche keinen Aufschub leiden, auch öfters zu besuchen, die Kassen- und Materialliquidation vorzunehmen, alle sich vorfindenden Gebrechen abzustellen, Verbesserungen einzuführen, das bei dem Alaunwerke angestellte Personale zur fleifsigen Besorgung ihrer

Geschäfte zu verhalten, bei sich ergebender Untreue dieselben bestrafen zu lassen. Für diese Aufsicht sind demselben als Renumeration von der Gewerkschaft alljährlich 60 Fl., so wie bei jedesmaliger Untersuchung des Alaunwerkes, zur Bestreitung der Reise- und Zehrungskosten 40 Fl. angewiesen.

Die unmittelbare Aufsicht des Alaunwerkes ist einem Verwalter übertragen, dem ein administrirender Gegenhändler (Controllor) zugetheilt ist. Beide werden von der Gewerkschaft selbst gewählt, und deswegen eine Rolle von dem Inspector oder dessen Stellvertreter zur Einsammlung der Stimmen an die individuellen Gewerke in Umlauf gegeben. Die durch die Stimmenmehrheit gewählten Beamten werden dann von der Landesstelle bestätigt. Zur Deckung der Gewerkschaftskasse muſs der Verwalter eine Caution von 2000 Fl., der Gegenhändler eine von 1500 Fl. leisten.

Das Werk selbst beschäftigt folgende Menschen.

Bei dem Bergwerke sind angestellt:

1 Erzhäuer, der im Schichtenlohne arbeitet, und für eine zwölfstündige Schicht 15 Kr. erhält.

6 Huntestöſser zur Wegräumung des Abraumes und der Förderung des Erzes auf die rohen Halden, welche im Gedinge arbeiten. Das Gedinge wird nach der gröſsern oder geringern Entfernung regulirt. Sie erhalten für 1 Kubikklafter

in der Entf. von 1 bis 25 Ungar. Berglacht.	— Fl.	39 Kr.
von 26 — 50 - - - - - - -	— —	48 —

in der Entf. von 51 bis 75 Ungar. Bergl.	1 Fl.	— Kr.
von 76 — 100 - - -	1 —	10 —
von 101 — 125 - - -	1 —	15 —

2 Knechte und 2 Geschirre, welche abwechselnd den Urin zur Hütte führen und die Auszüge von den rohen Halden auf die abgerichteten fördern. Jeder Knecht erhält wöchentlich 1 Fl. 30 Kr., oder 15 Kr. für die Schicht.

Die Pferde werden von der Gewerkschaft unterhalten.

2 Füller im Schichtenlohne für die zwölfstündige Schicht . . . . — Fl. 12 Kr.

4 Haldenanstürzer, jeder . . . . . . — — 12 —

11 Personen auf dem Haldenplatze zum Beigießen, Umstürzen der abgerichteten Halden, jede . . . . — — 12 —

15 Wäscharbeiter, welche die abgerichteten Halden in die Laugekästen sturzen Diese arbeiten gleichfalls im Schichtenlohne, und erhalten für die Schicht . . . . . . — — 12 —

Sie müssen in einer Schicht 34 Doppelkarren in die Laugekästen laufen lassen.

1 Steiger im Gedinge wöchentlich . . 2 — — —

1 Stollensteiger, der die Zimmerung des Stollens unterhält, für die Schicht . . . — — 17 —

1 Schleppjunge auf dem Stollen für die Schicht . . . . — — 8 —

	Fl.	Kr.
1 Haspelknecht, für die Schicht . . .	—	12
Das Anlaufen auf die rohen Halden geschieht gewöhnlich im Gedinge, und es wird von einer Halde von 3240 Kubikfuſs Inhalt gezahlt	7	30

In der Hütte:

	Fl.	Kr.
4 Schürer, welche im Gedinge arbeiten, und wöchentlich erhalten	2	—
2 Beischürer	1	30
2 Nachtrührer im Schichtenlohne, für die Schicht	—	10
1 Hüttenjunge, im Gedinge, wöchentlich	1	—
1 Urinmann, im Gedinge, wöchentlich	3	—
Dieser hat durch 5 Tage in der Woche täglich 4 Fuhren Urin zu 30 Fäſschen aus der Stadt Komothau, in allem also 600 Fäſschen, und von Görkau 3 Fuhren, also in allem 90 Fäſschen zur Hütte zu fahren.		
1 Binder, der als Wartegeld wöchentlich erhält	1	10
Für die verfertigte Binderarbeit wird besonders bezahlt.		
2 Rührjungen, welche im Schichtenlohne des Tags erhalten		7 bis 10

§. 11.

Einige Anmerkungen über das Alaunwerk.

Da ich das Alaunwerk einigemal zu sehen Gelegenheit hatte, und das Verfahren, sowohl bei dem Bergbaue als in der Hütte, auf meiner letzten, ausdrücklich deswegen unternommenen Reise im Jahre 1798, mit vieler Aufmerksamkeit beobachtete, so fand ich manches, das ich einer Verbesserung fähig hielt. Die Mineralogie und Chemie haben seit einigen Jahrzehnden so grofse Fortschritte gemacht, es wurde in diesen Wissenschaften so manches Irrige berichtigt, so manches Dunkle aufgeklärt, sie wurden mit so manchen wichtigen neuen Entdeckungen bereichert; aber unfruchtbar wären diese beiden Wissenschaften, wenn sie auf Oeconomie und Technologie keinen Einflufs haben sollten, und doch wurde dieser Einflufs hier und da übersehen, oder man blieb, unbekümmert um diesen Einflufs, bei den alten hergebrachten Gewohnheiten. Dieses scheint auch der Fall bei dem Komothauer Alaunwerke zu seyn. Bis auf die einzige Verbesserung, dafs man seit dem Jahre 1790 sich der minder kostspieligen und bequemern Steinkohlenfeuerung statt der Feuerung mit Holz bedient, liefs man alles bei dem alten, ungeachtet der alljährlich abgehaltenen Gewerktage, deren vorzüglicher Gegenstand Verbesserung und davon abhängender gröfserer Ertrag des Werkes seyn soll, läfst man es beim Durchsehen der Kasse- und Materialrechnungen, Liquidationen u. s. w.

Bis im J. 1796 würde von einigen sächsischen Gewerken der Vorschlag gemacht, um in der Zukunft einen geschickten, thätigen und sachkundigen Verwalter zu erhalten, einen jungen Mann durch 6 aufeinander folgende Jahre mit 150 Fl. zu unterstützen, damit er, nach den erworbenen nöthigen Vorkenntnissen, mehrere Alaunwerke bereise, und auf diese Weise die nöthige Einsicht in diesem Theile der Technologie sich verschaffen könne, von welchem ich aber nicht weiſs, ob er von der ganzen Gewerschaft angenommen worden ist, oder nicht.

Hier sind einige an Ort und Stelle gemachte Bemerkungen:

I. *In Ansehung des Bergbaues.*

1. Die Mächtigkeit der bei St. Christoph einbrechenden Alaunerde ist sehr beträchtlich; sie dürfte, von der Hütte an gerechnet, 12 Lachter und mehr betragen. Die anstehende Wand des Alaunflötzes hat aber, da man von der Hütte aus mit der Sohle ansteigend ging, nur die Höhe von 9 Lachtern. Man verliehrt daher hier die tiefer liegende Alaunerde ganz, und man ist gezwungen, das Flötz nach einer gröſsern Verbreitung abzubauen, wodurch die Gewerkschaft, bei vermehrtem Debite des Alauns, zu einer gröſsern Ausdehnung des Werkes einst gezwungen seyn durfte, entweder mehrere benachbarte Gründe, deren Werth bei dem immer steigenden Preise des Getreides wächst, anzukaufen, oder mit sehr groſsen Kosten die jetzige Sohle zu räumen, um das Flötz tiefer

abbauen zu können. Für dieses Ansteigen der Sohle ließse sich allenfalls *der* Grund angeben, daſs, da der Stollen, bei einer so beträchtlichen Länge, doch nur 3 Lachter seigere Teufe einbringt, und der auf dem Flötze vorgerichtete Bau viel tiefer niedergeht, durch diesen die zufallenden Tagewasser nicht gelöset werden können, auf dieser geneigten Ebene ein Theil der Wasser abflieſse. Aber man hätte der Anhäufung der Wasser schon dadurch vorbeugen können, wenn man sie in einem oder mehrere Gesenke zu Sumpf gehalten hätte, aus welchem sie dann durch einfache Saugewerke hätten auf den Stollen gehoben werden können.

2. Das Flötz der Alaunerde bietet, da es 75 Klafter in die Länge und 9 Klafter in die Höhe abgebauet ist, der äuſsern Atmosphäre eine Fläche von 675 Quadratklaftern dar. Da nun diese Alaunerde, wegen des vielen beigemengten Schwefelkieses, das Eigene hat, daſs sie sich von selbst entzündet, wenn sie von der bedeckten Erde entblöſst und abwechselnd dem Regen und Sonnenscheine ausgesetzt wird: so sieht man, daſs es ein wichtiger Fehler war, eine so groſse Fläche zu entblöſsen, weil in dem Bruche selbst der Brand, der nur mit vieler Mühe gelöscht werden kann, begünstigt wird. Man hätte im Gegentheil nur so viel von der Alaunerde entblöſsen sollen, als gebraucht und weggeschafft werden kann. Diese Inconvenienz, so wie der vermehrte Hundstöſser - und Fuhrlohn, hätten vermieden werden können, wenn man mit dem Baue gleich anfangs tiefer niedergegangen wäre.

3. Die Unreinigkeit ist auf dem Haldenplatze, bei den Wäschen, Sümpfen, auffallend. Von dem Erdfalle im Jahre 1789 sieht man noch jetzt ganze Haufen auf dem Platze, in der Nähe der rohen Halden und des Flötzes liegen, die durch das aufgestürzte Oberflös noch erhöhet werden. Diese Haufen haben sich nach der Hand enzündet; und wie sehr ist nicht zu befürchten, daſs der Brand, der in denselben unaufhaltsam fortschreitet, endlich das Flötz selbst ergreiſe? Auf diesen Halden sieht man den schönsten natürlichen Alaun, Bergbutter und Vitriol in groſser Menge auswachsen. Aller dieser Alaun wird von dem niederfallenden Regenwasser aufgelöset, und geht verlohren. Wäre es daher nicht besser, diese Haufen, theils um den ausgewachsenen Alaun zu benutzen, theils um den Fortschritten des Brandes Einhalt zu thun, auszuziehen, die Abzüge dann auf die abgerichteten Halden, und dann auf die Laugekästen zu stürzen?

4. Der Abraum wird zu sehr in der Nähe des Flötzes und vorwärts aufgestürzt, da man ihn in gröſserer Entfernung und hinter sich stürzen sollte. Dadurch dürfte man mit der Zeit, wenn das Erz weiter in dem Gebirge niedergehauen wird, mit verdoppelten Kosten diesen Abraum nochmals wegzuschaffen gezwungen seyn.

5. Die Alaunerde auf den abgerichteten Halden ist bereits aufgeschlossen; man sieht den schon fertigen Alaun in groſsen Stücken auf der äuſsern Oberfläche aufliegen. Dadurch, daſs diese Halden im Freien liegen,

jeder Abwechselung der Witterung, dem Regen und Schnee ausgesetzt sind, muſs ein groſser Verlust von Alaun, davon ein Theil von dem niederfallenden Regenwetter weggespühlt wird, entstehen. Könnte man daher nicht diese abgerichteten Halden mit einem, allenfalls beweglichen Dache bedecken, um sie vor dem Regen zu schützen, oder wenigstens mit Letten ausgeschlagene Gräben (Kanäle) ziehen, aus welchem das aufgesammelte, an Alaungehalt gewiſs sehr reiche Wasser, auf die Laugekästen geleitet werden könnte?

II. In Ansehung des Hüttenhaushaltes.

1. Dieselbe Unreinigkeit, welche auf den Haldeplätzen, Wäschen Statt hat, findet man auch in der Hütte selbst, auf dem Mehlkasten, bei den Oefen u. s. w. Alte Röhren, unbrauchbare Holzstücke, abgesprungene Reifen, Spähne, Ziegelstücke u. d. gl. sieht man zu Haufen aufgethürmt. Diese Unreinigkeiten kommen dann in den Keller, in die Sud- und Läuterpfanne, und selbst in den Alaun. Sie verstopfen die Sumpfröhren, wodurch die mit Kosten verbundene Auswechselung derselben und Ausbesserung nöthig wird.

2. Wäre es vielleicht mit einem Zeit- und Kostenersparnisse verbunden, wenn man die einfache Lauge von den obern Laugekästen, statt sie in den Sumpf abzulassen und aus diesem nochmals auf frische Erze auf dieselben Laugekästen zu heben, unmittelbar auf frische Erze in die untern Laugekästen, und aus diesen als Dop-

pellauge in den Sumpf abfliefsen liefse, aus welchem sie dann auf die Pfanne gehoben werden könnte. Auf diese Art ginge zugleich die Arbeit ununterbrochen fort.

3. Die Doppellauge ist nicht immer von gleichem Gehalte, und scheint meistens zu schwach zu seyn; man sollte sich daher durch eine gut eingerichtete Wasserwage versichern, dafs sie immer dieselbe Stärke hat.

4. Wäre es viel vortheilhafter, wenn die Lauge mittelst einer Röhre (Rinne) beständig in die Pfanne, und zwar in dem Maalse zuflöfse, als sie einsiedet, da auf diese Art das Sieden gar nicht gestöhrt würde, statt dafs man sie jetzt vier Zolle einsieden läfst, und dann die Lauge in gröfserer Quantität (9 Kubikfufse) auf einmal zusetzt. Denn dadurch wird die Lauge zu sehr abgekühlt, und braucht mehr Zeit und Feuerung, um sie wieder zum Sude zu bringen.

5. Zweckwidrig, ja schädlich ist der hier übliche Zusatz des Vitriols zum letzten Füllen oder Abstärken der Pfanne, da der Zweck des späthern Schwachemachens eigentlich dahin geht, die Verunreinigung des Alauns mit Vitriol zu verhüten, hier aber der Vitriol, so zu sagen, geflissentlich darunter gebracht wird.

6. Eben so schädlich ist das hier übliche Verfahren, den Niederschlag, statt auf die Kühlkästen, in die Pfanne zu bringen. Man erreicht zwar dadurch die Absicht, die überflüfsige Schwefelsäure mittelst des in dem Niederschlage enthaltenen Laugensalzes zu sättigen, aber die zugleich dadurch niedergeschlagenen Unreinigkeiten setzen

sich nicht nur allein an die Pfanne an, sondern brennen an, schaden der Pfanne, die öfters ausgewechselt werden muſs. Der Umstand, daſs der Urin zu viele wäſsrige Theile enthält, und diese also erst wieder durch das Sieden und Abdampfen weggeschafft werden müssen, den man zur Entschuldigung dieses schädlichen Verfahrens angiebt, ist lächerlich, da derselbe Zweck dadurch erreicht werden kann, wenn man dafür sorgt, daſs man einen starken Niederschlag erhält, und wenn man die Lauge länger auf den Kühlkästen stehen läſst.

7. Da bei einem zu starken Zusatze von Niederschlag nicht nur die überschüſsige Säure gesättigt, sondern auch, wegen der nähern Verwandtschaft des Laugensalzes zu der Schwefelsäure, ein Theil der Thonerde (des Grundtheils des Alauns) ausgeschieden werden, und daher ein Verlust an Alaun entstehen kann: so sollte man erst durch Versuche im Kleinen zu bestimmen suchen, wie viel Niederschlag man auf eine bestimmte Menge Lauge braucht. Man darf zu diesem Behufe nur eine bestimmte kleine Menge Lauge nehmen, derselben von dem Niederschlage so viel hinzusetzen, bis man sieht, daſs weiſses Mehl niederfallt, und aus dieser, in diesem kleinen Versuche nöthigen Menge des Niederschlages, sie fur die ganze Lauge im Groſsen berechnen. So wird man, wie sonst geschehen kann, durch zu vielen Niederschlag nicht die Alaunerde mit in den Schlamm füllen.

8. Obgleich man sich nicht nur hier, sondern auf mehreren Alaunhütten Deutschlands, des Urins zum

Niederschlage bedient, so haben es doch schon mehrere Erfahrungen außer Zweifel gesetzt, daß andere Niederschläge, als die Lauge von der Büchenasche, Seifensiederlauge u. s. w. diesen Zweck besser und ohne den Nachtheil, der mit dem Urinniederschlage verbunden ist, nämlich die Unreinlichkeit des Alauns, erfüllen. Man sollte daher von dem letztern Niederschlage mehr zu erhalten suchen, um des Urins entübrigt seyn zu können.

9. Die Festsetzung der Zeit auf drei Stunden, welche der Sud auf den Kühlkästen stehen soll, riecht zu sehr nach Rutine, da die Zeit, je nachdem der Sud stark oder schwach ist, kürzer oder länger seyn muſs.

10. Der Bau der Waxfässer wäre zweckmäſsiger, wenn sie oben breiter als unten wären, und sich die obere Breite zu der untern wie 3 zu 2, die Höhe aber zu dem obern Durchmesser sich wie 9 zu 6 verhielte, weil man bei einem so eingerichteten Waxfasse nicht nöthig hätte, die Reifen ganz ab- und das Faſs ganz auseinander zu schlagen, sondern der Alaun beim Umstürzen desselben, wegen seiner Schwere, sich ablösen würde, wodurch an Binderarbeit erspahrt würde. Vielleicht wäre es selbst besser, wenn man die Waxfässer mit Waxkästen vertauschte, da in diesen die Krystallisation zwar minder groſs und schön, aber schneller wegen der gröſsern Oberfläche, welche der Waxkasten der Atmosphäre darbietet, und mit welcher verhältniſsmäſsig die Abdampfung, die Abkühlung zunimmt, vor sich gehen muſs.

11. Der Bau der Oefen und Pfannen könnte vortheilhafter angelegt seyn. Denn bei dem Versieden jeder salzhaltigen Flüſsigkeit ist vorzüglich darauf zu sehen, daſs die möglich gröſste Menge Wärmestoff in die Salzlauge geleitet und die ihr mitgetheilte Wärme so erhalten werde, daſs sie nur durch die aufsteigenden Dämpfe absorbirt wird. Zur Erreichung der erstern Absicht gehört ein richtiges Verhältniſs des Schürlochs zu dem innern Ofenraume und der Gröſse der Pfanne, das mir aber bei der hiesigen Alaunhütte, in Hinsicht auf die Kleinheit der Pfannen, zu groſs zu seyn scheint, da der Verlust an Wärme immer um so gröſser seyn muſs, je kleiner die Pfanne ist. *Zweitens* wäre es vielleicht vortheilhafter, wenn die in mehreren Werken über die Salzwerkskunde beschriebenen Zirkulargänge, besonders wenn statt der zwei kleinen Pfannen eine gröſsere angeschafft würde, hier Statt hätten, da die Erfahrung bewiesen hat, daſs durch dieselben die Wärme länger unter dem Pfannenboden erhalten und gleichmäſsiger in der Lauge vertheilt wird. *Drittens.* Versuche müſsten es bestimmen, ob man nicht besser fahren würde, wenn die Sohle des Heerdes etwas mehr anlaufend wäre, als sie es jetzt in der That ist. Bei einer mehr anlaufenden Sohle entstände freilich der Nachtheil, daſs ein Theil des Feuers dem Pfannenboden näher wäre, als der andere; aber man könnte ja das Feuer neben der Pfanne durch Reverberation anbringen. *Viertens.* Der Abstand des Rostes von dem Pfannenboden scheint mir hier zu groſs

zu seyn, da er 4 Fuſs beträgt, und man ihn bei der Torf- und Steinkohlenfeuerung gewöhnlich nur auf 1 Fuſs 8 Zoll bis 2 Fuſs 4 Zoll zu berechnen pflegt. Je geringer dieser Abstand ist, desto gröſser muſs das Einströmen der Wärme in die Lauge seyn. *Fünftens*. Der Rost ist hier von Ziegeln gemauert, aber die Zwischenräume sind hier viel zu weit, weswegen nicht allein die Asche, sondern ziemlich groſse Kohlen durchfallen, welche für die Lauge ganz verlohren gehen. Es wäre daher gewiſs zuträglich, wenn man einen doppelten Rost, nach des Herrn *Scheidt* Vorschlage, anbrächte, den man hier und da wirklich schon ausgeführt antrifft. Man machte mir den Einwurf, daſs die hier üblichen Steinkohlen schlecht brennen, und nur durch einen stärkern Luftzug in Brand erhalten werden können, der aber bei einem doppelten Roste vermindert statt verstärkt werden müſste; aber eben die Windzüge fordern *Sechstens* hier eine vollkommene Reform. Denn die Windzüge, welche die Luft unter den Rost leiten, sollten auſser der Hütte seyn, oder sich im Freien öffnen. Denn die Luft jedes Sudhauses, wenn es auch noch so geräumig ist, enthält immer einen groſsen Antheil an Stickgas, und ist daher weniger feuernährend als die atmosphärische Luft. Der Antheil des Stickgases in der Luft dieser Alaunhütte muſs noch gröſser ausfallen, da die Kühlkästen, Rührkästen u. s. w. mit dem Ofen unter demselben Dache befindlich sind, und die groſse Menge des Niederschlages (Horns), die der Lauge bei dem

Läutermachen zugesetzt werden muſs, zur Reinigkeit der Luft der Hutte eben nicht beiträgt. Statt der kleinen und engen Oeffnungen an den Seitenwänden der Pfannen sollte ein eigener Rauchfang vorhanden seyn, der zugleich mit einem Schieber versehen seyn könnte, um den allzu frühen Austritt der noch warmen Luft zu verhindern, so wie ein Schieber in dem Windzuge dazu nützlich seyn könnte, um die Stärke des Feuers nach Umständen zu mildern und die Wärme der Lauge zu modificiren. Ueberhaupt lieſse sich viel von den von dem Herrn Grafen *von Rumford*, in seinem *Experimental Essays political, economical and philosophical*, besonders in dem sechsten Essay, über die Art Feuer und Brennmaterialien zu spahren, gemachten Vorschlägen benützen, besonders das, was er über die Einrichtung der Register und der Röste sagt. Der zweite Zweck, nämlich die der Lauge mitgetheilte Wärme zu erhalten, könnte befördert werden, wenn man *Siebentes* statt der zwei kleinen Pfannen eine gröſsere einführte. Denn die zwei kleinern Pfannen haben mehr Bordenfläche, als eine gröſsere von demselben körperlichen Inhalte haben würde.

Die 2 kleinen Pfannen, jede			Eine groſse Pfanne		
lang	12 Fuſs	Kubikinh.	lang	16 Fuſs	Kubikinh.
breit	9 —	243 Kfuſs.	breit	13 —	468 Kfuſs.
tief	$2\frac{1}{4}$ —		tief	$2\frac{1}{4}$ —	

Wärmeleidende Bordenfläche

für beide 189 Quadratfuſs, für eine $130\frac{1}{4}$ Quadratfuſs.

Differenz $58\frac{3}{4}$ Quadratfuſs.

Wegen dieser gröſsern Bordenfläche hat man in den vornehmsten Salinen die kleinern Pfannen gegen gröſsere umgetauscht. Endlich glaube ich *Achtens*, da die Zirkulirgänge hier gänzlich fehlen, daſs es wenigstens vortheilhaft wäre, um den Verlust der Wärme durch die Borden der Pfanne so viel als möglich zu vermeiden, dieselbe mit keiner Mauer zu umgeben, oder die Zwischenräume zwischen den Mauern und den Seitenborden der Pfanne mit Stoffen, z. B. Holzasche u. s. w. auszufüllen, die so wenig als möglich wärmeleitend sind.

§. 12.

Ausbeute.

Das Alaunwerk wird, wie schon bemerkt worden, gewerkschaftlich betrieben. Seine Majestät der König von Böhmen besitzt 4 Erbkuxe, und bezieht, da Komothau eine K. Stadt ist, den Zehnten von allem erzeugten Alaune, der sonst auch jeder andern Grundobrigkeit, wenn die Stadt privatherrschaftlich wäre, zufallen würde. Die Stadt Komothau hat 57 Kuxe, die übrigen sind unter verschiedene In- und Ausländer vertheilt. Die Ausbeute, die dieses Alaunwerk gab, war sehr verschieden. Ich will hier eine tabellarische Uebersicht von einer Reihe Jahren aus den vorigen Jahrhunderten, und eine andere Reihe Jahre aus dem achtzehnten Jahrhunderte mittheilen, aus welcher man ersehen wird, wie viel Ausbeute damals auf die Kuxe ausgefallen ist, und jetzt ausfällt.

Jahr 1588	29 böhm.Schocke.
1589	29 — —
1590	40 — —
1591 } 1592 }	nichts.
1593 } 1594 } 1595 }	40 böhm.Schocke.
1596	50 — —
1597	25 — —
1598	
1599	nichts.
1600 } 1601 }	45 böhm.Schocke.
1602 } 1603 }	35 — —
1604	25 — —
1605	35 — —
1606	36 — —
1607 } 1608 }	30 — —
1609	nichts.
1610	40 böhm.Schocke.
1611	35 — —
1612	30 — —
1613	34 — —
1614	32 — —
1615	34 — —
1616	36 — —
1617	24 — —
1618	25 — —

Jahr 1619	30 böhm.Schocke.
1620	40 — —
1621	16 leichtes Geld.
1622 } 1623 }	40 — —
1624	nichts.
1625	Zubuſse 5 Thaler.
1626	— 4 —
1627	nichts.
1628	Alaun, an Werth 20 Gulden.
1629	Alaun 2 Zentner.
1630 } 1631 }	Zubuſse.
1632 } 1633 }	nichts.
1634	Alaun 3 Zentner.
1635 } 1636 }	nichts.
1637	. . . 25 Gulden.
1638 } 1639 }	Ausbeute, unbestimmt wie viel.
1640 } 1641 } 1642 } 1643 }	nichts.
1644	. . . 25 Gulden.
1645	nichts.
1646	. . . 15 —
1647	. . . 25 —
1648	. . . 15 —

Jahr 1649	. . . 15 Gulden.
1650	. . . 10 —
1651	Alaun 2 Zentner.
1653	. . . 12 Gulden.
1654	Alaun 2½ Zentner.
1655	. . . 15 Gulden.
1656	. . . 12 —
1657	Alaun, in Werth 16 Gulden.
1658	. . . 20 Gulden.
1659	. . . 18 —
1660	Alaun, in Werth 10 Gulden.
Jahr 1768, 1769, 1770, 1771	19 Guld. 58 Kr.
1772	nichts.
1773, 1774	29 Guld. 59 Kr.
1775, 1776	23 Guld. 59 Kr.
Jahr 1777, 1778, 1779	23 Guld. 59 Kr.
1780	. 29 Guld. 59 Kr.
1781	. . . 36 Gulden.
1782	. . . 45 —
1783	. . . 50 —
1784, 1785	. . 45 —
1786, 1787	. . 70 —
1788	. . . 60 —
1789, 1790	nichts.
1791	. . . 30 Gulden.
1792	. . . 40 —
1793, 1794	. . 30 —
1795	. . . 50 —
1796	. . . 60 —
1797. 1798.	zusammen 60 Gulden.

XVII.

Der Silber - und Kupferbergbau zu Katharinaberg.

Die Berggebäude oder Gruben zu Katharinaberg liegen in dem sogenannten Stadtberge. Der Bergbau mufs hier sehr ergiebig gewesen seyn; Zeugen davon sind die vielen Bingen und Haldenzüge an dem nordöstlichen, der Schweidnitz zufallenden Gebirgsabhange, die an der Schmelzhütte sehr hohen und zahlreichen Halden von aufgestürzten Schlacken. Ich will hier alles dasjenige, was ich in den unten verzeichneten Schriftstellern von der Geschichte des Bergbaues und dem ehemaligen Betriebe desselben auffinden konnte, im Auszuge mittheilen, und dann etwas weniges über den jetzt noch bestehenden Betrieb des Bergbaues sagen.

§. 1.

Geschichte des Katharinaberger Bergbaues.

Das Katharinaberger Silber - und Kupferbergwerk mufs, zufolge einer alten Urkunde, welche uns *Gelasius Dobner* (in seinem *Monument. histor. boem. ineditis T. I. N. XLVII.*) mittheilt, zu Anfange des sechszehnten Jahrhunderts rege geworden seyn, da in dem Jahre 1538 den 30sten Mai dem Grafen Karl von Waldstein von dem K. Ferdinand I das Recht, ein Pochwerk zu Katharinaberg anzulegen, eingeräumt, und derselbe zugleich auf fünf aufeinander folgende Jahre von allen Abgaben freigesprochen wurde. *Matthesius* (in der Vorrede zu seiner Bergpostille oder Sarepta, Nürnberg 1587. Fol.) und *Albinus* (in seiner Meifsnischen Bergchronik, Dresden 1590. Fol. S. 68 und 70.) führen dieses Bergwerk unter den vorzüglichsten Silberbergwerken Böhmens auf. Nach *Ad. Voigt* (Beschreibung der bisher bekannten Münzen, nebst eingestreuten historischen Nachrichten von dem Bergbaue in Böhmen, Prag 1771. 4. 3ter Bd. S. 252.) sollen demselben im J. 1661 neue Freiheiten ertheilt worden seyn.

Das Bergwerk mufs sowohl im Anfange, als auch noch zu unsern Zeiten, sehr gesegnet gewesen seyn, da nach *Peithner* (in dem anzuf. Werke) die Ausbeute so beträchtlich war, dafs sie, nebst Joachimsthal und Gottesgab, von dem J. 1756 bis zu Ende des J. 1761, 61,677 Mark, 7 Loth, 3 Quentch. 3 Dr. an feinem Brandsilber zur K. Prager Münze abliefern konnte, welches, die Mark zu 22 Fl. 25 Kr. gerechnet, als um welchen Preis das zu Gunsten des Landesfürsten eingelieferte Brandsilber bezahlt wurde, eine Summe von 1,382,593 Fl. beträgt. Heut zu Tage ist der alte Bau ganz verlassen, und es ist nur noch ein einziger Stollen, der St. Johannisstollen, belegt.

§. 2.

Schriftsteller.

Nebst den bereits genannten Schriftstellern, die aber theils nur kurze unbedeutende Notizen von dem Kathariner Bergbaue geben, theils desselben nur namentlich erwähnen, machen folgende entweder von den daselbst einbrechenden Fossilien, oder von dem Grubenbaue Meldung.

1. *Lithophylacium Bornianum seu index fossilium, quae colligit, in classes ac ordines digessit Ignatius à Born. T. II. Pragae* 1772 bis 1775.

2. *Ferber, Joh. Jac.*, Beiträge zur Mineralgeschichte von Böhmen, Berlin 1774. 8. S. 35 bis 46.

3. *Peithner Edler v. Lichtenfels, Joh. Thadd. Anton*, Versuch über die natürliche und politische Geschichte der böhmischen und mährischen Bergwerke, Wien 1780. Fol. S. 17 und 62.

4. *Hermann, Bened. Franz*, Abriſs der physikalischen Beschaffenheit der östreich. Staaten und des gegenwärtigen Zustandes der Landwirthschaft, Gewerbe, Manufakturen, Fabriken und Handlung in denselben, St. Petersburg und Leipzig 1782. 8. S. 202.

5. *Gmelin, Joh. Friedr.*, Beiträge zur Geschichte des deutschen Bergbaues, vornämlich in den mittlern und späthern Jahrhunderten unserer Zeitrechnung, Halle 1783. 8. S. 110. §. 148.

6. *Schaller, Jarosl.*, Topographie des Königreichs Böhmen, 7ter Th. Saatzer Kreis. Prag und Wien 1787. 8. S. 198 ff.

7. *Museum Leskeanum, regnum minerale, quod ordine systematico disposuit et descripsit D. L. Gustav. Karsten. Vol. II. p. 1. Lips.* 1789. S. 396.

8. *Born*, *Catalogue méthodique et raisonné de la collection de Mlle de Raab, à Vienne* 1790. *T. II. p.* 321. 411.

9. *Werner*, *A. G.*, Verzeichniſs des Pabst von Oheimischen Mineralienkabinets, Freiberg 1791. 92. 1ster Bd. S. 75. 81. 334. 2ter Bd. S. 178.

§. 3.

Ehemaliger Betrieb des Bergbaues.

Von dem ehemaligen Betriebe des Bergbaues allhier theilt uns *Ferber* (im angef. W.) sehr ausführliche Nachrichten mit.

Es wurden hier vorzüglich vier Gänge abgebauet, und zwar:

1. Der Nicolaigang.
2. Der Kalbskopfergang.
3. Der Elisabethagang.
4. Der milde Güte Gottesgang, auf welchem die Katharinazeche bauete.

Die auf der Katharinazeche bauenden Gewerke wollten zwar behaupten, daſs der milde Güte Gottesgang mit dem in derselben Stunde streichenden Nicolaigange einer und derselbe, und daſs der 7 Lachter ins Liegende in eben der Stunde streichende Nicolaigang nichts anders als der von einem übersetzenden, St. 10 streichenden Spathgange, milde Gottes Gnade genannt, verschobene und in seine vorige Stunde (St. 2) sich wieder einrichtende milde Güte Gottes - oder Katharinagang sey.

Allein die Gründe, welche *Ferber* für die Selbstständigkeit des Nicolaiganges anführt, sind zu überzeugend, als dafs man dieser Behauptung Beifall geben könnte. Diese Gründe hier anzuführen, wäre zu weitläuftig, und jetzt auch, da alle diese Gruben zum Erliegen gekommen sind, überflüfsig. Ich verweise daher auf das angeführte Werk dieses Schriftstellers.

Alle diese Gänge fallen etwas tonnlegig, und haben keine ordentliche Saalbänder, sondern nur eine fast unmerkliche Ablösung. Die Gangart ist meistens, wie die Bergart, *Gneifs*.

Dieser Gneifs ist gewöhnlich mehr und weniger aufgelöset, und geht sogar in einen *grünlich-* oder *röthlichgrauen Thonschiefer* über. Er ist *dick-* und *krummschiefrig*, mit vielem Quarze gemengt, der in gröfsern Parthien zwischen seinen Blättern inne liegt. Er hält häufigen, aber *zartschuppigen*, *silberweifsen Glimmer*. Auf den Klüften und Ablosungen ja selbst zwischen den Blättern des Thonschiefers, kömmt ein *röthlichgrauer Kalkspath* in *dunnen Häutchen* vor.

Selten vertritt die Stelle des Gneifses der in dem ersten Theile beschriebene *Granit* aus *fleischrothem Feldspathe*, *blaulichgrauem Quarze*, und sehr sparsamen *braunem Glimmer*.

Das Gneifsgebirge schiebt sich nach dem Fallen der Gänge; wenn aber ein Spathgang übersetzt, bekömmt der Gneifs um oder neben dem Gange die nämliche Lage, welche der Spathgang nach seinem Fallen hat. Wird die

Gebirgsart

Gebirgsart fest, so verschmälert sich der Gang, der von einigen Zollen bis $\frac{3}{4}$ Fuſs mächtig ist. Eine rothe eisenschüſsige Guhr durchdringt den Gang und übersintert alles, besonders da, wo reiche Erze brechen. Aus dem Hangenden und Liegenden zuschaarende Klüfte bringen den Gängen Veredelung. Ein weiſser geschmeidiger Letten mit Quarz ist ein Vorbothe guter Anbrüche; aber ein magerer, weiſser Thon ohne Quarz, bedeutet nichts Gutes, füllt zuletzt den ganzen Gang an, und macht ihn taub. Uebersetzende Spathgänge sind hier nicht selten; sie verschieben gewöhnlich den Gang, führen etwas Quarz, sind an sich unedel, und verunedlen auch wohl bisweilen den Gang, wenn nicht Morgenklüfte zusetzen. Alsdann bringen sie reiche Erze, welche im Liegenden gemeiniglich ergiebiger sind, als im Hangenden. Gleichwohl erstreckt sich diese Veredlung nicht auſser der Führung.

Der tiefe Erbstollen, welcher in der Nicolaizeche durch Gneiſs 340 Lachter bis an die Katharinagrube eingetrieben ist, bringt in der Nicolaizeche 30 Lachter und in der Katharina 85 Lachter seigere Teufe ein. Die Katharina hatte keine Beschwerden von den Grubenwässern, weil noch nicht in der Teufe getrieben wurde; aber in der Nicolaigrube, wo in verschiedenen, als Antonii, Philippi, Floriani und andern Gesenken, bis 36 Lachter unter dem tiefen Stollen abgeteuft war, war eine Kunst angebracht, welche mit einem 15 Ellen hohen Rade, mit einer Kreuzwelle und sieben fünflachterigen Sätzen von $5\frac{1}{2}$ zölligen Kolbenröhren das Wasser aus der Tiefe hob, und auf den Stollen ausgoſs.

Die Erze bestanden in reichen, silberhaltigen Kupferkiesen mit Fluſsspath, Blende, Kupferglas, Kupfergrün, und bisweilen etwas gediegenem Silber und Kupfer. Von diesen Erzarten, die meist hier eingebrochen haben, besitze ich theils einige selbst, theils hatte ich Gelegenheiten, dieselben in einigen inländischen Mineraliensammlungen zu sehen und näher zu prüfen. Nach diesen entwarf ich diese kurze Charakteristik.

1. *Kupferkies.*

Dieser ist gewöhnlich von einer *hoch goldgelben* Farbe, die sich zuweilen bis in die *messinggelbe* verzieht. Sehr häufig ist er theils *blau* und *roth*, theils *taubenhälsig bunt angelaufen*.

Er kam mir nur *derb* und *eingesprengt* vor,

von einem *geringen* innern Glanze,

von *unebenem klein-* und *feinkörnigem Bruche*, der zuweilen in den *unvollkommen muschlichen* überging.

Mit diesem Kupferkiese, der einen nicht unbedeutenden Silbergehalt hatte, kam gewöhnlich zugleich vor:

a. Buntkupfererz

von *dunkelrother*, *viol-* und *himmelblauer* Farbe.

b. Schwarze Blende

von *bräunlichschwarzer* Farbe.

c. *Gemeiner Eisenglanz*

von einer aus der *stahlgrauen* in die *eisenschwarze* ziehenden Farbe.

Dieser brach parthienweise ziemlich häufig bei.

d. *Bräunlichrother dichter* und *ochriger Roth-eisenstein.*

e. *Braunspath*

von *röthlichweiſser* Farbe, die zuweilen bis in die *blaſs fleischrothe* übergeht,

von *vollkommen* und *geradblättrichem* Bruche.

f. *Fluſsspath,*

theils *grün*, und zwar gewöhnlich *blaſs spargel-* seltener *apfelgrün*, davon erstere sich bald in das *Grünlichweiſse* verzieht; theils *grau*, und zwar *grünlich-* oder *rauchgrau*; theils graulichweiſs,

mir kam er nur *derb* vor.

g. *Kalkspath*

von *gelblich-* und *rauchgrauer* Farbe.

h. Ein Gemenge von einem *grünlichen Thone* und *Quarz*, oder von *Steinmark* und *Quarz.*

Von diesen genannten Fossilien sieht man in einer und derselben Handstuffe gewöhnlich mehrere beisammen.

2. *Kupferglas*

von *dunkel bleigrauer* Farbe, und

derb. Seltener

3. *Fahlerz*

von *stahlgrauer* Farbe, die sich der *bleigrauen* etwas nähert;

theils *derb*, theils, und zwar selten, in *zusammengehäufte kleine einfache dreiseitige Pyramiden*, an denen die Winkel an der Grundfläche mehr und weniger *abgestumpft* sind, krystallisirt.

4. *Kupfergrün*

von *lichte spangrüner* Farbe,

derb und *eingesprengt*.

5. *Gemeines gediegenes Silber*;

silberweifs, gewöhnlich an der Oberfläche etwas *gelb angelaufen*;

theils *eingesprengt*, theils *haarförmig* auf schwarzer Blende in einem aus Quarz und Steinmark bestehenden Gemenge, oder auf *Thonschiefer*.

Von der ehemals hier bestandenen Grubenarbeit, dem Scheiden, Pochen und Rösten der geförderten Erze, und von dem Rohschmelzen, findet man sehr genugthuende Aufschlüsse bei *Ferber* (in dem angef. Werke S. 40 und ff.), auf welche ich, um nicht ausschreiben zu müssen, verweise.

§. 4.

Gegenwärtiger Betrieb des Bergbaues.

Der jetzige Bergbau ist sehr unbeträchtlich, und besteht blofs in einem Stollentriebe. Es ist der sogenannte Johannisstollen. Er wird von dem Kunstgraben, oberhalb dem Schweinitzbache, in das Gneifsgebirge getrieben. Seine Richtung ist zwischen St. 2, 4 und St. 2, 6. Er ist bis vor Ort 135 Lachter lang, und bringt 30 Lachter seigere Teufe ein. Er ist auf einem Gange aufgesetzt, der aus Quarz, Kalkspath und einem grünlichgrauen, verhärteten Thone (Thonstein) besteht. Er hat vor Ort eine Mächtigkeit von 3 bis 4 Zollen und kein eigentliches Saalband, sondern in seiner Nachbarschaft ist blofs der Gneifs etwas mehr aufgelöset. Der *graulichweifse*, *gelblich*- und *rauchgraue*, *derbe* *Kalkspath* nimmt die Mitte des Ganges ein, und in diesem, so wie in dem verhärteten Thone, ist eingesprengt:

1. *Kupferkies*
   von *hoch goldgelber* Ferbe, zuweilen *roth*, *blau*, *grün* und *taubenhälsig bunt angelaufen*.
2. *Gemeiner Bleiglanz*
   von *bleigrauer* Farbe und
   von *kleinkörnig* abgesonderten Stücken.
3. *Schwarze Blende*
   von *bräunlichschwarzer* Farbe.

An der Förste des Stollens sieht man sehr vielen *Kalksinter* von *graulich*- und *gelblichweifser*, *gelblich*- und *rauchgrauer* Farbe, der dem Gneifse theils als *Ueberzug* dient, theils *zackig*, *tropfsteinartig* und *röhrförmig* an der Förste herabhängt.

XVIII.

Das Silberbergwerk zu St. Niclasberg, und der Bergbau zu Klostergrab im Leutmeritzer Kreise.

Der Bergbau zu St. Niclasberg scheint schon ziemlich alt zu seyn, und sein Alter in die Mitte des sechszehnten Jahrhunderts zu fallen, wie dieses eine vom K. Ferdinand I im Jahre 1543 den 7ten Mai den Brüdern Johann Litwin, Christoph und Wenzel Lobkowitz, Herren auf Bilin, Tein und Dux ertheilte Fristung, vermöge welcher denselben der Bergzehend von dem Bergwerke zu Neu-Schellenberg (so hieſs ehedem Niclasberg) nachgesehen wurde, beweiset. (Siehe *Peithner von Lichtenfels* Versuch über die natürliche und politische Geschichte der böhm. und mährischen Bergwerke, S. 58.) Ueber den Bergbau selbst, so wie über dessen Ertrag, der aber nie beträchtlich gewesen seyn mag, wie selbst obige Fristung vermuthen läſst, hat man keine nähere Nachrichten. In neuern Zeiten wurde dieses Bergwerk wieder belegt, und der Bau auf ärariarische Kosten betrieben.

Der jetzige Bau besteht bloſs in einem Stollentriebe.

Der obere Stollen ist der Allerheiligenstollen, dessen Hauptrichtung St. 1, 3 ist, der aber an dem Mundloche St. 5, 6 zeigt, und jetzt in der Richtung St. 2, 6 weiter getrieben wird, und, bei einer Länge von 240 Lachtern, (wenn man eine gerade Linie von dem Mundloche bis vor Ort zieht, da der Stollen sehr winklich ist,) 35 Lachter seigere Teufe einbringt. Mit diesem Stollen überfuhr man einen Gang, den Himmelsfürstengang, der aus verhärtetem Thone bestand, in welchem silberhaltiger *gemeiner Arsenickkies* einbrach.

Der tiefere Stollen ist der heilige Kreuzstollen, der unterhalb der Stadt Niclasberg von dem Bache, der von einem, nordwärts ziemlich steil ansteigenden, engen Thale aufgenommen wird, in den Sonnenberg gleichfalls sehr winklich getrieben ist, und am Mundloche St. 3, 6 anzeigt, dessen Hauptrichtung aber St. 11 ist. Dieser Stollen geht unter der Stadt vor, hat unter der Stadtkirche bereits die Länge von 416 Lachtern, und soll, wenn man damit den untern Stollen unterfahren haben wird, 70 Lachter seigere Teufe einbringen. Mit ihm überfuhr man den Godofredigang und oberhalb Niclasberg den Procopiigang, welche beide ihr gemeinschaftliches Streichen St. 5, 4 haben, und deren Gangart aus Quarz besteht.

Nach *Ferber* (Beiträge zur Mineralgeschichte von Böhmen, S. 10.) soll (wahrscheinlich auf dem ältern Allerheiligenstollen) in einem glimmerichten Gesteine (aufgelösetem Gneiſse), in einer quarzigen Gangart, ein silberhaltiger, mit etwas Kobalt gemengter *Bleiglanz*, nebst etwas *Kupfer-* und *Arsenickkies*, eingebrochen haben. *Born* (in seinem *Catalogue raisonné*, *T. II.*

p. 197.) führt einen *derben Arsenickkies* mit *Eisenglanze* und *gemeinem Schwefelkiese* in einem *milchweiſsen Quarze* auf; *Werner* (in dem Verzeichnisse des Pabst-Ohainischen Kabinets, 2ter Bd. S. 148.) *krystallisirten Bleiglanz* auf einer Quarzdruse und *Kupferkies* mit *Bleiglanz* im Quarze.

Da ich von den auf dem jetzt mit 24 Mann belegten heil. Kreuzstollen einbrechenden Gang- und Erzarten nichts erhalten konnte, so muſste ich mich mit den auf die Halden aufgestürzten Gang- und Erzarten begnügen. Ich fand daselbst zwei Gneiſsabänderungen:

1. Einen *dick-* und *krummschiefrigen Gneiſs* mit sehr vielem *silberweiſsen Glimmer*, der zuweilen schon in *sechsseitige Täfelchen* krystallisirt erscheint, sparsamen *grauem Quarze*, und einem *röthlichgrauen eisenschüſsigen Thone*.

2. Einen *dünn-* und *geradschiefrigen Gneiſs*, in welchem der *silberweiſse Glimmer* in *kleinen Blättchen* inne liegt, der *Feldspath* zu einer *graulichweiſsen Porcellanerde* aufgelöset ist, der *Quarz* wieder nur sparsam vorkömmt. Hier und da ist dieser Gneiſs sehr eisenschüſsig, und hat dann *dunkel gelblichbraune Flecken*.

Die Gangart selbst scheint theils ein *rauchgrauer Quarz*, theils, und zwar gröſstentheils, ein aus dem *Graulichweiſsen* in das *blaſs* und *lichte Apfelgrüne* übergehender *gemeiner Fluſsspath* zu seyn, in welchem ich etwss *Bleiglanz klein* und *fein eingesprengt* fand.

An der Gangart steht hier und da etwas von der zweiten Abänderung des Gneifses an, der aber dann schon vielen *grünlichgrauen gemeinen Talk* aufnimmt.

Aeltere Freiheitsurkunden, als St. Niclasberg, besitzt Klostergrab. Nach *Peithner von Lichtenfels* (im angef. W. S. 88.) ist die erste Freiheitsurkunde ein Vertrag K. Ferdinand I. vom Jahre 1530, den Montag nach dem Palmsonntage, wodurch den Gebrüdern von Lobkowitz das Schlofs Ossegg und die Stadt Dux, nebst deren Zubehörungen, mit Ausschlufs der Bergwerke, doch ohne Nachtheil der vorhin etwa schon darüber ertheilten Fristungen, käuflich überlassen wird; die zweite ist die im J. 1542 den 1sten Januar dem Zdislaw Berka von Dube von demselben K. Ferdinand I ertheilte besondere Fristung auf das Grabische Bergwerk; ferner die im J. 1546, den Donnerstag nach St. Ludmilla, Dorotheen von Dunpora, Priorin des Klosters Zderad Swietecz, über das Grabische Silberbergwerk ertheilte Fristung. Endlich wurde Klostergrab vom Zbinko Berka, Erzbischofe zu Prag, als damaligen Grundbesitzer, im Jahre 1544 den 8ten September mit einer eigenen Stadt- und Bergfreiheit versehen, welche später die K. Rudolph II im J. 1595 den 25sten Juni, und Mathias im J. 1612 den 30sten September bestätigt und vermehrt haben. Die letzte Bestätigung erfolgte vom K. Ferdinand im J. 1644 den 19ten Juni mit dem Zusatze, dafs die Inwohner dieses Bergstädtchens die Bergwerke, so wie andere K. Bergstädte in der That, und nicht dem Scheine nach, bauen sollten; widrigenfalls sie dieser Bergfreiheiten verlustig seyn sollten.

Der Bergbau zu Klostergrab besteht in einem Stollen, dem sogenannten Deutsch-Böhmischen Hausstollen, der unter der dritten Grundmühle an demselben Niclasberger Bache, in das an der Westseite gelegene Gebirge, in der Stunde 9, 42 Lachter weit getrieben ist, und in dem tiefen Stollen, der, von dem Dorfe Wernsdorf an, über 1000 Lachter weit St. 10 nordwärts in das Gebirge geht. Er steht bis in die 116te Lachter in Zimmerung, wo ein Steinkohlenflötz damit erreicht wurde, das bis auf die Stollensohle 5 Lachter mächtig ist, wahrscheinlich aber viel tiefer niedergehen dürfte, da die noch nicht durchsunkene Sohle auf Steinkohlen steht. Das Steinkohlenflötz fällt sehr flach (unter dem Winkel von 10° bis 12°) gegen Westen ein. Mit der 150sten Lachter durchfuhr man das Steinkohlenflötz; indessen wurde der Stollen immer weiter getrieben, da man mit demselben die Grubenwasser von dem Deutsch-Böhmisch Haus abzuzapfen willens ist.

Das Steinkohlenflötz wird noch nicht abgebauet, und man bedient sich des in der Gegend üblichen Pfeilerbaues. Die zurückbleibenden Pfeiler sind zwei Klafter lang und breit, und man nimmt gleichviel von den Kohlen heraus, als man stehen läſst. Der Verkaufpreis des Kübels Kohlen ist 7 Kr. Der Stollen sowohl, als das Steinkohlenwerk, ist dermalen nicht befahrbar, da der Stollen verbrochen und die Steinkohlengrube ersäuft ist, und jener daher erst wieder aufgeräumt werden muſs. Die Steinkohle ist von jener von Dux, Ladowitz und Bilin nicht viel verschieden, und gehört gewiſs zu derselben Formation.

Dieses Steinkohlenwerk scheint mir das älteste in Böhmen zu seyn, da bereits im J. 1613 den 20sten November von dem K. Mathias dem Herrn Johann Weidlich eine Bergfreiheit über dieses, damals neuerfundene Steinkohlenwerk ertheilt wurde.

In jenem engen, steil ansteigenden Thale, das hinter Ossegg sich in die Ebene öffnet, dem sogenannten Riesengrunde, befindet sich das Riesenberger Silberbergwerk, die heilige Dreifaltigkeit, auf welchem Silberglanz eingebrochen haben soll. Aber auch diese Grube ist dermalen nicht befahrbar.

Seit meiner letztern Reise durch den Leutmeritzer Kreis sind auch mehrere Steinkohlenbrüche in der Gegend von Töplitz, bei Zuckmantel, Ladowitz, Oberleutensdorf u. s. w. eröffnet worden.

XIX.

Das Zinnbergwerk zu Graupen im Leutmeritzer Kreise.

Der Bergbau bei Graupen wird in jenem Theile des sehr steil abfallenden Gehänges des Erzgebirges in dem Leutmeritzer Kreise betrieben, der unter dem Namen des Knöttler (Knüttler) Berges, des Altenberges, und des Mückenberges bekannt ist. Die Gegend zeichnet sich durch das kahle, aller Waldung beraubte Ansehen, und durch die zahlreichen Halden aus, die sich von diesem Theile des erzgebirgischen Kammes unterhalb Mückenthürmel bis an das Bergstädtchen Graupen, das an dem Fuſse des Gebirges in einer gegen Süden steil abfallenden Schlucht erbauet ist, hinabziehen.

§. 1.

Geschichte des dasigen Bergbaues.

Nach *Hageks* Erzählung (Böhm. Chronik, Nürnberger Ausgabe vom J. 1697. S. 324.), die man freilich auf ihrem Werthe beruhen lassen muſs, hätte freilich dieses Bergwerk ein hohes Alter, und die Veranlassung desselben soll ein langer, lichter, aus der Erde hervorgewachsener Stab gewesen seyn, den ein Ackersmann, Namens Wladeck, im Jahre 1146 in der Gegend von Graupen auffand, und der, bei einigen Versuchen, im Feuer sich als Zinn verhielt. *Albinus* (Meisnische Bergchronika, S. 69.) und *von Peithner* (Versuch über die Geschichte der Bergwerke, S. 85.) scheinen diese Erzählung für so glaubwürdig zu halten, daſs sie das von *Hagek* angegebene Jahr als das Jahr der Entdeckung der Zinnbergwerke zu Graupen (der Stadt Graupen selbst sollen die böhmischen Jahrbücher schon bei dem Jahre 733 Erwähnung thun) unbedingt annehmen. Wahrscheinlicher ist aber auf jeden Fall die Erzählung des Pirnaischen Mönchs (*Graupen, eine Stat zu Behmen von Zihenbergfart erbawet*, S. 1618.), daſs die Stadt Graupen ihre Entstehung und ihren Namen Krupea (von Krupy, Krupicze, Graupen), dem dasigen Bergwerke, danke.

Wenn man aber auch diese Erzählung *Hageks* unter die vielen Mährchen, welche er dem leichtgläubigen Leser aufzutischen gewöhnt ist, verweiset, so erhellet doch sowohl aus *Matthesius* Zeugnisse (Vorrede zu seiner Sarepta), als aus einem 1522 geschlossenen Vertrage zwischen dem Grafen Johann von Waldstein und den Bergleuten zu St. Nicolai, zu Mückenberg und zu Graupen, als welche die erste zuverläſsige urkundliche Nachricht ist (siehe *Dobners Monumenta historia boemia inedita, T. I. N. XXXV. p.* 273.), daſs dieses Bergwerk in dem sechszehnten Jahrhunderte schon sehr im Gange gewesen seyn muſs.

Zu Wladislaws II und Ferdinands I Zeiten soll sich das Bergwerk durch eine reiche Ausbeute vor vielen andern in Böhmen hervorgethan haben (S. *Ad. Voigt* Münzbelustigung, 3ter Th. 1stes St. §. 21.), weswegen auch der Stadt Graupen, auf Ansuchen des Thyma von Coldiz, im J. 1478 viele Bergfreiheiten ertheilt wurden, die im J. 1502, den Montag nach Lichtmesse, in vielen Stücken vermehrt worden ist.

In demselben Jahre erhielt die Stadt, nebst obigen Freiheiten, vom K. Ferdinand I eine verbesserte Zinnbergwerks-Ordnung (Römische, auch zu Hungarn und Böheim Königl. Majestät geordnete und gebesserte Zinnbergwerks-Ordnung der Bergstädte Schlackenwalden, u. s. w. Ursprung und Ordnung der Bergwerke im Königreiche Böhmen, S. 291).

Im Jahre 1575 wurde ein Bergwerksvergleich getroffen, kraft dessen alle hier anziehenden Bergleute frei seyn und verbleiben, auch das Recht haben sollen, von da mit eben solcher Freiheit abzuziehen. Alle Freiheiten wurden von den K. Ferdinand I. 1542, von Maximilian 1567, Rudolph II. 1578, Mathias 1617, Ferdinand II. 1631, Leopold I. 1691., Karl VI. 1715, und Maria Theresia 1764 bestätigt.

Dafs der hierortige Bergbau nicht unbedeutend gewesen seyn könne, läfst sich daraus schliefsen, dafs der mit 5 Mann belegte Kreuzgang im J. 1767. 1400 Fl. Ausbeute gegeben hat.

§. 2.

Schriftsteller.

1. *Wenceslai Hagecii* Böhmische Chronik, in die deutsche und böhmische Sprache mit möglichstem Fleifs

übersetzt durch *Ivan. Sandel;* aufs neue aufgelegt und mit Registern versehen. Nürnberg 1697. Fol. S. 324.

2. *Albinus* Meissnische Bergchronika. Dresden 1590. Fol. S. 69

3. *Matthesius* Sarepta, oder Bergpostill, darin von allerlei Bergwerk und Metallen . . . guter Bericht gegeben wird . . . sammt der Joachimsthaler kurzen Chronika. Leipzig MDCXIIX. Fol. Vorrede.

4. *Lithophylacium Bornianum seu index fossilium, quae collegit, in classes ac ordines digessit Ignatius a Born. T. II. Pragae* 1772 bis 75. *T. I. p.* 88. 108. *T. II. p.* 120.

5. *Ferber, Joh. Jac.*, Beiträge zur Mineralgeschichte von Böhmen, Berlin 1774. 8. S. 135 ff.

6. *Ebendesselben* neue Beiträge zur Mineralgeschichte verschiedener Länder, 1ster Band. Mietau 1778. S. 19 und 20.

7. *Peithner Edler v. Lichtenfels, Joh. Thadd. Anton*, Versuch über die natürliche und politische Geschichte der böhmischen und mährischen Bergwerke, Wien 1780. Fol. S. 85 und 86.

8. *Hermann, Bened. Franz*, Abriss der physikalischen Beschaffenheit der östreich. Staaten u. s. w. St. Petersburg und Leipzig 1782. 8. S. 201.

9. *Gmelin, Joh. Friedr.*, Beiträge zur Geschichte des deutschen Bergbaues, Halle 1783. 8. S. 122. 123. §. 167 bis 169.

10. *Schaller, Jarosl.*, Topographie des Königreichs Böhmen, 5ter Th. Leutmeritzer Kreis. Prag und Wien 1787. 8. S. 157.

11. *Museum Leskeanum, regnum minerale, quod ordine systematico disposuit et descripsit D. L. Gustav. Karsten. Vol. II. p. 1. Lips.* 1789. p. 506. 510.

12. *Born, Catalogue méthodique et raisonné de la collection de Mlle de Raab, à Vienne* 1790. 8. *T. II. p.* 229. 240. 243.

13. *Werner, A. G.*, Verzeichniſs des Pabst - Ohainischen Mineralienkabinets, Freiberg 1791. 1792. 1ster Band, S. 172. 173. 177. 178. 181. 2ter Band, S. 148. 149.

§. 3.

Betrieb des Bergbaues.

Bei der Beschreibung des hierortigen Bergbaues ist der Silberbergbau, der Bergbau auf Zinn und auf Kies zu unterscheiden. Ich will von jedem insbesondere einige Notizen mittheilen.

I. Von den Einwohnern der Stadt Graupen wurde sonst auf zwei Silbergruben, deren eine St. Nepomuck, die andere die Silberbuche genannt wird, gebauet. Der kleine, hier auf einen Gang abgesunkene Schacht, war schon zu jener Zeit, als *Ferber* diese Gegend bereisete, nicht mehr befahrbar. Man soll damit eine Menge von Gängen, welche in der Tiefe zusammenschaaren und alle edel sind, überfahren haben. Jetzt liegt dieser Bau

auf

auf Silber ganz. Es wurde zwar vor einigen Jahren neuerdings der Silberstollen, der das Wasser der genannten Gruben lösete, mit einigen Mann belegt; aber auch diese wurden bald wieder abgelegt. *Ferber* konnte, obgleich es ihm nicht möglich war, die Gebäude selbst zu befahren, doch aus den auf die Halden aufgestürzten Bergen, und aus den geförderten vorräthigen Erzen die Beschaffenheit der hier einbrechenden Fossilien bestimmen; aber mir war bei meiner Reise, die freilich einige zwanzig Jahre späther als die Ferberische unternommen wurde, auch dieser Vortheil nicht zu Theil. Ich kann daher hier nur die Ferberischen Angaben mittheilen. Er fand:

1. *derben gemeinen Bleiglanz* mit *Kies* und *schwarzer Blende* auf Quarz;
2. *derben gemeinen Bleiglanz* mit *gelber Blende*;
3. *gemeine Blende* und krystallisirten *Zinnstein* auf Quarz;
4. *derben Zinnstein* mit *derbem gemeinen Bleiglanze*;
5. *derben Zinnstein* mit grofsen *Zinnsteinkrystallen* und *Blende*;
6. *Flufsspath* mit *Kupfergrün* und *Kupferlasur*;
7. grauen Quarz mit eingesprengtem *Bleiglanze, Kiese* und *Blende*.

Dieser soll die Gangart von einem, $\frac{1}{4}$ Lachter mächtigen, zu Tage ausgehenden Gange gewesen seyn.

Born führt in seinem *Lithophylacium* auch noch *Kupferglanz* und *Blende* von diesen Gruben auf.

Einige von dem Orte des neuerdings belegten Silberstollens losgehauene Handstuffen, die ich späther erhielt, bestanden

1. aus *bleigrauem gemeinen Bleiglanze* mit etwas *gelber Blende* mit anstehendem Gneifse;
2. aus einem Gemenge von *Bleiglanz* und *schwarzer Blende* mit sparsam eingesprengtem *goldgelben Kupferkiese;*
3. aus *schwarzer Blende* mit *gemeinem Bleiglanze* innig gemengt, mit *graulichweifsem*, in *sehr kleine sechsseitige*, an den freistehenden Enden mit sechs Flächen *zugespitzte Säulen* krystallisirten Quarze.

Der Bleiglanz soll silberhaltig seyn, und von diesem starken Silbergehalte mufs der Name der zwei Silbergruben hergeleitet werden.

Die Menge und die Mächtigkeit der Gänge, von denen ein sehr mächtiger von den Alten eine lange Strecke bis zu Tage ausgehauen wurde, in diesem, gröfstentheils noch unverritzten Gebirge; die Reichaltigkeit der einbrechenden Erze selbst, geben die gröfste Hoffnung, dafs hier ein sehr reicher Bergbau vorgerichtet werden könnte, da es mehr als wahrscheinlich ist, dafs die in höhern Punkten beibrechenden Zinnerze in gröfserer Teufe den Silbererzen ganz das Feld überlassen dürften, wie dieses in dem sächsischen Ober - Erzgebirge gewöhnlich der

Fall ist. Mit einem, 200 bis 300 Lachter langen Stollen, könnte hier eine ansehnliche Teufe eingebracht werden.

II. Der gesammte Zinnbergbau ist hier in zwei Reviere abgetheilt, und zwar in das Knöttler Revier (dem Knittler Bezirke nach *Ferber*) und in das Altenberger Revier.

1. Das Knöttler Revier befindet sich in demjenigen Berge, der sich an der Ostseite der Stadt Graupen, jenseits des in dem Thale fliefsenden Gebirgsbaches, oberhalb dem Gläsenberge, sehr steil erhebt, und den Namen *Knöttel* erhalten hat.

Die Zinngebäude in diesem Gebirge sind:

1. Die Johanniszeche.	Der darauf abgeteufte Schacht bringt an Teufe ein	8 Lcht.
2. Die obere Görgenszeche. .	———	17 ——
3. Die Ludmillazeche. . . .	———	20 ——
4. Die Bartholomäizeche. . .	———	25 ——
5. Die Wendelini- und Barbarazeche.	———	12 ——
6. Die Maria Heimsuchungzeche.	———	12 ——
7. Die Jacobizeche.	———	14 ——
8. Die niedere Procopiizeche.	———	22 ——
9. Die Mariahülfezeche. . .	———	10 ——
10. Die Gnade Gottes- und Christianszeche	———	12 ——
11. Die Schweifzeche. . . .	———	22 ——
12. Der Abendstern. . . .	———	12 ——
13. Die Nicolaizeche. . . .	———	6 ——

14. Der Morgenstern. Der darauf abgeteufte Schacht bringt an Teufe ein 12 Lcht.
15. Die Siebenschläferzeche. . ——— 12 ——
16. Die Pochzeche. . . . . ——— 20 ——
17. Die Vincentiizeche. . . . ——— 16 ——
18. Die Reginazeche. . . . ——— 18 ——

Alle diese Gruben zusammen sind mit 55 Mann belegt. Die Häuer sind meistens die Gewerken selbst, oder Eigenlöhner.

Die Grubenwasser löset von denselben gröſstentheils der Antonistollen, der zwischen dem Graupner- und Gläsenberge 220 Lachter nordwärts in das Gneiſsgebirge getrieben ist, und 38 Lachter seigere Teufe einbringt.

2. Das Altenberger Revier befindet sich in dem Altenberge, der oberhalb dem Graupner Berge und dem Taubenberge fast eben so steil wie der Knöttel hinabsteigt, und an der Abendseite desselben Baches liegt.

Die Zinngebäude in diesem Gebirge sind:

1. Die Wilhelmszeche. Der darauf abgeteufte Schacht bringt an Teufe ein 40 Lcht.
2. Die Herrelzeche. . . . . ——— 30 ——
3. Die Mansuetizeche . . . ——— 22 ——
4. Die Kreuzgangzeche. . . ——— 28 ——
5. Der Windfang. . . . . ——— 20 ——
6. Die Gabe Gotteszeche. . . ——— 25 ——
7. Die Schüppezeche. . . . ——— 20 ——
8. Der Goldhahn. . . . . ——— 10 ——
9. Die obere Magdalenazeche. ——— 15 ——

10. Die Geburt Christi.	Der darauf abgeteufte Schacht bringt an Teufe ein	33	Lcht.
11. Die alte Orgel.	———	28	——
12. Die Nepomuckzeche. . .	———	12	——
13. Die Philippizeche. . . .	———	40	——
14. Die Fimmlerzeche. . .	———	40	——
15. Die Mondenzeche. . . .	———	24	——
16. Die Strohzeche.	———	42	——
17. Die grofse Fläche. . . .	———	40	——
18. Die Jungfernzeche. . . .	———	30	——
19. Die St. Anna- und Tannezeche	———	40	——
20. Der Buschbarthel. . . .	———	40	——
21. Die Barthels- und Josephszeche.	———	30	——
22. Die niedere Magdalenazeche.	———	14	——
23. Die Lucaszeche.	———	30	——
24. Die Jacobsfahrt im Steinknochen.	———	22	——
25. Der alte Mann.	———	30	——
26. Die neue Hoffnung. . .	———	21	——
27. Die Martinizeche. . . .	———	12	——
28. Der alte Marcus. . . .	———	10	——
29. Die Werweifszeche. . .	———	22	——
30. Der König David. . . .	———	22	——
31. Das Tagesloch.	———	4	——
32. Heifses in der Waldung. .	———	8	——

33. Der Hungerkasten. Der darauf abgeteufte Schacht bringt an Teufe ein 18 Lcht.
34. Das Neubeschert Glück. . ——— 8 ——
35. Der reiche Trost . . . ——— 7 ——

Die Grubengebäude in diesem Gebirge sind mit 124 Mann belegt, die gleichfalls gröſstentheils Eigenlöhner sind.

Die Grubenwasser werden mittelst des Dürrholzstollens gelöset, der zwischen dem Tauben- und Graupenberge St. 3, 4 in das Gneiſsgebirge getrieben ist, und 105 Lachter seigere Teufe bis unter den Mückenberg einbringt.

Die Gruben beider Reviere sind aber nicht bis auf die ihnen zugehörigen Stollen abgeteuft; doch suchen immer die höher gelegenen auf die tiefer liegenden durchschlägig zu werden, um sich ihrer Wasser zu entledigen.

Der Zinnstein bricht auf beiden Revieren auf sehr schmalen Lagern, die man hier *Gefährten* nennt, welche, in Hinsicht ihrer Uebereinstimmung, mit den sogenannten Zinnwalder Flötzen oder schwebenden Gängen übereinkommen, und, so wie diese, von sehr vielen seiger, oder doch nur unter einem groſsen Winkel einfallenden Gängen übersetzt, verworfen und abgeschnitten, und nach eben den Regeln und Beobachtungen, die bei Zinnwald üblich sind, abgebauet werden. Das Unterscheidende bei dem hierortigen Vorkommen des Zinnsteins von jenem bei Zinnwald ist: *erstens*, daſs die Gebirgsart hier Gneiſs, da sie dort Granit ist; *zweitens*, daſs die Erzlager (Gefährten) nicht jene Mächtigkeit, wie bei Zinnwald, erreichen; und *drittens*, dafs sie keine Saalbänder haben, sondern angewachsen sind. Sie bestehen gewöhnlich in ihrer ganzen Mächtigkeit aus Zinnstein, mit welchem immer etwas Quarz und Steinmark einbricht. Dieses ist die Ursache, dafs sie mit Nutzen abgebauet werden können, obschon sie nur $\frac{1}{4}$ bis $\frac{1}{2}$ Zoll mächtig sind. Wenn die Erzlager von seigern Gängen durchschnitten werden, machen sie lange Schleppungen von Zinnstein auf den Gängen nieder und in die Höhe.

Die Erzlager (Gefährten) sind auf dem Knöttler Reviere viel mächtiger (6 bis 7 Zoll mächtig) als auf dem Altenberge, fallen gegen Abend ein, und haben ihr Streichen St. 12, 6. Sie werden hier vorzüglich von dem Görgenzecher- und Ludmillagange durchschnitten, und die Schichten des Gneifses stehen auf diesen Gängen meistens senkrecht.

An dem Altenberge hatte ich bei meiner Reise Gelegenheit, zwei Gruben zu befahren, die Nepomuckzeche und die Gabe Gotteszeche. Der auf erstere abgeteufte Schacht geht nur 12 Lachter nieder. Vor Ort fand ich die Einfallwinkel der kaum 1 bis 2 Zoll starken Zinnsteinlager 12°, die Weltgegend, gegen welche sie sich neigten, nordwest, und das Streichen St. 4, 4. Die Erzlager bestehen theils aus Quarz, theils aus einem reichen Letten, in welchen der Zinnstein sehr und ganz klein eingesprengt vorkömmt. Der auf die Gabe Gottes niedergebrachte Schacht hat 22 Lachter seigere Teufe.

Von diesem Schachte aus fuhr ich auf einer sehr niedrigen, von den Alten durch Feuersetzen getriebenen Strecke, 12 Lachter weit, und dann auf einem Gesenke noch 3 Lachter nieder. Die Erzlager bestehen hier aus Quarz und Steinmark mit eingesprengtem und auf den schmalen Klüften krystallisirtem Zinnsteine, fallen unter 20 bis 24° gegen Nordosten ein, und haben ihr Streichen St. 3, 2.

Merkwürdig ist noch jenes Lager von Thonporphyr, dessen ich bereits an einer andern Stelle dieses Werkes Erwähnung machte, das bis 6 Lachter mächtig ist, unter einem Winkel von 40° gegen Westen einfallt, alle Gänge und Erzlager ganz abschneidet, und hier unter dem Namen *Pochschen* bekannt ist.

Es wird hier durchaus geschossen. Die 15 bis 16 zölligen Löcher werden einmännisch mit ½ bis ¼ Elle langen Meißelbohrern gebohrt, und auf ein Loch 2 bis 3 Bohrer verschlagen. Auf einen Fuſs rechnet man 8, 10 bis 12 Loth Pulver.

Die Förderung und Scheidung der Erze auf der Grube geschieht wie bei Zinnwald. Wenn sie geröstet sind, werden sie auf den 6 vorhandenen Pochmühlen, die mit 20 Mann überhaupt belegt sind, gepocht und gewaschen, und dann zum Ausschmelzen in die Schmelzhütte gefahren. Da aber die hier übliche Manipulation von der Zinnwälder in nichts abweicht, so wird in dem folgenden Abschnitte davon die Rede seyn, auf welchen ich daher verweise. Hier nur etwas weniges von den am Altenberger und Knöttler Reviere einbrechenden Fossilien.

Die das ganze Gebirge um Graupen, den Schlofsberg, Taubenberg, Graupner Berg, Altenberg, Gläsenberg und Knöttler Berg, constituirende Gebirgsart ist ein *dünn-* und ziemlich *geradschiefriger Gneifs* mit *fleischrothem Feldspathe* und *schwärzlichgrauem Glimmer*, die so ziemlich in demselben Verhältnisse gemengt sind, und sparsamen *rauchgrauem Quarze.* Die Schichten, in welche dieser Gneifs durch Ablösungen getrennt ist, sind nur 3 bis 4 Fufs stark; ihr Einfallwinkel beträgt von 12° bis 24°; die Weltgegend, gegen welche sie fallen, ist theils nordwest, theils nordost. Ueberhaupt scheint sich die Richtung und Lage der Schichten nach der äufsern Oberfläche des Gebirges zu richten.

Der auf den beschriebenen Lagern einbrechende Zinnstein

hat gewöhnlich eine *lichte* und *dunkel gelblichbraune* Farbe, die sich von einer Seite in die *gelblichgraue*, von der andern durch die *nelken-* und *röthlichbraune* bis in die *schwärzlichbraune* verläuft. Nur selten findet er sich *blutroth*, und diese Farbe ist ihm nicht eigenthümlich, sondern durch das Feuersetzen mitgetheilt worden; daher er von dieser Farbe nur in jenen Erzbrüchen, die man auf den von den Alten verlassenen Strecken spährlich antrifft, vorkömmt.

Er kömmt entweder *derb*, oder, und zwar gewöhnlich *eingesprengt*, selten *krystallisirt* vor, und zwar:

1. in *rechtwinkliche vierseitige Säulen*, an den Enden mit 4 auf die Seitenflächen aufgesetzten Flächen *zugespitzt*;

2. in *rechtwinkliche vierseitige Säulen*, an den Enden mit 4 Flächen, die auf die Seitenkanten aufgesetzt sind, *zugespitzt*, die Seitenkanten theils abgestumpft, theils zugeschärft — zuweilen auch an den Zuspitzungskanten abgestumpft;

3. in *dergleichen Säulen*, an den Seiten- und Zuspitzungskanten erst zugeschärft, und dann wieder abgestumpft;

4. in *doppelt vierseitige Pyramiden* mit stark abgestumpften Kanten an der Grundfläche.

Die Krystallen sind gewöhnlich von *mittlerer Gröſse* und *klein*.

Die Oberfläche der Krystallen ist *schwach gestreift* oder glatt; im erstern Falle *glänzend* und *wenigglänzend*, im letztern *stark*- und *spiegelflächig* glänzend.

Innwendig ist der Zinnstein *wenigglänzend*,

von einem *Fettglanze*, der sich dem *Glasglanze* nähert.

Er hat einen *unebenen* Bruch *von kleinem Korne*,

unbestimmteckige, nicht *sonderlich scharfkantige* Bruchstücke.

Er kömmt gewöhnlich in Begleitung eines *gelblich*- und *rauchgrauen*, seltener *schwärzlichbraunen*, theils *derben*, theils auf den Ablösungen und Klüften in *sechsseitige*, an den freistehenden Enden mit sechs auf die Seitenflächen aufgesetzen Flächen *zugespitzte Säulen* krystallisirten *Quarzes* — eines *gelblichbraunen Glimmers*; selten in Gesellschaft eines *grünlichgrauen gemeinen Specksteines* — eines *gelblichweifsen*, etwas *verhärteten Steinmarkes* — eines *grauen Thonsteines* oder eines *gelblichbraunen Eisenochers* vor; am seltensten bricht er zugleich mit einem *blafs* und *lichte violblauen* derben, und in *kleine* und *sehr kleine Würfel* krystallisirten *Flufsspathe* ein.

Auf einigen Gruben, besonders jenen, die eine höhere Lage haben, findet man mit dem Zinnsteine zugleich einen *blafs messinggelben*, sich dem *Stahlgrauen* mehr oder weniger annähernden, auf den Klüften *braun*, *roth* und *grün angelaufenen derben Kupferkies*, und ein bald *lichte*, bald *dunkel spangrünes Kupfergrün*. *Born* führt in seinem *Catalogue raisonné* noch einen in vierseitige, an beiden Enden mit 4 Flächen zugespitzte Säulen, mit abgestumpften Zuspitzungskanten und gestreiften Seitenflächen krystallisirten Wolfram auf, an dessen Daseyn überhaupt, als an dieser regelmäfsigen äufsern Gestalt insbesondere ich fast zü zweifeln Ursache hätte.

III. Der Bau auf Kupferkies wird auf dem Mückenbergischen Werke, das noch zu dem Altenberger Reviere gehört, betrieben.

Dieses Berggebäude liegt auf einem kegelförmigen, von allen Seiten ziemlich steil, doch am steilsten gegen Süden abfallenden Hügel, dem Mückenberge, der einen der höchsten Punkte in dem Leutmeritzer Antheile des Erzgebirges ausmacht. Es hat den Namen Nicolaizeche, und es ist auf dasselbe ein 60 Lachter tiefer Schacht abgesunken, und das Grubenwasser derselben löset, wie schon bemerkt worden, der Dürrholzstollen. Der Bau scheint sehr alt zu seyn, wie mehrere in der Grube ausgehauene Weitungen und ein von Osten gegen Westen auslaufender beträchtlicher Tagebruch beweisen.

Die constituirende Gebirgsart des Mückenberges ist derselbe Gneiſs, dessen Schichten aber hier unter dem Winkel von 54° gegen Nordosten einfallen, und St. 9, 4 streichen. Man kann dieses Verhalten um so leichter bestimmen, da er sich in dem Tagebruche bis auf 18 Lachter entblöſst dem Auge darstellt.

Das Kieslager selbst besteht aus einem grünlichgrauen, verhärteten Thone, der aber gewöhnlich mit mehr oder weniger Quarz gemengt ist. Hier und da durchsetzen denselben ganz schmale Trümmchen eines *derben, blaſsviolblauen Fluſsspathes*. Stellenweise entdeckt man etwas *bräunlichrothen Braunspath* und *grünlichgraue gemeine Hornblende*.

In diesem verhärteten Thone kömmt nun der Kies *grob* und *klein eingesprengt* vor, theils liegt er in *gröſsern* und *kleinern Buzzen* (Nestern) *eingewachsen* inne.

Selten ist der *Kupferkies* ganz rein, und dann von einer *messinggelben* Farbe, die etwas in das *Goldgelbe* zieht, zuweilen *himmel- lasur-* und *violblau, pfirsichblüth-* und *coschenillroth angelaufen*. Gewöhnlich ist er mit *gemeinem Schwefelkiese* gemengt, und in diesem Falle ist die Farbe mehr *speisgelb*, die Härte *grösser*, so zwar, dass er stellenweise schon Funken aus dem Stahle lockt.

In tiefern Punkten hat er selbst etwas *Zinnstein klein* und *fein eingesprengt*.

Die Mächtigkeit des Kieslagers beträgt einige zwanzig Lachter.

Die Grube ist erst unlängst neuerdings belegt worden, und der geförderte Kies soll auf Vitriol benützt werden, zu welchem Behufe an der Müglitz eine Pochmühle errichtet worden, die mit 5 Mann belegt ist, und eine Vitriolhütte gebauet werden soll. Die mir vorgezeigten Proben von Kupfervitriol sind sehr schön ausgefallen.

Aus dieser kurzen Darstellung des Graupner Bergbaues läfst sich die für die Geognosie nicht unwichtige Folgerung ziehen, dafs hier eigentlich drei verschiedene Erzniederlagen Statt haben, nämlich die älteste, die Bleiglanz- und Blendeformation; die jüngere Zinnsteinformation, die aus mehreren, obgleich nur schmalen, mit dem Gneifse abwechselnden Zinnsteinlagern besteht; und die neueste Kiesformation, die sich aber so ineinander verlaufen, dafs der Kies und der Bleiglanz immer mehr Zinnstein aufnehmen (eingesprengt enthalten), je näher sie den Zinnsteinlagern kommen.

XX.

Zinnbergbau zu Zinnwald.

§. 1.

Lage desselben.

Böhmisch - Zinnwald liegt in dem Leutmeritzer Antheile des Erzgebirges unterhalb seinem Kamme, an dessen nördlichem Abfalle, in der Entfernung zweier Stunden von Niclasberg, einer Stunde von Sächsisch - Altenberg, ersterer Stadt gegen Norden mit einer geringen Abweichung gegen Osten, letzterer gegen Süden. Wegen der beträchtlichen Höhe, auf welcher diese Bergart liegt, ist der Feldbau nur geringe, und besteht bloſs in Haber, in bessern Jahrgängen in etwas Sommerroggen; dafür ist er um so mehr mit Wiesen und Waldungen versehen. Da der böhmische Zinnwald höher liegt, als der sächsische, so sind die Aufschlagewasser in ersterem sparsamer als in letzterem, und in trockenen Jahrgängen kann wegen Wassermangel die Sommermonate hindurch gar nicht gepocht werden. Durch Zinnwald läuft unmittelbar die Gränze zwischen dem Königreiche Böhmen und dem Marggrafthume Meiſsen; der südöstliche Theil dieses Bergfleckens ist böhmisch, und gehört den Fürsten Lobkowitz und Clary; der nordwestliche ist chursächsich, und gehört dem Hause Bünau von Lauenstein.

§. 2.

Geschichte des Bergbaues daselbst.

Wann der Bergbau allhier seinen Anfang genommen, hierüber hat man keine bestimmte und nähere Nachrichten. Man kennt nur eine Befreiungsurkunde vom K. Maximilian II vom 14ten September 1564, vermöge welcher den hiesigen Gewerken auf dem kurz vorher erfundenen Silber- und Kupferbergwerke bewilligt wird, ihr Schwarzkupfer zwei Jahre lang nach eigenem Gefallen in- und außerhalb Landes zu verkaufen, jedoch das darin enthaltene Silber nach genommener Probe wieder in das Land hereinzubringen. Für dieses Silber wurde ein bestimmter Kaufzins festgesetzt, der Zehnte wurde auf besagte zwei Jahre nachgesehen, und 13 Häuser zu ihrer und der Bergleute Unterkunft zu erbauen gestattet. Da sich in der Folge immer mehr Gewerken und Bergleute ansetzten, so ist hieraus der jetzige Bergflecken Zinnwald entstanden. Vermöge des erwähnten Freibriefes genossen sie die freie Beholzung, nebst der Erlaubniß Pochwerke und Hütten zu bauen, zu deren Betrieb Deiche zu schützen; auch wurden für diejenigen, welche neue Gänge erschürfen, Belohnungen ausgesetzt. Indessen erheben die Menge der in der ganzen Gegend aufgestürzten Halden und deren Größe die Vermuthung, daß der hierortige Bergbau wohl von einem höhern Alter, als das angeführte Jahr ausweiset, seyn dürfte, fast zur Wahrscheinlichkeit.

§. 3.

Schriftsteller.

1. *Relatio de fodinis Zinnwaldensibus, Bohemiae partim, partim Saxoniae ditioni subjectis de anno* 1736. in *Beyers Otiis metallicis* oder bergmännischen Nebenstunden, darin verschiedene Abhandlungen von Bergsachen, aus der Geschichte, den Bergrechten, aus der Naturlehre, auch andern Wissenschaften, nebst etlichen Bergwerksurkunden und Kupfern, enthalten sind. Schneeberg 1751. 2ter Th. S. 48.
2. *Lithophylacium Bornianum s. index fossilium, quae colligit, in classes ac ordines digessit Ignatius à Born. T. II. Pragae* 1772 bis 1775.
3. *Ferber, J. J.*, Beiträge zur Mineralgeschichte von Böhmen, Berlin 1774. 8. S. 132 ff.
4. *Desselben* Neue Beiträge zur Mineralgeschichte verschiedener Länder, 1ster Bd. Mietau 1778. S. 158.
5. *Charpentier* mineralogische Beschreibung der chursächs. Lande, Leipzig 1778. 4. S. 163 ff.
6. *Peithner v. Lichtenfels, J. Thadd. Ant.*, Versuch über die natürliche und politische Geschichte der böhm. und mährischen Bergwerke, Wien 1780. Fol. S. 86.
7. *Hermann*, Abriſs der physikal. Beschaffenheit der oestreich. Staaten u. s. w. St. Petersburg und Leipzig 1782. 8. S. 201.

8. *Gmelin*, Beiträge zur Geschichte des deutschen Bergbaues, Halle 1783. 8. S. 131. §. 186.

9. *Lempe*, Magazin der Bergbaukunde, 1ster Bd. Dresden 1785. 8. S. 100 bis 142.

10. *Schaller*, Topographie des Königreichs Böhmen, 5ter Th. Leutmeritzer Kreis. Prag und Wien 1787. 8. S. 160 bis 161.

11. *Museum Leskeanum, regnum minerale, quod ordine systematico disposuit et descripsit D. L. G. Karsten. Vol. II. p. 1. Lips.* 1789. S. 506 bis 508. 509. 510. 511. 512. *p.* 2. S. 145.

12. *Born, Catalogue raisonné de la collection de Mlle de Raab, à Vienne* 790. 8.

13. *Werner, A. G.*, Verzeichniſs des Pabs-Ohainischen Mineralienkabinets, 2ter Bd. Freiberg 1791. 8. S. 171. 172. 173. 174. 175. 176. 177. 179. 180. 182.

§. 4.

Innere Beschaffenheit des Gebirges um Zinnwald, und einbrechende Fossilien.

Die constituirende Gebirgsart der Gebirge um Zinnwald macht eigentlich der *Thonporphyr*, der hier unter dem Namen des Zechsteines bekannt ist, und den ich in der ersten Abtheilung dieses Werkes schon, in Hinsicht seines Verhaltens sowohl, als seiner Beschaffenheit, beschrieben habe. Er macht ein sehr mächtiges Lager aus, welches sowohl den Theil des erzgebirgischen Kammes von Niclasberg bis Graupen zusammensetzt, als auch sich südwärts bis in die Gegend von Töplitz, nordwärts bis Altenberg und Geising erstreckt. In diesem Porphyre ist selbst der tiefere Stollen, nach *Ferbers* Beobachtung, fast 1000 Lachter weit getrieben. Aber dieser Porphyr macht nur die äufsere Hülle, die Decke des tiefer liegenden Granites oder des hier sogenannten Sandsteines.

Dieser *Granit* ist *kleinkörnig* und leicht *zerreiblich.* Vorwaltend ist in demselben der theils *graulichweifse,* theils *perl-* und *blafs rauchgraue Quarz,* der gewöhnlich *derb*, seltener, und zwar nur auf den Klüften und Ablösungen, in *kleine* und *sehr kleine sechsseitige,* an den Enden mit 6 Flächen *zugespitzte Säulen* krystallisirt ist; der *Glimmer* ist *silberweifs, asch -* und *grünlichgrau,* in *kleinen Blättchen,* selten in *sechsseitige Tafeln* krystallisirt, inneliegend; die Stelle des *Feldspathes,* der nur selten vorkömmt, vertritt gewöhnlich ein *gelblichweifses Steinmark* oder ein aus dem *Grünlichgrauen* durch das *Olivengrüne* bis in das *Lauchgrüne* übergehender *Speckstein.*

Diesen Granit hat man auf 30 Lachter weit mit dem tiefen Stollen überfahren. Er ist durch Flötzklüfte in viele regelmäfsige Lager abgetheilt, die eine Mächtigkeit von 6 bis 8 Fufs haben, und gewöhnlich unter einem Winkel von 18 bis 20° gegen Norden einfallen. Doch ist dieses nicht beständig, denn zuweilen neigen sich die Lager auch in einer entgegengesetzten Richtung gegen

Süden; und man will überhaupt hier beobachtet haben, daſs sich die Granitlager in ihrem Verhalten nach der äuſsern Oberfläche des Gebirges richten.

Zwischen diesen Lagern von Granit kommen einige von 1, 2, 3 Zollen bis 1, 2, 4 und mehreren Fuſsen starke Erzlager vor. Man nennt sie hier Flötze. Und da das Gebirge unter einem gröſsern Winkel mit dem Horizonte ansteigt, als das Fallen der Granitlager ist, so müssen einige dieser Erzlager vermuthlich durch ihr sichtbares Ausgehen zu Tage, durch losgerissene Stücke zu ihrer Entdeckung Anlaſs gegeben haben.

Diese verschiedenen Erzlager wurden zum Theil schon durch die zwei Stollen, davon der tiefere 45 Lachter seigere Teufe einbringt, noch mehr aber durch die auf die verschiedenen Gruben abgeteuften Schächte bekannt, und sie haben hier entweder nach ihrer Lage Mächtigkeit, oder den beibrechenden Fossilien die Namen des obern Flötzes, des Mittelflötzes, des dicken Flötzes, des kiesigen artigen Flötzes erhalten.

Die Ordnung, in welcher die Flötze, von Tage nieder, auf einander folgen, ist folgende:

1. Das obere, oder das Tageflötz.
2. Das Orgelflötz.
3. Das obere kiesige Flötz.
4. Das Mittelflötz.
5. Das niedere kiesige Flötz.
6. Das artige Flötz.
7. Das dicke Flötz.

8. Das obere neue Flötz.

9. Das tiefe neue Flötz.

Von dem obern kiesigen Flötze und dem artigen Flötze trennen sich einige starke Trümmer, die aber wegen ihrer Mächtigkeit bauwürdig gefunden wurden, und die von den Flötzen, denen sie angehören, die Namen der artigen Trümmer, des obern kiesigen Trummes, erhalten haben.

Von der Ausdehnung dieser Flötze nach ihrer Länge und Breite kann nichts bestimmtes ausgesagt werden, obschon das Gebirge, mittelst zweier Stollen, mehrere 1000 Lachter weit aufgeschlossen ist. Eben so wenig läſst sich die Mächtigkeit dieser Flötze und die Entfernung von einander durch eine Lachterzahl bestimmen, weil wegen der häufig auf- und durchsetzenden Klüfte diese Flötze bald in die Höhe verrückt, bald in eine gröſsere Teufe niedergezogen werden, und daher in einigen Gruben höher, in den andern wieder tiefer zu liegen kommen. Um ein Beispiel anzuführen, so erreichte man auf der Margarethazeche mit einem Schachte das obere kiesige Flötz mit der 7ten, das Mittelflötz mit der 15ten, das niedere kiesige Flötz mit der 16ten, das artige Flötz mit der 20sten Lachter. Wahrscheinlich durften unter dem jetzigen Stollen noch andere Erzlager ersunken werden, wenn sich der Bau ohne Hindernisse in gröſserer Teufe weiter sollte fortsetzen lassen.

Noch ist hier von dem obern oder Tageflötze zu bemerken, daſs, da dasselbe von seinem höchsten Punkte gegen Morgen seinen Einfall sehr stark hat, es die tiefer liegenden Flötze alle durchschneidet.

Diese verschiedenen Erzlager bestehen aus Quarz, der gröfstentheils derb, seltener krystallisirt vorkömmt, mit Glimmer, Feldspath, Speckstein, Flufsspath, Wolfram, Arsenickkies, Bleiglanz, Kupfergrün, in welchen der Zinnstein theils derb, theils krystallisirt gefunden wird.

Da aber das Vorkommen dieser Fossilien äufserst verschieden ist, so will ich hier dieselben einzeln durchgehen, und das Charakteristische derselben ausheben.

1. *Quarz*, und zwar

a. *Bergkrystall*

von *schnee - graulich* - und *gelblichweifser*, *wein* - und *honiggelber*, *gelblich* - und *nelkenbrauner*, und aus dieser bis in die *bräunlichschwarze* übergehenden Farbe.

Auf dem Bruche spielt er zuweilen mit *Regenbogenfarben*.

Er kömmt nur krystallisirt vor, und zwar

1. in *sechsseitige Säulen*, an einem, nur selten an beiden Enden, je nachdem sie mit den End- oder mit den Seitenflächen aufgewachsen sind, mit 6 Flächen *zugespitzt*; die Seitenflächen sind nur selten vollkommen gleich, eben so wenig die Zuspitzungsflächen; oft werden drei derselben so grofs, dafs die dazwischen liegenden kleinern fast oder auch wohl ganz verschwinden, und die Säule nur mit 3 auf die

abwechselnden Seitenflächen aufgesetzten Flächen zugespitzt scheint; zuweilen ist eine Zuspitzungsflache im Verhältnisse der übrigen so grofs, dafs diese entweder ganz, oder doch gröfstentheils verschwinden;

2. in *sehr spitzwinkliche, einfache, sechsseitige Pyramiden*, die an der Endspitze mit 6 Flächen *zugespitzt* sind, und dieses ist dann der Fall, wenn die Seitenflächen der Säule unter einem geneigten Winkel zusammenstofsen. Zuweilen werden auch hier drei abwechselnde Seitenflächen so schmal, dafs sie fast ganz verschwinden, und dann glaubt man eine dreiseitige, an den Seitenkanten schwach abgestumpfte, an der Endspitze mit 3 Flächen *zugespitze* Pyramide vor sich zu haben,

Man findet diese Krystallen *grofs*, *klein* und *sehr klein*, von ½ Linie bis zu 1, 2, auch 3 Fufs Länge, bei einer Breite von 6, 8 und mehreren Zollen.

Die Seitenflächen derselben sind in die *Queere gestreift*.

Zuweilen sind die Krystallen mit einer *perl-* oder *rauchgrauen*, seltener *bräunlichrothen*, 1 bis 2 Linien dicken, *rauhen* Quarzrinde überzogen. Nur einmal fand ich diese Rinde *lichte röthlichbraun*, die Zuspitzungsflächen (nur den Kanten näher eben, übrigens) ausgehöhlt (convex), und diese Höhlen mit sehr kleinen Quarzpyramiden ausgefüllt.

Er hat einen *flachmuschlichen* Bruch,

zeigt zuweilen nach der Oberfläche des Krystalls *gebogene*, *dünnschaalig* abgesonderte Stücke.

Er geht aus dem *Halbdurchsichtigen* bis in das *Durchsichtige* über.

b. Gemeiner Quarz.

Dieser ist gewöhnlich von *gelblich-rauch-* und *perlgrauer*, seltener von *lichte-* und *dunkel nelkenbrauner*, am seltensten von *graulichweifser* oder *blafs honiggelber* Farbe.

Er kömmt *derb* und *krystallisirt* vor, letzteres nur

1. in *sechsseitige Saulen*, die an den freistehenden Enden mit 6 auf die Seitenflächen aufgesetzten Flächen *zugespitzt* sind; nur selten sind die Seitenflächen der Säulen einander gleich, gewöhnlich 2 derselben verhältnifsmäfsig breiter als die 4 übrigen, und daher endigt sich die Zuspitzung in eine Schärfe;
2. in *einfache sechsseitige Pyramiden*, die da, wo sie aufgewachsen sind, einige Anfange der gleichnamigen Säule zeigen *).

---

*) Manche dieser Saulen und Pyramiden zeichnen sich dadurch aus, dafs an den Pyramiden die Seitenflachen, an den Saulen die Zuspitzungsflachen vertieft sind, so dafs nur die Kanten glatt und glanzend bleiben, zwischen diesen Kanten aber Vertiefungen liegen, die gegen die Spitze zu verhaltnifs-

Die Gröfse der Krystallen ist verschieden, gewöhnlich *klein*, selten *grofs* oder *sehr klein*.

Die Oberfläche der Säulen ist zuweilen auf den Klüften *ochergelb* und *gelblichbraun* angelaufen, zuweilen mit einer *schwärzlichbraunen* Ochererde uberzogen, oder mit einem *Ueberzuge* eines *röthlichgrauen* *verhärteten Thones* überkleidet. Selten vertritt die Stelle desselben *gemeiner Chalcedon* von *bläulichperl*- und *röthlichgrauer Farbe*, von welchen Farben immer mehrere zugleich auf einem Stücke, und zwar fleckweise, vorkommen; nur ist dieser Chalcedonüberzug viel dünner. Zuweilen ist die äufsere Oberfläche der Krystallen *drusig* (mit sehr und ganz kleinen sechsseitigen Pyramiden gleichsam wie besäet).

Der Bruch geht aus dem *kleinsplittrichen* in den *klein*- und *unvollkommen muschlichen* über.

Diese Bergkrystallen und Quarzkrystallen kommen meistens nur auf den ziemlich zahlreichen, in

---

mäfsig mit der Breite abnehmen, und mit sehr und ganz kleinen sechsseitigen Pyramiden ausgefüllt sind. Die Vertiefungen stehen da, wo sie am tiefsten sind, 1 bis 1½ Linie von der höhern Kante ab. Eine ähnliche Art merkwürdiger Quarzkrystalle führen *Nose* (über einige besonders gebildete Quarzdrusen in den Schriften der Gesellsch. naturf. Freunde zu Berlin, 8ter Bd. 1788. 4tes St. S. 260 bis 269.) und *Nau* (neue Entdeckungen und Beobachtungen in der Physik, Naturgeschichte und Oeconomie, 1ster Th. 1791. S. 265.) auf.

den Erzlagern befindlichen Klüften vor, so zwar, daſs die Spitzen der Krystalle gegen einander stehen, in einander greifen, sich unter verschiedene Winkel neigen, und auf diese Weise Drusen und Oeffnungen von verschiedener Gröſse bilden. Die kleinen sind meistens in Hinsicht der Durchsichtigkeit die schönsten *).

2. *Glimmer.*

Die Hauptfarbe des Glimmers ist die *graue*, und zwar die *gelblich - grünlich* - und *aschgraue*. Der gelblichgraue geht von einer Seite durch das *Gelblichweiſse* bis in das *Silberweiſse*, von der andern durch das *Tombackbraune* bis in das *Kupfer* - und *Bräunlichrothe* über. Der grünlichgraue verläuft sich bis in das *Grünlichschwarze*, der aschgraue in das Graulichschwarze. Selten ist diejenige Abänderung des Glimmers, die an den Seitenflächen *asch* - oder *gelblichgrau*, an den Endflächen aber *sammetschwarz* ist.

Er kömmt *derb*, *eingesprengt* und *krystallisirt* vor, und zwar letzteres in *vollkommen* und *gleichwinklich sechsseitige Tafeln*, die theils mit ihren Seitenflächen *aneinander gewachsen*, theils auch *durcheinander gewachsen* sind. Die Tafeln kom-

---

*) *Born* führt in s. *Catalogue* auch *Amethyst* von hier auf, der mir aber bisher nicht zu Gesichte kam.

men von verschiedener Dicke vor, und sind nur selten etwas *krummgebogen*.

Die Seitenflächen der Krystallen sind *glatt* und *starkglänzend*.

Inwendig wechselt der Glimmer von dem *Stark-* und *Spiegelflächigglänzenden* bis zum *Glänzenden* ab.

Der Bruch ist gewöhnlich *krumm-* selten *geradblättrich*, und aus diesem in das *Breitstrahliche* übergehend.

Die Bruchfläche des krystallisirten ist *federartig gestreift*.

Der derbe ist von *groſs-* *grob-* *klein-* und *feinkörnig* abgesonderten Stücken.

Der graue nähert sich hier und da schon dem Talke und dem Specksteine.

Der Glimmer kömmt auf mehrere Arten vor:

1. Mit Quarz und Steinmark zu einer Art Granit, den man hier den Namen *Greiſsen* beigelegt hat, oder mit Quarz und Feldspath zu einem grobkörnigen wahren Granite, oder mit Speckstein und Quarz zu einer andern Art von Granit, die man hier *Plauzen* nennt, verbunden; und er ist dann mit diesen Gemengtheilen in kleinen Blättchen verwachsen;

2. kömmt er auf den Drusenlöchern in Gesellschaft des derben und krystallisirten Quarzes, des Bergkrystalls u. s. w., meistens in obige

sechsseitige Tafeln, die verschiedentlich *an*- und *durcheinander gewachsen* sind, krystallisirt vor;

3. macht er die Einfassung des Erzlagers an dem Hangenden und Liegenden aus, und dann begleitet er dasselbe in einer Ausdehnung von mehreren Lachtern in die Länge und Breite. In diesem Falle ist der Glimmer meistens *gelbgrau*, und aus diesem in das *Tombachbraune* übergehend; kömmt nur *derb* vor, und zerspringt beim Zerklüften in *keilförmige* Bruchstücke; zeigt einen *breitstrahlich*- und *büschelförmig auseinander laufenden* Bruch. Die Blätter des Glimmers stehen senkrecht auf den Erzlagern auf. Wo diese Einfassung von Glimmer bei den Erzlagern vorkömmt, verschwindet der Quarz aus denselben gröſstentheils; dafür aber nehmen sie um so mehr Speckstein und Steinmark auf, und der Glimmer selbst erscheint viel häufiger. Dieses Gemenge von Glimmer und Speckstein, Glimmer und Steinmark hat den Namen *Plauzen* erhalten. Man sieht den Glimmer, als Bergleiter der Erzlager, sehr gern, da nicht nur allein auf den Erzlagern selbst, sondern auch über und unter denselben Zinnzwitter in so beträchtlicher Menge einbrechen, daſs sie zuweilen das Erzlager an Mächtigkeit übertreffen, etliche Lachter nach ihrer Mächtigkeit, und mehrere Lachter nach der

Ausdehnung in die Länge und Breite einnehmen, und folglich von dem Bergmanne mit vielem Vortheile gewonnen und mit dem Erzlager selbst ausgehauen werden. Mit dieser Veränderung der Erzlager nimmt zugleich ihre Regelmäſsigkeit ab, und diese so veränderte Gebirgsart füllt mehrere Gebirgslager aus; und man findet auf dem sächsischen Zinnwalde Weitungen von 10 Lachtern in die Länge und 7 und mehreren Lachtern in die Höhe von dieser veränderten Gebirgsart ausgehauen.

3. *Gemeiner Feldspath.*

Dieser hat gewöhnlich eine *gelblichweiſse*, *lichte* und *blaſs fleischrothe*, seltener *bräunlichrothe* Farbe, und ist mit *gelblich* - *rauch* - und *perlgrauem* *Quarze* und einem *asch* - und *grünlichgrauen*, seltener *bräunlichschwarzen*, oder aus dem *Gelblichgrauen* in das *Silberweiſse* übergehenden (hier und da schon zu einer specksteinartigen Masse aufgelöseten), sehr selten in *sechsseitige Tafelchen* krystallisirten *Glimmer* zu einem *grob*- oder *kleinkörnigen* wahren *Granite* verbunden.

Das Vorkommen dieses Granites ist aber nur selten, und man fand ihn auf dem obern kiesigen Flötze auf der Nicolai - Morgenstern - und Petruszeche, auf dem Mittelflötze auf der Geburt Christi - und Morgensternzeche, auf dem niedern kiesigen Flötze auf der Nicolai - und Himmelfahrtzeche, und auf dem dicken Flötze auf der Nicolai eche. Zuweilen enthalt dieser Granit sparsam eingesprengten Zinnstein.

4. *Verhartetes Steinmark.*

Dieses findet man gewöhnlich von *gelblich*- und *graulichweifser*, nur selten von *röthlichgrauer*, *isabell*- und *ochergelber* Farbe; *derb*, oder mit einem theils *gelblichgrauen*, und aus diesem in das Tombackbraune übergehenden, theils *grünlichgrauen*, und in diesem Falle oft schon zu einer specksteinartigen Masse aufgelöseten *Glimmer* verwachsen; von *feinerdigem* Bruche.

5. *Gemeiner Speckstein*

von *grünlichgrauer*, *berg*- *zeisig*- und *olivengrüner*, und aus dieser durch alle Abstuffungen bis in die *lauch*- und *schwärzlichgrüne* übergehenden Farbe.

Er bricht nur *derb*, und in demselben liegt der *Zinnstein* theils *eingesprengt*, theils in *sehr* und *ganz kleinen Krystallen* inne. Auch hat er häufigen *Glimmer* und sparsamen *grauen Quarz* in *kleinen Körnern* beigemengt.

Er hat einen aus dem *splittrichen* in den *erdigen* übergehenden Bruch, und

ist *weich*, das an das *Zerreibliche* gränzt.

Von diesem hat von einer Seite ein Uebergang in *Talk*, von der andern in *Glimmer* Statt, und im letztern Falle bemerkt man einzelne Glimmertafelchen, die zum Theil oder auch schon ganz zu diesem Specksteine, mit Beibehaltung ihrer Krystallform, aufgelöset sind.

6. *Flusspath.*

Der Flusspath bricht nur selten ein.

Seine gewöhnlichste Farbe ist die *violblaue*, die aber nur selten *lichte* oder *blass*, selten sehr *dunkel* ist, und in die *schwarze* übergeht; doch findet man ihn auch, obgleich selten, von *himmelblauer*, *graulichweisser*, *grünlichgrauer*, *dunkel span*- und *pistaziengrüner*, am seltensten von *dunkel honiggelber* Farbe. Die spangrüne und lichte violblaue wechseln bisweilen in demselben Stücke *fleckweise* mit einander ab; zuweilen scheint der violblaue den Kern, der spangrüne die Umrisse des Krystalls einzunehmen. Auf einigen Gruben findet man ihn *taubenhälsig bunt angelaufen*, wodurch er ein sehr artiges Ansehen erhält.

Er kömmt *eingesprengt* und *krystallisirt* vor, letzteres

1. in *vollkommene Würfel*,
2. in *Würfel* mit mehr oder weniger abgestumpften Ecken,
3. in *geschobene Würfel* (Rhomben),
4. in *doppelt vierseitige Pyramiden* — vollkommen — oder mit abgestumpften Ecken.

Die Krystalle sind nur *klein*, selten von *mittlerer Grösse*.

Die Oberfläche derselben ist meistens *glatt*, theils *starkglänzend*, theils *glänzend*, an einigen Exemplaren nur *matt* oder *schwachschimmernd;* selten ist sie *drusig.*

Er ist nur selten *halbdurchsichtig*, meistens nur *durchscheinend*, doch auch nur *an den Kanten durchscheinend.*

7. *Verhärteter Thon.*

Dieser hat theils eine *röthlichbraune*, theils *bräunlichrothe* Farbe.

Er kömmt in *schmalen* und *kurzen Bogen* auf den Erzlagern vor, und hat dann Zinnstein eingesprengt, dient wohl auch dem Quarze, sonderlich aber den Feldspathwürfeln als Ueberzug.

8. *Zinnstein.*

Der hier einbrechende Zinnstein ist gewöhnlich von einer *lichte* und *dunkel bräunlichschwarzen* Farbe, seltener ist sie *sammetschwarz* oder aus dem Röthlichbraunen in das dunkel Gelblichbraune übergehend.

Er kömmt *derb*, *grob*, *klein*, auch *fein eingesprengt* vor, (er hat in diesem Falle den Namen *Zwitter*, auch wohl, wenn er im Steinmarke oder vorzüglich im Specksteine eingesprengt vorkömmt, den Namen *Plauzen*); am gewöhnlichsten kömmt er *krystallisirt* vor, und zwar

1. in *niedrige*, *rechtwinkliche*, *vierseitige Säulen*, an den Enden mit 4 Flächen, die auf die Seitenflächen aufgesetzt sind, *zugespitzt;*

2. in *niedrige*, *rechtwinkliche*, *vierseitige Säulen*, mit sehr stark zugeschärften Seitenkanten, so dafs eine Zuschärfungskante immer zwei- bis dreimal so grofs ist, als die andere;

3. in *dergleichen Saulen* theils an der Zuspitzung, theils, und zwar gewöhnlicher, an den Seiten- seltener an diesen und den Zuspitzungskanten zugleich schwächer oder stärker abgestumpft;

4. in *niedrige vierseitige Säulen*, an beiden Enden mit 4 Flächen *zugespitzt*, die Zuspitzungsflächen auf die Seitenkanten aufgesetzt — die Seitenkanten theils *abgestumpft*, theils *zugeschärft* — die Zuspitzungskanten sowohl als die Seitenkanten abgestumpft — die Seiten- und Zuspitzungskanten erst geschärft, dann abgestumpft;

5. in *vollkommene flache*, *doppelt vierseitige Pyramiden*, die Seitenflächen der einen auf die Seitenflächen der andern aufgesetzt;

6. in *doppelt vierseitige Pyramiden* mit stark abgestumpften Kanten der gemeinschaftlichen Grundfläche — die Kanten der gemeinschaftlichen Grundfläche erst zugeschärft, dann wieder abgestumpft;

7. in *dergleichen Pyramiden*, an denen aber alle Kanten abgestumpft sind.

Alle

Alle diese Krystalle sind gewöhnlich von *mittlerer Gröfse* und *klein*, zuweilen auch *sehr* und *ganz klein*, und entweder unregelmäfsig *durcheinander gewachsen*, oder, und dies ist der gewöhnliche Fall, 2 und 2, auch mehrere, mit ihren Zuspitzungsflächen so aneinander gehäuft, dafs sie *Visire* bilden, und diese visirartigen Zusammenhäufungen wieder *reihenförmig aneinander gewachsen*.

Die Oberfläche der Krystalle ist gewöhnlich *glatt*, seltener, und zwar meistentheils an den Zuspitzungsflächen, mehr oder weniger stark *in die Länge gestreift*, bald *glänzend*, bald *stark* und *spiegelflachig glänzend*; äufserst selten ist diejenige Abänderung mit *vollkommen matten* oder doch nur *äufserst schwach schimmernden* (gleichsam rufsigen) Flächen.

Innwendig ist der Zinnstein theils *glänzend*, theils *wenigglänzend*,

von einem, dem *Glasglanze* sich annähernden *Fettglanze*,

von *unebenem*, und zwar *kleinkörnigem* Bruche.

Der derbe zeigt *kleinkörnig* abgesonderte Stücke.

9. *Scheel*, und zwar

a. *Wolfram*.

Er ist von einer *Mittelfarbe zwischen graulich- und bräunlichschwarz*, die sich in einigen Abänderungen bis in die *sammetschwarze* verläuft.

Selten findet man ihn mit *Stahlfarben bunt angelaufen.*

Er kömmt gewöhnlich *derb* (in grofsen Massen, die einige Pfunde schwer sind), in den Quarz und Glimmer *grob* und *klein eingesprengt*, und nur selten *krystallisirt* vor, und zwar

1. in breite *sechsseitige Saulen*, an den Enden mit 4 auf die Seitenkanten aufgesetzten Flächen *zugespitzt* — die Zuspitzungskanten zuweilen abgestumpft — die Spitze zuweilen wieder zugeschärft;

2. in *tafelartige vierseitige Säulen*, an beiden Enden mit 4 auf die Seitenkanten aufgesetzten Flächen ziemlich scharfwinklich *zugespitzt*, zwei der gegenüberstehenden Seitenkanten, welche unter dem spitzigen Winkel zusammenstofsen, zugeschärft, vier der Kanten zwischen den Seiten- und Zuspitzungsflächen, und zwar abwechselnd schwächer und stärker, abgestumpft.

Die Krystalle sind von *mittlerer Gröfse*, selten *grofs* und *klein*, theils einzeln, und dann *eingewachsen*, theils mehrere *durcheinander gewachsen*, und überhaupt nie ganz und frei, und deswegen etwas undeutlich.

Die Seitenflächen der Krystallen sind *in die Länge gestreift* und *glänzend.*

Innwendig ist der Wolfram im Hauptbruche *glänzend*, im Queerbruche *wenigglänzend.*

Der Längen- oder Hauptbruch ist *geradblättrich* mit *einfachem Durchgange der Blätter*, der Queerbruch *uneben von grobem und kleinem Korne.*

Die Bruchstücke sind *unbestimmteckig*, *stumpfkantig.*

Er ist von *mehr* oder *weniger dick-* und *fortificationsartig gebogen schaalig* abgesonderten Stücken, mit glänzender, streifiger Absonderungsfläche.

b. *Schwerstein.*

Die Farbe des Schwersteins ist hier *gelblich-* und *rauchgrau*, *blafs ocher- blafs-* und *lichte honig- lichte isabell- dunkel* und *hoch oraniengelb;* aus der ochergelben geht sie durch die *gelblichbraune* bis in die *blafs* und *lichte nelkenbraune* über. Selten verläuft sie sich aus der gelblichgrauen bis in die *gelblich-* und *graulich weifse.* Zuweilen ist sie *hoch coschenill-* und *kupferroth*, auch häufig mit *Regenbogenfarben bunt angelaufen*, und je nachdem das Fossil unter verschiedene Winkel dem Auge sich darstellt, wird bald die grüne, bald die rothe, bald die gelbe Farbe vorwaltend.

Er kömmt hier nur *krystallisirt* vor, und zwar in *doppelt vierseitige Pyramiden*, an denen nur äufserst selten die Ecken der gemeinschaftlichen Grundfläche schwach zugeschärft sind.

Diese Krystallen sind *sehr* und *ganz klein*, zuweilen *kugelförmig* zusammengehäuft, meistens aber *an-* und *durcheinander gewachsen.* Zuweilen dienen diese Zusammenhäufungen der sehr und ganz kleinen Krystallen den Quarzkrystallen und Flufsspathwürfeln zu einem Ueberzuge.

Die Oberfläche der Krystallen ist *glatt.*

Er ist äufserlich, besonders wenn er angelaufen ist, *starkglänzend* und glänzend,

innwendig *wenigglänzend,*

von *Fettglanz.*

Der Bruch ist *blättrich*, von *mehrfachem*, aber *unvollkommenem Durchgange der Blätter.*

Er ist *mehr* und *weniger durchscheinend.*

10. *Kupferkies.*

Dieser ist von einer *messinggelben*, der *goldgelben* sich nähernden Farbe. Zuweilen ist er *blau* und *grün angelaufen.*

Er kömmt gewöhnlich *klein* und *fein eingesprengt* vor, nur selten in *sehr kleine*, *doppelt vierseitige Pyramiden*, die theils *vollkommen*, theils *an den Kanten abgestumpft* sind, krystallisirt vor.

11. *Kupfergrün.*

Dieses ist von *hoch* und *lichte spangrüner* Farbe, die sich hier und da etwas der *berggrünen* nähert, und kömmt blofs *eingesprengt* und als *Ueberzug* der andern Fossilien vor.

Vorzüglich häufig bricht es, nebst dem Kupfer- und dem Schwefelkiese, so viel mir bekannt ist, auf der Nicolai- und Himmelfahrtzeche ein.

12. *Schwefelkies.*

Dieser kömmt noch sparsamer, und zwar von *speisgelber* Farbe, blos *klein* und *fein eingesprengt*, vor.

Am seltensten findet man den

13. *Gemeinen Arsenickkies*

von *silberweifser* Farbe

fein eingesprengt.

14. *Gemeiner Bleiglanz*

von *dunkel bleigrauer* Farbe.

Er kömmt *derb* und *eingesprengt* vor,

ist innwendig *glänzend* und *wenigglänzend*,

von *Metallglanz*,

vollkommen geradblättrichem Bruche,

und *kleinkörnig* abgesonderten Stücken.

Herr Bergrath *Werner* führt auch den *Topas* und *Born* das *Wasserblei* in kleinen Blättchen auf derbem Quarze als hier einbrechende Fossilien auf, deren Daseyn ich zwar nicht bezweifeln will, die mir aber bisher nicht vorgekommen sind.

Die bisher beschriebenen Erzlager werden von mehreren schmalen Gängen, Gangtrümmern und Klüften, welche nach verschiedenen Richtungen aufsetzen, durchschnitten. Sie sind 1, 2, bis mehrere Zolle stark, und erstere meistens mit Letten ausgefüllt; doch bestehen sie zuweilen auch aus Quarz, Kupferkies, Bleiglanz und Zinnstein. *Ferber* hat in dem Pabst - Ohainischen Kabinette silberhaltigen Kupferglanz von hier gesehen, und wirklich brach erst neuerdings auf der Pfütznerzeche auf einem ähnlichen Gange derselbe silberhaltige Kupferglanz in Begleitung des Bleiglanzes wieder ein. Die in der Geschichte des hierortigen Bergbaues angeführte Befreiungsurkunde beweiset gleichfalls, dafs der Bergbau hier ursprünglich (wahrscheinlich auf ähnlichen Quarzgängen) auf Kupfer betrieben wurde.

Die Gänge, welche der hiesige Bergmann *Stohnigen* heifst, haben ihr Streichen gewöhnlich zwischen St. 12 und 3, und fallen ziemlich seiger, nur selten flach ein; die Klüfte haben ein ähnliches, doch minder beständiges Streichen, da dieses zuweilen auch zwischen St. 9 und 12, und St. 6 und 9 ist.

Diese Gänge, Gangtrümmer und Klüfte verschieben die Erzlager beim Durchschneiden gewöhnlich, und ziehen einen Theil davon in die Höhe, den andern in die Tiefe. Man nennt dies hier eine *Schleppung* oder ein *Fallchen*. Doch ist dieses nicht immer der Fall; aber selbst dann, wenn die Erzlager von den Gängen und Gangtrümmern nicht verschoben werden, werden sie dabei doch veredelt. Zuweilen werden die Erzlager auch so sehr verschoben, dafs statt der Schleppung kaum eine dürre Kluft zurückbleibt. Auf die letzte

Art erfolgt das Verschieben ebenfalls durch die Klüfte, welche der Zinnwalder Bergmann *Absätze* heifst.

Aus diesem öfters beobachteten, gleichförmigen Verhalten der Gänge, Gangtrümmer, Gangklüfte gegen die Erzlager, welche sie durchsetzen, hat man sich folgende praktische Regeln zur Wiederaufsuchung des abgebrochenen Theiles des Erzlagers abstrahirt:

1. Bei seiger fallenden Gängen und Gangtrümmern liegt der abgebrochene Theil des Erzlagers in der Tiefe von einer oder mehreren Lachtern.

2. Bei seiger niedersetzenden Klüften befindet er sich zwar auch in der Tiefe, allein meistens blofs um die Mächtigkeit des Lagers tiefer, so dafs das Hangende des niedergezogenen Theiles des Erzlagers mit dem Liegenden des stehengebliebenen Theiles in derselben Ebene liegt; doch liegt der abgebrochene Theil bisweilen auch $\frac{1}{8}$, $\frac{1}{4}$, $\frac{1}{2}$ und mehrere Lachter tiefer.

3. Aeufserst selten wird in den eben angeführten zwei Fällen ein Theil des Erzlagers in die Höhe gezogen.

4. Dies ist aber der Fall bei den zwischen St. 9 und 12 streichenden und gegen Osten und Südosten einfallenden Gängen, Gangtrümmern und Gangklüften. Verflächen sich diese gegen Westen oder Nordwesten, so hat sich der Theil des abgebrochenen Erzlagers in die Tiefe gezogen. Sehr selten wird das Gegentheil beobachtet.

§. 5.

Der Grubenbau zu Zinnwald.

Das Gebirge wird durch zwei Stollen aufgeschlossen, welche ihre Mundlöcher auf dem sächsischen Zinnwalde haben, und daher südwärts in das Gebirge getrieben sind. Diese lösen die Wässer von allen denjenigen Berggebäuden, deren Schächte bis auf die Stollensohle niedergebracht sind. Von der Südseite war nicht füglich ein tiefer Stollen anzulegen, da das Gebirge dahin sehr sanft abfällt, und also der Stollen mit einem grofsen Kostenaufwande und aus einer grofsen Entfernung hätte hergebracht werden müssen.

Der obere Stollen wurde bereits vor mehr als zweihundert Jahren angefangen. Erst späther wurde der tiefere Stollen angelegt, der unter dem höchsten Punkte des böhmischen Zinnwaldes 45 Lachter seigere Teufe einbringt.

Beide werden von einer Gewerkschaft gebauet. Der Fürst von Lobkowitz bauet auf demselben zwei Schichten, andere zwei des verstorbenen Bergverwalters Zappe Erben. Das Gräfl. Bünaische Haus hat das Directorium darüber; auch übt dasselbe, jedoch mit einiger Einschränkung, die Berggerichtsbarkeit darüber aus.

Der Stollentrieb geschieht im Gedinge. Die Arbeit vor den Stollenörtern wird zu einer Lachter in die Länge, bei einer Höhe von $\frac{5}{4}$ Lachter und einer Weite von ohngefähr $\frac{1}{2}$ Lachter, auf den Erzlagern aber zu einer gevierten Lachter so verdingt, daſs der Häuer auf einen Thaler Wochenlohn arbeiten kann. Dabei wird ihm zu einem jeden Thaler Gedinggeld 1 Pfund Inselt zugestanden; dagegen muſs er das Pulver selbst anschaffen. Die Arbeit geschieht meistens in zwölfstündigen Schichten.

Der Stollen steht meistens im festen Gesteine, und da, wo er verzimmert ist, ist die Zimmerung von der gewöhnlichen nicht verschieden.

Das Neuntel erhält der Stollen von den Grubengebäuden des Bünauischen und Claryschen Reviers an geschmolzenem Zinn, dagegen er zu den Aufbereitungs- und Schmelzungskosten, vermöge Vergleichs, den siebenten Theil beiträgt; von den Gebäuden des Lobkowitzischen Reviers erhält er das Neuntel an aufbereitetem Zinnstein, dagegen der Stollen gleichfalls, vermöge Vergleichs, den neunten Pfennig zu den Aufbereitungskosten (dem Pochen, Waschen und Reinmachen des Zinnsteins) hergiebt, und den Zinnstein selbst verschmilzt.

Die im Baue stehenden Gruben sind:

I. Auf dem Fürstl. Claryschen Revier.

1. Die Pfütznerzeche. Die Schächte auf derselben bringen die Teufe ein von		26 Lcht.
2. Die Eichhörnerzeche. . .	———	30 ——
3. Die obere St. Thomaszeche.	———	28 ——
4. Der Abendstern.	———	32 ——
5. Die St. Georgzeche. . . .	———	40 ——

6. Die St. Danielzeche. Die Schächte auf derselben bringen die Teufe ein von 40 Lcht.

7.	Die Schweifzeche. . . .	————	40 ——
8.	Die St. Bartholomäizeche.	————	45 ——
9.	Die St. Mathäizeche. . .	————	43 ——
10.	Die St. Johanniszeche. .	————	40 ——
11.	Die heil. 3 Königzeche. .	————	30 ——
12.	Die Geburt Christizeche. .	————	27 ——
13.	Die Rölselzeche. . . .	————	29 ——
14.	Der alte Mann.	————	22 ——
15.	Die Maria Himmelfahrtzeche.	————	9 ——

Von diesen Gruben ist bisher bloſs der alte Mann unbelegt. Auf den übrigen arbeiten 83 Hauer, von welchen die Pfütznerzeche allein 28 beschäftigt.

II. Auf dem Fürstl. Lobkowitzischen Revier.

1. Die St. Mathäizeche. Die Schächte bringen an seigere Teufe ein 26 Lcht.

2.	Der Jacobsbrunn. . . .	————	26 ——
3.	Die Himmelsleiter. . . .	————	40 ——
4.	Die Geburt Christizeche. .	————	36 ——
5.	Die Dreifaltigkeitzeche. .	————	36 ——
6.	Die Segen Gotteszeche. .	————	36 ——
7.	Die Lorenzzeche. . . .	————	40 ——
8.	Die Hülfe Gotteszeche. .	————	40 ——
9.	Die Himmelfahrtzeche. .	————	40 ——
10.	Die Stollenmaſsenzeche. .	————	40 ——
11.	Die schwarze Wandzeche.	————	40 ——

Alle diese Gruben sind zusammen mit 47 Mann belegt, von welchen die Geburt Christizeche allein 9 Mann beschäftigt.

Die Tageschächte sind seiger abgesunken und auf jedem damit ersunkenen Flötze ausgelängt. Dies geschieht dadurch, daſs man erstlich ein Ort 3 bis 4 Lachter weit treibt, hernach von beiden Seiten durch Schiessen aus dem Ganzen, oder mittelst des Verschrämens ausbricht, und so in der $\frac{3}{4}$ bis 1 Lachter angenommenen Ortshöhe eine Weitung (hier *Strecke*) macht. Zur Verhütung der Brüche, die durch mehrere und gröſsere ausgehauene Weitungen entstehen könnten, läſst man Bergfesten oder Pfeiler (hier *Beine*) stehen, kömmt wohl auch diesen durch Ausmauerung der nicht mehr brauchbaren Weitungen zu Hülfe; in den noch brauchbaren werden die Wände, die hereinzustürzen drohen, mit $\frac{3}{4}$ bis 1 Elle starken Stempeln gefangen. Zum Ausmauern der Strecken werden die gröſseren Wände ausgesucht, und damit von der Sohle zum Hangenden gemauert, die kleineren Berge dahinter gestürzt.

Gemeiniglich sind die Schächte 24 bis 36 Ellen vom Tage herein verwahrt. Doch ist diese Verwahrung sehr ungleich, und richtet sich nach der Festigkeit des Gesteines, in welchem sie abgeteuſt sind; ist dieses brüchig, so wird mehr Zimmerung erfordert. Droht den Schächten Einsturz, so beugt man diesem mit Auszimmerung derselben im ganzen Schrote vor. Vielleicht dürfte es vortheilhafter seyn, wenn die lange brauchbaren Schächte ausgemauert würden, da die Steine gut und leicht zu erhalten sind.

Bei dem Abteufen im festen Gesteine bedient man sich des *Vorsümpfens*, wenn anders das Gestein dazu geschickt ist, und man ankommen kann, weil es dem Häuer die Arbeit um vieles erleichtert. Diese Arbeit besteht darin, dafs man in der Schachtsweite aus einem Theile seiner Länge 10, 12, 16, 18 Zoll niederhauet, so dafs die ausgehauene Vertiefung (das Vorgesümpfe) einem dreiseitigen Prisma gleicht. Dann werden auf beiden Seiten des Vorgesümpfes die Stücke Gestein durch Schiefsen bis an des Abteufens kurzen Stöfsen weggenommen, und auf allen Seiten, wo es nöthig ist, zugeführt.

Beim Ortertreiben bricht man da, wo das Gestein am gebrechesten ist, oder wo dieses sonst mit Vortheil geschehen kann, so tief, als möglich, hinein. Dann bohrt man oberhalb dem Einbruche nach des Ortes Förste zu ein Loch ortweise, und schiefst die Förste ganz oder zum Theil, nachdem es angeht, nach und nach herein; hierauf verlängert man den Einbruch so weit, als man kann, oder man bricht nochmals so tief, als möglich, und so hoch, als man glaubt ankommen zu können, hinein, und schiefst hier ebenfalls die Förste aus dem Einbruche nach. Diese Arbeit wird so lange wiederholt, bis man nicht füglich, oder gar nicht mehr zum Einbrechen kommen kann. Um das Gestein unter dem Einbruche bis zur Ortssohle wegzubringen, bohrt man ein oder mehrere Löcher nach Erfordernifs nach der Ortssohle und etwas schief zu, hütet sich aber zugleich, dafs das Loch in keiner Kluft endige, weil sonst der Schufs unwirksam bleiben würde. Auf diese Art wird an der Förste und Sohle des Orts das Gestein weggesprengt, dann das Holperichte mit Schlegel und Eisen zugeführt. Die Eisen der hierortigen Bergleute sind sehr geschleift geschmiedet, und 5 bis 6 Zoll lang, auch wie die Förstel mit einem ¾ bis 1½ Elle langen Helme besteckt. Wenn sich der Einbruch nicht gut mit Schlegel und Eisen machen läfst, so wird gleich anfangs, mittelst eines schrägen Loches, heraus- und dann die Förste und Sohle nachgeschossen.

Es wird gewöhnlich einmännisch gebohrt. Die Bohrer sind von ¼ bis 1½, auch 2 Ellen lang, und ¾ Zoll stark.

Die Patronen werden aus beiläufig einem halben Bogen Papier gemacht, das auf der schmalen Seite über ein fast ¾ Zoll starkes Holz zusammengerollt wird. Diese Papierrolle wird auf ihrer offenen Seite, mittelst des am Grubenlichte heifsgemachten Peches oder Inselts, nach Art der Geldrollen zugemacht, die noch aufklappende Seite ebenfalls mit Pech oder Inselt, besser mit ersterem, verstrichen. Diese Rolle ist, vom Holze abgenommen, gemeiniglich 6 Zolle, mehr oder weniger lang, je nachdem das Bohrloch mehr oder weniger tief ist. Die Patrone wird bei 15 bis 18 Zollen tiefen Bohrlöchern 4 bis 5 Zolle hoch, bei 24zölligen Bohrlöchern 6 Zolle hoch mit Pulver gefüllt, und dann mittelst ihrem noch übrigen Papiere zugemacht, die Raumnadel hineingesteckt, und dann die Patrone aufserhalb um die Raumnadel herum mit Letten verstrichen. Die gefüllte Patrone wird mittelst der Raumnadel in das Bohrloch geschoben, bis sie anstehet, auf dieselbe zur Sicherheit 2 bis 3 Zoll stark Thon gestofsen, alsdann mit dem Stampfer kleines, mürbes Gestein, oder besser, trockener Letten auf die Patrone ganz derb, bis das Loch voll ist, gerammelt, und das Loch mit Letten verschmiert. Nun wird die Raumnadel mittelst des in ihr Oehr gesteckten Bohrers herausgezogen, indem an ihr, nach sich zu, mit dem Förstel geschlagen wird. In den zurückbleibenden engen Kanal wird der *Schwärmer* so hineingesteckt, dafs das eine Ende oben 3 bis 4 Linien weit hervorragt, der hervorragende Theil mit ein wenig Letten umschlagen, oder das *Pfännel* darauf gemacht, Pulver darauf geschüttet, und ein Stück Schwefel (das *Schwefelmännchen*) daran befestigt.

Man hat hier eine doppelte Art, die Schwärmer zu bereiten. Entweder macht der Häuer eine kleine, 3 bis 4 Zoll lange, an beiden Seiten offene Papierrolle, deren Stärke jener der Raumnadel gleichkömmt, und im Lichten ein Paar Linien weit ist, verschmiert die aufklappende Seite mit Pech, damit die Rolle nicht wieder auseinander fahre, hält das eine Ende mit dem linken Zeigefinger zu, und füllt es so mit zerdrücktem Pulver, dafs es zur Hälfte etwas derb geschlagen ist; oder man streicht ein halbes Octavblatt mit Pulverteig, und rollt es hernach, mittelst eines spitzigen Holzes, wie eine kleine Dute zusammen, und läſst es trocknen. Letztere Art Schwärmer verdient den Vorzug, und beide Arten werden zu Hause gemacht.

Der angezündete Schwefel entzündet natürlich, wenn er bis auf das Pfännel niedergebrannt ist, das Pulver des Schwärmers, und dieses schlägt bis auf das Pulver der Patrone nieder, entzündet es, und so wird das vorstehende Gestein zersprengt. Sobald der Schwefel angebrannt ist, läuft der Häuer bei Seite, und macht durch den Ausruf *bi uet*! (es brennt!) die in der Nähe herum arbeitenden oder fahrenden Häuer auf die Gefahr, geschossen zu werden, aufmerksam.

Bei einem seiger gebohrten Loche wird der Schwärmer, um sein Hineinfallen zu verhüten, mit einem, mittelst Pech an das Papier angeklebten Menschen- oder Pferdehaare, oder einem schwachen Faden in das Loch, so weit als nöthig ist, hineingehangen, und auſserhalb der Faden oder das Haar mit Letten festgemacht; bei einem Förstenloche wird dem Schwärmer, um sein Herausfallen zu hindern, mit Versetzung mit etwas Letten, ein Halt gegeben.

Bei 30 bis 40 Zoll tiefen Bohrlöchern, wo zu befürchten steht, daſs der Schwärmer nicht auf das Pulver der Patrone schlagen würde, wird in flache ort- oder förstenweise gebohrte Löcher ein mit Pulver und Inselt bestrichenes Papier zwischen dem Schwärmer und die Patrone hineingeschoben, in seigere Bohrlöcher hineingehangen.

Von einem Pfunde Pulver werden sechs bis acht Schüsse gethan.

Auf den Erzlagern selbst geschieht die Arbeit durch Schiefsen aus dem Ganzen, oder durch Verschrämen. Das Verschrämen geschieht, nachdem es die Festigkeit des Gesteins und ein vortheilhaftes Werfen erlaubt, unter und über dem Lager, und zwar bei dem minder festen Granite und Porphyre 6, 8, 10, 12 und mehrere Zolle nach Beschaffenheit der Umstände; das übrige Gestein wird, damit der Bau die erforderliche Höhe erhalte, nachgeschossen. Dann wird die Sohle von den gehauenen oder hereingeschossenen Bergen gesäubert, ja sogar mit Besen abgestrichen, die Berge in der Grube versetzt, oder, wo dieses nicht angeht, zu Tage gefördert. Das auf diese Art gehörig verschrämte und von Bergen gesäuberte Erzlager wird nun, wofern es nicht sehr mächtig und angewachsen ist, nachgetrieben, widrigenfalls nachgeschossen, zersetzt, und in dreierlei Haufwerk gesammelt.

1. Das erste Haufwerk (*der ordentliche Zwittervorrath*) besteht aus derbem und krystallisirtem Zinnsteine, an welchem sich wenig oder gar kein taubes Gestein, Wolfram und andere fremdartige Fossilien befinden.

2. Das zweite besteht aus derbem, krystallisirtem, eingesprengtem Zinnsteine, mit anstehendem tauben Gestein, Wolfram u. s. w. Es heifst das *Klaub*- oder *Scheidewerk*.

3. Das dritte Haufwerk sind die Berge.

§. 6. Die

§. 6.

Die Förderung.

Auf den Strecken geschieht die Förderung mit Laufkarren oder Hunten, seltener mit Hand - nnd Schlepptrögen.

Die letztere Förderung verdient hier eine nähere Beschreibung. Es werden nämlich von dem Wegförderungspunkte bis zum Füllorte unter dem Förderschachte zwei Stangen (*Schleppstangen*) nach diesem Schachte zu abhängig wie Schrotleitern gelegt und befestigt. Auf diesen Stangen läuft ein grofser Trog, der über 100 Kubikfufs Inhalt hat (der *Schlepptrog*), unten am Boden mit eisernen Schienen beschlagen, oben und unten mit einer zwei Ellen langen Kette (*Schleppkette*) versehen ist, mit beiden erstern Haufwerken angefüllt nach dem Schachte herab, und wird leer von einem einzigen Jungen (*Schleppjungen*) wieder hinaufgezogen. Damit aber dieser Trog beim Schachte von den Stangen nicht abschiefse, wird daselbst zwischen der Sohle und dem Dache ein Stempel angetrieben, dafs der Trog abprellen, und auf die Art am gehörigen Orte leicht ausgestürzt werden kann.

Durch die Schächte wird mit dem Haspel in Kübeln gefördert.

§. 7.

Die Zinnsteinprobe.

Die Zinnsteinprobe hat zur Absicht, zu erfahren, ob eine Zwitterart (unter Zwitter versteht man hier nicht blofs den eingesprengten Zinnstein, sondern jede zinnsteinhaltige Stuffe, jedes Stück Gestein, der Zinnstein mag darinn derb, oder krystallisirt, oder eingesprengt enthalten seyn,) auf die Kasten gebracht werden könne. Sie geschieht mit dem Sichertroge.

Man nimmt von der zu Mehl gepochten Zwitterart so viel, als sich auf einmal mit den Fingern fassen läſst; macht, indem man den Sichertrog wagerecht hält, dieses Mehl mit Wasser genug lauter, rüttelt es, damit sich das Schwerere zu Boden setze; dann setzt man mehr Wasser hinzu, hält den Trog schief, damit das Leichtere, das oben aufschwimmt, wegflieſse. Alsdann gieſst man mehr reines Wasser auf, hält den Sichertrog in der linken Hand, und stöſst mit der rechten an das Haupt desselben. Durch diesen Handgriff stöſst sich der Zinnstein aus und oben an. Nimmt der gesammelte Zinnstein auf dem Sichertroge den Raum von der Gröſse eines sächsischen Sechsers ein, so glaubt der Häuer, seiner Erfahrung gemäſs, daſs man mit der gesicherten Zwitterart auf die Kosten kommen, aber Ueberschuſs erhalten könne, wenn der von dem Zinnstein eingenommene Flächenraum die Gröſse eines Groschenstückes hat. Daher die Zinnwälder Redensart: *Zwitter auf oder über einen Groschen*, *Sechser*, *Dreier sichern.*

§. 8.

Das Aufbereiten der Erze, und zwar das Scheiden.

Die oben beschriebenen beiden Haufwerke, nämlich der ordentliche Zwittervorrath und das Klaub- und Scheidewerk, kommen, sobald sie aus den Gruben gefördert sind, auf die *Zwitterheerde*, oder von kleinen Granit- und Porphyrstücken an der Grube, seltener vor den Pochwerken, fast wie eine Scheunetenne, vorgerichtete Plätze.

Das Klaub- und Scheidewerk bleibt gewöhnlich bis zur Sommerszeit und guten Witterung liegen; alsdann wird dasselbe, mittelst eines eisernen *Radelsiebes*, auf einem Bocke trocken *durchgeradelt*, und so das Kleine von dem Groben abgesondert, das Kleine bis zum Verstürzen der Röste aufbehalten, das Grobe aber, vermittelst eben dieses Siebes, in einem *grofsen*, mit eisernen Reifen gebundenen Waschfasse abgespühlt, vom Grubenschmant gereinigt (*abgeflauet*), und dann auf die Klaubbühnen (hier *Klaubthüren*), welche aus zwei, 3 Ellen langen, zusammengefügten, unten mit Leisten beschlagenen Brettern bestehen, die auf 3 oder 4 Pfählen ruhen, zum Abtrocknen aufgestürzt.

Ist dasselbe trocken, und erlaubt es die Witterung, so wird dasselbe geklaubt (*vor den Thüren geklaubt*), das Zinnsteinhaltige zu den Zwittervorrathen, das Unhaltige und Taube sogleich über die Halde gestürzt.

Das Scheidewerk wird auf die Zwitterheerde in zwei Haufen gelaufen, so zwar, dafs die Stücke, welche Wolfram enthalten, besonders gestürzt werden, und das *wolferigte Scheidewerk* ausmachen. Von den Stücken des andern Haufens, woran kein Wolfram ist, wird das Taube auf den Scheidewänden (hier *Klaubwanden*, festen, etwas grofsen Steinen,) mit dem Scheidefäustel

(*Klaubefäustel*), der an beiden Enden spitzig, gemeiniglich 9 Zoll lang und in der Mitte ohngefähr 1 Zoll dick ist, abgeschlagen, und das Zinnsteinhaltige zu den Zwittervorräthen gestürzt. Das wolferigte Scheidewerk wird bei hellen Tagen geschieden, damit man den Wolfram von dem Zinnstein um so besser unterscheiden könne. Jener wird auf der Scheidewand mit einem stählernen, scharfen Bergeisen ausgehauen, die Zwitter zu den übrigen gestürzt, der Wolfram hingegen, an dem noch etwas Zinnstein ansteht, allein zur besondern Aufbereitung und Schmelzung aufgestürzt, da er mit den reinen Zwittern verschmelzen, das in denselben enthaltene Zinn unscheinbar (*daſs es den Spiegel verlöhre*), und selbst das Schmelzen strenger machen würde. Das Kupfergrün und der Kupferkies müssen gleichfalls durch Scheiden und Klauben abgesondert werden, da man dadurch das wiederholte Rösten und Waschen erspahrt, welches um so nothwendiger ist, da der Kupferkies wegen seines Schwefels das Zinn brüchig und strengflüſsig machen würde, mehr Feuer nöthig hat, um in Fluſs zu kommen, daher mit diesem, ohne zu schmelzen, in dem Schmelzofen niedersetzt, und viel *Härtel* (Härtig, Ofenbruch) ansetzt.

Diese beiden Arbeiten, das Klauben und Scheiden, sind hier unter dem Namen: *die Felsen und den Wolfram klauben*, bekannt, und werden durch die Häuer selbst, und nicht durch Scheidejungen, verrichtet; theils weil diese Arbeit, selbst bei den stärksten Grubengebäuden, jährlich nicht über einige Wochen heischt, theils weil diese Arbeit eine vorzügliche Aufmerksamkeit und empirische Kenntnifs erfordert, um den Wolfram von dem Zinnstein zu unterscheiden.

§. 9.

Das Rösten.

Die Absicht des hier üblichen Röstens ist doppelt: 1. das harte Gestein, in und mit welchem der Zinnstein gewöhnlich bricht, als da sind: der Granit und Quarz, mürber und zum Pochen geschickter zu machen, da die genannten Steinarten sich roh nur schwer pochen lassen, und die Pocheisen zu sehr angreifen würden; 2. die fremdartigen, vorzüglich flüchtigen Theile, als da sind: der Arsenick und Schwefel, mit welchen das Zinn vererzt vorkömmt, so viel als möglich zu entfernen, da diese das Zinn unrein und spröde machen würden, überhaupt alles Fremdartige wegzuschaffen, was den Flufs aufhalten, oder blofse Schlacke geben könnte. Diese Absonderung der fremdartigen Theile wird durch das Klauben und Scheiden an der Grube und durch das Pochen und Waschen nur unvollkommen, und zwar nur bei den festen, bei den flüchtigen ganz und gar nicht erreicht. Daraus ergiebt sich, dafs diejenigen Zwitter, die in minder festem Gesteine brechen, (wo der Zinnstein im Specksteine, Steinmarke eingesprengt vorkömmt,) der Röstung nicht unterworfen zu werden brauchen, da dieselben sich leicht pochen und über den Heerd scheiden lassen.

Das Rösten geschieht auf den sogenannten *Zwitterheerden* auf folgende Art:

Zuerst wird unten auf den Zwitterheerden eine Schicht (Bette) von den aus dem Klaubwerke ausgerädelten kleinen Zwittern aufgestürzt, damit das Feuer nicht unter sich auf die Zwitterheerde aufhebe, und dieselben aufhebe; sodann nach der Menge der vorräthigen Zwitter, der Höhe des zu erbauenden Rostes und der Beschaffenheit der Zwitter selbst, die eines schwächern oder stärkern Röstens bedürfen, drei- vier- und mehrfaches Scheitholz ins Gevierte übereinander geschränkt, und auf dieses die Zwitter aufgestürzt (*gemauert*); dabei wird der Rost an den 3 Seiten, wo er mit Mauern umgeben ist, mit dem vorhin erwähnten ausgerädelten Kleinen ganz, an der vierten oder vordern Seite bis auf einen, oder wenn der Rost höher erbauet ist, bis auf 2 Anstöfse (*Anstofslöcher*) zum Feueranzünden, mittelst eines hölzernen Bartes (*Feder*), verstürzt, und an dieser vordern offenen Seite, so hoch als nöthig ist, Scheitholz angesetzt, damit das Rösten besser vor sich gehe, wenn der Rost zusammenbrennt, solcher nicht auseinander falle und Schaden verursache, und damit, wenn der Rost weggefahren werden soll, das Holz weggenommen und die Zwitter aufgeladen werden können. Auf dieselbe Art, wie die Seiten des Rostes, wird auch der obere Theil desselben (*die Haube*) mit kleinen Zwittern verstürzt, in demselben anfangs eine Oeffnung gelassen, damit das Feuer einen bessern Zug habe und nicht ersticke, die aber, so wie der Rost in völligen Brand gerathen ist, um die Hitze besser zurückzuhalten, gleichfalls verstürzt wird. Dasselbe geschieht dann auch mit den Anstoſslöchern, damit das Feuer nicht allzu stark treibe, die Zwitter aber doch fast glühend werden, und folglich gut rösten.

Sobald der Rost niedergebrannt und ausgekühlt ist, wird das an der Vorderseite angesetzte Holz weggenommen (*aufgerissen*) und zu anderweitigem Gebrauche aufgehoben, die gerösteten Zwitter aber vor die Pochmühle (*das Pochwerk*) geführt.

§. 10.

Das Pochen und Waschen.

Man hat auf dem Fürstl. Claryschen Revier zwei Pochmühlen, die Neumaaſsner und die drei Königer; auf dem Fürstl. Lobkowitzischen gleichfalls zwei, nämlich die groſse und die Hüttenpochmühle.

In der groſsen Pochmühle sind 5 Pochsätze, nämlich 2 Doppeltgezeuge und ein einfaches, in der Hüttenpochmühle 3 einfache Gezeuge, und Jeder Satz hat 3 Stempel, in der Neumaaſsner und drei Königer in jeder 2 Doppeltgezeuge zu 6 Stempeln. Das Pochen ist hier Naſspochen, und geschieht durch das *Mundloch* (Spundloch, Austrageloch, über den Spund), welches sich 1 Elle 9 Zoll über der Pochwand befindet. Aus diesem Loche pocht der Austragestempel in ein daranstoſsendes Gerinne, welches bis in die Heerdwäsche (*Heerd-*

mühle) geführt ist. Daraus fällt der gepochte und von dem Wasser aus dem Póchtroge fortgerissene Zwitter in der grofsen Pochmühle in 4, in der Hüttenpochmühle in 2 Pochgefälle, wo sich das gröber Gepochte (die *Graupen*, das *Röschhäuptel*) setzt, und von Zeit zu Zeit herausgenommen (*ausgeritten*) wird. Der kleiner gepochte Zwitter fliefs weiter und in 12 Ellen lange, ¾ Elle weite und 1½ Elle tiefe hölzerne Gräben (*Waschgräben*); was sich darein setzt, heifst *Schlämme* (Grabenschlämme, Grabenschlich). Hierauf führt das Wasser die noch feiner gepochten Zwitter in einen, unter den Heerden erbaueten grofsen hölzernen Kasten (*Heerdsumpf*), der 12 Ellen lang, 8 Ellen breit und 1 Elle tief ist. Was darin zu Boden fällt, ist Sumpfschlich (*Sumpfschlamm*) und noch zinnhaltig, aber äufserst wenig dasjenige, was das Wasser von dem Heerdsumpfe weg- mit fort- in die wilde Fluth nimmt.

Die Graupen werden erstlich über Plahne oder Stofsheerden gewaschen. Von erstern sind in der Hüttenpochmühle 2, von letztern in der grofsen Pochmühle, der Neumaafsner und drei Königer, in jeder 2 befindlich.

Die Plahneheerde sind im Lichten 3 Ellen weit, mit dem Heerdgefälle 10½ Elle lang, und haben 2¾ Elle Fall. Sie sind mit 6 Plahnen oder 6 Stücken, 1¾ Elle langen und 3 Ellen breiten Zwillich belegt, damit sich die gepochten Zwittergraupen desto besser anhängen und auf dem Heerde bleiben. Bei zwei Plahneheerden sind jederzeit drei Abspühlungsfässer (*Flauhfässer*), davon das erstere, dem Heerdgefälle am nächsten gelegene, das *obere Flauhfass* (Oberfass) heisst, das zweite das *Mittelfass*, das dritte das *Niederfass* genannt wird. Der auf der ersten abgewaschene Zwitter wird in dem obern Flauhfasse ab- und zusammengespühlt (*abgeflauhet*), der auf der zweiten und dritten in dem mittlern, der auf den drei letztern in dem untern oder niedern. Das Oberfass läfst man, um das Klare von dem Groben zu scheiden, in einen, 9 Ellen langen Durchlassgraben durch, und bringt es dann vollends auf dem Glauchheerde ins Reine.

Solcher Glauchheerde sind in der Hüttenpochmühle drei, in der grofsen Pochmühle einer befindlich. Jeder ist 12 Ellen lang, 1¾ Elle im Lichten weit, und hat 1 Elle 15 Zoll Fall.

Die Dimensionen bei den hier üblichen Stofsheerden sind folgende, und zwar

1. Bei dem Stofsgerüste:

	Länge.		Stärke.		Breite.	
	Ell.	Zoll.	Ell.	Zoll.	Ell.	Zoll.
Die untern Queerschwellen	8	—	—	20	—	16
Die untere erste lange Schwelle	16	—	¾	—	—	14
vorne . .	8	—	—	14	—	10
hinten . .	8	—	—	16	—	12
Die untere zweite . .	8	—	—	12	—	10
Die obere erste lange Schwelle	12	—	—	12	—	10
Die obere zweite . .	12	—	—	12	—	10

	Länge.		Stärke.		Breite.	
	Ell.	Zoll.	Ell.	Zoll.	Ell.	Zoll.
Die obern Queerschwellen	8	—	—	10	—	8
Die Drucksäulen . .	3	—	—	6	—	4
Die hintern Säulen . .	4	—	—	12	—	9
Die Mittelsäulen . .	4	—	—	12	—	9
Die vordern Säulen . .	4	—	—	12	—	9
Die Stellsäulen . . .	3	—	—	12	—	10
Die Stauchklötzer . . .	8	—	—	21	—	18
2. Bei dem Stoſsheerde:						
Der Heerdkopf . . .	4	—	—	18	—	15
Die Heerdbäume . .	8	—	—	8	—	10
Die Stellwelle . . .	3	6	—	6 im Durchm.		
Die Zunge	8	—	—	8	—	6
Die Drückwelle . . .	13	—	—	12 übers Kreuz.		

Die Tafel hat 11 Zoll Fall, und die Heerde erhalten bei gröbern Zwittern 7 Zoll, bei feinern 3 Zoll Stoſs.

Der Grubenschlamm wird über dem Glauchheerde, und zwar zweimal, gewaschen. Der Sumpfschlich wird, wie die Graupen, rein gemacht.

An Pochzinse wird von den Gewerken für jede Fuhre der reinen Zwittervorräthe 4 Ggr., der woſrigten 4 Ggr. 6 Pf. entrichtet.

Wenn eine Gewerkschaft mit Aufbereitung ihrer Zwitter fertig ist, so wird der Zinnstein *ausgewässert*, das heiſst, von dem Pochsteiger (*Mühlsteiger*) in das *Kehrfaſs* gethan, und ein Trog nach dem andern mit dem hölzernen Stampfer derb zusammengestoſsen, wobei der

Zinnstein alles mit sich führende Wasser fahren läfst, das dann ausgeschöpft (*ausgepfützt*) wird. Aus dem Kehrfasse wird er in das *Steinfafs* (ein mit eisernen Reifen beschlagenes Fafs) gestürzt, und aus dem Steinfasse in Kehrfässern, oder unmittelbar in den Kehrfassern, oder, wo die Schmelzhütte von dem Pochwerke entfernter ist, in den *Steinkannen* (wie eine Wasserkanne ohne Henkel gestaltete Gefäfse) getragen, oder in Karren gefahren. Doch mufs dieses alles, um den Unterschleif zu vermeiden, öffentlich geschehen.

Drei Steinkannen machen eine *Keubel* aus, und jede Steinkanne fafst ohngefähr 1 Zentner gerösteten Zinnstein; und um eine solche zur Hutte zu tragen, wird 4, 6 bis 9 Pf. bezahlt.

Zu einem 24stündigen Schmelzen werden gemeiniglich 24 Zentner Zinnstein sammt der Schlacke gerechnet, und daraus bis 12 Zentner Zinn, wenn der Zinnstein vorzüglich gut ist, auch wohl etwas mehr geschmolzen.

§. 11.

Das Schmelzen des Zinnsteins.

Da der reine Zinnstein leicht fliefst, so kann der Schmelzofen auf der Sohle und am Heerde kleiner seyn, als andere Oefen, oben aber gröfser, damit der Mangel der Geräumigkeit einigermafsen ersetzt, und folglich mehr Zinnstein eingetragen werden kann.

Die Dimensionen der 2 Schmelzöfen, deren man auf dem böhmischen Zinnwalde zwei, einen auf dem

Fürstl. Claryschen Revier, den andern auf dem Fürstl. Lobkowitzischen hat, sind dieselben.

Der Schmelzofen ist unten am Sohlsteine

breit	—	Ell.	8 Zoll.
lang	—	—	12 —
oben ist er breit	—	—	18 —
lang	—	—	24 —
hoch	$3\frac{1}{4}$	—	— —

Die Tuten des Gebläses liegen in einer von Ziegelsteinen gemachten Form, und treiben den Wind gerade nach des Ofens Mündung (dem Auge) zu. Die Form ist über dem Sohlsteine . . . . . — — 6 —
doch liegt sie bei strengflüſsigen Zinnsteinen auch bis 2 Zoll höher.

Die Sohle hat eine, gegen den *Vorheerd* zu schiefe Lage, so daſs sie auf obige 12 Zoll Länge ansteigt . . . . . — — 3 —
und daher mit der Horizontalebene einen Winkel von ungefähr 14° macht. Ganz wagerecht darf die Sohle des Ofens nicht seyn, da in diesem Falle das Zinn zu lange in dem Ofen verweilen und der Gefahr, wieder oxidirt zu werden, ausgesetzt seyn würde; abschüſsiger darf sie wegen der Leichtflüſsigkeit des Zinnsteins nicht gemacht werden.

Das Auge ist breit	—	Ell.	3 Zoll.
hoch	—	—	6 —

wird aber oben spitzig aufgestrichen. Es mufs während dem Schmelzen offen seyn, damit das geschmolzene Zinn abfliefsen könne, und nicht von dem Feuer verbrannt (oxidirt) werde.

Der Vorheerd ist lang	—	—	14 —
breit	—	—	18 —
und der Tiegel oben weit	—	—	10 —

An diesen Heerd stöfst ein niedriger Heerd mit einem Tiegel (der *Stichheerd*), von welchem aus der Boden der Hütte etwas abschüfsig ist. Derjenige Theil derselben, der sich zunächst am Stichheerde befindet, heifst die *Schleppe*, da auf denselben von dem Schmelzer die Schlacken gezogen (geschleppt) werden.

Vor jedem Schmelzen wird der Ofen erst *zugerichtet*, das heifst, die Heerde, der Tiegel, und die unterhalb der Form schadhaft gewordenen Stellen mit Stübbe (einem Gemenge aus 3 Theilen klar gesiebten Kohlen und einem Theile Lehm) ausgeschlagen, damit die Hitze besser zusammengehalten und die Oxidation des Zinnes verhindert werde. Alsdann wird der Ofen, Vorheerd und Tiegel mit trockenen Kohlen angefüllt, diese angezündet, um alles wohl auszuwärmen und alle Feuchtigkeit zu vertreiben. Sobald die Kohlen im Ofen niedergebrannt sind, füllt man ihn wieder mit trockenen Kohlen, und läfst allmälig das Gebläse an. Sobald das Auge sich recht roth darstellt, fängt man an, den mit gepochtem und durch das Sieb gesetzten *hartem Gekrätze* (den beim Zinnschlackenschmelzen sich ansetzenden Ofenbruch) beschickten Zinnstein (da der noch so rein aufbereitete Zinnstein für sich zu strengflüſsig seyn würde) aufzutragen. Man befolgt dabei folgende Ordnung, daſs man erst ein Schünfaſs (einen Korb) voll Kohlen, dann einen Trog Zinnstein, dann wieder Kohlen und Zinnstein abwechselnd aufgiebt, bis der Ofen voll ist, doch so, daſs die letzte Schicht aus Kohlen bestehe, damit der Ofen oben damit zugedeckt sey. Der Ofen muſs bis zum Ende des Schmelzens voll erhalten werden, daher man, sobald der Ofen ein wenig niedergegangen ist, wieder Zinnstein, und darauf ein Schünfaſs Kohlen aufstürzt.

Die aufzutragenden Kohlen müssen nur die Gröſse von Hühnereiern haben, da, wenn sie gröſser sind, das Erz zwischen den Kohlen herab- und nicht mit selbigen zugleich niederfällt, und ersteres letztere nicht in so vielen Punkten berührt, als zur Metallisation des Zinnsteins nöthig ist. Auch müssen die Kohlen sowohl, als der Zinnstein, etwas feuchte seyn, weil sich so beide besser mit einander verbinden, und jene nicht zu schnell niederbrennen.

Das Schünfaſs (der Kohlenkorb) ist hier

lang	$1\frac{1}{4}$ Elle	—	Zoll.
breit	1 —	5	—
im Lichten tief	1 —	2	—

Der Trog (das Erztrögl) aber lang	.	— Elle	10 Zoll.
breit	.	— —	6 —
tief	.	— —	3 —

Ersteres hat daher an Kubikinhalt 22620 Kubikzoll, letzteres 180 Kubikzoll.

Das geschmolzene Zinn und die Schlacken fliefsen zusammen aus dem Auge (das stets offen bleiben mufs, da widrigenfalls bei geschlossenem Auge, wegen des längeren Aufenthaltes des Zinnes im Ofen, dasselbe oxidirt würde) in den Tiegel des Vorheerdes. Ist dieser voll, so wird es in den Tiegel des Schleppe des abgestofsen, die Schlacken abgehoben und auf die Schleppe gezogen; hat sich das Zinn etwas abgekühlt, so wird es von dem Schmelzer mit einer Kelle ausgeschöpft, und auf eine kupferne Platte hin und her und in die Queere ausgegossen (*gegattert*), von dem Steiger der Gewerkschaft, welche schmelzen läfst, zusammengerollt, mit einem hölzernen Schlägel derb in Ballen geschlagen. Darauf giefst der Schmelzer etwas warmes Zinn auf, und der Steiger stempelt es.

Die bei diesem Schmelzen fallenden Schlacken und das *Gekratze* sind noch zinnhaltig. Um das Zinn zu erhalten, wird das Gekrätze gewaschen, die Schlacken klein gepocht, beide mit einander vermengt, und nochmals über den nämlichen Zinnofen geschmolzen. Man sticht aber bei diesem zweiten Schmelzprozesse nicht eher ab, und hebt nicht eher den Vorheerd, bis die ganzen Schlacken durchgesetzt sind. Hier tritt aber der Fall ein, dafs, wenn bei vollem Tiegel die aufsitzende obere harte Schlackenschaale etwas gehoben (*gelüftet*) wird, doch auch ohne vorhergegangene Lüftung die darunter liegende flüfsige Schlacke überläuft und die Schleppe herunterläuft. Diese Schlacke heifst die Urschlacke (*Ohrschlacke*), Ueberlaufschlacke.

Von dem ausgebrachten Zinne bekömmt die Herrschaft den ihr gebührenden Zinnzehnden. Auch gebührt ihr noch 1. das übriggebliebene Gestübbe aus der Gestübbekammer, 2. die weifsen (bei Aushauung des Zinnofens, wenn dieser neu zugerichtet wird, gesammelten) und die schwarzen (die sich während dem Zinnschmelzen vor das Auge setzenden und aus solchem mit dem Schmelzeisen gezogenen) Ofenbrüche, 3. der *Abstrich* von den im Schlackenpochzeuge gräuplich gepochten und sodann über das Sieb gesetzten Schlackentreibe-Ofenbrüchen, 4. von jedem Zentner des geschmolzenen Zinnes einen Trog voll Urschlacke, oder, in Ermangelung derselben, 3 Ggr. an Gelde, 5. gleichfalls von jedem Zentner des ausgeschmolzenen Zinnes 4 Ggr. an Schlakkenzehnden.

Die Schlacken werden, sobald ein hinreichender Vorrath davon da ist, nur nicht im Winter, getrieben, die Ofenbrüche aber alle Jahre einmal zu gute gemacht.

In jeder Schmelzhütte sind, beim jedesmaligen Schmelzen, 2 Schmelzer, 2 Arbeiter, welche Kohlen und Zinnstein aufgeben, und der Steiger der Zeche,

welche

welche schmelzen läſst, der, seiner Pflicht gemäſs, so lange das Schmelzen dauert, sich nicht entfernen darf, gegenwärtig.

Die bei dem zweiten Schmelzen über den Zinnofen fallenden Schlacken, sowohl die Urschlacken, als die zu Ende des Schmelzens abgehobenen Schlacken, enthalten immer noch so viel Zinn, daſs dasselbe mit Vortheil, aber in einem eigends dazu erbaueten Ofen (den Schlakkentreibeofen), ausgebracht werden kann. Dieses Ausschmelzen der Schlacken heiſst man hier Treiben (*Schlackentreiben*).

Dieser Ofen ist, von der Hüttensohle aus, und zwar hinten, hoch	3 Ellen	— Zoll.
vorne	2½ —	— —
Die Seitenwände zwischen den vordern und hintern Wänden laufen nach oben flach zu. Unten am Heerde ist der Ofen		
lang	1¼ —	— —
hinten breit	¾ —	— —
vorne breit	— —	14 —
lang, oben	1½ —	— —
breit, hinten	1 —	— —
vorne	— —	18 —
Die Sohle hat Fall	—	4 bis 5 —
und die von Lehm gemachte Form liegt über dem Sohlsteine	— —	10 —

Vor dem Schmelzen wird der Ofen zugerichtet, mit länglichten Kohlen, die man in der Folge mit Lehm verschmiert, zugemacht, der Heerd mit Stübbe gestofsen, und in diesem der Tiegel (die Grube) ausgeschnitten und der Ofen wohl ausgewärmt.

Zu einem vollkommenen Treiben nimmt man fünf Keubel gute Zinnschlacken, beschickt solche mit ½ Keubel leeren Seifnerschlacken (*Flufsschlacken*), und überdies so vielen Sumpfschlacken, als man braucht.

Um das Treiben zu bewerkstelligen, wird der Ofen mit schwarzen, trockenen Kohlen ganz ausgefüllt, und das Gebläse angelassen. Sobald der Ofen lichte geht, giebt man zweimal beschickte Schlacken und einmal Kohlen auf, und fährt in dieser Ordnung fort bis der Ofen voll ist, und wird so lange, als beschickte Schlakken vorräthig sind, voll erhalten; doch warf man sonst während dem Treiben, wenn keine, beim Schlackentreiben hinterbliebene Ofenbrüche (*Hartgekrätze*, die sich nur durch ihre mindere Härte von den Härtlingen unterscheiden) zum Zusetzen vorräthig waren, 20 Pfund *Härtlinge* (*Hartbruch*, der von den dem Zinnsteine beigemengten Kiesen, Abgängen von Pocheisen, die durch die Aufbereitung nicht konnten geschieden werden, entsteht) zu, deren Zusatz aber nun ganz eingestellt ist.

Bei der Eröffnung des Auges zu seiner Zeit fliefst das Zinn und die Schlacke aus dem Ofen in den Tiegel des Vorheerdes. Die oben aufsitzende Schlacke wird, wenn sie kalt ist, abgehoben, und dieses Abheben so lange fortgesetzt, bis der Tiegel voll Zinn ist. Dann wird das Auge bis über die Hälfte, mittelst eines Stückes Lehm, zugemacht, damit nichts herausfliefsen, der Ofen aber doch noch, mittelst des Gebläses, fortarbeiten kann. Die auf dem Zinne noch aufsitzende Schlacke wird mittelst der *Furkel*, und was mit dieser nicht abzuheben ist, mit der *Renthkratze* abgenommen, das Zinn mit einem grofsen eisernen Löffel in eine neben dem Ofen befindliche, mit Lehm ausgestrichene und ausgewärmte Grube zum Erkalten übergehoben, der Vorheerd neuerdings mit leichter Stübbe überstrichen, und dann der Ofen wieder geöffnet. Auf die Art wird fortgefahren, bis das Treiben geendigt ist.

Das aus der Grube genommene Zinn heifst eine *Schlackensau*, und wird gleich, nachdem es übergehoben ist, zu Ballen gegossen. Von einem Treiben sollen 4 bis 5 Säue fallen, die zusammen etwa 1 Zentner wiegen.

Wenn das Treiben beendigt und der Ofen niedergebrannt ist, wird dieser aufgestofsen, der Ofenbruch und das Hartgekrätze mit der Renthkratze herausgezogen und zum Abkühlen liegen gelassen, dann in das Schlackenpochwerk, bei welchem das Spundloch gleich von der Pochwand söhlig ausgeht, gelaufen. Da läfst man das Hartgekrätze gräuplich pochen und über das Sieb setzen. Das Kleine setzt sich in dem Fasse, und das Grobe bleibt im Siebe.

Der hier abfallende Abstrich gehört der Herrschaft, und, nebst diesem, wird an dieselbe an Sumpfzins von jedem Treiben 8 Ggr. entrichtet.

Um das in den Schlackensäuen enthaltene noch unreine Zinn zum Kaufmannsgute zu machen, wird dieses in dem *Pauschheerde* (Pauschgrubenheerde) nochmals geschmolzen. Dieses ist ein neben dem Zinnofen von der Hüttensohle etwa $\frac{3}{4}$ Elle hoch aufgemauerter, mit Ziegelsteinen belegter, 1 Elle breiter und langer Heerd. Die obere Ebene hat 4 Zoll Fall. Hinten hat er eine Erhöhung von $\frac{3}{4}$ Elle, und an beiden Seiten, wofern er nicht ansteht, von 12 Zollen; vorne geht er mit dem angegebenen Falle gleich aus bis an den Tiegel oder die Grube, welche die *Pauschgrube* heifst und das gereinigte Zinn aufnimmt.

Diese Reinigung geschieht auf folgende Art. Man wärmt den Heerd gut aus, stürzt dann Kohlen, auch etwas kleines Holz oder Kohlenbrände auf, und legt auf diese die Schlackensäue, die hier eine Art Seigerung erleiden. Das in die Pauschgrube abfliefsende Zinn wird gegattert, in Ballen geschlagen, gezeichnet und verwogen. Wenn das Feuer ganz niedergebrannt ist, und die Brände weggezogen sind, so wird das übrig gebliebene Gekrätze mit einem mäfsig grofsen hölzernen Schlegel geschlagen (*durchpauscht*), damit es alles Zinn, das es enthalten könnte, fahren lasse. Das zurückbleibende Gekrätze wird, nebst anderem Gekrätze, als Zuschlag zum künftigen Schmelzen aufbewahrt.

FSC
www.fsc.org
MIX
Papier | Fördert
gute Waldnutzung
FSC® C083411

Kolibri 360 GmbH
Ferdinand-Jühlke-Straße 7
99095 Erfurt, Deutschland
produktsicherheit@kolibri360.de